谨以此书献给两位"基础设施"践行者:

医学博士约翰·M. 彼得斯(1935-2010)

"好人"古德朗·J. 鲍尔森(1915-2010)

宏阔起于微简

——《摩门教之书》（Alma 37:6）

中界乃至善

——沃尔多·爱默生

传播·媒介·技术学术经典译丛

奇云
媒介即存有

［美］约翰·杜海姆·彼得斯 著
邓建国 译

The Marvelous Clouds
Toward a Philosophy of Elemental Media

復旦大學出版社

推荐序（黄旦）/ 001
中文版前言 / 001
译者导读 / 001

绪论 / 001

居中状态（In Media Res）/ 001

第一章
理解基础设施型媒介 / 015

媒介非表意，媒介即存有 / 015
充满喜悦的 1964 年 / 017
杠杆作用（leverage）/ 021
技术（technik）和文明 / 026
基础设施主义（infrastructuralism）/ 035
存有与物 / 044
经验与自然 / 050
媒介和自然，以及媒介作为自然 / 054

浮游于多舟之上 / 058

第二章
论鲸类和船舶；或，我们的存在港湾 / 063

海洋是媒介吗？ / 063

海洋栖居地中的鲸类 / 067

呼吸、脸和声音 / 071

幻想之历史 / 078

没有基础设施的政治性动物 / 088

有技艺而无技术 / 098

非共时性 / 103

关于吸血鬼乌贼和家猫 / 108

整齐有序与航海技术 / 113

自然与技术之间的相互模仿 / 122

第三章
一场关于火的布道 / 130

作为烟火之技术 / 130

人类的生态优先性 / 135

维斯塔火 / 138

关于氧气和油 / 144

意义：模糊而强烈 / 148

容器型技术 / 156

定居地和其他容器 / 161

植物的驯化 / 165

动物的驯化 / 171

人的驯化 / 175

第四章
苍穹中的灯光：天空媒介 I（时间）/ 181

天空媒介 / 181

阅读天堂 / 186

计时 / 192

生物历 / 195

日和年 / 198

历法之争 / 206

历法改革和惯性 / 213

被围困的夜晚 / 217

日晷 / 220

定位 / 223

第五章

时代和季节：天空媒介 II（时机）/ 231

时钟和历法 / 231

机械时钟 / 236

时间之协调 / 239

钟 / 245

塔楼 / 252

虚空之召唤 / 260

作为气象兵的海德格尔 / 262

天气和众神 / 265

天气与现代性 / 271

云 / 276

第六章
"脸"与"书"（铭刻型媒介）/ 284

语言与书写 / 284

作为媒介的身体 / 290

手势、演讲和书写 / 294

远程在场和（肉身）在场 / 298

作为权力技术的书写 / 303

最具变革力量的技术创新 / 307

固定和擦除 / 313

书写史上的里程碑 / 319

用眼睛聆听 / 329

时空的相互转化性 / 334

第七章
上帝和谷歌 / 342

知识之网 / 342

宇宙作为一座图书馆 / 346

要存在就得先被感知 / 348

请继续搜索 / 352

谷歌：一种宗教媒介 / 361

生命之书 / 368

标签的节日 / 375

充满了"等等……"的宇宙 / 380

有偏向的记录 / 386

本体论是弯曲的 / 392

媒介与神学（六重宇宙）/ 399

圣哲的放手 / 403

结论： 意义的安息日 / 407

附录 / 419

鲸类通讯中的非共时性 / 419
客观时间线 / 420

致谢 / 422

译后记 / 425

推荐序

云卷云舒：乘槎浮海居天下

黄　旦

引子：海之"船"

《奇云》是继《对空言说》之后，彼得斯在中国翻译出版的第二本专著。彼得斯写的东西，我是比较爱看的。他的选题机智、吸引人，分析又很精到，常常能在一些看似平常的现象中，给人峰回路转、恍然有悟的刺激。比如像《奇云》第二章，这也是我非常喜欢的一章，不仅笔调灵动流畅、富有生气，而且在与海豚、鲸鱼等海生哺乳动物的比照中，一只司空见惯的"船"，立马就呈现出深刻和厚重的意义，饱含着人类生存的丰富面向。这让我的脑子里蓦然浮现出李白《望天门山》的画面：

> 天门中断楚江开，碧水东流至此回；
> 两岸青山相对出，孤帆一片日边来。

在天与地、青山与碧水之间，从日影中影影绰绰飘忽而来一点孤帆；它乘风而动，随波而流，贯穿着天地，连通于山水，构成天、地、人、船共在的关联，颇具海德格尔"天地人神"之意象。相信李白并没有存在哲学的想法，但他的生命体验以及所展示的，怕正是彼得斯想到的：船是人类在各种凶险环境中的所必然依赖的人造栖息地，又是永不停歇求寻新境的精神和行动之体现，船使人工变成自然，工具变成环境，船与海连成一体，好比宇宙和地球紧密相连，是人类生存境况的生动体现。可谓是东海西海，心同理同，哪怕时间上相隔了一千多年。

在中文版前言中，彼得斯告知中国读者说，这是一本关于"中间"的书，也是一个关于天、地和海洋间的人类境况的研究。船就处于这样的"中间"——媒介——没有船,大海不过是一个"物自体"而无法袒露在人类认识的地平线;人发明了船使之为媒介,海则因为船而成为其媒介;在海上,船是人的"陆地";海因为船而成为海,使人得以踏波踩浪。船让我们由此及彼,觉悟人类在陆地上骑马行车、测地问天之所历,体会技术对于人类生存的意义。试想,如果船意味着人在海洋的一个立足点,那么,人实质上不就是依靠技术及其创造的各种"立足点",如其所是地立基于天地之间吗?正是在这一根本上,船绽显出支撑人类生存的所有基础设施的技术原型,可谓媒介之媒介。

1. "杠杆":中间位置

"媒介",英文的 medium,根据《牛津英语词典》的解释,本义为"中间、中心、中间路线、中间人、中间阶段"(彼得斯正是因此勾想起他所学过的汉字的"中",尽管在其中文版前言就此延伸到"中土王国"并"媒介王国",不免牵强附会),并被划分为两个范畴,一是"在某种程度、数量、质量、阶段之间起调节作用的东西";二是"中间人或中间物",它可以是交易的象征,一种艺术表现的材料,一种大众通信的渠道,一种用来记录或复制数据、形象或声音的物理材料,一种物质(包括"生命组织能在其中得以生存的物质"),或某种能力,通过它能对远处的物体产生作用,通过它印象得以传递而被人感知,或是能与死者进行交流的通灵人。[①] 比照彼得斯散落在书中各处的媒介之义,大致也没有超出这个范围。我更注意的不是他如何解释媒介,而是如何追溯媒介的词义变迁。他说道,媒介一直就有"元素"、"环境"或"位于中间位置的载体"之意的话,并在古希腊派生出两个源头,而且都与亚里士多德有关(尽管当时还没有"medium"这一出自拉丁文的词语):一个意思是"周遭"或"环境";另一个与 vision 相关,是指"一个透明的中间物,它使人的眼睛具备了一种能在其所看到的物体之间形成联系的能力"。变化的关键节点是 13 世纪,翻译亚里士多德著作的托马斯·阿奎那,将 medium 借机输入希腊语,媒介的含义开始倾斜,偏向于 vision 的一面——看,是远距离观看所不可缺失的中间环节,没有媒介,就无从接触。到了 19 世纪,产生了更

[①] W. J. T. 米歇尔、B. N. 汉森主编:《媒介研究批评术语集》,肖腊梅、胡晓华译,南京大学出版社 2019 年版,第 4 页。

具决定性的转折，medium 逐渐被应用于某种特定的人类信号和意义的传递。电报的产生成为一种推力，使信号和符号混淆不分。依此，距离和具身不再是障碍，好比古老梦想中的天使重现，为相隔两地的心爱之人传递浓情蜜意。① 最后到了 20 世纪，媒介（media）主要就指大众媒介——传送新闻、娱乐、广告和各种内容的人造渠道。用雷蒙·威廉斯的说法，media 一词的广泛使用，开始于广播与新闻报纸在传播通讯上的日渐重要。②

词语的梳理，从来就不是无病呻吟之举（我们现在不少做所谓词语考据的，对此几乎都不加重视）。彼得斯的意图昭然，他藉此意在说明，"媒介"一词是在中世纪和现代社会的两次接续推力中，一步步走向视觉的一面，注目于符号和意义。这就致使今天的 media 一词，大多锁定在符号学层面，承载着过去一个多世纪以来与"各种意义生产方式"相关的所有话语，成为了一个单向度的术语。内容和意义凸显，媒介就自然脱落不见，不值一提。以麦克卢汉的著名比喻，内容这一片滋味鲜美的肉，涣散了思想看门狗的注意力。③ 早年就与"自然"如影相随的媒介，完全失去了其应有的基础地位，人类生存与媒介的关系也因此遮而不彰。其实，甚至在 19 世纪很长一段时间，"媒介"一词还常常用来指代各种自然元素，如水、火和空气等。现在需要将符号学这样的枝节重新插回到本来就具有的"自然"根茎之中，使之与作为"环境"的悠久传统再次对接，将惯常的媒介讯息为重点转到对媒介的本质以及"将自然视为一种媒介"的分析，回到媒介与人的根本之所在。

既为"中间"，所谓的"媒介"，自就与其所处的这个位置相关，如果其位置发生改变，它所具有的地位同样随之而变。这颇似于德布雷的说法，媒介是一个中间体。④ 在这个意义上，媒介与一般技术哲学中的技术不同，在后者当中，特别是在那些以器物为对象的本体论技术哲学中，一个趋势就是为各种器物列出怪异的表格，然后拼命地去夸耀它们的独特性，以至于忽视了存在于这些器物之间的严酷的层级性和差异性，与关系的视角绝缘。"中间位置"，必定是在关系之中，或者说，中间即关系，关系聚显中间。"中间"作

---

① John Durham Peters, *Speaking into the Air: A History of the Idea of Communication*, The University of Chicago Press, 1999, p. 5.
② 雷蒙·威廉斯：《关键词：文化与社会的词汇》，刘建基译，三联书店 2005 年版，第 299 页。
③ 马歇尔·麦克卢汉：《理解媒介——论人的延伸》，何道宽译，商务印书馆 2000 年版，第 46 页。
④ 雷吉斯·德布雷：《媒介学宣言》，黄春柳译，南京大学出版社 2016 年版，第 17 页。

为媒介,为我们看自然、人和媒介提供了一个新的通道:它们在趋奔会合中间各成其是。"没有一种价值的创造不是物体和行为的产物或是再循环;没有一次思想运动不是人力(朝圣者、商人、殖民地移民、士兵、大使)和物力的运动;没有一种新的主观性不带有新的记忆工具(书籍或书卷、国歌、徽章、像章或建筑物),这一系列的操作系统就是将有形和无形的建筑、思想和实物混合在一起。"①正是依照这样的思路,彼得斯说,只有通过媒介我们才能知晓和操纵自然,这些媒介同时源于我们的人性和我们的身体,它们反过来又能进入自然并改变自然。由此其意得以彰显,这本关于"中间的书",必也就是"一个关于天、地和海洋间的人类境况的研究"。

那么,这样一个"中间",是如何成为"中间"并起到"中间"作用的呢?对于如此重要的问题,彼得斯在书中语焉不详,很暧昧,如"草色遥看近却无",只能从字里行间揣摩。他有这样的说法,媒介一语是跨界和两栖的,它在海陆之间来回移动,在自然和人工之间相互模仿。这,还只是驻足于一种现象层面,不能说明什么。不过从这样的现象描述中,以及从上面引过的那句话,即:人是借助知晓和操纵自然,而媒介同时源于我们的人性和我们的身体,它们反过来又能进入到自然并改变自然的意思中,我们或许多多少少可以抓取出其中的想法。我觉得,彼得斯所谓的"中间",并不是在二元的意义上,好像在一个A和一个B的中间,立着一个C,将它们接合在一起。"中"是一个位置"点",不是划分不同部分的界线;"中"依赖于关系并由关系所显示,没有关系就没有"中"的存在,但"中"本身却不切割或辨认关系。媒介作为"中间位置",是离散与整合、混乱与秩序的互动环流之所在。② 在水流的交汇之所,不存在泾水或渭水。顺着这样的思想线索,我们或可以将之与书中的"杠杆原则"连接起来。如所周知,"杠杆"是一个支点,凭借这样一个支点,能够将力发散开来,影响周围的事物,形成一种新的关系形态。"杠杆"就是这样一个"中间"位置,通过力的辐射形成一个整体,"要在不可逆转的过程中创造出一个模型,超越所有的企图"。③ 彼得斯在第一章所讲述的奥兹父母和其亲属通电话的故事,就证明了这一点。奥兹一家住在耶路撒冷,

---

① 雷吉斯·德布雷:《媒介学引论》,刘文玲译,陈卫星审译,中国传媒大学出版社2014年版,第11页。
② 埃德加·莫兰:《方法:天然之天性》,吴泓缈、冯学俊译,北京大学出版社2002年版,第29页。
③ 前揭雷吉斯·德布雷:《媒介学引论》,第125页。

其亲戚则是在特拉维夫，他们总是定期通电话而且都是早早约定时间。可是到了真正通话时，并没有什么重要的信息或者事情要诉说，其目的也根本不在于此，他们定期通话就是为了听到对方的声音以确认各自还活着，并且的确存在于真实的时间里。通话的重要性在于通话，生命因为通话而在场，并在电话这一"杠杆"的转换组织下，凝结成生存的一个景况，就像人们因文献记录而存在，天天用微信刷存在感一样。这类似于海德格尔眼中的"桥"，"河岸之所以作为河岸出现，只是因为桥梁横跨在河上"，"桥梁把大地聚集成河流周围的景观"。它"以自己的方式使大地与天空、神圣者与短暂者聚集于它自身"。① 杠杆就是"桥"，就是定位河岸、拉动周遭景观并将之聚于自身的"媒介"——"中间位置"，环聚成加塔利式的"星座"，"这些星座依赖某种移动的关系，并展示了种种在不可化约的意义上是异质的、本体论的融贯性"。②

杠杆、移动、环流等等，表述不一但有一点相同，"中间"是不定的，其位置跟随着关系变化而涌动。我们每个人都知道"中"，但离开特定的情境，没有人能够指认出"中"在何处，其道理就在于此。所以，我注意到彼得斯书中不断出现的一个词——锚定。锚不仅是一个点的固着，而且随着船的开动将进入下一个锚点，停留是短暂的，流动才是永恒；因流动而停留，停留总是在流动中。所以，电影《泰坦尼克号》两位男女主人公，只能以"我心永恒"来与流动——"逝者如斯夫"的船及其相遇——抗衡。船总是在"行中"，而且是"两岸猿声啼不住"地"行"，通过各种"锚点"来变革和控制环境，以便为"行行重行行"而更好栖存。这既是船的作为，也是人和社会的存在之常态。治国之术、书写之术，观天象以测农时、定灌溉等等，都属于此种动中之静、蓄势待发的锚点——杠杆。任何复杂的社会，只要它需要凭借某种物质来管理时间、空间和权力，就可以说这个社会拥有了媒介。在这样的理解下，英尼斯所谓的传播时间或空间偏向，也就是媒介对时间和空间的撬动。"中间位置"——"媒介"——就这样为人与物、天空与海洋提供""中间"而成其为"中间"；天、地、人、物则是以锚点——"媒介"的方式——相遇、聚集、环绕，一起成其所是。媒介是器皿和环境，是一种可能性的孕含者，这种可能性又不断地为我们的生存提供新的确定点，人类因此而"为其所能为"。援

---

① 海德格尔：《诗·语言·思》，彭富春译，戴晖校，文化艺术出版社1991年版，第137、138页。
② 菲利克斯·加塔利：《混沌互渗》，董树宝译，南京大学出版社2020年版，第43页。

引德日进的说法,"为数众多、彼此共同分享物质的这一空间的中心并不是相互独立的,某种东西将它们联系和结合在一起。充满大量微粒的空间并不是一个惰性的容器,而是一个起着推动和输送作用的积极媒体。大量微粒在其间组织起来,而它则不断影响它们","这是一个位居中心之上而又将它们包括在内的圈子"。① 要是我这样的索解大致符合彼得斯的原意,那么书中的媒介,颇似于马丁·布伯的"相遇"。② 相遇是一种"偶然",也是一种耦合;因"媒介"而"相遇",因"耦合"而成就"媒介",媒介又等待与其他"媒介"相遇,无穷无尽,绵绵不绝。如一"根茎","没有开端也没有终结,它始终居于中间,在事物之间,在存在者之间";像"一条无始无终之流,它侵蚀着两岸,在中间之处加速前行"。③ 有相遇就有"异体受精",就具突变之可能,④锚定之所在随之发生变化,从而也就改变人类历史之走向。这番景象,大抵类似于古罗马诗人卢克莱修所吟唱的那个物理世界:"许多微粒以许多方式混合着","它们像在一场永恒的战争中,不停地互相撞击,一团一团地角斗着,没有休止","时而遇合,时而分开,被推上推下","被迫向后又再回来,时而这里,时而那边,弥散在四面八方"。⑤ 云卷云舒,有无相生!媒介在这样的境遇中,在与其他媒介的相遇和相互作用下,实现了自己的意义和存在⑥:媒介是人类和万物的栖居之地,也是人类万物的变化之源。海洋、火、星系、云朵、书籍、互联网,以及李白那一叶在日边时伏时起的扁舟,都是如此,都是如此这般深深地在相遇中锚系着、变动着我们的存有。彼得斯声称要努力从生态学和技术学角度提供一个与人类命运相关的视角,构建一种以自然哲学为基础的媒介哲学——"元素型媒介哲学"(a philosophy of elemental media),以展示人类生存之境况,同样是以这样的"中间"为基点:自然和有机体之间,技术和人类之间,科学和人文之间。

2. 元素型媒介:人类存有的基础

借此,彼得斯首先就扭转了19世纪以来人所趋附的符号意义上的"媒

---

① 德日进:《人的现象》,范一译,译林出版社2014年版,第6页。
② 马丁·布伯:《我与你》,陈维纲译,三联书店2002年版。
③ 德勒兹、加塔利:《千高原》,姜宇辉译,上海书店出版社2010年版,第33、34页。
④ 前揭麦克卢汉:《理解媒介》,第72页。
⑤ 转引自卡洛·罗韦利:《现实不似你所见:量子引力之旅》,杨光译,湖南科学技术出版社2019年版,第26页。
⑥ 前揭麦克卢汉:《理解媒介》,第56页。

介"之义,意义也不是符号词语或者世界的表征,媒介也不再意指"我们的头脑中的内容,我们有意设计出这些内容并用它来向某人表达"。因为从这个意义上来衡量,火或云朵并没能传达什么意义,媒介与自然也就不相干。调转思路,着眼于个体生命和整个宇宙本身具有什么意义的问题,意义就成为一个事物本身之本性的一部分。① 例如,海洋作为一种理所当然的元素,塑造了生存其中的智慧生命。海洋中的哺乳类动物,则演化出呼气孔、声呐和非常精密的技能;相反,人只能通过后天的学习,建造船只和各种航海设备以能生存在海上,船又生长出无数的艺术并且规定和组织了社会秩序。鲸的身体和人类的身体,都在与它们的技术实践和生存环境相互协同和共同进化。如果人类的身体也像鲸类一样早就适应了水下生存,我们会有何种感觉?我们还会长得像我们现在的这个样子吗?鲸类的奇妙性远远超过了人类能相信的任何东西。它们生活的环境不受任何物质因素的塑造,这从它们的身体可以看出来,正如从人类自己的身体可以看出我们所栖居的环境一样。任何生命的生物力学外形、感知以及生存技艺,都是这些生命在进化过程中逐渐适应其所在环境的结果。人类的身体和习性既揭示了我们的艺术,也催生了我们的艺术。鲸豚类的海洋生存方式,就是人类在陆地的命运,技术不仅被刻写进人们所生存的环境,而且与人自身的本质不可分离。火和云因此也就充满着丰富的意义,"意义"就是"可读的数据积存过程,它是生命存在之所需和之可能"。与此相应,"技术"也不再被视为用来切凿硬物的工具,而是视为自然在人类面前进行自我表达和自我改变的途径(海德格尔及其多位追随者就如此看待技术);交流的典范也不是"两个人类成员之间的思想的共享"(心连心),而变成了"某个生命群体与其所处的环境之间的智力互动"。

  依照这样的读解,我们就明白,彼得斯为什么要用"元素"。元素,是自然的,同时又是成就一切物质的基础,因为过于基础,反不受人察觉。有谁会整天盯着它们呢?然而,它们虽然朴实无华,却是人类生存所不可缺少的支撑条件,是培育和维持生命的养料。所以,"元素型媒介哲学"将媒介与水、土和空气以及一切基础设施平起平坐,不存隔阂,无高下之别,去彼此之

---

① 克里斯蒂安·德昆西:《彻底的自然:物质的灵魂》,李恒威、董达译,浙江大学出版社2015年版,第60页。

分。对今天地球的存续而言，谁能说得清是氮更重要还是互联网更重要？生命科学中的"媒介"，就是指培养基所具有的胶质物或其他类似物。这可以使我们更好理解元素型媒介中的"元素"之含义。山、土、水、火、风，以及各种大型的、具有力量放大的能力系统；那些大型、耐用的和持续运行的系统或者服务，亦即所有支持和辅助生活及生存的系统——基础设施，均是"培养基"，也就是"媒介"一词本就含有的"环境"之义。它们催生了各种可能，也带来了各种侵蚀。媒介是环境，环境也是媒介；它或它们能为各种生命形式提供基础养料，共同指向文明中亘古不变的难题——生命。这一物质的和环境的视角，将媒介概念从"讯息"层面拓展到"栖居"层面。当我们不再将传播（交流）只是理解为讯息发送时——当然发送讯息是媒介极为重要的功能——而是看做为使用者创造生存条件时，媒介就不再仅仅是演播室、广播站、讯息和频道，同时也成为了基础设施和生命形态，是我们行动和存有的栖居之地和凭借之地。媒介由此而具有了生态的、伦理的和存有层面的意义。

　　元素媒介哲学意义上的"环境"，自然不同于波兹曼那个研究"人的交往、人交往的讯息及讯息系统"，也就是"传播媒介如何影响人的感知、感情、认识和价值"的媒介环境学；[1]也不是麦克卢汉的"身体延伸"及其感知比率变化带来的新环境，那主要还是指心理和社会后果，尽管麦克卢汉也将媒介置于本体地位。就其所涉之范围，倒是与芒福德的《技术与文明》接近，后者就声称以更普遍的社会生态学为背景讨论技术进步，以及技术在现代文明中所起的决定性作用。但芒福德的生态学毕竟不过是一个背景，他主要还是从人文主义出发，揭示社会环境和发明家、企业家和工程师之间的相互作用及其后果，[2]并不触及技术相关于人类存在境况的层面。就元素媒介所表示的基础性，彼得斯所谓的"环境"，不乏基特勒的媒介决定意义上的"境况"之义，但他又不愿完全立足于"物"，更多地还是不由自主地滑向了海德格尔——这位讨论自然和技术所绕不开的人物，并与之"居住"一说产生了共鸣："居住自身总是和万物共存"。人，总是"居住着"，亦即"以人的方式生存

---

[1] 林文刚编：《媒介环境学》，何道宽译，北京大学出版社2007年版，第23页。
[2] 路易斯·芒福德：《技术与文明》，陈允明、王克仁、李华山译，李伟格、石光校，中国建筑出版社2009年版，第2、1、7页。

的一存在物";"与物共存,就是人的状态"。① 人类与海洋、地球和天空为伴,以物质和技术为基,在波动中抓住"支点","支点"又引发波动——组织和调制新的变革,恰就是"乘槎浮海居天下"。所以彼得斯才有了这样的断言:媒介不仅仅是"关于"这个世界的,而且"就是"这个世界。媒介即存有,即为人类之境况!

彼得斯赋予自己的任务,是要顺着这样的思路,努力冒险去考察各种现象,最终"从其所具有的极端可能性和极端局限性中给我们的存有描绘出一个诗意的轮廓"。于是,他大费周章,上天入海,让海洋、火(能源)、天空之光、时代、季节、语言、书写,直到知识储存,一一摆开,征调各种思想资源,开掘媒介存有的种种绚烂之景象。下面就"窥一斑以知全豹",听听他关于"火"的布道——

火是最激进的塑造者,地球是在火的洗礼中让人类宜居:我们用火来修整木材建造房屋和船舶,用火来清理天地筛选我们想要种植的庄稼,用火来控制牛群和蜜蜂从而生产牛奶和蜂蜜,用火烹饪食物制作熏肉和烧制陶器,用火划定我们能够居住的范围以及在暗夜中能到达的边界;火可以嘶叫着划过天空,熔解地球,火也可以是作为标志出现在各种仪式,代表着炽热情感。如果船代表了那些让人类能居住在海上的一整套艺术和技术,那么火就是陆地栖居的一整套技术和艺术。它能照亮云彩,撕裂土地,也能驱赶动物,为耕种开辟土地;火一方面提供热量、光照、食物和社会性,另一方面也能导致伤害、死亡、烟雾和灰烬。火作为一种中介性力量,将存有化为虚无,将虚无化为存有,并将人引出野蛮走向文明,先后改变了海洋、土壤、大气层、人体动脉中脂肪沉积物、睡眠习惯以及个体和集体的生活方式。因为具备了用火的能力,人可以在任何地点上建构出自己的生位点,成为地球上的霸主、自然的杀手、互为戕害的对手,产生一种文明的野蛮。火使人坚强有力,却让自然和生物显得分外脆弱。火——这一普罗米修斯慌乱之下的偷偷馈赠,使人成为人,使人这本来毫无任何先天特长的生物,成为地球和万物的灵长。这,恐怕就是开创钻木取火的燧人氏,被中国人奉为"三皇之首"的原因吧。

---

① 海德格尔:《诗·语言·思》,彭富春译,戴晖校,文化艺术出版社 1991 年版,第 136 - 137,141 - 142 页。

关键是，火作为一种力量，使人如虎添翼，但火并不是人类的力量，它不是人类的财产，而毋宁说是一种驯服的力量，一旦它挣脱技术的控制，就会显露出它的暴力。火及火的运用，包含了智慧和技艺的双重性，①与海洋和天空一起，成为了艺术和工艺发源的温床。火，可以处理时空，具备"阴阳割昏晓"的能力；火使祭坛长明，建立和维持着社会关系；火驯化了动植物，又改造了我们的肠胃，从而也驯化了人；火也是战神，烽火连三月，恨别鸟惊心；火引燃了蒸汽机之动力，机器文明迅速征服了整个西方文明，机器体系是秩序意志和权力意志的融合和象征，②焦炭之城成为19世纪工业文明的天堂，③城市化的历史实为人类用火灭火的历史。激情燃烧的岁月，也是岁月在燃烧激情；火为人提供了一系列倾泻表达情感的意象：愤怒、奉献、疼痛和痛苦，而且如音乐一般具有超越言语、传达深层含义的能力，恰如巴什拉所言，人内心具有将自己投入到火焰中的冲动，"飞蛾扑火"看来也属人的本性。电是火存在的日常形式，是隐匿不见的基础设施，除非是断电或开关起火。电视一闪一闪，内在自明的电光就是现代的社区篝火，人们得以围坐一起。火是关于互联网的首要隐喻，像火一样，互联网具有的有机属性，大大扩展了人类的（信息）食谱，正如火为人们曾经做过的。火所具有的塑造和删除能力，也是新媒体巨大力量的体现。难怪以"火"为焦点，给种种新媒体命名是一种时尚：HTC的"野火"智能手机，三星的"星系燃"（Galax Blaze）和"点燃"（Ignite）、黑莓的"火炬"（Torch）以及摩托罗拉的"电击"（Electrify），乃至于Kindle（燃烧），可见信息总是不可避免地要与能量和燃烧相关联。火作为媒介，既是条件也是内容：它为人赶走黑暗，在光明中学习知识、认识自然和自己，火把开启了柏拉图洞穴的影壁。除了人，没有其他生物能够运用火，只有人，与火共在共存。火的历史也就是人类文明及其媒介的历史，反过来也是一样。在这个意义上，地球就是永不熄灭也不可熄灭的"维斯塔"火，整个地球因熊熊烈焰而通红：可以浴火重生，也可以是葬身火海，灰飞烟灭。"时间是火焰，我们在其中燃烧。"当然，火止步于大海之

---

① 斯蒂格勒：《技术与时间1. 爱比米修斯的过失.》，裴程译，译林出版社2012年版，第211页。
② 刘易斯·芒福德：《技术与文明》，陈允明、王克仁、李华山译，李伟格、石光校，中国建筑出版社2009年版，第59、77页。
③ 刘易斯·芒福德：《城市发展史——起源、演变和前景》，宋俊岭、倪文彦译，中国建筑出版社2005年版。

前,可转而又通过船的轰轰声,宣示自己对水的征服,媒介总是不断地借机孵生媒介,好比树生藤又缠树,横叉斜倚,层层叠叠无穷匮焉。因此,彼得斯认为,本体论并不是"平"的,而是充满褶皱、布满云层、凸凹高低,常常像海洋一样,充满风暴。火以"火"的形式,让我们见证了这一点,领略到"媒介"在人类生存和文明秩序中的"培养基"地位及其起到的有形和无形之化育。

3. 媒介研究:重新理解人类生存之境况

如果说英尼斯将人类文明史改写为传播媒介史,[①]彼得斯显然试图从媒介——"中间位置"的视角——重新书写人类文明历史及其形态。在他看来,人类的生存依赖于各种对自然和文化施加管理的技艺,这些技艺大部分被新近出现的传播理论所忽视,因为这些理论认为此种技艺对"意义生产"没有什么可圈可点的影响。但是地球支撑着70亿人口的生存,这个过程必须具备很多生命支撑条件,如控制火源、建筑房屋、缝制衣物、口语传播、农林牧业、开荒种地、书写誊抄以及更晚些时候出现的各种其他工具。所有这些工具和技能都占据一定的空间和时间,整合了自然与人工、生物和文化,还需要人类心智的投入。今天仍然如此,数字媒介的出现使我们再次面临传播(交流)和文明中一直都挥之不去的基本问题。新媒体带我们进入的并不是人类此前从未到达过的新领域,只是复活了最基础的旧问题——在复杂社会里人类如何一起在相互绑定中共同生存——并凸显了我们曾遭遇过的最古老的麻烦。这就将文明或文化奠基在物理基座——从地窖到粮仓,而不再是"人类精神的产品";相反,是产品,是物质性和社会性共同孕育着人类的精神,物质材料唤醒精神活动并赋予其活性。[②] 传播的问题由此成为人类生存的构成问题,是人类衍生不绝的根本动力问题。麦克卢汉曾这样称道英尼斯:"他将一把解读技术的钥匙交给我们。凭借这把钥匙,我们可以读懂任何时代、任何地方的技术的心理影响和社会影响。"[③]我觉得,彼得斯的这朵"奇云",也是需要用类似这样的钥匙去阅读。既然如此,质疑作者将媒介如此泛化,无所不包,使得"媒介"失去其特定的指向,这样来看待媒介,还

---

① 约书亚·梅罗维茨:《消失的地域:电子媒介对社会行为的影响》,肖志军译,清华大学出版社2002年版,第14页。
② 前揭德布雷:《媒介学引论》,第159页。
③ 《麦克卢汉序言》,载哈罗德·英尼斯:《帝国与传播》,何道宽译,中国人民大学出版社2003年版,第9页。

有什么不能是媒介呢(国内学者惯于取用的抨击性武器就是"泛媒介",似乎"泛"是一种僭越,冒犯了某种天条)?这样的提问方式本身就错了,分辨媒介不是彼得斯的目的,也不是他研究的前提。他只是想告诉人们,在那些使我们人之所以为人的东西(无论它是什么)中,技术具有不可或缺的中心价值。媒介就是我们的境况、我们的命运以及我们面临的挑战。没有依凭就没有生命。"什么是人"才是他追究的终极。所以他夫子般自道:我写这本书是要进行一个试验,看看凭我一人之力能否对人类的整个境况投入一瞥。

媒介与人类相伴,存在于海洋、地球和天空之间,媒介研究也就自然是某种形式的哲学人类学——它既是一种对人类境况的沉思,也是一种对非人类境况的沉思。这也是彼得斯想对传统媒介学者所说的话,从"基础设施层面"的视角,将媒介实践和媒介制度视为嵌入自然界和人类世界关系之中的事物。在这样的视野中,津津乐道于意义、符号、文本、效果的传播理论力不从心,而且既有的学科分界及其领域也被剥夺了媒介研究的专有权。彼得斯在书中所引的基特勒的观点,应该也是他深表赞同的:"媒介之研究"应该成为意义更广泛的"研究之媒介"。媒介研究并不是仅仅为了做跨学科研究而产生的又一个新领域,它应该是各种领域之领域,或者说是关于各领域的领域,它是"后领域"、"元领域"或者"后学科",我们可以用它来重新组织或者囊括所有其他领域。媒介研究并非只是处于人文学科和社会科学相交的十字路口,同时也涉及自然科学、数学、工程学、医学和军事战略学。总之,媒介研究需要知识汇聚,这种汇聚要反拨的是将自然世界和精神世界、自然科学和人文学科截然两分的套路。《奇云》是这样的一种探索,并为之做出了表率,打开了认识媒介、人生和世界的新方式,呈现出理解媒介和研究媒介的一个全新范式,具有开创性意义。我个人感觉,这样的实验及其所展示的,远比克雷格之前的"传播领域"构想更彻底、更根本,也更贴近经验性土壤。若不是根据传播实践本身的历史和现状确立观察位置,仅仅在文本上作业,在话语中勾连,或许可以做到在逻辑上自洽,却不能触及既有研究的分毫。[①] 媒介是构成人类存在的要素和动力,媒介研究就是关于天、地和海洋间的人类境况的研究,人文学科就是一门对文化(也许同时也对自

[①] Robert T. Craig, "Communication Theory as a Field," *Communication Theory*, May, 1999, Vol. 9, Issue, 2, p. 119 - 161.

然)信息进行储存、传输和解读的学科。彼得斯的这种理解和创造,不仅大大解放出"媒介"的含义,彻底改变了媒介研究的性质和地位,而且以自己的研究及其成果为这样一个大胆的预测——"哲学最终可能只不过是媒介理论而已"①——提供了一个上好的证明。

由于"我们给世界投去的每一瞥都来自一个特殊的视角",②当彼得斯奋不顾身突破各种樊篱,凭一人之力对人类的整个境况投入一瞥时,我在阅读中始终想厘清,他究竟站立在何处投出这一瞥?他自己开宗明义,交代这是一本关于"中间"的书,媒介就是他的视野切进之处。问题是,他抓住的是一个"媒介"概念,而不是媒介自身,既不是海德格尔"道说"的"语言",也不是拉图尔作为行动者的技术,仅仅是一个概念,是概念本来所具有的"自然""环境"之义,使他一脚就踏进了媒介与人类的境况。他认为,媒介作为"传递意义的载体",势必不能和"自然",也就是所有意义产生的背景剥离,意义媒介之下,还隐藏着一种更为基础的媒介,它们默默无声但作用巨大。以这样一种广义理解,媒介就不仅进入了人类社会,进入了事件,而且还进入了自然世界,进入了事物;媒介即环境,环境亦媒介。所以他要综合媒介的自然属性和文化属性,建立一种在自然哲学基础之上的新的媒介哲学。这种口吻很容易让人想起杜威的"经验与自然",也就是"自然主义的人文主义",③不排除彼得斯有实用主义哲学的影子。不过在杜威那里,"经验"是关键,人通过生活经验进入自然,自然在经验的方式下揭示自己,并又使经验得以丰富和深化。经验和自然由此相互转化,构成人类实践的基础。彼得斯却没有清晰告诉我们,他是如何使"自然"和"文化"综合,或者他看到的"自然"和"文化"是如何综合一起。这就不免让我感觉到,不仅他的"中间",是一种自然状态的显示,而且技术和人工、无机与有机,好像也都是自然浑成。如果我的这个理解合乎该书的面目,彼得斯真的是想要通过"中间位置"——自然媒介——这样一个术语当作"杠杆",来撬起人类的境况,那么他一定是力不从心。术语不可能自动成为扳机,自然也不可能自行成为"杠杆";阿基米德的"点"当然可以被认为是"零",但"零"不来自自然;"自然之

---

① 格拉汉姆·哈曼:《铃与哨:更思辨的实在论》,黄芙蓉译,西南师范大学出版社2018年版,第219页。
② 卡洛·罗韦利:《时间的秩序》,杨光译,湖南科学技术出版社2019年版,第113页。
③ 杜威:《经验与自然》,傅统先译,江苏教育出版社2005年版,第1页。

媒介"否认人对意义的独占,不能导致"自然之意义"因而自然彰显。彼得斯恐怕需要有进一步的说明,什么是他的综合之"道"。他信手拈来众多的理论资源,如麦克卢汉、勒鲁瓦-古朗、英尼斯、西蒙栋、马克思、刘易斯·芒福德、詹姆斯·凯瑞、英尼斯、海德格尔、拉图尔、基特勒,等等,比较其长短,取己之所用,但也仅此而已。打个不十分恰当的比喻,彼得斯好像在拾掇百家饭,摊出来的确是琳琅满目营养丰富,却难以辨认其菜系和菜谱。也就是说,看不到他是准备如何将这些东西化成独有的理论分析视角,而且为什么应该是这样来运用。彼得斯在书中提到拉图尔,说他不仅是一位"物"的思想家,而且他的理论与神学非常贴合。这,是否也是他自己所思所感呢?因为如果一切都是自然天成,除非是神,谁都没有这个力量。《圣经·约伯记》中就是这样昭告其子民:是"神将北极铺在空中,将大地悬在虚空;将水包在密云中,云却不破裂","在水的周围划出界限,直到光明、黑暗的交界"。悬在虚空的大地,水与云含包,光明和黑暗交界,神创造自然,也确立规则。彼得斯的"中间""媒介""杠杆""锚点"及其居于其中的人类之境况,或许来源于此?

"人的境况",是阿伦特一本书的书名,彼得斯也提及过。很巧,阿伦特的"境况"里也有一个"中间位置",那是"一张桌子"——一个物的世界,安置在围坐一起的人们的中间并介入他们之间,使他们既相互联系又彼此分开。阿伦特借此希望人们看清本应如此的同"桌"共在,从而从个体的私欲和需求,也就是"劳动"和"工作"中走出,投向"行动",与世界的他人共存共享,恢复"中间"——世界已经失去了的既联系又分开的力量。① 所以有人评论道,阿伦特从古代希腊找到了一个阿基米德点,站在这个立足点上,她把批判的目光投向了我们自以为理所当然的思考和行动方式,对现代进行信仰的挑战。② 回看彼得斯,他有"中间位置"却无阿基米德点,或者说,他是把"中间位置"直接当成了阿基米德点,可是由此究竟挑战什么,解决什么,如同他的"中间位置"一样模糊不清。这一点,不如同样出自他之手的《对空言说》,在那本书里,他所揭示的20世纪以来"沟通"的问题,的确勾引起人们对现代性的质疑,对现代人"沟通"生存之境况的反思和挑战。真正的人文主义者

---

① 汉娜·阿伦特:《人的境况》,王寅丽译,上海人民出版社2009年版,第34—35页。
② 玛格丽特·加诺芬:《导言》,载前揭阿伦特:《人类的境况》,第1—2页。

同时也应该是博物学家,如果这是他所追求的,《奇云》确实使他充分展示了这一切,更真切地说,他扮演着一个很好的人文主义博物学家式的导游角色,引领我们看海洋、看天空,亲眼目睹海豚的灵性,感受火的有情和无情……可是我们始终把摸不住他的导览设计,为什么遵循这样的路线和景观。当然,人文主义者必定是有关怀的,他在书中就提出诸如"生态"的、"伦理"的,甚至更多的"德先生",以及需要整体观等等,可这并不贯串于全书的脉络,跟所有如此庞大和丰富的"境况"描画相比,显得既零星又苍白,简直是微不足道。既然如此,书的结论举托不住前面的内容,显示出头重脚轻,自是在所难免。他在中文版前言中说了这样一段话:

> 我认为现在频频推出的各种新技术不过是一个又一个的阴谋,误导着我们去忽略技术之外的各种更大的生存奇迹。这就是为什么我要恳请人们尊重基础设施、尊重自然和尊重各种旧事物的原因。通过这本书,我呼吁读者要对生命、空气和过眼云烟都保持惊奇。这是我发出的祈祷,愿上帝保佑地球的健康,保佑地球上的人类和其他生物都得到尊重。

这充分显示了他的悲天悯人之"仁"心,与结论的基调完全一致,说到底就是他在结论中提到的"爱与美",如果这就是他的最终目的,不仅几无新意,也看不出与媒介存有有什么必然干系,乌尔里希·贝克的"风险社会",所揭示的更触目惊心,更引人深省;维贝克对于"物"或"技术道德"的讨论,站点更高也更显示出"物"本身;①更不必说绿色组织或者环境保护运动早就在进行着,而且是直接行动(不过,按照拉图尔的说法,"绿色"运动之类的自然政治也已经让人失望,他们停滞不前,没有能带来公共生活的新面貌②)。彼得斯将多维角度的存有,压缩在一个平面上,旁征博引,翻来覆去让我们体察人类境况。媒介的历时性变化及其导致的不同生存层累及其断裂,也就是彼得斯自己所言的凹凸不平的"本体",几乎都被书中的类比或推论所连接也

---

① 彼得·保罗·维贝克:《将技术道德化:理解与设计物的道德》,闫宏秀、杨庆峰译,上海交通大学出版社 2016 年版。
② 布鲁诺·拉图尔:《自然的政治:如何把科学带入民主》,闫宏秀、杨庆峰译,上海交通大学出版社 2016 年版。

所抹平：互联网上的"冲浪"与船的浮沉差堪相似，大数据的储存好比就是天空划过的印迹，最终余留下的是一个自古至今一以贯之的同质的境况，除了境况还是境况。他在书中说："今天，我们又重新回到了过去那个历史悠久的、充满了多对多、一对多，甚至是一对无模式的传播时代，回到了那个媒介曾经是我们的基本生存装备的传播环境中。……尽管在某些具体方面，我们今天的技术、政治和经济条件已经有了前所未有的发展，但从更加高远的历史眼光来看，人类历史中的各种闹剧，其节目内容还是老生常谈，相对稳定。"太阳底下无新事，无论媒介如何变，其物质性有何不同，都是无关紧要，它们（口语手势、风水火土、文字书写、大众媒介和谷歌等），一概都是"人类境况"的敞开。彼得斯的所有工作，似乎就是做了这样的一个证成。这有点像英尼斯，喜欢回望，从历史长河中发现平衡点（中间位置），从平衡比照出不平衡。英尼斯的平衡点是"口语"，面对面交流，以抵消传播的时空偏向及其知识垄断；彼得斯依靠的是"媒介"，似乎只要将符号媒介的枝节"自然"插入媒介本来含有的"自然"之中，就一切迎刃而解：可以体悟人的媒介存有之境况，也可以为未来提供路标。媒介具有"自然"之义，不等于就是环境；境况与人相关，但不就是人；人存在的境况——生命性，诞生性和有死性，世界性，复数性以及地球——从来不能"自然"解释并解决"我们是什么"或回答"我们是谁"、"应该如何"的问题。

彼得斯有历史学家的深远眼光和精细，充满文学家的才气和丰富情感，略感欠缺的是哲学家的"思"——洞察力和穿透力。或许他是有意为之，因为他喜欢模糊，喜欢意味深长的暧昧，手起刀落利索干净不是他的风格。在读他的《对空言说》时，就有这样的印象。在《奇云》中，他自在而又不乏忧虑地坐在自己的那条"船"上，随流而去，随性而至，放眼苍穹，不断为我们指点风起潮涌，云卷云舒，横峰侧岭，浅滩暗礁；丰富中不免琐细，曲折中也带着些拖沓。他是在"乘桴浮海"中考察"乘槎浮海居天下"的媒介存有。于是，《奇云》在一定程度上成了一朵漂浮的"奇云"，不知所来也未知所终，"只在此山中，云深不知处"。颇有意味的是，全书结论以"意义的安息日"为题，安息日表示完工后的歇息而不是终结，安息日之后又是工作日，思考和研究仍将继续，就如泊系是为了明天的再起航。这不能不让我们充满期待：不管是彼得斯还是其他人。

中文版前言

中土王国,媒介王国

这是一本关于中间之物的书,也是一个关于天、地和海洋间的人类境况的研究。正如美国诗人玛丽安娜·摩尔(Marianne Moore)说的,"身处事物之中是人类的天性";又如美国的伟大圣贤沃尔多·爱默生说的:"中界乃至善"(The mid-world is best)。(本书扉页有两句引语,其中之一是他的这句。)我在本书中指出,"媒介"(media)即"使它物成为可能的中间之物",它如环境一样包裹着我们,也处于我们之前,还处于我们之中。

鉴于"中"之重要,2011年我访问中国时,我学到的第一个汉字是"中"也许就不足为奇了。"中"字学起来很容易,因为它在中国无处不在,但尤其让我着迷的是,它的含义竟如此丰富。20世纪80代,我在斯坦福大学读传播学博士时选修了两门中国历史课,因此知道了中国被称为"中土王国"(the middle kingdom)。但是,我当时也有一个朦胧的想法,这个"中土王国"是不是也可以被称为"媒介王国"(the media kingdom)呢?后来,在参观了故宫博物院、长城、十三陵、孔庙和国家博物馆后,我的这一想法变得越发强烈。在北京时,我连续去了好几次国家博物馆——它是一个多么博大瑰丽的媒介历史的宝库啊!

这本书清楚地显示出中国之行给我的影响,我在书中甚至还插入了一张我在紫禁城里拍的日晷照片。显然,中国历史中充满了我在此书中提到的各种"后勤型媒介",包括历法、钟、香、日晷、文字记录、墙垣、防火手段、灌溉和水利控制以及天宫图、水系图和地形图等。中国历史上出现的各种书写材质,从龟壳、兽骨到石碑和宣纸,它们的发展史充满着创造、唯美、幸存、毁损、混乱和控制,漫长又迷人。当然,我在书中的叙事高潮是我对历史上三位最伟大的道德先师——苏格拉底、耶稣和孔子——的思考。

有鉴于此,我希望中国读者能从本书中有所获益,正如本书从中国已经有所获益一样。关于中国的媒介史研究,需要做的工作还有很多,远不止此书所能穷尽。本书以"文明"(civilization)为基础,将"媒介"定义为"文明之秩序的设定装置"。在论述这一宏大问题时,遗漏中国是很不负责任的,因为中华文明是地球上历史最悠久的文明,而且在四大古文明(古代中国、古印度、古希腊和古巴比伦)中,也是唯一存续至今的文明。

我认为将东方和西方进行二元的和极化的对比(例如视东方为"道",西方文化为"罗格斯")意义不大,因为在东西之间曾经有很多的相似性,甚至曾经还有过相互影响。例如,亚里士多德(Aristotle)强调道德关系至高无上,听起来很像孔子。第欧根尼嬉笑怒骂、放浪形骸、不拘礼仪,听起来很像庄子。本书中多次出现的弗里德里希·基特勒(Friedrich Kittler)在谈到近代早期欧洲和中国之间的技术传播史时,认为线性透视法作为一种精确的几何工具催生了其他工具(如建筑、绘画和数学)的发明,但它未能从西方传播到东方;而莱布尼兹的数字记录法以及 0 和 1 的概念则可能是基于他对中国"阴—阳"概念的借鉴,因而成为技术从东方向西方传播的成功例子。[①] 无论基特勒的这一推测是否准确,莱布尼兹痴迷于中国的确是事实。我认为,要保持和增进中西间的相互好奇和理解,我们应该致力于双方相向而行,努力去发现相似和促成友谊,而不是基于"他者性"(otherness)去建立意识形态的隔离墙。我希望这种中西间的相互好奇和理解精神也在本书中有所体现。

另一方面,我认为,我们在了解东西方的相似和互通之余,认识到两者间在视野上的差异仍然很重要。本书谈到了几个有趣的方面,对它们,我们可以作更深入的研究。这里我仅简要指出其中的两个。在第二章中,我将海洋和航海视为催生人类起源的媒介。欧洲的地中海和北海曾经是欧洲人心智的发展空间,欧洲人在地中海和北海上的航行为西方思想的表达提供了各种语汇。在本章的一个脚注中我指出,中国思想对航海似乎没有给予与西方相同程度的重视。洪水、水坝、灌溉和水利控制是中国历史上绝对重要的事件,但航海活动却很少,即使有也是断断续续的,例如,郑和下西洋只

---

① 参见:Friedrich Kittler, "Perspective and the Book," trans. Sara Ogger, *Grey Room no. 5* (Autumn 2001): 38 - 53. Art historians of both China and the European middle ages note that many kinds of perspective have been invented at different times.

是中国历史上的一个例外,而不是常规。海洋永远无法被驯服(tamed),更无法被驯化(domesticated);河流虽然危险却可以被筑坝、改道和引导(这对海洋是根本不可能的)。海洋给西方人带来的是一个"自然无法驯服,只能被航行或顺应"的自然观,河流给中国人带来的一个是"自然可以被驯化和改造"的自然观,这两者之间的差异似乎也正是两个文明之间的轴心差异。

本书第七章是关于"神和谷歌"的,它揭示了中西文明间的另一个不同。在西方,数学与神学的关系错综复杂(数学也与航海实践难分彼此,因为航海需要进行各种抽象的计算和导航)。数学具有神学色彩,是对上帝之本质的沉思,这种观点普遍存在于诸如库萨的尼古拉斯(Nicholas of Cusa)、笛卡尔、帕斯卡、莱布尼兹、拉普拉斯(Laplace)、巴贝奇(Babbage)、布尔(Boole)、坎托(Cantor)和维纳(Wiener)等大思想家的著作中。甚至在自称是无神论者的数学家中,谈论上帝也是他们长期的思想习惯。这些思想家都对科学和技术,尤其是计算的发展起过至关重要的作用。一个很好的例子是斯蒂芬·霍金(Stephen Hawking),他是一名无神论者,但他在自己最为知名的著作文末提到了上帝。上帝是全知尽知的象征,也是超高速信息处理能力以及中心化的智慧与权威的象征。阿尔弗雷德·诺斯·怀特海(Alfred North Whitehead)说,中世纪神学留给现代科学的基础性遗产是"相信当下的每一个细节都可以以一种完全确定的方式与它的种种先例相互关联起来,从而呈现出各种总体性原则……认为世界中的所有细节都能被记录下来并井然有序"。[①] 一神教给西方留下的遗产是一个非常复杂且充满争议的话题,但是和世界的其他技术文化一样,谷歌的故事是一个与犹太教和基督教对唯一真神的信仰紧密相关的故事。

中国的数学和技术遗产虽然丰富但与西方的截然不同。欧洲文化中一直存在着一个神圣的"生命之书"的概念,也即一个总体性的书写系统(又称为"文档宇宙",即 docuverse:document universe)。中国历史上也出现过建造一个无所不包的图书馆的梦想,例如明朝的《永乐大典》和清朝的《四库全书》,以及《西游记》中提到的孙悟空从阎王爷无所不录的"生死簿"上删除自己的名字以获得长生不老的故事。但是,中国人希望能拥有庞大渊博的记

[①] Alfred North Whitehead, *Science and the Modern World:Lowell Lectures*, 1925 (London:Cambridge University Press, 1929), 15.

录系统的愿望与谷歌的梦想完全不同。谷歌梦想的是以数学原理为基础形成一个统一的神圣心灵，从而对世间所有的知识进行终极整合。航海实践、一神教信仰和数学知识似乎构成了欧美技术创新的独特源泉。

约翰·杜威曾经指出哲学是危险的，因为它总是能撼动世界上的某些人、制度和信仰。在这一点上，他很像早期的卡尔·马克思，呼吁"对一切事物进行批判"。我的这本书试图调动多种知识和智慧以推动社会公正的实现和社区的发展，这是所有学术工作的应有之义。因此，我不免会对当下世界中的一些现象发出批评。首先是硅谷的技术狂妄。我们总是不断听到"这些新技术是多么酷啊！"的感叹。但是，想要一个酷炫的应用程序，我们的呼吸系统难道不就是吗？想要一个最美的绿色和生成性技术，早已存在的叶绿素难道不就是吗？想要一个颠覆性创新技术，写作难道不就是吗？想要改变世界，用火难道不就能吗？需要智能工程？看看高塔、钟表或生活本身就行了。为什么一部新的苹果手机会让我们觉得"很酷"？我觉得这仅仅是因为我们过分地沉溺于它，以至于完全忘记了这部手机背后的各种基础设施。这些基础设施隐蔽但美好，没有它们，苹果手机根本就生产不出来。我认为，现在频频推出的各种新技术不过是一个又一个的阴谋，误导着我们去忽略技术之外的各种更大的生存奇迹。这就是为什么我要恳请人们尊重基础设施、尊重自然和尊重各种旧事物的原因。通过这本书，我呼吁读者要对生命、空气和过眼云烟都保持惊奇。这是我发出的祈祷，愿上帝保佑地球的健康，保佑地球上的人类和其他生物都得到尊重。

我在本书中还对人类文明中的一种长期病态现象提出了批评。这种病态就是：总是少数人任意统治多数人。在第一章中，我称这为"杠杆现象"，对之我在全书其他章中也有论及。在人类历史上，所有掌控运输、消防、历法制定、天气控制和书写技术的人都非富即贵。今天，文明的这种病态现象仍一如既往，且愈演愈烈。而那些为公共利益设计的各种制度，如新闻业、图书馆、学校、医院和选举现在都资金缺乏、营养不良。宗教、言论、出版、批评强权，甚至是生存的权利都正被各种不道德的、不合法的和非人性的方式压制。公共空间被宣传污染，教堂被捣毁，选举被操纵。我身在美国，这里的亿万富翁为所欲为，他们对共同生活的影响远超过其所应当。这样的图景令人扼腕侧目。我认为，世界各国都可以做得更好。

在我撰写这篇《奇云》的中文版前言时，全球都因新冠病毒肺炎陷入僵局。我强烈希望,疫情过后,世界应重新致力于创造更多的自由、平等和博爱,而不是更多的民族主义、民粹主义和威权主义。我出生于1958年5月4日,每年我过生日这天,我都会想起在我出生日的整整39年前,即1919年5月4日,爆发于中国北京大学的五四运动(2011年我有幸访问了北大)。显然,五四运动留下了很多遗产,但我对它的兴趣不在于视它为中国新的民族自豪感的开始,而在于视它为一个重建和想象的新机会。1919至1921年间,约翰·杜威(John Dewey)曾在中国任教。他是我最喜欢的思想家之一。我愿意相信,杜威曾对五四运动产生过重要影响。我希望我们的世界都能拥有更多的德先生,它是一种整体性的生活方式,源于每个人都能对自己生活中的媒介("中间之物")享有发言权。我希望全世界都能更加积极地追求这一愿景。

感谢邓建国教授对本书以及此前的《对空言说》的精心翻译和投入。我想把这本书献给我的中国学生、同事和朋友,过去的、现在的和将来的。

约翰·杜海姆·彼得斯
于美国康涅狄格州纽黑文
2020年5月4日

译者导读

约翰·杜海姆·彼得斯(J. D. Peters)的《奇云：媒介即存有》(下文称《奇云》)很容易让我们想起演化生物学家贾瑞德·戴蒙德(Jared Diamond)的《细菌、枪炮与钢铁》和历史学教授尤瓦尔·赫拉利的《人类简史》。和这两本书一样，《奇云》内容横跨自然与文明、远古与现代、新石器和新媒体、星空、大气、陆地、海洋、人类与非人类、人体与机器……涉及数十个学科：人类学、动物学、神学、天文学、技术史、文化史、哲学和文学等(彼得斯自称此无所不包的书写方法为"哲学人类学")。正如詹姆斯·凯瑞评论麦克卢汉的作品——"它无法被归于任何已有的图书类别，而是创造了一个新的体裁(genre)"[①]——戴蒙德、赫拉利和彼得斯似乎都创造了一个全新的体裁。但与戴蒙德和赫拉利的书不同，《奇云》远不是一本一遍就能读懂的书。

彼得斯是传播研究领域的"稀有动物"，我们已经从他的名著《对空言说——传播的观念史》[②]中领略到他的魅力——博学通才、文风典雅、语言精练、隽永悠远。如果说《对空言说》回答了"什么是传播/交流？它如何可能与不可能？其理想、失败与出路何在？"等传播的认识论问题的话，那么在这本"带着恐惧与战栗"写就的《奇云》中，他同样想象万千，妙语迭出，雄心勃勃地试图对"什么是媒介和技术？它们如何像自然一样地塑造了文化与人性？"等媒介的本体论问题作了波澜壮阔的重新思考和综合，最终提出一种"元素型哲学"。在《奇云》的"绪论"中，彼得斯开宗明义地提到：

---

① Carey, J. W. (1998), "Marshall McLuhan: Genealogy and Legacy," *Canadian Journal of Communication*, 23(3). https://doi.org/10.22230/cjc.1998v23n3a1045.
② J. P. 彼得斯：《对空言说：传播的观念史》，邓建国译，上海译文出版社2017年版。

"现在是时候提出一种媒介哲学的时候了。任何媒介哲学都建立在一种自然哲学的基础上。媒介并不仅仅是各种信息终端,同时也是各种代理物(agencies),代表着各种秩序(order)。这些媒介传送的讯息既体现人类的各种行为,也体现人类与生态体系以及经济体系之间的关系,而且,在更大范围的媒介概念上,媒介也是生态体系和经济体系的构成部分。有鉴于此,重新审视媒介和自然的关系,对我们而言不无裨益。在本书中,我提出了一种"元素型媒介哲学",并特别关注我们所处的这个数字媒介时代。这些"元素型媒介"(elemental media)在我们的惯习和栖居之地中处于基础地位,然而我们却对它们的这种基础地位不以为然。"(第1页)

在这一独特视角和勃勃雄心的引导下,传播学者彼得斯又向我们奉献了一部"无法被简单归入到传播学类"的奇书。

鉴于其内容的广度和思想的深度,对《奇云》的介绍远非一篇文章可以完成,本文仅描述《奇云》中两个核心概念的内涵与外延、全书的思想渊源和书写方法,以充当对全书内容的不完全索引(index);在适当的地方,我也会对《对空言说》和《奇云》作简要比较。一切引介翻译都应服务于原生创造,因此本篇导读最后分析了彼得斯的元素型媒介哲学与中国道家思想之间的相似与渊源,及其对中国媒介研究(media studies)的启发。

一、从媒介、技术到"文化技艺"

要理解《奇云》的媒介哲学,先要理解彼得斯在书中重新定义的我们已经耳熟能详的两个概念:媒介和技术。这两个词与我们理解全书的核心概念"元素型媒介"(书中类似的说法还包括后勤型媒介、基础设施性媒介)密切相关。

今天,"媒介"一词主要指代现代社会中各种能自动存储、加工和传输信息的技术、机构和人员,人们往往从信息论角度来部署、组织、优化和评估其效果。但20世纪80年代初出现了"媒介考古学"(media archeology),当时主要考察的是历史中的视觉和听觉媒介。① 这一领域发展到今天，"媒介"的内涵和外延越来越大，不仅包括"新媒介"如广播、电视、互联网（各种平台），以及"新新媒介"如无人机、AI、VR等，还包括"旧媒介"如书、手稿、人体，甚至城市、远洋轮和共享单车，以及"旧旧媒介"如语言、文字、纸莎草、粘土块、甲骨文、丝绸、竹简、卷轴、蜡板、动物皮，能传递声音和运输人与货物的空气和水，以及各种具有传输功能的巫师、灵媒、天使、神仙和鬼魂等。顾颉刚先生曾提出"层累造成的中古史观"：中国的上古史，如所谓三皇五帝的神话传说，是一层一层堆积起来的，越往前的神话传说被制造出来的时间却越晚。如今的"媒介"研究仿佛在印证这一学说：我们越往未来前瞻，同时也越向远古追溯。

但显然，以上所列的新旧"媒介"之间的差异是巨大的，用"媒介"这一现代概念来描述漫长的人类传播实践已经力不从心。就此，洪堡大学媒介学者奥尔夫冈·恩斯特（Wolfgang Ernst）干脆指出，"在中世纪根本不存在媒介"（There are no medieval media）。② 这一论断令人惊诧，但他的意思是说，中世纪或其他古代时期并不存在现代意义上的"媒介"。作为一个电讯工程师，香农提出"传播的数学原理"，关注纯粹的信号（signals）以提高信息传播效率，因此完全忽视了传播中有着语义学、符号学和诠释学意义的符号（signs），③ 而符号却与前现代社会的"媒介"如影随形，这意味着前现代的"媒介"是不符合信息论中"媒介"的标准定义的。而且，古人在使用各种"媒介"时显然也不知道它们在用的竟然是今天我们所称的媒介。美国哲学家罗伯特·布兰登指出，"我们现在无法确切地知道我们所使用的各种概念的全部意义，就像300多年前口渴的人无法知道他们喝的水就是今天的 H_2O 一样"。④ 因此，我们用现代的媒介指称古代的"媒介"，就犯了所谓时代性错误（anachronism）或命名错误（misnomer）。

---

① 胡塔莫、帕里卡：《媒介考古学：方法、路径与意涵》，唐海江译，复旦大学出版社2018年版，第3页。
② Born, E. (2016), "Media Archaeology, Cultural Techniques, and the Middle Ages: An Approach to the Study of Media before the Media," *Seminar: A Journal of Germanic Studies*, 52(2), 107–133, https://doi.org/10.3138/seminar.52.2.2.
③ 尼古拉斯·戴维：《新媒介：关键概念》，刘君译，复旦大学出版社2015年版，第36—37页。
④ "Systems of Philosophy: On Robert Brandom's 'A Spirit of Trust'," *Los Angeles Review of Books*, https://lareviewofbooks.org/article/systems-of-philosophy-on-robert-brandoms-a-spirit-of-trust/.

有鉴于此,恩斯特建议用"媒介"一词专门指现代意义上的电子和数字媒介,用"文化技艺"(Kulturtechniken/cultural techniques)指代前现代社会的"媒介"。① "文化技艺"一词源于 20 世纪 80 年代中后期弗里德里克·基特勒对一系列传播技术的物质性方面的研究,包括媒介技术、媒介制度、身体实践和各种符号系统(文字、数学和音乐记谱方法)等。这些研究对象统称为"文化技艺"。② 进入 21 世纪以来,德国媒介研究对文化技艺的关注逐渐增加,代表性成果如:西比尔·克莱默(Sybille Krämer)从"时间轴操纵型文化技艺"角度对弗里德里克·基特勒(Friedrich Kittler)的媒介概念的研究,③加拿大学者杰奥弗瑞·温斯洛普-杨(Geoffrey Winthrop-Young)对其概念的溯源,④伯恩哈德·希格特(Bernhard Siegert)对电网、过滤装置、门和其他类似技术的研究,⑤艾瑞克·伯恩(Eric Born)对媒介考古、文化技艺以及中世纪研究三者关系的研究等。⑥ 杰奥弗瑞·温斯洛普-杨认为,德国媒介研究中"文化技艺"概念的提出和研究跳出了文化(Kultur)和文明(Zivilisation)的简单二分(如诺贝特·埃利亚斯的《文明的进程》),而将媒介和技术的概念从词源学上追溯到了对人类社会有着根本形塑作用的农业耕种上(agricultural engineering),为媒介研究打开了新局面。⑦

---

① Ernst, Wolfgang, *Digital Memory and the Archive*, Ed. Jussi Parikka. Minneapolis: University of Minnesota P, 2013. "Discontinuities: Does the Archive Become Metaphorical in Multimedia Space?" Ernst, *Digital Memory and the Archive* 113-110,〈http://dx.doi.org/10.5749/minnesota/9780816677665.003.0008〉.
② Winthrop-Young, G., & Gane, N. (2006), "Friedrich Kittler: An Introduction," *Theory, Culture & Society*, 23(7-8), 5-16. https://doi.org/10.1177/0263276406069874.
③ Krämer, S. (2006). "The Cultural Techniques of Time Axis Manipulation: On Friedrich Kittler's Conception of Media," *Theory, Culture & Society*, 23(7-8), 93-109, https://doi.org/10.1177/0263276406069885.
④ Winthrop-Young, G. (2013), "Cultural techniques: Preliminary remarks," *Theory, Culture & Society*, 30(6), 3-19.
⑤ Siegert, B. (2015), *Cultural Techniques: Grids, Filters, Doors, and other Articulations of the Real*, Fordham Univ Press.
⑥ Born, E. (2016), "Media Archaeology, Cultural Techniques, and the Middle Ages: An Approach to the Study of Media before the Media," *Seminar: A Journal of Germanic Studies*, 52(2), 107-133, https://doi.org/10.3138/seminar.52.2.2.
⑦ Winthrop-Young, Geoffrey, "The KULTUR of Cultural Techniques: Conceptual Inertia and the Parasitic Materialities of Ontologization," *Cultural Politics*, 10.3(2014): 376-388,〈http://dx.doi.org/10.1215/17432197-2795741〉.

在《奇云》中，彼得斯则提出了"元素型媒介"的概念。他指出，media/medium 一词的含义"与一盘意大利面（spaghetti）一样模糊不清"，今天在媒介研究领域，"媒介"通常被明确地定义为媒体机构、受众和节目（例如，迪士尼、BBC 或谷歌）。但实际上，"我们在进入 19 世纪后很长一段时间内，提到'媒介'（media）一词时的意思常常是用它来指各种自然元素，如水、火、气和土"。

"元素说"在中外哲学史上都历史悠久。古希腊哲学家和科学家恩培多克勒斯（Empedocles）就提出了"四根"的哲学本体论，认为火、水、土、气这四个根（元素）是构成世界万物的始基，万物生灭不外是这四种元素的结合与分离。中国古代对世界的本源也有一元说（气）、二元说（阴阳）、多元说（五行和八卦等）。其中，"金、木、水、火、土"五行说与彼得斯所言的"元素型媒介"最为接近。

但彼得斯的"元素型媒介"中的"元素"，既是实指（指某些具体的元素），又是虚指（强调其基础性和构成性作用）。他将媒介视为"任何处于中间位置的因素"（In Medias Res）。媒介不仅是"表征性货物"（symbolic freight）的承运者（carriers），也是一种容器或环境，是人类存在的塑造者（crafters）；它们不仅是关于这个世界之物，它们就是这个世界本身。因此，他别出心裁地将坟墓、人体、海洋、船舶、天空、火、日历、高塔、钟、方位、零、直角和谷歌等都视为"元素型媒介"。在彼得斯看来，"媒介"这一概念是两栖的，它时而属于有机物（organism），时而属于人造物（artifact）。"如果我们将各种生物的身体视为一种装置和一种界面——换句话说，视之为一种媒介——那么动物学就是供我们进行比较性媒介研究的一本展开着的大书。"彼得斯的这一视角显然是麦克卢汉式的和基特勒式的。麦氏笔下最知名的"媒介"是电灯光。他认为报纸有内容而电灯光没内容，但后者也能产生巨大的社会影响。"电灯光是一个没有讯息的媒介，它的出现本身就创造了一个新环境。"[1]它能照亮黑暗，从而形塑和控制了人与人互动的规模和形式。但麦克卢汉关注的是技术形成的自然环境，而彼得斯则呼吁我们关注自然环境中的技术性，并且像基特勒一样将媒介视为具有数据储存、加工和传输能力的

---

[1] McLuhan, M. (1994), *Understanding Media*: *The Extensions of Man* (1st MIT Press ed), Cambridge, Mass: MIT Press.

一切装置和机制（见后文）。

彼得斯如此定义"媒介"，自然遭到了一些批评，如有人认为，他将媒介（技术）定义得过于宽泛以至于使它丧失了价值。对此，彼得斯的回答是，在数字革命推动下，媒介已经遍在如自然环境，因此"我们需要一个更具包容性的媒介定义来匹配这一现实。理论往往滞后于现实，它必须与时俱进"。

被彼得斯赋予独特意义的另一个词是"技术"（书中先后出现了 technology，techniques、technik、technics 和 technē 五个词）。① 他在《奇云》中回顾了"技术"的词源。在 19 世纪的英语中，technology，正如其后缀（-ology）所示，指"关于机械艺术的研究"，而非它后来所指的"一套完整的技术设备或技术系统"。Techniques 指各种技术实践，包括 craft（工艺）或 skill（技能），例如，彼得斯认为语言是 technique，而文字是 technology。

德国社会学家桑巴特（Werner Sombart）曾使用过德语词 technik，用它来同时指技术设备或技术系统（technologies）和技术实践（techniques）。美国经济社会学家索尔斯坦·凡勃仑（Thorstein Veblen, 1857—1929）指出，现代经济和文化中存在着一种"机器技术"（the machine technology），这个表述的内涵相当于德语词 technik。而在英语中，刘易斯·芒福德的经典名著《技术与文明》（*Technics and Civilization*, 1934）就用 technics 来对译德语词 technik，随后 technics 一词在英语世界中流行起来。technē 则指技术和艺术的混合物。在《奇云》中，彼得斯是在 technik/technics 意义上，即"技术工具"和"技术实践"两种意义上来谈论媒介技术的。他指出，作为人工物的一种，技术对人类的"存有"同时具有揭示作用和替代作用。

不难看出，彼得斯以上对"媒介"和"技术"的重新定义所遵循的是欧美媒介研究中"技术性传统"（按照埃里胡·卡茨的分类），也是美国人如刘易斯·芒福德（Lewis Mumford）、詹姆斯·凯瑞（James Carey），加拿大人如哈罗德·英尼斯（Harold Innis）和麦克卢汉，法国人如古尔汉以及布鲁诺·拉图尔（Bruno Latour），德国人如马丁·海德格尔（Martin Heidegger）和弗里德里希·基特勒（Friderich Kittler）所书写的传统。这些人并非都将"媒介"作为他们论著的核心主题，不太分析媒介"文本"和访谈媒介"受众"，也不去考察媒介的政治经济特征。他们更多的是将媒介视为文明甚至是存在（being）

---

① 在全书译文中，译者除了将 techniques 翻译成"技艺"之外，其他词都翻译成"技术"。

的历史性、构成性因素（constitutive elements），视（媒介）技术为文化和社会所采取的战略（strategies）和策略（tactics），为人、物、动物以及数据借以来实现其时空存在的各种装置和器物，也即前述源于德国媒介研究的所谓"文化技艺"，这也让《奇云》一书成为西方20世纪媒介技术哲学的集大成之作。

"文化技艺"如何区别于英美文化研究中的"文化实践"（cultural practices）？根据雷蒙·威廉斯的定义，文化（culture）指一种生活方式，包括观念、态度、语言、体制和权力结构；也可以指一系列的文化实践，包括艺术形式、文本、典籍、建筑和大规模生产的商品等。文化技艺和文化实践有着相似性，两者都借鉴了法国的理论，如福柯的"自我的技术"（technologies of the self）、马塞尔·莫斯（Marcel Mauss）的"身体技艺"（techniques du corps）以及布尔迪厄的"惯习"（habitus）。但两者的差别在于，文化实践关注人及其实践，文化技艺则强调人类和非人类行动者（actors）之间的相互依赖，尤其关注文化构成中的技术物件。

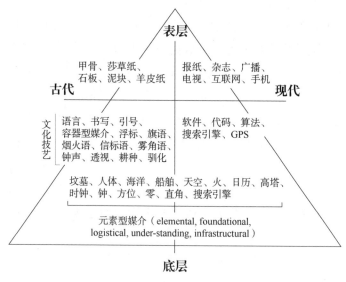

文化技艺与元素型媒介分类示意

综合媒介考古学、德国媒介研究对文化技艺的关注，以及彼得斯的"元素型媒介"概念，我绘出上图以示意出"媒介技术、文化技艺和元素型媒介"等概念之间的关系。上图从古代—现代、表层—底层两个维度将各种"媒介"分成四个象限,《奇云》中的"元素型媒介"大致属于图中的第三、四象限。该图诚非完美,但可以给读者充当"路线图",以利于理解,也相当于一种"元素型媒介"吧。

另一方面,我们也许会疑惑,媒介研究、媒介考古学和德国文化技艺研究三者有何区别?我认为三者重叠较大,但可以以书籍研究为例来简要说明三者间的细微区别。书籍史研究通常会按照手稿、书和超文本的线性发展方式来组织叙事。对书籍的媒介考古学研究则会从物质角度将书籍拆解为书写工具(鹅毛笔/毛笔、钢笔/圆珠笔、物理键盘/虚拟键盘)和书写表面(羊皮卷、纸、像素),然后分别研究。媒介考古学最常见的路数是使用类比(analogy)来比较不同历史时期的媒介,从熟悉中发现陌生或从陌生中发现熟悉。例如,媒介考古学者会指出:"互联网用户对超文本的体验与中世纪的读者对手稿的阅读体验类似:手稿充满注释、插图和按不同层级排列的各种信息,这样中世纪读者的目光可以如今天网民用鼠标点击超链接一样在这些元素之间自由跳跃。"[①]文化技艺研究也经常使用类似的"跨历史时代的"类比,但抽象层次更高,通常会排除媒介中人的因素,也不会关注具体的媒介形式,而是将所有媒介都视为数据的存储、加工和传输器。因此在研究书籍时,文化技艺研究会关注与书籍有关的阅读、书写和计算等行为或能力。这些行为或者能力的目的都在于创造、操纵和解读各种符号包括图像、文字和数字。文化技艺研究者认为,在不同文化和社会中,掌握这些基本的文化技艺是存活和发展的前提,这些文化技艺也在文化中处于核心位置,能区分内与外、亵渎与神圣、人类与动物、自我与他人、信号与噪音。[②] 文化技艺研究者并非媒介历史学家,而是媒介哲学家。他们对各种历史个案和事实的引用不是为了做媒介史研究而是为了对媒介进行哲学思考。

《奇云》和《对空言说》有何谱系关系呢?在《对空言说》(1999/2017)中,

[①] Born, E. (2016), "Media Archaeology, Cultural Techniques, and the Middle Ages: An Approach to the Study of Media before the Media," Seminar: A Journal of Germanic Studies, 52(2), 107-133, https://doi.org/10.3138/seminar.52.2.2.

[②] Siegert, Bernhard, "Introduction: Cultural Techniques, or the End of the Intellectual Postwar in German Media Theory," Siegert, Cultural Techniques, 1-18. 〈http://dx.doi.org/10.5422/fordham/9780823263752.003.0001〉.

彼得斯做了三件事：追溯 communication 这一观念的历史；对该观念的主导性用法进行了评述；提出自己的"另类"传播观以重新思考（rethink）传播。彼得斯研究了希腊和基督教传统、北美招魂术和社会科学以及现代大陆哲学中与传播相关的思想。他提出，我们考察人类互动的历史实质上就是要考察人类沟通理想的历史。他对各种"不可沟通性"——如人与动物、外星人和机器之间的"沟通"——的分析尤为有趣。他认为，我们这种与非人类事物进行沟通的努力并没有增强人类的跨物种沟通能力，而是预示着人类自身沟通上的危机。他的结论是，交流的问题不在于"我"将思想复制给他人，而在于"我"对那些抵制"我"的这种尝试的人抱有一种敏感性。因此，从更基础的层面上讲，交流是语义或心理问题，但更是一个政治和伦理问题。由此看来，《对空言说》主要是从认识论角度关注人类社会的传播观念的演变和各种丰富的传播的悲剧与喜剧；《奇云》则认为"我们在书写媒介史时，实际上是在展现其他所有事物的历史"。它更进一步从本体论角度关注先于"人类传播"存在的各种"元素型媒介"，考察它们是如何一开始就与人类和人性相互同构的。

在我看来，《对空言说》重申的也许是杜威的名言——"社会不仅因传输（transmission）和传播（communication）而存在，更确切地说，它就存在于传输与传播中"，或者是詹姆斯·凯瑞的名言——"传播是一种现实得以生产（produced）、维系（maintained）、修正（repaired）和转变（transformed）的符号过程"。《奇云》则强调了海德格尔的名言——"技术是揭示实在的一种方式"[①]以及基特勒的名言——"媒介决定了我们的境况"（Media determine our situation）。《奇云》不断地指出，媒介是人类存有的基础型、后勤型和元素型设施；媒介不仅仅是"关于"（about）这个世界的，而且"就是"（are）这个世界本身；媒介非表意，媒介即存有；媒介是人的"存有方式"（mode of being）和"社会秩序的提供者"；媒介是容器，可以用之存储、传送和加工信息，更被用来组织时间、空间和权力；记录性媒介压缩时间，传输性媒介压缩空间，它们都具有杠杆（leverage）作用；基础型、后勤型和元素型媒介具有组

---

① Heidegger, "Die Frage nach der Technik," 79, 81; "The Question Concerning Technology," *The Question Concerning Technology and Other Essays*, ed. and trans. William Lovitt (New York: Harper and Row, 1977), 12–13.

织和校对方向的功能,能将人和物置于网格(grid)之上,既能协调关系,又能发号施令。它整合人事,勾连万物。

二、从海德格尔到基特勒

很显然,《奇云》的以上媒介哲学深受德国媒介研究,尤其是海德格尔和基特勒思想的影响。

我们先说海德格尔和基特勒的关系。德国媒介研究最重要的大家莫过于尼克拉斯·卢曼(Niklas Nuhmann),他在 20 世纪 60 年代末期提出的系统论抽象难懂,但在英美广为人知。从 20 世纪 80 年代开始,弗里德里希·基特勒(1943—2011)则已成为德国媒介理论家中最具前沿性和争议性的人物。作为具有国际声誉的少数几个德国媒介学者,[①]他发表于 1985 年的《话语网络》(Aufschreibesysteme)是德国人文学科上的分水岭。基特勒的媒介硬件理论虽然也不无批评,但在 20 世纪 90 年代影响力就已经如日中天。彼得斯自己评论说,如果没有基特勒的创新,欧洲德语世界的媒介理论不可能在今天绽放如花。[②]

基特勒出生于原民主德国,曾在弗雷堡大学学习德语文学、浪漫文学和哲学,有"欧洲最伟大的哲学家"之称,也被称为"数字时代的德里达"。事实上,他自己更喜欢被称为"数字时代的福柯"。基特勒格外关注媒介物质性的作用——提出了所谓"信息论唯物主义(information theory materialism)[③]——

[①] 参见:Winthrop-Young, G., & Gane, N.(2006),"Friedrich Kittler: An Introduction," *Theory, Culture & Society*, 23(7-8), 5-16. 其他较知名的学者包括 Siegert、Groebner、Spielmann 和 Vismann 等。

[②] Peters JD (2010), "Introduction: Friedrich Kittler's Light Shows," In Kittler FA, *Optical Media: Berlin Lectures 1999*, trans. Enns A. Cambridge: Polity, 1-17.

[③] 20 世纪 90 年代以来,在"后人文主义"和"去人类中心主义"的整体思潮下,国外学界出现了明显的"物转向"(turn to things)或"物质转向"(material turn)或"新物质主义"(new materialism)。这一转向在哲学上已经出现了多种形式,例如,布鲁诺·拉图尔(Bruno Latour)的系统理论就凸显"物"的主体性和能动性,认为"物"具有独立于人类的生命及活性,在本体论上与人类完全平等,人类应该超越常规理性,对"物"进行想象。对于这波"物转向"思潮,拉图尔用"平本体论"(flat ontology)来表述,还有的如依恩·博古斯特(Ian Bogost)则用"薄本体论"(thin ontology)表述。参见:唐伟胜:《谨慎的拟人化、兽人与瑞克·巴斯的动物叙事》,《英语研究》,2019 年第 2 期,第 30—39 页。

弥补了福柯的知识考古学对文本话语的片面关注。①

基特勒的媒介研究内容偏僻，文风晦涩，立场常引发争议，但处处灵感迸发，充满原创。他的研究取向不同于诠释学，后者主要关注文本内容，而基特勒关注构成文本的物质；也不同于法兰克福学派，后者认为技术理性是对人类的奴役，而基特勒认为机器是人类的境况和命运。在基特勒看来，媒介不是被动接受内容的容器，而是具有本体论意义的撼动者（shifters）；媒介使这个世界成为可能，是世界的基础设施；媒介作为载体，其变化可能并不显眼，却能带来巨大的历史性后果。②

基特勒深受海德格尔的影响。海德格尔说："技术是揭示实在的一种方式。"在海德格尔看来，"揭示"（entbergen）不是简单地挖掘，而是将一种此前被隐含的东西以一种非常不同的方式释放出来，而这种释放又会带来各种未知的后果。海德格尔认为，媒介为"存有之历史"（Seinsgeschitchte）的关键所在，技术是人类的宿命，因此他被人们视为是一个技术的恐惧者和悲观主义者，对技术的侵蚀忧心忡忡。但基特勒将海德格尔奉为技术性思考的"教父"和哲学上的导师，认为他难能可贵地勇敢地对技术的非人性面向进行了全面而深入的思考，对技术给人类带来的后果并非一味哀叹而是去冷静地揭示。因此，和德里达、福柯、马尔库塞、萨特、阿伦特、利维纳斯、列奥·斯特劳斯以及昆德拉一起，基特勒成为了海德格尔丰富思想遗产的诠释者。

《奇云》受海德格尔和基特勒的影响极为明显。在全书（包括注脚）中，"海德格尔"共出现了88次，"基特勒"出现了101次。彼得斯指出，德国媒介理论对媒介的基础性特征具有很强的敏感性，也雄心勃勃地试图创造一种元学科（meta disciplinary）。他说："我承认，正是被德国媒介研究学者的这种精神所感动，我将轮船、火、夜晚、高塔、书籍、谷歌和云朵纳入此书（《奇云》）中。"

对于海德格尔的影响，彼得斯在《奇云》中无可奈何地指出："我们一提到本体论就自然会带出另外一个人物。我必须承认，我其实很不情愿又受

---

① 张昱辰：《媒介与文明的辩证法：话语网络与基特勒的媒介物质主义理论》，《国际新闻界》2016年第4期。
② Kittler, F. (1999), *Gramophone, Film, Typewriter*, Stanford, CA: Stanford University Press.

到海德格尔的影响,但我总是会如受到天体引力一样不由自主地滑入他的轨道。如果你对自然和技术(technē)感兴趣的话,海德格尔绝对是一位绕不开的人物。"书中第二章对鲸豚动物非物质媒介生存环境的深入阐释,作为一种"思想实验法"就有很清晰的海德格尔式"揭示"风格。

而对于基特勒,彼得斯说:"基特勒的思想深具创造力,其作品、演讲和对话总是让我深受启发!"他指出,"基特勒的著作之原创性令人惊异而又常引发争议,但由于人类动物饱受媒介浸润,任何关注我们自身命运的人都应该阅读基特勒的作品。① 他称基特勒是一位著名的"元素理论家",尤其关注声音、图像、字母、数字和感觉器官以及它们是如何被整合成媒介系统的。《奇云》第六章对"铭刻型媒介"(inscription media)的论述,包括"书写是所有媒介之母",留声机、摄影和电影等作为模拟媒介,其本质都是"光的书写",它们的出现打破了"文字"对能指的垄断等论述,几乎就是基特勒观点的转述。

综上所述,在思想渊源上,彼得斯是一位海德格尔主义者和基特勒主义者,而《奇云》是他与这两位伟大的媒介哲学家一起带着读者对人类之技术性存有进行的一次波澜壮阔的游历。

前述关于媒介技术、媒介考古和文化技艺的论述,以及海德格尔、基特勒和彼得斯的思想似乎都在强调媒介的物质性和本体性——彼得斯甚至将自己的媒介哲学称为"基础设施主义"(infrastructuralism)。这自然让我们脑中冒出一个疑问:这是不是"技术决定论"或者所谓"硬件狂喜"(hardware euphoria)? 在这个传播技术发展已经严重失控的时代,"技术决定论"的理论价值很值得我们正视和重估,②而"技术决定论"的标签给学术创新造成的后果(无论好坏)也值得我们深入分析。

技术决定论(technological determinism)最早由凡勃仑于1929年提出;20世纪70年代,雷蒙·威廉斯和 E. P. 汤普森都毫不留情地使用过,用它来猛批麦克卢汉。随着技术与社会的互动,学界后来发展出技术社会建构论、

---

① J. D. Peters, "Friedrich Kittler's Light Shows," *Introduction to Friedrich Kittler*, *Optical Media*: *Berlin Lectures 1999*(2010).
② 胡翼青:《为媒介技术决定论正名:兼论传播思想史的新视角》,《现代传播(中国传媒大学学报)》,2017年第1期,第51—56页。

技术的社会形塑论以及驯化论①,似乎有效地否定了技术决定论。进入21世纪以来,尽管技术的影响力日益遍在而强大,其"决定性"作用也越来越明显,但对"技术决定论"的指责仍然存在。彼得斯认为,这种武断和大而化之的指责不利于学术创新,为此,他撰专文梳理了"技术决定论"这一概念的谱系,并对这种指责进行了"元批评"(meta-critique)。他认为——

首先,我们要区分"技术决定论"指责的两个使用情景。鉴于社交媒体和电子商务平台权力的日益强大,对那些为服务于自身利益不断发出数字乌托邦式说辞的数字精英们,指责他们有"技术决定论"嫌疑是一个必要的提醒。但是,在学术交流情境中,轻易给他人贴标签却是一种"生产不足"(underproductive)的空话套话,丝毫不具有建设性。

其次,"技术决定论"的指责并不准确,因为很少有人会片面地去强调技术而忽视其他因素对社会和人的影响。例如,刘易斯·芒福德认为,生产力(工具)和生产关系是相互作用的,例如某种儿童玩具会催生一项新发明,如电影;而人们实现"远距离沟通"的古老梦想促使摩尔斯发明了电报。即使是麦克卢汉,他在强调媒介的重要性时,也仍然是从人的角度出发说"媒介是人体的延伸",而不是"人体是媒介的延伸"。雅克·艾吕尔(Jacques Ellul)一方面鄙视"技术决定论",另一方面又夸大技术的影响。② 连提出"信息论唯物主义"并频频鄙夷地称"所谓人类"(the so-called man)的基特勒都从未声称他只关注技术或技术设备;他早期的技术史研究中除了媒介,也充满了医生、士兵、哲学家、诗人、发明家和女性;他还强调机构(institution)在技术媒介网络中的节点作用,也从未忽视技术之于权力的意涵。在晚期对音乐和数学的研究中,他对整个西方文化史进行了发掘,更是充满了海德格尔式风格。③

再次,对社会发展因素中的某一主要因素的强调不等于认为该因素具有"决定性"影响。为了避免被指责为"技术决定论",保罗·莱文森认为自

---

① 南希·K. 拜厄姆:《交往在云端》,董晨宇、唐悦哲译,中国人民大学出版社2020年版。就人们对技术的理解之演变过程,本书第二章做了简明清晰的综述。
② Peters, J. D. (2017), "'You Mean My Whole Fallacy Is Wrong': On Technological Determinism," *Representations*, 140(1), 10-26, https://doi.org/10.1525/rep.2017.140.1.10.
③ 胡塔莫、帕里卡:《媒介考古学:方法、路径与意涵》,唐海江译,复旦大学出版社2018年版,第8页。

己赞成"软决定论"(soft determinism),①即认为技术只是推动人类社会发展的因素之一,因此技术只不过是所谓"软利器"(soft edge)。而且,限于精力,任何学者对众多影响因素都只能择其一二,而不可能穷尽一切因素进行研究,否则所有学者的有限选择都可以被视为"××决定论",如马克思的历史唯物主义可以被指责为生产工具和经济基础决定论("手推磨产生的是封建主为首的社会,蒸汽机产生的是工业资本家为首的社会");马克思·韦伯从文化史角度研究西方资本主义经济也可以被指责为"文化决定论"。

最后,虽然社会科学不是物理科学,但它同样以追求"因果关系"为目标。理论的功能在于描述、解释、控制和预测。首先,我们会去描述 A 或 B 的状态,然后试图去解释 A 与 B 的关系,如果 A 先于 B 发生,两者强相关,且排除了其他中间因素,我们就能相对自信地认为是 A 导致了 B,从而建立起 A 与 B 之间的因果关系。这样,我们就可以实现"预测"(即通过发现 A 的存在来预测 B 的存在)和"控制"(即通过创造 A 来创造 B)了。对社会科学研究而言,实现对变量的"描述"和"解释"是较低目标,实现对变量的"预测"和"控制"是较高目标,而预测和控制是通过发现"决定性"(determinism)来实现的。所以,某种程度的"决定主义"注定是社科研究中的应有之义。事实上,鉴于印刷术、电报、广播、电视、互联网、智能手机和人工智能等对人类的显在而巨大的影响,我们将其作为对社会变革具有最大解释力(甚至近乎因果关系)的变量也未尝不可。

彼得斯最后指出,那些不看论证质量就简单地将"技术决定论"标签乱贴的人,既对"我们究竟该如何应对技术给人类带来的深入影响?"这一问题视而不见,又将自己陡然置于"客观中立"的道德高地,对试图回答这一问题的人妄加指责。他们这么做的结果只有一个,就是叫停那些筚路蓝缕而又至关重要的学术研究。②

---

① 彼得斯将该词的首次提出追溯到威廉·詹姆斯,并因被美国经济学家与经济思想史学家罗伯特·L.海尔布隆纳(Robert Heilbroner, 1919—2005)在其 1967 年的论文《机器能否创造历史?》(*Do Machine Make History*)引用而普及开来。Peters, J. D. (2017), "'You Mean My Whole Fallacy Is Wrong': On Technological Determinism," *Representations*, 140(1), 10-26, https://doi.org/10.1525/rep.2017.140.1.10。

② Peters, J. D. (2017), "'You Mean My Whole Fallacy Is Wrong': On Technological Determinism," *Representations*, 140(1), 10-26. https://doi.org/10.1525/rep.2017.140.1.10。

三、"人类世"：从人类到自然，从地球到宇宙

《奇云》全书都渗透着一种"深层的生态意识"（deep ecological consciousness）。① 这与人类行为对地球乃至宇宙的巨大影响，以及"人类世"（Anthropocene）思想有着密切关系。

汉娜·阿伦特（Hannah Arendt）在其出版于1958年的《人类的条件》一书中详细阐述了人类行为对地球和宇宙逐渐强化的影响。她谈到伽利略的望远镜和苏联的人造卫星（Sputnik）。伽利略发明了望远镜，使"裸眼天文学"名声殆尽，而且他还用望远镜发现了太阳黑子，破除了"太阳纯净无瑕"的神话。阿伦特认为，1957年苏联人造卫星的上天是绝对划时代的变革，它意味着人造物首次在夜空中成为了一个可见物体，这在人的心灵媒介（the medium of mind）上是一种根本的变革，说明外部世界已经能为人类所塑造，天空不再仅仅是纯净的"理论"（theōria）空间了。从此以后，"工具人"（homo faber）的力量已经能触及天空从而将"理论"变成了一种"行动"（action）。与通向天空的"巴别塔"故事形成鲜明对照的是，人造卫星是出现在天上的人类作品——如今所谓"永恒"也能被人类行为改变了。阿伦特认为，我们一直希望自己的理论应用范围能超越地球之外，现在通过 $E=MC^2$ 这样的公式，人类已经可以从天体中汲取能量并将之用于自相残杀，这意味着人类在地球之外已经找到了阿基米德支点，实际上已将地球置于危险之中了。②

阿伦特所描述的事实激发了人们的反思。20世纪80年代，美国海洋生物学家尤金·斯托莫（Eugene Stoermer）首次使用"人类世"一词；2000年，他又和荷兰大气化学家、诺贝尔化学奖得主保罗·克鲁岑（Paul Crutzen）正式提出该词，受到全球学者的高度评价并引发热议，有人甚至认为这是"科学发现的重要时刻，堪比哥白尼地心说的提出，将极大改变世人对事物的认知"。③ 作

---

① Devall, Bill, Sessions, George (1985), *Deep Ecology*, Gibbs M. Smith, pp. 85 – 88. ISBN 978 – 0 – 87905 – 247 – 8.

② 汉娜·阿伦特：《人的条件》，竺乾威等译，上海人民出版社1999年版，第260页。

③ "The Geology of the Planet: Welcome to the Anthropocene," *Economist*, http://www.economist.com/node/18744401.

为苏联向太空发射出第一颗人造卫星的延续，2020年美国人马斯克的SpaceX实现了廉价宇宙穿梭，由此太空将进一步受到人类行为的塑造，成为人类可以书写的"媒介"。有如毕昇和古登堡的印刷机将人类从手抄时代带入到印刷时代，马斯克通过SpaceX将人类从对地球的书写引入对太空的书写，从而再次响亮地宣告了"人类世"的到来。

"人类世"的意涵是多重的。它首先是地质事件，意味着地球、生命和人类的历史发展的拐点，人类已经成为影响地球环境和发展的主导力量，其行为已经导致整个地球环境濒临崩溃，这将改变人类的传统时空观；其次，"人类世"是政治事件，意味着地缘政治新时期的到来；再次，"人类世"是文化事件，它里程碑式地将人类列为全球地质发展的行动者。面对人类世挑战，除了科学研究、理性判断，我们也应当充分发挥人的主观作用，为环境发声，为地球负责。[①] 事实正是如此，随着气候变化的问题不断加重，各国自然科学家、历史学家、哲学家、社会科学家、政治家、记者和活动家等都已经开始从各自领域阐述人类世，"形成了'人类世'多种叙事的交织"，表现出他们对"人类世"现状的焦虑、思考和拷问。

媒介研究早有关注环境（ecology）的传统，其代表人物应该是哈罗德·英尼斯。英尼斯将众多经济学概念如"垄断"、"均衡"和"偏向"等引入媒介研究，他也通过研究古代媒介（如言语、书写、黏土、纸莎草和印刷等）来揭示现代媒介的影响，这相当于"将人类历史当作考察我们现代困境的实验室"。但英尼斯对媒介的关注起源于他对环境的关注。他出版的几本加拿大经济史经典，如《加拿大的毛皮贸易》（1930年）、《定居地和矿业边疆》（1936）和《鳕鱼业》（1940），都带有清晰的加拿大环境印记，展示出加拿大是如何通过鳕鱼、海狸、木材、农产品（特别是小麦）和矿物等大宗商品贸易（staple economy）与欧洲形成依赖关系的。英尼斯甚至将海狸视为媒介研究的当然对象，并认为海狸生态学最终决定了加拿大的国家历史以及它与英法，尤其是与美国的关系。其他作者如刘易斯·芒福德、麦克卢汉、保罗·维里利奥、费利克斯·瓜塔里等都关注过环境。

但总体而言，在《奇云》之前，作为一门学科的传播学研究还没有培养出

[①] 姜礼福、孟庆粉：《人类世：从地质概念到文学批评》，《湖南科技大学学报（社会科学版）》2018年第6期。

一种"深层生态意识"。在西方主流传播话语中,"自然"不仅被严重边缘化了,而且它根本"不存在"。① 人类话语已经从"人类与非人类"窄化为"人类与人类"。非人类生命,包括动物和植物都被剥夺了权利,被定义为愚蠢的畜生或无意识的植物。因此,有学者很早就呼吁:"在过去的半个世纪里,传播学学科的探究范围呈指数级扩大,远远超出'(人类)言语传播'(speech communication)的起源,现在也许是时候超越人类中心主义,超越将传播等同于人际传播的时候了。"② 尽管如此,美国传播学者中很少有可见的行动。

在一次访谈中,彼得斯说他在《奇云》中关注环境有两个原因。其一,(他说这也是"最糟糕的"原因)因为(如上所述)当今关注环境在许多学科领域已成为"一种学术时尚"。他说自己"没有接受严格的跨学科训练就冒险赶时髦讨论环境,心里不免有些慌张和痛苦"③。这里他显然是寓庄于谐。其二,就是想要以实际行动超越传播研究中由来已久的人类中心主义,从不仅关注人与自身以及人与他人的关系,还关注人与自然的关系。

例如,《奇云》中关于谷歌的部分,彼得斯就指出,"人类世"与媒介的关系不仅仅体现在媒介如何呈现"人类世"(如媒介内容如何报道气候变化和生态危机等议题)上,还体现在我们要深刻地透视新媒介技术本身对自然的影响上。"没有一定的能量消耗,就无法进行信息传递"(罗伯特·维纳语)。信息与传播技术看似清洁、轻盈,但电子设备的生产和使用(如充电)都会产生碳排放和电子垃圾,谷歌和社交媒体平台的大型服务器需要消耗大量电能,轻松方便的电子商务只是将自己的碳排放转嫁给排放巨大的物流公司。因此,彼得斯指出,作为传播学者和学生,我们必须要知道传播与自然之间的相互构成作用。他引用社会学家诺博特·伊利亚斯(Norbert Elias)的话指出,"文明"包含了各种各样的用以控制心理、社会和生物资源的机制;如何处理人类与自我、与社会以及与环境之间的紧张,是人类至今都面临的挑战。对这一挑战,我们目前还没有找到明确的应对方案。他说:"伊利亚斯将

---

① Gyuchan, J. (2004), "Redoing Critical Studies in Nature: A Suggestion for the Articulation of Cultural Studies and Ecology," *Korean Journal of Communication Studies*, 12(5), 50-60.
② Martin, C. (1992), *In the Spirit of the Earth*, Baltimore, MD: John Hopkins University Press.
③ Russill, C. (2017), "Looking for the Horizon: A Conversation between John Durham Peters and Chris Russill," *Canadian Journal of Communication*, 42(4), 683-699. https://doi.org/10.22230/cjc.2017v42n4a3276.

文明视为我们面临的巨大麻烦和任务，它作为一个整体涵盖了各种管理人类资源和自然资源的实践，既脆弱不堪，又渗透权力。对他的观点我非常赞同。"

当然，《奇云》关注自然，也是顺着美国超验主义和实用主义传统的路子"自然而然的"结果。彼得斯说，将某物视为"自然而然的"（或曰"自然化"，naturalization）长期被视为知识人绝对不能犯的重罪，批判主义者对其特别不能容忍，因为这会加强现有的权力结构。但彼得斯认为，这并不意味着我们应该放弃"自然"这一概念。他指出，超验主义和实用主义都不害怕以丰富而复杂的方式谈论自然；如果我们要让媒介研究具有环境意识，最关键的就是要克服一直存在的对"谈论自然"的禁止。"自然"应该是人文主义研究的核心。"如果我们人文学者抛弃自然，那么我们就可能会将太多的好东西白白送给自然科学家了。"①

彼得斯显然从信息论角度来看待"意义"，主张采取一种超越人类中心主义的"后人类主义"视角来研究媒介。他指出："传播理论不应该害怕偏离人类的尺度。一个未经检验的人文主义可能会阻碍理论想象……自然主义能给我们人文主义已经做过的一切，也能让我们在运行有序的万事万物中找到自己的位置，同时又不会让我们充满傲慢和自满。"②

有人说，哥白尼将地球推出了宇宙的中心，达尔文将人类推出了生物（lives）的中心，弗洛伊德将理性推出了人的自我意识的中心。我认为，类似的，通过《对空言说》，彼得斯将"对话"和"实证主义传播研究传统"推出了人类传播的中心；而在这本《奇云》中，他竟然顺着基特勒的路数试图将人类推出传播的中心。这不免使我们想到《吕氏春秋·贵公》中的一段文字：荆人有遗弓者，而不肯索，曰："荆人遗之，荆人得之，又何索焉？"孔子闻之曰："去

---

① 我认为彼得斯这里的论证并不严密，他在《奇云》的"自然化"是将研究视角从人类世界转向自然世界，从人为转向物质；而他这里的论证所批判的却是批判学派在进行意识形态批判时所采用的方法：如果意识形态的目的是要让你相信你置身于其中的世界及其制度是天然合理的话（"自然化"），那么，意识形态批判的目的就是要让你意识到你所认为的自然事物和制度其实是历史的产物，是历史变化发展的结果，因而具有历史暂时性（"解-自然化"，de-naturalization）。所以彼得斯的"自然化"与批判学派所反对的"自然化"并不是同一回事，但他在亦庄亦谐中也给人以启示与灵感。

② Peters, J. D. (2006), "Communication as Dissemination," In G. Shepherd, J. St. John and T. Striphas (eds), *Communication as ...：Perspectives on Theory* (pp. 211 - 222), Thousand Oaks, CA: Sage.

其'荆'而可矣。"老聃闻之曰："去其'人'而可矣。"最后叙述者总结道："故老聃则至公矣。"（还是老耽最大公无私啊）。无论彼得斯的努力是否合理或成功，他的这种"老子般大公无私"的"混成"和"道"的媒介视野，确实能让我们脑洞大开。

四、思想实验法：猫头鹰、鲸豚、后视镜与反环境

黑格尔说："密涅瓦的猫头鹰只在黄昏时才展开翅膀。"这句话的含义很模糊，因而也很丰富。在此我们可以将其理解为，也许对某一事物或某一历史时期的深刻意义，只有在我们跳出该事物或等这一历史时期结束之后，我们才能真正地和全面地认识到。

彼得斯在《奇云》第二章的"思想实验"中，选择鲸豚类动物和船舶充当这只"猫头鹰"来进行他的"（人类与动物之间的）比较媒介研究"。

思想实验常常被指责为哲学家的"安乐椅式空想"，典型的如笛卡尔"我思故我在"以及普特南"缸中大脑"的玄妙论证。但是自然科学家也经常通过思想实验来提升我们对世界的理解。例如，伽利略在证明"两个不同重量的物体必定以相同速度落地"时，他并没有如传说中的那样爬上比萨斜塔进行实地实验，而是做了一个简单的思想实验，轻松地证明了 $H = L = H + L$。[①] 他的这一推理在 400 多年后被第一个登上月球的地球人尼尔·阿姆斯特朗确证。这就是思想实验的预测力量！当然，思想试验也可能作出错误的证明。

思想实验有何价值？罗伯特·布朗（Robert Brown）认为，思想实验通过纯粹的智力而不是"不可靠的经验证据"来发现客观存在的自然规律世界，从而帮助哲学家实现自柏拉图以来的理性主义（而不是经验主义）的探究目标。[②] 约翰·诺顿（John Norton）则认为思想实验实际上是一种论证形

[①] 亚里士多德宣称一个重物体（H）会比一个轻物体（L）下降得更快。但是伽利略想，假设我们用绳子连接两个物体，从而形成复合物体 $H + L$。那么根据亚里士多德的判断，我们可以预测，由于复合物的重量 $H + L$ 大于 H，所以它应比 H 本身落地速度更快：因此 $H + L > H$。但基于相同逻辑，我们也可以得出该复合体应该比 $H + L$ 的落地速度更慢，因为 L 落地比 H 慢，总而给 H 的落地带来了阻力，因此 $H + L < H$。但显然是自相矛盾的。要克服这个矛盾，我们只能推断出 $H = L = H + L$。

[②] Brown, J. R. (2004), "Peeking into Plato's heaven," *Philosophy of Science*, 71.

式,它从源于经验的前提开始,通过演绎逻辑得出结论。诺顿认为,从本质上讲,像伽利略这样的实验是"if-then"形式的推理,只要前提所基于的经验确凿可靠且推理符合逻辑,就能得出正确的结论。[1] 无论思想实验到底是什么,它都有助于哲学和科学的进步,成为我们理解世界的有力工具。

在媒介研究中,我们对"思想实验法"并不陌生,麦克卢汉曾提出"后视镜理论"。他说:

> "正如我说过的,大多数人都是从我称为'后视镜'的视角来看世界。我的意思是说,由于环境在其初创期是看不见的,人只能意识到这个新环境之前的老环境。换句话说,只有当它被新环境取代时,老环境才成为看得见的东西。因此,我们看世界的视角总是要落后一步。因为新技术使我们麻木,但它反过来创造了一种全新的环境,因此我们往往使老环境更加清晰可见。老环境之所以能够变得更加清晰可见,那是因为我们把它变成了一种艺术形式,是因为我们使自己依恋于体现它特征的物体和氛围。我们对爵士乐就是这样做的;我们对机械环境也在这样做。我们把机械环境的垃圾变成波普艺术品。"[2]

麦克卢汉又说:"艺术作为一种反环境(anti-environment),是一种不可或缺的感知手段(means of perception),因为环境多种多样,它们往往是不可感知的。这些环境具有将各种基础性规则强加于在我们的感知上的强大能力,以至于我们根本无法与其对话或互动。正因为此,我们就需要艺术或其他类似的反环境。"[3]他还说:"鱼儿根本无从知晓的一样东西就是水,因为它们从没经历过所谓'反环境',因而就无法通过对比来认识它们自己所生

---

[1] Gendler, T. S. (2016), *Thought Experiment: On the Powers and Limits of Imaginary Cases*, Place of publication not identified: Routledge.
[2] 转引自苏伦的1969年《花花公子》访谈稿:"麦克卢汉如何理解自己?"https://zhuanlan.zhihu.com/p/28704128。
[3] McLuhan, M. (2005/1966), "The Emperor's Old Clothes," In G. Kepes (Ed.), *The Man-Made Object* (pp. 90 - 95), New York: George Brazillier Inc.; Reprinted in E. McLuhan and W. T. Gordon (Eds.), *Marshall McLuhan Unbound* (20), Corte Madera (California): Gingko Press. pp. 3 - 4.

存的水环境。"①

很明显,麦氏所说的"后视镜"和"反环境"实质是一种方法论意义上的思想实验——只有跳出人类当前的媒介环境才可能思考、再思和否思(reflect/rethink/unthink)人类的媒介环境。彼得斯对此在《奇云》中对此做了很好的继承。

在《奇云》中,彼得斯提出了各种"if-then"的问题,其"思想实验"显然是约翰·诺顿所言的"一种论证形式"——从源于经验的前提开始,通过演绎逻辑得出结论。这一思路在1999年出版的《对空言说》中已露端倪,到2015年的《奇云》时已经清晰明确。体现最明显的是《奇云》第二章中对鲸豚和吸血鬼乌贼等海洋生物之存在的描述。其论证逻辑如下:鉴于媒介对人类而言已经变得遍在和隐形,"已经成为新的自然"(麦克卢汉),人类因此已经无法跳出媒介来考察媒介。这时我们不如另辟蹊径,去考察与人类完全不同的生存环境中的生物的存在状态。"海洋是一个调整生物各感觉间比率的自然实验室。生物在海洋条件下生活了五千万年,其感官、心灵和身体足以被重塑。感觉器官的自然演化史能展现出生物是如何与其所处的环境相互整合的,而这正是媒介生态学(media ecology)的核心话题。"彼得斯说,他对这些科学研究不想涉及过于详细,但又能保持其思想实验的有效性。

通过海洋—鲸豚这样的后视镜、反环境和思想实验,彼得斯指出,鲸类可能有某些技艺(techniques)——比如舞动身躯、捕食鱼类和相互沟通等——但他们不可能拥有技术(technologies)。它们生活在一个没有制造物的栖息地中,而人类生活在一个"技术圈"(techno-sphere)中。"人类的历史,在本质上和外显上,都是一部技术史;海洋智能哺乳动物为我们提供的(至少在思想上)是一种迥然不同的存在,从而也向我们展示出:人类的存在已经在多大程度依赖于技术(媒介)的支撑。"

---

① 类似的比喻很多,如柏拉图说,人类灵魂从获得天启的那一刻就像鱼儿探头出水面的那一瞬间;又如奥利弗·洛奇说:"深水中的鱼儿也许无从知晓水中生存的意义,因为它们都无一例外地深浸其中。这也是人类深浸于以太中时面临的境况。"

五、本雅明式历史勾连法、达·芬奇式系统思维、实用主义和"第三种文化"

一如《对空言说》,《奇云》也展现出彼得斯百科全书般的海量知识(尽管他也说"在撰写此书的时候,我深深地感到自己生命和能力的有限")。我和他聊起此事时,他说此书知识确实庞杂,以至于"芝加哥大学出版社的责任编辑找了 12 名专家来审稿"。[①] 至于他为什么要再次对读者进行信息轰炸,他说:"我写这本书是要进行一个试验,看看凭我一人之力能否对人类的整个境况投入一瞥。这一试验的效果如何,最终需要读者来判断,但至少我自己觉得答案是否定的——一人之力不可能做到。"

他这么说既是谦虚也是事实——在今天这个大数据时代,企图以一人之力对海量数据投入哪怕是最短暂的一瞥,也是自不量力。但彼得斯如培根笔下的蜜蜂,"无花不采,吮英咀华,滋味遍尝,取精用宏"。如他在《对空言说》中所展现的,他善用所谓"本雅明式历史勾连法"来论证其观点。"哲学家的工作就是为达到某一具体目的而集中调用其所有记忆"(维特根斯坦)。"博览群书而匠心独运,融化百花以自成一味,皆有来历而别具面目。"[②]"本雅明式历史勾连法"主张,对丰富的经验细节的收集本身就可以成为哲学或历史思考的一种方式。本雅明希望他为其"巴黎拱廊计划"(最终未能完成)所收集的每一个事实本身就是理论。在此基础上,彼得斯指出,"尽管本书内容有如百科全书般庞杂,但我希望它能超越对新奇物件的简单展示而进一步去对各种关键瓶颈和弯道做出精确定位。锚(mooring)不仅在航海上是重要的,它在学术研究中也同样重要。本书作者试图提供一些这样的锚"。

彼得斯使用"本雅明式历史勾连法"还有一个目的,要像基特勒一样以身为范地超越媒介研究的专业局限性,间接地批评媒介研究中的"学术部落主义"(tribalism)。他指出,给人类的研究探索加上某一具体学科或领域的标签,通常不过是一种品牌推广活动。最好的媒介理论应该是能够"通过它

[①] 引自 2020 年 1 月 15—16 日在加拿大渥太华卡尔顿大学(Carlton University)举行的"*Speaking into the Air* 出版 20 周年学术研讨会"上我跟彼得斯的交流。

[②] 罗新璋:"钱钟书译艺谈",引自范旭仑、李洪岩:《钱钟书评论(卷一)》,社会科学文献出版社 1996 年版,第 163 页。

使我们能更好地了解我们生活于其中的各种基本条件"的媒介理论,因此,任何学科都应该进入"媒介理论",而作为生活在"中间"的人,我们每个人都有可能是媒介理论家。他问道,如果我们真正意识到人类知者(the human knower)之必死,以及真正意识到人类有责任不仅与同类,也要与其他物种沟通,那么我们的大学会是什么样子?"我相信大学将会是一个不那么有领地感的、更谦逊和更具跨学科特征的地方,一个不那么仅专注于最新事物也能更具有'长时段'意识的机构。"①

这段话体现出彼得斯媒介研究的两个重要特点。一是在视野上跳出学科局限,从一切看媒介,从媒介看一切,相信"我们在书写媒介史时,实际上是在展现其他所有事物的历史"(戴维·亨迪语);另一个是在方法上结合主观诠释("可爱")与经验事实("可信")。

人类知识创造上的隔阂由来已久。1959 年 5 月,英国学者 C. P. 斯诺(C. P. Snow)在剑桥大学做了一场题为"两种文化"的讲座,深刻揭示了西方学术与文化圈子内日渐分裂出两极对立的群体:自称为"知识分子"的人文工作者和以物理学家为代表的科学工作者。在这两个群体背后各自代表了两种不同的文化立场:即科学主义文化与人文主义文化。两者的沟通与理解存在巨大的鸿沟,并衍生出相互歧视与攻击。

深为彼得斯钦慕的基特勒认为根本不存在"两种文化",也身体力行地反对"两种文化"之间的隔阂。受身为文学教师的父亲的影响,基特勒 7 岁时就能大段大段地背诵歌德的《浮士德》;受他同母异父的哥哥(退役通讯兵)的影响,他常常从坠毁的飞机上拆卸零件来组装出各种非法电台。这样的经历使他很早就有文理兼容的意识,也促使他后来指出,所有的媒介技术其实都是"战争设备的滥用",并认为所有涉及时间的人文作品(如音乐、舞蹈和诗歌)的本质上都是数学,包括计数、测量和比例等。②

在基特勒看来,媒介研究具有后学科性(post-disciplinary)。它并非处于人文学科和社会学科相交的十字路口,同时涉及自然科学、数学、工程学、医学和军事战略学。他认为,"知识就是知识,并不存在被分为具体学科的

---

① Russill, C. (2017), "Looking for the Horizon: A Conversation between John Durham Peters and Chris Russill," *Canadian Journal of Communication*, 42(4), 683-699.
② Winthrop-Young, G., & Gane, N. (2006), "Friedrich Kittler: An Introduction," *Theory, Culture & Society*, 23(7-8), 5-16. https://doi.org/10.1177/0263276406069874.

知识;无论是在媒介研究这一特定领域还是其他特定领域,专门知识都是不存在的"。基特勒从来就是知识专门化(specialization)的坚决反对者,因此,他在写作时往往会勇敢地进入很多其他领域,这导致他不可避免地犯下很多显得外行的错误,但他对此全然不顾。基特勒认为,(搞跨学科研究)"有些简单的知识就够了"(Simple knowledge will do)。彼得斯指出,对基特勒研究中的错误"我本人显然无法批评",但我们应该更加重视他"搞跨学科研究有些简单的知识就够了"的观点。①

彼得斯指出,"简单而言,基特勒认为媒介研究也可以囊括当今学界所谓的 STEM 学科,即科学、技术、工程和数学。他的这一观点值得敬佩,现在仍然能给我们带来巨大启发。真正的人文主义者(humanist)同时也应该是博物学家(naturalist)。只要能增进知识,人文主义者要同时关注现在、过去和未来的各种事物。"

在 1964 年再版的《两种文化:一次回眸》一书中,斯诺开始反思"两种文化"那种非此即彼的提法,并且敏感地预见"两种文化"之间可能会出现"第三种文化"(the third culture),虽然"现在谈第三种文化可能为时尚早。但是我现在确信它将到来。当它出现的时候,科学与人文之间的一些交流困难最终将被克服。"② 我认为,在媒介研究领域,《奇云》便是彼得斯作为人文主义者、博物学家和媒介研究者献给读者的一部恢宏之作,也是他试图克服"两种文化",创造出"第三种文化"的典范之作。

还需要指出的是,如果说在《对空言说》中,彼得斯是通过对众多宗教、文学和哲学材料的主观诠释来传达其"撒播"的传播观,他在《奇云》中则通过列举说海量经验事实,让他一贯充满隐喻和诠释的行文风格具有了经验科学色彩。"我对所涉内容做到尽可能地精确和全面,但同时又不排除对隐喻的使用,将其视为通向洞见的途径。"

弗朗西斯·培根说,"经验主义者如蚂蚁一样累积和使用,理性主义者如蜘蛛一样吐丝结网。然而最好的方法是如蜜蜂一样兼而有之——采集现有材料并加工以用之。"彼得斯的方法是蜜蜂式的综合性方法。傅雷在翻译丹纳的《艺术哲学》时,在"译者序"中肯定了丹纳的实证主义,盛赞其丰富的

---

① *Gramophone*, *Film*, *Typewriter*, xl.
② Snow, C. P. (1964), *The Two Cultures: And a Second Look*, Cambridge University Press.

史料,并提出他自己要像丹纳一样"以科学精神和实证主义改造中国学术。"① 今天看傅雷的这种观点未必对,但体现出丹纳、傅雷和彼得斯三者都有着试图调和主观诠释和客观实证两种学术研究路径的努力。

彼得斯曾经对实证研究取向的传播学研究颇有怨言而立志投身于人文取向的传播学研究,《对空言说》便是其成果结晶,但他后来对这一立场有所修正,②《奇云》则体现出了他修正后的折中调和的"蜜蜂"立场,也折射出他的实用主义精神。从更宏观层面看,彼得斯对跨学科知识的旁征博引,也许并非想以《奇云》作为一种范例,要求所有媒介和传播学者都要像他那样去掌握海量知识以克服"两种文化"之争,这显然不现实也似乎没有必要。我认为,彼得斯通过《奇云》百科全书式的博大浩瀚,与其说在向媒介和传播学者表达"要像我一样博学"的期望,还不如说他在向其他学科领域的学者展示出:"这是我们传播学(媒介研究)提供给你们的视角,怎么样,很有启发吧?"因此,《奇云》的"知识大融通"贡献,主要不在于将大量其他学科知识"进口"到传播学,而是将传播学视角"出口"到其他学科,以平衡传播学与其他学科之间的"贸易逆差"。如果说《对空言说》的贡献在于扩大了communication在学术"时间"上的范围,《奇云》的贡献则在于扩大了communication在学术(而不仅仅建制意义上的)"空间"上的范围。③ 由此看来,彼得斯以一人之力勇猛直前冲出传播学的护城河,进入学科之林,穿针引线,纵横捭阖,为传播学的学科声誉又立了一大功。

"已识乾坤大,犹怜草木青。"对于传播学研究,我们也许可以反过来说,在我们已识传播学的草木之美时,要学会跳出草木去欣赏传播学学科之外的人类知识的浩瀚乾坤。在《奇云》中,彼得斯是诗人、艺术家、哲学家、考古

---

① 吕作用:《傅雷译〈艺术哲学〉:一部"详尽的西洋美术史"》,https://xw.qq.com/cmsid/20181114A0P7L000?f=dc,2020年2月28日。

② John Durham Peters, "Institutional Sources of Intellectual Poverty in Communication Research," *Communication Research*, 13, 4(1986): 527 - 559; "The Need for Theoretical Foundations: Reply to Gonzalez," *Communication Research*, 15,3(1988):309 - 317; "Genealogical Notes on 'The Field,'" *Journal of Communication*, 43,4(1993):132 - 139; and "Tangled Legacies," *Journal of Communication*, 46,3(1996): 85 - 87.

③ Peters, J. D. (1986), "Institutional Sources of Intellectual Poverty of Communication Research," *Communication Research*, 13(4), 527 - 559, https://doi.org/10.1177/009365086013004002.

学家、工程师、海洋学家、气象学家、太空物理学家、计算机专家……他成为了"已识草木、放眼乾坤、跳出传播看传播"的达·芬奇式学者!

六、思想家远胜于抄书人:彼得斯的"生成性"思想

有人可能会质疑彼得斯,认为他虽然妙语连珠,但立论主观,缺乏一以贯之的逻辑和系统性论证。这也许是他的不足,但我认为,这并不影响他成为一个有影响力的杰出的传播思想家。因为,立论是否符合逻辑(being reasonable)和是否"伟大"(being great)并非必然相关。例如,在西方哲学史上,除了亚里士多德这比较讲逻辑,其他如苏格拉底、柏拉图、休谟和康德等之所以伟大,并非由于他们对自己哲学的论证有多符合逻辑(事实上他们的很多观点都前后矛盾),而是因为他们提出了供后人思考、讨论乃至争论的亘古话题。例如,当人类对世界的认识还是混沌一片时,泰勒斯问道:"世界由什么组成?"于是后人都从各自角度给出回答,形成了哲学上的本体论(ontology);当很多人都在努力寻求所谓"真"(true)的答案时,都在劝说人们要"行善"时,苏格拉底却陡然问道:"什么是真?""什么是善?"于是后人都从各自角度给出回答,形成了哲学上的认识论(epistemology)和道德论(deontology)。伟大的哲学家都是因为提出了新的视角从而扩展了思想的视野才变得伟大。

章学诚有言曰:"高明者多独断之学,沉潜者尚考索之功。"《奇云》的"独断之学"也许胜于"考索之功",但彼得斯是一名名副其实的"高明者"。他看重新思想和新视角,他的学问是活的学问,不是死的学问。如果有人以为他的学问根底不够扎实系统,不够讲逻辑,那就犯了不知人也不知学的错误。

英国历史学家和哲学家 R. G. 科林伍德曾说过(大意),哲学不会像精确科学或经验科学那样告诉我们此前一无所知的事物,而是会用新的方式来引导我们看待我们已经知道的事物。苏珊·朗格(Suzanne Langer)也指出,思想史中存在着一种所谓"生成性思想"(generative ideas),它们能给旧领域带来新视角、新概念和新框架。她说:

"大多数新发现其实不过是我们突然看到了一直就存在的东西。新想法是一种光,它照亮了此前我们一直忽视的东西,并让这些东西获得了某种形式。我们将光投到这里、那里和四面八方,这

时那些限制思想的东西就自然会退却。在有着基础作用的生成性思想的推动下,新的科学、新的艺术和年轻而有朝气的哲学体系就会喷薄而出。"①

彼得斯自己在评价基特勒时,曾经写过如下一段话,指出"预言家远比一般的抄写员更稀缺",其实也是在强调媒介研究中的"生成性思想"的重要性。鉴于这段话意义贴切、文笔优美,我在此完整引用如下:

> 基特勒文风轻蔑不羁,有时甚至对学术规范都极为不屑,这给学术界带来了什么样的危害呢?判断学术水准的标准众多,包括准确性、启发性、判断力、新颖性和公允度等。显然,基特勒在这些指标上得分不一。但是,学术生态系统中有足够的空间来容纳不同的学者做出不同的贡献,另外也没有人能在所有方面都获得满分。德国大学有一个悠久的宽容传统——这让无论表达多么离奇、野心多么狂妄的学术观点都能够找到发表平台;与之同时存在的另一个学术传统是对细节不厌其烦、孜孜以求的关注。基特勒无疑属于前一个传统,但他还辅之以他从法国学来的吞云吐雾之法(抽烟)。当然,我们对基特勒的学说不能全盘照收——我们对谁的学说能全盘照收呢?但是如果我们只看到他的各种错误和夸张,我们就会错过他的很多洞见而无法真正理解媒介给我们的生活和时代带来的重大影响。
>
> 许多伟大的思想家难免偶尔会犯错,但都瑕不掩瑜。专业的历史研究者会指出福柯弄错了很多史实,但这并没有让福柯的学术变得无聊乏味和无足轻重。实际上学术生产不可能完全避免犯错,正如汉娜·阿伦特(Hannah Arendt)所言:只有一流的思想家才能生产出一流的矛盾。
>
> 我在这里指出基特勒学说中存在问题,但同时我也担心有些批评者在受益于他的同时却在无情批评他,好比我们在站在他肩

---

① Gordon, R. D. (2007), "Beyond the Failures of Western Communication Theory," *Journal of Multicultural Discourses*, 2(2), 89-107.

膀上的同时却无情地猛击他的耳朵一样。学者总容易从自己的角度来衡量他人。但伟大的预言家远比一般的抄写员更稀缺。指出一名学者在哪里翻了车要比发明一种新思想容易得多。媒介史研究已经产出了很多类型多样、内容有趣的研究成果，但几乎还没有出现像基特勒那样令人叹为观止、天马行空的思想。他发表了大量鸿篇巨制，身边难免会飞着一些令人讨厌的小苍蝇，但是我们不能仅仅因为这些小苍蝇就忽视了他带到我们眼前的那只壮丽威猛的巨兽。[①]

我想，彼得斯在写以上评价时，他脑中的说话对象不仅有批评基特勒的人，也有批评他自己的人吧。

七、《奇云》与中国

在《对空言说》的"中文版前言"中，彼得斯说道："在本书（指《对空言说》，下同）中，中国只被提到了一次，但是在高潮的时候提到的。在本书第六章中，我在谈及智慧（intelligence）的极大丰富时感叹：例如，中华文明中有如此之多的智慧，然而整个西方世界却一直对它那么地一无所知！（英文版第 256 页）尽管我有此感叹，但不幸的是，本书在扭转这种无知上却助益很少。从很多方面看，本书都是一本西方特征非常明显的书——它涉及的人物、讲述的故事和表达的方式等都是西方的。"而在《奇云》中，正文和脚注中有 31 次提到了中国，正文中还插入了一张他 2011 年亲自拍摄的中国故宫的日晷照片。可见《奇云》对中国的关注，这种关注可以从以下三个方面进行分析。

1. 中国是"文化技艺"之国

如前所述，《奇云》关注元素型媒介，即远古、前现代以及现代社会中的"文化技艺"，"文化"（culture）的原初意义为"种植和培育"，"技艺"则指技术出现之前的与人的身体密切相关的实践。中国有着悠久和发达的农业文

[①] John Durham Peters, "Friedrich Kittler's Light Shows: Introduction to Friedrich Kittler", in Kittler, A., & Enns, A. (2010) *Optical Media: Berlin Lectures 1999* (English ed), Polity.

明,"这片大陆上最大多数人是拖泥带水下田讨生活的了"。① "持续 3 000 多年,古代中国人都是具有创新和发现精神的大师。是他们首次绘制星图,发现了血液循环甚至提炼出性激素。从悬索桥和地震仪到高炉、铁犁、降落伞和渔线轮,正是古代中国在工程、医学、技术、数学、科学、战争、运输和音乐方面的巨大贡献激发了欧洲的农业和工业革命。"②除此之外,中国还有基于农业生产方式的丰富的器物、典章和制度。乡土中国中的各种文化技艺整合了自然与人工、经验与技术,是现代媒介出现前的基础性媒介,它们已经进入到中国人的 DNA 中,与中华民族和中国性(Chinese-ness)不可分割。正如彼得斯在《中文版前言》中指出的,"显然,中国历史中充满了我在书中提到的各种'后勤型媒介'",因此,他的媒介研究不可能绕开中国。

2. 从有到无,有无相生:海德格尔与中国道家

在《奇云》中彼得斯说自己会"身不由己地滑向海德格尔的轨道"。由于海德格尔曾阅读道家经典并受其影响③,因此,彼得斯的技术(媒介)思想与道家思想十分吻合。例如,彼得斯在论述"火"这一元素型媒介时写道:

> 像点、零和语言一样,火是一种否定世界的方式,这一否定方式使这个世界对于我们而言适于生存。……火是一种负的技术,一种删除器,一种使事情消失的方法,一种解决物质压力的方法。火能使自然消失,它是大自然的橡皮擦。火像声音一样通过消失而存在。去物质化(dematerialization)是火最伟大的天赋,它使人类能够接触到巨大而又关键的领域——"非存有"(non-being),即如保罗·塔尔苏斯所说的一种"非物"(things which are not)的状态。如黑格尔笔下的"否定"一样,火是伟大的辩证学家,它证明了肯尼斯·伯克的观点——人类是负物的发明家(the inventor of the negative)。如果本体论关注的是那些我们没有意识到的基础设施,那么火则证明了一些重要的东西:无(nothing)也至关重要,

---

① 费孝通:《乡土中国》,北京大学出版社 2012 年版,第 9 页。
② Temple, R. K. G., & Needham, J. (1986), *The Genius of China: 3 000 Years of Science, Discovery, and Invention*, Simon and Schuster.
③ 有关道家对海德格尔著作的影响,可参见莱因哈德·梅:《海德格尔的内在源泉:东亚对其作品的影响》,格瑞艾姆·帕克斯译,劳特里奇出版社 1996 年版。

它被嵌入到我们的存在中，一如线粒体嵌入细胞中，炉膛嵌入房屋中或氧气渗入生命体中一样。

这段话与中国道家"负"的思维方式何其相似！《道德经》说："为学日益，为道日损。"意思是说，"中国哲学的传统功用不在于增加积极的知识（关于实际的信息），而在于提高心灵的境界——达到超乎现世的境界，获得高于道德价值的价值"（冯友兰）。实际上，彼得斯在《奇云》中的媒介论说并非是为了追求关于媒介的实际知识，而是用"损"的方法在论说媒介的本体论价值——非"为学"也，实"为道"也，也即黄旦教授所言"媒介道说"。①

又如，彼得斯在书中引用了芒福德的"容器型技术"（地窖、垃圾桶、蓄水池、大桶、花瓶、水罐、灌溉渠、水库、谷仓、房屋、粮仓、图书馆和城市，以及更抽象的容器如语言、仪式和家庭制度等）概念，指出这些技术之所以不为我们所见，是因为它们在历史上沉默无语，但它们对人类的存在发挥着极为基础性的作用。该观点与《道德经》中的此两段文字不谋而合："三十辐共一毂，当其无，有车之用。埏埴以为器，当其无，有器之用。凿户牖以为室，当其无，有室之用。故有之以为利，无之以为用"以及"大器晚成，大音希声，大象无形"。②

同时，与彼得斯在《奇云》中不厌其烦地论述各种"元素"一样，《道德经》也频繁地提到天地、刍狗、风箱、山谷、水、土、容器、锐器、车轮、房屋等具体东西，并用之来阐明抽象的道理，而这些东西几乎都可以列入彼得斯的"元素型媒介"中。冯友兰先生说："老子所说的'道'，是'有'与'无'的统一，即所谓'有无相生'。"彼得斯的"媒介道说"的价值在于，在人人都在谈"媒介之有"时，他另辟蹊径谈"媒介之无"，而且他所论"大无"实际上也是"大有"。

---

① 黄旦：《听音闻道识媒介——写在"媒介道说"译丛出版之际》，《新闻记者》2019年第8期。
② 海德格尔在论文《物》（*The Thing*）中对一个具体的物进行了引申思考：一个"壶"在物的属性上是一个物。这个"壶"即出自《老子》第11章。在该章中，这个"壶"和另两个物（车毂和房屋）因为有了空虚的部分，才得以发挥它们的作用。"壶"是"道"，也是人类的映像。对海德格尔而言，这个"壶"最根本的特性，即它中空的地方，是关注"有"多于关注"无"的自然科学无法解释的。科学只能徒劳地告诉人们，肉眼所见的壶的中空里充满了空气。海德格尔接下来讨论了壶的中空部分，将其与它的环境关系表述为：物是"四重聚集"的整体，即天、地、神和人。参见：格瑞艾姆·帕克斯、梁燕华：《老庄和海德格尔论自然与技术》，《商丘师范学院学报》2017年第8期，第13—22页。

需要指出的是,彼得斯也承认"有无相生",他是在肯定媒介的传者、文本、渠道、效果、政治和经济等研究之"有"的前提下再强调其"无"的。

3. 奇云:中国传播思想的典型意象?

细心的读者会发现,彼得斯在书中辟专章论述了各种元素型媒介,但对出现在书名中的"云",在书中除了列有一幅云的风景画之外,却只有很短的一小节论述。这让读者不免困惑,彼得斯用"云"到底何所指。在一次访谈中,彼得斯做了解释,指出"云"的意义众多,对全书而言非常重要。① 限于篇幅,我基于这篇访谈,在这里仅指出"云"的意象与中国传播思想之间的关系。

首先,在西方,"如何描绘云"曾给文艺复兴时期兴起的透视和几何逻辑带来挑战,而这也恰恰是中国传播思想给"西方"传播科学(communication science)带来的挑战。

彼得斯在《奇云》中引用艺术史学家休伯特·达米施(Hubert Damisch)在《论云》(*Théorie du nuage*,1972)一书中的论述时指出:云如雾如气的特点给绘画带来了特殊挑战,因为它飘忽不定、缺乏边界,让文艺复兴时兴起的"点—线—面"几何透视原理无效。达·芬奇认为,绘画不能忽视如灰烬、泥土和云彩这样的难以表现的物体,它们都是"没有面的体"。云让我们想起一个古老的哲学悖论(sorites paradox)——多少粒沙子可以算"一堆沙子"?其从量变到质变的分界线在哪里?对之我们根本无法确定。和声音及音乐一样,云的存在体现于其消失的过程中,它流动不居、意义深远却又含混不清,因此云能激发绘画才智,是对"画出不可画者""传播不可传播者"之能力的考验。绘画和摄影中记录云的历史,就是人类努力去捕捉那些既感性又抽象之物的历史。彼得斯认为,云能引发媒介研究中的一个基本问题(problematic):在使用现有符号系统和媒介都无法表征和记录之时,我们如何去记录存在于时间之流中的变幻莫测、模糊不清和稍纵即逝之物?我认为,如"水"一样,"云"作为"没有面的体",类似于不可编码的默会知识,恰可作为象征中国传播实践和思想的典型意象。

---

① Russill, C. (2017), "Looking for the Horizon: A Conversation between John Durham Peters and Chris Russill," *Canadian Journal of Communication*, 42(4), 683-699. https://doi.org/10.22230/cjc.2017v42n4a3276.

通过"云"这一意象，彼得斯试图重新组织媒介史，对他所在的西方媒介研究传统进行一次"毒素"(toxins)清除。他说："我知道《奇云》一书会因它的书名和观点招致一些嘲讽，会让一些人指责我在学术上剑走边锋，故弄玄虚。但在这个日益被精确可测的数据分析统治的世界中，重新认识云和其他类似的媒介是件好事。"①达米施指出，"中国有着一个强大的画云(cloud painting)的传统；与欧洲人相比，中国人并不那么焦虑或意图超越；在中国画中，云多半与山脉和海洋相处融洽，而不是要高于山海之上"。尽管我们未必完全同意达米西的解读，但阅读彼得斯的《奇云》，根植于中国"云"(道)的传统中的我们一定不会用"几何透视法"(罗格斯)来嘲讽和指责彼得斯。相反，我们多半会感叹，在媒介研究上他言我们之欲言而未能言，而且其精彩绝伦总是让我们赞叹而后归于沉默。

彼得斯并非一位"宏大体系的建造者"(system builder)，而是一位实用主义者(pragmatist)。② 和《对空言说》一样，彼得斯在《奇云》的开篇中就说，这是一本同时写给专家读者和普通读者的书。实话说，这给中国读者带来了额外打击。为什么凡彼得斯号称写给普通读者的书，中国的传播学师生却总是很难读懂？

和基特勒一样，彼得斯的媒介思想也许根本就不适合以书的形式，甚至不适合以文字的形式来传达。③ 他的媒介哲学是个性化、片段式、札记式、警句格言式和反体系化的，延续的是帕斯卡、克尔凯戈尔、尼采、维特根斯坦等人的哲学书写传统。如果我们在阅读《奇云》时觉得"云里雾里"甚至"不知所云"(vagueness/ambiguity)，也许是恰恰是因为他在践行本书中的一个重要观点：和我们孜孜以求的"传播内容的精确"（认识论价值）一样，"云"所象征的"变幻莫测、模糊不清和稍纵即逝"具有本体论价值，因而也更加重要。在媒介技术已经高度如自然、自然也已经高度技术化的今天，媒介研究正需要一本如《奇云》这样整合技术与自然、媒介与存有的"奇书"。

---

① Ibid.
② Stephens, N. P. (2016), "The Marvelous Clouds: Toward a Philosophy of Elemental Media," *International Journal of Communication* (19328036), 10, 805-807.
③ 基特勒曾在一次讲座上将一本书拆散成页，说要脱离上下文一页一页地分析其含义。参见：Werber, N. (2011), "The Disappearance of Literature: Friedrich Kittler's Path to Media Theory," *Thesis Eleven*, 107(1), 47-52. https://doi.org/10.1177/0725513611418032.

如何阅读此书？我的建议是：

（1）"可与言而不与言，失人；不可与言而与之言，失言。知者不失人，亦不失言。"（《论语·卫灵公》）。哪怕是传播学中人，也并非人人都要读此书。能够理解者，一定要读，否则好书会错过好读者（"失人"）；不能够理解者则不必读，以免弄得自己一头雾水，徒增挫折，甚至埋怨此书胡言乱语（"失书"）。

（2）"学而不思则罔"，"书读多遍，其义自见"。阅读此书建议不必求快，读一段，思半响，小火慢炖，徐徐图之。此书大部分人很可能要读至少三遍以上才能入佳境：第一遍，读不懂，看不完，弃之；第二遍，捡回，边怨边翻，挑能看懂的段落读；第三遍，连段成篇，聚点成片，恍然大悟，叹为观止。高阶读者则能省掉第一遍。

行文至此，我认为这篇译者导读"试图清晰地阐述彼得斯在本书中的媒介哲学"这一原初目标已成枉然。因为《奇云》如"云"，观者抬头远望，云动、风动、心动，变幻莫测，蔚为壮观，一切单一的解读变得毫无必要。本来一篇译者导读还应简要总结一下全书各章的主要内容，但不如放弃，就此打住。

好了，现在就请"驴友们"找个安静处，拿好笔，沏好茶，翻开书，跟彼得斯一起进入媒介的自然之境，如大鱼浮于海，如鲲鹏上九天吧！Bon voyage！

绪 论

居中状态(In Media Res)

现在是我们提出一种媒介哲学的时候了;任何媒介哲学都是建立在一种自然哲学基础之上的。媒介并不只是各种各样的信息终端,它们同时也是各种各样的代理物(agencies),各自代表着不同的秩序(orders)。由这些各种各样的媒介传送的讯息既体现了人类的各种行为,也体现了人类与所在的生态体系以及经济体系之间的关系;而且,如果我们对媒介概念做更广泛的理解(这正是我将在本书中要论证的),媒介也是这些生态体系和经济体系的构成部分。人类和人类创造的各种技术在进入自然后便改变了各种体系(systems),包括陆地和海洋上的所有体系以及天空中的某些体系。(人工)技术对这些自然体系的改变极为巨大,以至于人类现在不得不将某些地域隔离出来并将这些地方称为"自然"(如果我们将"自然"等同于"人迹罕至"的话)。无疑,人类对自然的引航和驾驭并不能确保一帆风顺,也会招致四面八方的风雨雷暴。我们现在面临着气候变化和各种数字终端的爆炸性增长,前者源于大气中温室气体的过量排放,后者则导致了"云端"数据的极大丰富,两者都可能对人类构成不可逆的威胁。有鉴于此,我们重新审视媒介和自然的关系,其裨益不言而喻。

在本书中,我提出了所谓"元素型媒介哲学"(a philosophy of elemental media),并对我们目前所处的这个数字媒介时代投入了特别关注。我所说的各种"元素型媒介"在我们的惯习和栖居地中处于基础地位,但我们对它们的这种基础地位却不以为然。我在本书中既不会揣测未来,也不会研究计算机如何改变了文化和社会,更不会特别关注人类及其他物种所面临的环境危机——尽管这些议题已经被其他学者深入研究,本书也在宏观框架上对这些议题作出了一些考量。我对媒介的兴趣主要不在于新闻业如何报道环境危机或"基于证据的批判性思维"如何能在受到雄厚资金支持的公众喧闹中发出更大的声音——这些问题当然都是非常关键而紧迫的。我对媒介的兴趣不是体现在以上议题上,而是体现在那些更加模糊却更加基础的东西上。① 在本书中,我会指出,媒介是容器(vessels)和环境(environment),它容纳了一种可能性,这种可能性又锚定了我们的生存状态(existence),并使人类能"为其所能为"。媒介是讯息的制度性载体,它包括报纸(社)、广播(台)、电视(台)以及互联网(公司),这些都是思想史上新近才出现的概念。正如约生·霍利西(Jochen Hörisch)②所言,"其实,我们在进入19世纪以后很长一段时间内,在提到'媒介'(media)一词时常常还用来指各种自然元素,如水、土、火和空气等"。③ 今天,在我们周遭最为弥漫遍在的环境就是技术环境和自然环境。自然环境——从蜜蜂到小狗,从玉米到病毒,从洋底到大气等——无不遭到人类的操纵改变。因此,我们在此时重提"媒介"概念中本来就有的"元素"遗产,就显得与当下非常相关。今天,对地球的存续而言,是氮循环更重要还是互联网更重要,我们已经很难决断。在此背景下,我认为我们最好能更加明智地采取一个综合的立场——尽管这么做很难——即一个同时整合媒介的自然属性和文化属性的立场。我认为,既然我们将媒介视为"传递意义的载体",那么如果要提出一个好的媒介理论,就需要认真地将"自然"——即所有意义产生时的背景——也考虑在内。

普通读者可能更会关注我们所处时代的人类际遇(the human condition),媒介学者则可能从多学科角度考察媒介。我希望我这本书能同时激发普通读者和媒介学者的阅读兴趣。如果我们将媒介理解为"意义的传达手段",那么在它的下面则还存在着一种更为基础的媒介,这些基础性媒介沉默无言却意义重大。

从丹尼尔·丹扬和埃里胡·卡茨(Daniel Dayan & Elihu Katz)开始,

---

① *Media Meets Climate: The Global Challenge for Journalism*, ed. Elisabeth Eide and Risto Kunelius (Gothenburg: Nordicom, 2012).
② 约生·霍利西(Jochen Hörisch),德国曼海姆大学教授,主要研究当代德国和媒介分析,在音乐研究领域颇为知名。——译者注
③ Jochen Hörisch, *Ende der Vorstellung: Die Poesie der Medien* (Frankfurt: Suhrkamp, 1999), 134.

媒介研究者就对"媒介事件"进行了各种生动有趣的研究。这些研究发现，电视节目能够建构各种事件（如"9·11"恐怖袭击和战争）和各种仪式（如阿波罗登月和奥林匹克运动会）。但是我觉得，在这些研究者的洞见基础上，我们可以更进一步。如果我们从广义上理解媒介，它不仅进入了人类社会，而且进入了自然世界；不仅进入了事件（events），而且进入了事物（objects）本身。臭氧层、北极冰层、鲸的存活量等事物之所以成为其现有状态，不仅仅取决于新闻记者（一种意义上的"媒介"）如何报道它们，而且也取决于发挥着基础作用的各种数据和控制手段（另一种意义上的"媒介"）如何计量它们的状态。现在有多种生命形式真实存在，也有多种生命形式经由计算机演算而能推断出它们的存在。比如，临床医学已经越来越成为信息科学的一个分支，而林业也越来越数据化。

我们以前说"媒介即环境"，但是现在反着说也是对的："环境即媒介"。水、火、土以及以太等共同组成了各种元素，它们朴实无华、凌空蹈虚、危机四伏、奇妙无比。这些元素使得生命成为可能，而人类却还未弄清楚该如何充分保护好它们。我们在这方面做出努力的历史也就是人类技术发展的历史。对人类的大多数成员而言，生存环境的存在似乎是一件理所当然的事，这个环境中生存着各种人工生命，它们与自然生命大致是成对匹配的（如果我们能区分什么是人工、什么是自然的话）。人类的生存依赖于对自然和文化施加管理的各种技艺（techniques）。这些技艺大部分都被新近出现的传播理论所忽视，因为这些理论认为此种技艺对"意义生产"没有什么可圈可点的影响。但是地球支撑着70亿人口的生存，这个过程中必须具备很多生命支撑条件，如控制火源、建筑房屋、缝制衣物、口语传播、农林牧养、开荒种地、书写誊抄以及更晚些时候出现的各种其他工具。所有这些工具和技能都占据一定的空间和时间，需要人类心智的投入，还整合了自然与人工、生物和文化。在生命科学中，"媒介"指培养基（culture）所具有的胶质物或其他类似物。此义源于"媒介"此前就有的"环境"之义；由此引申开来，我们可以将"媒介"视为一种友好的环境，它能为各种生命形式提供栖居之地，也能催生各种其他的媒介。①

---

① 2013年春季，我通过电子邮件收到一则广告，向我推销350种"脱水培养基"，其中包括"世界一流的"琼脂、胨类和琼脂糖，它们具有"无抑制剂、出色的透明性、高滞后性、可靠的繁殖力以及非凡的胶凝能力"。我觉得这是对媒介所具有的特性的一个不错的列表！我将此邮件转给了我的几位同事，他们都认为，"脱水培养基"能很好地概括媒介研究领域的特性。

媒介是自然元素和人工创造的共同体现。如果我们如此广义地看待媒介，我们提出某种媒介哲学就具有了足够的分量和紧迫性。

我曾从各方面就本书内容与我的朋友和同事进行讨论。在听了我的介绍后，他们有的表示出盎然兴趣，有的则会向我做出奇怪的表情。还有的对我说，媒介与人有关，或者更具体而言，媒介是表达人类意义和意图的载体；如果我们将海洋、地球、火或天空都视为媒介，这种过于宽泛的视角就冲淡了"媒介"这个概念，最终因其无所不包而毫无用处；而且，如果我们如此看待媒介，现在的媒介学者就不得不脱离他们已经熟悉的人文和社会科学的"草原"而进入自然科学、哲学和神学的领地。这会要求他们掌握众多的跨学科知识，将自己置于繁重的非人性工作之中，这显然是不可能的。这些朋友和同事还问我，如果你这样看媒介，那么还有什么不能是媒介呢？还有几个人还开始关心起我的精神状况来——你真的认为天上的云在对我们说话？

无论我的朋友和同事如何看，我确实认为自然界是有意义的，而且我也认为持如此看法并不是因为我疯了。（我还认为，如果有人竟然会认为我们生产的意义与我们所处的生态环境毫无相关，这样的人才是疯子。）

尽管如此，需要我们重新思考的也许是：我们所谓的"意义"到底指什么？如果它指"我们头脑中的内容，我们有意设计出这些内容并用它来向某人表达"，那么从这个意义上来说，火或云朵并没能传达（communicate）什么意义；但是如果"意义"指"可读的数据积存过程，它是生命存在之所需和之可能"，那么火和云就充满着丰富的意义。再如，假设我们将交流的典范不视为"两个人类成员之间思想的共享"，而视为"某个生命群体与其所处的环境之间的智力互动"（经典实用主义者们就是如此看待传播），那会如何呢？如果我们不将"技术"（technologies）视为能用来凿切硬物的工具，而视为自然在人类面前进行自我表达和自我改变的途径（海德格尔及其多位追随者就如此看待技术），又会如何？我将在本书第一章指出，认为"媒介理论与环境以及基础设施相关，并将这种关系看得与媒介讯息和媒介内容一样重要"，这种观点在很多思想传统中都有深厚的根基。

我们手中的各种数字终端促使我们将媒介视为环境，视为我们栖居之地的组成部分，而不仅仅是传者撒入受众脑中的符号性内容（semiotic inputs）。我在本书开篇指出，数字媒介的出现使我们再次面临传播（交流）

和文明中一直都挥之不去的基本问题。今天所谓的"新媒体"带我们进入的并不是人类此前从未到达过的新领域,只是复活了最基础的旧问题——在复杂社会里人类如何在相互绑定中共同生存——并凸显了我们曾遭遇过的最古老的麻烦。文明(civilization)这个词早已被滥用,涵盖内容也过于庞杂。我将其视为一个伴随着城市(city)而生的综合现象,它在不同的人类群体之间以及在人类和动物之间进行强制性的权力区隔(如区分出男人和女人、奴隶主和奴隶等),创造出分工制度,推动人口增长,采纳书写和档案保存方法,导致风险增加和疾病蔓延,使得少数人更有机会能从事艺术和科学工作等。文明是一个危险的名词——如爱默生所言,它"含义模糊,充满不同程度的复杂性"。因为它还带着些许道德优越感和殖民意味,但是我认为用它来思考人类这个物种所经历的历史性过渡和所必需的各种基础性物质倒是很有用的。① 另外,其实我们也不可能抛弃所有的危险性用词,否则我们将丧失思考能力。在社会学家诺伯特·伊利亚斯②(Norbert Elias)和他的学生笔下,文明被视为三种关系共同作用的结果:人类个体与自我的关系、与他人的关系以及与自然界的关系。文明包含了各种各样的用以控制心理、社会和生物资源的机制;伊利亚斯认为,社会学的任务就是追踪和描述这三种关系之间的复杂互动。如何处理这三种关系——即自我与心理、社会以及环境之间的紧张——是人类至今都面临的挑战。对这一挑战,我们目前还没有找到明确的应对方案。伊利亚斯将文明视为我们面临的巨大麻烦和任务,它作为一个整体,涵盖了管理人类资源和自然资源的各种实践,既脆弱不堪又渗透权力。对他的观点,我非常赞同。

"媒介"是对文明秩序有着重要影响的各种器具(devices)。要获得这样的洞见,我们需要了解,在过去的一个世纪以来媒介发挥了多么令人惊奇的

---

① Adam Kuper, *Culture: Anthropologists' Account* (Cambidge, MA: Havard University Press, 1999), 23 - 46; and Fenand Braudel, *Grammaire des civilisations* (1963; Pais: Flammaion, 1993), 41 - 83.

② 诺博特·伊里亚斯(Norbert Elias, 1897—1990),当代著名社会学家。出生于德国布雷斯劳,父母皆为犹太人。1918年就读于布雷斯劳大学,专业为医学和哲学。1924年获哲学博士学位。1924年在海德堡大学认识了著名社会学家卡尔·曼海姆,成为曼海姆的非正式学生和助教,从此转向社会学。1933年希特勒上台之后,被迫离开德国,随后流亡于法国和英国。《文明的进程》(*The Civilizing Process*, 1939)是他最重要的社会学著作,该书探讨西方"文明人"所特有的行为方式的演变过程。他提倡使用"社会过程",而不是"结构"或"个人"作为社会学的分析单元。——译者注

作用。在20世纪中的大部分时间里,媒介(媒体)如广播、电视、报纸和杂志被认为为选民提供了投票参考信息、为消费者制造了购买欲望、为工人提供了娱乐内容、为傻瓜们提供了意识形态。换句话说,媒介一般都被视为讯息和意义的发布者,其内容设计都是基于人类的尺度。它们虽然一般被认为是有影响力的,但极少被认为具有基础性(infrastructural)作用,它们是前景(figure)而不是背景(ground)。但过去半个世纪以来,随着主流传播技术从广播和电话发展到互联网,情况又回到了历史上曾有过的更为常态的媒介秩序混乱的时代中。在20世纪很长一段时间中,在美国这个"戏剧化的社会"中充满着各种戏剧(drama for a dramatized society),[1]它们填满了当时的所有广播电视节目。今天,我们又重新回到了过去那个历史悠久的、充满了多对多、一对多,甚至是一对无(one-to-none)模式的传播时代,回到了那个媒介曾经是我们的基本生存装备的传播环境中。所谓新媒介(这个词现在已不再那么流行了)到底"新"在何处?市场为这个问题提供了很多回答:它是按长尾原则发布产品或服务、快闪表演(flash mobs)、分布式协作研究、用户生产内容、病毒式造势、全球性连接、统一性存档、大数据或草根个性化行为等。在互联网上,我们可以看到机器怪兽在传播黄色网页、垃圾邮件、元数据以及金融信息等;而人类怪兽则通过各种连线设备从事与其生活相关的活动。我们还看到国有企业和民营公司实施的对网络用户进行的监视、各种(对社会有利或不利的)黑客活动、网络欺凌或导致受害者自杀的邮件讹诈等。从某种角度看,这些事情让我们觉得很陌生,从另一种角度看,它们又让我们觉得如此熟悉。我们还看到,青少年有的纯粹在浪费时间,有的在远程交友,有的则躲在匿名背后从事害人的活动;精英人士则使用各种工具大规模监测人群,有些人因此倒霉受伤,有些人则因为手握大权而一夜暴富——这些现象中哪些是新的?尽管在某些具体方面,我们今天的技术、政治和经济条件已经有了前所未有的发展,但从更加高远的历史眼光来看,人类历史中的各种闹剧,其节目单内容还是老生常谈。

一直以来,人类都在跨越时空互动,但在人类一对一的交往中,数字媒体既带来了更多的机会,也造成了更多的麻烦。实际上,在很多物种中,在

---

[1] Raymond Williams, "Drama in a Dramatised Society," in *Raymond Williams on Television: Selected Writings*, ed. Alan O'Connor (London: Routledge, 1989)

突然面对自己物种中的另一个体时,从来都意味着一个巨大的挑战:是迎头相搏还是撒腿便跑?是翩翩起舞还是径直交媾?对人类而言,面对面相遇带来的问题更加尖锐强烈。来者是何人?敌人、爱人、盟友还是贸易伙伴?我该对他报以敌意、礼貌、忽视还是三者兼有?(我们对所谓"带敌意的礼貌"和"有礼貌的忽视"态度并不陌生。)即使在我们将陌生人迎入门内后,麻烦也没有完全结束。有什么能比在面对一个陌生人时更让你有危险感和尴尬感呢?人类的文明史就是为协商这类危险而做出努力的漫长历史。

所谓社会性媒体①并不能消除人类面临的这一麻烦。尽管社会性媒体对用户的主要吸引力之一是它们能在用户之间营造出了一种可以降低上述危险(即面对面交流带来的危险)的人际关系,但是按下葫芦浮起瓢,在降低这一危险的同时社会性媒体又催生了其他危险。社会性媒体的出现和流行邀请我们从全新的角度思考"在场"的各种传播可供给性(communicative affordances of presence)②以及人类身体的各种被中介化。人的身体是最基础的媒介,具有的意义最为丰富,但是其意义并非主要基于语言或符号,而是深入人类更为模糊的丰富血脉和体液(limbic fluids)深井中。人的身体也并非独立存在,而是深植于一个巨大网络之中。某个个体的身体与其他个体的身体共享着一个时间和空间,这一事实本身就已蕴含着丰富的意义,此意义无需多费一字一词就已不言自明。地球上的各种生命在经过亿万年充满风险的协同进化后,彼此间的相遇才成为可能。在相逢一刻,对方的表情、声音或手势,其意义为何,千言万语都不能概括;而媒介——作为一种中介物——其重要性一直被视为低于意义本身。我们总是倾向于认为,意义

---

① 关于 social media 是译作"社会性媒体"还是"社交媒体"尚有争议。我认为,第一,今天的社会性媒体包括但不限于以社交为目的媒体,如果翻译成社交媒体,显然窄化了其意义。所以此书中,所有 social media 都翻译成"社会性媒体"。第二,从莎草纸、黏土块到报纸、广播、电视和互联网,所有媒体都具有社会性,只是程度不同。称今天的媒体为"社会性媒体",不是说从前的媒体不具有"社会性",而是强调今天媒介的"社会性之深巨程度",这正如"信息社会"和"网络社会"之说法。——译者注
② affordance,可供给性,又译为"物用性",由生态心理学家 J. 吉布森(J. Gibson, 1966)提出,指动物个体与环境之间的一种交互作用,是"环境属性使得动物个体的某种行为得以实施的可能性"。吉布森认为,我们并不总是被动地感知外部环境中的客体,而是能直接觉察到操作客体所需要的动作,即客体具有的知觉属性会提供给我们许多潜在的与之交互的动作信息。比如,我们看到椅子就知道如何去坐,看到水杯就知道如何去抓握。客体的这种特性被吉布森称为客体的可供给性。——译者注

是人类有意识地建构出的东西,因而比媒介更值得重视,但我认为媒介往往蕴含着最为深刻和最为伟大的意义。

社会性媒体不仅重新激活了人类身体中的旧体液,而且激活了更古老的数据使用方式。与20世纪的大众媒介不同,数字媒体传播的主要不是内容、节目或观点,而是组织、权力和计算。大众媒介为整个社会提供标准格式的新闻和信息,而数字媒介扮演的更多是所谓"后勤型设备"(logistical devices)的作用——帮助用户记录踪迹和辨别方向。数字媒体复活的是古老的导航功能:为我们指明时间和空间,给我们的数据建立索引,确定我们的坐标。美索不达米亚人首先使用文字这一媒介来记录他们的物品存量如面包、啤酒、麦子和劳动时间等,然后就出现了歌词、史诗和专论(treatise)。当然,"内容"(不管其具体所指)仍然重要,而且其数量也仍然很多(2013年,每分钟内就有100小时长的视频被上传到 YouTube),但是各种数字媒体创新——通过跟踪、转发和加标签(tagging)等方式——却更多地被应用于人们的日常生活结构以及对权力的组织中。

媒介通常会沿着文明的三个轴线积聚权力,我们在对硅谷的大量赞美中往往容易忽视这一点。在三个轴线中,最为明显的是第二个:人与人之间的紧张。人类这一物种在互联网上的叽叽喳喳,任何人只要通过合适的工具,就可以从中爬梳出数量惊人的用户细节。文化权威势力一直希望能找到影响人们思想和行为的手段。早在18世纪,欧洲就产生了对大量人口进行管理的需求,到20世纪早期,这种需求又进一步发展,当时的广告商和民意测验师在社会调查研究工具的武装下,学会了通过少量样本预测大众情感和态度,后来出现的统计学理论又使这种预测更加可靠。今天,数字媒介已经成为现代人群管理的最新工具。在网络空间,网民的任何行为都留下了足迹(即某种类型的记录),为那些能接触这些足迹并具有阅读工具的人提供了潜在的数据。这使得原本是公共空间的互联网越来越被"圈地化"(enclosure),这种"圈地"增加了某些特定阶级的财富,强化了他们手中的权力。① 数据的大量增加(其中很多都归专人或专门机构所有)并不当然意味着民主进步。互联网启示了很多事物,但并没有帮助人类更好地认识自己。

---

① Mark B. Andrejevic, "Suveillance in the Digital Enclosure," *Communication Review* 10(2007): 295–317.

与所有其他媒介一样,互联网内嵌着隐蔽的斗篷来到我们之间。无论在我们睡觉时还是玩耍时,数据挖掘者无时不在地跟踪着我们。最近,有位评论者指出,谷歌掌握的关于每名用户的信息远远超过奥威尔小说《1984》中集权政府所掌握的关于每名被统治者的信息。① 现在"数字跟踪业"蓬勃发展,这提醒我们,数字媒介的意涵主要不在"意义",而在"权力"和"组织"。今天我们的主要任务之一,就是要让各种挖掘和解读大数据工具民主化,让更多的人掌握它们,这样才能将倒向计算机怪才的权力天平拨正。

数字媒介指向了各种最为基础的功能——规制和维护,这些功能体现出数据怎样支撑着我们的存在;数字媒介也指向人类的地球栖居中处于核心地位的各种技艺。数字媒介也复活了各种旧媒介,如书写系统、地址系统、数字系统、命名系统、历书系统、计时系统、地图和货币系统等。数字媒介还让古老的行业如导航、农业种植、天象观测、气象预报、记录文书和涉水捕鱼等获得了新的生命。我将在本书第2—7章中述及这些行业。这些章节也会对与数字媒介有关的各种比喻(包括海、火、云、书和上帝等)进行深入分析。现在,我们的环境已经被技术如此渗透,我们的空域和海洋已经被交通工具如此改变,我们的技术(如谷歌)已经如此成为生态系统的一个主要影响因素,既然各种智能设备、技术(technologies)和技艺(我将在第2章区分这两个词)已经使人类在过去一千年中成为地球上的霸权者,我们就有必要去弄清楚这些智能设备、技术和技艺到底是什么。新媒介要求我们在社会理论上提出最为深刻同时又是最为古老的问题。无处不在的计算要求我们从对媒介讯息的分析转向到对媒介本质(the nature of media)的分析以及"将自然视为一种媒介"(the media of nature)的分析。本书就是对这些要求做出的回应。

我们所处的历史时刻为我们提供了难得的学习机遇。作为人文学者,本书作者同时也认真承担起向自然科学学习和获益的责任。很多人都认为我们的思考应该超越文化—自然、主体—客体、人文—科学之间的两分法思维局限。如果说是因为人的哲学思维混乱才导致了世界环境危机,有人也许会认为这有高估哲学影响力之嫌,因为毕竟对全球环境危机的根源还有

---

① Mattias Döpfner, open letter to Eric Schmidt, 16 April 2014, http://www.faz.net/aktuell/feuilleton/medien/mathiasdoepfner-warum-wir-google-fuerchten-12897463.html.

更为简单直接的解释。但是我仍然同意,主体—客体两分的标准化思维是导致生态和哲学双重危机的罪魁祸首。现在的数字媒介已经能够操纵地球的运行方向,它们今天的地位就如同从前能改变地球自然环境的基础型媒介,如用火、农耕、放牧或营造。每一种媒介,不管是我们的身体还是计算机,都是对自然和人工的整合。对于媒介理论,维基泄密、玉米糖浆、鲸油、乌贼、脸书、航班时差、天气预报和直立行走等都可以是其论题。我在本书中讨论的内容既包括以上列出的部分主题,也包括某些这里没有列出的内容。

实际上,读者们会在本书中碰到众多的列表(lists),这是因为我们要学习的东西实在太多,这些列表也是对我们身处其中的"谷歌式丰饶"(Googlecopia)时代的一个索引记录。已故的肯·克米尔(Ken Cmiel)①曾说,我们生存于一个知识混杂滥交的时代,而应对这个时代的策略之一就是使用各种列表,它能使我们在信息裕的诱惑中趋利避害。我们常常会碰到各种列表,其中各种并置的项目搞笑而荒诞,这常常让我们意识到这个世界是多么地难以名状。我们在试图列表的时候也常常会有一种绝望感,意识到整个宇宙是多么无涯,而我们的生命又是如此有涯。在撰写此书的时候,我深深地感到自己生命和能力的有限。每当我发现一处值得深入发掘的地方,就在我发掘它时,它总会在我脚下塌陷,露出更深的洞穴,里面藏有更多尚未掌握的材料。在几何学中有一种所谓分形现象(fractal phenomena),其特点之一就是无论我们将某物放大到哪一级,它都会呈现出同样的复杂度。这有如我们在网上冲浪,每个网站上都带着链接,将我们带到别的网站上去。在论述中我努力保证准确,但是我敢肯定自己免不了在哪里犯下了可笑的错误。很多内容我应该说得更清楚,但我需要投入几辈子的生命才能具备足够的知识做到这一点。从某种意义上说,我写这本书是要进行一个试验,看看凭我一人之力能否对人类的整个境况投入一瞥。这一试验的效果如何,需要读者来判断,但至少我自己觉得答案是否定

---

① 肯·尼斯·克米尔(Ken Cmiel,1954—2006),美国爱荷华大学现代文化和知识史学者,历史学教授,爱荷华大学人权中心主任。2006 年 6 年 2 月 4 日,他在爱荷华城突然死于脑瘤(此前未被查出)。他生前与约翰·彼得斯合作的专著,在彼得斯的努力下于 2019 年出版。Cmiel, K., & Peters, J. D. (2019). *Promiscuous Knowledge*: *Information*, *Image*, *and Other Truth Games in History*, University of Chicago Press. ——译者注

的——凭一人之力不可能做到。令我感到安慰的是，和电影一样，书籍的丰富程度与其被剪裁的程度是成正比的。书中的各类列表，如同散见于其中的"等等"一样，都是在向读者暗示，其背后有着浩如烟海的知识等着他们去深入翻阅和探究。在写作本书的过程中，我总会掘到一桶又一桶的"金子"（这里指各种与媒介相关的理论——译者注），这让我狂喜；但我看到这些金子像蘑菇一样地长在如此众多的彩虹（这里指不同的专业领域——译者注）之下，又让我感到有些昏眩。媒介理论面临着一个几近失控的"丧失相关性"的危机，而谷歌则是媒介理论的"先验性媒介"（media a priori）。① 尽管我们需要超越以上提到的人文—自然学科之间的分界，但是我们之所以做不到，其背后确有充分的原因。人文—自然科学之间的区分既让我们觉得不可忍受，但又是不可避免的。至于为什么会这样，我会在后文中谈到。我认为，人类是一种对主客体既不可能分割、又不可能不分割的生物。这表明，我对"嬉皮士（hipster）媒介理论派"试图完全铲除哲学中的批判传统的做法是持保留态度的。哲学中的批判传统肇始于康德，他一直都主张对主—客体之间既合又分的关系做辩证的观照。狗熊已经蹿出来了，而蜂蜜（媒介这一概念）则被四处涂抹。我所担心的是，媒介作为一个概念，其内涵和外延都已经枯竭，尤其担心其含义中已完全丧失了其应有的悲剧感和艰难性。媒介作为一种符号，它既折射出我们的别具匠心，但又折射出我们对"否"（negative）之终极性的无力把握。我在书中提出一种"关于自然的媒介哲学"（a media philosophy of nature），并不是说我们都要随心所欲地偏向"客体"——"店里的东西都免费，随便拿"——而是要对随我们自己的所造物而来的各种潜在灾害进行权衡比较。

本书不会比较众多学者提出的不同理论，而是会对各种具体的物件如蜡烛、钟表、不同书写系统和海豚的声呐系统进行分析。我希望这些物件不仅本身就能让我们产生兴趣，而且还会让我们越来越有兴趣。维特根斯坦说，"哲学家的工作就是为达到某一具体目的而集中调用其所有记忆"。我的写作受到如哈罗德·英尼斯、瓦尔特·本雅明等学者的启发。他们认为，

---

① A priori，先验的，一种与经验论相对、与唯理论相近的哲学观点，认为人的头脑中生来就具有某些并非来源于经验的概念或思想，而且这些概念或思想是无须由经验证明的，或者说是不证自明的，通常与唯物主义的反映论相对立，如孔子的"生而知之"、孟子的"不学而能""不虑而知"等。——译者注

对丰富的经验细节的收集本身就可以成为哲学或历史思考的一种方式。本雅明希望他为其"巴黎拱廊计划"(最终未能完成)所收集的每一个事实本身都是理论。我希望通过本书——尽管其内容有些如百科全书似的庞杂——能超越对新奇物件的简单展示而能更进一步去对各种关键的瓶颈和弯道做出精确定位。锚泊(mooring)不仅在航海上是重要的,它在学术研究中也同样重要。本书作者试图提供一些这样的锚泊。

在本书第二章中我指出,船(ship)可以作为一种比喻来描述媒介如何使得各种世界(worlds)成为可能,而这些不同的世界又反过来既折射自然又遮蔽自然。"存有"(being)这个词,其含义一端是无比深刻,另一端则是装腔作势。我想从"存有"的角度来思考媒介,尽量往最基础(basic)的方向靠,而这也一直是哲学的追求。与一般的流行看法相反,在所有学科中,最基础的东西往往并不是该学科中最容易的而是最难的部分。你越深入基础,兔子洞就变得越深。① 高阶题材并不排除简明和精确:不同生物学家会在克雷布斯循环(Krebs Cycle)②上达成共识,数学家不会在"三维流形"理论上(3-Manifolds)③相互争论,社会理论家则不会在"意识形态与霸权争夺密切相关"这一问题上有不同意见。但是如果你请他们定义什么是"生命"、"数"或"社会",就会马上引起哲学争论,如狂风吹得人晕头转向。要真正解决争端,我们必须深入考察各方立场之基础而不是高层。如果你考察得足够深入以至于达到了"存有"层面,那么如黑格尔所说,你就会很快发现你已经触及到了"无"。在媒介理论中,我们最后所面临的"无"就是所谓"云"(clouds),而这也许并不算太糟。

本书的结构和简要内容阐述如下。在第一章中,我列出了我的思想渊源,并简要描述这些渊源与媒介理论的相关性。在第二章和第三章中,我考察了作为媒介的海洋和火。在第四章和第五章中,我考察了两种主要的天空媒介(sky media)。乍一看,海洋、火和天空等似乎是人类创造力和技术

---

① 刘易斯·卡罗尔的童话名著《爱丽丝漫游奇境记》(1865)讲述了小女孩爱丽丝掉入一个兔子洞后遭遇的奇幻经历,因此"兔子洞"被比喻成隐藏着各种秘密和奇异事件的场所。——译者注
② 克雷布斯(Krebs)循环以其发现者汉斯·克雷布斯(Hans Krebs)命名,也称为柠檬酸循环或三羧酸循环,指细胞呼吸所需的一系列化学反应,涉及氧化还原、脱水、水合和脱氢反应等,最终产生二氧化碳。——译者注
③ "三维流形"研究始于20世纪70年代,已经成为当前低维拓扑研究中的热点领域之一。——译者注

能力不太能有用武之地,因为它们各自都对人类行为有着不同的敌意。但是尽管它们对人类行为有着抵触,也正是因为这种抵触,海洋、火焰和天空成为了艺术(arts)和工艺(crafts)发源的温床。这些艺术和工艺中有些是如此地"基础",以至于只有在出现生态危机或动用数码技术时,我们才能意识到它们的存在。危险环境催生艺术,敌意则是发明之母。在第六章中,我探索了与地球关系密切的两种媒介——人的身体和书写系统;在第七章中,我考察了谷歌这一潜在的如以太般的媒介。所有这些媒介都有各自的特点,同时也因之具有积极意义。最后,我对全书做了一些总结性思考。

最近以来,在媒介理论和一般的社会和文化理论中,强调物质性(materiality)变得很时髦。关于物质性究竟何所指,说法很多。本书关注小杠杆如何能搬起大重物,因此当然也参与了这种对物质性的关注。但是本书在分析媒介时视其为"自然"和"人工"的结合,这又最终使得作者有些反"物质性"。我认为,只有在我们能揭露出媒介的反物质性一面时,媒介也许才是最有趣的。水能载舟亦能覆舟,风能鼓帆亦能破帆。火最大的功用是将一种物质从一种形式转变为另一形式,或者干脆让该物质彻底消失。天空几乎一直在抵触着人类对它的人工改造,却又一直处于人类知识的核心。目前还没有人能发明出储存时间、或者让人免于疾病和死亡的方法,尽管人类的此种努力已经构成了人类档案和医疗技术的发展史。媒介发展的历史就是不断努力去捕捉各种存在物并不断成功和失败的历史。夜的黑暗给了我们最为精确的科学——天文学;转瞬即逝的云给我们留下了世间最为绚烂的画卷;遮天蔽日的云则创造了人类最为宝贵的气象学知识。无论如何,媒介对时间的捕捉成败交织。时间逝者如斯,它因此也成为自然世界中的最美丽和最艰难之物。借用约瑟夫·康拉德[①]的《吉姆老爷》(Lord Jim)中的一句话,只有在我们都认命于某种毁灭性力量的时候,我们才能活出精彩。

[①] 约瑟夫·康拉德(Joseph Conrad,1857—1924),20世纪波兰裔英国著名现代主义小说家,"一位英国语言的大师"。他生于波兰,从小喜欢阅读法国文学著作,向往航海冒险生活。曾在英国商船队当过水手、船长,先后到过南美洲、非洲和东南亚许多国家,有长达20年的海上生活经历。他一生创作出版了31部中、长篇小说以及多篇短篇小说和散文集。康拉德的小说以丰富而又惊险的航海生活为创作源泉,形成独树一帜的"航海小说"。小说特色包括出色的叙述技巧,逼真的人物塑造和发人深思的讽刺。代表作有《黑暗的心》和《台风》等。——译者注

世事变幻,桀骜不驯,然而只有在这样的境况之中我们才找到了媒介这一家园,进而找到了人类造物的核心所在。非物质性也许是人类取得的最大成就:点、零、名字、货币、语言等都是显例。媒介就如人类一样,总是存在于海洋、地球和天空之间,媒介研究因此也成为某种形式的哲学人类学——它既是一种对人类境况的沉思,也是一种对非人类境况的沉思。通过本书,我意在为读者提供一叶泛海小舟,期望读者能享受这个乘桴于海的过程。

第一章 理解基础设施型媒介[①]

> 人类一直都需要某种帮助。
>
> ——F·W·J·谢林（F. W. J. Schelling）

媒介非表意，媒介即存有

在其精彩的回忆录《一个关于爱与黑暗的故事》（*A Tale of Love and Darkness*）中，阿莫斯·奥兹（Amos Oz）[②]有这么一段回忆：从1930年到1940年代初，他的父母居住在耶路撒冷，那时他的父母会定期拨通长途电话，问候他们居住在特拉维夫的亲戚。这样的问候每隔三四个月会发生一次，每次双方事先都会通过写信来约定好通话的具体时间。做好约定后，双方都会数着日子作漫长的等待，然后在约定时间用付费电话拨通对方的号

[①] 彼得斯给本章如此取标题是一语双关。标题原文为"Understanding Media"，其义可作二解：既是"理解媒介"，也是"基础设施性媒介"，即那些"立于表面之下的（under-standing）媒介"。中文翻译难以充分传达其妙处，只能退而求其次，为追求意思完整而不得不丧失原文形式之精炼。——译者注

[②] 阿莫斯·奥兹（Amos Oz, 1939—2018），以色列希伯来语作家，以色列本·古里安大学希伯来文学系终身教授，主要作品有《何去何从》《我的米海尔》《乡村生活图景》等，曾获法国"费米娜奖"、德国"歌德文化奖"、"以色列国家文学奖"、卡夫卡奖、"阿斯图里亚斯亲王奖"以及诺贝尔文学奖提名等。——译者注

码。"这时在药店,电话会突然想起,铃声总是让人兴奋,那一刻真是让人觉得神奇。"在日积月累的兴奋到达高潮时,双方的对话是这样的:"有什么新消息吗?很好。嗯,那我们又会很快通话的。很高兴听到你的消息。我也很高兴听到你的消息。我们再写信约下一次通话的时间吧。我们还会再通话的。是的,一定会的。会很快的。下次再见。好好照顾自己。祝你一切顺利。你也是。"然后,他们都挂断电话回到靠写信安排下一次通话的常规生活,而下一次通话通常要到几个月之后。奥兹是一个随处可见的搞笑叙述者,在此他的幽默是通过一个"还未开头便煞了尾"的对话来展现的。但是,通过一系列通话来讨论安排下一次通话,这并不只是一个具有荒诞意味的周而复始。奥兹的父母和亲戚打电话的目的并不是要交换什么新闻,而是有着更加原初(primal)的目的——听到对方的声音以确认对方仍然活着并存在于真实的时间里。他们所做的就如同那蝉虫,有的在地下潜伏了17年后才爬出地面开始鸣叫和繁殖,然后又进入新的生命轮回。他们的每次通话都小心翼翼,以免它成为最后一次,每次通话中的"会很快的"都是一次表达希望的行为。电话被称为生命线,这在当时的历史背景下显得尤其突出:那时,在巴勒斯坦的犹太人的命运以及整个欧洲的命运都命悬一线。当时也只有少数人预见到了欧洲后来发生的可怕情况。①

奥兹的亲人们通过信息与传播技术基础设施所交换的是各种有关"在场"的符号。他们的通话行为中所蕴含的意义是存在(existential)层面上的,而不是信息(informational)层面上的。通话双方并没有什么具体的内容可谈,却在交换着无比重要的意义。以上例子意味着,我们可以将传播视为传者发出的存有性话语(discourse of being),而不仅仅是其对清晰讯号的追求,由此我们可以将"媒介"(medium)这个词解放出来发挥更大的作用。如海洋、火、星系、云朵、书籍及互联网这样的媒介(即使我们弄不清它们意味着什么)都深刻地锚系着我们的存有。整个自然界——最终极的基础设施——对我们而言是如此,我们的身体亦然。维特根斯坦曾说,在数学中,一切都是算法,没有什么是意义。② 他也许会同样地评价媒介、音乐和其他

---

① Amos Oz, *A Tale of Love and Darkness*, trans. Nicholas de Lange (Orlando: Harcourt, 2005), 10–11, 13.

② 原句英文为"In mathematicsev erything is algoithm, nothing is meaning", *Ludwig Wittgenstein, Philosophische Grammatik, Schriften*, vol. 4, ed. Rush Rhees (Frank-furt: Suhrkamp 1969), 468。

一切重要之物。

所有媒介都非表意，它们本身即存有。① 奥兹的亲人们通过写信和电话保持联系首先是为了维护着他们的关系生态，其次才是为了互通消息。在人与人之间，各种媒介都在扮演着"元素型角色"。只有我们在将传播（交流）不只理解为讯息发送时——当然发送讯息是媒介极为重要的功能——也将其视作为使用者创造的生存条件（conditions for existence）时，媒介（media）就不再仅仅是演播室、广播站、讯息和频道，同时也成了基础设施和生命形态。这一物质的和环境视角的媒介观能帮助我们理解为什么近年来媒介概念会从"讯息"层面拓展到"栖居"（habitats）层面。媒介不仅对那些关心文化和舆论的学者或公民而言很重要，对每一个会呼吸、会用双腿站立、会在记忆海洋里巡游的人都很重要。媒介是我们"存有"的基础设施，是我们行动和存有的栖居之地和凭借之物。这一视角使得媒介具有了生态的、伦理的和存有层面上的意义。没有什么事物能比海洋、天空和一个陌生人的在场更令人觉得奇妙了，而此前的大部分媒介哲学却只是从它们前面蜻蜓点水，匆匆掠过。查尔斯·哈茨霍恩（Charles Hartshorne）②说，鸟儿们鸣叫不仅因为它们要保护自己的领地或吸引配偶，而且因为自然进化已经赋予了鸟儿对鸣叫的一种热爱，以至于在某种意义上鸣叫已经成为鸟儿奋力保持身心健康以便存活下去的方式之一——这正是进化的本质。③

在某种层次上讲，自我表达和自我存有是相互融合的。我在本章中将深入探讨以上对媒介概念的重新思考及其背后的思想渊源。

充满喜悦的 1964 年

2014 年，麦克卢汉的《理解媒介》（1964）出版 50 周年，有关方面举办了纪念活动。我在本书中重提了他在《理解媒介》中的观点——媒介不仅是"表征性货物"（symbolic freight）的承运者（carriers），而且也是人类存有的

---

① 原句英文为"a medium must not mean but be"，此英文表述显然比中文要简洁得多。——译者注
② 查尔斯·哈茨霍恩（Charles Hartshorne, 1897—2000），美国哲学家，主要研究宗教和形而上学。他对鸟类学亦颇有研究。——译者注
③ Charles Hartshorne, *Born to Sing: An Interpretation and World Survey of Bird Song* (Bloomington: Indiana University Press, 1992).

艺匠(crafters)。在广播兴盛时代,大众媒介被用来进行"少对多"的传播。对此麦克卢汉提出抗议,认为媒介本身就是讯息;他同时也对媒介的外延做了极为多样化的扩展。在他看来,媒介除了包括20世纪的典型形式如广告、电影和电话等外,还包括道路、数字、房屋、货币和汽车等。麦克卢汉的做法——将媒介的角色提升到本体地位,以及将媒介的范畴多样化——使得他在今天的数字时代毫不过时。在麦克卢汉的推动下,媒介研究从无到有。虽然作为一个领域,媒介研究的渊源并非仅仅来自麦克卢汉一人,但在这里我深为麦克卢汉的精神所鼓舞,受到他的引领。麦氏有很多方面令我们抓狂——他深奥难懂、顽皮搞怪,甚至为了表明其观点不惜捏造或无视各种证据等——但是他的智慧光芒四射,使其不足之处显得黯淡无光。麦克卢汉已经成为媒介理论家们绕不开的理论源泉。他的媒介理论的要旨是"所有媒介都有其独特语法,这是一套深层的类似语言般的协议,能将整个世界和人的不同感觉器官调整到特定比率(ratio)。对其使用者而言,新媒介要么能延伸他们的身体,要么能伤害他们的身体——麦氏的用词是"截肢"(amputate)。麦克卢汉在写作时似乎胸中有一个藏书丰富的图书馆,他对其中的浩繁卷帙了然于胸,应用自如。①

但是很明显,麦氏的《理解媒介》并不是1964年以来出版的唯一重要的媒介理论专著。与《理解媒介》出版于同一年的还有法国古人类学家安德烈·勒罗伊-古尔汉(André Leroi-Gourhan)的里程碑式的两卷本著作《手势与言语》(*Gesture and Speech*,1964—1965)。该书从进化论角度论述了人类生理特征跟语言和工具使用能力之间的关系。《理解媒介》和《手势与语言》这两本书在某些方面有着不可思议的融合:前者视技术为人体器官的延伸,后者则将人体器官视为技术的延伸。② 同一年出版的其他著作也值得一提,如斯坦尼丝洛·勒姆(Stanislaw Lem)的《技术大全》(*Summa technologicae*)、诺伯特·维纳(Norbert Wiener)的《上帝与魔

---

① 关于此观点最新很好的论述,See Florian Sprenger, *Medien des Immediaten*: *Elektrizität-Telegraphie-McLuhan* (Berlin: Kadmos, 2012)。
② Michael Cuntz, "Kommentar zu André-Georges Haudricourt's 'Technologie als Humanwissenschaft'," *Zeitschrift für Medien-und Kulturforschung*, 1(2010): 89 – 99 at 89, and Kyle Joseph Stine, *Calculative Cinema*: *Technologies of Speed*, *Scale*, *and Explication* (PhD diss., University of Iowa, 2013), 237 – 258.

像公司》①(*God and Golem, Inc*)、斯图亚特·霍尔和派迪·华勒尔(Stuart Hall and Paddy Whannel)的《大众艺术》(*The Popular Arts*)、赫伯特·马尔库塞(Herbert Marcuse)的《单向度的人》(*One-Dimensional Man*)、克劳德·列维-斯特劳斯(Claude Lévi-Strauss)的《神话学：生食和熟食》(*Le Cru et le Cuit*)、玛格丽特·米德(Margaret Mead)的《文化演化中的延续性》(*Continuities in Cultural Evolution*)以及吉尔伯特·西蒙栋(Gilbert Simondon)的《个体及其生理—生物基因》(*L'individu et Sa Genèse Physico-biologique*)。1964年是一个人类思考技术、文化和社会的好年头。麦克卢汉、古尔汉、列维-斯特劳斯、西蒙栋、勒姆和维纳尤其看到了生物演化和技术演化之间的融合；勒姆和维纳甚至还探讨了人类生命和计算机程序合作的神学意义。

对欧洲大陆特别是德国的媒介学者而言，古尔汉向来有着重要影响，因为他的思想与德国媒介学者的思想不谋而合。从形态学上说(morphologically)，他们都试图不断创造新的可能性，也避免将形式(form)和物质(matter)分开谈，同时还对"技术如何对身体施压从而形塑后者"有着强烈的敏感性。古尔汉认为，人类身体的演化史和语言及技术形影不离。他是一位伟大的理论家，其思想要旨是：人类在本质上带有一种技术特性(technicity)。读者将在本书通篇(特别是在第6章中)明显看出他对我的影响。我在第6章提出的"身体媒介"(body as a medium)理论主要参考了他的观点。当然，过去50多年来在考古学和基因学领域中各种研究发现(这些研究仍在进行)频频涌现，使古尔汉的某些观点显得有些站不住脚了。(如果要这么说，麦克卢汉的很多观点今天也站不住脚了，但这不是因为它们在今天已经过时了，而是因为从上世纪60年代这些观点第一次被提出时就是站不住脚的。但是，一直以来，我们阅读麦克卢汉是为了从他身上获得灵感，而不是严格推敲他的学术水平)。古尔汉的著作揭示出，人的头颅及身体肌肉形态与人类所使用的各种技艺之间有着一种"共同演进"(co-evolution)关系。这些技艺包括直立行走、采集、咀嚼、说话、绘画、书写以及记忆等。他认为，人的

---

① 魔像(Golem)，音译为戈仑，源于犹太教，是用巫术灌注黏土而产生自由行动的人偶。而在旧约圣经中它所代表的是未成形或没有灵魂的躯体。一些神学家相信，在上帝将灵魂吹进亚当躯体内之前，他就是一个没有灵魂的肉体，算是魔像的一种形式。——译者注

具身化实践和技术物件纠缠在一起,难解难分,全面体现于人从颅腔到脚趾的全身。在他看来,人的境况完全是被人类的双脚直立体位(以及因此而生的不可分割的自然—文化关系)所决定的。

在写作本书的过程中,给我带来灵感的并不只有麦克卢汉和古尔汉。媒介研究作为一个研究领域,其间人才辈出、群星璀璨,充满着各种有趣的研究和问题。媒介学者一般都会关注印刷、广播、电影和互联网这类机构性媒介及其实践,以及它们带来的更广泛的社会、政治、文化和经济影响。在距今差不多30年前的1987年,E.卡茨(Elihu Katz)回顾了他历年的研究,然后将全部媒介研究(如同高卢一样)分成三种类型或流派,它们分别将媒介视为"信息提供者"、"意识形态提供者"和"社会秩序提供者"。基于"信息提供者"视角的媒介研究大致属于社会科学的实证研究传统,研究对象多半是生活在主流政治框架下的人们的态度、行为和认知;基于"意识形态提供者"视角的媒介研究则包含一系列的评判取向,它们视媒介为战场,充满着霸权和对霸权的抵抗;基于"社会秩序提供者"的媒介研究关注媒介历史,着重考察媒介技术是如何深层地塑造人们的心理状态以及社会秩序的。①

尽管从1987年至今已出现了很多变化,但卡茨以上对媒介研究类型的区分今天仍具有参考价值。本书即基于第三个视角——视媒介为"社会秩序的提供者"。这是一个关注"技术性传统"的视角,既有实证性也有批判性,它在寻求媒介研究的对象上也比前两个视角更为开阔。如果说大部分主流媒介研究都将媒介技术或媒介体制作为研究对象,我在本书中遵循的传统则是将媒介视为各种存有方式(modes of being)予以考察。近年来出现的大部分涉及人类媒介的研究也可以归于这一"技术性传统",但是它们又常常失之于对卡茨归纳的另外两个传统完全视而不见,将受众研究、媒介制度研究和政治经济学研究等统统抹去。这无疑是非常遗憾的。对于这类完全忽视实证研究甚至丧失常识感的一叶障目式的媒介研究,我本人不仅不愿涉足,而且要与之摆脱干系。我在遵循媒介研究的"技术性传统"时将会论及美国人如刘易斯·芒福德(Lewis Mumford)、詹姆斯·凯瑞(James Carey),加拿大人如哈罗德·英尼斯(Harold Innis)和麦克卢汉,法国人如

---

① Elihu Katz,"Communications Research since Lazarsfeld," *Public Opinion Quarterly*, 50 (1987): S25 - S45.

古尔汉以及布鲁诺·拉图尔(Bruno Latour),①德国人如马丁·海德格尔(Martin Heidegger)和弗里德里希·基特勒(Firedrich Kittler)。这些人并不都将"媒介"作为他们论著的核心主题,他们既不太分析媒介"文本"和访谈媒介"受众",也不去考察媒介的政治经济特征。他们所做的是更多地将媒介视为文明甚至存有的历史性构成因素。他们视媒介为文化和社会所采取的战略(strategies)和战术(tactics),视媒介为人、物、动物以及数据借以实现其在时空中之存有的各种装置和器物。在本书中,我将对媒介的这些功能分别进行考察。

杠杆作用(Leverage)

哈罗德·英尼斯是最早坚持认为"基础设施(infrastructure)应该在媒介理论中居于核心位置"的人。作为一名加拿大民族主义者,他有一种强烈的感受,认为英、法、美三个帝国极大地塑造了加拿大的历史和文化。他曾经乘火车和用桦树皮制成的独木舟在加拿大荒野中沿着过去的商路考察,写出了现已成为经典的兽皮贸易史研究。英尼斯对商路上的各种关卡和节点了如指掌,是这方面的内行。和刘易斯·芒福德一样,英尼斯认为媒介史是战争史、开矿史、伐木史、渔业史、书写史和印刷史的必然组成部分。(芒福德比英尼斯更加感性,他认为媒介史还应该是人类情感史、建筑史和制造史的一部分。)与詹姆斯·凯瑞相似,英尼斯认为"媒介竟然存在"这一事实本身远比媒介传播的内容更重要。作为一名批判理论家(但并非马克思主义意义上的批判家),英尼斯其实是上世纪中期响起的大合唱的参与者之一。法兰克福学派倾向于认为媒介通过编织各种各样的梦幻来行使其特有的权力。这些梦幻向人们描绘出一个唾手可得的美好世界,以此来抚慰社

---

① 布鲁诺·拉图尔(Bruno Latour, 1947—),当代法国科学知识社会学家、社会建构论者、爱丁堡学派早期核心人物和巴黎学派领军人物。他开创的"实验室研究"直接促成了科学知识社会学继"社会学转向"之后的又一次转向,即"人类学转向";他在实验研究基础上构建出的"行动者网络理论"(actor-network-theory,英文缩写 ANT),标志着科学研究中与爱丁堡学派分庭抗衡的新学派——巴黎学派——的诞生。此学派将实验室实践与更大范围的技术—政治磋商联系起来,认为科学实践与其社会背景是在同一过程中产生,并不具有因果关系,它们相互建构、共同演进,从一个侧面说明当代科学研究(science studies)的实践转向的重大趋势。——译者注

会上存在的不满。英尼斯比法兰克福学派看得更细致,认为权力的行使发生在更为具体的层次上。相对于(媒介)"内容",他对(媒介)"组织"更感兴趣。他是研究大宗货物(staples)的第一人,包括皮毛、鱼货、木材等。后来他将大宗货物视为媒介,转而关注各种书写记录型媒介,如石头、黏土、纸莎草和纸张等。他将这些书写记录型媒介的历史追溯到古埃及、古巴比伦、古希腊和古罗马,再到欧洲及20世纪的美洲。英尼斯将媒介视为时间和空间的魔术师,而人类的全部历史都是它表演的舞台。因此,英尼斯关注细节、索隐钩沉的媒介史研究手法也是本书的灵感来源之一。

我们作为媒介研究者,如果也具有英尼斯的眼光,那就绝不会使用"旧媒介"一词来描述20世纪的媒介。数字媒介小巧、迅疾、可移动和可定制,和大众传播业相比,它们一如在体型庞大又衰老笨拙的食草恐龙周遭迅捷飞奔的小型食肉龙。20世纪的新闻和娱乐公司规模巨大,尾大不掉。不少人关注到这些差异,因而将它们称为"旧媒介"。实际上,这些所谓旧媒介只不过是"大众媒介"——我认为这一描述更为具体准确。与"大众媒介"相比,今天的数字媒介看上去似乎与历史有着巨大的断裂,但是如果将各种数字终端置于传播实践史的长河中,就不难发现,所谓新媒介与旧媒介或古代媒介有着很多相似性。和今天的新媒介一样,旧媒介如记事簿(registers)、索引、人口普查、历法和目录(catalogs)等一直都被用来记录、传输和加工文化,用来服务君王(subjects)、统治臣民(objects)和管理数据,还用来组织时间、空间和权力。20世纪,我们将媒介视为一种娱乐机器,用指头一点它,新闻和娱乐节目就如自来水一样持续稳定地哗哗流出。雷蒙·威廉斯说,实际上在人类媒介发展史上,媒介被如此使用其实并不太常见。在20世纪的大部分时间里,媒介被用于音视频内容的广播(broadcast),这在人类历史上其实是一个例外,而不是常态。今天我们有了数字媒介,它将我们带回到历史上的常态时期:一个充斥着各种形状、大小和格式的数据处理终端的时期,在其间很少有人能真正参与对"内容"的打磨;媒介能实现各种口味的效用(utilities),而大众传播叙事不过是其中一种而已。[①] 与众多媒介理论家一样,英尼斯留给我们的是这样一种观念(notion)——媒介是容器,可以用之存储、传送和加工信息。无论是对过去的算盘,还是对今天的硬盘,他

[①] 我在 Mitchell and Hansen, Critical Terms 一书中对此有更多阐述。

的这一观念都具有跨越时空的解释力。

媒介并非现代社会才有。在前现代社会,它们以不同的形状和大小存在,对地球(也许还对其他星球)上的生命演化做出贡献。它们是"组织"(organization)的基础性构成。媒介构成了城市、蜂巢、档案和星群。人类媒介(human media)早就存在了:在大金字塔和圣经经卷(scrolls)出现时,在波斯邮政系统存在时和罗马人口普查实施时,在威尼斯统计所和中世纪天主大教堂出现时,在秦始皇统一中土王国(不管结果是好是坏)推行标准化文字和度量衡、竖起长城和焚烧书籍时……人类媒介就已经而且一直存在着。甚至在文明出现之前,古人类就在使用各种媒介了,包括坟墓、篮子、繁星、家庭和火种等。因此今天我们在谈论媒介时,绝不能让人听起来好像是我们认为1900年前(或1800年前)媒介从来就不存在似的(当然,我们现在能以一种超历史的方式谈论媒介,这种能力却是直到20世纪中期之后才具备的)。实际上,任何复杂的社会,只要它需要凭借某种物质来管理时间、空间和权力,我们就可以说这个社会拥有了媒介。基特勒依循着英尼斯的路径指出:"所谓文化就是一种数据处理程序(procedure)"。这里他用的是德语词Kultur,可以同时指文化(culture)和文明(civilization)。基特勒从来不惮于作出宏大的宣称,这里他用Kultur一词显然是想同时涵盖文化和文明两个层次。

英尼斯在其著作中总是对他提出的一个原则津津乐道——我称之为"杠杆原则"(principle of leverage)。"杠杆"一词直接而简明,我用它指"一个支点,凭借它能将影响力聚焦于人和自然"。治国之道、书写之术以及观天象以测农时和定灌溉,这些技术历史悠久、源远流长。它们都可被视为"杠杆",使用它们的最终结果都是将权力逐渐转移到精英阶层。父权制和法老集权制也同样作为"小杠杆"在政治和经济上产生了"大后果",它们从文明肇始起就成为了权力行使的常规方式。人类文明可以被理解为父权(paterial)被逐渐系统化并最终取代物权(material)的过程。人类文明曾利用过各种各样的支点。"给我一个支点,"阿基米德说,"我就能撬动地球"。在此前的狩猎—采集社会,人类从来没有过这样的梦想,更没有如此宏伟大气的手段。直到今天,地球上仍只有少数人才具有像掮客或秘书这类长期控制关卡隘口的人所具有的巨大权力。

文献记录(documentation)就是这类"阿基米德支点"的好例子,这是本书第 6 章和第 7 章的主要内容。"任何人或物，只要没有被文献记录下来，就相当于不存在。"(Nur was schaltbar ist，ist überhaupt)这是西班牙国王菲利二世最喜欢说的一句话。16 世纪，西班牙海上帝国处于全盛时期。为了实现对帝国各种海外冒险事业的控制，菲利二世设立了专门机构从事地图制作和信息采集，因此生产出堆积成山的文件。为了证明其决策英明，菲利国王总是喜欢重复上面这句话。今天，我们的媒介理论家们也喜欢引用该语。它精炼简明却能到位地描述出媒介"既能描述世界，又能操纵世界"的特性。它也已成为德国媒介学者最喜欢引用的话。这些学者无一不着迷于媒介"通过干预来表征，通过表征来干预"的特点。在他们看来，媒介的这一特征超越了将"媒介—现实"类比于"地图—土地"的二元区分。① 和企业家、黑客以及革命家一样，媒介理论家的思维方式有如"离格"(ablative case)，②都体现为"以……为凭借"(by means of which)。③ 媒介不仅仅是"关于"(about)这个世界的，而且"就是"(are)这个世界本身。这是我试图通过本书想要阐明的。我在大学也给本科生上课。在我的大部分本科学生看来，丢了手机就意味丢了一条胳膊，甚至意味着丢了大脑。当然，他们的实际生活远比手机更丰富，但他们丰富的实际生活却是通过手机才实现的。他们在认知和社交上的新陈代谢都得通过手机等计算终端窄窄的闸门才能完成。

　　菲利国王的名言非常贴切地体现了英尼斯的观点。英尼斯认为掮客(brokers)或中间人往往要么控制了文件、开关或闸门，要么能说多种语言，他们因此不仅能获得财富，而且能决定一个帝国的生死存亡。英尼斯充满洞见，其中之一就是认为，伴随着任何一种新媒介的产生都会出现一个新的专家阶层，他们深知该如何利用其新媒介专长，并为之设立准入标准。英尼斯认为，媒介发展史是相应的职业发展史，也是掌握该媒介和准入门槛之阶层的崛起史——英尼斯称该阶层因此获得的地位为"知识垄断"。在获得垄

---

① 例如，Cornelia Vismann, *Files*, trans. Geoffrey Winthrop-Young (Stanford, CA：Stanford University Press, 2008),56; Siegert, Passage, 66 ff。
② Ablative case,离格,一种有意把浑然一体的几个事物或一个事物的几个方面分割开来,用逐一设问的形式来表述的修辞格。——译者注
③ Marshall McLuhan to Walter Ong, 8 February 1962, *Letters of Marshall McLuhan*, ed. Corrine McLuhan, Matie Molinaro, and William Toye (New York：Oxford University Press, 1987), 285.

断权力之后,这一阶层会进一步以他们的媒介专长为"杠杆"为自己攫取更多的利益。为说明其观点,英尼斯举出古埃及掌握象形文字的教士和欧洲中世纪的行会为例。在当今社会,掌握了巨大权力和财富的高科技企业家则是新的知识垄断阶层的贴切例子。媒介具有的特性(无论好坏)一旦被某些人掌握就能为之带来新的控制可能。(要能使用某种媒介,通常先要经过非常狭窄的关口,这与外部物质进入生命有机体内部的过程是一样的。)英尼斯指出,媒介史家的任务就是要理解时间、空间和权力之间的令人匪夷所思的动态比率关系,同时也要理解存在于各种基础设施中的盲点和瓶颈——对这些盲点和瓶颈,历史上的某些阶层早已懂得该如何通过杠杆原理(leverage)去利用。媒介对于整个世界都具有杠杆作用。

在媒介中,符号(sign)常常就是其所指物本身。新闻媒介不仅报道新闻,它们还构建新闻。1898年美西战争爆发,威廉·鲁道夫·赫斯特麾下的《纽约日报》(New York Journal)到底是这次战争的报道者还是挑起者?在新闻业中,新闻突发(breaking)的一刻往往就是新闻的全部。例如,新闻头条如果报道某位候选人在政治辩论中胜出,这条新闻不仅"报道"(report)了此事件,同时还会"塑造"(shape)此事件。谷歌和脸书(Facebook)也已经具有了这种决定生死的巨大能力。我的本科学生告诉我,他们的同学中如果有人恋爱了但当事人却没在脸书上将恋情公开,这种关系就不会被他们的同龄人视为是认真的。在房地产行业中,地产证固然不是地产,但是拥有了地产证就意味着拥有了地产本身。在一个陌生国家,虽然没有身份证件你在物理上仍然存在,但是在办某些具体事务时,没有身份证件就相当于你在物理上也不存在。这说明媒介特性并不是可有可无的鸡毛蒜皮,它在很多方面都能发挥杠杆作用。"掉了一根马掌钉,落败了一个国家"。期货交易者转手的是货物的买卖权利而不是如郁金香、小麦或牛肉等具体商品。期货交易中流转的是商品的交货日期和交易资格,而不是商品本身。但是如果你持有期货过久,最终实体商品如小麦就会真的被作为标的交到你手中,你也因此成为了实体商品的购买商。① 体育赛事也类似,它们都是铁石心肠,根本不会跟你耳鬓厮磨。在赛事中,你的真实能力并不是关键,关键

---

① James W. Carey, "Ideology and Technology: The Case of the Telegraph," *Communication as Culture: Essays on Media and Society* (Boston: Unwin Hyman, 1989), 216-222.

的是你在"被统计到的"赛事中的真实表现如何(例如你参加了多少公开赛，获得了多少有公共记录的成绩；在商业赛事中，运动员的成绩被称为"记录")。数据叠加于商品，文件叠加于价值，记录叠加于赛事，这不仅是现代资本主义的核心要素，也是典型的媒介运营的核心要素。① 一句话，任何时候凡涉及对数据和外部世界的管理，我们就会遇到媒介。

技术(technik)和文明

现今所谓的新媒介已经将媒介具有的"后勤型功能"推到了舞台的中心。我们现在生活在一个新与旧难分彼此的时代。尽管有时候有些人预测说媒介最为基础性的功能正在衰落，但我认为实际上它仍在发挥作用。人的身体、声音和面部表情仍然在人与人的互动中处于核心位置；书写也在进行的所有交易中仍然处于核心位置。也许正因为如此，广播、电视、电影和新闻业虽然经验艰苦，依然在卓绝前行，同时也在各种压力下经历着转型。旧媒介很少会死亡，它们只不过是退到了背景中或幕后，变得更加本体化(ontological)。也许只有电报例外。2006年，美国西部联合公司(Western Union)终止了电报服务，被认为是电报消亡的标志。但是，我们也许可以说，电报并没有消亡，而是被整合到互联网中去了。

所有媒介都会指向文明中亘古不变的难题：生命(life)。"这些令人惊叹的事，就像所有令人惊叹的事一样，都不过是历史上的重复而已。"梅尔维尔如此说道。② 今天的数字媒介给我们帮了个忙，让我们更具历史感和想象力。如今通过数字媒介，用户的网络使用行为可以不断地被添加标签、阅读和跟踪，使我们想起历史上早已存在的通过数据管理来巩固权力、获得利润和寻求宗教慰藉等既古老又现代的行为。大量搜集人口数据是传播系统的基础功能之一，和此前的戏剧和新闻一样对人类具有基础性价值。广义而言，计算(computation)既可以指古代教士"看天象，知天下"的行为，也可以指现代人对"云端"数据的挖掘行为。在数据管理上，尽管并非所有政府都

---

① 关于现代资本主义和"证券"的发明，See Werner Sombart, *Die Juden und das Wirtschaft sleben* (Leipzig: Duncker & Humblot, 1911), chap. 6。
② Herman Melville, *Moby-Dick* (New York: Norton, 1967), 181.

会像文艺复兴时期的欧洲各国政府那样做得过分和极端,仿佛巴洛克建筑风格一样奢华无当,但从某种意义上说,任何国家都是信息国家。① 新媒介的历史其实都非常"旧",它们仿佛如乔叟说的"陈年农地里生长出来的支支新玉米"。②

媒介研究中的"新玉米"很多都生发于德语世界。本书受益于弗里德里希·基特勒(1943—2011)的丰富研究。他是德国媒介理论家中最具前沿性和争议性的人物。德国媒介理论的不同流派已经日益被引介到(或者说被驯化到)英语世界中来,这一过程充满着故事。但限于篇幅,本书不会对此过程以及基特勒的生平或思想进行全面的介绍和分析,但本书确实深受德国媒介理论的影响。这里我想着重阐述的是,德国媒介理论对媒介的基础性特征具有很强的敏感性,也雄心勃勃地试图创造一种元学科(meta disciplinary)。为便利计,我以基特勒的理论为其主要代表进行阐述。③ 当然,我需要提醒读者的是,对这里我所提的"德国"、"媒介"和"理论"三个词,不同人有不同的理解,甚至会引起争议。

基特勒最喜欢别出心裁。对他人一定会感兴趣的东西,他一定会执意要选择绕开这些东西本身去关注它们背后的"结构"。在他看来,媒介的"内容"一直都不过是一个附带现象(epiphenomenon)。他的著作《话语网络》(*Discourse Networks* 1800/1900,1985)在带给他声誉的同时,也在德国文学研究领域引发了一场危机。④ 该书的德语名为 *Aufschreibesysteme 1800/1900*。基特勒认为,Aufschreibesysteme(字面意思指"铭文"或"书写系统")是一种混合体,包括各种湿件、软件和硬件。它们由具身性中介物(embodied agent)(如"母亲"或"医生")、各种具有文化加工能力的算法、教育政策和精神病咨询术以及各种技术媒介如书写(包括文字的书写、声音的

---

① Jacob Soll, *The Information Master*: *Jean-Baptiste Colbert's Secret State Intelligence System* (Ann Arbor: University of Michigan Press, 2009).
② Benjamin Peters, "And Lead Us Not into Thinking the New is New: A Bibliographic Case for New Media History," *New Media & Society*, 11(2009): 13 – 30.
③ 关于基特勒媒介思想的最佳介绍性文献,See Geoffrey Winthrop-Young, *Kittler and the Media* (Cambridge: Polity, 2011).
④ Ute Holl and Claus Pias, "Aufschreibesysteme 1980/2010: In memoriam Friedrich Kittler," *Zeitschrift für Medienwissenschaft*, 6(2012), 114 – 192,囊括了对基特勒思想的11篇评述以及基特勒自己此前未发表的前言。

书写和视觉的书写即留声机、照相机和电影)组成。基特勒认为这些"话语网络"创造了人类本身、心灵及其文学作品。他的话语网络探索已经成为其一种研究方法,但常常会被一些不解其意的人误用。基特勒有时好像有一种心存芥蒂、故意找茬的心理。他的观点总是充满讽刺,容易引起争议。他常常将他人的学术观点视为胡说八道,并跟他们纠缠互搏。(他一心想成为学术斗士,也很幸运地总能源源不断地找出这类学术上的胡说八道。)关于基特勒我们可以说很多,包括他的奇思异想、瑕疵错误和才华横溢。他轻视社会历史,热爱战争科技,他的性别政治观点也匪夷所思。我们可以将他对"知识生产型媒介"的思考视为他实施的一次战前情报侦查行动,该行动为后来的"德国媒介研究"这一重大战役取得的巨大胜利奠定了坚实基础。基特勒的思想深具创造力,其作品、演讲和对话总是让我深受启发!

  从各方面看,基特勒显然推动了媒介研究在其演进历程上迈出新的步伐。① 他的思想与本书内容最贴切相关的是,他认为媒介形成了一个针孔,各种新颖的可能性(无论历史的还是存有的)都必须经过。他的这个观点既体现在他中期关于硬件(hardware)的作品中,也体现在他后期关于希腊文化技艺的作品当中。他认为,书写媒介曾经是一个门槛(Engpass)、关隘或窄门,所有的意义都必须通过它。19世纪末期,各种模拟媒介包括声音记录(留声机)和视觉记录(照相机和电影)登上舞台。留声机和照相机首次能记录时间的流逝(包括白噪音),因而打破了文字具有的所谓"能指之垄断"(the monopoly of the signifier)。人类在时间轴上因而获得了一种前所未有的操纵能力,破坏了此前"所有事情都只能实时(real time)发生"这一机制的统治。基特勒这一极为高明的观点是本书的主要内容,特别是本书第6章。各种光的、听觉的和字母组成的数据流给我们带来了完全不同的技术和体验机制。在无线电广播中,我们作为听众尽管又哑又盲,但我们的耳朵却能跨越巨大的距离;在电话中,我们都是瞎子,但是我们发出的和听到的声音却能跨越同样巨大的距离。有了留声机,现在的我们可以听到过去的声音。和麦克卢汉一样,基特勒告诉我们,不同的媒介既延展了人类的感

---

① Till A. Heilmann, "Innis and Kittler: The Case of the Greek Alphabet," in *Media Transatlantic: Media Theory Between Canada and Germany*, ed. Norm Friesen, Richard Cavell, and Dieter Mersch, www.mediatrans.ca/Till_Heilmann.html.

官又残损了人类的感官。①

在他最后未能完成的著作当中（内容是关于音乐和数学的），基特勒以其特有的奇怪和罕见的文笔考察了古希腊的字母表。他认为，字母表是所有古希腊人（Hellas）都必须通过的关口。基特勒仿佛是要反对欧洲几百年以来被广为接受的观点，他指出古希腊的伟大成就并不是它的戏剧、伦理学或政治学，而是它的媒介系统，包括信件、数字和口语音调。在他看来，古希腊给世界历史带来突破的并不是柏拉图的哲学，也不是欧里庇得斯（Euripides）②的悲剧——他和尼采一样强烈地看不起这些东西。他认为，古希腊字母表能捕捉口语中的元音发音，因此它作为一种多功能媒介，能处理和加工诗歌创作、数字以及音乐。它就如同后来出现的具备跨媒介处理能力的通用计算机（universal computer）。在这里，基特勒像海德格尔一样将媒介视为"存有之历史"（Seinsgeschitchte）的关键所在。在基特勒看来，媒介使这个世界成为可能，是后者之基础设施。媒介不是被动接收内容的容器，而是具有本体论意义的撼动者（shifters）。媒介作为载体，其变化可能并不显眼，却能带来巨大的历史性后果。历史的通道并不仅仅为人类所通行，"存有"毕竟是巨大的且包涵着各种可能性。

在基特勒心目中的"天堂"里，他为我们可称为"存有之工程师"（the engineers of being）的人专门保留了一个特殊位置。这些"存有之工程师"包括从阿契塔（Archytas）到阿尔伯蒂（Alberti）再到阿兰·图灵（Alan Turing）等多位伟大人物。每时每处，基特勒都将计算机程序员而不是哲学家视为历史上最重要的行动者。阿契塔是柏拉图（基特勒认为柏拉图留下的遗产几乎都是破坏性的）的同时代人，或许他们还彼此认识。阿契塔是对"四艺"（quadrivium）作出定义的第一人。"四艺"包括算术、几何、天文和音乐，都与数学有关。阿契塔也是最早的工程师，发明了声学和打击乐（他认

---

① *Kittler's Introduction to Gramophon Film Typewriter* (Berlin: Brinkmann und Bose, 1986); *Gramophone, Film, Typewriter*, trans. Geoffrey Winthop-Young and Michael Wutz (Stanford, CA: Stanford University Press, 1999).

② 欧里庇得斯（Euripides），希腊剧作家，继埃斯库罗斯（Aeschylus）和索福克勒斯（Sophocles）之后的希腊三大悲剧作家之一。传说生于萨拉米斯，出生那一天波斯薛西斯一世的舰队在著名的战斗中被击败。公元前408年应马其顿国王阿基劳斯之邀前往马其顿，在那里度过余生。写有近90部剧作。——译者注

为打击是一种音乐形式)。基特勒认为,西方教育的重心其实一直都是错误的,它过度关注柏拉图这个人。柏拉图提出和扩散了"理念"(Idea)这一概念,阿契塔则告诉我们该如何研究声音、制造弹射器和打击乐器以及如何弹奏"球体音乐"。① 阿尔伯蒂则是15世纪佛罗伦萨的人文主义者,他理论结合实践,并融会贯通运用于建筑学、透视绘画和密码学中,因而能很好地充当一名证明基特勒某些观点的范例性人物。基特勒频频指出,有些人认为,我们现在之所以高度评价意大利的文艺复兴,是因为这一时期的艺术家笔下体现出的人文主义。但真正的原因并不在于这些艺术家的人文主义,而在于他们同时都是工程师。② 阿兰·图灵是基特勒最为推崇的英雄。图灵是历史上最重要的计算机程序员、伟大的数学家、密码破译天才和计算机发明史上的代表性人物,而计算机重塑了我们处理和接触这个世界的方式。基特勒认为图灵是我们这个时代的关键人物——我们所处的时代是图灵的时代,我们的时代精神也就是图灵精神。

在人生晚期,基特勒有时候会对"媒介"这一概念表示出疑惑。我认为他的这些疑惑今天虽然略显陈旧,但仍有很多价值。基特勒之所以有埋怨,部分原因是他认为媒介科学(Medienwissenschaft)已经被体制化为众多学科领域中的一种。他认为,"媒介之研究"(media studies)应该成为意义更广泛的"研究之媒介"(media of study)。他认为(麦克卢汉也这么认为),媒介研究并不是仅仅为了做跨学科研究而产生的又一个新领域,它应该是各种领域之领域(a field of fields),或者说是关于各领域的领域,它是"后领域"(post-field)或"元领域"(meta-field),我们可以用它来重新组织或者囊括所有其他领域。当然,媒介研究一直都因其喜欢对它自己或对其他东西做出充满野心的宏大宣称而知名(麦克卢汉就如此)。基特勒最为知名的(也可以说是最为臭名昭著)表述是:"媒介决定了我们的境况"(Media determine our situation)。基特勒还提出了所谓的"信息论唯物主义"(information theory materialism),这进一步提升了前述西班牙国王菲利二世的观点:"任何人或物,只要没有被文献记录下来,就相当于不存在。"(Nur was

---

① 毕达哥拉斯的门徒们认为地球与其他星体之间的距离形成简单整数比,这些星球绕地球运行时会发出美妙的"球体音乐"。——译者注
② Friedrich A. Kittler, "Leon Battista Alberti," *Unsterbliche: Nachrufe, Erinnerungen, Geistergespräche* (Munich: Fink, 2004), 11-20.

schaltbar ist, ist überhaupt)此句话中的 schaltbar 一词很难翻译成英语,其大意是指"被插进一个集成电路"。但这句话的要旨是,只有那些能被整合进网络或能被插入集成电路当中的人和物,才可以为被视为是存在的。① 如果谷歌找不到你,你就相当于不存在。连接先于存在。在网络之外只有虚无(ding an such)。网格和集成电路板有着本体性后果。媒介研究雄心博大,在最高涨的时候,它将自己视为形而上学(metaphysics)的后继学科——试图以所有人和所有事为其研究对象。

基特勒认为,哲学和人文学科一般都拒绝对技艺作出思考。这造成的巨大代价就是,我们对存有之历史视若不见。② 基特勒有时候会极端地认为,媒介研究独具禀赋,能看透人类存在的中介化特征。媒介研究作为一个领域提供的是一种看待世界的视角,而不是一个对象领域(an object field)。在基特勒看来,媒介研究具有后学科性(post-disciplinary)。它并非处于人文学科和社会学科相交的十字路口,而是同时涉及自然科学、数学、工程学、医学和军事战略学。他后来对媒介研究的批评体现在他的一个非常傲慢但又深具启发的观点上,即,"知识就是知识,并不存在被分为具体学科的知识;无论是在媒介研究这一特定领域还是其他特定领域,专门知识都是不存在的"。基特勒从来就是知识专门化(specialization)的坚决反对者,即使这种反对会带来很多风险他也在所不顾。因此基特勒在写作时往往会勇敢地进入很多其他领域,导致他不可避免地犯下很多显得外行的错误。对这些跨学科研究导致的错误,我本人显然无法批评。但他另外还有一个应该更为人重视的观点:(搞跨学科研究)"有些简单的知识就够了"(Simple knowledge will do)。③

基特勒的观点简单而言就是:媒介研究也可以囊括当今学界所谓的STEM 学科,即科学、技术、工程和数学。④ 他的这一观点值得敬佩。实际上,媒介研究关注的就是知识的汇聚,这种汇聚要反拨的是将精神世界

---

① Friedrich Kittler,"Real Time Analysis: Time Axis Manipulation," *Draculas Vermächtnis: Technische Schriften* (Leipzig: Reclam, 1993), 182 - 207, at 182.
② Friedrich Kittler, "Towards an Ontology of Media," *Theory, Culture and Society*, 26(2009): 23 - 31.
③ *Gramophon Film Typewriter*, 5, *Gramophone, Film, Typewriter*, xl.
④ STEM 是科学(science)、技术(technology)、工程(engineering)和医学(medicine)的首字母缩写。

(Geist)和自然世界(Natur)截然分开的老做法。早在 30 多年前，我们就被告知，社会科学和人文科学之间的创新性互动交流已经开始。[①] 到今天，人文主义者再次发现自然科学实际上能够为他们带来新的力量。他们能有这种再发现，其背后有着充分的理由。自然实际上具有深刻的历史性。演化生物学告诉我们，各物种在繁衍生息中能很快地适应环境，表明物种的演化深具可塑性。各生命科学都是历史科学。生命不断地就地取材去适应环境并试图凝固时机(kairos)，因此生命本身就是含义丰富、深刻隽永的。所有的自然科学都带有诠释学的成分，那些有关自然历史的科学，例如宇宙学、地理学、进化生物学、古病毒学和气候学尤其如此。基特勒喜欢阅读文学和音乐作品，希望从中获得真理。他一直坚持认为，人文学科绝不能放弃这一立场——它也能对知识的增长有所贡献。他认为，人文学科的能力并不只体现在它能培养和熏陶人们的感性上，同时也体现在它对知识的分类和整理上。他认为人类知识的分类整理根本上只有一种，只不过是有着多种变化形式。基特勒的这一观点现在仍然能给我们带来巨大启发。真正的人文主义者(humanist)同时也应该是博物学家(naturalist)。只要能增进知识，人文主义者会同时关注现在、过去和未来的各种事物。

广义而言，各人文学科是技术(technē)的家园。从人类最早的艺术(arts)"直立行走"开始就证明，没有艺术就没有人性(humanity)。如古尔汉所说，人类在心灵和身体上都早已非常技术化了。不仅自然科学者依赖各种各样的工具应用，[②]人文工作者也依赖笔、纸、计算机、幻灯片、教室、文档、声音、书籍、椅子、眼镜和档案(图书馆或谷歌)。我们也许可以给人文科学安上别的名字，但我认为人文学科就是一门对文化(也许同时也对自然)信息进行储存、传输和解读的学科。和其他学科一样，人文学科也依赖某些物质条件和媒介。基特勒不无争议地指出："人文学科(包括其教学和研究)所涉内容无不具有技术性。"[③]诗歌、音乐和舞蹈都涉及算术(counting)。如果

[①] Clifford Geertz, "Blurred Genres: The Reconfiguration of Social Thought," *American Scholar*, 49, no. 2(1979): 165 - 179.

[②] Lisa Gitelman, "Welcome to the Bubble Chamber: Online in the Humanities Today," *Communication Review*, 13(2010): 27 - 36, at 29.

[③] Friedrich Kittler, "Universities: Wet, Soft, Hard, and Harder," *Critical Inquiry*, 31(2004): 244 - 255, at 251.

第一章 理解基础设施型媒介

没有最为原初的书写技术,人文科学根本就不会存在。然而从卢梭开始,很多论者却宣称我们本真的人性已经被技术腐蚀。这一叙事现在仍然在世界的某些角落里回响。① 这种观点还带来了更大范围的不幸——将人文学科和"存有"所必需的基础设施截然分开。然而,各种技术器具(apparatus)不但没有腐化这个世界,反而成为了这个世界的基础。人类社会中的各种"美"在本质上都涉及计算和测量。例如,音乐是所有人类艺术中最给人以享受的,但它具有鲜明的数学和技术特征。因此,尽管基特勒的观点很怪异,但他从器具和音乐中看到或听出了高蹈的真理。

媒介研究的对象领域该有怎样的范围?刘易斯·芒福德在其经典著作《技术与文明》(*Technics and Civilization*,1934)中给出了很好的回答。他将德语词 technik 翻译成英语的 technics——这就如同我们将德语词 politic 翻译成英语词 politics(政治学)、将德语词 physic 翻译成英语词 physics(物理学)一样。Technics 这一词值得我们在英语里予以复兴。芒福德力图精通多门外语,他也因此为后来的媒介研究开拓了新道路。他认为,在研究媒介时,"你应该将整个图书馆都作为文献来源"。要研究媒介,你不能只研究媒介本身。在这一点上,麦克卢汉、英尼斯、凯瑞和基特勒都会同意,因为他们都是博学鸿儒,都善于使用令人脑洞大开的奇谈妙喻。道格拉斯·库普兰德(Douglas Coupland)认为,麦克卢汉广征博引,如同一个"信息的喷气式树叶清扫器(information leaf blower)"。② 戴维·亨迪(David Hendy)则指出,"我们在书写媒介史时,实际上是在展现其他所有事物的历史"。③ 要理解媒介,我们必须去理解火、古罗马高架水渠、电网、种子、排污系统、DNA、数学、性、音乐、白日梦和绝缘材料等。我在本书中,只能对以上种种事物中的一小部分进行考察。那些关注技术的媒介理论家尤其喜欢对此前我们并不认为是媒介的事物进行分析,并将其视为一种对人类生活具有绝对中心价值的媒介(如麦克卢汉对电灯光、自行车、服装和武器的分析)。自

---

① Bernard Stiegler, *Technics and Time*: *The Fault of Epimetheus*, trans. Richard Beards-worth and George Collins (Stanford, CA: Stanford University Press, 1998), 100-133.
② Douglas Coupland, *Marshall McLuhan*: *You Know Nothing of My Work*! (New York: Atlas, 2010), 200.
③ David Hendy, "Listening in the Dark: Night-Time Radio and a 'Deep History' of Media," *Media History*, 16, no. 2(2010): 215-232, at 218.

基特勒以来，德国媒介研究中勃发出巨大的创造性和活力，这实际上既源于其理论创新能力，也源于德国人对档案收藏的狂热，还源于那些此前尚未被发明出来的各种新事物的不断涌现。① 我承认，正是被德国媒介研究学者的这种精神所感动，我将轮船、火、夜晚、高塔、书籍、谷歌和云朵纳入此书中。我的这种媒介研究有众多研究对象，也许会被视为怪异（weird）。研究对象广而多，既是一种福气，也是一种负担。

我们将媒介研究的对象弄得太广，当然会带来一种危险——它会导致我们弄不清到底什么是媒介。"如果每个人都是 VIP，那么就无所谓 VIP"（吉尔伯特和苏利文）。人的地位如此，学术概念也如此。任何概念都不能无所不能、无所不包。"媒介"意指"那些处于中间位置的东西"，可见其定义与其所处的位置相关；如果其所处的位置（position）改变了，它所具有的地位（status）同样会改变。在技术哲学当中，特别是在那些以器物为对象的本体论技术哲学中，一个趋势就是为各种器物列出怪异的表格，然后拼命地去夸耀它们的独特性，以至于忽视了存在于这些器物之间的严酷的层级性和差异性。

布鲁诺·拉图尔——我从他身上学到了很多——曾经不无争议地呼吁我们要有一种"平本体论"（flat ontology）。在他某些学生的笔下，他的这一呼吁听起来似乎是要抹平各个器物之间的差异，摆出一副拒绝对这些差异作出批判性评价的姿态。但是，我认为，任何对基础设施、瞭望塔和各种转折点（turning points）感兴趣的人，都必须了解老派的社会学——因为它能告诉我们各种器具不仅很酷，而且还难以操控，不遂人愿。我认为，本体论并不是"平的"，而是充满着褶皱、布满云层、高低不平。它常常像海洋一样，充满风暴，环境严苛。我并非内在性哲学（philosophy of immanence）的彻底信奉者，因此在这一点上我和布鲁诺·拉图尔并没有共同的目的地，我在这里只是想陪着他走完一段路，然后与他分道扬镳，各奔前路。

昆汀·梅拉苏（Quentin Meillassoux）写了一本文风优美的书。在书中，他批评了所谓的"叠加主义"（corrélationisme）。这个词的意思是，由于内在心灵不同于外部物质，因此一切意义都产生于人类心灵在外部物质上

---

① Lorenz Engell and Bernhard Siegert, "Editorial," *Zeitschrift für Medien-und Kulturforschung*, 1(2010): 5-9, at 6.

的叠加。① 我完全赞成他将意义和人的心灵区分开来，但是我不能完全抛弃批判的使命（这种使命源自后康德时代留下的批判性遗产）。梅拉苏（和他脾气很坏的追随者一样）在他的这本书中对这个批判性遗产进行了攻击，但我认为，我们从来没有像今天这样迫切地需要判断力（Urteilskraft）。我们面临的使命是，在避免错误地作出主—客体区分的同时去找到批判的立足点。这一直是很多哲学流派——包括德国唯心主义、法兰克福的批判理论以及实用主义和现象学——的目标。

基础设施主义（infrastructuralism）

过去 20 年来，基础设施作为一个学术课题已经获得了越来越多的关注。催生关注的原因有多个，包括冷战结束后出现的大范围的政治和经济变革、冷战期间建成的大型技术系统日益老化以及我们称之为"互联网"的这一大型网络的建成。

"基础设施"一词最开始是一个军事用语。在二战中，英国人发现冰岛的机场跑道无法满足其飞机降落需求，于是在冰岛首都雷克雅未克开建一个新机场。在建设过程中，他们想让冰岛政府提供财政支持。对此请求，冰岛官员据说如是回答："对不起，没有。但是，你们离开时可以随意将机场带走。"英国人后来离开时当然没能将机场带走，现在这个机场仍在使用，被用于民用目的。基础设施（机场、公路、电力、设施和高架引水渠等）一般被认为是体积庞大和枯燥无味的系统（system），很难被带走。19 世纪早期，全世界都经历了前所未有的基础设施大建设，所建项目包括铁路、电报线路、跨大西洋电缆、时区、电信网络、水利大坝、发电厂、天气预报系统、高速公路和太空计划等。今天，正如希拉里·克林顿所说，互联网是我们时代的新标志性（iconic）基础设施，但它仍然在向我们提出种种问题。② "现代性到底意味着什么？"答案也许多样，但它至少意味着基础设施的大面积普及。要实现"现代化"，就意味着我们的生活必须处于各种各样的基础设施中，并通过

---

① *Après la finitude：Essai sur la nécessité de la contingence* (Paris：Seuil，2006).
② "Remarks on Internet Freedom，" http://www.state.gov/secretary/rm/2010/01/135519.htm (accessed 25 September 2013).

各种各样的基础设施才能实现。①

基础设施可以被定义为：各种大型的、具有力量放大的能力系统，它跨越巨大的时间和空间将人和机构联系起来；或者还可以定义为：大型的、耐用的和运行良好的系统或者服务。② 通常，基础设施背后都有各国政府或公私合营机构的支持（它们能在资金、法律、政治乃至虚荣心上为基础设施的建设保驾护航）。从奇阿普斯（Cheops）③开始，基础设施一直都是独裁者和暴君的掌中玩物。由于缺少明显的中央控制，因特网也许看上去是一个例外，但是它的发展仍受到了很多的国家权力和市场力量的塑造。由于技术复杂、成本高昂，基础设施通常难以被公众检验。它们所包含的巨大风险和难以预计的后果也常常被隔离在公众讨论之外。传统上，基础设施一般被认为能够——或者被故意设计为能够——逃避民主的治理。但是如果它们充满着惯性并抵触变革，反而会增加它们遭受破坏的风险。④ 因为这样的基础设施常常容易遭到劫持——每座高塔都容易让人产生推倒它的欲望。"基础设施一旦建成，它就催生了各种可能性，致其遭侵蚀或被寄生。"⑤总有人不喜欢（基础设施那高耸的）墙。

尽管基础设施结构庞大，它的界面（interface）却可以很小。这些小界面如水龙头、气泵、电源插座、计算机终端、手机或机场安检设施等，都发挥着"门"的角色，都通向更大的和更隐蔽的系统。基础设施的设计初衷是为了减少隐蔽因素所带来的风险，但在这个过程中往往会出现新的风险。因此，建造各种系统，就意味着同时要管理它们的附带后果以及这种管理本身带来的后果。例如，高压电线带来的附带后果就是它增加了孩子罹患白血病

---

① Edwards, "Infrastructure and Modernity," 186. 39.
② Edwards, "Infrastructure and Modernity," 221; Paul N. Edwards, Geoffrey C. Bowker, Steven J. Jackson, Robin Williams, "Introduction: An Agenda for Infrastructure Studies," *Journal of the Association for Information Systems*, 10, no. 5 (May 2009): 364–374, at 365.
③ 即胡夫（Khufu），全名胡尼胡夫，埃及第四王朝第二位法老，希腊人称他为奇阿普斯（Cheops）。——译者注
④ John Keane, "Silence, Power, Catastrophe: New Reasons Democracy and Media Matter in the Early Years of the Twenty-First Century," Samuel L. Becker Lecture, 8 February 2012, University of Iowa.
⑤ Brian Larkin, "Degraded Images, Distorted Sounds: Nigerian Video and the Infrastructure of Piracy," *Public Culture*, 16, no. 2(2004): 289–314, at 289.

的风险。① 基础设施规模越大,越可能慢慢地不为人所意识到,同时带来的潜在灾难也可能更大。只有在铁路出现后,才会出现火车事故;在爱尔兰,只有在农民们过度依赖于单一农作物(土豆)时,才会因其欠收而出现大规模饥荒。杠杆意味着脆弱性。

  基础设施还可以分为软基础设施和硬基础设施。它们可以是厚重和固定的,也可以是轻型和可移动的——这是英尼斯不断指出的一点。因此网站(通讯)协议(protocols)和大坝及高速公路一样,都是基础设施。与古罗马城市、道路和高架水渠所演奏的混凝土乐章相比,古希腊人和犹太人发明的数学、历史、哲学、音乐和假期制度直到今天都充满旺盛的活力。古罗马在今天所剩下的也是各种辉煌的"文化基础设施",包括宗教、语言、法律乃至"欧洲"这一观念本身。水利和道路系统固然能持续发挥作用,但文化上的延续性通常意味着更大的成就。在所有现存的文化当中,只有中国人、希腊人、印度人和犹太人在历经几千年的磨难之后仍然保存了他们的民族特征(当然在这种保存之中也不无创造)。这说明,软件的寿命往往能超过硬件。在地质时间上,所有基础设施都无法逃过奥兹曼迪亚斯般的(Ozymandian)②命运,这正如黑格尔在谈到古埃及时所言:"古代帝王和教士的宫殿早已沦为瓦砾,但他们的坟墓却可以亘古不变,岿然不动。"③但无论宫殿还是坟墓都注定无法超越其所在文明的存续时间。唯一的例外可能是历法(calendars),它在理论上即使脱离了人的维护仍能长时间存在。当然,由于地球的自转和公转所带来的误差,人类制定的历法与天时之间的

---

① J. D. Bowman, D. C. Thomas, S. J. London, and J. M. Peters, "Hypothesis: The Risk of Childhood Leukemia Is Related to Combinations of Power-Frequency and Static Magnetic Fields," *Bioelectromagnetics*, 16(1995): 48 – 59. 我们生存在具有放射性的无限电场中无疑会有损健康,但这方面的科学探索还没有。
② 奥兹曼迪亚斯(Ozymandias),公元前13世纪的埃及法老拉美西斯二世(Ramses Ⅱ),希腊人称他为奥兹曼迪亚斯。他在自己墓地旁建造了狮身人面像斯芬克斯。拉美西斯二世功绩卓著,但他当年宏伟的雕像后来只剩下了两条巨腿,以及虽然神情威严但业已破碎的面庞。英国诗人珀西·比西·雪莱(1792—1822)在其同名诗作中描绘了奥兹曼迪亚斯雕像残迹。这首诗叙事手法别出心裁,故事里藏着故事。我国英文大家王佐良和杨绛都曾翻译此诗。《奥斯曼迪亚斯》表达了人类生命在时间、历史和自然面前的脆弱和短暂。此典故和后文黑格尔所言使中国读者想起出自清代张英的《观家书一封只缘墙事聊有所寄》中的诗句:"万里长城今犹在,不见当年秦始皇。"——译者注
③ G. W. F. Hegel, *Lectures on the Philosophy of Religion*: *The Lectures of 1827*, ed. Peter C. Hodgson (Berkeley: University of California Press, 1988), 321n339.

协调性只能维持几千年。(我们所使用的历法,如第 4 章所示,则需要更为频繁的"对表"。)文明的延续似乎是有限的,基本都在"几千年"这一量级。如果要长期维持各种传播系统,则需要投入更大的成本,也需要更精深的专业知识。①

　　基础设施的变化多半是累积的,而且是建立在前人创新的基础之上的。它们的改进是一步一步、一个单元一个单元实现的,明显体现出一种路径依赖。② 基础设施需要我们投入劳动进行维护。它们之所以是基础设施,是因为它们已经被常态化,以至于成为了人们的想当然之物;它们既包含技术元素,也包含社会元素。③ 要保留基础设施中的古老功能和结构,就如同要保留我们生物组织中的古老功能和结构一样。和我们的身体器官一样,技术"工具"(古希腊语为 ὄργανα)也是经过不同环境相互叠加而形成的混合物。自然语言也是如此(这也说明为什么我们可以从语词的历史中发掘出日积月累而成的远见卓识)。我们可以称这个现象为"QWERTY 原则"④:即由于路径依赖原因,最初提出的不那么理想的模式却能在很长时间内持久存在。⑤

　　我并不喜欢又生造一个以"主义"(ism)结尾的词,以免给已经如火如荼的学界的品牌混战火上浇油。但是如果我非要生造一个这样的词,它会是"基础设施主义"(infrastructuralism)。我们已经有了结构主义(structuralism),

---

① Marisa Leavitt Cohn, *Lifetimes and Legacies: Temporalities of Sociotechnical Change in a Long-Lived System*, University of California, Irvine, PhD diss., 2013.
② Susan Leigh Star, "The Ethnography of Infrastructure," *American Behavioral Scientist*, 43 (1999): 377–391, at 382.
③ Susan Leigh Star and Karen Ruhleder, "Steps toward an Ecology of Infrastructure: Design and Access for Large Information Spaces," *Information Systems Research*, 7, no. 1(1995): 111–134.
④ 最初机械打字机制造商推出了不同字母排列的键盘,后来经过市场的竞争、选择、淘汰,绝大多数人都采用了雷明顿公司(Remington)1873 年推出的 4 行键盘,其最上行是以 QWERTY 顺序排列。QWERTY 键盘成为主流后,催生了相应的打字教材和熟练使用该键盘的打字员。在滚雪球效应下,即使有人提出能提高打字速度的键盘排列方式,也没人敢用了,QWERTY 系统因而独霸天下。这一现象被经济学家总结为"路径依赖"现象(Path Dependence),指一旦人们做出了某种选择,惯性的力量会使这一选择不断自我强化,让其不能轻易摆脱。——译者注
⑤ Paul A. David, "Clio and the Economics of QWERTY," *American Economic Review*, 75, no. 2 (1985): 332–37; and S. J. Liebowitz and Stephen E. Margolis, "The Fable of the Keys," *Journal of Law and Economics*, 33, no. 1(1990): 1–25.

它雄心勃勃地试图通过提出一个整合所有意义的理论来对各种原始或现代的思想作出解释;我们也已经有了后结构主义(post-structuralism),它迷恋各种鸿沟、困窘和不可能,赞赏故障、渴望和失败,欣赏各种荒诞的范畴,喜欢使用各种令人窒息的长句。但现在也许该是我们提出"基础设施主义"的时候了。"基础设施主义"迷恋的是最基本、最枯燥和最平凡的东西,以及所有发生在幕后的恶作剧作品。基础设施主义的教义是关注各种环境、微小的差异、门禁和针眼的教义。它关注的是表面世界背后的我们不能理解的各种事物。有鉴于此,我给本章取的标题一语双关:Understanding Media,既是"理解媒介",也是"基础设施性媒介",即那些立于表面之下的(understanding)媒介。

基础设施在大多数情况下都静默无言,低调回避。这似乎也是媒介的一贯表现和一般品质——为了彰显别的人或事而将自己遮蔽隐藏起来。① 马克思就是一位基础设施的理论家,不仅因为他极为关注工业机器,而且也因为他深入分析了权力关系是如何被掩盖起来的。最伟大的基础设施思想家一直都不仅关心硬件设备,同时也总是想去探究:为什么人们对这些关键事物的意识与认知总会如此之快地融入无知无觉的循规蹈矩中去。②(这实际上是一个久已存在的道德谜团之翻新版本:我们总想找到一个能指导我们行动的最基本和最可靠的原则,但上下求索后我们最后找到的所谓原则却不见得比这一追求本身更可靠多少。)弗洛伊德曾用基础设施做类比,非常生动。他将人的内心(psyche)比作城市、下水道、废墟、文件系统以及邮政审查制度。但他同时也分析了人类主观意识的浑浊如云的特点,还分析了我们自己跟自己进行的交流(这种交流常常是扭曲的)。弗洛伊德认为,人类个体留下的任何记忆痕迹都是犯罪调查现场。他对这些痕迹进行了仔细的调查分析,展示出高超的侦查技巧。

最基本的东西往往会退居幕后。我们如何理解这一现象?对此做出最明确的理解努力的是弗洛伊德的同时代人埃德蒙·胡塞尔(Edmund Husserl),他提出了哲学现象学。马克思、弗洛伊德和胡塞尔以及他们的同

---

① Dieter Mersch, "Tertium datur: Einleitung in einer negativen Medientheorie," *Was ist ein Medium?* ed. Stefan Münker and Alexander Roesler (Frankfurt: Suhrkamp, 2008), 304 – 321, at 304.

② McLuhan, *Understanding Media*, 198.

时代人都亲身经历了当时正在发生的令人激动的大规模基础设施变革;对此,他们都认为人类感到的表面的"无聊"(boredom)和"显在"(obviousness)都不过是种种幌子,它们被人类意识(conciousness)所利用以掩盖人类大脑那些奇妙无比同时也是曲折迂回的内部工作原理。而正是这样的工作原理使得人类的意识成为可能。基于同样道理,达尔文、杜波依斯(Du Bois)①、涂尔干、吉尔曼(Charlotte Perkins Gilman)②、索绪尔和韦伯也都分析了生命(life)、种族、社会、性别(gender)和语言的基础性作用。19世纪的人们生活于蒸汽、煤炭、电力、带刺铁丝网、标准尺码和标准时间的世界中。在当时的思想家看来,有些人竟然看不到万事万物之间的联系,他们简直就是疯子。以上诸位思想者都相信理性的力量,相信理性既能帮助我们发现事物背后的根本原因,也能让这些事物变得更加混乱不堪。弗洛伊德有一句名言:"物之所曾在即我之所应在。"(Wo es war, soll ich werden/Where it was, I should be)这句话也许可以理解为他在呼吁我们要迫切地去"让无形的基础设施显形"。由此我们可以看出,在现代思想中存在着一种关于基础设施的深层伦理学。

最近激发人们对基础设施感兴趣的一本重要著作是鲍克尔和莱·斯塔尔(Bowler & Starr)合著的《分门别类》(*Sorting Things Out*, 1999)。该书追溯了基础设施研究的悠久的现象学传统。在该书中,两位作者将基础设施的内涵和外延扩展到"大型的和厚重的系统"之外。在此书中他们试图回答的问题是:那些具有基础意义的各种范畴和标准是如何形成的?它们在形成之后是如何变得稀松平常而不为人所注意的?有很多东西被我们视为理所当然,这些东西最初又是如何被建构出来的?(例如,在鱼看来,水是如何变得透明和不可见的?)这是一个经典的现象学问题。两位作者认为,我们所处的世界充满着各种标准和无人能记起的规则,它们以一种极为平常的方式生产出日常事物,而且这种做法受到了很多鬼魅般的机构的支持。

---

① 威廉·杜波依斯(William Du Bois, 1868—1963),美国三大黑人领袖之一,杰出的社会科学家和社会活动家,为美国黑人解放和世界和平作出了卓越的贡献。生于马萨诸塞州一贫苦黑人家庭,后获哈佛大学法学博士和哲学博士学位,曾在亚特兰大等著名黑人大学任教。——译者注

② 夏洛特·吉尔曼(Charlotte Perkins Gilman, 1860—1935),美国著名妇女运动理论家,发表过大量有关妇女、劳工、伦理学等社会问题的著作。在其名作《妇女与经济》(1898)中提出,妇女唯有经济独立才能获得真正自由。此书被译成七种文字出版。——译者注

鲍勒和斯塔尔不无妙趣地指出，在CD和铅笔这样的日常物件背后隐藏着的是"持续数十年的协商"，"只有投入苦功才能做到举重若轻"。① 然而，人们常常认识不到这一点。为了打破这一误解的硬壳，两位作者提出了一个新的概念——"基础型倒置"(infrastructural inversion)，它与哈罗德·加芬克尔(Harold Garfinkel)②的"违背"(breaching)概念很相似。后者指"故意违反社会规范以使隐藏之物从幕后显现出来"的做法。发生"事故"或"失败"往往也能带来同样的显现效果；坚固长久的基础设施常常诞生于简易脆弱的木质工程；故障的出现会让实际工作遭受挫折，令人烦恼，在智识上却能给人以无尽的启发。③ 如海德格尔(如亚里士多德一样)所说，事物的本质常常会在意外事故中得到显现。④ 基础设施常常隐蔽难见，一如窗外飘过的丝丝细雨，不仅在本质上是不可见的，而且也常常被故意设计成如此，这被丽莎·帕兹(Lisa Parts)称为"基础性遮蔽"(infrastructural concealment)。⑤ 基础设施如下水道系统、电线电缆等都是埋在地下或水下的，其他的则被设计成与所在环境融为一体；还有一些情况(当然比较少见)，高塔或水坝被作为权力和现代性的象征故意高调显露；有的建筑则被设计成内部外露，如巴黎的蓬皮杜中心，其建筑管线和通道都被突出外显，特别抢眼。在20世纪，广播公司大楼成为炫耀其技术性特征的庄严庙宇。⑥ 同样如我在下文中将指出的，中世纪的钟楼标志着俗世建楼者拥有的巨大财富和显赫的身份地位。

---

① 此句原文为："There is a lot of hard labor in effortless ease." See Geoffrey C. Bowker and Susan Leigh Star, *Sorting Things Out: Classification and Its Consequences* (Cambridge: MIT, 1999)。其中位于9.35的引语对"基础设施"给出了一个很有用的定义。
② 哈罗德·加芬克尔(Harold Gafinkel, 1917—2011)，美国社会学家。1952年获哈佛大学哲学博士学位，后在俄亥俄州立大学、芝加哥大学任教，1957年后任洛杉矶加利福尼亚大学高级研究员、教授，1975年起任职于斯坦福大学行为科学高级研究中心。加芬克尔认为常人方法学的首要任务就是研究社会生活实体的合理性问题，即研究活动着的个人如何认识世界。他总结了现象学社会学、象征互动论和语言研究的成果，并把这些成果创造性地应用于社会行为和社会结构的分析中。著有《常人方法学研究》(*Studies in Ethnomethodology*, 1967)等。——译者注
③ Peter Krapp, *Noise Channels* (Minneapolis: University of Minnesota Press, 2011).
④ "In einer Störung der Verweisung... wird aber die Verweisung ausdrücklich." *Martin Heidegger, Sein und Zeit* (1927; Tübingen: Niemeyer, 1993), 74.
⑤ Lisa Parks, "Technostruggles and the Satellite Dish: A Populist Approach to Infrastructure," *Cultural Technologies: The Shaping of Culture in Media and Society*, ed. Göran Bolin (London: Routledge, 2012), 64-84.
⑥ Staff an Ericson and Kristina Riegert, *Media Houses: Architecture, Media, and the Production of Centrality* (New York: Peter Lang, 2010).

技术从来就不只具有实用功能,它同时也具有社会展示价值。

"能让人忘记其存在"也许是所有基础设施具有的关键特征。斯塔尔指出,基础设施其貌不扬以至于让人觉得枯燥无趣。① 但是这全要看基础设施以何物作为"基础"。基础设施常被定义为"无法被监测和被注意,处于非中心位置的事物"。冗余也许会让人感到枯燥,但一个强大系统的要义是一定要留有后备预案。"技术"(technology)作为一个概念,它偏爱新颖;而作为基础设施,如呼吸、防火、书写以及城市等,尽管其运行需要大量劳动投入,却往往为人所忽视。我们有一个不好的习惯,即常常会将我们所处环境中的那些闪亮的、新颖的或唬人的部分单独拎出来然后将其名为"技术",而对那些古老的、看上去索然寡味的部分则视而不见。例如,马匹在两次世界大战中的作用堪比坦克;在过去几十年中,自行车的作用几乎和私人汽车一样重要,但是人们都只关注坦克和汽车这样的新技术。② 即使是枯燥无味(boredom)也涉及政治因素。保罗·爱德华兹(Paul Edwards)③说:"成熟的技术系统常常会隐退到自然化的背景当中,变得像树木、日光和泥土一样稀松平常,其貌不扬。"④我觉得他前半部分说得完全正确,但是树木、日光和泥土作为成熟的技术系统却十分不平常。爱默生说:"智慧永恒不变的标志是,在平凡中见到惊奇。"⑤对"单调枯燥"(monotony)的容忍度是测量我们心灵广博度的指标;对上帝之心灵而言,没有什么东西会让他觉得枯燥。实际上,如果我们去仔细研究一下枯燥之物究竟是如何变得枯燥的,这本身就是一个让我们不再枯燥的好方法。我在本书中力图配制出这样一味治疗枯燥的良药,希冀基础之物的神奇能胜过其平淡。

如何理解媒介对我们产生的影响?基础设施主义为我们提供的一个视角就是将其视为在本质上是后勤型的(logistical)。我称具有基础性作用的媒介为"后勤型媒介"(logistical media)。这类媒介的功能在于对各种基本

---

① "Ethnography of Infrastructure," 377.
② David Edgerton, *The Shock of the Old: Technology and Global History Since 1900* (London: Profile, 2008).
③ 保罗·爱德华兹(Paul Edwards),现为密西根大学信息学院(SI)和历史系教授。研究兴趣集中于与计算机、信息基础设施和全球气候科学相关的历史、政治和文化。——译者注
④ Edwards, "Infrastructure and Modernity," 185. 58.
⑤ *Nature, Selected Writings of Emerson*, ed. Donald McQuade (1837; New York: Modern Library, 1981), 41.

条件和基本单元进行排序。如前所述,记录型媒介压缩时间,传输型媒介压缩空间,它们都具有杠杆(leverage)作用,而后勤型媒介则在它们的基础上更进一步,具有组织和校对方向的功能,能将人和物置于网格之上,它既能协调关系,又能发号施令。它整合人事,勾连万物。①

后勤型媒介可以说是 X 轴和 Y 轴相交于其上的"零点"。麦克卢汉的名言"媒介即讯息"特别适用于描述后勤型媒介。它奠定好基础,让我们能在其上区分自然和人工;它跨越海洋、大地、空气、地外空间和虚拟空间,无处不在。本书将在第四章及第五章对后勤型媒介作全面阐述,主要关注各种经典的后勤型媒介,如历法、钟表和塔楼。其他后勤型媒介的例子还有如姓名、索引、地址、地图、列表(如我现在所做的)、征税名录、日志(log)、账目/档案和人口普查等。货币当然是最具后勤型特征的媒介。如马克思所言,作为一种媒介,货币没有内容,却有着让其他所有事物都围绕着它转的威力。② 后勤型媒介将各种事物放置在具有两个极端的量表上,从而确定下了所有人都必须遵守的标准。"零"这一概念作为后勤型媒介具有范式意义。它本身并无内容,却能规定经度、纬度以及幅度,从而规范和塑造整个世界(当然,如果我们的银行存款多了一个零,只要它出现在对的位置上,我们是不会有意见的)。零就是阿基米德撬起地球的杠杆。在人类所有自然数学语言中,最初都没有"零"的概念,它衍生于人们画圈的习惯,如在年(月)历或账目上画圈等。杨百翰(Brigham Young)③曾用手杖在地上画了一个圈,将其作为一座庙宇的宅基所在,而后来(不管你喜不喜欢)美国盐湖山谷所有建筑物的地址都是以该庙宇为参照而确定的。后勤型媒介貌似中

---

① Gabriele Schabacher, "Raum-Zeit-Regime: Logistikgeschichte als Wissenszirkulation zwi-schen Medien, Verkehr, und Ökonomie," *Agenten und Agenturen. Archiv für Mediengeschichte*, eds. Lorenz Engell, Joseph Vogl, and Bernhard Siegert (Weimar: Bauhaus Universität, 2008), 135 - 148, at 145。亦可参见: Judd Ammon Case, *Geometry of Empire: Radar as Logistical Medium* (PhD diss., University of Iowa, 2010); "Logistical Media: Fragments from Radar's Prehistory," *Canadian Journal of Communication*, 38, no. 3 (summer 2013): 379 - 395。
② 关于金钱(money), Hartmut Winkler, *Diskursökonomie* (Frankfurt: Suhrkamp, 2004), 36 - 49。
③ 杨百翰,(Brigham Young, 1801—1877),又译布里根姆·扬。美国摩门教领袖、政治家和开拓者,耶稣基督后期圣徒教会第二任首领。1847 年,为躲避宗教迫害,他率领耶稣基督后期圣徒教会教友长途跋涉来到盐湖城(Salt Lake City)定居下来,并担任犹他领地首领。犹他州杨百翰大学(Brigham Young University)即由他的名字命名。1857 年,杨百翰宣布在犹他全域戒严,禁止联邦军队进入犹他。事件最后通过谈判得以解决,犹他接受联邦政府的管治。——译者注

立和抽象,但它通常都在政治或宗教上含有一种微妙和深层的偏向(bias)。直到今天,人们仍在争论我们所处的时期"公元"英文应用 AD 还是 CE,以及周日到底是一周的第一天还是最后一天(详见第四章)。以上的"点"和透视中的消失点(vanishing point)、小数点以及印刷业中使用的"分隔符"(spatium)都是所有现代媒介最为关键的一点。[①] 尽管后勤型媒介常常显得中立和理所当然,但一旦它们内嵌的偏向出现变化,就会造成社会的不稳定。

基础设施主义与媒介理论有着共同的关注点。它们都呼吁人们去关注各种隐蔽的环境。也许麦克卢汉最为基本的呼吁(他同时也曾想象人类的头脑最终会变成一个庞大的蜂窝)就是提醒我们要从对隐蔽环境毫无意识的状态中苏醒过来。[②] 麦克卢汉将那些忽视我们的技术性栖居的人称为梦游症患者(somnambulists);他用古希腊的水仙花神话[③]来解释我们对媒介的麻木。基特勒说,有些人真有福啊,因为他们能从 CD 或迪斯科舞厅的音乐播放中感知出唱片上的凹槽回路[④]。本体论(无论它是什么别的)只不过是被人们忽略的基础设施而已。

存 有 与 物

我们一提到本体论就自然会带出另外一个人物。我必须承认,我其实很不情愿又受到海德格尔的影响,但我总是会如受到天体引力作用一般不由自主地滑入他的轨道。如果你对自然和技术(technē)感兴趣的话,海德格尔绝对是一位绕不开的人物。我们要感谢那些为数不多的海德格尔思想的解读者,是他们对其思想做了去毒化处理(detoxify)。这些解读者类型多样,以一种类似于"海外洗钱集团"(offshore laundering brigade)的角色对海德格尔的思想进行了清洗,这反而使他的思想增色不少。我们在阅读海

---

① Wolfgang Schäffner,"The Point: The Smallest Venue of Knowledge," trans. Walter Kerr, *Collection*, *Laboratory*, *Theater*: *Scenes of Knowledge in the 17th Century*, ed. Helmar Schramm, Ludger Schwarte, Jan Lazardzig (Berlin: Walter de Grutyer, 2005), 57 - 74.
② "Today we need also the will to be exceedingly informed and aware." *Understanding Media*, 75.
③ 古希腊水仙花神话,又称那喀索斯神话,内容是那喀索斯爱上了自己的影子而变成了水仙花。它是古希腊最富哲理的神话故事之一。——译者注
④ Kittler, *Gramophon Film Typewriter*, 5; *Gramophone*, *Film*, *Typewriter*, xli.

德格尔时，最好读作品的德语原文，这样能获得更好的效果。你一步一步地阅读它，会觉得层层递进，步步惊心；其间你会看到——用海德格尔自己的话说——整个世界都会以一种前所未有的方式如晨曦初显一样地展现出来。我们以各种各样的方式存在，经历各种各样的季节，而海德格尔正是这种多样性的伟大研究者。和罗伯特·菲舍尔①的棋局一样，海德格尔的思想充满着突然、怪异和妙招。在下棋时，海德格尔情愿牺牲他的"王后"——知的自我（the knowing ego），这是现代哲学中最强有力的棋子。他这么做是为了保存其他重要性次之的哲学棋子（概念），如"存有"（being）和"物"（thing）。在牺牲"王后"后，他突出奇招，以一种灾难性的效果对"存有"和"物"两个概念继续做出义无反顾的推演，直至最后"将军！"（checkmate），将对手置于死地。但在哲学中，特别是在存在主义哲学中，理论和生命（life）两者不可分离，这一点完全不同于棋局。与菲舍尔一样，海德格尔虽然天赋奇才，但没能使他在政治上免于作出灾难性的判断。在这一点上最明显的例子是，海德格尔曾加入纳粹党，而他对此丝毫没有悔过之意。他与纳粹党之间的纠缠不清后来也成为他人（包括他的朋友和敌人）不断翻炒的主题，其详细程度读来令人痛苦不堪。他的日记（Schwarzen Hefte）最近被出版，使他这段不光彩的历史得到更多曝光。在日记中，海德格尔非常清晰地记录了他的反犹主义立场，如同火上浇油，让他具有了更大的争议性。

作为信源，海德格尔的道德水平让人生疑；作为哲学家，他却生产出了伟大的作品。这不免让人发问：个人的罪行是否与其创造力呈正相关？这里涉及的道德谜团也许只有从神学角度才能解释得清楚。对海德格尔这样的思想家，正确的阅读方式必须是批判性的。从他与纳粹党的关系看，他的道德和政治判断能力是有问题的，而这种问题在他的工作和生活中的其他方面也存在。例如，他竟然将核战争或大屠杀轻描淡写地等同于"糟糕的思想"，而且还认为前者并不比后者恶劣多少；他无法忍受别人的玩笑，但对于诸多深刻的主题他都能清楚明晰地阐述，其方式让人痛苦却难以抗拒。他

---

① 罗伯特·詹姆斯·菲舍尔（Robert James Fischer，1943—2008），美国国际象棋大师，第11届世界象棋冠军，被认为是有史以来最伟大的棋手。他很小就展露出国际象棋天赋，13岁时赢得了所谓"世纪之局"大奖。——译者注

认为,技术(technology/Technik)的重要性并不在于它对人和社会做了什么,而在于它如何给自然重新赋予秩序(reorder)。他的这一观点对我在本书中的立论尤为重要。我们能对海德格尔做什么呢?实用主义者如拉图尔和理查德·罗蒂①的策略是,既在理论上十分依赖他,同时又无情地批评他。拉图尔曾不无风趣地指出,海德格尔只能在黑森林当中寻找"存有";他还指出,从海德格尔对技术的阐述看,他并不认为原子弹、水坝、测谎仪和订书机之间存在多少差别。② 罗蒂有一次则更为过分,说海德格尔是一个自恋的和自大的狂人。但需要指出的是,罗蒂这么说主要还是为了强调海德格尔对民主制度缺乏敏感性。③ 无论拉图尔和罗蒂如何评价海德格尔,有一点是可以确定的,即他们两人都清楚地知道,海德格尔并不认为技术(technology)是"对存有的简单遗忘",他也不是文化上的悲观主义者。我们如此看他就错了。海德格尔是一位技术(technics)理论家。在他看来,技术并非我们必须接受的历史结果,而是人类命运的必需,也是人类命运的"万物之议会"(parliament of things)。所谓"万物之议会"是拉图尔提出的一个概念,但可以从海德格尔那里找到该概念的某些源头。④

在我写作本书时,拉图尔也许就是这样一位"物"(it)之思想家。拉图尔无处不在,聪明得不得了。人类以自己为中心,对我们的栖居之地进行各种操纵。而拉图尔恰恰是一位恰当的人物,能帮助我们对这种操纵进行有益的反思。本书努力从生态学(ecology)和技术学(technology)角度提供一个与人类命运相关的视角,而神学(theology)则与拉图尔的理论非常贴合。当下有很多思想家都在呼吁,我们对自然有何种想象力,决定了我们是否还有

---

① 理查德·罗蒂(Richard Rorty, 1931—2007年),美国实用主义哲学家,分析哲学的主要批评者和后分析哲学的代表之一。1931年出生于纽约,1956年在耶鲁大学获博士学位。从1982年起,任弗吉尼亚大学凯南讲座人文科学教授。曾出任1979年美国哲学协会东部分会的主席。主要著作《语言学的转向》和《哲学和自然之镜》。早年主要研究历史和形而上学,20世纪60年代兴趣转向分析哲学,受到后期维特根斯坦、美国塞拉斯和奎因的影响,将分析哲学的兴起看做哲学史上的一次伟大转向。70年代后,他对分析哲学从怀疑、不满发展到反感。——译者注

② Bruno Latour, *We Have Never Been Modern*, trans. Catherine Porter (Cambridge, MA: Harvard University Press, 1993), 65; "Can We Get Our Materialism Back, Please?" *Isis*, 98, no. 1(2007): 138–142.

③ Richard Rorty, "Heidegger and the Atomic Bomb," *Making Things Public*, ed. Bruno Latour and Peter Weibel (Cambridge, MA: MIT Press, 2005), 274–275.

④ Latour, *We Have Never Been Modern*, 142–145.

机会重新发明与我们自己及与自然相关的各种事物。而在这些思想家中，拉图尔最为知名。他激烈地反对硬性地将自然和人工分离开来的做法。他认为，这种对自然和文化（人工）的强制区分是现代性所具有的鲜明特征。他对此提出强烈批评，并希望我们能够认识到，人和非人之间的相互缠绕是多么地挥之不去和真真切切。他曾经不无遗憾地指出，艾滋病的否认者、烟草致癌和全球变暖的怀疑者等都带着欢喜的心情拥抱了社会建构主义。一些确凿的科学证据让某些人不快，于是这些人投入大量的金钱提出相反的所谓"科学"证据，故意混淆视听，让原本确凿的结论变得似乎很不确定。拉图尔认为，那些批判科学的人有些过分，他们心急火燎地要将公众"从不成熟的自然化事实当中解放出来"。① 很多批判性学术研究都关注那些貌似自然之物所具有的（人工的）政治特性，但同样值得我们关注的是文化（人工）之物中所具有的自然属性。夜晚、羽毛、青草和酵母等这些东西貌似自然，但实际都有人工的痕迹。在甜玉米、贵宾犬和郁金香的基因结构中都嵌有一个关键讯息，即这些物种和人类是共生共荣的。如前所述，DNA对环境压力具有很大的响应度，因而它具有深刻的历史属性。拉图尔认为，对整个世界具有形塑作用的，既包括人类行动者，也包括非人类行动者，这就造成了各种混合物，它们同时包含了主观与物质、人造和自然。

拉图尔对自然和文化（人工）的态度都很极端，这让那些对他进行单一解读的批评者感到疑惑——他既不是社会建构主义者，也不是实在主义者，因此对他进行二选一的单一解读是不对的，他实际上是一名哲学上的实用主义者。他既能认识到所谓"事实"是被建构出来的，同时也能看到这些被建构出来的事实对这个世界的巨大操纵；他既注意到人类对自然的塑造能力，又注意到自然界对人类主观意愿的执拗抵抗。拉图尔并不是科学的敌人，相反他是科学的恋人，因此他很乐意看到科学赤身裸体，坦诚示人。从本体论角度而言，科学是具有生成能力的（generative）。在巴斯德发现微生物之前，微生物是否已经存在？对这个问题，拉图尔的回答竟然是：任何具有常识的人都会非常气愤地回答——当然不存在！② 他如此回答到底是什

---

① "Why Has Critique Run Out of Steam?" *Critical Inquiry*, 30, no. 2(2004): 225–248.
② Bruno Latour, *Pandora's Hope: Essays on the Reality of Science Studies* (Cambridge, MA: Harvard University Press, 1999), 145.

么意思？他并不是一个唯名论(nominalism)①者,因此他不会真正相信巴斯德发现(discover)了微生物就等同于他发明(invent)了微生物。他的真实意图其实更加强烈。他想说的是,在严格的事实意义上而言,人类只要提出了关于自然的知识,实际上就已经改变了自然。以人类为中心的实用知识(know-how)已经极大地改变了微生物的数量和生存状态。在巴斯德发现微生物至今,微生物已经可以在很多前所未有的地方存在：酸奶盒子里、培养皿里以及制药厂里。新知识不仅能影响相关物的总数,而且具有改变过去的能力。比如,直到巴斯德发现微生物,此前我们都认为微生物不存在,对这一点我们现在并没有意识到。巴斯德的成就不仅仅是认识论意义上的,也是历史学意义上的——在他的新发现之后,"过去"突然要腾出空间来容纳此前并不存在的微生物。科学新发现会泛起本体论上的涟漪并荡漾到过去。微生物过去一直存在,这也许是常识,但这个常识最后不过是一种深层唯心主义(idealism),通过它,我们试图从未知事物中寻求一种恒定感。人类的新发现和新知识能在本体论上对过去进行重新组合,也许可以将这一现象称为"(巴斯德)微生物效应"(the microbe effect)。

我们如何思考自然？这不仅涉及认识论问题,而且涉及人类政治。雷蒙·威廉斯曾说,"文化"(culture)是英语中最复杂的两三个单词之一。我觉得他关于"文化"的看法同样适用于"自然"。② 在 20 世纪的女性主义和反种族主义思想中,自然和文化(人工)之间的区别是绝对的和关键的。③ 其实我在这里严肃认真地将"自然"视作一个范畴,也许会激起批判学者的惊呼。因为这些学者所学到的是,"自然"这一概念渗透着权力,无可挽救,我们最好不要去触碰它。他们对"自然"的此种看法有着古典来源。罗兰·巴特曾说,将某东西"自然化"(naturalization)是意识形态所使用的主要策略。瓦尔特·本雅明也说,对自然的宰制与对人的宰制密不可分。霍克海姆和阿

---

① 唯名论(normalism),中世纪欧洲经院哲学的非正统派,代表人物有罗瑟林、阿伯拉尔、罗吉尔·培根。唯名论认为"事物先于一般概念而存在",只有个别事物才是真实存在的;一般事物(共相)只是标示个别事物的名称和符号,它不能离开人的思想意识和个别事物而独立存在。——译者注

② *Keywords: A Vocabulary of Culture and Society*, rev. ed. (Oxford: Oxford University Press, 1983), 87.

③ Robert Bernasconi, *Nature, Culture, and Race* (Huddinge: Södertörn University, 2010), and Joan W. Scott, *The Uses and Abuses of Gender* (Huddinge: Södertörn University, 2013).

多诺则说得更为透彻：对自然的宰制不仅仅剥削了动物、植物、矿物以及所有其他人，还剥削了资产阶级本身。对资产阶级的内部本性，只有通过实施钢铁般疯狂的禁欲主义才能把控。（后来出现的享乐主义则是对这一冰冷禁欲主义的抵抗。资产阶级成员肆意去消耗名酒、雪茄和音乐，以迎来一个救赎的社会。）批判理论认为，如何定义自然和如何定义人，两者密切相关。主体相对于客体被定义，人相对于动物被定义，男性相对于女性被定义，白色相对于黑色被定义，主人相对于奴隶被定义。在最近的几十年里，这种"关联和对照"思想出现在大量关于社会性别、性取向（sexuality）、种族和民族性（ethnicity）的著作中。

然而，拉图尔的策略是：不是全部抛弃"自然"这个概念，而是为它奋斗。他不愿让自然科学占尽所有的便宜后就扬长而去，远走高飞。很明显，作为一种社会思想，高歌"弱肉强食的残酷竞争符合自然规律"有着悠久的历史。该思想断然认定社会性别、种族、阶级、自由市场以及所有其他的一切都是符合自然的。从斯宾塞到理查德·道金斯（Richard Dawkins）[①]，达尔文进化论一直都被应用于人类社会，这个过程充满着各种宰制。与此同时还存在着一个生物学传统，最早源于亚里士多德，后来发展至马克思、杜威、杜赞斯基（Dobzhansky）以及其他学者。正如我的同事戴维·德彪（David Depew）的研究所示，这个生物学传统一直在努力，想要建设出一门具有民主精神的生物学。这一努力是建筑在这样一个洞见基础之上的：有机体和它所处环境之间的关系，是一个相互调整和彼此实验的过程，就好比人类民主社会具有实验性一样。在杜威看来，社会的演化和有机体的演化是一样的，都通过对眼前的问题做出适应而实现。两者之间只有一个差别，即人类社会具备一个优势，能够从自己的错误中有意识地学习，从而实现知识的积累和增速。杜威将这种学习称为"科学"（science）；他将"协商"（deliberation）视为一种"只有少数物种才具有的自然选择能力"。进化过程

[①] 理查德·道金斯（Richard Dawkins，1941—　），英国著名演化生物学家、动物行为学家和科普作家，英国皇家科学院院士，牛津大学教授，是当今仍在世的最著名、最直言不讳的无神论者和演化论拥护者之一，有"达尔文的罗威纳犬"（Darwin's Rottweiler）的称号。道金斯以达尔文进化论作为理论依据，驳斥有神论尤其是基督教的论述，指出物种的进化并非仅仅是一种假说，而是确凿的事实。他同美国哲学家丹尼尔·丹尼特、神经科学家山姆·哈里斯和已故的英裔美国作家克里斯托弗·希钦斯常常一起被称为"新无神论的四骑士"。道金斯的主要著作有《自私的基因》（*The Selfish Gene*，1976）和《上帝的错觉》（*God Delusion*，2006）。——译者注

和民主协商一样富于变化、选择以及对选择的遗传,有时候这个过程是浪费的、痛苦的乃至悲剧性的——地球上曾经有过的物种,99%都已经灭绝了。杜威认为,这些不同学习的过程,虽然其结构或演化起源各不相同,但它们的功能都相似。杜威赞同他所引用的亚里士多德和黑格尔的看法,认为生物学是政治学的基础,政治学也源于生物学。①

政治观念本身就容易引起争议。我们如果将某些与自然相关的概念销售给出价最高者,这样做显然是错误的。政治概念是关键资源,需要通过激烈的斗争才能获得。我之所以呼吁我们认真对待"自然"这一概念,并不是说社会好也罢歹也罢,既然它原本(naturally)如此,我们就必须接受它;而是想要呼吁我们都能认识到,我们现在所处的环境(milieux)是历史影响的结果,因而它也是会变化的。"自然"这一概念内涵丰富,多种多样,因此也完全能够欢迎各种各样的个体,包括非人类个体。民主制度是一个永无止境的、不断包容的事业,它的参与者范围需要不断地扩大,从人类到动物,从有机物到无机物。

经 验 与 自 然

以上我谈到了与我的论点相关的诸位思想家,他们来自加拿大、德国和法国。但除他们之外还有一种传统,如海德格尔一样积极面对和思考人类及其他友好的动植物共同栖居在这个世界意味着什么。美国人拉尔夫·瓦尔多·爱默生深知,我们作为人生存在于这一独特宇宙中具有的辉煌感和陌生感,他是这个世界中研究"生灵混同"(anthropozoic comminglings)的最伟大的学者之一。许多紧随其后的美国作家也所见相同。他们与海德格尔有很多相同的思考,认为技艺和技术(technology)对比鲜明,前者让人称道,后者令人恐惧;存有以各种方式让我们深感恐惧,而最为普通的事物却让我们充满惊奇。如斯坦利·卡维尔(Stanley Cavell)②过去几十年来一直指出

---

① John P. Jackson and David Depew, "Darwinism, Democracy and Race in the American Century,"未完成之手稿。
② 斯坦利·卡维尔(Stanley Cavell, 1926—2018),美国著名日常语言学家,研究兴趣广泛。哲学上以对维特根斯坦后期思想的独特解读而闻名;他还较早地将电影作为主要写作课题。文学方面,他是莎士比亚悲剧的卓越解读者,还通过重新阐释爱默生及爱伦·坡等美国本土作家的思想,重新激活了美国"超验论"及"至善论"的传统。——译者注

的,梭罗和海德格尔在许多方面都有共鸣:乍看上去,两人都像悲观主义者一样感叹平静而绝望的生活,但如果更加仔细地阅读,我们会发现他们其实都充满热情,迷恋于生活实践、木屋、古希腊文学和对技艺的充分理解。他们都认为,关注细节如鞋、钟表、解冻的泥土等都是探索哲学问题的有效方法。梭罗的《瓦尔登湖》是对文化技艺的庆祝,也是一篇关于政治经济学和关于家政(housekeeping)的专论。海德格尔对"栖居"(dwelling)的沉思总是将我们带回到我们的存在所必需的各种装备(equipment)上。很多依循超验主义传统的美国思想家对此都深有体会。比如,赫尔曼·梅尔维尔(Herman Melville)熟知如何从捕鲸船高高的桅杆上观察地平线来发现海面上探头的鲸,他还能杀鲸和炼鲸油。艾米丽·狄金森(Emily Dickinson)①则是一位植物、鸟类和蜜蜂的敏锐观察者,她还非常善于制作精美的标本。和爱默生一样,她对自己身边的自然史非常熟悉。沃特·惠特曼(Walt Whitman)②赞颂围绕着他的各种奇怪生物——动物、土著人以及即将被解放的奴隶。他还设想出一个新的民主制度,其核心思想就是包容万物。(我们应该将追随爱默生和梅尔维尔传统的芒福德也包括在这个谱系中。)将人类和非人类混为一谈,这一思想在实用主义者中颇能引起共鸣。威廉·詹姆斯和(且尤其是)查尔斯·桑德斯·皮尔斯两人都是一流的自然科学家,他们都认为任何"思考人之存有"的哲学都需要从生物演化这一事实开篇谈起。皮尔斯看到了嵌入生命的蓬勃历史中的各种符号;詹姆斯认为人类的心灵(mind)是各种有益的适应性演化带来的结果。和杜威一样,皮尔斯和詹姆斯都认为,所谓传播,不是在不同思想之间进行匹配,而是"在一个不断演化的社会中对那些卓有成效的活动进行培育,人们在传播中

---

① 艾米莉·狄金森(Emily Dickinson,1830—1886),美国著名诗人,出生于美国马萨诸塞州,父亲是著名律师。在她 56 年的生命中,她一直过着深居简出、默默无闻的生活。她 20 岁时开始写诗,一生创作了 1775 首,但生前仅仅公开发表了 7 首诗,都是她的朋友背着她寄出匿名发表的。她的内心和她的诗歌对外界都是一个谜。狄金森曾被誉为"公元前七世纪古希腊萨福以来西方最杰出的女诗人"。布卢姆在《西方正典》中这样评价狄金森在文学史上的地位:"除了莎士比亚之外,狄金森比自但丁以来的其他任何西方诗人更具认识上的原创性。"——译者注
② 沃特·惠特曼(Walt Whitman,1819—1892),19 世纪美国诗人、散文家,以自由诗的鼻祖而闻名,因创作抒情诗《草叶集》被誉为美国现代诗歌之父。他生于长岛一个农民家庭,只读过几年小学,因经济困难,11 岁时退学,先后当过勤杂工、徒工、排字工人、乡村小学教师。南北战争时支持北方政府,志愿参加救护工作,并在华盛顿政府任职。作品主要歌颂自由的理想,歌颂 1848 年法国革命,歌颂人民的创造性劳动。——译者注

相互进行选择的猜度和自我纠正,意义的产生不过是这一过程的副产品而已"。人类共同体还得到了科学的额外指导和帮助。我在本书中也继承了以上从爱默生、梅尔维尔再到詹姆斯和皮尔斯的一贯传统。

美国超验主义传统对我们日用伦常中的各种嘈杂和商业——或曰"商品"(commodity,爱默生语),或曰"第二位"(secondness,皮尔斯语)——发出了一种实用的和健康的欢呼。① 但是海德格尔(尽管他才华卓越)却对日常世界没有多少感觉。毋庸置疑,在有关"工具"(tools)和"物"(things)的现象学方面,无人能与海德格尔匹敌,但是在海德格尔的心海里却很少涌起过"公民社会"的潮汐。一个践行民主理念的人需要具备两个关键素质——常识感和幽默感,这都不是海德格尔的强项。肯·克米尔在谈及海德格尔时引用了一部功夫片中的台词:"对那些纹丝不动的高人,一定要当心。"无论美国人的思想是如何令人觉得匪夷所思和不着边际——他们常常如此——最终他们总是选择与他者(otherness)(甚至包括不能言语和头脑简单者)精诚团结,不离不弃。他们常常不计后果,很快与物化(reification)②、现代性、贸易、杂糅(impurity)以及缺陷(imperfection)握手言和。这在詹姆斯悲喜交加的"真理的现金价值"这一观念中体现无疑,广为人知。③ 对物化抱有耐心,可能是我们在理解自然及我们的同类时要坚持的首要原则之一。我们身边的动植物以及天上的云朵都沉默无言,却不无可爱。

正如杜威这位民主制度的伟大思想家所指出的,美国超验思想家思考的根本问题是经验和自然的关系问题。他们欢呼工具性(instrumentality),视它为人之为人的关键。顺着海德格尔的直觉,实用主义传统也认为,存有体现于日常实践、算法和软件程序之中。海德格尔和美国超验思想家们都呼吁回到最基本的层面并试图去展现嵌入在日常事物(绿地、船舶甚至一双

---

① Emerson, *Nature*, 7-9。"商品"提供"暂时的和中介的"服务以及"金钱利益"。对于爱默生而言,商品显然属于技术(technē)。
② 物化(reification),与"对象化"相近,指人的思想观念通过实践活动变成现实存在,即转化为物质形态的对象性存在。马克思在《资本论》中提出了"商品拜物教"的概念。他认为,在资本主义社会中,人与人之间的社会关系表现为物与物之间的交换关系,这种关系反过来成为外在于人、奴役人的力量,这就是商品拜物教,也即对人的"物化"。匈牙利哲学家卢卡奇在《历史与阶级意识》等著作中也使用了这一概念。——译者注
③ Kenneth Burke, *A Grammar of Motives* (1945; Berkeley: University of California Press, 1969),277.

鞋)中的洞见。他们都具有一种"基础设施般的"直觉,认为看似明了无疑的东西实际上根本就并非如此。他们都从哲学—神学角度看待媒介、技术(technics)和动物——这正是本书的主题——并对体现在它们中的"惊异"(astonishment)尤感兴趣。在爱默生、海德格尔、詹姆斯和基特勒看来,世界上根本不存在任何摆脱了媒介的生命,而且"嵌入在媒介中"倒是一个不错的人类境况。海德格尔和实用主义者(如梭罗曾想测量瓦尔登湖的深度)都知道,测量不可测量之物的任何努力,最终能测量到的只能是我们对"惊奇"的无限赞叹。实用主义者们至少是知道这一点的——偶尔的枯燥(boredom)对丰富这个世界其实至关重要。

另外,以上加、德、法传统和美国传统都对"临危而动,不断调试"(experiment in emergency)有兴趣,也即对绝处逢生时的威力(借用海德格尔的感叹)感兴趣。这两个传统都对"赤手空拳的人类"(an unaccommodated man,李尔王语)感兴趣,也就是对"在文明的保护外壳崩塌后,当我们再一次完全沉浸在土地、空气和天气中时我们该怎么办"这个问题感兴趣。[梅尔维尔笔下的阿哈卜是一个明显的李尔王般的角色,他将他的象限仪(quadrant)——他称之为"天堂观察器"(heaven-gazer)——一把砸碎,然后去同白鲸摊牌拼命。这最终让他失去了所有货物(cargo),包括他自己。]美国超验主义学者也有以上担心,不仅反映出美国早期开拓者的攫取本性,也体现出一种人类要对地球资源进行管理的欲望——它更为深层,极富道德色彩,让人觉得不可思议。他们关心的恒定主题是:要时时不忘未雨绸缪。梭罗呼吁我们在方方面面都要生活简约,时刻准备着,这样即使有敌人攻下了我们的城镇,我们仍可以如圣哲一样走出城门,虽两手空空但心静如水。①《白鲸》中"皮廓德"(Pequod)号捕鲸船上的艾希米尔(Ishmael on the Pequod)和隐居在小木屋里的梭罗都试图去探索人类在丧失(物质)支持后的生活状态。他们问道,如果我们舍弃所有的物质需求,那会发生什么呢?(我在后章中之所以关注海洋中的鲸类,其实也是在以另一方式提出这个问题。)灾难来临,我们所依凭的所有物质都将崩塌,我们为之做好了准备吗?船舶在沉没,我们何去何从?超验主义者及他们的继承人(实用主义者)都特别关注我们具有的各种"优势"(the advantages),这些优势源于人类的各

---

① Henry David Thoreau, *Walden* (New York: Norton, 2008), 19.

项发明和勤奋努力,它们都来之不易,耗费巨大。① 但是,带给我们这些优势的技术(technics)都可能丧失,文明可能灭亡,以上思想家们教导我们对这样的可能该如何思考,并为之做好准备,实际上也是为了让我们为自己的灭亡做好准备。或者说,如果要以一种更为谦虚低调的方式表达的话,也就是为了让我们对人类的存有心存感激。

媒介和自然,以及媒介作为自然

如前所述,媒介(media)这一概念在其与"技术"(technology)发生关系之前,很早就与"自然"如影随形了。② 媒介概念最早源于古希腊和古罗马,但它经历的很多关键性变化却发生在中世纪和现代社会。媒介(medium)一直就有"元素"、"环境"或"位于中间位置的载体"之义。该词在古希腊的一个关键源头是亚里士多德。他提出了"τὸ περιέχον"(to periekhon)的概念,大致是"周遭"或"环境"的意思,是"一种存在于宇宙和人类之间的同情与和谐"。按照列奥·斯皮兹(Leo Spitzer)③的说法(他的相关研究在这里是绕不开的),该词与天空(skyey)有关,意味着大气、云层、气候和空气。④ 媒介(medium)和环境(milleu)一直相关,这类似于亚里士多德提出的"质料"(material)和拉丁词"中间"(medius)两者的关系。medium 直接源于 medius,而 media 则源于法语表达 medius locus,意即"中间位置";milieu 和 medium 一样,也指"中间处"。与此相关的另一个源头是亚里士多德的"vision"概念,它指"一个透明的中间物(in-between),它使人的眼睛具备了

---

① Thoreau, *Walden*, 32.76.
② 关于此名词之历史的最关键的一篇文献是: Stefan Hoffmann, *Geschichte des Medienbegriffs* (Hamburg: Meiner, 2002)。如果要了解更多,可参见: Dieter Mersch, "Res medii. Von der Sache des Medialen," *Medias in res : Medienkulturwissenschaftliche Positionen*, ed. Till A. Heilmann, Anne von der Heiden, and Anna Tuschling (Bielefield: Transcript, 2011), 19 - 38; John Guillory, "Genesis of the Media Concept," *Critical Inquiry*, 36 (2010): 321 - 362; Mitchell and Hansen, eds., *Critical Terms for Media Studies*.
③ 列奥·斯皮兹(Leo Spitzer),美国达特茅斯学院文化和比较历史学家。他在非洲、拉丁美洲和欧洲运用摄影、个人和家族口述史以及广泛的证据材料研究当地人对殖民统治的反应以及对种族灭绝的记忆。——译者注
④ Leo Spitzer, "Milieu and Ambience," *Essays in Historical Semantics* (New York: S. F. Vanni, 1948), 179 - 316, at 223, 190.

一种能在其所看到的物体之间形成联系的能力"。这里亚里士多德显然没有使用 medium 这个词,因为该词源于拉丁语。但亚氏提出的 τὸ μεταξύ(to metaxu,即"中间物")概念,却为后来 medium 的出现做好了铺垫。关键转变发生在 13 世纪。经院哲学家托马斯·阿奎那在翻译亚里士多德的著作时将 medium 一词偷偷带入希腊语,用来解释"看"这一远距离行为中缺失的一环。从此之后,人们一遇到"远距离接触"(contact at a distance),就不得不用 media 这个词来填补这种接触中的空间缺失。①

在其研究中,斯皮兹引用一位追随阿奎那(他确定了 media 的持久角色)的经院哲学作者的话说:所有行动都只能通过接触才能实现,这样造成的结果是,除非通过某种媒介(medium),远距离行动是不可能实现的。② 在重要的事物之间出现空隙时,medium(和它的先祖 periekhon 以及它的姊妹 milieu 一样)这个词就被拿出来填补这一空隙。③

后来到了艾萨克·牛顿这里,medium 就变成了一个更为工具性的概念,它是"一个居于中间位置的代理"。它是一种条件,通过它,各种实体(如光、引力、磁力和声音等)可以被传播出去。与其他更为有机的(organic)概念相比,牛顿眼中的 medium 概念是透明和贫瘠的,尽管它作为"上帝的感官"(sorium dei)仍然是这个宇宙的关键且神圣的组成物。"以太"(ether)这个概念则是牛顿后来提出来的,用来表示宇宙间一种无处不在的媒介(universal medium)。以太也给人一种贫瘠的和非物质的感觉,尤其是与"环境"(environment)这个词相比较时(环境给人一种充满生命力的、万物互联的感觉)。以太和环境两个词,前者超验,后者内在;前者枯燥,后者灵动;前者适合物理学,后者适合生物学。我们今天谈论媒介(media)时,仍然同时有这两个意思。德国唯心主义和浪漫主义都特别对 medium 概念进行了探索,别具新意,这也许是为什么近年来德国学术界热情欢迎 media 这一概念的深层背景吧。④

最具有决定性意义的转折出现在 19 世纪。此时 medium 慢慢地用来

---

① Wolfgang Hagen, "Metaxy: Eine historiosemantische Fußnote zum Medienbegriff," in *Was ist ein Medium?* ed. Stefan Münker and Alexander Roesler (Frankfurt: Suhrkamp, 2008), 13 – 29.
② Spitzer, "Milieu and Ambiance," 201. *Eustachius a Sancto Paulo* (1573 – 1640).
③ Steven Connor, "Michel Serres's Milieux" (2002), http://www.stevenconnor.com/milieux/
④ Hoffmann, *Geschichte des Medienbegriffes*.

传递某种特定的人类信号和意义。电报是传播媒介,它同时结合了一个一直就被人们观察到的自然物理现象(各种快速的和非物质的传播过程)和一个古已有之的社会实践(给远方的人写信)。电报出现后,medium 这一概念的引入使得信号(物理学概念)和符号(符号学概念)之间的差异开始模糊,也部分造成了"传播"一词(communication)意义上的混乱,这个混乱至今都挥之不去。关键的变化也许是伴随着招魂术(spiritualism)的出现而出现的。大约在 1850 年,那些模仿电报"跨越鸿沟"能力的人(通常是女性)被称为"灵媒"(medium)。这里的 medium 不是指某种自然元素,而是指处于生者和死者之间的由活人扮演的中介(intermediary)。它所指的并不是一种包裹着有机物的环境,而是指一个人,她传播的是只有人才能懂的意义——这种意义只存在于人的心灵中(无论这一心灵是有肉体的还是无肉体的)。这个含义是一个通向 20 世纪的"媒介"概念的垫脚石。到了 20 世纪,media 被用来指人类制造的渠道(channels),它能传送新闻、娱乐、广告和其他所谓"内容"。① 传心术(telepathy)追求的是遥远心灵之间的契合(communiqués),与此同时,communication(交流/传播)的意涵日益缩小,发展到仅指人类之间意图的相互发送。

20 世纪,media 的意思已经发展成主要指大众传媒(mass media),包括广播、电视、电影、报纸、杂志,有时还包括书籍。虽然如此,media 也一直都有"环境"的意思:确实,大众媒介现在已经无处不在并具有基础元素型(elemental),以至于它们可以非常自然地对接上"媒介作为环境"(medium as ambiance)的悠久传统。有些学者如麦克卢汉和他的追随者们甚至还提出了更广泛(也更久远)的"媒介生态"(media ecology)概念。以同样的精神,社会理论家们也常常谈及货币、权力和爱情,这是他们眼中的媒介;艺术家则将炭笔、铅笔、水粉或油墨视为媒介。media 是复数形式,但有时候也被当做单数使用(恰如英文单词 spaghetti 是复数形式,也可以用作单数,即一大团意大利面)。但是大部分媒介学者通常都将 media 视为复数取"媒体"义,以将其与具体的媒介(medium,技术或介质)相区分,这样就可以按不同介质(medium)来研究媒体了。今天,media 一词已经承载着它过去一个多世纪

---

① Wolfgang Hagen, "Wie ist eine 'eigentlich so zu nennende' Medienwissenschaft möglich?" *Was waren Medien*, ed. Claus Pias (Zurich: Diaphanes, 2011), 81-101, esp. 86-93.

以来与"各种意义生产方式"相关的所有话语。可以说,它已经成为一个历史悠久的人类世(Anthropocene)语义索引,遍布着人类的各种印记。

我写此书的目的并不是要重新回到"视媒介为自然之物或理所当然之物"这个缺乏批判意识的观点上去。大部分人将 medium 的概念限制在符号学意义层面,现代的人类—符号学转向丰富了媒介这一概念,这是有充分理由的。① 但我也认为,现在也是我们将符号学这样的枝节插回到该概念的自然根茎中去的时候了,只有这样我们才能实现媒介研究的新综合(synthesis)。我这么说,并不是主张海洋、火或者天空就因此自动都成了媒介,而是说它们只对某种特定物种,以某种特定方式,通过某种特定技艺(techniques)才成为媒介。我将媒介视为自然和文化两者的拼接(assemblage),也即身体(physis)和技术(technē)的组合。我试图也将语义学整合进来。在某些历史时期,我们一谈到计算(computation)就会想到碳元素(carbon),一谈到云(cloud)就会想到数据(data),而语义学维度能在我们考察以上历史时给我们带来启发。今天的自然事实(natural facts)已然是媒介,而文化事实(cultural facts)中则内嵌有元素型特征。我们可以将互联网视为一种存在方式,它在塑造环境的基本能力上,在某些方面已经类似于水、空气、土地、火或以太。又如,在数字化话语中如此流行的"创意共享"(Creative Commons)②概念,以及人们对生物学家雅各布·冯·岳克斯库尔(Jakob von Uexkull)的广泛兴趣——他提出的"环境"(Umwelt)概念已广为人知——都恢复了我们关注环境(milieu and ambiance)的悠久思想传统。③ 今天的各种基础设施邀请我们从环境角度去观照媒介。我们是幸运的,因为从上述有关"媒介"一词的思想史梳理可以看出,为推进"从环境观

---

① E. g. Hartmut Winkler, "Zeichenmaschinen; oder, warum die semiotische Dimension für eine Definition der Medien unerlässlich ist," *Was ist ein Medium*? ed. Münker and Roesler, 211 - 221.

② 创意共享(Creative Commons),一种新型的作品发表方式,其不同于传统发表方式之处在于作者可以自由选择作品的授权方式,其目的在于增强作品的可获得性,以及提高作品的利用率,促进文化事业的繁荣。"创意共享"(协议)并不是反著作权的,它作为一种灵活的著作权授权使用方式,其设计的许可协议模式为著作权法提供了补救手段,提供了一种合法的、技术性的协议基础。——译者注

③ Geoffrey Winthrop-Young, "Afterword. Bubbles and Webs: A Backdoor Stroll through the Readings of Uexküll," in Jakob von Uexküll, *A Foray into the Worlds of Animals and Humans* (Minneapolis: University of Minnesota Press, 2010),209 - 243.

照媒介"这个课题我们已经具备了充分的理由和物质资源。①

浮游于多舟之上

我在本书中要维护的一个立场是,在那些使我们"人之为人"的东西(无论它是什么)中,技术(technics)具有不可或缺的中心价值。但是正如我已经指出的,本书并不对人类的数字化—技术化未来持一个特别乌托邦式的立场。无疑,计算机及其衍生物已经重塑了我们很多人的工作、娱乐和学习。现在各种计算机设备就像澳大利亚的兔子一样四处繁衍。众所周知,任何生物一旦被移植到缺少天敌的栖居环境中都会繁荣昌盛。现在,计算机已经如动物一样繁衍扩散到了我们的汽车、微波炉、烤箱、抹布和垃圾、音乐和心灵、衣物和身体。也许,正如乔治·戴森(George Dyson)②曾大胆指出的那样,在由硅做成的光纤电缆中生存着新的物种且正在演化。或者如唐娜·哈拉维③(Donna Haraway)说的,计算机已经成为生存在"自然—人工环境"中的新型陪伴性物种,它们像狗、猫和马一样伴随着人类。我们已经和动物一起生活了数千年,但我们和各种居家数字设备共处的时间还不到 30 年。④诸多造梦者、设计师和风险投资者将众多芯片嵌入各种平台和软件中,这些芯片已经极大地改变了我们的环境。罗伯特·卡森(Robert Carlson)⑤曾非常夸张地指出:生物已经变成了技术(biology has become

---

① Ursula Heise, "Unnatural Ecologies: The Metaphor of the Environment in Media Theory," *Configurations*, 10, no. 1 (winter 2002): 149 - 168.
② 乔治·戴森(George Dyson, 1953—),美国非虚构类作家和技术史学家,其作品广泛涵盖了与自然环境和社会方向有关的技术发展,计算的历史、算法和情报的开发、通信系统、太空探索以及船舶设计等。——译者注
③ 唐娜·哈拉维(Donna Haraway, 1944—),著名女权主义理论家和科学技术哲学家,也是当代西方有名的跨学科人文学者,其ތ博格、后现代女性主义、情境化知识等理论思想在西方影响甚广,其"赛博格宣言"曾被不少研究科学哲学、女性主义等的学者视为"圣经"。——译者注
④ Donna Haraway, *The Companion Species Manifesto*: *Dogs*, *People*, *and Significant Otherness* (Chicago: Prickly Paradigm Press, 2003), 65.
⑤ 罗伯特·卡尔森(Robert H. Carlson),于 1997 年获得普林斯顿大学物理学博士学位,1997 年到 2002 年任加利福尼亚大学伯克利分校分子科学研究所研究员;2002 年到 2007 年,任华盛顿大学电气工程部高级研究员。他的研究兴趣在于"未来的生物学研究和发展中,生物学如何成为一种个人技术"。其著作《生物技术:生命工程的任务、危机和新方向》于 2011 年由哈佛大(转下页)

technology)。①

但是，在这些技术冲击中，所有基本问题依然存在。世界仍然充满疯狂，聪明人仍然在做出各种愚蠢的决定，给世界带来灾难性后果；周三下午仍然是周三下午；对困扰人类的大部分疾病，医生仍然无能为力；数字媒介并不能给我们买单、消除我们的背痛或让天气变得更好，更别说这个世界上还有那么多的强奸、贫穷和愤世嫉俗。无论各种新工具在多大程度上带来社会和政治上的新可能，人类社会中关键的伦理和政治问题都会一直存在。新发明并没有使我们能免受旧问题的困扰。孟加拉政府曾试图通过一场宣传运动达到一石两鸟的目的——同时改善全国的信息和公共卫生基础设施。但相关的新闻报道证明了我的观点：由于孟加拉政府过度宣传"数字的"（digital），以至于在孟加拉俚语中，任何"数字的"东西都被国民等同于现代的东西，包括政府向民众免费分发的一次性大便袋（Peepoo）都被称为"数字"大便袋（当地政府想通过免费发放它来减少市民乱扔垃圾和随处大小便的行为，以减少水资源污染）。② 孟加拉语中的这一巧合实际上向我们阐明了一个关键的真理：有时候所谓数字化的新东西内装的不过是旧粪便。

任何处于中间位置的东西，比如说人的脊柱和内脏，通常都会被人贬低，但是我认为它们也值得被给予合理的位置。小的依凭（means）能产生大的效应。只要我们无法摆脱"人类物质上的存有最终都不可避免地要消亡"这一令人忧伤的事实，媒介就会不可避免地出现——我们的记忆无法持久，身体无法存续，时间既不仁又慷慨，只有它才是人类和万物的栖居所在。媒介能将我们从时间的流逝中抽拔出来，为我们提供一个符号的世界，在其中我们能够储存和加工数据（最广义的"数据"）。和亚里士多德或阿伦特一样，我确实认为存在着一个所谓"人类境况"（human condition）的东西，包括土地、世界、其他人、劳动、工作、时间、言语、行动、生与死、承诺和谅解等。

（接上页）学出版社出版，该书用通俗易懂的语言介绍了这一新兴领域的历史以及未来。他认为，随着计算机硬件价格的下降，个人将可以从事专业的生物研究，即从事所谓"车库生物学"（garage biology）。——译者注

① Robert H. Carlson, *Biology is Technology* (Cambridge, MA: Harvard University Press, 2010).
② Stefanie Schramm, "Ab in den Beutel," *Die Zeit*, 10 June 2010, 38, 但这种用法似乎很罕见。

但是这一"人类境况"是递归循环的(recursive),它是一个关于境况的境况,或者说关于条件的条件。我们的行动改变了这些行动所存在于其间的条件,而且(也尤其是)这些条件反过来又改变了我们自己;我们说话和行动,而这些说话和行动又改变了我们所处的条件。正像沃尔特·翁(Walter Ong)①妙语所指:对人类而言,"人造者即自然者也"。② 人与物相遇于十字路口从而定义了媒介研究这一领域。我们对条件作出限定,而这种被限定的条件反过来又进一步限定我们。我们是被创造的创造者,我们塑造了工具,工具也塑造了我们。我们居住在我们自己制作的舟楫上和自己限定的境况中,然而我们却难以直视这些舟楫和境况。从最广泛意义上而言,媒介研究的任务就是对我们的境况进行总体上的沉思。我在本书中的任务是努力冒险去考察这些思想。可以这么说,我的目标就是要去描绘出海德格尔的设想——"从其所具有的极端可能性和极端局限性中给我们的存有描绘出一个诗意的轮廓"。③

如何定义自然、人类和媒介?我认为这些问题从根本上而言都是同一个问题。只有通过我们自己的造物(artifact)我们才能知晓和操纵自然。这些人造物同时源于我们的人性和我们的身体,它们反过来又能进入自然的历史中。古尔汉说,四轮马车、犁、风车和帆船等的发明也应该被视为具有生物学意义的发明。④ 音乐和书写就像体温维持和双脚直立行走一样,都是我们的自然史的一部分。我们的技术性知识和我们的身体形状一起演化。人类头骨的气球形状和爱荷华州的玉米穗一样都是技术上的成就。与人类对野生禽兽的家庭养殖以及各种植物和动物的灭绝一样,人类几千年来的用火史已经成为自然史上的绚烂篇章。作为后勤型技艺,媒介能帮助人类

---

① 沃尔特·翁(Walter J. Ong, 1912—2003),美国耶稣会神父,英国文学、文化和宗教历史学家和教授。他于1978年当选为现代语言协会主席。主要研究兴趣是探索从口头到文字的转变如何影响人类文化和意识。著有《口语文化与书面文化》(*Orality and Literacy: The Technologizing of the Word*, 1982),此书中文版已经由何道宽先生翻译出版。——译者注
② Walter Ong, *Orality and Literacy: The Technologizing of the Word* (London: Routledge, 1982), 82-83.
③ Martin Heidegger, "The Ode on Man in Sophocles' Antigone," *Introduction to Metaphysics*, trans. Ralph Manheim (New Haven: Yale University Press, 1987), 155. 91.
④ André Leroi-Gourhan, *Gesture and Speech*, trans. Anna Bostock Berger (Cambridge, MA: MIT, 1993), 246; *Le geste et la parole*, vol. 2 (Paris: Albin Michel, 1965), 48. "推车、犁、磨房、轮船的外观也应视为生物现象。"

去管理自然和其他人类,从而将人类世界和生物世界联系起来——两者的命运现在已经变得唇齿相依。人类掌握着地球这艘大船的方向舵。船若触礁,它并不会毁灭地球,因为地球已经熬过了比这大得多的灾难,却会导致人类的灭亡。触礁毁灭的是船只而不是海洋。从前这种情况仅适用于人类本性(human nature)——至少从人类获得了语言能力,也许从更早学会了用火和直立行走(这可以说是从头到脚的人工化过程)之后,就是如此——现在已经适用于所有自然(all nature)了。①

正如我将在下章阐述的,我在本书中强调人类的技术属性并不必然意味着我也支持技术人员支持的那种工程师文化。相反,我是要通过承认人与人之间的联系,以及人与海洋、天空和地球之间的联系来更好地把握人的境况。我们的家园存在于各种各样的植物、动物以及已经离世的各色人等中。媒介不仅仅是管道或渠道;媒介理论既涉及有关生态的内容,也涉及有关人类存有状态的内容。媒介也不仅仅是那些总是忙着要去用各种节目和广告去填满时间和版面的各种音视频平台或文字印刷机构。媒介就是我们的境况、我们的命运,以及我们面临的挑战。没有依凭(means)就没有生命。我们都已经被中介化,中介物包括我的身体、我们对氧气的依赖、被写入到我们身体细胞中的远古生命史、我们的直立行走、单一性伴侣制度、对火和动植物的驯化,以及拥有语言、书写、金属冶炼技术、农业、历法、天文学、印刷术、绿色革命和互联网等事实。历史上各种具有实用精神的聪明人创造了众多人造物,它们历史悠久,遍在于我们周围,同时我们自己也**是**人造物。② 文化已成为我们自然史的一部分。用诗人高尔威·金内尔(Galway Kinnell)③的双关语说就是:"我们是一种被预先决定了的生物。"④微生物和比特都是与生存攸关的媒介。媒介研究可以成为一种哲学人类学,或者成为一种提问方式,它提出的问题与苏格拉底向阿

---

① 这里作者用 human nature 和 all nature 相对。nature 有两意:"本质"和"自然"。——译者注
② Dipesh Chakrabarty, "The Climate of History," *Critical Inquiry*, 35, no. 2(2009): 197-222.
③ 高尔威·金内尔(Galway Kinnell, 1927—2014),当代美国诗人和翻译家。1982 年以作品《诗选》获得普利策诗歌奖,并与查尔斯·赖特共同获得全美图书奖中的诗歌奖。1989 年至 1993 年,他被授予佛蒙特州桂冠诗人称号。金内尔还翻译过博纳富瓦、维永、戈尔以及里尔克的作品。——译者注
④ "Astonishment," *New Yorker*, 23 July 2012, 57. 94.

西比亚德（Alcibiades）①提出的问题一样："什么是人"（What's human being）?② 这个问题难倒了阿西比亚德，也难倒了我。但是我试图在下一章里对之作出一个回答：人是浮游于多舟之上的生物。

---

① 阿西比亚德（Alcibiades），古希腊雅典将军和政治家，伯罗奔尼撒战争后期表现活跃的军事将领和政治家。他是苏格拉底（Socrates）的学生，很得苏格拉底宠爱。他是古希腊史上一位具有戏剧性和争议性的历史人物，有人说他可能是雅典人中最聪明的人，拥有着超乎常人的天赋和能力，但也有人质疑他的道德与野心、强盛的欲望和不端的秉性使其被史家所诟病。——译者注

② Plato, Alcibiades I, 129e.

论鲸类和船舶；或，我们的存在港湾

> 想象力的枯竭要比自然的枯竭来得更快。
>
> ——帕斯卡尔《沉思录》

海洋是媒介吗？

要理解媒介，我们应该从海洋而不是从陆地开始。海洋长久以来似乎是历史结束和蛮荒开始之处。海洋是一个深渊，广袤、深邃、黑暗和神秘；它没有记录，不为人知，从未被完全勘探标注过。梅尔维尔称海洋为"圣洁无瑕的原始自然"(inviolate Nature primeval)。在人类的生活和思想中，海洋一直都是一个非自然的环境。地球表面积的71%都是无边无际的、让我们无法理解的、高蹈和不可思议之处。它是终极的荒原。海洋曾经充满着各种怪兽、利维坦①和海盗，它是一个由命运、狂风和暴虐天气组合在一起的不

---

① 利维坦(Leviathan)，原指圣经《旧约全书·约伯记》中的大海怪，为水族之王，身体庞大，牙齿锋利，鳞甲坚固，口吐火星，鼻孔冒烟。后成为17世纪英国哲学家、法学家、政治思想家霍布斯论述国家和法律问题的一本古典名著书名，用其指代具有巨大权力的国家。该书全名是《利维坦或物质、形式和教会的、世俗的国家权力》，系统地阐述了以资产阶级人性论为基础的君主专制主义的社会政治学说，论述了人本身及人的思想、意识、知识等认识论问题。见后文。——译者注

仁不义的混合体。任何够胆或够蠢以至于要上船拿自己的生命去冒险的人都会自陷险境。海洋至今都非常危险，是地球的垃圾倾倒处和各种生命（包括那些不幸的移民）的坟墓。直到最近，人类探险才能深入海面之下，此前则一直被局限在近海。在巴比伦人和希伯来人的神话中，人类起源于对陌生和混沌的水域（tiamat，tehom）的征服。

《圣经·启示录》（The Book of Revelation）是与《圣经·创世记》相对的一篇，它盖棺定论地宣布新天地的诞生（但它并没有提到天地之间有海洋存在），从而实现了对海洋的征服。海洋是特别适合孕育神话的地方。海洋不能满足人类的自然需求，也非其栖居地，因此人在海洋中就显得不合时宜。只有神祇才能在水上行走，也就是说，只有神祇才会将海洋视为两足生物的自然栖居地。①

因此，从某种意义上而言，海洋是一个原初的没有媒介的区域，其中所有的人类创造物（fabrication）都不可能存在；在另一种意义上说，海洋是所有媒介的媒介，它如同一个源泉，地球上所有的生命都源于它。在结构和功能上，各种类型的生命都要向海洋致敬。一个古老的说法将陆地动物的血和淋巴比喻成其身体"内部的江河海洋"。有人认为，现代人的血液中还流淌着远古海洋时代生命体内的化学成分。这个说法显然源自20世纪早期法国生物学家瑞尼·昆顿（Rene Quinton）。他的这一观点竟然也出现在20世纪60年代美国J. F. 肯尼迪总统的一篇演讲词中。② 魏勒姆·弗拉瑟和路易斯·贝克（Vilém Flusser & Louis Bec）妙语道："生命可以被视为是由

---

① Wolf Kittler, "Thallata Thallata: Stéphane Mallarmé: Brise marine, Übersetzung und Kommentar," FAKtisch: *Festschrift für Friedrich Kittler zum 60. Geburtstag*, ed. Peter Berz, Annette Bitsch, and Bernhard Siegert (Munich: Fink, 2003), 245 – 252; Hans Blumenberg, *Shipwreck with Spectator*, trans. Steven Rendall (Cambridge, MA: MIT Press, 1997), 28 – 29; and Bernhard Siegert, "Kapitel 55: Of the Monstrous Pictures of Whales," *Neue Rundschau*, 124(2014): 223 – 233.

② 肯尼迪说道："我们所有人的血管中的含盐百分比与海洋中含盐百分比完全相同，这意味着，我们人体的血液、汗液和眼泪中都含盐，人类与海洋是紧密相连的。当我们回到大海时（无论是航行还是欣赏），我们都是回到自己的故乡。"参见：John F. Kennedy, 14 September 1962, Newport, Rhode Island. 遗憾的是，盐分的历史并非如此简单。今天海水的含盐量为约3%，人类血液的含盐量为约1%。也许人类祖先最先生存于河口地区，因为此处是淡水和海水交汇之地。

第二章 论鲸类和船舶；或，我们的存在港湾

各有分工的盐水滴组成的。"① 我们的大脑沉浸在脑脊液中，在地球引力的影响下受后者的滋养和支持；哺乳动物的受精卵成长在海洋般的羊水中。早期生命形式冒险从海洋迁移到陆地，这导致了如今地球上的大部分生命（其中大部分是植物）都生活在陆地上。但是，仍然还有很多有机体从来就没有离开过海洋。海洋一直都充满着各种病毒、植物、浮游生物、硬壳动物、软体动物、鱼类和哺乳动物（物种能在新的栖息地繁荣昌盛，已经是一个广为人知的生态学常识）。从陆地生命发展出爬行动物，然后是鸟类，最后是哺乳动物。哺乳动物是一个内涵广泛的类别，包括各种多为群居性的、温血的、长毛的和哺乳幼崽的动物。三种类型的动物都靠"水"生存。如果这一无处不在的海洋环境——一个存在于众多生命的体内和体外的生活世界（Lebenswelt）——不是媒介，还能是什么呢？

从一个更平常的意义上而言，海洋一直被视为一种媒介，只不过它在其使用者看来是透明而不可见的。柏拉图将人类灵魂获得天启的那一刻比喻成鱼儿探头出水面的瞬间。② 亚里士多德指出："生活在水中的动物不会注意到，水中物体在相互碰触时它们彼此的表面都是湿的。"③ 英国物理学家奥利弗·洛奇（Oliver Lodge）曾经是研究无线电物理学和传心术的早期重要人物。他对牛顿定义的"媒介"（media）概念做了进一步发展："深水中的鱼儿也许无从知晓在水中生存的意义，因为它们都无一例外地深浸其中。这也是人类深浸于以太中面临的境况。"④ 麦克卢汉年轻时喜欢海上航行。他引用了洛奇的这句话，因此使得这种"鱼类的无知"广为人知；但麦氏也曾说过这样并无太多新意的话："鱼儿根本无从知晓的一样东西就是水，因为它们从没经历过所谓'反环境'（anti-environment），因而就无法通过对比来认

---

① Vilém Flusser and Louis Bec, *Vampyroteuthis Infernalis*, trans. Valentine A. Pakis (1987; Minneapolis: University of Minnesota Press, 2012), 32.
② Plato, *Phaedo*, 109e.
③ Aristotle, *De anima*, 423a-b.
④ Lodge, *Ether and Reality* (London: Hodder and Stoughton, 1930), 28。还可参见："Lodge Pays Tribute to Einstein Theory," *New York Times*, 9 February 1920. "想象一下，在深海里有一条鱼。它被水包围着，生活在水中，呼吸着水。现在我们再想象一下，这条鱼最不容易感知到的是什么？我倾向于认为是水。"

识它们自己所生存的水环境"。① 鱼类也许对水了解很多,例如水的温度、纯净度、湍急度、天气和天敌等;但是,我在此要说的是,即使鱼类生活在水中,它们仍无法意识到它们是生活在水中。在它们看来,水不过是一个背景,不过是一种因为其基础性特点而滑落到背景中进而被它遗忘的东西。正如麦克卢汉在另一场合所指出的:"环境是不可见的。"②(麦氏的使命一直是要为我们提供一个"反环境。")

那么,海洋到底是最伟大的媒介,还是所有媒介中的具有终极局限的媒介呢?这显然并不是一个很难回答的问题,但我们一试图回答它,就会显示出媒介与特定的物种以及特定的栖居环境相关,同时又被其使用者的存有所定义。我在本章中将借两种高度聪慧的哺乳动物——鲸类和人类——进行一个思想实验。他们各自以迥异的方式适应了海洋。鲸类包括鲸、海豚和鼠海豚(whales, dolphins, and porpoises),它们的祖先都是陆地动物,后来回到海洋并通过进化重新适应了海洋生活;而少数曾在海洋上生活过的人类则是依靠各种发明和工程技术才适应了海洋。鲸类演化出了呼气孔、声呐以及非常精密的听能,人类则建造了船只和各种航海设备。鲸类天生就生活在海洋中,人类则是后天学会了生存于海上。对鲸类而言,海洋是一个友好的环境;对人类而言,海洋则深具敌意。鲸类生于海洋媒介中,人若无舟楫则在海上不可久留。鲸类和人类两种生物所处的世界彼此具有迥异的物质性(materiality)。鲸类这种聪慧的海洋哺乳动物之于我们,就如同天使之于中世纪的神学家一样:它们作为实体可供我们凭借来进行各种思想实验,帮助我们考察生存在不同媒介环境中的智慧生命。

在哺乳动物中,鲸类和人类的脑容量是最大的。鲸生存在地球生命史上的关键栖息地中,它们所生存的世界有不同的法则,使它们经历了不同的命运。这一事实让我们能了解:技术在我们各自的世界中扮演了何种角色?我们又能如何去思考媒介、身体和**存在**?那些和我们有着类似智能水平和社交能力的动物在水环境中(相对于陆地环境中)是个什么样子?和人类不一样(人类可以长时间坐着、站着和睡着,并在某个地址常年居住;鲸类

---

① Marshall McLuhan and Quentin Fiore, *War and Peace in the Global Village* (NY: McGraw-Hill, 1968), 175; See also David Foster Wallace's 2005 commencement address, "This Is Water".
② Marshall McLuhan and Quentin Fiore, *The Medium is the Massage* (New York: Bantam, 1967), 84.

的生存则似乎无法保持绝对的静止。它们没有脚或手、窠臼或洞穴、壁橱或坟墓。火、星星和书籍对它们的世界不会产生什么塑造作用。如果某种生物所在的环境总是变动不居,也不受任何其他事物的塑造影响,那它生活在这样的环境中是什么感觉?水生物之心灵的音容笑貌是什么样子?如果人类的身体也像它们一样早就适应了水下生存,我们会有何种感觉?我们还会长得像我们现在的这个样子吗?鲸类的奇妙性远远超过了人类能想象到的任何东西。它们生活的环境不受任何物质因素的塑造,这从它们的身体可以看出来,正如从人类自己的身体可以看出我们所栖居的环境一样。任何生命的生物力学(biomechanical)外形都是这些生命在进化过程中逐渐适应其所在环境的结果。人类的身体既揭示了(reveal)我们的艺术,也催生(enable)了我们的艺术。

海洋栖居地中的鲸类

在这个思想试验中,我们应该先对我们的地球朋友有一个初步的了解。鲸类源自蹄类动物,它们大约在5 000万年前从陆地上重新回到海洋。所以鲸类与今天陆地动物中的鹿类和畜类有着亲缘关系,但只有河马才是它们最近的亲属。因此从时间上来说,鲸类的历史要比人类的历史长10倍(人类约在500万年前才出现)。离开了干燥的陆地后,早期的鲸为了适应新的海洋环境,发展出了某些新的器官,特别是耳朵、鼻子和喉咙,同时也退化了其他器官,如毛发、味觉和后肢(现在它们的后肢已经完全消失了)。今天鲸的身体同时有先从海洋到陆地然后再从陆地到海洋两个过程所留下的特征。

有些海洋哺乳动物——如鳍足类动物海豹、海狮和海象——的主要活动仍然在陆地上进行。鲸类不是两栖类动物,一旦搁浅它们就会死亡,因为此时它们的呼吸会变得困难,身体由于脱离浮力支撑会将自己的内脏压碎,它们也因无法湿润或调整自己的体温,身体会被太阳灼伤。鲸是完全意义上的海洋动物。就像我们的身体高度依赖大气环境和陆地一样,它们的身体也高度依赖海洋环境。水这一媒介就是它们的自然环境(虽然因为海水盐含量太高,它们无法直接饮用海水,也因此只能通过食物来获得水分)。在它们看来,海洋是一种理所当然的元素(element),塑造了它们的所有行为,正如氧气、重力、土地、火、语言和天体塑造了人类的所有行为一样。

鲸类分为两个亚目（还有其他亚目，但都已灭绝）：种群数量较小的是须鲸亚目，下有 11 个物种，其中包括蓝鲸和座头鲸；种群数量较大的是齿鲸亚目，下有 72 个物种，包括抹香鲸、独角鲸、虎鲸和较小的齿鲸（含各种海豚）。须鲸亚目吃小猎物，会用其巨大的嘴吞进大量微小的浮游生物；它们常常单独或以小团体方式生活，并通过低频率声音相互交流，其次声频率低至十赫兹（每秒 10 个循环）。齿鲸亚目的食物则在食物链上处于较高些位置，如鱼类、乌贼和其他海洋哺乳动物；它们往往有更复杂的社会结构，成员数量似乎没有上限；它们还能进行回声定位，所发出的超声频率范围可以与蝙蝠的一样高。以上两个亚目的鲸的进食方式体现出两种不同的搜索策略：齿鲸先制定目标，然后通过回声定位追踪目标；须鲸则先不加区分地吞入，然后再过滤出目标。回声定位和过滤式进食之所以不同，是因为它们适应于不同的栖息环境；精确瞄准目标和大量过滤筛选目标仍然是当今搜索技术的两个关键模式。（谷歌搜索请求开始于一个具体的目标，最终以用户在搜索结果中进一步过滤而结束，因此谷歌搜索方式是齿鲸加须鲸的方式。）鲸的身体和人类的身体一样，是与它们的技术实践和生存环境相互协同和共同进化的。①

在我的以下叙述中，齿鲸亚目下的海豚，特别是宽吻海豚（bottlenose），将处于中心位置。在世界各地的海洋工作室、海洋世界以及冷战对峙和海军生物科学等的努力下，宽吻海豚已经成为人类了解鲸类行为的不二选择。② 人类选择通过研究海豚来研究鲸类，这是一个当然选择，因为至少 50 年来，海豚都被认为具有与人类相当的智力水平。正因为海豚已经被人类深入研究过（这是其优势），因此能为我在这里要做的思想实验提供一些经验性支持。中国人说，画马和狗容易，画魔和鬼难。这些经验性发现降低了我进行此项抽象思想实验的难度。

生物的神经系统处于生物和其所处的环境（也包括其身体的内部环境）之间。生物的大脑和身体上会留下其承受压力（包括栖息环境的和历史积累的压力）的历史印记。鲸类大脑已经进化到相对极端的程度。从化石记

---

① 大多数谷歌用户在检索时采用的是锯齿鲸鱼的策略——在庞大的阵列中搜索单个目标。但是谷歌自身则如同须鲸一样的运作——它想要吞没整个宇宙。请参阅第 7 章。

② Gregg Mitman, *Reel Nature: America's Romance with Wildlife on Film* (Cambridge, MA: Harvard University Press, 1999), chap. 7.

录看,现代鲸类的脑半球比它们祖先的更大、更复杂。仅从尺寸看,鲸的大脑比地球上任何其他动物的都大,其中抹香鲸的大脑重量超过八公斤,但大脑的绝对质量并不能很好地预测生物的智力水平。更好的测量指标是所谓"脑力商数"(encephalization quotient,EQ),这是一种统计方法,计算生物的大脑与其成年身体体积之比。海豚的这一指标在所有地球生物中排名第二,高于所有类人猿而仅次于人类。① 海豚的小脑与全脑之比为15%,人类的为10%。② 小脑的功能是精确控制动作。海豚有较大的小脑,这应该能解释它们为什么能在水和空气中运动如体操王子般灵巧;动觉(kinesthesia)可能是它们存在于这个世界的主要方式。它们壮观的特技甚至具有丰富的意义,以至于人类仅用"非语言"(nonverbal)一词来笼统地描述它们的传播行为显然是不够的。在充满水的生存环境中,水中生物的身体艺术也许会衍生成为它们的一种主要表达方式。

　　由于还存在其他因素(如神经元的包裹密度差异),仅靠脑容量来测量海豚的智商也许还不够可靠。有丰富证据表明,鲸豚类动物还具有较高的"社会智力"(social intelligence),它们复杂的社会系统甚至可以与灵长类动物的相媲美。鲸豚类动物似乎能用声呐来扫描环境和彼此交流。有证据表明,海豚能从众声喧哗中识别出个体海豚的声音,而且海豚也有名字,即每条海豚都有属于自己的独特"哨音"。③ 海豚也可以认出镜子中的自己,而这一智能仅存在于少数几个物种中。海豚彼此间有着终身的伴侣关系。至于它们是否有所谓的元认知(metacognition)能力——一种"关于认识(knowing)的认识",凭这种能力个体能推断出他人的心理状态,进而能判断自己是否应该表现出礼貌或实施欺骗——还存在着争议。④ 海豚在声音和

---

① Lori Marino, "Cetacean Brain Evolution: Multiplication Generates Complexity," *International Journal of Comparative Psychology*, 17(2004): 1 - 16.
② Helmut H. A. Oelschläger, "The Dolphin Brain: A Challenge for Synthetic Neurobiology," *Brain Research Bulletin*, 75, nos. 2 - 4(18 March 2008): 450 - 459.
③ Michael Marshall, "Dolphins Call Each Other by Name," *New Scientist*, 211, no. 2829(10 September 2011). 抹香鲸是通过"终曲匹配二重奏"的方式模仿前一个声音从而实现彼此沟通,这也许是为了在鲸群间相互区分;参见: Tyler M. Schulz, Hal Whitehead, Shane Gero, and Luke Rendell, "Overlapping and Matching of Codas in Sperm Whales: Insights into Communication Function," *Animal Behaviour*, 76(2008): 1977 - 1988。
④ Derek Browne, "Do Dolphins Know Their Own Minds?" *Biology and Philosophy*, 19(2004): 633 - 653.

运动上极具模仿能力。它们能如运动员般从水中跃入空中,鳍部拍动,水花四溅,这些身体动作也具有信号功能。鲸类动物还会表现出高度的利他行为,包括进行群体狩猎和帮助受伤的同类等——抹香鲸在体现出利他行为时可能会使它们自己身处险境,因为众多鲸鱼围着一条受伤的同类,会使他们更容易受到捕鲸船的注意和鱼叉的攻击。几个世纪以来,捕鲸者就是利用鲸的这种互助行为来捕鲸的。讽刺的是,最早认识到鲸类的智力水平和社会形态的是它们的主要捕杀者——人类。①

海洋环境对海洋生物还会施加什么压力呢?作为栖息地,海洋环境和陆地、空气以及天空环境一样变化多样。在靠近极地的海域,水温极低,而在地热散热口(如水下火山口)水温则接近沸腾;有氧气丰富区和无氧死亡区,还有半透明区(水面附近)和暗黑无光的深水区。海洋已经经历了亿万年的进化实验。如果说媒介理论关注的是人的心灵如何通过不同的感觉比率与世界互动,以及那些独特的历史和生态气候如何形塑出不同的世界,那么海洋就应该成为媒介理论的主要兴趣所在,因为海洋环境邀请我们这些陆地两足动物放弃几乎全部的我们认为理所当然的东西,激发我们提出更为基础的人类学问题。②

和干燥的土地相比,环绕陆地的水对水中居民会有几个奇妙的影响。上与下,昼与夜,地球引力,夏蝉般时醒时睡的节奏……这些因素对人类这样的陆生动物的影响要比对水生动物大得多。水生动物的脚——脚是人类进化的推动器,也是陆生人类的"锚"——已经完全消失了。由于在水下很难保持体温,这就需要温血哺乳动物演化出一个内在的"保温毯"。鲸类的"衣服"是穿在它们的皮肤之下的,而且正如某些鲸类爱好者所说的,它们生活在"裸泳者乐园"(nudist colonies)里。自 20 世纪 60 年代以来出现在美国社会中的一种情色潮流激发了人们对海豚的各种幻想(我在后面会详述)。但海豚也演化出了一种天生的遮羞布(loincloth)——其生殖器被隐藏在它的身体内部。③

---

① Frans de Waal, *The Age of Empathy* (New York: Three Rivers Press, 2009), 125 – 130.
② Stefan Helmreich, *Alien Ocean: Anthropological Voyages in Microbial Seas* (Berkeley: University of California Press, 2009).
③ Mette Bryld and Nina Lykke, *Cosmodolphins: Feminist Cultural Studies of Technology, Animals, and the Sacred* (London: Zed Books, 2000).

也许海洋生物的栖息地最重要的特点是：它的光虽然被过滤掉了，但其声音传导能力被增强了。在水下，光是弥散的并很快会被水吸收掉，但声音的传播速度却如在水银中一样快。在水中，光学不受鼓励，声学却被赞赏。尽管从20世纪50年代以来，彩色电影和电视纪录片中的水下风光都显得明亮美丽——这本身就是一种广告，告诉人们海洋也应该被人类技术所殖民——但实际上海洋是一个黑暗之处，一旦你达到了一定深度，光很快就消失了。和在空气中相比，声音在水中的行为迥然不同，它在水中传播的速度比在空气中快四倍，速度也会因水温、水深、盐度和温度的不同而造成所谓"温坡"（thermoclines）进而形成声呐盲点。海洋的结构，即海水的深度、表面粗糙度以及海底的构成都会影响声音的传播。就像声音可以从音乐厅的天花板上反弹回来一样，声音也会从水的表面或（北极的）冰面上弹回。在大气中声音消失得很快，最多只能传播约十公里，但在海洋中声音能传播数千公里。墨西哥海岸的座头鲸发出的"歌声"，在阿拉斯加海岸都听得到。它们在海洋不同深度发出的天然"低音"甚至可以传遍全球。[1] 在某实验中，从南印度洋中一个名为"听到岛"（Heard Island，这个名字倒是取得很恰当）的小岛水下175米深处发出的声音，竟然在美国东海岸（声音绕过非洲）和西海岸（声音穿越了太平洋）这么遥远的地方都能够听到。[2]

生物在这样的条件下生活五千万年足以重塑其感官、心灵和身体。海洋是一个调整各感觉间比率的自然实验室。感觉器官的自然演化史能展现出生物是如何与其所处的环境相互整合的，而这正是媒介生态学（media ecology）的核心话题。

呼吸、脸和声音

在水环境中，水生物将沟通智能转移到声音信道上能带来巨大的进化优势。然而，并不是所有海洋生物都是听力专家。在从陆地再回到大海的反向运动过程中，并不是所有的哺乳动物都发展出了类似鲸类动物的听觉

---

[1] 相关的经典研究，Roger S. Payne and Scott McVay, "Songs of Humpback Whales," *Science*, 173, no. 3997(13 August 1971): 585–597。
[2] Whitlow W. L. Au and Mardi C. Hastings, *Principles of Marine Bioacoustics* (New York: Springer, 2008), 109。该书在不经意间成为了一篇关于"水媒"的论文。

能力。例如,海牛是完全水生的哺乳动物,但它们并没有发展出任何类似于鲸类的超声波听力。鉴于生命形式如此繁多,不可胜数,我们在讨论进化的原因时应该更关注路径依赖性,而不是"必要性"。非人类动物如此多样,这要求我们对它们的感官比率进行现象学研究。鲸类大脑的发展大部分似乎都以发出和接收声音为目的。其"听—动系统"很发达,也许能解释为什么鲸类的脑容量巨大。它们的其他感官系统似乎已经萎缩了,特别是味觉已经存在功能性缺失,因为它们的颅内似乎没有预留嗅觉神经通路,该位置已经被一个声呐—鼻面部结构取代。海豚的呼吸道并不能对气味进行取样,而是经历了巨大的重塑以利于更好地发出声音。① 海豚的大脑前庭输入具有何种作用尚不明确,但其上有一个很小的海马体,表明海豚的记忆力有限。我们对海豚的认知能力和记忆能力都了解甚少,或许海豚已经发展出了其他方式来记录它们的过去。② 鲸目动物像蝙蝠一样生活在一个黑暗的栖息地,它们通过强化自己的听力来解决视觉上面临的挑战。但这并不是说所有海洋生物都是瞎子(而且蝙蝠也不完全是瞎子)。海豚的视网膜已经适应了昏暗的和主要是蓝色的海底环境。(巨型乌贼生活在深海,其眼球有篮球大小,也许是为了帮助它们发现其主要敌人——神出鬼没的抹香鲸——和来自同类的生物光信号。)鲸类动物的眼睛似乎不太可能好到可以观星。宽吻海豚的视神经轴突数只有人类的八分之一。虽然鲸类的眼睛能独立运作,但只有某些海豚才具有双目视觉;大多数鲸类的眼睛像鱼一样地长在头部的两侧。梅尔维尔推测,鲸的视觉体验就像是人类得通过头部两侧的耳朵去"看"时的感觉一样,正前方和正后方都是视觉盲点,且有两个"前方"和两个"后方"。梅尔维尔认为,由于眼睛处于头部的双侧,鲸可以同时接受两个视域,从而超越了人类具有的"一次只能看或思考一样事物"的线性意识模式。"鲸类与人类有完全不同的生活方式",这样的看法自古有之。③ 对鲸类而言,所谓"面对面交流"的意思和人类的完全不同。鲸与鲸之间的亲密行为也许意味着"并肩同游"。它们也不会有"四目对视"的行为,

---

① 气味能力的丧失未必是因为环境压力,它也可能是因为生物都在抢夺生态位的斗争中败下阵来。据说鲨鱼有很敏锐的化学气味探测能力,所以对点滴的血液也非常敏感。生物面临的进化压力不仅来自环境,而且来自它们对环境中生态位的抢夺。

② Oelschläger, "The Dolphin Brain."

③ Herman Melville, *Moby-Dick* (New York: Norton, 1967), 279 - 280.

因为它们一次只能用一只眼睛对视。① 鲸类的生存方式告诉我们,生物的栖息环境和具身性对交流(communication)具有首要作用,也向我们揭示出栖息环境对生物具有存在性的甚至是解剖性的影响力。

海德格尔和基特勒都认为,人类对存有的接触是通过声音,因为声音能体现出存有的关键方面,即时间性(temporality)。这就为鲸类"世界"(如果我们能称之为"世界"的话)的重要意义作了进一步强调。对某些植物而言,声音也同样重要。这些植物具有很强的声学敏感度,已经成为它们生物体的有机组成部分②。对耳朵灵敏的鲸类而言,是否具备在水中发送和接收声音的能力有着至关重要的生物学意义。人类关于海洋的知识也是通过声音获得的。正如一位海洋生物学家所说的:"声学是一种很好的方式,它能让你在看不清的地方看得清。"③海洋环境是一个研究声音的极好地方。海豚的耳朵、鼻子和喉咙与人类的完全不同,它通过鼻子发声(phonate),发声时用所谓的"猴唇"(这在齿鲸中较为常见)将空气送过鼻囊。和人类的声带(vocal folds)一样,海豚的嘴唇如同一个双簧(double reed)仪器,由一对韧带组成,通过相互撞击产生振动发出声音。我们可以在海豚的呼吸腔里面插入内窥镜从而观察到这一点。海豚的呼吸腔是其发声器官的组成部分,该发声器官和人类的声道(vocal tract)一样灵敏,几乎能发出任何音调、音色和重音④。海豚额头上长着一个如"瓜瓢"一样的东西,似乎是一个传感器,负责接收和指引声音。确实,抹香鲸身上巨大的鲸蜡器官——这使它们在很长时期内成为人类捕猎对象——似乎是一个巨大的共鸣腔。⑤ 人在感冒时,鼻子会不时打喷嚏和发出各种微小的声音。可以想象一下,经过数百万年的演化,鲸身上这些能发出微小声音的器官已经发展成一个复杂的声音探测系统。此外,还可以想象,鲸唱歌时仍然可以毫不费力地呼吸。座头鲸能连续"唱"十到二十分钟而不发出气泡,意味着它的换气周期也有

---

① 从技术上讲,人类在面对面互动中也是如此。
② Monica Gagliano, Stefano Mancuso, and Daniel Robert,"Towards Understanding Plant Bioacoustics," *Trends in Plant Science*, 17, no. 6 (June 2012): 323 - 325.
③ Kelly Benoit-Bird quoted in Eric Wagner,"Call of the Leviathan," *Smithsonian* (Dec. 2011), 68 - 74, 76.
④ Ingo R. Titze, *Fascinations with the Human Voice* (Salt Lake City: National Center for Voice and Speech, 2010)
⑤ *Principles of Marine Bioacoustics*, 405 - 408, 502, passim.

这么长。① 鲸能将唱歌、发声与呼吸截然分开,这种方式和人类的发声方式很不一样(人类的唱歌和发声方式与呼吸的节奏及身体密切相关)。人类在唱歌时必须中断呼吸,因此人类只能在呼吸这一自然需求被临时搁置时才可以腾出时间和空间以创造艺术。

相对于人类,在鲸类的存有中进行呼吸控制处于更加核心的地位。二战后,美国军方迷恋上了海豚研究,该项目的创立者、神经学家约翰·卡恩尼汉·里利(John Cunningham Lilly)发现,如果给海豚注射麻醉剂,它们会因呼吸停止而死亡。他和团队研究了海豚的神经解剖结构,结果因此连续导致五只海豚死亡。当时,研究者误认为海豚也能像人那样在麻醉状态下自主呼吸。② 但是,这些被麻醉的海豚基本上都因窒息而死。所有的鲸类动物,无论大小,呼吸都受自我意识的控制。而对人类而言,尽管我们每分钟都在呼吸,但呼吸行为在绝大多数时候都是无意识地做出的(哮喘患者、唱歌者、游泳者、铜管乐演奏者和瑜伽练习者等除外)。鲸类的呼与吸是抽搐式的,和人类均匀的脉搏震动式呼吸不一样。抹香鲸安静的时候,每分钟只呼吸3到5次;齿鲸的气孔由两个巨大的鼻孔组成,它们经过长期的进化已经转移到了头部,是两个可以通过复杂的肌肉系统开合的阀门。相比之下,人类不能闭合鼻孔以防止水进入。鲸类不能通过嘴呼吸,其唯一的空气来源是通过气孔(须鲸有两个气孔)。因此鲸类不可能被食物呛住——他们的口腔通过食道连到胃,气孔则直接连到肺,这样它们的喉咙就不必像人的喉咙那样担任呼吸和吞咽的双重任务。我们的肺已经进化到能适应所处的环境,在这个环境中氧气唾手可得,理所当然。而所有鲸类都必须浮出水面才能呼吸,在水下鲸鱼和海豚总是屏住呼吸。

在呼吸这一点上,人类已经将其外包给一种无意识的习惯(habit),而鲸豚则已将其发展成为一种有意的艺术(art)。在鲸类中也许存在着一种与呼吸相关的技艺和学问(lore)。抹香鲸可以潜入海底两英里(三公里)狩猎乌贼,每天可以吞食多达一吨的鱼。在潜入冰冷和恶劣的深水环境之前,它

---

① Peter L. Tyack, "Functional Aspects of Cetacean Communication," *Cetacean Societies: Field Studies of Dolphins and Whales*, ed. Janet Mann et al. (Chicago: University of Chicago Press, 2000), 270 - 307, at 277 - 278.

② John C. Lilly, MD, *Man and Dolphin: Adventures on a New Scientic Frontier* (Garden City, NJ: Doubleday, 1961), chapter 3.

们会通过极限换气的方式将大量氧气存储在血液中,它们的肋骨架能让胸腔在巨大压力下收缩。抹香鲸也会受到所谓"氮麻醉"的伤害——因浮出水面太快而导致肌肉组织损伤和血液中积累过多的氮。(这也意味着人类并不是唯一为了生存而不得不将身体暴露在危险环境中的动物。)鲸类的睡眠与人类的睡眠非常不同,这是因为鲸在睡觉时还必须控制呼吸。据观察,海豚可以连续五天不睡觉还能保持警惕,毫无缺乏睡眠的样子。它们的大脑似乎能一半醒着,另一半休息,交替进行,与休息的那一半大脑同边的眼睛是闭着的,这被称为"单眼睡眠"(unihemispheic sleep)①。

海豚用鼻子发出声音,用腭来接收声音。鲸类的听觉是"自然选择兼具保守性和创造力"的一个迷人例子。在从水中迁移到陆地的过程中,动物的耳朵必须从适应水环境过渡到适应空气环境,但它们的乳腺内耳仍然保持水基,以利用水的优良声音传导能力接收声音。陆地生物的耳朵必须学习适应,具体而言,是要能放大其他生物用耳声(oto-acoustic emission)或其他方法发射出来并击中前者鼓膜的微小声能。② 然而,鲸类动物最后又回到了海洋,其耳朵再次浸入水中。人类在潜水时基于空气的听觉能力不再起作用,这时人的颅骨将声音传递到内耳。这会抑制人的双耳听觉的定位功能。声音传播的速度较快时也会有同样的抑制作用,因为此时声音到达人的双耳的时间差被大大地压缩,从而降低了人类通过耳朵听音定位的能力。鲸的听觉已经适应了水环境,它的外耳道常常被细胞碎片和蜡堵塞,似乎不再用于接收声音了。但外耳道也提供了关于鲸的年龄线索,这是令捕鲸业垂涎不已的信息,因为从所捕的鲸的年龄就可以判断鲸群在人类捕杀下的存有量。与鲸的残留外耳不同,宽吻海豚的下颚很可能是复杂的听力装置,它能接受声音,并带着它绕过耳膜经由听骨链(中耳中的听力骨链)连接到耳蜗。(在这一点上,海豚有点像蛇。蛇没有外耳和鼓膜,它的腭骨能将地面的振动直接传导到它的耳蜗状系统中。)事实上,海豚的耳膜与三个听力骨并不相连。海豚颌中有着肥厚的脂肪(其油脂被人类猎人觊觎)。这些脂肪如人类耳朵一样能放大声音,虽然其解剖机制与人类的不同。③ 总的来说,

---

① Sam Ridgway et al., "Dolphin continuous auditory vigilance for five days," *Journal of Experimental Biology*, 209(2006): 3621-3628.
② 感谢肖恩·古德曼(Shawn Goodman)在此点上与我做出的解释。
③ 更多讨论可参阅:Au and Herzing, *Marine Bioacoustics*, 244-252,337。

关于各种鲸类的听觉是如何运作的,人类还知之甚少。

齿鲸的发音和听力都可以在极高的频率下发挥作用。(海豚对高频音如潜艇信号敏感,但它们在很大程度上会忽略低频音如炮火声等,人类是在第一次世界大战中首次注意到这一点。)① 像蝙蝠这样的空中回波定位大师一样,海豚使用超声波频率定位猎物和相互位置并探测环境。虎鲸(orcinus orca)在捕猎时使用与蝙蝠相同的超声波频率范围。抹香鲸的音频发射从整个鼻复合体中透出来,这种音频"脉冲间隔"甚至可以向懂行的听众告知自己的体型大小(因此这是"诚实的信号")。② 通过水听器(hydrophone),人类会觉得抹香鲸的叫声听起来像爆米花爆炸、烤培根的嗞嗞声或钉子被锤击的声音——这是早期潜水艇操作员称它们为"木匠鱼"的原因。相反,须鲸是没有回波定位装置的低频(次声频率)专家。相对于超声波(用于近距离定位),次声频率用于远距离通信和绕开障碍物,因此须鲸具有存在于所有动物中仅次于人类(除非我们将星际孢子或信息素也算进去)的最广阔的通信网络。至于须鲸说的是什么内容,人类几乎一无所知。③

鲸是多奇怪的生物啊,它们用下巴听声,用鼻子发声。对人类来说,脸既是一种表达情感的器官,又是表现自己人格的适当方式,但是鲸彼此甚至不能面对面地看着对方。即使是双目海豚(binocular dolphins),也没有像人类一样的脸。这可能导致它们在水中很难看清彼此(虽然它们可以在镜子中认出自己)。更重要的是,它们的脸不能通过视觉符号表达情感。我们在海豚脸上看到的拟人化微笑是因为它们的嘴巴形状自然如此,事实上它们的嘴唇是不动的。尽管海豚"脸"上的皮肤与人脸和人手指上的皮肤一样敏感,但它们的头部缺乏展现面部表情所需要的肌肉系统。④(人类相对而言更具表现力的脸是由 42 个不同的肌肉控制的。)和人类不同的是,海豚的"脸"可能只存在于声音中,被称为"声学面部表情"。如果我们不将人的脸

---

① D. Graham Burnett, *The Sounding of the Whale: Science and Cetaceans in the Twentieth Century* (Chicago: University of Chicago Press, 2012), 225.
② Judith Donath, "Signals, Truth, and Design," (11 January 2007), www.youtube.com/watch?v=xE_P7pe2il0, accessed 25 May 2013. 如同天文红移一样,频率能揭示大小和距离。
③ Vincent M. Janik, "Vocal Communication and Cognition in Cetaceans," in *The Oxford Handbook of Language Evolution*, ed. Maggie Tallerman and Kathleen R. Gibson (New York: Oxford University Press, 2012), 102-108, at 107-108.
④ Tyack, "Functional Aspects of Cetacean Communication," 275.

第二章 论鲸类和船舶；或，我们的存在港湾

作为个人尊严的表现，不将人的声音作为意志和选择的象征，那么人类的道德将会是什么样子？也许每条鲸的情感表达都是通过身体和动作而不是面部来表现的，也许鲸是极为敏锐的读者，它们能从彼此的声音中读出微小的变化。

也许它们可以通过声呐直接听出彼此的心思。海豚是移动超声波机，它们不仅能穿破水域，而且能看穿彼此，这是里利提出的一个假设（他总能提出很多这样的奇怪假设）。他想象海豚应该不会用"你好吗？"互相问候，因为它们事先通过声波都已经知道答案了。"我们可以想象一只海豚对另一只海豚说：'亲爱的，当你说你爱我时，你抽搐着你的鼻窦的样子，确实是最可爱的。我喜欢你的前庭囊的形状。'"既然海豚缺乏做出面部表情所需的肌肉组织，也许它们可以通过扭曲自己的肠子来做鬼脸或者通过内脏来咧嘴笑。[1] 这些貌似荒唐的说法，里利应有尽有，从应用放射学角度研究海豚的社会性，谁都没有他的主意多。海豚也互相品尝彼此的粪便，那是什么味道，利莉却没有告诉我们。在许多大型社会性哺乳动物（如狗和大象）中，尝试彼此的尿液和粪便是它们实现社会化和相互打量的手段之一。粪便分析也似乎是海豚判断彼此过得是否幸福的方式之一。如果是这样，它们在一个和人类的生存环境非常不同的地方（海中）竟然能清晰地区分粪便的纯度（purity）和危险（danger），令人类称奇。

即使海豚可以用三维声呐"看到"（听到）它们所处的环境，这种"看"的意义对人类而言也是完全不同的，因为我们的视觉只能远远地触摸到物体的不透明表面。[2] 为了看到一个物体内部，我们必须剖开该物体内部或使用成像技术扫描。要看到位于视点之前或之后的东西，我们需要额外的操作。哲学家托马斯·怀特（Thomas I. White）曾写道："（海豚是）一种个人化的超声装置……是潜艇技术的生物化版本。"[3]（怀特将自然反过来比作人工技术，并将自然视为人工技术的一种表现，他的这一比喻令人惊异，但在人类有关鲸的话语中却很普遍。）如果所有人的身体都能被透视，那么这个社会

---

[1] Lilly, *The Mind of the Dolphin*, 133.
[2] James J. Gibson, *The Ecological Approach to Visual Perception* (Boston: Houghton Mifflin, 1979), chapter 5.
[3] Thomas I. White, *In Defense of Dolphins: The New Moral Frontier* (Malden, MA: Blackwell, 2007), 21.

世界会是什么样？如果我们可以互相目击而共情，社会互动又会是什么样？人类使用 X 光可以检测疾病、孕期、饥饿、损伤甚至情感。身体透明将打开一个新的爱的世界——想象一下身体内部相互交织的脏器和对称性吧。这时，人类的美丽不再仅仅体现于外表；我们将如同人体解剖博物馆中的展品那样成为透明的男人和女人。通过声音观察不同于通过光观察。在通过声音观察时，我们会发现社会世界和物理世界的内部和外部构成都是不同的，并且此时事物颜色的重要性也将降低。"具身而透明"对人类来说是一个矛盾修饰性表达（oxymoron），[1]但对海豚来说却自然而然，不足为奇。

幻想之历史

从以上可看出，我已经开始在对鲸（特别是海豚）的能力做出各种各样的遐想了（其实我这么做并非特别离谱）。人类有很长一段历史都在想象。人类一直将海洋生物视为完全不同的"他者"，这段幻想的历史漫长且不无罪孽。鲸（与鹦鹉及乌贼一样）是人类幻想中的著名动物。数百年来它们服务于人类，不仅为后者提供了油脂、骨头、肉、鸡饲料、润滑油、肥料和龙涎香，还提供了和这些物质一样伟大的想象力的丰富源泉。它们催生了一种图景，让人类想象还可能存在着其他的独自存有和共同存有的方式。就像在土著被消灭之后，现代人却总会不无浪漫地回想起他们。但和土著不一样，鲸和海豚从鱼叉的炮灰变成人们的遐想对象，这一转变发生得非常快。在从约 1965 年到 1975 年的十年间，人们对鲸和海豚的主要认知发生了急剧的变化。它们的形象从体量巨大的活的"饲料桶"和"润滑剂桶"迅速变为海洋中对宇宙和平与和谐进行灵魂讴歌的大师。一如年迈的尤达大师（Master Yoda）[2]，它们为人类指点迷津，将后者导向更高的智力和共存状态。和蝙蝠、外星人和星际传送一样，鲸类为人类提供了可供想象的东西。自从传播理论在 20 世

---

[1] 矛盾修辞法（oxymoron），源于希腊词 Oxusmoros，指将两个互相矛盾或不一致的词语结合在一起，以看似不合常理的结构来营造了奇特的效果，如"光荣的失败"和"聪敏的傻瓜"等。——译者注

[2] 尤达大师（Master Yoda，旧译：犹大、犹达），美国科幻电影《星球大战》（Star Wars）系列中的人物，绝地委员会大师，德高望重，隐居在行星达戈巴的沼泽。他的寿命长达九百岁，原力非常深厚，授徒有八个多世纪，最重要的学生包括卢克天行者。"尤达"一词来源于梵语，"战士"之义，也可能来自"瑜伽"（Yoga）一词，象征尤达平静深邃的气度。——译者注

纪50年左右被发明以来,鲸类就一直在其周围游游弋。鲸类出现在电视、电影、水族馆和度假村中,出现在女性主义和社会主义者笔下的乌托邦中,出现在心灵哲学和媒介理论家的沉思默想中。在过去半个世纪里,从来没有任何生物能像鲸和海豚一样如此困扰着一个时代。它们和海洋一起经常被当做人类政治的解毒剂出现,而事实上它们却更加强烈地折射出人类政治。①

  鲸在海洋中所展示出的与人类不同的"他者性"(otherness)一开始就受到海军军事和商业开发的影响。② 然而,鲸为人所知的历史却更为悠久。长期以来人类深深迷恋着它们。在《创世记》的人类诞生故事中,唯独鲸被提到。《约伯书》也对所谓"利维坦"不惜笔墨,目的是为了阐明人类在气象和动物学知识上的有限性,证明人类在面对上帝充满火力的逼问时羸弱的认知能力。一些学者认为带鳞片的利维坦可能是鳄鱼——尼罗河的霸王——它在古埃及传说中被赋予了很多意义。但是利维坦有多个头,眼睛闪耀喷火,心肠冷酷如石,威力翻江倒海。这些超自然能力和其他生物学上的奇异特征都表明,利维坦是一个神话生物,它的出现意味着两个世界(海洋和陆地)之间的宿怨又重新被掀起。

  古希腊人则是海豚这一东地中海中最重要动物的铁杆粉丝。在希腊语中,delphis指海豚、海神星座和某种武器,还能引申为阿波罗(德尔菲神庙中的阿波罗像)。类似词delphys指子宫和圆圈。19世纪末的古典学者奥托·凯勒(Otto Keller)以类似同时代人弗里德里希·尼采的口吻指出,希腊人喜欢海豚,是因为他们从海豚身上看到了理想化的自己——活泼、快乐、爱好海洋、音乐、田径和舞蹈。③ 以同样的精神,梅尔维尔也说道:"如果看着如此活泼的鱼类向你连连欢呼,你竟然能无动于衷,那么愿上帝保佑你,那神一般的游戏精神与你无缘。"④波塞冬统治着海洋,海豚则是这一统

---

① Nicole Starosielski, "Beyond Fluidity: A History of Cinema under Water," in *Ecocinema Theory and Practice*, ed. Stephen Rust, Salma Monani, and Sean Cubitt (New York: Routledge, 2013), 149-168.

② John Shiga, "Sonar: Empire, Media, and the Politics of Underwater Sound," *Canadian Journal of Communication*, 38(2013): 357-377.

③ Otto Keller, *Thiere des classischen Alterthums* (Innsbruck: Verlag der Wagner'schen Universitäts-Buchhandlung, 1887), 211-235.

④ Melville, *Moby-Dick*, 126.

治的象征。它也与俄耳浦斯神话①、音乐、有去无回的远航以及难成眷属的爱相关。希腊人和罗马人认为海豚具有浓厚的情色意味,热爱人类和音乐,救出了阿芙罗狄蒂和她的儿子爱洛斯(Eros),随后又让爱洛斯骑着它吹着长笛驰骋海洋。②(在《奥德赛》中,奥德修斯遇到的海妖上身是女人体,下身为鱼尾的美人鱼,这是欧洲人后来才想象出来的;实际上,海妖长得像鸟类,看着并不魅惑人,但听着魅惑人。)③希罗多德曾讲述过一个诗人和竖琴家艾瑞翁(Arion)的故事。在从西西里岛到哥林多的海上航行中,艾瑞翁发现一群盗贼想对他谋财害命。艾瑞翁给他们钱,恳求他们饶命,但这些水手抢到钱后还硬逼着他自杀。为了拖延时间,自杀前,艾瑞翁请求水手们答应自己用竖琴奏唱一曲,完毕后他就自行跳海。他真的这样做了,但令水手惊奇的是,他落水后被一只海豚救走并带到了安全之所。后来艾瑞翁出庭作证,谋财害命的水手被绳之以法。这说明,艾瑞翁事先是知道音乐会引海豚来营救他的。这个故事体现的是一个经典的身体(physis)和技术(technē)相遇的例子:艾瑞翁用诗歌奏唱——诗歌艺术是希腊人最高的技术(technē)形式——召唤出海豚。而海豚这种生物的本性是热爱音乐,也乐于拯救那些无法在海上存活的生物。④ 海豚一直是活跃在自然和人工、海洋和天空、生者和死者之间的跨界生物。鲸和海豚具有神仙眷侣般的气质,大部分是因为它们居住在与浩瀚星空平行的海洋中。海豚给我们的印象是,和生活在月下的人类不同而与天使类似,它们生存在凌空蹈虚和虚无缥缈海洋中。约翰·弥尔顿认为海豚是独一无二的诗意的生物,是灵感女神缪斯和音乐爱好者,只有夜莺才能与之媲美。⑤ 海豚听遍了各个领域的音乐,并与海豚座(Delphinus)有着特殊的联系。"天使在船的龙骨下滑翔。"一位诗人在乘

---

① 俄耳浦斯(Orpheus):又译奥路菲、奥菲士等,希腊神话人物。他的父亲是太阳神阿波罗,母亲是司管文艺的缪斯女神卡利俄帕。这样的身世使他生来便具有非凡的艺术才能,尤善于弹琴。据传说,英雄的队伍建立了卓越功绩之后,划着阿尔戈号船回程,在路上被女妖(sirens)的歌声诱惑,雄心壮志全消,而俄耳浦斯正襟危坐,琴声陡起,划破云霄,终于将女妖的淫靡之声压了下去。英雄们又恢复士气,奋力划桨,"阿尔戈"号似离弦之箭离开了妖岛。——译者注
② Pliny, *Naturalis historia*, book 9, chapters 7–10.
③ Adriana Cavarero, *For More Than One Voice: Toward a Philosophy of Vocal Expression*, trans. Paul A. Kottman (Stanford, CA: Stanford University Press, 2005), 95–116.
④ Herodotus, *The History*, 1: 23–24. Keller, Thiere, 229–230,认为圣经中的约拿故事是这个主题的变体。感谢玛丽·德彪(Mary Depew)的帮助。
⑤ Karen Edwards, "Dolphin," *Milton Quarterly*, 40, no. 2(2006): 110–113.

船出游看到海豚时如此写道。① 对于海洋和星空这样的环境,人类只能通过舟楫、视线或声音来穿越却永远无法定居于其间。海洋和天空两者被相互比喻的历史悠久而深远。据说,海豚也能引渡灵魂,可以带着它穿越天空、海洋和生死。因为海豚能从海难中救出幸存者,它们居住在两个世界相邻之地,早期的基督徒把海豚当作"复活"的象征,是能在此世和彼世间安全通行的特使。视海豚为顽皮的仙灵,今天这种想象仍然普遍存在,正如新西兰导演尼基·卡洛(Niki Caro)的有趣电影《鲸鱼骑士》(*Whale Rider*,2002)所刻画的那样。

但是,人类与鲸和海豚之间的关系并不总是充满诗意。虽然鲸类在一定程度上被人类断断续续地捕猎了几千年,但从文艺复兴时期开始,人类对鲸类出现了一种新态度,鲸由此陷入一种被海德格尔称为"持存物"(Bestand)的可怕境地。它们被当作一种"库存资产"或"常备资源"——一种盛满自然资源的移动大桶,等着被化为油品和金钱。正是这种态度导致了后来鲸类种群数量的大幅下降。后来,北欧人成为产量领先的捕鲸者。马丁·路德在翻译《新约》时就使用了一张由鲸鱼骨架做的脚凳。现在这个脚凳被保存在德国艾森纳赫市(Eisenach)的瓦特堡城堡里。开创性的显微镜专家利温霍克(Antoni van Leeuwenhoek)解剖了一头鲸的眼睛——这只鲸眼此前一直被一位热情的船长用白兰地酒浸泡着。在 16 世纪和 17 世纪,人们在荷兰海岸边会经常看到许多公抹香鲸搁浅。从这些搁浅的鲸上,不少有创业精神的荷兰人不仅获得了丰富的鲸油和鲸骨,而且还读出了天意和神谕。西蒙·沙玛(Simon Schama)②写道:"伟大的利维坦,它们的声呐被北海的沙滩扰乱,不仅从大西洋传播到北极,而且从神话和道德领域延伸到物质和商品领域。正是在这两个领域之间,鲸一直往来游弋。"③

赫尔曼·梅尔维(他有部分荷兰血统)的所思所想不偏不倚地继承了西蒙·沙玛提示的与鲸有关的思想传统。他年轻时曾在捕鲸船上做水手,

---

① Derek Walcott,*The Prodigal* (New York:Farrar, Straus, Giroux, 2004),102。感谢乔治·韩德莱(George Handley)。
② 西蒙·迈克尔·沙玛(Simon Michael Schama,1945—   )爵士、英国历史学家,专门研究艺术史、荷兰史、犹太史和法国史,现为哥伦比亚大学历史和艺术史教授。——译者注
③ Simon Schama,*The Embarrassment of Riches*,(Berkeley:University of California Press,1988),130 – 145,at 140.

当时的工作不是让鲸鱼生活在寓言中,而是要将它们制成灯油和女人胸衣的支架。人类对鲸的研究史充满血腥。正如格雷汉姆·伯内特(D. Graham Burnett)在一本有名的巨著中指出的,20世纪细胞学研究的一支源于生物学家与屠宰者——这些人被称为"伏冷手"(flensers)——的并肩作战。伏冷手们在屠鲸台上切割加工,鲸血将潮水染得鲜红,水血难分。他们一操作完,科学家们就蜂拥而上去翻检审视那些没有直接商业价值的下水——他们特别重视鲸的耳骨和卵巢,因为耳骨能证明鲸先从海洋到陆地再从陆地到海洋的演化史,卵巢则能让人分辨出鲸的年龄,也是掌握鲸种群数量的重要数据。这种"死亡中的生命科学"总是——可笑或可悲地——与捕鲸业的利益混杂在一起。①

人类对鲸类之存有抱有的新幻想腾飞于水下战争出现之时,这种水下战争始于第一次世界大战,到第二次世界大战时已经普遍存在。也就是在此时出现了一种新型的鲸类学(cetology)。正如伯内特所示,和此前的旧鲸类学(仅仅关注对死鲸的解剖)相比,新鲸类学对活鲸的行为更有兴趣,而且它距离比较动物学和自然史较远,更接近于军事生物声学和通信工程。此时鲸和海豚突然变成了能发出符号(signs)的动物,它们乐此不疲地发送各种信号(signals)。在研究中,科学家的磁带录音机和水听器取代了捕鲸者的齐臀靴和剥皮刀,鲸也被科学家们视为存在于音乐和意义中的生物。二战结束后,香农提出了传播的数学理论,维纳提出了控制论。在此背景下,鲸的性质在各种各样的军事化视听和信号装置的操作下出现了转化。大众对鲸类及鲸类科学研究的迷恋史其实就是媒介技术的发展史。新媒介不仅能增进人类对非人类生物的认识,而且也重新定义了这些非人类生物。

在我们转向讨论声音这一更加重要的媒介之前,让我们先考察一下视觉领域,特别是我们通过水肺潜水(scuba diving)和水下彩色摄影机所展示的水下世界。与此相关的关键人物是库斯托(Jacques-Yves Cousteau),他是水肺的发明者、徒手潜水(skin diving)的推广者、纪录片制作者以及潜艇探索的著名倡导者。他的著作《寂静的世界》(*The Silent World*, 1953)曾经是一本全球畅销书。正如该书标题所示,海洋曾一直被认为是无声的,因此水下探险的大部分装备一度以触觉为主,包括淤泥挖掘、拖网、探测绳投

---

① Burnett, *The Sounding of the Whale*, quotation from 4; passim.

第二章 论鲸类和船舶;或,我们的存在港湾

放等。(例如,鲸的胃就为我们了解深海环境提供了活检证据。)但是库斯托的水下电影和电视节目向我们展现了一个明亮的彩色世界:和平、轻灵、充满奇迹,其旁白解说带着一种二战后流行的存在主义感。(从查尔斯·林德伯格①到库斯托,从约瑟夫·康拉德笔下的马洛到安东尼·圣-埃克苏佩里②,船长、飞行员、宇航员和深海潜水员都被视为男性存在主义的英雄。)我们可以体会一下库斯托对海洋的描述:"从人类存在于地球的第一刻开始,他的肩膀上就承载着重力对他的压制,如同被螺丝钉紧紧地拴在地球上。但人只要跳入水中就自由了。在浮力的作用下,他只要轻松地一摆手就可以往任何方向——上、下、左、右——飞翔。在水中,人成了大天使。"③这种"我潜故我在"的思想为二战后鲸类研究(及另外一个方向太空探索)提供了大部分想象素材。对人类而言,跳入水中如同回到充满羊水的子宫("原初洪水")中,又如同接受成人洗礼,让悬浮取代重力,从而使得人类能摆脱地面重力的限制。约翰·里利曾仔细阅读和注释过库斯托的书,他宣称自己曾在维尔京群岛的"通信研究所"体验过漂浮在感知隔离槽中的感受,说他当时有如吸了LSD④的释放感。⑤ 库斯托笔下的海洋世界听起来很像20世纪90年代人们梦想中的互联网世界:上网者只要动动手,就能在全球范围内冲浪,将自己从地球生活的局限中解放出来。

另一个对海豚形象的提升源头来自主题公园、电视节目和所谓自然电影。从20世纪30年代开始,佛罗里达的海洋工作室(Marine Studios)就将海豚变成了奇观,它推出的各种节目混合了马戏表演、科学普及和搞笑作秀。与后来的电视节目——《转鳍精灵》(*Flipper*)——一样,海洋工作室对

---

① 林德伯格(Charles Augustus Lindbergh),又译"林白",美国飞行员,1927年单人驾驶"圣路易精神号"单引擎单翼飞机首次不着陆成功飞越大西洋,声誉鹊起。二次大战爆发后持孤立主义立场,反对美国援助英法和卷入欧洲战争。——译者注
② 安东尼·圣-埃克苏佩里(Antoine Saint-Éxupery, 1900—1944),生于法国里昂一个传统的天主教贵族家庭。1921—1923年在法国空军服役;1926年加入拉泰科雷公司,开始邮航事业;1939年二战前夕返回法国参加抗德战争;1940年流亡美国,侨居纽约,埋头文学创作;1943年参加盟军在北非的抗战;1944年他在执行第八次飞行侦察任务时失踪。他的代表作有《南线邮航》《夜航》《风沙星辰》《战争飞行员》《小王子》《堡垒》等。——译者注
③ "Poet of the Depths," *Time*, 28 March 1960, 66-77 (intermittent pagination).
④ LSD,一种致幻药。它只要很小剂量就能使人产生幻觉,改变人的感官知觉,带来欢愉与轻松,因而容易成瘾。20世纪60—70年代,西方许多艺术家服用它刺激灵感。——译者注
⑤ Burnett, *The Sounding of the Whale*, 579.

海豚的强烈性行为秘而不宣。① 其他对水下世界五光十色的视觉描绘则出现在莱妮·瑞芬斯塔尔（Leni Riefenstahl）编撰的精装书里（常放在咖啡桌上供人翻阅）。瑞芬斯塔尔曾经是希特勒的御用电影制作人，她对纯美的独到眼光与她在政治上的盲目形成了鲜明对比。这种对比我们今天仍能看到，例如，在广为流行的《海洋生物普查》画册中，深海中各种奇怪的水下动物如宝石一般地镶嵌在天鹅绒般的漆黑的深水背景中。② 这说明，对人类而言，海洋一直都是一个视觉上令人迷恋的地方。

但是，在改变鲸类世界的过程中发挥最重要作用的还是声音技术。与库斯托"安静的海洋"认识相反，由于声呐、雷达、回声测深和其他感应技术在第二次世界大战中的应用，海洋实际上已经变得非常嘈杂。战争期间，交战双方都要监听敌舰的动静，但会遭到小鲸和海豚发出的各种嘈杂的（对人的耳朵而言）的"哨声、尖叫声、唧唧声、咔哒声和咆哮声"的干扰。③ 如同不明飞行物、热浪、冷峰或敌船，鲸和海豚是在地平线上逐渐靠近的神秘实体。它们完全符合控制论所言的"敌人本体论"（ontology of the enemy）。④ 作为超声波代码的发射器，鲸类动物使用了与加密技术相同的整体性装置；里利曾明确指出，海豚发声对人类的密码分析造成了困扰。和1950年代受到关注的其他边缘性生物——外星人、计算机、蜜蜂、水獭、猿和精神分裂症患者——一样，鲸和海豚成为了传播/通讯关注的内容。

20世纪五六十年代，美国和苏联海军都深度参与了鲸类研究，并且都曾臭名昭著地考虑使用海豚作为战斗人员和情报收集者。两国都资助了大量与外星人进行交流的研究（SETI），而且两国的研究之间具有相当大的重叠；"阿波罗"（骑海豚的神）曾是美国太空探索项目的代号。里利与SETI研究人员有密切的联系，其中一些研究人员甚至还创立了一个异想天开的

---

① Mitman, *Reel Nature*, 157–179.
② Eva Hayward, "Diving into the Wreck: Leni Riefenstahl, Coral Preservation, and Surface Tension" (work in progress), and Stacy Alaimo, "Violet-Black," in *Prismatic Ecology: Ecotheory Beyond Green*, ed. Jerey Jerome Cohen (Minneapolis: University of Minnesota Press, 2013), 233–251.
③ Donald R. Grifflin, *Listening in the Dark: The Acoustic Orientation of Bats and Men* (1958; New York: Dover, 1974), 269–273, 323–346, quote from 273.
④ Peter Galison, "The Ontology of the Enemy: Norbert Wiener and the Cybernetic Vision," *Critical Inquiry*, 21, no. 1 (autumn 1994): 228–266.

地外生命交流者社团,名为"海豚秩序"(Order of the Dolphin),并专门设计制作了一种翻领别针让社团成员佩戴,以将他们与非成员区别开来。①(在一些大众文化产品如《星际迷航 IV》和《希区柯克银河旅行指南》中,鲸和海豚被刻画为因偶然原因而居住在地球海洋中的外星生物。)一位军事战略家将海豚幻想为"一种自行推进的海上运输工具或平台;它配备了内置声呐传感器系统,适合于发现和识别目标;而且还携带着船载计算机……在被编程后可以接受指令完成复杂的行动。"正如伯内特总结的那样,人类的海豚研究"与冷战期间的军事生物科学有着千丝万缕的联系"。② 二战后,用于检测潜艇和地雷的监听装置被用于监测海洋哺乳动物。里利的海豚实验室实际上是一个先进的录音室。和磁带录音机、铝箔、LSD、摇滚、雷鬼音乐和射电天文学一样,鲸类研究也是战争技术的战后延伸。用基特勒的名言来说,就是"对军事装备的滥用"(abuse of military equipment)。③ 和互联网——这是一个借助如海洋般的媒介传播开来的超人类智能——一样,海豚是经由冷战这口大锅酿造出的产品。

"海豚生活在一个无处不在的有机网络中",这一观念普遍存在,但是这么说并不仅仅是比喻。约翰·里利、泰德·尼尔森(Ted Nelson,超文本的发明者)、道格拉斯·英格尔巴特(Douglas Engelbart,计算机鼠标的发明者)和利克莱德(J. C. R Licklider,他曾预测出今天基于计算机的社交媒体)都在 20 世纪 60 年代获得了美国空军信息科学部的资助。当时该部的负责人是哈罗德·伍斯特(Harold Wooster),他本身就是一个值得更多研究的人物。1962—1963 年,尼尔森还年轻,在里利通信研究所做了一年的实习生,那时他是一名很有抱负的制片人。他拍摄了一部纪录片(后来片子未完成),还剪辑了一部他称为《海豚性爱影片》的短片,表示他非常喜欢海豚。④他后来并未明确地将这段与水中精灵海豚一起度过的一年实习时间与他提出的"协作计算"概念联系起来,但这两者之间似乎存在相似性(当然需要进

---

① Bryld and Lykke, *Cosmodolphins*, 179, passim.
② Burnett, *Sounding the Whale*, 530. 他此书第 6 章对利莉和其处境作了重要描述。又可参见: Bryld and Lykke, *Cosmodolphins*, 48 - 49,189 - 206, passim. 该文谈及了贝内特所忽略的苏联。
③ Friedrich A. Kittler, *Gramophon Film Typewriter* (Berlin: Brinkmann und Bose, 1986),149.
④ Ted Nelson, *Possiplex: Movies, Intellect, Creative Control, My Computer Life and the Fight for Civilization* (Hackettstown, NJ: Mindful Press, 2010 - 11),133 - 139.

一步的研究才可以确证)。今天,海洋生物学家常常说(见后文),海豚拥有一种"分布式认知能力",具有网络化的、类似蜂巢或生物机器人那样的知识和知觉。①

军事科技也催生了海豚的"和平生物"形象。从20世纪60年代开始,有人将海豚与"人类"这一残忍生物相对照。捕鲸业和鲸在军事上的应用史几乎完全是男性的,与此相对照,在一些女性主义思想家眼中,鲸成了生活在水中的和平主义者,与海妖、美人鱼和海豹女的传统一脉相承。梅特·布莱尔德(Mette Bryld)和尼娜·莱克(Nina Lykke)的《海豚空间》(*Cosmodolphins*)一书很精彩(此书甚至被伯内特所编的书忽略了,这不公允),是一部考察二战后人类对鲸类各种幻想的不可缺少的参考文献。两位作者在此书中考察了冷战中的美苏科学研究和科幻小说(其中苏联的材料尤为精彩),他们发现,海豚在反文化和乌托邦话语中之所以被戴上光环,与当时的军事和科学研究背景密不可分——当时,军方和科学界都想开发和利用海豚的声呐和导航能力。在过于50年中,海豚似乎已经成为一种"罗夏墨迹测试",②被不同的人看成不同的事物,包括高科技交流者、"高尚的野蛮人"③、雌雄同体的后性别生物、海滩上的卖弄风情者、冲浪先生、性爱自由者、不受技术牵累的天使和善治社会的象征等。④

在以上对海豚的各种猜想中,里利发挥了引领作用。里利将海豚视为(用伯内特的话说)"性欲解放的、声音浑厚的和没有操纵企图的超级智

---

① Denise L. Herzing, "SETI Meets a Social Intelligence: Dolphins as a Model for RealTime Interaction and Communication with a Sentient Species," *Acta Astronautica*, 67(2010): 1451-1454.

② 罗夏墨迹测试(Rorschach Inkblot Method,简称 RIM),最典型的投射测验,由瑞士精神病学家罗夏(H. Rorschach)于 1921 年提出。它以墨迹偶然形成的模样为刺激图版,让被试自由地看并说出所想的东西,然后研究者将这种反应符号进行分类(称为"记号化")并分析捕捉人格的各种特征,从而进行诊断的一种方法。自创立以来,该方法一直是临床上用得最广的心理测验之一。——译者注

③ 高尚的野蛮人(英语:noble savage,法语:Bon sauvage),是一种被理想化的土著、外族或他者(other)形象,也是一种文学著作中的定型角色。这些野蛮人虽然物质贫乏,但是精神高贵。在文学作品中他们常常被描述为淳朴、高尚、慷慨,勇于自我牺牲,亲近基督教,往往是欧洲人的助手和忠仆。这一形象最初出现在雅克·卢梭"天赋人权"的理论中,他将最美好的道德寄托于原始部落。——译者注

④ Bryld and Lykke, *Cosmodolphins*.

第二章　论鲸类和船舶；或，我们的存在港湾

能"。① "海豚的脑容量很大，"里利的同事阿西里·蒙塔古（Ashley Montagu）1962 年如此说道。他还不无哀婉地说："海豚某天可能会让我们认识到人类大脑的真正用途是什么。"②梅特·布莱尔德和尼娜·莱克认为，里利试图从海豚身上找到一个与人类迥异的存在，但结果又再现了人类中某些明显的不平等。例如，他希望他的研究对"人类与海豚之外的其他物种（如大象或鲸类）之间的交流，以及男人和女人之间的交流有参考价值"。③ 对里利而言，女性并非是唯一的"他者"（others）；他还将海豚比作"试图将自己西方化的非洲黑人种族"。梅特·布莱尔德和尼娜·莱克的研究展示出，里利关于鲸类性别和种族的观念是何等奇怪，同时又是何等墨守成规。他在冷战时是一名神经病学家，战后新时代则成为了一名毒品和海豚的倡导者。他的职位身份一直在变，但他的这一观念却如影随形：自然，包括少数派种族和女性，都是"他者"（这显然不是我在此书中赞成的自然观）。

　　以上我们讨论的是海豚。鲸则用"它们的雄伟的身体和神秘的方式"，扮演了有些不同的角色。如果海豚发出的是招摇的男高音，那么鲸发出的则是轰然、低沉和神秘的男低音，它对 20 世纪 70 年代及以后的声音景观和音乐想象力有着更大的影响力。④ 此时人们发出了拯救鲸鱼的呼声，折射出人们对"人类物种在核毁灭和纳粹德国大屠杀阴影下可能遭遇灭绝"的关注。海豚的正面形象也得益于它们生活于其中的天堂般的气候环境，这种环境在旅游业和人们的想象中一直令人印象深刻。（某绿色和平运动者称鲸生存在"一个由无臂大佛组成的国度里"。⑤海豚社会被视为一个与人类社会完全不同的备选，这种看法不仅存在于西方工业化国家，也存在于苏联。苏联人也认为海豚能让人产生美好的联想。1966 年，苏联出版的官方报纸《消息报》（*Izvestia*）宣称："战友情谊是海豚的特征。它们在彼此的关系中毫不利己，一旦同类有需求总是在第一时间提供帮助，不惜冒着丢命的

---

① Burnett, *Sounding of the Whale*, 619.
② *The Dolphin in History: Papers Delivered by Ashley Montagu and John C. Lilly at a Symposium at the Clark Library, 13 October 1962* (Los Angeles: Clark Memorial Library, UCLA, 1963), 21.
③ Lilly, *The Mind of the Dolphin*, 98.
④ Melville, *Moby-Dick*, 106.
⑤ Bryld and Lykke, *Cosmodolphins*, 207.

危险。"①对地球(土地)之外的两个空间,即外太空和海洋,美国和苏联在冷战期间都进行了探索和争夺,而海豚——这一最初的共产主义者——则在这两个空间里占据着核心位置。

再一次,鲸豚动物一如既往地横跨在残酷的物质利益和奇妙的精神幻想之间。但最近海豚也获得了并不那么光鲜的名声。在过去20年来我们已经知道,海豚显然也为了找乐子而猎杀其他海洋生物,而且有些活动看起来像是一种轮奸行为(它们似乎没有乱伦禁忌)。在谈到动物的情欲和捕猎行为时,我们总是很难区分哪些确实是它们自己的行为,哪些又只是人类观念的投射。海豚长期以来是人类投射自己天使般美好愿望的显示屏,但现在它们也显露出了其恶魔的一面,徘徊在"圣洁的和掠食的双重幽灵"之间。②

没有基础设施的政治性动物

然而,海豚的所作所为无论怎样邪恶,人类只需几个人在"文明"掩饰下略施小恶,其可怕程度就能让海豚相形见绌。对我来说,海豚是海洋中聪明的河马,而不是人类智力在海洋中的同等物,也非生活在人类世界中的外星人。正如安迪·克拉克(Andy Clark)③所说,心灵(mind)具有彻底的具身性(embodied),因此(由于海豚的身体不同于人类)海豚的心灵就不可能像人类的心灵。克拉克的论述展示出知识是如何像游泳、弹钢琴、骑自行车或用铅笔解方程式一样涉及行为者对技术能力和技术媒介的综合使用。心灵(mind)和物质(material)如丈夫与妻子一样不可分割,而且心灵并非仅仅是物质意义上的大脑(brain)。

人类的认知是一个"丰饶的网络接口,它连接的一端是各种具有动作导向特征的内部世界,另一端是一个更大的网络——它由语言能力、文化工具和文化实践组成"。人的心灵与其所处环境相连接,形成一个复合体。"(行为者和人造物)所具有的更大的物质结构既支撑了又反过来塑造了人类个

---

① Bryld and Lykke, *Cosmodolphins*, 203, 207, passim.
② Bryld and Lykke, *Cosmodolphins*, 225.
③ 安迪·克拉克(Andy Clark),英国爱丁堡大学哲学、心理学和语言科学系教授。——译者注

体的理性能力。"①没有了物质支持(我们是如此丰富地使用它们同时又如此忽略它们),我们的心灵将会呈现出完全不同的样子,而鲸豚给我们的启示正是"没有物质支持的生存状态是什么样子的"。海豚没有脚、手、火、房子、坟墓、天文学、钟表或书写——这些都是我们所知道的人类条件所依赖的基础设施。我在后文将指出,这些基础设施并非可有可无。鲸豚可以用它们的身体创造,但不能用手创造。它们作为一个对比物,向人类展示出我们的存在与我们所处的物质环境是多么地相互交织、相互依赖。

有鲸豚这样的生物生存于其中的那个世界会是怎样的?数百万年来,人类和海豚之所以能各自以现在的状态存在,是数百万年作用的结果;而在此之前要诞生出适于人类和海豚生存的海洋、地球和天空,又需要经历几十亿年。考察海豚的存有可以促使我们去思考一直都视为理所当然的使人类世界成为可能的各种关键条件。对海豚而言,"上"和"下"意味着什么?海豚肯定有"前"和"后"的区分——不是视觉上的就是身体运动上的——也可能有"左"和"右"的区分,但它们会有"南"和"北"的区分吗?它们也会像人类一样将大脑和世界区分成左右脑以及南北半球以帮助其导航吗?它们的脑子只能有一搭没一搭地浅睡或一半醒着一半睡着,用耳朵看,用鼻子说,只能通过声音与这个世界发生关系,也许在太阳和月亮之外它们对其他宇宙天体毫无所知。生活在水这样一种不可能完全隔音的媒介中(隔音是现代人类隐私保护的标准要求之一),生活在完全没有物质基础设施,也无法记录的社会中……这会是一种什么样的感觉?②

如果鲸类也能促成任何物质变化的话,这些变化都必须通过它们的身体才能实现——身体是它们可以借之施加外部影响的唯一物质形式。马塞尔·莫斯(Marcel Mauss)③提出了"身体技艺"(techniques du corps)这一概

---

① Andy Clark, "Embodiment and the Philosophy of Mind," in *Current Issues in Philosophy of Mind*, ed. Anthony O'Hear (Cambridge: Cambridge University Press, 1998), 35-52.

② Erving Goffman, *Behavior in Public Places: Notes on the Social Organization of Gatherings* (New York: Free Press, 1963), 8; and John M. Picker, *Victorian Soundscapes* (New York: Oxford University Press, 003), chapter 2.

③ 马塞尔·莫斯(Marcel Mauss, 1872—1950),法国社会学家、民族学家,社会学年鉴学派的重要成员,被誉为法国民族学之父。他是涂尔干的亲外甥,游走于社会学与人类学之间。他依靠二手文献写出了名著《论礼物》。他的成就对法国人类学有巨大影响,可参见列维-斯特劳斯著的《马塞尔·莫斯的著作导论》。——译者注

念,同时警告人们注意避免犯一个"根本性的错误,即只将工具(instrument)视作技艺"。他还说"我们的身体就是我们首要的工具"。(在莫斯提到的身体技艺中,最重要的是生育孩子。)

对鲸类动物来说,它们的身体是其唯一的工具,它作为"湿件"(wetware)①是唯一的编程材料。海豚和人类之间的分界线不在于心灵、理性或沟通这类高蹈的方面,而在于两者在物理形状上的差异以及是否使用火、脚、手和文本。人类的独特之处在于我们生存在土地之上,具有与之相适应的身体和人工环境,以及这一身体和环境是持久存在的(而非变动不居的)。我们对"物化"一词的恰当理解是不将物质视为邪恶的,而是将其视为"我们要在时间的长河中持续存在而必须要具备的物质基础"。

水下世界和陆地世界之间的关键差别在于,生存于其间的生物是否具备制造物件的能力。海豚可以有艺术却没有器物,因为它们与外部世界的关系,用古尔汉的话说,纯粹是"面部的"——如同海豚的近亲蹄类动物一样。古尔汉认为,动物的面部和前肢是它们与其环境互动的两个重要途径。金枪鱼、瞪羚、马、牛和无抓取能力的鸟类只能以面部动作作为与环境的互动途径,②脊椎动物则同时可以通过面部和前肢与环境互动。他认为,人类具有一种特殊天赋,即能直立行走,脚因此可单独负责行走和奔跑,从而将我们的手从支撑身体这一必要性中解放出来。古尔汉还认为,如果不是因为直立行走让手得到解放,从而也解放了嘴(因为此时人类可以用手而不必像其他动物一样用嘴来采集和取用食物,另一个解放嘴的原因是用火),人类的语言能力就不可能出现。用手切割熟食从而又释放出颅骨空间,使其不再需要一个吃大块生肉所必需的强大牙床,进而使得更大的脑容量成为可能。此外,手和嘴作为符号化器官具有共生性:手通过绘画和写作——古尔汉称之为"图形主义"(graphism)——嘴通过有声语言,两者彼此合作,相互促进。但是在水下环境中,大脑可以不需要脖颈骨骼的支持就可以长得很大,而语言

---

① 湿件(wetware),计算机专用术语,指软件、硬件以外的其他"件",即人脑,也通常指人脑和机器连接起来的设备。源于鲁迪·卢克(Rudy Rucker, 1988)的系列科幻小说《湿件》。小说讲述了一个人类制造的肉身机器人如何控制和改变人类的故事。该书对人类脑力智慧(湿件)与安装有编码化知识(软件)的机器人(硬件)的结合后最终摆脱人类控制的前景作了最大胆的想象。——译者注

② *Gesture and Speech*, 31; *Le geste et la parole*, vol. 1, 49.

(如果鲸豚中确实存在语言的话)也可以不需要手就出现。① 鲸类动物对无机世界无能为力,就如同人类对天上的浩瀚星空以及天气变化无能为力一样。尽管我们能密切观察它们,但它们天行有道,不为舜存,不为桀亡。

鲸豚动物可以通过海水这一媒介来传播声音。它们的跳跃和击水可以视作一种打击乐符号学,但它们从来没有编舞(尽管有些海豚是狂热的冲浪者)。海豚也许掌握了通过航标、潮汐或洋流进行导航的技术,但它们并不会使用工具或书写,它们只能对物质施加最简单的影响。对于它们来说,技术以活动(activities)而不是以工具(instruments)方式存在。② 它们的世界不需要注册表、直角、基本方向(东、西、南、北)和标准时间——而这都是人类的存在所必需的基础设施,虽然我们对这些基础设施很少去深入研究。〔比我们通常了解到的更复杂的是,鲸豚动物具有的能操纵环境的器官,除了鼻子和鳍之外就只有阴茎了。鲸豚们可以随意控制它,有人说曾看到海豚用其阴茎拨开拖网逃生。它的阴茎有点像猴子的灵巧尾巴。鲸豚的这种灵巧性是它在交配能力上对水生环境的一种适应,因为在水中雌雄海豚交配时并不能(像人类一样)用手臂抓紧对方。〕

在鲸类的演进史中,我们找不到如石头、玻璃、硅、金属和电这类无机物的作用,也找不到如谷物、牛、酵母、狗、纸莎草和木材这类有机物的作用。然而这些无机物和有机物却相互共谋,深深地参与了对人类历史的塑造。鲸豚动物无论拥有何种文化,这些文化都与"手"无关(因为它们根本没有手)。它们所具有的智能(如果它们有智能的话)并不像人类智能那样依赖各种基础设施。它们没有像天空这样的媒介,但天空在帮助定位和塑造人类的建筑环境方面却至关重要。它们没有手脚以帮助固定位置,所以也不可能具有海德格尔称为"上手性"(Zuhandenheit,即 know-how 知识)的态度,即一种随时准备用手帮忙(being ready to hand)的态度。它们没有手指,那么它们是否也因此不会像人类那样衍生出数字以及基于数字的算术?鲸豚动物并不具有人类那样的现象学条件,如行走、观看、聆听、扫视以及通

---

① 鲸类头部与颈部之间的"自由解放"程度各不相同。例如海洋中的鲸的头部极为固定,而亚马逊河海豚的脊柱则高度灵活,它们的椎骨骨节之间并没有完全融合,为其长而细的喙状吻提供了非同寻常的活动范围。
② 此文就海德格尔的分类提出了一个新版本:"Die Frage nach der Technik," *Vorträge und Aufsätze*, (Pfulligen: Neske, 1954), 71。

过观察天空和地平线了解自己所处环境的能力,那么它们也会像人类一样有几何学吗?有点、线、面的概念吗?几何学的出现本身就隐含着其实践者对地球和天空形状的推断以及对人的身体和栖息地形状的推断(现象学迷恋几何学,将后者视为人类关于此世存有的一个索引,其原因就在此)。无论海豚拥有什么样的数学,这种数学都是在缺乏人类所具备的各种图解技术(人类也受制于这些技术)的条件下存在的。也许,考虑到它们善于旋转身体和在三维空间上的灵活性,它们一定精通拓扑学,具有环面①和外翻的内表面(inside-out surface),会让人类身心合一的大脑相形见绌。(弗拉瑟认为乌贼只可能懂动力学,不可能懂几何学。)不管怎么样,鲸豚以对比映衬的方式告诉人类,技术(technē)是人类的命运(lot),它被刻写进我们所生存的陆地环境中因而与我们自身的本质不可分离。我将在本书的剩余篇幅中考察海豚所缺乏的工具(crafts):海洋媒介、火媒介、天空媒介、书写媒介和数据库媒介。这些媒介最初都给人类带来了巨大的福祉,但它们又都隐藏着某些不幸,只是很晚才为人所知。

　　海豚向我们展示出的是,在不存在任何人工物时,交流会呈现出何种情形。对海豚而言,心灵只能由有机物组成,对非有机物组成的心灵会带来何种可能,它们绝对无法想象。它们不能制造任何仪器,也不能建筑任何纪念碑,它们的思维不能形诸外,也不能自动化;它们的智能如水银,如流沙,总是随具体事物而昙花一现。它们生产的数据始终只能以直播方式存在,从来都不能供用户下载保存;形成的图书馆也转瞬即逝,如同家庭录音录像技术面世前的广电节目,又像文字出现前的口语。在陆地上,我们视固定物(stationary objects)为理所当然,只有在舟楫或太空船上必须将某些物体固定或密封起来时,我们才会意识到此前这些固定物对我们的意义。鲸类既缺乏物体之固定(fixity of objects),也缺乏如哲学家保罗·利科②所说的"意义之固定"(fixation of meaning),也即各种符号(法律的、宗教的、诗歌

---

① 环面(torus)指如面包圈形状的旋转曲面,由一个圆绕一个和该圆共面的一个轴回转所生成。在拓扑学上,环面是一个定义为两个圆的积的闭合曲面。——译者注

② 保罗·利科(Paul Ricoeur),20世纪法国杰出的思想家、哲学家。他是继海德格尔、伽达默尔之后的欧陆解释学研究领域重要的领军人物,也是20世纪具有广泛影响的诠释学大师。他的学术研究横跨普遍诠释学、圣经诠释学、叙事理论、神学、历史学、法学、政治理论等多个领域,其中圣经诠释学在他的学术思想中占据着非常重要的位置。——译者注

第二章 论鲸类和船舶;或,我们的存在港湾

的、音乐的和哲学的符号)的保存。① 无论结果是好是坏,鲸豚动物不拥有"将自己的思想强加于世界之身的力量(这是一种毁灭性力量)"②海豚是佛教"超脱"(detachment)的信徒,它不学而能却毫不自知。从"公民集会"意义上而言,海豚中也许存在一些"物"(things),但在文物或建筑意义上而言,这些物是不存在的。总而言之,海豚可能会有议会而无金字塔,可能有记忆而无历史,可能有诗歌而无文学,可能有宗教而无经文,可能有教育而无教科书,可能有法律而无宪法,可能会数数而无粉笔、纸或方程式(因此也就没有数学),可能有音乐而无乐谱,可能有天气报告而无历法,可能会导航而无星历,可能有文化而无文明。

梅尔维尔说:"在海中,即使有传统,也没有石头能充当石板将之书写于上。"③海豚的存有状态是口语文化的示范。在海豚中,不朽名声只能存在于记忆中,因而最多只能延续几个世纪,虽然一些鲸类的寿命很长(有的长达两个世纪),能让这样的记忆延续更久些。事实上,如果鲸有集体记忆,它们的中心叙事之一肯定会是它们在20世纪遭遇的"博斯式屠杀"(Boschian butchery),④这次屠杀几乎导致它们整个物种灭绝。它们拥有的多种物质性媒介,如水中的声音与大脑记忆及身体记忆,其相互混合的程度比人类低。尽管文字作为一种记录手段并不是人类之所以成为人类的主要原因,但文字和文字记录确实形成了我们所知的人类文明,无论这一文明给人类带来的是福是祸。文明出现的标志之一是,被记录下来的知识之容量和速度远远超过了单个人的掌握能力。在口语文化中,人类个体可以做到完全掌握当时其能掌握的所有知识。而事实上,个体能掌握多少知识取决于其所掌握的记录和存储手段。海豚的存有方式邀请我们去认识,人类所生存于其间的世界在何种程度上是由非人类物构成的。在海底世界中,技术决定论和人类本质主义的两个学术"原罪"已经不再显得那么明显和深重。鲸

---

① Paul Ricoeur, *Hermeneutics and the Human Sciences*, ed. John Thompson (Cambridge: Cambridge University Press, 1981), chapter 8.
② Loren Eiseley, "The Long Loneliness," in *The Star Thrower* (New York: Times Books, 1978), 37–44, at 43.
③ Melville, *Moby-Dick*, 409.
④ 耶罗尼米斯·博斯(Hieronymus Bosch, 1450—1516),荷兰多产画家,其大部分画作以宗教和寓言方式描绘人类道德沉沦与可怕罪恶,画作中充满了怪诞的生物和噩梦般的场景。——译者注

豚不能——这一点至关重要——掩埋它们死去的亲戚朋友,也不能为死者建造能持久存在的坟墓,虽然它们对死者也会表示哀悼。① 有人提出了"行为现代性"(behavioral modernity)的概念,用来指数万年前随着"现代人类"的出现而出现的一系列符号使用行为特征。"行为现代性"中最具决定性的标志之一就是对死去同类的埋葬实践。从历史来看,符号化行为与对死亡的标记和克服有关;任何符号性存储系统(如文字或摄影)后来都逐渐发展出一种密码般的神秘感。墓葬是人类伟大的符号资源之一,也许是人类的第一个固定地址,也是自埃及法老以来所有记录型媒介的原型(prototype),而鲸豚文化则必须在不可能有坟墓的情况下存在和延续。现代欧洲面临的一个困扰是,人类所有的装置设施都不过是一个大坟墓,而文明也只不过是人类试图发明和利用各种手段以抵抗死亡的一种无谓努力而已②。然而,相对人类,海豚所掌握的实用性知识都局限于各种政治性和表演性艺术中,即使它们的社会规则容许某种平衡生死的做法,它们也不可能为它们中的林肯和列宁建造坟墓。当然,虽然海豚缺乏各种"行为现代性"的基础设施,我们仍然没有充分的理由认为海豚这样聪明和社交化的生物不具有高度发达的沟通和文化形式。

也许正因为鲸豚没有复杂的文化或智慧形式,我们对它们做出以上猜想也不会对其造成任何伤害,甚至还可以帮助它们免受人类的进一步迫害。也许它们技术高超,只是我们知之甚少而已。我们可以设想一下可能的水生技术,从最早的游泳和渔猎开始,金枪鱼利用涡旋来推动自己在水中高速游动,它们通过此种游动催生了一种水流动力学并从中受益,使自己游得更快,速度大大超过了仅仅从它们的体型、大小和力量所能获得的水平。这说明它们首先发明了技术,这技术改造了环境,环境又反过来提升它们的技术③。领航鲸(pilot whales)在捕猎时出动的数量多达一百多头;海豚在波浪中并肩遨游;角鲸口长长牙,如同独角兽,它们在海中同游时会非常小心,

---

① Rowan Hooper, "Do Dolphins Have a Concept of Death?" *New Scientist*, 211, no. 2828 (3 September 2011): 10.

② Peter Sloterdijk, *Derrida ein Ägypter: Über das Problem der jüdischen Pyramide* (Frankfurt: Suhrkamp, 2007).

③ M. S. Triantafyllou and G. S. Triantafyllou, "An Effcient Swimming Machine," *Scientifc American*, 272(1995), 64 – 71.

尽量避免与同类相碰撞——所有这些都要求它们相互进行快速的和动态的协调（可能是通过回声定位和反馈）。

北大西洋的杀人鲸和北太平洋的驼背鲸会用它们的声呐击晕鲱鱼。这种声呐听起来比雷电还响亮，能与它们发达的听力器官形成共鸣。有潜水员说，在水下听到这种声音就感觉自己的头像被马踢了一样。鲸用尾巴鞭打鲱鱼让它们昏昏沉沉，或将它们推到水面然后慵懒地享用它们，就像尊贵的国王优雅地享用一盘葡萄一样。逆戟鲸（虎鲸）似乎能用声呐从不太美味的鱼中挑选出自己喜欢吃的奇洛克鲑鱼。自19世纪中叶以来，宽吻海豚一直与巴西海岸的渔民合作，各取所需，相得益彰：它们将鲻鱼赶向等在浅水域的渔民，然后反转身体向渔民发送信号，表示是时候撒网了，自己则去吞噬那些漏网之鱼。这样的捕鱼行动常常是先由海豚而不是渔民发起的，而渔民往往能一一叫出那些海豚的名字。① 海豚应该还有很多其他捕鱼技术，但人类很难对这些技术进行经验性证明。海豚具有复杂的社会生活形式和信号方式，这可以让它们保持亲子接触、群体秩序、一对一的亲密或对抗关系，以及一系列其他形式的社会生活。② 但为什么一个全水生的栖息环境没能催生出它们的文化大量发展呢？

鲸豚间也存在着终生母子关系，这种亲属关系也可能成为社会组织的源泉。雄海豚之间会形成终生的紧密和团队合作，它们各自有独特的鸣叫，但最终总会相互结合形成新的统一声调。不难想象，这些充满智慧的海洋哺乳动物可能已经发展出各种传统：音乐、舞蹈、体操、育儿和语言等——似乎确实存在海豚方言，这意味着它们之中存在着内群（in group）和外群（out group）（有些人认为海豚世界是一个没有"外人"的乌托邦社区，他们可以歇歇了）。海豚中可能会有老师和学生。人类从古希腊时代就凭借建筑和天文来帮助记忆。③ 尽管海豚不能通过固定的"地点"（topoi）如各种建筑以及（在较小的程度上）天文学等来帮助它们提升记忆力，但它们中有的可

---

① Karen Pryor, Jon Lindbergh, Scott Lindbergh, and Raquel Milano, "A Dolphin-Human Fishing Cooperative in Brazil," *Marine Mammal Science*, 6(1990): 77-82. This collective is dramatized in *Ocean Giants: The Fascinating Lives of Whales and Dolphins* (BBC Earth, 2012), part 3. Pliny the Elder 也提到在地中海进行的类似合作，Naturalis historia, book 9, chapter 9.

② Tyack, "Functional Aspects of Cetacean Communication."

③ 相关的经典研究，Frances A. Yates, *The Art of Memory* (1966; London: Pimlico, 1994)。

能已经掌握了记忆术。

汉娜·阿伦特(Hannah Arendt)区分了"工作"(work)、"行动"(action)和"劳动"(labor)三个概念。"工作"指人类制造出耐用的东西;"行动"指形成新的政治秩序的能力;"劳动"指能被重复完成或者能复制自身的各种任务。由此来看,鲸类肯定具有"行动"能力和"劳动"能力。阿伦特认为,人类通过工作和行动从而在时间上留下印记;通过工作,人类改变了自己与对象(objects)之间的关系;通过行动,人类改变了自己作为主体(subjects)和他人作为主体之间的关系。工作和行动也即创造(creation)行为和生殖(procreation)行为。

阿伦特认为,人类行动的主要范例就是"生产"(natality),它将全然不同的新事物带入这个世界。对于人类而言,工作和行动之间很难区分,但是对于海豚来说,可能不存在"工作"的概念。

海豚可以审议法律和定罪量刑。它们的刑事处罚方式包括"开除教籍"(excommunication)。① 它们有着各自的利益(所谓利益,既可以是interest,也可以是inter esse,意思是"在……之间的"),因此它们也可能是政治性动物——它们的存有是相互依赖的。(和亚里士多德一样,阿伦特将"政治性动物"定义为"为了追求共同的事业而承担不同的角色分工"。)② 有些人甚至认为海豚在水中有一个公共领域。一位海洋生物学家猜测认为,"由于民主制度需要参与者投入时间,海豚们因此每天都要花几个小时相互协商做出决定"。③ 正是因为海豚体现出来的强烈的社交性,曾经参与里利传播研究所项目的另一位著名人士格雷戈里·贝特森(Gregory Bateson)④将

---

① "开除教籍"(excommunication)是一种制度性宗教惩罚行为,用于结束或至少规范某些教会成员与其他成员之间的交流,最终目的是为了剥夺、中止或限制某人的宗教团体成员资格,或限制其某些相关权利,特别是其与教会其他成员沟通的权利以及其领受圣礼的权利。从该词(excommunication)的字面意思(排除在传播之外)看,开除某人教籍相当于完全剥夺该人与他人沟通(精神的和物质的)的权利,也基本相当于剥夺此人生存的权利。——译者注

② David J. Depew, "Humans and Other Political Animals in Aristotle's History of Animals," *Phronesis*, 40, no. 2(1995): 156-181.

③ Natalie Angier, "Dolphin Courtship: Brutal, Cunning, and Complex," *New York Times*, 18 February 1992.

④ 格雷格里·贝特森(1904—),原籍英国的美国人类学家。1904年出生于英国的格兰切斯特(Grantchester),1930年取得剑桥大学的博士学位。从1936年到1938年他在巽他群岛(ile de la Sonde)的巴厘岛(Bali)从事研究工作。贝特森将逻辑类型理论运用于信息传递从而提出了关于精神分裂症中的双重联系学说。他是20世纪最重要的社会科学家之一,也是许多传播学研究议题的发现者和开创者。——译者注

海豚想象成理想的心理治疗师,认为它们进化出了独特的情商。① 还有人认为它们像新的公社专家(communalists experts),善于建设各种"创意共享"产品。②

　　海豚甚至可能拥有修辞术。在众多技艺中,修辞术是第一个被谴责为经不起认识论严格检视的,它也被认为与记忆术密切相关。海豚使我们认识到基础设施带来的福祉。它们不具备塑造环境的工具。海豚也许能用喙、鳍来建筑临时坝以围捕鱼类,并叼着海绵一头冲向海底的鱼群,以缓冲海底泥沙的冲击。但是海豚却不能在时间、空间或物质上留下持久的印记。就像忧郁浪漫的诗人,海豚所掌握的艺术就是可变性(mutability),"一本神话书/在其间,我们找不到自己"。③ 许多鲸豚似乎是泡沫艺术家,能将空气一股股地吹入水中。如云朵一般的泡沫可以当做围扑鱼儿的网,也可以当做具有进攻性的雄性展示,或许仅仅就是为了好玩。但是它们的这种"海洋书写"——oceanography(海洋学),这里我们还是从其字面理解吧,它是"海洋"(ocean)加上"书写"(graphy)——转瞬即逝。它们吐出的气泡的大小和多少也是海豚雄性力量的象征——气泡越多意味着肺部越大,也就意味着体型越大。④ 有些鲸似乎会故意从其气孔中喷出水柱在空气中形成彩虹(尽管鲸自己是看不见颜色的),这也许是为了取悦人类观众,好像"聪明的汉斯"中的那匹马一样。这匹名叫汉斯的马似乎有高超的数数天赋,但后来人们发现,它实际上只不过是在数数时观察人类在看着它时透露出的各种非语言符号,从而判断出哪个数字是对的,达到取悦人类的目的。"自然媒介"是海豚这样聪明的人类表兄弟唯一可以使用的媒介,而且这些媒介只能提供一个内容有限的节目单,并独一无二地抗拒着书写所代表的永恒。⑤

---

① Burnett, *Sounding of the Whale*, 613 n164.
② Fred Turner, *From Counterculture to Cyberculture* (Chicago: University of Chicago Press, 2006), and Bryld and Lykke, Cosmodolphins, 202–206, passim.
③ Adrienne Rich, "Diving into the Wreck."
④ 1809年,德国医师索姆林(Sömmering)发明了一种使用氢气灯泡的原型电报系统。
⑤ "尽管鲸类动物呼吸空气,但它们基本上都喜欢生活水中;书籍大多是写在纸上的,这种纸张浸在水里就会难以持久。从这个意义上说,书籍和鲸鱼在关键方面是不可混溶的。"Burnett, *Sounding*, 1–2.

也许鲸豚动物已经把它们的记忆和历史"外包"给人类了！[①] 对它们而言，人类的行为让其迷惑不解，就像众神令古代希腊人迷惑不解一样。我们如上帝一样对鲸类生杀予夺，在它搁浅时貌似伸出援手，实际却又因觊觎它们身上的油脂而将其故意杀死，或者在捕杀金枪鱼时故意将它们视为"边货"（bycatch）而连带杀死；我们一边为它们书写历史，一边却用噪音和化学品摧毁它们的栖息地。也许它们也将自己的数据存储在一个奇怪的空间里，这个空间位于它们头上如"云"般漂浮着，数据则由一些它们能感觉到但却很少明白的生物维护着。

有技艺而无技术

换句话说，海豚可以有技艺但没有技术（technology）。技艺和技术之间的差别在于，后者具有经久的物质属性。技术一词的内涵长期在两端之间徘徊，一端是技术的实践或技能，另一端技术的工具或装置。古希腊语 technē 一词常常译成艺术（art）或手艺（craft）。现代希腊语中很多单词仍没有脱离其在古希腊语中的原意，今天该词可以指精通（mastery）、艺术业（artistry）或灵巧（dexterity），这些意思指向的都是工匠的活动，而不仅仅是物质性的工具或工匠产出的最终产品。在 19 世纪的英语中，技术（technology）指"对机械艺术的研究"而不是指技术装置或系统，因而仍然带着该词原有的古老认识论意义。Technolgie 一词迟至 18 世纪 70 年代才出现于德国，指"一个学习领域"，这和 1861 年成立的麻省理工学院（Massachusetts Institute of Technology）中的 Technology 用法一样。在今天的法语和德语中，该词的这一用法仍然存在，它们分别用 Technique 和 Technik 指代 technology。craft（手艺）、device（装置/设备），甚至 machine（机器）等词则曾具有更多的战术或修辞意味，但是它们在现代科学和产业的压力下渐渐被凝固成物质对象了。

索斯坦·凡勃伦（Thorstein Veblen）可能是 20 世纪对技术（technology）这一概念最重要的论述者，他将技术视为处在两个极端之间的模糊事物，一端是手艺和技巧，另一端则是机器和科学系统。在其发表于

[①] 感谢托尔·斯拉塔（Tore Slaatta）的这一观点。

第二章 论鲸类和船舶;或,我们的存在港湾

20世纪一二十年代的著述中,凡勃伦认为,中世纪手艺或古老的金属匠技艺并不需要参照当时的科学知识。和旧的艺术和技艺不同,现代"技术"则依靠理论知识。他认为,技术的发明和对理论的掌握已经以一种前所未有的方式结合在一起,而技术本身就代表着这种联系。到20世纪中期,由于原子弹、电视、水电大坝、大规模生产以及其他一系列似乎不受人类干扰或民主原则指导的巨兽般的大型机器的出现,技术被披上了一层不可一世的邪恶傲气。例如卡尔·雅斯贝斯(Karl Jaspers)就认为,技术这个词有一种"恶魔主义"(demonism)。自他之后的很多技术哲学都试图厘出该词带有的"把控社会发展方向"或"技术决定主义"的涵义。[①]

"技术是非人的"这一观念由来已久。自古希腊和希伯来时起,就存在着这样的观念——技术(techics)标志着人类对上帝的背弃,人类因此不可能升入天堂,于是人类不得不自谋出路,依靠自己的智慧、工具和策略过活。技术哲学家伯纳德·斯蒂格勒(Bernard Stiegler)追溯了从柏拉图到卢梭的技术观念。他说,"人类的堕落源于求诸外"(The fall is exterization)。[②] 我们如果过上没有任何媒介的生活,这就意味着我们能进入一个据称是天堂般的状态,此时我们已经不再需要任何手段。和天使类似,海豚所代表的就是这样一种梦想:它不需要凭借任何物质(matter)就能够生产、传递和理解意义。还有人认为,由于海豚缺乏各种器物(devices),因此它们也没有因之而产生的各种罪孽(vices)。但这显然不是我在这里想要讲的。我在这里想要说的是,人类的美德,如其所是,极度依赖我们自己所设计的各种"立足点"(footings),而正是依靠这些立足点我们才能"立身"于天地之间。

[①] Leo Marx, "The 'Idea' of Technology and Postmodern Pessimism," in *Does Technology Drive History? The Dilemma of Technological Determinism*, ed. Merritt Roe Smith and Leo Marx (Cambridge, MA: MIT Press, 1994), 238–257; Leo Marx, "Technology: The Emergence of a Hazardous Concept," *Social Research*, 64, no. 3 (fall 1997), 965–988; Eric Schatzberg, "Technik Comes to America: Changing Meanings of Technology before 1930," *Technology and Culture*, 47, no. 3 (July 2006): 486–512; George Parkin Grant, *Technology and Justice*, (Notre Dame, IN: University of Notre Dame Press, 1986), 11–14.

[②] Bernard Stiegler, *Technics and Time: The Fault of Epimetheus*, trans. Richard Beardsworth and George Collins (Stanford, CA: Stanford University Press, 1998), 116, 96; Bert de Vries and Johan Goudsblom, eds., *Mappae Mundi: Humans and Their Habitats in a Long-Term SocioEcological Perspective* (Amsterdam: Amsterdam University Press, 2003), 271.

我作为技术哲学家从宏观层面提出如此观点,可能会让某些敏感的学者觉得有些刺耳,因为让他们更感兴趣的只是人类世界,以及这个世界中的工人、妇女和普通人是如何对各种新物件的定义和使用相互展开争夺的。①鉴于"技术"(technology)蕴含着"危险的"思想 DNA,我认为,无论我们如何使用该词,我们对它的任何使用都有可能会抹杀人在技术中所扮演的角色。但是,我们如果认为普通人都能发挥能动性,并以此去批驳所谓"技术决定论",我们就不仅会低估器物(devices)的力量,而且会高估人的力量。只对人类世界感兴趣的人将主体和客体截然分开,并将两者整齐地收纳于不同的箱子里,互不干扰,从而使自己获得一种形而上学的自慰。但我不认为我们可以实现这种主客体切割而安然无事。某些人宣称说,技术应该为人类控制,这等于将人类的意愿描述成非物质的和非嵌入的(disembedded),仿佛人类从来就和"网络化生物"不同,也仿佛物质(matter)是完全空洞之物[这显然是对这个"多元宇宙"(pluralistic universe)②的侮辱],还仿佛我们的意图和行为对我们自己而言都是透明的,仿佛我们的身体(如同我们所使用的所有工具一样)并非一个奇怪而神秘的技术系统,仿佛这个星球上的生命史还不足以充分证明这一点——只要各种智慧能自由自在地任意发挥,就能诞生出丰富的创造性和多样性。人类是否具有能动性(agency)?这仍是需要我们回答的问题,而不是一个我们只要主观上假设存在它就会存在的事实。任何关于人类的技术性特征的理论都应该表达人类彻底的植根性(groundedness)从而让我们感到谦卑,而不是去鼓励炫耀我们具备的所谓独特力量以让我们感到自傲。对任何涉及技术的问题都应该从根本上考察:人类究竟是什么?③

我们恐惧"技术决定论",这种恐惧只能让我们加剧在心灵和物质、人类和他物、动物与机器、艺术和自然之间的障碍——而恰恰在这些被区隔的两分物之间,我们看到了最有趣的媒介文化史被书写。我们将这个世界中的

---

① Thomas J. Misa, "How Machines Make History, and How Historians (and Others) Help Them to Do So," *Science, Technology, and Human Values*, 13(1988): 308-331. 该文指出,技术哲学家对技术决定论最友好,而妇女和劳动史学家则对之最不友好。
② 现代物理学指出,我们的宇宙是许多宇宙中的一个,是"多元宇宙"的一部分,多元宇宙的不同时空可能会有不同的特性(比如引力强度不同)。
③ 相关的更广泛的讨论, *Die technologische Bedingung: Beiträge zur Beschreibung der technischen Welt*, ed. Erich Hörl (Berlin: Suhrkamp, 2011).

尖锐部分划归为技术,并认为人类应该对之加以控制,这种心态抹杀了一个事实,即我们不可能脱离于所处的环境而生活,不可能无所依凭而活,不可能逃离自己制造的工具而活——人类的子宫就是这种最初的工具。担心技术可能从外部而强加于人类,是一种对"人类的存有早已人工化"这一事实的否认(当然,我自己绝不会否认对某些形式的技术的确需要进行严厉批评)。物可以具有生命,人可以沦为机器,这是不可剥夺的真理,但这一真理却被某些人对"技术决定论"的指责轻松地遮蔽了。布鲁诺·拉图尔说"物也是人",借此我们也可以推论出"人也是物"。圣·奥古斯丁说得好:"(然而),我们自己(因为喜欢和使用他物)也就成为了物。"①

近年来,各种小型智能数字设备开始流行,它们的外形如黑匣子一样让用户对其内部技术不明就里,但其操作却需要用户动手动脑。在这一现象下,我们有机会重新思考以下术语:炸弹、水坝、笔记本电脑、转基因农作物、地质工程。最近几十年来,技术哲学的基础已经经历了剧烈变化。我们面临的任务是要将技术作为人类生存的构成性力量重新思考,同时又不能因此为硅谷高科技公司提供新的营销噱头——例如,在伯格斯特(Bogost)提出的"面向对象的本体论"中,"物"就常常被等同于苹果产品。过去几十年来,人类首先是反对技术人员和工程师对技术的狂热,但现在随着"气象和气候"的变化,我们亟待重新定位并提出一种新的媒介哲学——一种既欣赏技术在人类生存中的嵌入性,又不放弃对它进行批判性评价的媒介哲学。

当然,有些思想家对技术工作的核心——技术工具——产生了新的学术兴趣,例如拉图尔对技术工作的研究等。激发这些新兴趣的原因是近年来各种数字终端的流行。类似例子如最近在德国媒介理论中出现的Kulturtechniken(文化技艺)②这一概念。该词很难准确翻译,因为它由两个词组成,它们各自在英语中都可以被翻译成两个以上的对等词(Klutur:culture/civilization,文化或文明;tecnniken:technique/technology,技艺或技术)。对这些词我在前文论述海豚时已经做了区分。近来又有人对"文化技艺"进行了新的定义,指出它可能包括隐性的知识技术如文件柜、书写工

---

① Augustine, *De doctrina christiana*, 1: 22. "Nos itaqueae qui fruimur et utimur aliis rebus, res aliquae sumus."
② 该德语术语有"文化技艺"和"文化技术"两种英文译法,为方便指涉,本书中的 Kulturtechniken 均翻译为"文化技艺"。——译者注

具和打字机,话语符号如引号,教辅媒介如石板,独特的难以分类的媒介如留声机,特定的专业实践如读写能力培训等。① 这些文化技艺,无论它们如何不显眼,都具有改变世界的能力。此前的技术(techincs)研究的核心一直都在试图发现其中人的作用(anthropomorphic business),因此技术性一直被压抑着。现在"文化技艺"一词的出现,意味着(从基特勒开始)技术性又重新回归德国媒体研究了②。

我认为,将 Techniken 翻译成技艺(techniques)是正确的,因为这让我们想到各种需要身体或工具相互作用的实用技能(know-how)、手工作品以及身体性知识(corporeal knowledge)。在汽车制造中,绘图和诊断是技艺(techniques),但凸轮轴和曲轴箱则是技术(technologies)。如果你是海豚,技艺可能是纯粹认知上或身体上的,尽管由于技术充满对象性,但在人类的存在中已经很难找到这样的纯粹了。人类用肉眼观星、用嘴呼吸和用身体游泳,相对而言这些似乎是属于无对象的技艺,但它们都依赖"环境"(Umwelten,如天空、氧气和水等)和使用者的学习能力。马塞尔·莫斯笔下的许多身体技艺,如行军、跳跃、攀爬、蹲坐和睡觉都源自军事演习,它们的形成是某种类型的"软件"造成的结果。③ 莫斯的学生古尔汉说得很好:"技艺既包括各种手法姿势,也包括各类工具"。④ 技艺之历史充满生物性和人工性,它们既包括各种行动集合,又包括各种材料集合,虽然这些"材料"就是技艺使用者的身体。古尔汉认为,在工具和一系列"操作链"(chaîne opéraire)之间,"技艺"发挥着协调控制作用。

一切耐用的都是物质的,但并非一切物质的都耐用。技艺是材料,但不一定耐用,技术则总是耐用。言语是一种技艺,书写则是一种技术。言语是一种肌肉运动,它改变着细微压力,同时作用于说者的发声器官和听者的听

---

① Lorenz Engell and Bernhard Siegert, "Editorial," *Zeitschrifür Medien-und Kulturforschung*, 2 (2010): 5 - 9.
② 关于"文化技艺"(cultural techniques)特刊,*Theory, Culture and Society*, 30, no. 6(2013)。
③ Marcel Mauss, "Techniques of the Body," trans. Ben Brewster, *Economy and Society*, 2, no. 1 (1973): 70 - 88, and Erhard Schüttpelz, "Körpertechniken," *Zeitschrifür Medien-und Kulturforschung*, 2(2010): 101 - 120.
④ *Gesture and Speech*, trans. Anna Bostock Berger (1964 - 65; Cambridge, MA: MIT, 1993), 114; *Le geste et la parole*, vol. 1 (Paris: Albin Michel, 1964), 164: "La technique est à la fois geste et outil ..."

觉器官——两者的身体——之中,也作用在作为媒介的空气和水中,通过改变压力强度使得物质运动。言语不需要油墨、书写平面或任何能使其痕迹超越其被表达之彼时彼地的东西。技艺和技术之间的差别体现在:后者具有被外部化为持久的形式从而获得了跨越时空的能力,而前者不能。〔阿尔弗雷德·科日布斯基①将"时间压缩"(time-binding)能力视为人类的关键特征。〕我们沉浸在先人留下的各种符号中,我们自己也创造出各种符号以让我们在缺席时候仍能说话。(自动化技术并非人类进入工业化时代之后才出现的,而一直都是人类全部技艺历史的一部分。)我们自己和我们的先人都会留下各种痕迹。我们的身体就是这样的痕迹之一,其结构和DNA都嵌入了先人留下的悠久历史。

非共时性

耐久性的伟大敌人当然是时间的流逝。时间是我们这一思想实验的最后一个能造成差别的关键领域。在没有标准时间的世界里生活是什么样的?在这个世界中,不存在一个可以用来标记历史事件先后顺序的一致计时方法。如果结果先于原因,答案先于问题,世界会怎样?鲸类世界中没有标准时间,那它们的传播技术会是怎样的,尤其是它们跨越空间和时间的传播是怎样的?

万维网的发明者蒂姆·伯纳斯-李(Tim Berners-Lee)将万维网比喻成"一个完整的全球性信息空间",②而对于万维网而言,海豚是绕不开的海洋隐喻。也许海豚已经花了数百万年来才建立起一个它们现在拥有的"开放式传播互联网络"——这是鲸类文学作品中经常出现的一个比喻。③ 它们的深远听觉能力让其具有了人类不可能理解的强大的信号处理能力。信息论告诉我们,频率是信道容量的度量。例如,FM无线电信号之所以比AM能

---

① 阿尔弗雷德·科日布斯基(Alfred Korzybski, 1879—1950),波兰裔美国哲学家。他提出了系统的"普通语义学理论",这一理论使得语言和思维更加逻辑化。——译者注
② Jan Müggenberg and Sebastian Vehlken, "Rechnende Tiere. Zootechnologien aus dem Ozean," *Zeitschrif für Medienwissenscha*, 4, no.1(2011): 58–70, and John Shiga, "Of Other Networks: Closed-World and Green-World Networks in the Work of John C. Lilly," *Amodern* (2013), http://amodern.net/article/o-other-networks/.
③ 例如:Tyack, "Functional Aspects of Cetacean Communication," 272.

更好地传输音乐,原因之一就是因为音乐传输比语音传输在信号上更复杂,而 FM 是以兆赫兹而不是千赫兹为单位,即使是最低的 FM 频率都比最高的 AM 频率高出 50 倍每秒,因此传输音乐的效果更好。由于具备高频发音和收听能力,座头鲸也许可以像计算机一样在不到一秒的时间内编码和解码大量数据。鲸类身体上发达的神经听觉处理终端让它们能通过水体发送和接收高度复杂的数据。它们也许甚至可以彼此交换听觉"图像"。对我们而言,要想明白海豚原汁原味的"言语",难度就如同我们试图搞明白拨号调制解调器或传真机所发出的吱吱声和嘟嘟声一样。此时我们听到的都是噪音,不可能明白这些噪音代表了何种文本、数字、图片或音乐。我们的"波特率"(baud rate)①太慢(人的听力范围每秒最多处于 20 赫兹～2 万赫兹之间,海豚的则是约处于 400 赫兹～20 万赫兹之间)。②

像海豚这样的智能生物在海洋中存在了数百万年,这能让它们具备什么样的听觉存储和传输能力呢?早期的无线电历史告诉我们,如果许多人同时使用相同的频道,他们之间的相互干扰就成为一个问题。[泰坦尼克号1912 年沉没之前的两年,美国海军司令长非常诗意地将不受管制的无线电波描述为"以太基床"(etheric bedlam)。]鲸类生活在一个单一的声音媒介中,它们因此而面临着一种显著的进化压力——从持续不断的喧嚣中过滤出有用的讯息。群体喧闹尽管可能有其用途和乐趣,但是如何在静电噪音中挑拣出有用的信号,是无线电历史上的关键问题,也许类似的问题也困扰着鲸类,使得它们发展出较高的波特率,从而能在听觉上"多任务执行"。人类学会了建造船舶,观察天象,编写程序;海豚的脑容量很大而又无所事事,就学会了从各种混乱的高频噪音中挑出对其有用的声音。如果海豚将整个海洋变成了一个网络(oceanwide web),这个网络没有"存档"而只有海豚大脑形成的集体智慧;这个网络也没有搜索引擎而只有所有海豚都具备的声呐能力。③

---

① 在电子通信领域,波特率(baud rate)即调制速率,指单位时间内载波调制状态变化的次数。以法国电讯工程师埃米尔·博多(Émile Baudot,1845—1903)的姓氏命名。博多是数位通讯的先驱之一和电传及博多式电报机的发明人。——译者注
② 近年来,海洋生物学家利用计算机辅助音调转换器在水下向海豚发出更高频的声音,希望能吸引后者的兴趣。参见:MacGregor Campbell, "Learning to Speak Dolphin," *New Scientist*, 210, no. 2811(7 May 2011): 23-24。
③ 关于"海洋作为一个(与人类世界相反的)传播系统"的论述,Stanislaw Lem, *Solaris*。

第二章 论鲸类和船舶；或，我们的存在港湾

尽管在水中声音的传播速度要比在空气中快得多，但它仍然比光线传播慢得多。大多数人类的沟通都是非同时的，尽管这很难被察觉。从一人的言语发出到另一人的听到，在时间上存在微小的滞后（后者听到后还要进行认知处理，造成的延迟更长），但我们对此很少意识到，也没有注意到它对人际互动结构的影响。人类言语的发出和收听并非同时发生，但我们因为感觉迟钝而没有注意到这一点。即使在电子意义上，在我们这个小小的星球上，全球电讯业之间的通讯也存在着微小的不同步。在宇宙的巨大距离中，这些不同步就会变得很明显，这时各种问题就出现了。爱因斯坦对相距遥远的两个时钟之间的时差和远距离对时的困难进行了深入的理论研究，获益匪浅。他得出的结论是，在浩瀚的宇宙中是不可能存在单一的"现在"概念的（见第七章）。为了在宇宙中的两个相距遥远的地点之间实现同时性，这两个时钟必须彼此调整以补偿发自一个时钟的信号到达第二个时钟所需要的时间。而这两个"现在"之间的时差取决于信号的传输速度。

在思考光的有限速度时，爱因斯坦发现了相对论。海豚这一聪慧的人类朋友可能也已经注意到声音的传播速度也是有限的，因此它们也可能发现了与相对论类似的理论——因为它们也没有普适的"标准声音"来将所有的"（声音）时钟"校对到同一时刻。爱因斯坦认为所有观察者视角都是相对的，也许某些海洋物种也已经发现所有的听众视角都是相对的。

对于具有声学智能的海洋哺乳动物而言，实现远距离同时性的困难可能会比人类面临的要小得多。鲸类如何应对海洋中不同地点的不同时间问题？它们对远程沟通和邻近沟通似乎有着不同策略。近海地区的宽吻海豚在集体游动时会发出急促的声音，这时候同时发声的海豚有 2～6 只，彼此在发音上会有超过 50% 的重叠。但是这种"合唱"在近海时出现得并不频繁，可能是因为近海生活的压力更大，或者生活在更大的海域范围内需要海豚彼此更加紧密的沟通。[①] 在鲸类中，母鲸和幼鲸之间一对一的发声往往很少，而且音量很小，也许是为了避免吸引捕食者和雄鲸的注意，这说明鲸的某些发音明确是为了短距离沟通而存在的。其他鲸，例如驼背鲸，则因它们的"歌唱"能传遍整个海洋而成为传说。关于这类"歌唱"存在着很多猜测：

---

① V. M. Janik et al., "Chorussing in Delphinids," *JASA* 130, no. 4 pt. 2 (October 2011): 2322.

这些歌唱是交响乐？为交配而发出的孤独的呼唤？或者只是简单地因快乐而呼喊？为什么"唱歌"的都是雄鲸？（在鸟类中，"唱歌"的也几乎都是雄鸟。）我们知道在驼背鲸的歌唱中也有流行歌曲，有的能传遍整个太平洋海域，这说明鲸的"歌唱"至少具有强烈的社会性。

彼此遥远的海洋智慧在对话时会像相距遥远的外星人对话时一样遇到困难吗？正如观察者在宇宙中的不同位置会看到不同的星座，听众在海洋中的不同位置也会听到不同的"声波星座"。它们接受来自遥远地方的信息，其顺序不决定于信息发送时间的先后，而决定于接收者相对发送者的水中位置。如果仔细研究我们会发现，声音到达不同地点的听者耳中所需的时间是不一样的（见附录）。人类谈话时会不断地轮换着说话，这种轮换可以帮助我们对谈话进行分析解读。但在谈话者相距遥远的海洋对话中就永远不会出现这种发言轮换，除非声音顺着洋流绕地球一圈后再回到声源，但这种情形不大可能出现。即使在水下，时间的流逝也不会出现逆转。（要实现对时间的操纵，需要使用人类的录音设备。）

相距遥远的鲸类动物在海中以不同的时间顺序收到各种讯息，因此它们不能理所当然地采用秩序逻辑。对于有着多种信源的水下长途通信，并不存在一个大家都认同遵守的"现在时刻"作为大家进行轮流发言的参照。在没有严格的时间顺序的情况下，沟通会是怎样的？如果你要等上几分钟甚至几个小时才能收到发自远方的声音，此时会发生什么？驼背鲸如何避免丢失线程（thread）？一个聪明的演讲者能否不根据演讲内容发出的时间先后，而是根据其到达听众的时间先后来实时排列内容的顺序？（有些鲸能像蝙蝠一样对接收的信息进行"多普勒补偿"，同时调整自己的动作，这好比天文学家通过光线中红色的变化来判断星星的年龄和它离地球的距离一样。）[1]如果在一个媒介中，远距离使得交流双方在发言转换上无法实现精确的耦合，那么这时候所谓"会话含义"（conversational implicature）——这是保罗·格赖斯（Paul Grice）[2]提出的概念——以及"所言即所行"意味着什

---

[1] Tyack, "Functional Aspects of Cetacean Communication," 306.
[2] 保尔·格赖斯（Herbert Paul Grice, 1913—1988），著名哲学家、语言学家，出生于英国伯明翰，1935年毕业于牛津大学基督圣体学院并留校任职，因提出"非自然意义理论"和"会话含义理论"（conventional implicature）著称。会话含义理论将逻辑推理运用到对会话的各种非字面意思的分析和解读上。——译者注

么？在一个"现在时刻"永远是相对的环境中,驼背鲸和其他远距离传播者可能会发展出各种新的言说和歌唱模式,减少"此时此地"在其中的相关性。由于发出的声音会在不同时间到达不同的耳朵,也许驼背鲸能识别出不同的声音,并能追溯重建出是谁以何种方式回应谁,就如同网民在参与互联网讨论时必须拼凑梳理出各种不同的对话线一样。也许对此它们并不关心,而发出各种声音仅仅是为了配合来自云端的各种音乐(cloudy music);也许鲸类生活在中世纪神秘主义者所称的"现在之时"(the time of the now)——这是一个"多元的现在",许多不同时代在此纵横交错。①

在这样的一个世界中,各种生物各说各话却能互不干涉,这不符合会话规则。但是一个"被拉长的现在"在自然世界和人类世界随处可见。我们在夜空中看到的星星就是一个非同时的例子。它们同时出现在我们地球人眼中,但在实际时间上彼此差异巨大。有些星星在我们从地球上看到它们时甚至可能已不复存在了,但是它们远古时发出的光仍然到达了我们的视网膜。如果光不需要时间就能传播到宇宙的边缘(事实上宇宙是在不断扩张的),如果宇宙一直存在,那么我们在地球上看到的夜空在所有点上都会有一颗星星在闪烁(假设或多或少这些星星是均匀分布的),那么这个"夜空"也就会亮如白昼。但现在我们看到的夜空是黑暗的——这被称为奥尔伯斯悖论(Olbers's paradox)——这也恰好证明了光速的有限性和宇宙边界的有限性,也是对光的媒介特性做出的评价。

关于"时间的仓库被填得满满的"假设,我们还能举出很多其他例子来证明,比如岩石圈(lithosphere)、我们的 DNA 以及我们的语言中都保留了些过去的痕迹,并允许我们现在对之作随机访问。特别是我们的 DNA 已经成为人类物种的流行病学史记录,记载了史前发生在我们身上的各种抗病毒战役,这些病毒已经被嵌入我们的基因中以增强免疫力。② 图书馆、博物馆、回忆录和历史自身中都收集记录了各种各样的瞬间,而如何调取这些记录已成为数据库技术的核心问题。与此相类似的问题是,如何获取 DNA 或

---

① 关于"Jetztzeit"的讨论,in Walter Benjamin, "Über den Begri der Geschichte," *Erzählen*, ed. Alexander Honold (1940; Frankfurt: Suhrkamp, 2007), 129–140.

② Luis P. Villareal, "Can Viruses Make Us Human?" *Proceedings of the American Philosophical Society*, 148, no. 3(2004): 296–323.

"表型"(epigenesis)。① 人类的听力能区分很小的时间差,也许鲸类动物在水下接收声音时也具有类似能力,只不过其规模相对人类而言要大得多。也许整个海洋都是它们的听觉设备和储存档案,也许结合它们身体上的水基内耳和海洋这一外耳,它们就有了能记录时间的媒介——它与人类的录音媒介相似,但与我们的瞬间即逝的口语传播则明显不同。对鲸类而言,非线性数据访问能力是与生俱来、自然而然的,但对人类而言,这是一个只有通过后天学习才能掌握的文化技艺,而且这种技艺只有通过记录型媒介才能实现(见第六章)。

关于吸血鬼乌贼和家猫

让我们想象一下乌贼(也叫墨鱼)。如果我们认同魏勒姆·弗拉瑟这位懂多国语言和饱读群书的媒介哲学家的观点,与海豚相比,乌贼能激发人类更多怪异的海洋幻想。弗拉瑟使"来自地狱的吸血鬼乌贼"(Vampyroteuthis infernalis)这一说法广为人知。他还涉足外星人现象学,与生物学家路易斯·贝克合作的相关著作最近被翻译成英文。弗拉瑟的作品属于一种独特的体裁,居于传说(fable)、黑色喜剧、恐怖小说、骗术、寓言、科幻小说和动物色情作品之间。

弗拉瑟和贝克将乌贼视为人类此在(Dasein)的对映体(antipode)。人类是向前看,向后排便,肠道低于脑袋。相比之下,乌贼的感觉器官和触角均在头之下,而内脏在头之上。由于缺乏体内骨骼,乌贼体态极为多变,甚至可以到达自毁的程度。它们的性高潮长达一个月,此时身体紧张僵硬,最终竟然能导致乌贼以己为食或相互吞食。通过死亡,乌贼超越了爱欲对它们的预先设定。通过爱欲,人类则超越了死亡对我们的预先设定。这两位作者不厌其烦地谈到乌贼有三个阴茎,似乎在提醒读者乌贼的性狂热是一种男权主义,与女性主义的海豚正好相对。他俩畅想:"要是我们能用阴茎掌握这个世界就好了!"——这是他们对大部分技术哲学的核心幻想所做的

---

① 后成说,又称渐成说或衍成说,是关于胚胎发育的一种假说。认为无论卵细胞还是精子中都不存在生物体发育的雏形,生物体的各种组织和器官都是在个体发育过程中逐渐形成的。后成说强调基因型与环境相互作用从而决定了胚胎发育。在授精过程发现(于19世纪后期)之前,人类对生物个体发育的认识就是两种截然不同观点——先成论与后成论——之争的历史。——译者注

坦率表达。①

弗拉瑟和贝克还对乌贼(墨鱼)"舞文弄墨"的能力颇为着迷——这也是乌贼掌握的艺术本领。乌贼能通过头上的肛门射出一种黑色素与黏液的混合物,以迷惑和分散敌人的注意力,当然还能吸引同类。黑色液体一旦弹出,乌贼就能用爪子对之不断挠动雕刻,使其呈现出与自己相似的幻影——"假象"——导致捕食者扑向这个替身。弗拉瑟认为这类水下"雕塑"并不仅仅是为了自卫:"吸血鬼在乌云中广播信息"。乌贼是一种会说谎的生物——它像人类一样具有艺术天赋,它的独特标志就是善于伪装。② 当然,乌贼能喷出大量墨汁,这一能力对任何理论家而言都是一个明显的识别标志。

最近,数字设计师和虚拟现实先锋杰伦·拉尼尔(Jaron Lanier)③迷上了头足类生物,特别是迷上了它五颜六色的变形技能。拉尼尔老生常谈地将海洋与外太空联系起来,说"在遥远的未来,人类可能会与地外智能生命接触,而乌贼的生存状态给人类提供了一个'换装排练'的机会"。通过三维变形,像乌贼这样的头足类动物所实践的是一种"后符号的"(postsymbolic)沟通模式——这种沟通并非通过发送信号而是通过改变身体形态来达到目的。对头足类动物而言,"符号就是存在"(Sign is Sein)——表象(appearance)等于实在(reality)。根据拉尼尔的说法,头足类动物的身体极具韧性,皮肤铺满染色体,因而具备三维显示的能力(与其说是显示,不如说是其皮肤会如流汗一般地渗出彩色液体)。拉尼尔饶有兴趣地指出,乌贼在其生存中通过身体表演艺术,五颜六色和不断变形的身体展示出嵌入在它们身体每一个细胞中的技术性(technicity),揭示出每个细胞中内置的技术。——拉尼尔的乐队名字就叫"彩色狂喜"(Chromatophoria)。④

---

① Flusser and Bec, *Vampyroteuthis Infernalis*, 20.
② Flusser and Bec, *Vampyroteuthis Infernalis*, 50.
③ 杰伦·拉尼尔(Jaron Lanier, 1960—　),计算机科学家、哲学学者、音乐家、技术创业者,因对虚拟现实的研究而广为人知。他首创并普及了"虚拟现实"(VR)一词;2009 年获得了美国电气电子工程师协会颁发的终身事业奖,亦被《时代》周刊评选为 2010 年"100 位全球最具影响力人物",被《连线》杂志评价为"从科技奇才跨界成为摇滚明星的第一人"——译者注。
④ Jaron Lanier, "Why Not Morph: What Cephalopods Can Teach Us about Language," *Discovery*, 27, no. 4(2006): 26‑27. 我 2013 年 2 月 14 日曾写邮件向拉尼尔(Lanier)问及此事,他回邮件说他以前没有听说过弗拉瑟(Flusser)。

以上关于乌贼的论述带出了一个问题，即与动物他者性（otherness）相关的伦理问题。我们关注地球上这种最奇异的物种会涉及何种攸关的利益？为什么人类哲学家不去关注其他动物比如说家猫呢？约迪·博尔兰德（Jody Berland）这样的提问，言下之意是一些男性哲学家在关注动物时，总是倾向于关注那些最奇异的生物，她显然是在批评乌贼理论家们。拉尼尔对乌贼赞美"头足类动物也许是我们所知的最'他者'（other）的生物"，却没人这么说过猫。博尔兰德认为，这是因为人类对猫太熟悉了；作为女性伴侣物种，猫容易让男性联想起它们被压抑的野性和女性被压抑的性欲，由此对猫的被"驯化"产生广泛不安。猫是（在屠宰场之外）最备受污蔑和折磨的动物，也是互联网上曝光最多的动物（除了人类色情内容）。博尔兰德批评德勒兹和瓜塔里（Gilles Deleuze and Félix Guattari）等思想家，指出他们错误地认为家猫是一种被奴役的低等生物，它们迫切需要解放，仿佛猫住在家里对它们是一种束缚。猫常常让人想起家庭生活的不可思议（uncanny）①和繁重压抑。家庭是最艰苦和最深重的各种劳动得以展现的地方。② 弗洛伊德说，最不可思议的地方可能是女性的子宫——我们都来自子宫却不认识子宫。像博尔兰德一样，弗洛伊德将"不可思议"与男性对女性身体的焦虑联系起来，而男性的阉割焦虑当然是"das Unheimliche"一词的另一个来源。这个词很难翻译，只有英文词"unnerving"（令人不安的）较能表达其含义。

　　研究乌贼还是研究猫？技术哲学以动物为研究对象，结果某种程度上却触及最根本的性别政治。海德格尔说，我们关注技术（technē）实际上是关注身体（physis）。他没有像基特勒那样明确地指出这一点：这种身体在古希腊语中可能意味着生殖器（就像 natur 一词在德语中的意思一样）。③技术在揭示自然的过程中，也必然揭示性别差异。我们永远不可能脱离性别去思考技术，而且技术一直属于一个非常男性化的类别。这种偏向（即如英尼斯说的媒介偏向）是如何产生的呢？

---

① 弗洛伊德所言的各种"诡异"（uncanny）现象包括如人的死亡本能、沉寂于孤独、黑暗、活埋，似曾相识感（Déjà vu）、双重身份（Doppleganger）以及腹语和复制品、鼹鼠、心灵感应和幽灵文本等。——译者注

② Jody Berland, "Cat and Mouse: Iconographies of Nature and Desire," *Cultural Studies*, 22, nos. 3–4 (May-July 2008): 431–454.

③ Kittler, *Musik und Mathematik* 1.1. (Munich: Fink, 2006), 30n8; and *Liddell-Scott-Jones Greek-English Lexicon*, physis, VII.

第二章 论鲸类和船舶;或,我们的存在港湾

我在本书中提出的各种观点,要充分论证它们中任何一个都需要花费不少笔墨。关于技术的性别偏向,让我试着从两个方面阐述。第一,因为各种各样仍有争议的原因,与狩猎采集社会(狩猎采集社会和海豚一样容易让人产生关于平等的幻想)相比,农业社会是男性占统治地位的社会。① 我下面列出的各种技术,在先民社会只有少数人才有机会操持——船舶、历法、书写、计算或哲学本身——而且这些少数人都是男人(只有少数显著例外)。类似贾瑞德·戴蒙德笔下的巴布亚朋友提出的所谓"雅丽人的问题"(Yali's question)——"为什么总是白人最终得到了所有的货物?"——也可能被其他任何人提出来。② 例如,女人们可以问:为什么总是男人最终得到所有的货物? 或者,更尖锐的问题是:为什么总是少数男人最终得到了所有的货物? 在先民社会,大多数人(无论男女)根本无法接触到任何耐久的媒介,而只能努力依靠自己的身体才能存活。女权主义理论家之所以对海豚有兴趣,也许是因为海豚的艺术类似于传统的女性艺术,如分娩、育儿、养殖、烹饪和形成社区等。③

我在本书中强调航海、导航、燃烧、计时和记录等技术发挥的关键作用,目的并不是要认同历史上一直就存在的男性媒介(paterial media)对物质媒介(material media)的统治。不是每个人都能读天空、记录或设置时钟,但是那些做出这些行为的人则是在为其他人安排和设置各种基础设施。我们如果理解了杠杆原理,就会更有方法来普及杠杆的应用。人工性(artificiality)确实是人类的宿命,但这并不意味着在如何设计这种人工性方面,我们内部各群体之间不能彼此协商甚至斗争。任何读过英尼斯著作的人都明白,在媒介研究中去寻找基础性元素,并不是要屈服于"历史上的一切都是好的"这样一种幻觉,而是要为各种斗争做好准备。

第二,父权制社会(即文明社会)的技术是以男性主义的方式构思的,此时技术被构想为一种治理和组织工具而不是一种生产和照顾人及其身体的技术。麦克卢汉笔下的家长式社会的状态很完美。他说,就本质而言,男人

---

① 相关的一篇短小精悍的总结,Johan Goudsblom, "Het raadsel van de mannenmacht," *Het regime van de tijd* (Amsterdam: Athanaeum Boekhandel Canon, 2006), 97 - 107.
② Jared Diamond, *Guns, Germs, and Steel* (New York: Norton, 1999), 13 - 28. 119. Zoe Soa, "Container Technologies," *Hypatia*, 15(2000): 181 - 201.
③ Zoe Soa, "Container Technologies," *Hypatia*, 15(2000): 181 - 201.

生产技术，女人生产男人。男人是"机器世界的性器官"，女人则是"男人之存有的技术延伸"。麦克卢汉还缺乏论证和反思地指出"男人使用历史最久远的驮兽是女人"。① 麦克卢汉此观点中的问题是显而易见的，但他至少看出或者说揭示出为什么技术的定义总是对女性存有敌意。长期以来，妇女被视为一种技术或一种可有可无的生物，通过她们，男人可以用自己的工具传宗接代。夏娃是作为一种帮助而被给予亚当的，在《创世记》中，一处提到她说她只是"亚当的一根肋骨"，另一处提到她则说"世界是先有男性然后才有女性"。② 在西方传统中，这个事实从来没有中断过，即男性对自然的统治意味着男性对女性的统治——前者将后者作为有时有生命、有时无生命的工具使用，目的是为了使前者的统治更加精进。嵌入在"技术"（technology）这一名词中的性别编码一直持续到今天。

尽管社会性别问题（gender）是许多技术研究学者的盲点，但对如麦克卢汉和基特勒等思想家而言，这样描述他们的研究并不十分准确。他们忽视的并不是性别——在麦克卢汉的《机械新娘》和基特勒的《音乐与数学》中，没有什么能比社会性别（以及生物性别）更能吸引他们的兴趣。对麦克卢汉和基特勒来说，人与人之间的情色关系（the erotic）在终极层面上是最敏锐的，它能在所有领域中都体现出媒介技术所引发的地震般的巨大变革，而对这方面的关注绝对是他们思想的关键内容。麦克卢汉在性别问题上是一个保守者，这是有迹可循的。③ 基特勒则不同，他的作品充满想象，似乎体现出他是异性恋，但他后期迷恋阿芙罗狄蒂、海中女妖，并认为"存有"是女性化的——这让人搞不清他对女性的态度到底是友善的抑或他只是有一种插入的欲望（phallophilic ravishment）。④（当然，并不是所有的友善总是受欢迎的。）可见性别在麦克卢汉和基特勒笔下并不是盲点。事实上，即使是"盲点"，这个"盲点"也实在太小了。我们不如换个表达，在格式塔心理学中有一个所谓"甘兹菲尔德效应"（Ganzfeld Effect），即一种"沉浸式体验"——

---

① *Understanding Media*, 46, 25, 93.
② Arendt, *Human Condition*, 8.
③ Ulrike Bergermann, "1.5 Sex Model. Die Masculinity Studies von Marshall McLuhan," in *McLuhan neu lesen*, ed. Martina Leeker and Kerstin Schmidt (Bielefeld: Transcript, 2008), 76-94.
④ 参见如：Claudia Breger, "Gods, German Scholars, and the Gift of Greece: Kittler's Philhellenic Fantasies," *Theory, Culture and Society*, 23(2006): 111-131.

在他们两人笔下,关于性别的讨论无处不在,甚至让读者产生了一种感官上的"甘兹菲尔德效应"而忘记了性别问题的存在。

本书认同麦克卢汉和基特勒两人都没有明说的立场,即认为技术哲学同时必然是性别哲学。当然,我肯定无法宣称自己的论述中不存在盲点。在技术哲学这一最为艰难而又无比重要的议题上,谁也不能作此宣称。我在当下的学术传统中长期工作,我仅仅希望自己能具有一些批判性的自我意识(critical self-awareness),并能因此让自己对这一传统中的某些毒素有一些免疫力。

整齐有序与航海技术

与海豚形成鲜明对比的是,人类只能靠船舶在海上生存和发展,天空对人类更是如此。因此,"船"(the ship)已成为人类语言中的一个持久比喻,意指人类在各种凶险环境中通过人造栖息地而得以存活——也即人类对技术(techics)的极端依赖。这里我们最好将"技术"(technē)翻译成"船"(craft),特别是用其指代海船(seacraft)、飞机(aircraft)和太空船(spacecraft)时——它们都构成了我们生存于其间的封闭的非自然环境。只要我们对所处的环境进行本体论上的思考,"船"(craft)这一比喻就会出现。汉斯·布鲁门伯格(Hans Blumenberg)[1]认为,人类出于实用目的必须生活在陆地上,但"存有"于海上。我们的语言中充满了与海有关的比喻:船舵和船锚、港口和礁石、灯塔和风暴、起飞和到达、激流和低潮、指南针和导航、风向与船帆、叛乱和沉船,这些词汇为描绘我们最深切的关注提供了丰富的调色板。即使对于长时间不在海上生活的人来说,"船"依然是一个布鲁姆伯格所称的"主要隐喻"(Grundmetapher)。[2] 这是一个复合词,前缀 Grund 的意思之一为"陆地"(ground),词根 mentapher 意为"隐喻"

---

[1] 汉斯·布鲁门伯格(Hans Blumenberg, 1920—1996),20 世纪德国最重要的哲学家之一,与哈贝马斯齐名。从古典学入手通过解读神话、《圣经》和文学文本以重构西方思想史,重视文学感悟与生命筹划的关系,关注思想历史的隐喻、象征、修辞等语言维度,试图为现代奠定正当性基础。他的著作思想精深、气魄宏大,主要包括《现代正当性》(1966)、《哥白尼世界的起源》(1975)、《神话研究》(1979)、《马太受难曲》(1990)等。——译者注

[2] Blumenberg, *Shipwreck with Spectator*, 7-9.

(metaphor),这倒是相当贴切,因为对人类这种两足动物而言,船已经成为一种移动的陆地。人的身体特征表明他是从陆地上进化而来的,只适合生存于陆地。实际上,我们可以说,"船"本身就是一个隐喻,它作为船只或陆地运输工具将乘客和货物从一个地方运送到另一个地方,而这也正是英文单词"隐喻"(metaphor)的原义。

船使我们想到"传播"和"运输"(transportation)之间自古便有的相互联系,也让我们想到"运送"(converyance)一词所承载的深刻含义。但"船"不仅仅是一个隐喻,还是一种能够揭示媒介和世界之间若隐若现的本体论关系的"主媒介"(arch-medium)。① 在船上,存在(existence)和技术难分彼此。你的存有须臾离不开船(craft)。如果旅程顺利你就可以下船登上陆地,但如果在旅途中船出现故障,灾难就可能发生——船的命运也是作为乘客的你的命运。你的船对你而言就意味着你的存在(existence),船因此作为一个人工栖息地就成为一个本体论意义上的替代品。"船"和"海"与海德格尔笔下的"世界"和"地球"一样,彼此紧密相连。他说:"世界和地球本质上是截然不同的,却从来没有分离过。"②对凡人而言,世界和地球难分彼此,但对神而言却不是这样。对船员来说,船和海连成一体,但对鲸类却不是这样。海对鲸类的意义就是船对水手的意义:前者在后者的存有中都具有核心意义。

人工变成自然,工具变成环境,船是一个典型的例子。每当我们的思想触及存有层面,"船"这一隐喻都会不可抗拒地出现。其中最经典的表达来自索福克勒斯的《安提戈涅》(*Antigone*),这是对人类的齐声赞颂:

> 世上有很多奇怪而奇妙的事情,
> 但没有比人更奇怪而奇妙的了。
> 他穿过白沫覆盖的海洋,

---

① Bernhard Siegert, "'Ort ohne Ort': Das Schiff. Kulturund mediengeschichtliche Überlegungen zum Nomos des Meeres," lecture, Internationales Forschungszentrum Kulturwissenschaft en, Vienna, 15 November 2004, 4 – 5. 希格特的新作研究了"作为媒介的船舶",将成为媒介研究中的典范之作。
② Martin Heidegger, *Der Ursprung des Kunstwerkes* (Stuttgart: Reclam, 1960), 45 – 46, 折射出谢林(Schelling)的观点:"自然是存在于上帝中的一个与他不可分割但又独特存在的生物。"*Über das Wesen der menschlichen Freiheit* (1809; Frankfurt: Suhrkamp, 1975), 53.

第二章　论鲸类和船舶；或，我们的存在港湾

冬天风暴肆虐，他劈路前行，

浪潮汹涌，咄咄欲吞。

（第334—337行，伊恩·约翰斯顿译）

荷马的《奥德赛》是"克服万难的海上求生"这一文学类型的肇始，《圣经》中也充满了各种与船有关的叙事（要么是重生要么是救赎）：诺亚用方舟拯救地球生命，约拿意识到即使在公海上他也无法逃过上帝的掌心，耶稣与渔民成为密友，并将"捕鱼"作为他教义的一个中心隐喻，使徒保罗①在旅途中令人啼笑皆非，《使徒行传》（Book of Acts）中的惊涛沉船，《以弗所书4：14》劝诫早期的基督徒不能在随波逐流中被各种教义学说催来赶去。②在《赞美诗1.14》中，贺拉斯（Horace）③提供的建议深中肯綮："小心，以免你成为狂风的玩物。"④帕斯卡尔将人类命运描绘成如在汪洋中一艘无桨船上的漂泊流浪。⑤ 人们在航海时的精神状态实际上是"旱鸭子"常有的一种晕船恶心感（nausea），而让-保罗·萨特（Jean-Paul Sartre）则用这个词来描述人类的本质生存情绪。希腊语词ναῦς（naus）的意思是"船"，英语词"思乡/怀旧"（nostalgia）最初即是用来描述水手的心境的，比如奥德修斯在海上航行长达十年时光的感觉——尽管将思乡怀旧视为一种疾病是直到18世纪末才出现的事。［英语词 nostalgia 一词整合了 νόστος（nosto, 归乡）和 ἄλγος（algos, 痛苦）两个词根，同时它也源于德语词 Heimweh（思乡）。］现象学中有个术语"horizon"（地平线）指存有意义上的极限，暗示出该词源于航海。低潮/低迷（the doldrum）最初也来自航海，指无风的状态，后来被用

---

① 保罗，基督教《圣经》故事人物。约公元前十年生于小亚细亚的大数（Tarsus），原名扫罗（希腊文Saulos）。他原属于便雅悯支派，出生即罗马公民，家族为法利赛人，在希腊语文化环境中长大，受过严格的律法教育。保罗最初为虔诚的犹太教徒，曾向大祭司领取公文，往大马士革搜捕基督徒。传至大马士革时，忽被强光照射，耶稣在光中向他说话，嘱他停止迫害基督徒，保罗从此转而信奉和宣扬耶稣基督教义。——译者注
② 詹姆士国王（King James）钦定《圣经》的译者为了强调保罗是"被抛绝了的"（adokimos），使用了"被抛弃者"（castaway）一词（见 1 Cor. 9：27）。1611 年的沉船事故为后人提供了一套道德词汇。
③ 贺拉斯（Horace，前65—前8），古罗马诗人、批评家、翻译家。——译者注
④ "... tu, nisi ventis/debes ludibrium, cave"（lines 15-16）；又参见：Ernst Robert Curtius, *Europäische Literatur und lateinisches Mittelalter* (Bern: Francke, 1948), 136-138。
⑤ "Nous voguons sur un milieu vaste, toujours incertains et ottants, poussés d'un bout vers l'autre." *Pensées*, 72.

来形容情感上的荒凉。无聊永远与水手如影随形,他们的航海生活和飞行员或麻醉师的生活一样,总是充满漫长的无聊和急促的恐慌。精神失常在水手中并不少见,梅尔维尔笔下的上尉阿哈(Ahab)只是其中的一个例子。海上生活与家庭生活完全隔离,因而常常使人发疯。① (当然,人类在陆地上生活时也好不了多少。)

这里我们再次看到一种与具体物种相关的特异性。在现象学层面,媒介总是与天然元素相结合,并且对不同物种具有不同的意义。对于人类来说,船的存在意义就相当于海洋对鲸类的意义,但船和海对其他物种而言却未必如此。

各种灾害能暴露出基础设施中存在的漏洞。在危机中,船舶、乘客和货物都结成一个命运共同体。此时,远洋轮上与船身下汪洋大海之间,喷气机上的乘客与机体之下 7 英里外地表上拉布拉多海(Labrador)②广袤的冰冻荒原之间,其距离不过是一英尺厚的人工技术(technē)而已——这个距离或者是木制船板、钢制机舱板或玻璃舷窗。我并不是说人的存有等同于船舶,而是说在面临险境时,人的存有在船上脆弱不堪。"货物"一词的意思似乎意味着我们可以将其与载货的船只分开来,但在危机中,这种分离根本不可能。在极端情况下,船上的一切都是货物,包括船本身。在紧急情况下,我们视之为必须的东西都变得可有可无,生存欲望超过了对承载物本身的需要——此时即使要将万里江山换成一匹能逃命的马,我们也会毫不犹豫。在困境中,媒介内容是我们首先就会想到要抛弃的东西。这就是为什么在我们生存的"人类世"(Anthropocene)③之初,需要提出一种元素型媒介哲学。

从基础层面关注媒介能将我们的注意力引向媒介对人类的引导和维持

---

① 这里我对西方思想做了一个快速扫描,是对汉斯·布鲁门伯格观点的修正:也许生存在海上的并非全部人类而只是欧洲人。后者的文化主要萌芽于地中海沿岸,少数也出现于北海和波罗的海。中国文明属于河流文明,在他们的生活中,"船"的隐喻不如西方文明中那么普及和深入。

② 拉布拉多海位于北大西洋西北部,加拿大拉布拉多半岛和格陵兰岛之间,呈倒三角形,面积约 140 万平方千米。加拿大和格陵兰岛海岸均为峡湾型海岸,岸线异常曲折、陡峭,多半岛、岛屿和峡湾。——译者注

③ 人类世(Anthropocene),或称人类纪,该词由荷兰大气化学家、诺贝尔奖获得者 P. 克鲁岑提出的作为地质学时代分期的一个最新概念,它指"人类活动在其中已成为改变自然环境的主要力量"的一个地质时代。详见前文《译者导读》。——译者注

作用上,而不是像过去一样一直关注它们的承载物。过去我们看待船和货物时,容易认为船是为了货物而存在,但从本体论上而言,船是先于货物存在的。在危机中,首先被抛弃的往往是货物,所以船作为媒介(medium)的地位要高于讯息(message)。在《理解媒介》一书出版之前,麦克卢汉曾在一篇报告中写道:"根据其上所跑的车辆(是媒介)类型的不同,道路(亦媒介)的性质会发生相应的巨大变化。"①麦克卢汉的表述常常让人感觉他的意思说反了:难道不是道路改变车辆,而是车辆改变道路?但是从现象学的角度来理解,车辆确实也能改变道路。对卡车、小汽车、自行车、搭顺风车者或者因小车故障进退两难的司机而言,同一条道路有不同的意义。是车辆(一种媒介)揭示并改变了道路(另一种媒介)。船揭示并改变了海洋,使海变得能通航,没有船就根本不会有海。"所有媒介都是能动的(active)隐喻,具有将一种体验转换成另一种体验的能力。"②

作为人类栖居于其中的首个完全人造的环境,船是一个关于文明的寓言(allegory)。在巴克敏斯特·富勒(Buckminster Fuller)③看来,海是人类各种发明和海盗行为的最具决定性的诞生之地,因为在海上生存,人们无依无靠,只能自力更生,漂泊四海,因此人也变成了通才(generalists)。④ 船不仅使得海能为人所用,也使得各种与社会秩序相关的功能变得可见。在船上,身体的(physis)和技术的(technē)成为一体。在船上,船变成了自然,在无边无际的海面上,船能在相当长的时间内复制出陆地环境所能提供的东西——立足之处、水、食物、住所、睡眠、废物处理等。正如学者约翰·罗(John Law)所说,现代初期的长途海运船(ship)在其设计和建造环节中就

---

① McLuhan, 1960 NAEB report,引自:Jana Mangold, "Traffic of Metaphor: Transport and Media in the Beginning of Media Theory," in *Traffic Media as Infrastructures and Cultural Practices*, eds. Marion Näser-Lather and Christoph Neubert (Amsterdam: Rodopi, forthcoming).

② Marshall McLuhan, *Understanding Media* (New York: New American Library, 1964),64.

③ 理查德·巴克敏斯特·富勒(Richard Buckminster Fuller, 1895—1983),美国建筑师,人称无害的怪物,从20世纪二三十年代开始,富勒就充满奇思妙想,设计了一天能造好的"超轻大厦"、能潜水也能飞的汽车、拯救城市的"金刚罩"……他在1967年蒙特利尔世博会上把美国馆变成"富勒球",使得轻质圆形穹顶今天风靡世界,他提倡的低碳概念启发了科学家并最终获得诺贝尔奖。他宣称地球是一艘太空船,人类是地球太空船的宇航员,以时速10万公里行驶在宇宙中,人类必须知道如何正确运行地球才能幸免于难(引自"百度百科")。——译者注

④ Buckminster Fuller, *Operating Manual for Spaceship Earth* (1968), http://www.therealityles.com/wp-content/uploads/edd/2012/12/3-fuller_operatin-manual.pdf

考虑了其未来运行的各种环境因素。① 相比之下,小船(boat)主要在近海使用而并非为长途航行而设计,因而就没有将其想象成一个自给自足的小世界来建造。例如,我们可以比较"国家之筏"(the boat of state)与"国家之船"(the ship of state)的比喻,两者之差异,显而易见。

在船舶设计中,任何东西都不能语焉不详——所有物件的所有功能都必须服务于清晰的转向系统、航行系统和对船上社会秩序的维护。在船上,基础设施的作用不能只引而不发,必须显而易见。船上的自然元素(海)、人工技术(船)和人的技能(航行、引航、预测和规训)彼此配合而形成一流的文化技术整体。可以说,每艘船都为自己创造出了一个全新的世界,一个能抵御桀骜不驯的汪洋大海的独立王国。

船是无数艺术(arts)诞生的真正温床。导航、引航、杠杆、观云、观星、测绘、计时、日志记录、木工、防水、后勤、食物保存、集装、分工、二十四小时监测、防御、消防、压舱、报警和政治科层等制度都源生于远洋航行。甚至包括营养知识——众所周知,是英国水手发现了柑橘类水果能预防坏血病。航海业也最早提出了风险的概念并发明了保险业。在海上生活,考验的是人的物流能力。水手们必须观察星象、预测风暴、跟随和控制风向。"海员在船上遭遇的和必须处理的自然事务要比从事任何其他职业的人要多得多。"②海风能饱满船帆,海水能浮起船体,但同时也能将它们撕得粉碎,葬身深渊。

"风暴乃我好船手/带我四海逍遥游。"③

远洋航行需要历法和时钟(稍晚才出现)。历法和时钟的准确性开始很粗略,后来在欧洲航海的伟大时代准确性得到极大提升。航海历和星历(预

---

① John Law, "On the Methods of Long-Distance Control: Vessels, Navigation, and the Portuguese Route to India," in *Power, Action, and Belief: A New Sociology of Knowledge*? ed. John Law (Henley, UK: Routledge, 1986), 234–263.
② Austin M. Knight, rev. Captain John V. Noel, Jr., *Seamanship*, 15th edition. (New York: Van Nostrand, 1971), 493.
③ Ralph Waldo Emerson, "Northman," in *Selected Writings of Emerson* (New York: Modern Library, 1981), 905.

第二章 论鲸类和船舶；或，我们的存在港湾

测潮汐、月球位置和恒星位置的图表）都是重要的工具。海员需要掌握物质供应航线（生命线）、缆绳打结方法、滑轮以及命令讯号系统的使用方法。水控技术是必不可少的，它包括使用雨具和其他天气应对手段，以及流体控制闸关，如泵和阀门等。这些闸关工具也被广泛应用于灌溉，但它们实际上源于航海。听声测深也是一种航海技术，但听起来却充满形而上学的哲学意味。简而言之，船就好比电脑的芯片，它和计算机一样在硬件上都需要空间紧凑，具有递归能力。① 像 DNA 或任何其他强大的系统一样，一艘船必须预留足够多的冗余才能应对多种多样的环境。

船舷和海岸之间常常存在空隙，而正是这个空隙成为催生各种发明的温床，包括海盗现象、边境管制、海关设施、历史悠久的税收制度以及逃避该制度的走私活动等。与生命的演化一样，技术也似乎从海—陆之间的进化飞跃中获益。在15世纪和16世纪，葡萄牙和西班牙的海上航行遍及全球，与此同时诞生了造纸机，以满足航海对货物清单以及人口增长对纸张的需求——法庭断案、海运清单、货物提单和管理、身份证件等诸如此类的视觉的、数字的和文字的数据管理都需要纸张。② 其他通信媒体也从航海实践中获益。在无线电报出现之前，海船到海岸之间的"最后一英里"是各种技术—人工发明涌现的温床，包括浮标、旗语、烟火语、信标语、雾角语、钟声、视线（sightline）和其他各种信号语言。③ 海岸比宽阔海域危险得多——在所有基础设施中，"最后一英里"永远是最困难的（而且是最昂贵的）。尽管灯塔可以传送新闻（天气和新闻事件），但它传达的最重要的信号——"我已到达"——却只要发送一次而无需持续更新。④ 这也使得灯塔成为一种经典的后勤型媒介（logistical medium）。亚历山大·格雷厄姆·贝尔（Alexander Graham Bell）曾建议人们在使用电话时先用"ahoy"来相互招呼，就好像是一艘船对另一艘船打招呼一样。但爱迪生提出了不同建议，他的"你好"（hello）最后在英语国家获得了认同。无线电报是在远洋航行中最

---

① 在计算机科学中，递归指一个问题的解决依赖于对该问题的更小实例的解决。递归思想与迭代（iteration）思想恰恰相反，能被应用于很多问题上。——译者注
② Bernhard Siegert, *Passagiere und Papiere: Schreibakte auf der Schwelle zwischen Spanien und Amerika* (Munich: Wilhelm Fink, 2006).
③ John Naish, *Seamarks: eir History and Development* (London: Stanford Maritime, 1985).
④ Björn Ægir Norðfjörð, "The Yellow Eye: The Lighthouse and the Paradox of Modernity," seminar paper, fall 2002, University of Iowa.

先得到应用的,海洋也因此成为现代无线电的创始背景。控制论(cybernetics)可以称得上是与所有有机体及机器中的通信和控制有关的元科学(metascience),控制论一词也是源于航海。

更不用说,海洋隐喻在赛博空间(cyberspace)中处处可见。① 新媒体首选的假想栖息地就是海洋,无论是一个世纪以前的业余无线电爱好者说的"(电)波里捞鱼"(fishing the waves),还是今天我们说的网上"冲浪"以及面临的信息"浪潮"。有的媒介能给用户"沉浸式的"体验,我们用电脑上网时会"登录"(log on),就好像掏出手表"对时"一样。索尼公司多年前在英国推销"随身听"(Walkman)时,将其命名为"偷渡者"(stowaway)。"互联网"(Internet)一词中嵌入了的"渔网"(net);计算机连接通过"码头"(docks)和"端口"(ports)连接。谷歌曾被称为万维网上的"门户"(web portal),它最初将"扫描书籍放在网上"的项目称为"海洋计划"(Project Ocean)。雅虎创始首席执行官蒂姆·库格(Tim Koogle)曾说:"(互联)网络几乎都与链接相关,但如果你没有好的导航,你就无法与他人链接上。"② 加利福尼亚州山景城的"谷歌园区"里装设着大型海洋探险家的白色雕像,其中包括演员劳埃德·布里奇斯(Lloyd Bridges)。他曾在老电视节目《怒海巡猎》(*Sea Hunt*)中担任主演。如此这般,谷歌将网络世界描绘成既像云又像海——而谷歌自己则如同"舵手"(这在美学上使人想到一种令人不安的法西斯主义的感觉)。事实上,谷歌早已积极投资导航工具和其他各种交通工具的研发,特别是无人驾驶车的研发。③

海洋作为一种肥沃的温床,也激发人类发明了大量的社会组织技术。航海术(seacraft)向来就塑造了治国术(statecraft)。柏拉图首创了"国家之船"(the ship of state)的比喻,但他憎恨海洋的混乱,他用"富有经验的船长制衡粗暴吵闹的水手"这一意象来比喻富有智慧的哲学家与认知能力有限的人民,尽管柏拉图从来都不乐意将国家的控制权转交给技术专家。他认

---

① Hörisch, *Ende der Vorstellung*, 148 ff.
② John Battelle, *The Search*: *How Google and Its Rivals Rewrote the Rules of Business and Transformed our Culture* (New York: Portfolio, 2005), 62; cf. Bruno Latour, "Networks, Societies, Spheres," *International Journal of Communication*, 5(2011): 796–810, at 805.
③ Hiawatha Bray, "Google Goes to Sea, and the World Wonders Why," *Boston Globe*, 2 November 2013, http://www.bostonglobe.com/business/2013/11/01/google-goes-sea-but why/EbxjX9rEvfW coRIDPGPa1N/story.htm

为，船长的作用是保持各方力量之间的平衡，因此船长不得不对"年份、季节、天空、星相和风向"予以特别注意。① 一个很好的控制者（Kybernetes）有责任通过天相来指引方向。还有，国际法是雨果·格劳秀斯（Hugo Grotius）②在1609年基于海洋实践而首先制定出来的。

　　在基督教统治的中世纪，大教堂被象征性地装饰为一艘船的样子，其主殿被称为中殿（nave），而这个词源于拉丁词navis，即"船"。天主教会是救赎之船。公共交通工具，从中世纪的"愚人船"（ship of fools）③到根据托尔斯泰作品改编的电影《克罗采奏鸣曲》（*Kreutzer Sonata*）④中的火车包厢，从约翰·福特的《关山飞渡》（*Stagecoach*，1939）⑤中的西部马车到情景喜剧中的电梯间，作为能折射宏大社会秩序的微缩场景，它们都是不可抗拒的叙事手段。梅尔维尔曾惊叹于口头交流体裁（oral genres of communication）的多样，并如此评述："由于在这一方面，海洋超越了陆地，而围绕着捕鲸业又流传着各种各样的口头传说，它们时而令人感到奇妙，时而令人感到恐惧。因此，捕鲸业的意义也超越了海洋生活的其他方面。"⑥ 梅尔维尔的这一评述

---

① Plato，*Republic*，488a-489d，at 488d；ὥρα（hora）一词被译为"季节"（season），πνεῦμα（pneuma）被译为"风"（wind）。

② 雨果·格劳秀斯（Hugo Grotius），荷兰法学家，17、18世纪自然法学派的创始人之一，近代国际法的奠基人。1607年任荷兰律师公会主席，1613年任荷兰驻英大使，1634年任职瑞典宫廷。他对法学、神学、历史、文学及自然科学均有研究，认为人类社会的自然状态、自然权利和社会契约是由于人性的需要；人类生来就有社会性，以语言为社会交往的工具；人之所以有别于动物是因为人有理性，人的行为受理性支配。——译者注

③ "愚人船"（ship of fools）的题材体现了中世纪"摆脱愚蠢"的传统——将愚人们用一只船带到远离城市的地方。该题材有多个源头。作家塞巴斯蒂安·布兰特（Sebastian Brant）1494年在巴塞尔出版了《愚人船》，是一部诗文体裁的叙事作品，讲述了一艘"愚人船"上100多位愚人的故事。他们性格各异，每个人代表着一种愚蠢，比如守财奴、诽谤者、酒鬼、通奸者、放荡不羁者、曲解圣经者等。受该文学作品启发，耶罗尼米斯·博斯（Hieronymus Bosch，1450—1516）在1490—1500年间创作了绘画作品《愚人船》。——译者注

④ 《克罗采奏鸣曲》（Kreutzer Sonata），电影，2008年6月20日英国上映，根据托尔斯泰的一部中篇小说改编，描写一个贵族家庭爱情婚姻异化所导致的杀妻悲剧，整个故事都发生在一个火车包厢中。——译者注

⑤ 又译《驿路马车》，1939年出品，约翰·福德导演。影片主要情节取自莫泊桑的著名短篇小说《羊脂球》，描述八个不同的人物（包括一名警长）共乘一轮马车前往劳司堡，其中一名是妓女达拉斯，她不断遭到其他乘客的议论。旅途中，逃狱出来报仇的林哥小子加入了他们，即将到达目的地时，驿车遇上了印第安人的围攻，在历经重重艰险之后终于获得骑兵队解围。到了劳司堡，林哥小子以一敌三击毙了仇人，同车的警长法外施仁让他带着达拉斯前往边界的农场开始新生活。该片整合了西部片的全部经典元素，被认为是西部片的经典之作。——译者注

⑥ Melville，*Moby-Dick*，156.

显然不仅仅适用于海洋和捕鲸业。

"船"提醒我们意识到我们凭借舟车移动时是什么样子,并且展示出在非人的环境中生存是多么能催生我们去发明出各种技术。正是在这一点上显现出了人类的以及所有基础设施在本质上具有的技术性原型(archetype)。① 在这一点上,我们可以说海洋超过了陆地。

在结束这一小节之前,我还想从文字学角度再做些论述。"船"(ship)似乎与创作(creation)、宪法/构成(constitution)以及条件(condition)有关,比如荷兰语的schepping(创作)、德语的Schöpfung(创作),这些词的英语同义词是"塑造"(shaping)。在各种语言中都存在着一个单词后缀,即英语中的-ship,荷兰语中的-schap(荷兰)、德语中的-schaft和丹麦语中的-skab,都指某种物质的事实或艺术,比如"友谊"(vriendschap, Freundschaft, venskab)指相互成为朋友的状态;"景观"(landscape)指画家创造的地表景致;而shaft在古英语中的意思是创造、起源、制造、自然或组成。② 所有这些意思都非常接近古希腊语的"身体"(physis)一词。即使在《创世记》的叙事中,地球也被当作一艘船以抵御原初洪水的泛滥。如果媒介研究想要关注这个世界何以如此的话,那么"船"应该处于这一关注的最前沿的和最中心位置。在船上,技术(craft)形成了我们的本体论认识,艺术(art)则为我们创造了自然。通过"船"我们得以了解人类的存有是具有多么强烈的人工性啊。

自然与技术之间的相互模仿

鲸的自然史(natural history)使得海洋具有了文化性(cultural)(即让海洋成为一种非物质艺术之媒介),而人类的技术创造力则使海洋变得"自然"(即让海成为运输物质和人员的场所)。海豚拥有自然馈赠的能力,而这些能力人类必须通过技术发明才能模仿。那些海豚不学而能的,人类要通过

---

① 原型(archetype),分析心理学术语,为瑞士心理学家荣格于1916年首次提出。荣格认为,集体无意识作为人类从其祖先和前祖先继承下来的原始经验的总和,包含了各种不同的原型,因而原型是"集体无意识结构中的内容",是先天存在的,可以通过遗传而被继承的人类原始意象的典型表现形式。原型只有被意识到并被后天意识经验所充满时才是确定的和具体的。荣格列举了多种原型,如上帝原型、魔鬼原型、母亲原型、英雄原型、巫婆原型、死亡原型、再生原型等。——译者注

② 牛津英语词典(Oxford English Dictionary),"shaft,"定义1。

第二章 论鲸类和船舶；或，我们的存在港湾

技术才能实现，或者根本就学不会。海豚可能会对我们的船只、潜水装备和声呐技术印象深刻，但它们更有可能会注意到那些它们能轻松做到的事情，人类的模仿努力是多么虚弱和低效。如果我们将鲸类视为缺乏技术的物种，它们则可能会将我们视为缺乏身体的物种。它们用身体的，我们用技术的。一种生物的不足正是另一种生物的天赋。与其他生命形式相比，人类在管理各种自然元素方面有着先天不足。金枪鱼能边游泳边呼吸，蚯蚓能培养土壤，鸽子能导航，蝙蝠能通过超声波来听，狗的嗅觉极强，即使是苍蝇都能看能飞。在海洋、陆地和天空中，大多数生物的能力都轻松超过人类。也许我们可以因此而指责厄毗米修斯（Epimetheus），是他首先将上帝的全部礼物送给了动物，而忘记留几件给人类，为此他的兄弟普罗米修斯就从上帝那里偷走了火（这是人类天赋的基础）送给人类作为补偿。这个神话故事所透露的一点是，彼时动物已经拥有了很多能力，人类只能想办法自己创造。① 从这个意义上说，人类能用火这一事实恰巧说明了人类的无能，说明了人类和其他生物相比之下自然禀赋的缺乏（见第三章）。人类的所谓技术对其他许多动物而言只不过是它们与生俱来的天赋罢了。

有鉴于此，人类会雇佣其他生物，让它们的自然能力变成人类可用的技术——例如用金丝雀检测矿山中的一氧化碳含量，用狗做复杂的化学检测以嗅出毒品和追捕猎物，用蜜蜂来给作物授粉并训练它们执行扫雷等军事任务，②将某些青蛙身上的汁液用作猎人飞镖上的毒药，用细菌制作奶酪、酸奶、药物让它们在我们身体内以数十倍的数量繁殖以帮助消化我们大肠内的废物等③。

植物具有的巨大生化创造力已经写满了世界药典，而使用昆虫和细菌的效果总能超越使用农药和抗生素。长期以来，地中海的水手都是从海豚和鸟类身上了解风向。大脑则为后来计算机的发明提供了灵感。对于这些工作，动物们不学而能，而我们即使使用技术也会手足无措。自然不仅超越了我们的想象力，也超越了我们的技术能力。仿生技术（仿生

---

① 关于对此说法的深入思考，参见：Stiegler, *Technics and Time*。
② Jake Kosek, "Ecologies of Empire: New Uses of the Honeybee," *Cultural Anthropology* 25, no. 4(2010): 650 - 678.
③ Francisco Guarner and Juan-R Malagelada, "Gut Flora in Health and Disease," *Lancet*, 361 (2003): 512 - 519.

学)就是对这种效应进行验证的领域。① 人类航空模仿的是鸟类,葡萄栽培模仿的是酵母,即时贴模仿的是苍耳,基因修改技术模仿的是进化本身。声呐模仿了(同时也揭示了)齿鲸的天赋能力。动物交配仅仅是因为它们天然有此欲望,但只有通过人工技术才能采集和储存精子和卵子并让它们在体外结合。("精子银行"是海德格尔所说的"常备军"②的终极版。)技术(technics)是自然(nature)经人类思想加工后的产物。一句话,技术模仿的是动物学。

海德格尔说,"技术是揭示(实在)的一种方式(或模式)"。③ 对他而言,揭示(entbergen)不是简单地挖掘,而是将一种此前被隐含的东西以一种非常不同的方式释放出来,而这种释放又会带来各种未知的后果。"揭示"意味着一种形式上(in forms)的转变——媒介上(in medium)的转变。但自然也是一种揭示,但它与技术的揭示有着重要差异。自然会"自然地"呈现,但当它以人类的知识或理论方式呈现时,这个世界就会面临危险,需要平衡。与此类似,船所揭示的是海洋的危险和未知。这种"使某事情变得可见",同时又因此带来新危险和新发现的过程,在海德格尔看来就是技术(Technik)所蕴含的主要意义。我们对鲸类世界的了解始终是以技术为中介的。我们使用各种军用—海洋声呐技术、导管和探测器发现了海豚的声音符号系统。人类只有通过技术手段才能了解鲸类的本性——但这也是我们了解自己本性的方式。和所有的人造物一样,技术对"存有"同时具有揭示作用和替代作用。

让我们再次感受一下哲学家托马斯·怀特对海豚声呐的让人新奇的描述:"它是潜艇技术的一个生物学版本。"此处他用了"版本"(version)一词,挺让人觉得奇怪的,但是不知何故,我们又觉得他的这一说法——将早已存在的生物能力比喻成一种后来才出现的技术装置——是说得通的,尽管这

---

① 关于仿生工程在各方面(尤其是在纳米级上)具有何种潜力,参见:Bharat Bhshan, "Biomimetics: Lessons from Nature — an Overview," *Philosophical Transactions of the Royal Society*, 367(2009): 1445 – 1486.
② 这里的原文是"standing reserve",但实际也就是海德格尔的"持存物"(Bestand)的意思。——译者注
③ Heidegger, "Die Frage nach der Technik," 79, 81; "The Question Concerning Technology," *The Question Concerning Technology and Other Essays*, ed. and trans. William Lovitt (New York: Harper and Row, 1977), 12 – 13.

第二章　论鲸类和船舶；或，我们的存在港湾

是一种明显的逆转模拟和时间轴翻转，因为鲸类回波定位显然要比声呐在军事工业中的革命性应用要早数百万年。怀特这一表述是试图用人类短短一百年的技术史去改写1 500万年的海豚自然史。"过去"所具有的这种可撤销性和可修改性，此前我们在论及巴斯德"微生物效应"时提到过。在这样的表述中，作为逻各斯(logos)，①技术以一种奇怪的方式竟然从本体论和认识论上都先于生物学而存在了：如果没有潜艇的人工声呐技术做比喻，我们将无法理解海豚的生物声呐能力。② 今天使用的隐喻竟然重写了过去和自然本身。与"船"一样，人类使用的所有隐喻都是一种具有基础作用的技术。

在多种意义上看，媒介(media)这一概念是跨界和两栖的。它在海陆之间来回移动。对我们而言，"船"将海洋转化为了天然的媒介。海洋和船舶都属于承运工具，很难说哪一种是"人工的（文化的）"，哪一种是"自然的"。人工与自然一直相互纠缠到今天——这一切都始于"船"的出现。如果没有船(craft)，大海将只是一个"物自体"(Ding-an-sich)而无法出现于人类认识的地平线。是"船"使海洋成为一种媒介——一个人类旅行、捕鱼和探险的渠道；如果没有船，海洋就不可能成为媒介，至少对人类而言不可能成为媒介。对我们而言，所谓自然(nature)永远都是我们通过人工(culture)而认识到的自然，但自然显然不是人工。"自然"相对于"文化"有着一种他者性(otherness)，而这种他者性只有通过相关物种的"文化"才能揭示。操控船的艺术——各种仪器和社会实践、滑轮和职责、绳索和机制——将海洋从伟大的未知物转变为一种手段(a means)和处于两个目的地之间的过渡地带(a place of transition)。"任何媒介都不可能脱离于他物，或脱离于其他媒介而独自具有意义。"③

让我们再次尝试做出这一艰难的表述：一种媒介能揭示另外一种媒介，让后者的媒介属性显示出来。没有彼媒介的揭示，此媒介就不会是媒

---

① 逻各斯(logos)，西方哲学史和伦理思想史范畴，其词源出自希腊语Legein，意为"说"(to speak)。由古希腊哲学家赫拉克利特最早使用，后来为其他古希腊、古罗马和中世纪的哲学家所使用，一般指世界的可见规律，也有文字、语言、思想、理性、故事、书籍、尺度、比例等意义，类似于中文中的"道"。——译者注
② 海德格尔也同样认为，技艺(techniques)存在于现代物理数学出现之前。
③ 麦克卢汉语，引自：Mangold, "Traffic of Metaphor"。

介。船或海是媒介吗？对海豚而言，海可能是一种媒介，在其中海豚们以自身为船舶。但只有在海豚之外的其他生物眼中，海才是海豚的媒介。（一种毫无所用的媒介很少会被理解为媒介，所以也许人类活动对海洋的干预已经使海洋之媒介特性对鲸类清晰起来。）对我们来说，船显然是一种媒介，但它同时也揭示出海洋这种媒介并使得海洋可以航行。海德格尔说，大地在艺术作品中时而咆哮，时而涌现，时而翱翔。① 海洋在船舶中也是如此。原本无形无相、空洞无物的各种元素会通过各种媒介而"成形"(take shape)，或者说"成船"(take ship)——尽管这些元素从未完全被驯服过。外套揭示严寒，文件包含历史，大脑维持心灵，大海隐没于船舶。"风"，海德格尔吟诵到，"是船帆中的风"。② 桥让河岸成为河岸。③ 媒介揭示出其所依赖的自然，而自然则是媒介实践之基础。

　　媒介(media)的概念因此是两栖的，它时而属于有机物(organism)，时而属于人造物(artifice)。那些有生命的有机物，形态和功能多种多样（有些生物奇怪得让人发笑），它们都是为解决自身生存问题而形成的各种解决方案，再经历史的沉淀后最终展现在我们面前。对于它们，我们不由得不惊叹，不由得不好奇。如果我们将各种生物的身体视为一种装置和一种界面——换句话说，视之为一种媒介——那么动物学就是供我们进行比较性媒介研究的一本展开着的大书。各种生物的身体——它们的外套和天线、冷热调节和地磁传感、高频听觉和紫外线视觉、体液维持、吐丝或放毒、信息素的生产和感知以及免疫系统等，都是在与环境交互过程提出的有效解决方案。它们作为技术，在等待着其他技术来揭示。动物提供了和人类不一样的存有方式。动物学告诉我们，生物的身体形态和感官比例可以有几乎无限多样的匹配和组合，它是动物不同体型和规格的丰富展现。我们可以说，动物学就是无意中形成的媒介学。一旦我们认识到，为了回答"如何存有于此世"的问题——这是一个连接媒介理论和技术哲学的关键问题——各种生物在漫长的历史过程中竟然能提供如此丰富的答案，我们就能看出，

---

① Heidegger, *Ursprung des Kunstwerkes*, 70. 154.
② Martin Heidegger, *Sein und Zeit* (1927; Tübingen: Niemeyer, 1993), 70; "der Wind ist Wind 'in den Segeln.'"
③ Martin Heidegger, *Poetry, Language, Thought*, trans. Albert Hofstadter (New York: Perennial, 2001), 150.

那些奇怪而丰富的野生动物群落其实恰如一本厚厚的设备目录（catalog of apparatus）。如果"存有于此世"是一个具身性（embodiment）问题，那么动物学——一门研究各种身体的学问——就是一本提供了丰富答案的百科全书。

就其本身而言，自然善于"实践"（praxis，它是毅然决然的问题解决者），也善于"生产"（poiēsis，它是最伟大的"创客"），但它弱于提出理论（theōria）。只有技艺（technics）才让理论（theōria）成为可能。大自然固然知道如何做出惊人的壮举。这些壮举之所以在人类看来显得壮美奇妙，仅仅是因为人类尚不知道如何去实现它们。大自然的知识缺少理论，这是它与人类知识的不同所在。人类的科学发展其实不过是人类持续做出的坦白——关于自然，我们仍然是那么无知。鸟类不够聪明，无法像人类那样建造出机器来测量和可视化地球的磁场，但它们根本不需要这样的能力。蜜蜂能看到各种颜色并通过偏振光来识别方向，对此人类的设备基本无法模仿。我们的大脑能对各种信息进行综合处理，对此计算机望尘莫及。鲸的潜水深度让人类潜水艇和采矿工程师根本难以企及，人类潜水员无论成绩多好也都无法与鲸类匹敌（人类的自由潜水——这种极限运动还有一个耀眼的名称叫"竞技性呼吸暂停"——的世界纪录也不过 700 英尺）。蚯蚓的挖土智慧已经存在了千万年。科学跟随在自然之后，只不过是使得那些早已存在的技术变得更加明晰以让人类可以理解而已。自然有大知而无言。数百万年的自然进化所积累的智慧比人类所有已发表的科学论文都聪明。大自然充满着各种各样的秘密。在处理某些任务上，鸟脑比人脑更好。但是，如果鸟的大脑运作机理能被人类以理论形式揭示出来，一个新的可以撬动世界的杠杆就会应运而生。原子中一定包裹有原子核，这一假设存在了很长时间，源自人类对微生物的研究；但直到 1945 年，基于核裂变的炸弹才被成功建造出来。科学通过改变自然之媒介来改变自然，通过将自然纳入人类可以接触的网络中来改变自然。

无论自然造物还是人工造物，其中都隐藏着天赋。在各种各样的事物中都存在着智慧，在蚯蚓挖土中有，在人类造物者那里也有。在一只钟、一把刀或是一双鞋中都蕴含着许多代人积累起来的众多实际知识。这些智慧不会丢失，只是暂时休眠着。各种关于动植物和矿物的知识还在清晨的宿舍中沉睡，直到被各种技术（technics）唤醒。如前所述，海德格尔认为技术只不过是揭示出自然界已经存在的各种东西,但同时使得这些东西变得可以被人类操纵而改变了它们。海德格尔因此产生了一种焦虑,认为人类历史积累的智慧广博深厚,现代社会却只从中挑出一些,拿它们对自然进行任意整合、改造和玩弄,结果导致人类玩火自焚。

另外一些关注技术与自然之间关系的学者来自美国实用主义(pragmatism)传统。他们把我们的艺术和技艺、工具和数据——所有这些千百万年以来积累的智慧以及被人为地加速储存和使用的智慧——都视为随自然选择过程必然出现的结果。乔治·赫伯特·米德(George Herbert Mead)①说,科学其实也就是一种进化过程,只不过在这个过程中,它的自我意识会越来越强。② 无论我们赞同悲观主义者海德格尔,还是赞同改革主义者米德,科学总是姗姗来迟,而独家新闻总是先被大自然抢到。

人类的栖居深受传播载体(vehicles)所塑造,而"船"(ship)正是这些传播载体的先遣者。历法、点、线、水平仪、固体、重量、度量、指南针、时钟、壁炉、犁、印刷机、打字机、留声机、收音机和计算机都影响了事物是如何形成的、如何被管理的以及由谁来管理的。工具(apparatus)催生了这个世界,而不是腐化了这个世界。精神分析学家雅克·拉康(Jacques Lacan)③说过一句话已成为媒介史上的一条律令(mandate)。该话原句为法语,翻译成英语后的大意为:在人类与能指(the signifier)之间关系上无论出现多么微小的

---

① 乔治·赫伯特·米德(G. H. Mead,1863—1931)名美国实用主义哲学家、社会学家。1894—1902年任芝加哥大学助理教授,1907—1931年为哲学教授。主要著作有《今日哲学》(1932)、《行动哲学》(1938)、《从社会行为主义立场看精神、自我和社会》(1934)、《文选》(1964)。米德是美国实用主义思潮的代表人物,也被认为是符号互动论(symbolic Interactionism)的开创者。他提出应该根据个体的行为,特别是被他人观察到的个体行为来研究个体的经验,并将个体的行为与经验置于其所在的整体的社会背景之中,从而发展出所谓"社会行为主义"的方法论。——译者注
② George Herbert Mead, *Movements of Thought in the Nineteenth Century* (Chicago:University of Chicago Press,1967),364.
③ 雅克·拉康(Jacques Lacan,1901—1981),法国结构主义精神分析学家,"巴黎弗洛伊德学派"的创始人。主要著作有《文选》《精神分析的四个基本概念》《照镜期》等。早年曾在巴黎高等师范学校学习哲学,在巴黎大学学习医学,后任巴黎高等学术研究院教授。拉康最突出的成就在于他力图用结构主义方法改造弗洛伊德的精神分析学。他认为语言先于潜意识,自我不是单一的、绝对的。他的研究得出了大量有关人类话语结构的基本论断,其中最著名和最基本的结论是"无意识的话语具有一种语言的结构""无意识是他者的话语",从而把精神分析学纳入了现代人文科学的范围里。——译者注

变化,都会改变人类的存有之锚,进而改变人类历史的走向。① 如果说人类的历史是我们与能指之关系的变化的历史(很明显这种变化都是很不起眼的),那么媒介史就应该成为人类历史的关键内容。在我们思考各种大问题时,那些不起眼的工具——指南针、日志和小数点——尤其值得我们关注。我们要注意拉康所用的隐喻——他将人类的存有比喻成一艘船。船当然不只是它的锚,但是如果没有锚,船就会四处漂泊或撞毁。锚能将船系在它应该停留的位置,人类的存有也需要这样的锚。

---

① Jacques Lacan, "L'instance de la lettre dans l'inconscient ou la raison depuis Freud," *Écrits* (Paris: Seuil, 1966), 493 - 528, at 527; Bernhard Siegert, *Passage des Digitalen* (Berlin: Brinkmann und Bose, 2003), 417; Jan Assmann, *Das kulturelle Gedächtnis: Schrift, Erinnerung, und politische Identität in frühen Hochkulturen* (1992; Munich: Beck, 2007), 173; and spun by Friedrich Kittler, *Musik und Mathematik* 1.2 (Munich: Fink, 2009), 68.

一场关于火的布道

> 像圣·彼得教堂的宏伟圆顶,像硕大的鲸,一定要保留住,喔,人类,你自己的温度,在任何季节都应该如此。
>
> ——《白鲸》(*Moby-Dick*)

作为烟火之技术

如果船代表了那些让人类能居住在海上的一整套艺术和技术,那么火就代表了能让我们栖居在土地上的一整套艺术和技术。对我们的周遭环境,火是其最激进的塑造者,是改进环境时使用的首要工具,也是最重要的元素型媒介之一。我们用火来修整木材建造房屋和船舶,用火来清理田地筛选我们想要种植的庄稼,用火来控制牛群和蜜蜂从而生产牛奶和蜂蜜,用火烹饪食物制作熏肉和烧制陶器,用火划定我们能够居住的范围以及在暗夜中能到达的边界。火能划过天空(闪电),撕裂地球(火山喷发),但在海洋面前却只能呜咽无语。火是导致人类与鲸豚及乌贼不同的原因之一。我们在此世上的短暂旅行,火作为标志出现在其中的各种仪式上,代表着我们最炽热的感受。不同于远洋运输或文字(两者的历史在很大程度都是男性和精英的历史),火是一个真正同时能被男性和女性使用的工具(虽然使用方式不同)。和某些适应了森林火的树木和野花一样,人类学会了与火一起生长。①

在很多方面,我们的艺术和工具、思想和隐喻都是从用火实践中衍生出来的。埃斯库罗斯(Aeschylus)指出,普罗米修斯(Prometheus)从上帝那里窃取了火,因而"为人类创造了所有的艺术类型"。古尔汉声称"人类具有技术性,这是一个简单的动物学事实"。如果他是对的,那么"用火"就应该被视为只有智人(Homo sapiens)才具有的属性。②

人这一物种依赖火,而火依赖氧气、燃料、气候和很多其他条件。这使得我们在思考我们所处的生活环境时,"火"成为一个特别适合的话题。火帮助人类将地球改造成人类的家园。通过火,我们改变了地球的面貌,驯服了植物和动物,甚至可以说驯服了我们自己。我们用它来营造建筑物和神殿、锻造金属以实现各种目的,包括探索自然奥秘以及互相征服等。我们也时不时还用火(烟花)来涂抹和装点天空,而此前通常只有神才能做到这一点。在过去的一千年中,火的历史就是人类文明及其媒介的历史,同时也是沉船史和灾难史。在火的映照下,自然界是如此可塑,仿佛被当作一个仍在被不断实验的对象,人类则是这个实验室的主人;这也当然意味着,在火面前,大自然作为实验对象也有可能被火这一媒介付之一炬。在我们面临气候危机折磨和海量数据轰炸的当下,研究火可以让我们获益良多。

火对媒介理论而言价值巨大,因为它揭示出媒介理论有必要进行重新定位,且指明了具体的方向,并提请我们注意:首先,任何系统中都天然嵌入了风险,我们对自然的极端依赖是非常脆弱和危险的,以及在塑造世界的过程中,"否定"(negation)也具有重要的价值。火(灾)使我们认识到网络外部性(web of externalities)③的脆弱,而这种外部性是所有媒介都蕴含的。人类可以利用自己的聪明才智通过数以千计的手段来试图掌控自然,自然却并不总是心甘情愿地屈服于人类的计划。贺拉斯的这句话仍然适合:"你也许能用火钳赶走自然,但它马上又会回来找你。"火这一人类最大的工具

---

① Johan Goudsblom, *Het regime van de tijd* (Amsterdam: Meulenhoff, 1997), 61.
② Leroi-Gourhan, *Gesture and Speech*, 92; *Le geste et la parole*, vol. 1: 134: "如果仅仅将人类的技术视为简单的生态学事实,那就当然不会觉得有那么危险了……"
③ 网络外部性,亦称"网络效应",或称"需求方规模经济",指"一个用户从使用某产品和服务(如电话)中获得的效用随着该产品或服务用户数量的增加而不断增加"的现象。——译者注

仍然没有对我们俯首帖耳。和很多幸存者一样,我也被失控的火烧伤过,伤疤至今仍在。火和后来出现的衣服、语言和文字一样已成为人类历史的有机组成部分。

本章试图进行一种实验性创作。我想借此弄清楚,从"火"这一自然元素中我们能提炼出多少意义,从而为媒介理论的发展做出贡献。在此我特地邀请我的读者带上火柴和充足的氧气,然后对处在这堆易燃物之下的星星之火使劲地吹。我们长期生活在文明中对之早已习以为常,我试图通过考察"火"来使"文明"(它具有多种多样的生命支持系统)变得陌生化。如果我们不得不生活在船上,那我们也就不得不认真收纳各种物件,同时也收敛一下此前的粗放生活方式,人类在海上的存有和命运因而比生活在陆地上更加清晰澄明。在此,我希望"火"对人类的陆地生活也能起到同样清晰澄明的效果。

从以下几个方面看,火可以被视为一种媒介:它存在于文明中,是许多从属性工艺的前提条件,是工具之工具。但要提炼出它的媒介理论意义,以及将各种自然元素都视为媒介,这是很具挑战的工作,相关论述要能经受严格的检验,否则很难站得住脚,因为这样做会将"媒介"的概念延伸得太过了。火在物理上极具抵抗力,在学理上也桀骜不驯——但它也可能很有用。水和空气是能传递光和声音的媒介,但火则不能。活着的有机体都充满碳物质,一遭遇火就会成为燃料,根本不可能在其间停留栖居。火也不是如海洋或陆地那样的相对稳定的元素。它很脆弱,噗的一声就可以将它吹灭,如果没有氧气或燃料,它就消失不在,甚至可以被它自己制造的灰烬窒息,被"那些曾滋养它的东西扼杀"。① 但是,正像粪肥能浇灌农作物,灰烬也能催发生命。乍一看,粪肥和灰烬显得毫无用处,令人讨厌——特别是相对于圣物而言——但是它们都能提供很好的事后服务。(在美拉尼西亚②的"洋泾浜英语"中,"灰烬"的意思是"火边的粪便"。)因此"灰烬"(ash)既是"悔改"的有力象征,也是"重生"的有力象征。我们可以从这些方面来考察它的媒介理论价值。

---

① Shakespeare, *Sonnet*, 73.
② 美拉尼西亚,西南太平洋上的群岛,位于180°经线以西,赤道同南回归线之间,澳大利亚东北部。"美拉尼西亚"一名源自希腊文,意为"黑人群岛",岛上主要是美拉尼西亚人,属黑色人种。——译者注

将火视为媒介，还因为它是一种前提条件，对灰烬和烟尘、墨水和金属、化学物和陶瓷品等都是如此。只要辅之以技巧，火就能使质料变得可塑，将铁矿石炼成工具，让气候变暖，让黑夜转为白昼。火能驱赶（也可以吸引）各种动物，还能为耕种开辟土地。火甚至还帮助捕鱼，因为鱼见光即聚。在波澜壮阔和充满戏剧性的人的驯化过程中，火通过严格的规训（discipline）将人从野蛮带向文明。

在饮食上火能提供多种服务，它能对生食烹饪消毒，从而减轻人类脸颊因吃生食时需要不断咀嚼的负担，让人类可以发展出更短的脸部和更坚固的头骨，因而能容纳更发达的大脑。[1] 像所有媒介一样，人类手中的火是一种自然元素与文化技术的混合，是一种创造其他手段的手段。人类使用技术的历史在很大程度上是使用烟火的历史。火既是工具本身，也是工具之母；它既是媒介，也是几乎所有人造媒介的先决条件。火是一种元媒介。

因此，火与媒介理论最为相关的是它作为一种本体论意义上的操作者（operator），或作为一种中介力量，将存有化为虚无，将虚无化为存有。（我已经多次将火描述为一种中介力量）。乍看之下，火并非什么了不起的东西，更不能说它是改变环境历史的关键力量。在约翰·谷兹布洛姆（Johan Goudsblom）的总结中，火是"破坏性的、无目的的、不可逆转的和自我生成的"。[2] 它将物质化为空无，但也正是在这令人觉得不可思议的否定过程中，危险和机遇合为一体。

如同风浪之能载舟和覆舟，火已成为福祸相依之物。它具有巨大的可供给性。它一方面能提供热量、光照、食物和社会性，另一方面也能导致伤害、死亡、烟雾和灰烬。像时间一样，物质的燃烧在热力学方向上运行。尽管理论上未来某天也许会出现某种技术能让烧尽的物质重生，但这种可能性很小，它相当于你将一桶水倒入海洋后再试图去找回这桶水的水分子一样，成功几率极低。火具有的不确定性（熵）则能化繁为简。一如炼金术士所说：火使自然焕然一新。

人类与火的关系就像海豚与大海的关系。若有人希望获得永恒，这两

---

[1] Leroi-Gourhan, *Gesture and Speech*, 118–28, *Le geste et la parole*, 1: 169–182.
[2] Johan Goudsblom, "The Civilizing Process and the Domestication of Fire," *Journal of World History*, 3, no. 1(1992): 1–12, at 5; and "The Human Monopoly on the Use of Fire: Its Origins and Conditions," *Human Evolution*, 1, no. 6(1986): 517–523.

种元素(火之于人类,大海之于海豚)都会对这样的奢望表示嘲讽。海洋会腐蚀所有工程设计、建筑或基础设施,火也能将这些东西付之一炬。如果海洋对鲸类想要实现的工程设计而言形成了巨大的障碍,那么为什么火这样一个同样嘲弄各种物质性的元素却会对人类有重要价值呢? 在这里,我们再一次遇到"物种特异性":对水生动物来说,如果能实现坚实性(solidity),那么就可以说它们在改造环境上获得了巨大成就;对于地球人来说,如果能实现液态性(liquefaction),则也可以说人类在改造环境上取得了同样巨大成就。对陆地动物而言,周遭的各种事物一开始都是坚实长久的(当然是指在一定限度内)。诚然,对人类而言,有很多事情也是短暂的(这对我们有利有弊),但大多数事情在消失于时间之河之前仍然是固定的——尽管也有很多事物注定难以永恒,如青春、秋叶或疼痛等。

在形塑各种物质方面,鲸类能做到的最大程度也不过是通过摆动自己的身体来让水形成漩涡,或喷水形成彩虹,或者通过声波使时间和空间视觉化——对此人类只能靠数字音乐或祈祷才能实现。相比之下,对于陆地生物,事物一开始就具有耐久性,因此陆地人类面临的问题是,如何使土地及其上的各种事物能被液态化和变得可塑。火危险、变幻且具有破坏力,作为一种手段它可以让物质(matter)在人类面前少一些颐指气使和顽固不化。像点、零和语言一样,火是一种否定世界的方式,这一否定方式改造了这个世界,使之让人类能生存于期间。木匠和陶艺能形塑质料,我们因而容易将木工活和陶艺活比作为体现人类工艺能力的代表性例子,其实这并不妥当。火是一种"负"的技术,一种删除器,一种使事情消失的方法,一种解决物质压力的方法。火能使自然消失,它是大自然的橡皮擦。①像声音一样,它通过消失而存在。去物质化(dematerialization)是火最伟大的天赋,它使人类能够接触到广阔而又关键的领域——"非存有"(non-being),即如保罗·塔尔苏斯所说的一种"非物"(things which are not)的状态。(《哥林多前书 1:28》)。如黑格尔笔下的"否定"一样,火是伟大的辩证学家。它证明了肯尼斯·伯克②的观点——人类是负物的发明家(the

---

① 这个表达引自帕罗·罗蒂格兹·波庞汀(Pablo Rodriguez Balbontín)。
② 肯尼斯·伯克(Kenneth Burke),20 世纪美国著名的修辞学家,新修辞学的开创者和奠基人,他提出的两个重要修辞理论分别是"同一理论"和"戏剧主义五要素"。——译者注

inventor of the negative)。① 如果本体论关注的是那些我们没有意识到的基础设施,那么火则证明了一些重要的东西:"无"(nothing)也至关重要,它被嵌入我们的存在中,一如线粒体嵌入细胞中,炉膛嵌入房屋中或氧气渗入生命体中。

人类的生态优先性

与其他动物相比,人类之所以具有相对优势,主要要归功于人的用火能力。人类能成为地球这一行星的主人并能够改变环境,主要是因为人类掌握了技术,而这些技术最终都可以归因于火。克洛德·列维-斯特劳斯②在《生与熟》(*The Raw and the Cooked*)一书中视火为人类文化的精髓,这一论述广为人知。在所有地球生物中只有人类会用火,而且更令人瞩目的是,分布在地球各处的人类都会用火。其他能使用火的主体仅存在于神话中,如恶龙、恶魔和火蝾螈等。世界各地的文化中普遍都有音乐、头发护理、语言、食物禁忌、性别角色以及对蛇的恐惧。与这些特性类似,"用火能力"也为人类普遍拥有,因此它是对人类行为的罕见而有力的概括。"火是地球上最重要的变革因素。"③当然,人类并不是唯一的环境塑造者。所谓"生态位构建"(niche construction),指生物体可以通过自己的行为改变环境以使后者有利于自己,如蠕虫松动身边的土壤,鸟类四处播种,这两者都有利于种子长成大树最终为蠕虫和鸟类提供更多的果实和栖身之所。但是,只有人类才拥有普遍的生态位建构能力。巴克敏斯特·富勒认为,是大海教会了人类这一能力。人类几乎可以在任何地点建构出自己的生态位。与大部分其他大型动物不同,地球上所有纬度都有人类活动的痕迹——只要这些地

---

① Kenneth Burke, "Definition of Man," *Hudson Review*, 16, no. 4 (winter 1963 - 1964): 491 - 514.

② 克洛德·列维-斯特劳斯(Claude Levi-Strauss, 1908—2009),法国当代著名人类学家,"结构人类学"的创始人。他从索绪尔、雅各布森等人的结构主义语言学中获得理论灵感,将结构主义方法运用到人类学研究过程中,取得了举世瞩目的成就,影响波及哲学、社会学、人类学、语言学、历史等学科。——译者注

③ William Gurstelle, *The Practical Pyromaniac: Build Fire Tornadoes, One-Candlepower Engines, Great Balls of Fire, and More Incendiary Devices* (Chicago: Chicago Review Press, 2011), ix; see also Lewis Mumford, *Technics and Civilization* (New York, 1934), 79. 9.

方能让人类携带火种或生火。那些人类尚无法经常到达的栖息地,如北极、沙漠、雨林,当然还有大海和天空,都是因为这些地方出于某种原因火无法燃烧。①

火是人类掌握的众多工具中的一种,凭借它,人类进入了地质学、植物学和动物学的历史。生态学家估计,今天受到人类影响的环境已经占全球近三分之一——这对于人类一个物种而言是惊人的份额。现在人类的农田和牧场覆盖了地球无冰表面大约35%的面积。如果将受到人类耕作影响的林地和其他森林计入,人类所占的份额将更大。② 地球上全部植物之产出的40%为人类所用,但人类活动的踪迹比此更广,几乎无处不在。③ 即使是深海和高层大气也被人类深刻地改变了,人类活动几乎影响到空气、陆地或海洋中的每一个物种,极大地塑造着(通常是压缩,很少是扩展)它们的栖息地,重新安排了它们的生存条件,或加快了它们的演化速度,或加速了它们的灭绝。没有哪个世纪像20世纪那样激进地改变了地球生态环境——农田面积增长一倍,人口增长4倍,猪群数量增长9倍,能源消耗增长16倍,工业产量增长40倍。④ 如果没有火的功劳,人类今天在地球上的绝对支配地位决不可能出现。

人类用火带来的主要影响之一,就是它增加了物种对物种(包括人类物种对植物和动物以及某些人类对另一些人类)在权力上的比较优势。火能与各种"生物技术"如牛和小麦相互作用,也能与各种工具技术如金属和墨水等相互作用。("有金属的地方必定有火。")⑤它是农业必不可少的工具,在捕猎和采集方面也有着显著用途。火使得大规模农业生产成为可能,它能杀死杂草,控制竞争物种,还能将土壤上植物中的氮烧成灰(如果这些灰

---

① Johan Goudsblom, "Introductory Overview: Towards a Historical View of Humanity and the Biosphere," in *Mappae mundi: Humans and their Habitats in a Long-Term Socio-Ecological Perspective*, ed. Bert de Vries and Johan Goudsblom (Amsterdam: Amsterdam University Press, 2003), 29-31;沙漠是某种海洋,骆驼是某种内部储水的船。
② Jonathan A. Foley, Chad Monfreda, Navin Ramankutty, and David Zaks, "Our Share of the Planetary Pie," *PNAS*, 104: 31(31 July 2007): 12585-12586.
③ Edmund Russell, *Evolutionary History: Uniting History and Biology to Understand Life on Earth* (Cambridge: Cambridge University Press, 2011), 49.
④ John R. McNeill, *Something New under the Sun: An Environmental History of the Twentieth-Century World* (New York: Norton, 2000), 360-361 and passim.
⑤ Mumford, *Technics and Civilization*, 69.

不会被风吹走的话),使之重返土壤中成为肥料。农业专家所称的"刀耕火种型农业"尽管听起来像是简单的破坏,但它加速了自然环境中的氮循环。对英国殖民者来说,澳大利亚的土著居民似乎是"生活在火而不是水"中,因为他们总是在焚烧。① 但实际上,地球上的许多生态系统都依赖人工火的参与。例如,北美大草原并非自然景观,而是土著用火耕种的结果。这些土地如果不经常焚烧,它就会长出树木成为林地。我们常常听说,北美大草原中农场的出现是因为白人定居时通过焚烧森林辟出的。但事实上,恰恰是因为农场的出现才保护了森林——因为有了农场之后,就不必再通过焚烧森林来让大草原保持原状了。② 火能让我们认识到自然(人类所知的自然)具有的历史性。

鉴于人类的生态霸主地位,我们就应该正确地对待各种后人道主义哲学③(posthuman philosophies)。本书努力在生态和哲学层面上超越人类进行思考。同时,一些深刻而迫切的理由也在提醒我们,不能忘记人类对海洋、土地和天空以及所有居住在其中的生物所施加的巨大压力。在这个"人类世"已到来的黎明时代,如果仅仅将人类视为又一种(非常有趣的)生命形式,无疑是讽刺的。我们现在再也不能一方面将人类视为真理的源泉,另一方面又忽视人类在这个行星上造成的种种影响了。人类已经成为生态学的主体(primary),我们这一物种对火的垄断已经决定性地将土壤圈、生物圈、冰冻圈和大气、植物和动物以及我们自己都塑造到一种前所未有的程度。如果我们有机会询问近几十年来已灭绝的物种——如果它们能说话的话——问它们是否愿意将人类这一物种排除在地球之外,它们的回答很可能是"我们非常愿意支持建造一个没有人类的地球乌托邦"。对于那些未能将人类与其他物种之间的力量不平衡考虑进来的各种分析,这些非人类物种都会视之为面目可憎。

---

① Johan Goudsblom, "The Past 250 Years: Industrialization and Globalization," in de Vries and Goudsblom, *Mappae Mundi*, 369.
② Stephen J. Pyne, *Fire in America: A Cultural History of Wildland and Rural Fire* (1982; Seattle: University of Washington Press, 1997), 84 – 99.
③ 后人道主义哲学,指针对"人类中心主义"及在这种思想指导下的弊端所激起的对人道主义反思的一种理论思潮。以人为中心的人道主义造成了人与社会、人与自然及人与技术等关系之间出现不同程度的扭曲和异化。后人道主义是对人道主义的反思、批判与扬弃。它既不是人道主义也不是反人道主义,它在本质上实现了对两者的解构和消弭。——译者注

火同时是一个化学过程和历史过程。环境史学家斯蒂芬·派恩描述和分析了全世界范围内各种各样的用火实践。火衍生了很多人造物（artifacts），但其本身也具有一种人造物属性——它结合了氧气、燃料、人类技能和各种自然元素的复杂性和多变性而成为一个整体。作为一个自然和文化的混合物，火的使用不仅依赖于栖息地——包括天气（炎热少雨或寒冷多雨）、燃料（木头、灌木、泥炭、石油、鲸脂）和氧气供应——而且还取决于用火者所处的文化。火是人类与非人类之间频繁互动的关键案例，也是人类最古老的"行动者网络"（actor networks）[1]的关键案例。很少有"自然"的东西能如火一样充满了人的印记。在人类所制造的一切事物的背后，火是一个毫不起眼的对人类和对自己都充满敌意的存在。

维斯塔火

在过去两个世纪中，人造火为工业革命提供了动力，同时也将大量碳排入大气中，并夺去了数百万人的生命。在现代性中，火一方面从人们的视野中退出，另一方面却又权力倍增。人类对火的重塑与其对艺术、舞蹈、文学、音乐或物理学的现代化重塑一样勇猛激进。"人类在知识上的长期冒险在很大程度上是沿着一架热梯（heat ladder）不断地向上攀登的。"[2]长期以来，风箱（bellows）的发明使金属匠能获得足够高的温度来熔炼铁，但只到20世纪人类才获得了核爆炸下的白热化高温，以及应运而生的高温宇宙化学知识。金属匠的高温和核爆高温都可以说是某种突破，它们与地球上此前出现的各种地表火千差万别，迥然不同。这些突破像20世纪宇宙学上的突破一样已经不再将地球作为参照系。从古代的金属匠到现代的超级对撞机中的纳秒级超热爆炸，人类制造热量（heat）的能力确实急剧攀升了。

---

[1] 行动者网络理论（Actor-Network-Theory，简称 ANT），由法国社会学家布鲁诺·拉图尔（Bruno Latour）提出。该理论以"行动者"、"网络"和"异质性联结"为核心要素，旨在打破自然和社会、宏观与微观、人与非人行为体之间的二元对立。该理论认为，人（Human）与非人（Nonhumans）都是科学活动中的行动者，在科学活动中的地位和作用是完全对称的，因此非人行动者拥有与人类行动者相对等的能动性。行动者网络理论的核心主张包括广义对称性原理、非二元对立、异质性网络、转译与权力、实践本体论立场等。——译者注

[2] Loren Eiseley, "Man the Firemaker," *The Star Thrower* (New York: Times Books, 1978), 45.

各种"火的媒介"类似于船舶,它们使火能为人类所管理——但我们对它的管理往往又力不从心。火具有将万物化为乌有的天赋,因此需要被遏制。坑、窑和高炉是控制火的一些具体例子。控制火需要我们具有提前规划、维护秩序以及三思而后行的能力。它要求必须先存在纪律和约束——这是人类"文明"或社会秩序的关键特征。加斯东·巴什拉(Gaston Bachelard)①说,火是我们的第一项禁令。他认为火的社会特征先于自然特征。火像婴儿一样总是要这要那,需要人小心看护,不然就会死亡;火很少能自己持续燃烧(它能持续燃烧通常是因为人为的不经意的燃料累积,比如城市中的废料或疏于看护的森林等)。续火往往比生火要容易。

现代性的规则之一是尽量让火隐蔽起来,让它沐浴在爱默生所称的"四处泛滥的让人淡忘的莱希河(Lethe)中"。② 工业主义的后果众多,其中之一就是加速了炉艺的发展。煤炭推动了工业革命之"石炭纪资本主义"(芒福德语);维多利亚时代人人都穿着黑色衣服(据说是因为黑色在雾霾漫天的工业时代比较耐脏),他们从不怀疑时时刻刻都有东西在燃烧。当时频发的煤矿暴力事件让人们震惊,时刻提醒着他们火有多么贪婪。1830年,一位英国工程师勾勒出一个颠倒的世界:"整个地球似乎已经被翻了出来,它的五脏六腑四处散落……从地下掏出来的煤在地表燃烧……日日夜夜,整个国家都被烈火烧得通红发亮。"③(采矿业经常让人生发出对地狱的沉思。)有的人则热情地拥抱工业化带来的好处,但对它造成的城市污染却隐忍沉默。20世纪60年代以前,林立的烟囱都是工业进步的骄傲标志。要确切地讲述火从裸露到隐藏的故事需要我在这里做出更多的分析,但很显然,对于优越阶层而言,火确实已经从前台撤到了后台。我的岳父一辈子都要劈柴喂他的那个"富兰克林牌"炉子。我的父亲20世纪40年代在他还是个孩子的时候,他的家务活之一就是得为他家的炉子四处找煤。今天我每月要付一次燃气费和电费账单。我离明火最近的时候也不过是在加油站为汽车加满

---

① 加斯东·巴什拉(Gaston Bachelard, 1884—1962),法国20世纪重要的科学哲学家、文学评论家、诗人,被认为是法国新科学认识论的奠基人。他的哲学思想深刻影响了法国众多哲学家,而其认识论也在全球范围内广受推重。巴什拉一生著作颇丰,主要作品有《火的精神分析》《梦想的诗学》《烛之火》《水与梦:论物质的想象》《科学精神的形成》等。——译者注
② 莱希河,古希腊神话中的忘记之河。——译者注
③ James Nasmyth, *Engineer: An Autobiography*, ed. Samuel Smiles (London: J. Murry, 1883), 165.

油时，或者在厨房打开煤气灶时，或调整烤炉温度时。然而全球仍有高达30亿人在用明火做饭，据说每年有200万名儿童因烟雾和火灾事故死亡。希拉里·克林顿在担任美国国务卿期间，试图通过设立她称为"全球清洁炉灶联盟"这一公——私合作关系而扭转世界用明火做饭的做法。① 使用明火可以同时意味着生活贫穷或生活优越（例如拥有壁炉或烧烤炉）。梭罗曾经考虑生吃水獭（muskrat），以确保能和自然界保持联系。

虽然人类用火行为历史悠久，但很多现在视为理所当然的用火技术的历史实际上都不长过三个世纪。高炉出现在中世纪后期的欧洲，用于锻造大炮和炮弹（它们是钟表和印刷机在军事用途上的表兄弟）。但到18世纪时，煤炭的应用使得人类能制造出更高性能的高炉，从而制造出能够抵御这些炉火的武器。② 在民用领域，建筑供暖技术在18世纪取得了重大进展。中世纪和早期现代，欧洲的壁炉的热效很低。1742年后，本杰明·富兰克林发明的炉子为最终实现在房间里均匀供热做出了重大贡献。他为其发明写的广告词吹嘘道，用了他的炉子人们再也不会"前身被烤焦，后身被冻僵了"。1795年，拉姆福德（Rumford）壁炉被发明出来，它用一个阻尼器以更好地控制气流以防烟雾倒灌，并能让大部分热量不流失。人类的防火能力也取得了长足的进步。富兰克林的避雷针（1752）在保护建筑免受闪电击中引起火灾方面有很好的效果。③ 随着便携式灭火器（1818年）、路西法火柴（1827年）和本生灯④（1855年）的发明，人类的用火和防火也变得更具流动性。富兰克林被称为现代普罗米修斯。⑤ 法国哲学家杜尔戈（Turgot）如此评价他：他从天上撕下了闪电为人类所用。

皮恩（Pyne）将上述具有明显现代特征的火称为"维斯塔火"（Vestal fire），⑥

---

① www.state.gov/s/partnerships/cleancookstoves/index.htm, accessed 27 June 2012. 19.
② Mumford, *Technics and Civilization*, 156,87-88,137,156-158. 20.
③ Gurstelle, *Practical Pyromaniac*, 70-72,135-137,147-151,161.
④ 本生灯或本生煤气炉（Bunsen burners），德国化学家R. W. 本生的助手为装备海德堡大学化学实验室而发明的新型煤气炉。此前因煤气燃烧不完全，煤气灯的火焰很明亮但温度不高。本生将其改进后能得到高温火焰。本生灯燃烧效率高污染小，多用于实验室中。——译者注
⑤ William James, *The Principles of Psychology* (New York: Dover, 1890), vol. 1, 85-86.
⑥ 维斯塔（Vista），古罗马的灶神和火神，人类对她的崇拜起源极早。古罗马家家户户都供奉维斯塔，并会对她进行公祭。相传公祭的发起者是神话中的罗马国王努玛。蓬庇利乌斯，是他建造了第一座维斯塔神庙。在维斯塔神庙里保存着不灭之火，人们从庙中取火并将之送到新移民区。——译者注

并将其视为欧洲在人类用火史上做出的重要贡献。① 维斯塔火包括种种人为的燃烧，它已经无处不在，成为常态。作为人类的首批"容器型技术"（container technology）之一，家庭壁炉是维斯塔火的天然归属。维斯塔（即希腊神话中的赫斯提亚）是壁炉女神，但她在古典艺术中从未出现过，因为她被视为一个不能被外界窥视的处女。维斯塔女神具有象征性（aniconic），因为她作为"包容之神"能唤起存有本身。② 现代社会有本生灯、火柴、恒温器和内燃机，所有这些技术都可以将火力储存起来供人们如使用自来水一般地随用随取。维斯塔火的终极象征可能是核裂变（fission），它只有通过核反应才能显现，具有将整个世界付之一炬的可怕威力。在打开龙头取热水、支付煤气账单或发动汽车时，我们遭遇的就是维斯塔火。这种火与维斯塔女神一样隐藏着，甚至她吐出的烟雾都隐秘不可见。这里皮恩的说法让人隐隐地想起海德格尔的话。海德格尔曾埋怨说，现代技术往往不仅不能揭示出它们所依凭的自然，反而总是将自然变得面目全非。③

皮恩认为，现代社会中维斯塔火（人类之火和隐蔽之火）无处不在，这其实是一个令人悲伤的隐喻，它说明人类已经跳出了人与自然间的直接反馈循环，变得对自然的反应视而不见了，同时也说明人类试图反抗潜藏在"死亡和变易"法则背后的丰饶的再生力量。20世纪的森林业坚决限制火苗，这一政策背后的逻辑是视火为破坏性力量，但这一政策本身也是灾难性的。火离我们越远，它就越难管理。也许在地球历史上从未像今天这样出现过如此之多的燃烧着的火（它们几乎都是人为的）；维斯塔火的统治极大地增加了地球上火的数量。从前，火要么是因雷击、熔岩喷发或喜火天体及神祇的偶然授予（无论祸福）带来的，要么只在人类社区的核心才被点燃和呵护；今天，大多数人都可以随意生火。虽然森林野火能在短期内造成公众恐惧并具有一定的戏剧性影响（这样的消息仍然是当今的头条新闻），但它并不是最重要的碳排放源头。从某种意义上说，森林野火是维斯塔火的野性对

---

① Stephen J. Pyne, *Vestal Fire* (Seattle: University of Washington Press, 1997). In America, by contrast, fire is conceived to have a natural origin.
② Jean-Joseph Goux, "Vesta, or the Place of Being," trans. Wm. Smock, *Representations*, 1, no. 1(1983): 91–107.
③ 参见：Martin Heidegger, "Die Frage nach der Technik," *Vorträge und Aufsätze* (Pfulligen: Neske, 1954), 83。水电站能重构（verbaut）河流。

头。前者狂野而奔放,后者隐忍却霸道,假装受制于我们的烤架、煤气罐、加热炉和服务器存放室、手机和电池。在日常生活中,我们几乎随处可见火对各种人造物和环境的影响。与水、电、有线电视或其他公用设施一样,火"拧开龙头"就可以用。它是海德格尔所言的"持存物"(Besand)的一个完美例子:它虽能随时待命服务于人,但又未被完全驯服。维斯塔火的运作遵循了这一规则:基础设施在发挥作用时往往是不可见的。

在我写作本书时,新闻节目报道有多起森林大火失控,它们吞食树木、摧毁房屋,驱走野生动物和人类。当你读到这本书时,那些火灾可能已经被扑灭了,但新的火灾肯定又会在新的地方出现并蔓延。或者更确定地说,那些会持续燃烧的是隐蔽的火。在人类文明史上,20世纪毫无疑问是充满最多灾难性"火灾"的100年,至少从死亡人数和破坏程度方面看是如此。从纳粹德国实施大屠杀的毒气室到针对东京、德累斯顿和汉堡的大轰炸,没有哪个时代有如此多的人死于"火灾"。而化石燃料的缓慢、稳定和持续的燃烧则可能预示着未来会有更多人死亡。在2012年,全球每秒钟就有3万加仑的汽油被燃烧掉,造成的后果可能不可逆转。如果我们要举例说明"忽略基础设施的存在会带来什么代价",维斯塔火就是一个很好的例子。

电力是维斯塔火存在的一个日常表现形式:它通过基础设施传递。它清凉、干净、迅速,与肆意扩散、混乱不堪、令人恐惧的不受控制的火形成了鲜明对照;只有在真正糟糕的事情发生时,我们作为使用者才会看到电源插座或设备冒烟,但在电力(电线)的生产端内部总是不可避免地存在烟雾和灰烬。正如我们在据说是环境友好的"云计算"概念上所看到的——电力其实就是被压抑的火,其产生过程也有环境后果。

新媒体具有巨大的数据塑造和删除能力,很大程度上应归功于火。火是关于互联网的首要隐喻。火和互联网都是元有机的(meta-organic),都扩大了(信息性)食谱的范围,使人能够探索新的时区(夜晚)和知识领域,都能增加某种社交性,都要求持续的维护,都会衍生出新的危险和外部性。火是世界最早的万维网,一个脆弱的具有传染性的传播系统。如今,年轻人熬夜看着一闪一闪的屏幕——电视屏幕、电脑显示器和智能手机——如同他们曾经围在社区的篝火边一样。(电视总是被喻为家庭壁炉。)TED演讲节目的总策划克里斯·安德森①在一篇名为《重新发现火焰》的短文中对互联网视频大加褒奖，说它再现了先民们围绕篝火进行具身交流的场景和力量。②我们用计算机"烧灼"（burn）光盘，模因（memes）和话题"像草原烈火一样"在互联网上扩散，或者被像"防火墙"（firewall）那样的审查措施所阻碍。"服务器农场"对互联网的物质基础设施至关重要，它们产生大量的热量，它们处理数据不仅需要电，还需要空调。（这样的数据中心通常建在寒冷地区以节省冷却所需的耗电成本。）电脑或手机的触摸屏让人有如触摸火焰的幻想。正如保罗·弗洛西（Paul Frosh）③所言："电视和电脑屏幕（包括 iPad 等）具有某些'火'的特性。它们尤其与电影及印刷品不一样，其屏幕都是内部自照明的。"④由此可见，与"常识"相反，信息不可避免地要与热量和燃烧相关联。

各种新媒体设备的命名是"火之隐喻"的宝库。很多公司都会投入巨大的精力和金钱进行品牌塑造，所以为其产品选择一个好名字不是一件小事。在这些名字中，"火"具有中心位置，这说明人们对新媒体充满想象。HTC 的"野火"智能手机、三星的"星系燃"（Galaxy Blaze）和"点燃"（Ignite）、黑莓的"火炬"（Torch）以及摩托罗拉的"电击"（Electrify）等，让人想起自雷电以来就一直存在，但直到 18 世纪才为人所知的火与电力之间的联系。还有火狐（Firefox）浏览器、照片共享服务网站"闪烁"（Flickr）和计算机病毒"火焰"（Flame，2012 年在中东地区感染计算机的一种恶意软件）。德语词"广播"（Rundfunk）中包含"火花"（Funk）一词，是向无线电的早期历史（当时的无线电使用火花间隙发射器）致意。事实上，火的历史与媒介的历史有着显著的相关性，不仅体现在命名上，而且体现在这一经验教训上：关于某些系统

---

① 克里斯·安德森（Chris Anderson，1961— ），自 2001 年起担任美国《连线》（Wired）杂志总编辑。在他的领导之下，《连线》杂志五度获得"美国国家杂志奖"（National Magazine Award）的提名，并在 2005 年获得"卓越杂志奖"（General Excellence）金奖。2002 年起，任 TED 演讲节目总策划。曾提出"长尾理论"和"免费经济"等概念。
② Chris Anderson, "The Rediscovery of Fire," in *Is the Internet Changing the Way You Think?: The Net's Impact on Our Minds and Future*, ed. John Brockman (New York: Harper Collins, 2011), 35–37.
③ 保罗·弗洛希（Paul Frosh），以色列希伯来大学副教授，研究方向为视觉传播、消费文化、媒介伦理和文化理论等。本科毕业于剑桥大学英文文学专业，硕士和博士毕业于希伯来大学传播学专业。——译者注
④ Personal communication, 2 November 2011.

我们容易视之为理所当然,但它们却对自然有所依赖,对这种依赖性,我们却不甚了了;我们还会过度自信,认为能遏制潜藏在这些会"吐火"的设备中的危险,确保其安全性。但是,关于火,千万年的控火史告诉我们要时刻准备应对可能的失控;关于数字媒介,我们仍然没有记取多少这样的教训。

关于氧气和油

没有氧气就没有火。火的燃烧是一种被称为"氧化"的化学反应过程。如果某种物质不能与氧气实现化学结合,它就不能燃烧。氧是燃烧发生的前提条件,也是所有有氧及碳基有机体存活的前提条件。氧与我们的生命化学反应过程彼此互动,是地壳中含量最丰富的元素——其质量约等于地壳质量和大气质量之和的一半。氧气也可能具有高毒性,比如吸入太多氧气会导致新生婴儿失明或脑损伤;带氧气罐的深水潜水员必须注意不能过量吸入氧气,否则后果会很严重。平常我们大多数人都不会注意到氧气的存在——除了在极端情况下,例如在游泳时,逃离烟雾时,罹患肺炎时或在飞机上时。只有在危急时刻,氧气的基础设施作用才显现出来。

实际上,无论在宇宙中还是在地球上,氧气的历史都是变化无常的。在宇宙中,与氢气或氦气相比,氧气属于稀缺元素。宇宙中 99.9% 的原子是氢原子或氦原子(氢分子总量比氦分子总量要大一个数量级);今天我们可以计算出宇宙最初大爆炸时产生的氢气和氦气的比例。宇宙中剩下的 0.1% 的原子组成最有意思,其中四分之三是氧气,八分之一是碳,剩下的八分之一包含了所有其他元素。由于这最后的八分之一含有的都是所谓重元素(天文学家称之为"金属"),因此它在总质量中的比例远高于八分之一。通常,宇宙中像氢这样的轻质元素要比像黄金这样的重金属多得多。我们的身体重量大约三分之二为氧气,因为它是水的主要成分。但是如果没有重元素,如碳、氮、钙、磷、钾、硫、钠、氯、镁、铁和锌等,氧气是无法存在的。即使是微量元素如碘和氟,也在人类的生理构成中起着至关重要的作用。重元素和微量元素都不是源自大爆炸,而是后来在超新星的膨胀和死亡过程中,在超高温的宇宙熔炉中产生(重)原子核而合成制造出来的——可见宇宙化学的历史也是火的历史。核合成发生在难以想象的高温下——在这个过程中,"火"(广义上的)制造出各种能维持生命的复杂化学物质,包括氧气。正如宇宙学家所说,人类的身体是由星尘构成的,是稀有元素的宝库。我们的肉体在宇宙中的珍贵程度就如黄金在地球上的珍贵程度一样。这再次说明,人类真的应该彼此珍惜。地球上的物质比宇宙的平均密度高 10^{30} 倍。像生物学一样,化学是一门只能在宇宙历史相对较晚时才能出现的学科。在宇宙大爆炸很长时间后,各类物质才发生了有趣的化学反应。[①]

氧气在地质史上并非一成不变。所谓"伟大的氧化期"发生在 24 亿年前,是地球历史上一次最具灾难性的灭绝浪潮,在这段时期内,当时统治地球的无氧生命形式(我们体内的大部分细菌以及那些将葡萄酒变成醋的细菌都是无氧生命)大多数都灭绝了。地球大气层的历史跌宕起伏。19 亿年前,大气中的氧含量再次下降;但到石炭纪时地球大气的 35% 是氧气。(整个地球和大气层尽管燃料充足而且至今都在燃烧,但令我们感到不可思议的是,它们并没有被彻底烧毁。)如果大气中氧含量低于 12%,燃烧就无法形成;高于 25%,燃烧就会一直持续。现在大气中的氧含量为 21%,不多不少,恰到好处,所以人类在这一点上非常幸运(这样幸运的情况还不少)。目前,大气中有 7.6×10^{19} 克氧原子。这个数据很大,而且精度令人吃惊(类似的数字还有几个,见第七章)。[②] 经同位素分析表明,地球上的氧源自光合作用和地质变化。生物的呼吸并未用掉地球上的全部氧气,大部分被地球上的氧化物(如地表下的喜马拉雅花岗岩)锁定。但如果地球上的氧气都被锁定在地球表面,那地球就会像现在的火星一样——因氧化生锈而变红。这就如同去皮的香蕉和苹果会因氧化而变成棕色——这一过程是缓慢的燃烧——最后都会变成如火星表面一样。很久以来科学家们都认为,光合作用(植物吸收水分和二氧化碳产生氧气和储存能量的奇妙过程)在地球历史上出现得相当早,约在 38 亿—35 亿年前。但最近这一判断正在被修改,被重新确定约为 27 亿年前。[③] 如果存在一个所有有氧生命都必须依赖的普遍性媒介的话,它肯定是氧气。

[①] Facts from Simon Singh, *Big Bang: The Origin of the Universe* (New York: Harper Perennial, 2004).
[②] Malcolm Dole, "The Natural History of Oxygen," *Journal of General Physiology* (1964): 5-27, at 12.
[③] Nick Lane, "The Rollercoaster Ride to an Oxygen-Rich World," *New Scientist*, 205, no. 2746(6 February 2010): 36-39. 30. Donald Griffin, *Listening in the Dark: The Acoustic Orientation of Bats and Men* (New Haven: Yale University Press, 1958), 33 ff.

人类生活在一个易燃的行星上，生活在其表面的是碳基生命，存在于其大气中的是氧气。我们的身体也反映了这种环境特征，我们体内的每一个细胞都在缓慢燃烧。每个细胞内部都含有细胞器、线粒体和一个"小炉子"——它释放出此前通过光合作用捕获的太阳能。宇宙中已知最复杂的物质——人类的大脑——也处于慢速燃烧的状态。只要缺氧5分钟左右，大脑就会死亡。（大脑也是对温度变化最敏感的人体器官。）我们将人的呼吸称为体内之火——我们体内的生命之火。

我们的身体各部位处在不同的热度和强度之中，使它有点像现代供暖设施出现之前的空荡荡、冷飕飕的老房子。外科医生发现，我们的肢体可以在较低温度下和浑浊空气环境中较长时间正常工作。而人体的核心部分（头部和胸部）则或多或少需要稳定的温度——这里可以视为具有热源或温控器的房间。但其他房间（肢体）的温度则可以有所不同。我们四肢的温度可以低于37摄氏度而不会受伤。人体不同部位的温度如果出现不一致就会被视为患了"半温血症"（poikilothermia）。蝙蝠等其他动物也有此特点，但其温差要比人类大得多。通常人类会调节体温使之趋于平衡。如果一切正常，人类就会吸热（endotherms）。人遭受感染后会发烧，这种反应是对自然的适应。火在人体之内和之外都是杀菌剂，它能清除微生物和其他敌意生物。我们的身体是火的容器，每个细胞都是一个维斯塔炉灶（vestal hearth）。热量控制是将生物和机器联合在一起的经典控制（Cybernetic）过程之一。热量控制问题（散热问题）是当今时代的主要媒介——计算机——在设计中面临的主要问题。

在这里，我还要简单地谈谈脂肪和油类，它们配得上与氧气同样的待遇。从生物学上讲，脂质（lipids）使细胞膜成为可能，并且是生物体中必不可少的屏障。细胞膜是关卡，是最古老的媒介，它使得细胞成为可能，并且制造出了细胞——哲学家彼得·斯洛特戴克（Peter Sloterdijk）[①]对之尤为钟爱。从热力学上讲，脂肪是燃烧的重要燃料源。现代世界依赖油脂，其支

[①] 彼得·斯洛特戴克（Peter Sloterdijk, 1947— ），1976年在德国汉堡大学获博士学位，1992年至今在卡尔斯鲁厄设计高等学校任教授。现为卡尔斯鲁厄设计高等学校（Staatliche Hochschule fürGestaltung Karlruhe）哲学和美学系教授，同时任该校校长。斯洛特戴克常自称是时代的诊断者。他所编著的《哲学气质：从柏拉图到福柯》一书对欧洲哲学思想从古至今的历程进行检视，目前已出中文版。——译者注

撑并非石油而是鲸油。没有油脂（以及煤和纸）就没有现代性，而油脂实际上就是被加工过的尸体。脂肪在动物、人类和机器之间迅速流通，可用作蜡烛、灯具、肥皂、化妆品、食品和润滑油。油脂是肥料和塑料的关键成分，它还能污染海洋、涂抹国王①和驱动战争机器。② 美国商务部曾专门设立了一个"油脂部"，将油脂视为战略物资并定期提交详细的分析报告。例如，通过这类报告我们知道，2007 年 12 月整个美国消费了 12.826 亿磅色拉油/烹饪油。油脂是一种独一无二的有机物质，富含能量。很少有其他物资能让我们这种会喷火的物种对油脂如痴如狂。③ 现代社会的富人们，无论在其身外（开车）还是其体内（健身），都想要燃烧油脂（脂肪）。

对油脂的贪婪驱动人类对环境犯下了历史上最令人发指的种种暴行。西班牙征服者在墨西哥用被征服者的尸体脂肪制作一种软膏，他们切开受害者的尸体收割脂肪，制成染膏涂抹在他们在战斗中遭受的伤口上。④ 今天几乎同样令人毛骨悚然的是"水力压裂"页岩油采集法。这种方法使用地下爆炸物和化学物质从地球内部汲取页岩油。在一个经典的"逆转"（ordo inversus）中，在一些接近压裂区域的地方，地下火竟然会从水龙头中喷出。当然，相关的页岩油开发公司会拒绝对这种环境破坏行为承担责任，并将"水变火"视为自然界带来的意外惊喜。⑤ 但水龙头喷火只不过是一种扭曲的维斯塔之火。

在掠夺油脂上，捕鲸业的离奇程度处在以上西班牙人的虐尸和今天页岩采集的水龙头喷火之间。捕鲸业实施大规模屠宰，属于"世界末日"行业。该行业极为危险，对海面上的猎鲸人和甲板上的屠鲸人来说都是如此（特别是捕鲸业在 20 世纪初被机械化后）。捕鲸人在惊涛骇浪中驾着小船、持着

---

① 此处指所谓"膏立"（anoint），该词来自古法语 enoint，是 enoindre 的过去式，其本意是指用油脂涂抹，用于医疗保健领域。"膏立"（anoint）后引申指以膏油涂抹，以示受命于神。在犹太人中，国王、祭司等职位要经过"膏立"仪式才能就任；宗教器具要经过"膏立"后才能使用。由于犹太人此习俗，anoint 获得了宗教含义，表示通过涂抹膏油以册封为王、祭司等。——译者注
② John Witte, "Oil," seminar paper, University of Iowa, spring 2013.
③ 参见：D. Graham Burnett, *Sounding the Whale: Science and Cetaceans in the Twentieth Century* (Chicago: University of Chicago Press, 2012), 12, 63 – 78, 92 – 93, 308, 330 – 335, 522, passim.
④ Bernal Díaz del Castillo, *Historia Verdadera de la Conquista de la Nueva España* (Mexico City: Porrúa, 2004), 107.
⑤ *Gasland*, dir. Josh Fox (2010).

鱼叉追逐利维坦,危险重重。梅尔维尔说,被燃烧掉的每一加仑鲸油的背后都"至少有一滴人血落下"。① 在屠鲸站切割鲸体时也险象环生——鲸鱼在死亡后数小时内就开始分解,随着其内脏的腐烂和液化,其体内积聚气体,恶臭尸体随时可能爆裂,鲸体内的胎儿窜出如鱼雷,气流会使边上的工作人员死于非命。20世纪早期屠鲸站的场景与但丁笔下的污秽地狱不相上下。其中一个场景是:因为海洋水温不够高,这里腐烂的鲸尸多年无法完全分解,最终形成了一个巨大的泻湖(lagoon)。在第一次世界大战期间及之后,战斗人员大量使用基于鲸油衍生甘油的燃烧器,场面极为"惊爆"。鲸油润滑了工业齿轮,甚至被作为汽车传动液,还被电子游戏《魔兽世界》中的怪兽基赫纳斯(Gehennas)制作成蜡烛。因燃烧时无烟,鲸油还被用于灯笼和灯塔照明,因为它不会熏黑灯笼的玻璃外壳或探照灯的镜片。鲸骨可以被烧焦当木炭,鲸脂还是卡玛肥皂中的一种成分。苏联人用鲸肉喂养他们大面积人工饲养的水貂。抹香鲸还可以被制成人造黄油、狗粮和维生素补充剂。(鲸如手无寸铁的海中"大佛",人类对它却无所不用其极。)海德格尔提出了"座架"(Gestell)概念,指的是人类将大自然嵌套圈养(enframe)成可开采的资源的做法。如果该概念存在任何象征物的话,鲸的命运就是其中之一。海德格尔还提出了"持存物"的说法,如果它存在某种象征,人类通过采集油脂将能量储存起来以供随时取用,就是这样的象征之一。

意义:模糊而强烈

火虽然意义丰富,但它很少承载精确的语义。像野生动物和植物一样,火必须被驯化,而且火的驯化是人类漫长驯化历程中的第一步。虽然我们现在很难确定人类早期用火的具体年表,但可以确定的是它作为人类的伙伴比语言早得多。关于人类用火实践存在不少争议,例如,你关注的是偶然的用火、有意的烹饪用火还是金属加工或陶瓷生产用火?② 有人认为直立人和用火是同时出现的,两者对人类的发展同等重要,这样就将人类的首次用火

---

① Melville, *Moby-Dick* (New York: Norton, 1967), 178.
② Kyle S. Brown et al., "Fire as an Engineering Tool of Early Modern Humans," *Science*, 325 (2009): 859–862.

时间确定为最早至两百万年前——我这里使用"人亚科原人"(Hominin)[①]一词不是拼写错误,它已经开始取代此前的"人科动物"(hominid)一词了。还有些人认为,现在确定可考的人类最初用火时间大约为35万—50万年前。(自然发生的火灾记录则可追溯到大约4亿年前。)专家们当然会继续翻检原始木炭来寻找人类用火的更多证据,但我这里想要说的是,人类用火明显先于所谓"行为现代性"的出现,也先于人类会使用(和滥用)语言,而且还先于殡葬、装饰、仪式以及各种复杂概念的出现。人类用火需要先存在社会组织和纪律,而后者显然是在人类通过基因变异或文化引导产生语言之前就已经存在了。人类的非语言沟通行为远比语言沟通更早、更深入。

火是人类拥有的和上帝、天堂、地狱有关的最古老的比喻,也是很多哲学和诗歌的主题。它意味着有头脑和有认知力。正如柏拉图所说,无火则无物可见。[②] 皮恩说,燃烧(combustion)与认知(cognition)如影随形。被誉为"行为现代性"标志的洞穴绘画都是用火的结果,这体现在如下几个方面。首先,拉斯科(Lascaux)[③]的远古艺术家只有通过火光才能在黑暗的洞穴内看清从而给壁画上色。当时的"火把"大概是用石头蘸上燃烧的动物脂肪做的。其次,火也提供了进行壁画叙事的媒介,因为壁画使用的颜料是火烧过后的灰。再次,火还提供了壁画的内容——远古人举着火把狩猎,壁画上方还布满星星点点,似乎是夜空中的星星(据说这些点描述的是各星宿)。[④] 因此,"火是一种媒介"有三个层面的含义,而且各有其用,各尽其用。今天,火仍然是一种具有很大可塑性的艺术资源,也是艺术灵感的源泉——这对那些工作在音乐和电影领域的人尤其如此。谢尔盖·爱森斯坦(Sergei Eisenstein)[⑤]认为火是电影的精髓。他说:"火意味着形象(image)从无到有

---

① Hominin,人亚科原人,从非洲类人猿中分离出来,具有双足和更大的大脑,其代表为1974年在非洲发现的"露西"头骨化石。
② Plato, *Timaeus*, 31b.
③ 拉斯科石窟壁画位于法国南部的拉斯科石窟,其中的壁画属于旧石器时代末期遍布欧洲的玛道莱奴文化的一部分,距今已有1.5万—2万年的历史。1940年,它被放学回家路过这里的少年们发现。拉斯科石窟与1879年发现的位于西班牙北部的阿尔塔米拉洞窟都以绘于旧石器时代的壁画而闻名于世。——译者注
④ Pyne, *Vestal Fire*, 31-32.
⑤ 谢尔盖·爱森斯坦(Sergei Eisenstein),苏联无声电影时期世界著名导演、电影编剧和理论家、电影蒙太奇理论奠基人。早年从事él宣传画和戏剧布景工作,参加过红军,后当过舞台电影。1925导演《战舰波将金号》,引起世界轰动,被公认为世界电影史上最杰出的影片之一。——译者注

的被慢慢揭示出来的过程。"①

像麦克卢汉笔下的电灯泡一样,火与学习(learning)有着一种交融关系。书写、阅读、学习与火一直都是故交,三者所使用的工具都是火(pyric)。墨水(ink)一词来自拉丁语词 encaustum,也来自希腊语词 ἔγκαυστος(enkaustos),意思是"烧灼",指的是大量生产墨水的过程。〔另一相关的词 Holocaustum,意思是"整个动物的燔祭",是大屠杀(Holocaust)一词的词源。〕②摩西说的"燃烧的灌木"③可能是喻指"神圣文本",它在阅读中能熊熊燃烧,却不能被彻底烧毁;拉比们认为托拉是"用黑色火焰字母在白色火焰背景上书写而成的。"④文本需要通过火焰的光才能被读出;某位学者又"秉烛夜读"了。⑤ 但火对图书馆也是巨大威胁。(要进入牛津大学的博德利图书馆,⑥读者必须先背诵一个古老的誓言:禁止在图书馆用火。)速读者读书快如"烧"(burn)书;亚马逊电子书阅读器叫做"Kindle"(点燃)和"Kindle Fire",实际上就是这一传统的延续。这不禁让我们想知道,这些名称对我们所熟悉的纸质书籍已经造成了何种恶作剧式的后果。

在流行音乐中,火提供了一系列意象,包括愤怒、奉献、激情、疼痛和苦难,而且它和音乐一样具有超越言语、传达深层含义的能力,这就像爱欲

---

① 参见:*Eisenstein on Disney*, trans. Alan Y. Upchurch (London: Methuen, 1986), 24-33, 44-48, at 47。感谢泰勒·威廉姆斯(to Tyler Williams)。
② See Giorgio Agamben, *Remnants of Auschwitz*, trans. Daniel Heller-Roazen (New York: Zone, 1999), 28-31, for a semantic history of the term holocaust that itself performs a kind of fire-purgation rite.
③ 《旧约》的《出埃及记 iii:1, -iv:31》记载,有一天摩西在西奈山上放羊,看见一个灌木丛好像着火了。他想看着它燃尽,但火一直烧,没有要燃尽的样子。于是摩西与"燃烧的灌木"对话,而这"燃烧的灌木"实际上是上帝的显形。——译者注
④ Susan A. Handelman, *The Slayers of Moses: The Emergence of Rabbinic Interpretation in Modern Literary Theory* (Albany: State University of New York Press, 1982), 37.
⑤ 原文为 burns the midnight oil,意即"加夜班,开夜车"。——译者注
⑥ 英国牛津大学博德利图书馆历史悠久,藏书名列世界前茅。20 世纪 30 年代,钱钟书在牛津大学留学期间曾在博德利图书馆饱览西方经典。他自喻是一只东方蠹虫,要在此处畅饮饱餐,也因此戏称博德利图书馆为"饱蠹楼"。"饱蠹楼"的图书不外借,读者只准携带笔记本和铅笔,书上不准留下任何痕迹。据杨绛回忆:钱钟书整日徘徊在"饱蠹楼",将精微深奥的哲学、美学等大部著作,像小儿吃零食那样吃了又吃,厚厚的书一本本渐次"吃"完。重得抬不动的大字典、辞典、百科全书等,他亦摸着字典逐条细读。由此形成了读书勤做笔记,博闻强识,过目不忘的治学特点。——译者注

(eros)和求知欲(epistemic)一样如影随形,在激情跳动中渴望知识。[1]"火在心灵上比在余烬下更能可靠地燃烧。"[2]火存在于我们的身体、思想和隐喻中。死亡为我们提供的伟大服务就是赋予生命以意义。如同死亡一样,火的消极性也是赋予我们伟大意义的手段。火对人类有一个致命的吸引力(不仅对飞蛾如此),就是加斯东·巴什拉所言的"安培多克勒斯情结"(Empedocles Complex)——人内心具有的将自己投入到火焰中的冲动。英国诗人罗伯特·瑟维斯(Robert Service)的诗《山姆·麦基的火葬》(*The Cremation of Sam McGee*)则更具有喜剧色彩。该诗讲述一个阿拉斯加的黄金探矿者受尽严寒的折磨,直到最后葬礼上燃烧的柴火中才感到了些许温暖。神学中的炼狱观念——处于天堂与地狱之间的第三空间,灵魂在此等待死亡——所体现的就是一部人类对火及其影响的反思的历史。[3]

火既是条件也是内容。古希腊人和维京人用它点燃柴堆,美国原住民用它来升起烟雾,目的都是为了传递"加密数据"。西斯廷教堂烟囱里升起白烟,意味着新的教皇已被选出;升起黑烟,则意味着教皇遴选秘密会议尚未做出决定。法国人称交通信号灯为 feu(即火),显示出信号灯的早期历史。在某些语言中,灯塔被称为火焰塔。在圣灵降临的圣经日(Pentecost),大城市里人们聚集在一起,各自头上都带着开叉的火舌标识,意思是要用火将人类不同语言间的差异付之一炬。但通常情况下,除了燃烧和跳动之外,火并没有其他特别的意思。在圣诞节期间,美国的一些电视频道会持续播出一个家庭壁炉燃烧时的影像。在挪威这个拥有超过一百万台家庭壁炉或燃木火炉的国家,每周五的一档夜间电视节目在就某些议题发起全国性讨论的同时,也会连续八小时直播一个壁炉之火的熊熊燃烧过程。该节目的一名挪威观众表示:"出于某种原因,这个节目让人非常平静,同时也让人非

---

[1] 柏拉图认为爱欲就是对知识的渴求,这里的"知识"指个体所不具备的和所不知道的所有美好的东西。在柏拉图笔下,苏格拉底称他唯一知道的就是自己的无知。"无知之知"意味着个体要终其一生去探求自己未知的东西。苏格拉底又说自己唯懂爱欲,这种哲学家的"爱欲"也就是指他对未知知识的追求。人们通常认为爱欲是快乐的,那么哲学家对知识的永无止境的探究也是快乐的。——译者注

[2] Gaston Bachelard, *La psychanalyse du feu* (Paris: Gallimard, 1949), 35: "Le feu couve dans une âme plus sûrement que sous la cendre."

[3] Jacques Le Goff, *The Birth of Purgatory*, trans. Arthur Goldhammer (Chicago: University of Chicago Press, 1984).

常兴奋。"火是一种"启发性的模棱两可"(evocative ambiguity),可能的讯息会从中自然而生,如同存有本身一样。有时候,媒介什么都没说,又无所不说。①

火还有利于建立和维持社会关系。政治抗议、宗教仪式、生日派对和浪漫晚餐都离不开火。火将人们集结起来,或围绕壁炉或围绕篝火。在谈话延迟或沉默涌现时,总是面前火的噼啪燃烧声来救场。西方圣诞节每家每户都会为壁炉准备木柴,它们在燃烧时总会散发出一种欢乐(jolly)的气氛,而 jolly 一词与圣诞(Yule)有关,两者都源自德语。

火的吸引力不仅源自视觉,也源自燃烧时的声音:火在燃烧时与我们赖以呼吸的空气相碰撞而发出声音:草原野火猎猎,令人恐惧;家庭炉火旺旺,令人兴奋。在动物祭品烧烤时升起的烟火和熏香中,希腊人和希伯来人的神灵笑逐颜开。火能释放出强烈的芳香——如果你在火边站立一会儿,头发和衣服就会释放出这种味道。火一旦失控会四处乱串,非常令人恐惧,而发出的热浪、烟波以及随着木材汁液爆出的火花,则让人感觉可亲可触。正如在帆船驾驶中一样,在用火过程中控制风向是第一原则。但是风也可随火而起。二战期间盟军对汉堡、德累斯顿和东京进行了大规模轰炸,引发大火,随后风随火起,助长了大火的肆虐,造成重大伤亡。

火还充满着某种连接性(conjunctive)意义。人类祖先在掌握语法和语义之前,就在情感上和行动上跟火联系在一起了。火很容易进入我们的内心,因为它原本就存在于我们的内心;它是创造意义的重要原材料之一。终极事物总是以火的形式呈现出来。希伯来《圣经》的神是一位火神,"上帝是吞噬的火苗"(申命记 4:24),他的话就是火(耶利米书 23:29)。很少有书籍像《圣经》一样充满着火的意象,对之我们很容易举出众多例子。加斯东·巴什拉在一篇文章中指出:"自然界试图体现出自己的自相矛盾,而人类也许是这一矛盾的首要体现"。人类的灵魂是多变的、高贵的、叛逆的、自我牺牲的、非理性的、算计的、鬼鬼祟祟的、死忠的以至宁愿自我毁灭的、迷恋鬼魅的。和肉体凡胎以及上帝神仙一样,火本身也是矛盾的。凡其所及

---

① 参见:Sarah Lyall, "Bark Up or Down: Firewood Splits Norwegians," *New York Times*, 19 February 2013. 麦克卢汉在《理解媒介》中提到的"部落鼓声"(tribal drum)被误译为希伯来语的"篝火"(bonfire)。这一误译倒也别有趣味。

皆化为灰烬,同时自己也灰飞烟灭。它的舞蹈最具活力,然而由此自己也奔向灭亡。由此可见,并非所有的意义都是通过语义来呈现的。

烟亦涵义深巨。事实上,符号学基础知识告诉我们,烟是火的指示(index)。在中国,给死者的祭品是以烟雾传达的——通过焚烧冥币和其他纸制品而成青烟——它是中国人与神、鬼和祖先沟通的媒介。中国人通过烧香使饿了的先人吸烟啖火得到慰藉,这时如果香火不幸熄灭则意味着家族血脉的断绝,也意味着将没有后代来为祖先烧香起烟。① 和以烟为号一样,人造的烟雾也会出现在许多宗教仪式上。② 以色列人在出埃及后的流浪中,上帝从云端出现,他穿的衣裳和云雾不分彼此;西奈山也云山雾罩,以隐藏(也因此展现出)上帝降临时的荣耀。高高可见的云也被作为一种方向标识,告诉被追杀的以色列人什么时候可以前行,什么时候该躲避。

另一方面,正如我们从黑色电影中看到的那样,烟的历史也可以显得不那么高尚。在电影中,香烟可以作为调节情绪和氛围的魔杖。杰奥弗瑞·温斯洛普-杨(Geoffrey Winthrop-Young)对早期的基特勒(Friedrich Kittler)作了精彩回忆,也因此展现吸烟的符号学意义。"我从来没有见过其他男人能(像基特勒一样)与香烟有如此亲密的关系。基特勒点燃一支烟,烟对于他仿佛一个多变的道具:魔术师的魔杖、乐队指挥的指挥棒、拉拉队长的接力棒、土地公公的拐杖。他拿着烟像在电报发报机上按键一样敲击着桌面以表示不耐烦,或将其变成日本武士手中的刀来斩断别人出于无知发表的不同意见,或将其高高举起如一只发光的感叹号以阐明自己的重要观点。烟抽完了时,他会盯着烟蒂,表情沮丧而又充满感激,然后在一阵简短的同病相怜的沉默之后,他又摸出一根接着抽。要搞懂阿兰·图灵(Alan Turing)的'图灵机',③你不必先研究透图灵本人,你只要看基特勒如

---

① Janet Lee Scott, *For Gods, Ghosts, and Ancestors: The Chinese Tradition of Paper Offerings* (Seattle: University of Washington Press, 2007), chap. 1.
② 参见:Menahem Blondheim, "Prayer 1.0: The Biblical Tabernacle and the Problem of Communicating with Deity," *International Communication Association*, Phoenix, AZ, 2012。麦克卢汉喜欢的一个笑话是:两个美国印第安人在通过烟火信号远距离交流时,突然看到远处核试验升起的巨大蘑菇云。见此,一个印第安人连忙发出信号对另一个说:"那个要是我发出的就好了。"
③ 图灵机(Turing machine),一种计算机模型,由英国数学家图灵(A. M. Turing)于1936年发明,他从这种简单的数学机器出发来研究计算的概念。图灵机计算模型具有的巨大优越性。它不仅表现在为存储程序式电子数字计算机提供了强大的程序设计思想,又因其结构十分简 (转下页)

何抽烟就够了。"①

像所有基础设施型媒体一样,火具有空间和时间管理能力。火被用在所有军事征服中,也是能凝固时间的工具。火炬和壁炉是人类用火史上的两种重要表现形式。②世界上许多文化都将火置于其神圣中心位置。在雅典的市政厅(prytaneion),大火熊熊燃烧是为了献给灶神赫斯提亚(Hestia,也即维斯塔);希腊人从母城雅典取得火源,将其带往各殖民城邦点燃并维护。拉丁语中的"壁炉"(focus)是家庭中的"焦点"(focus),该词在法语中为feu,西班牙语中为fuego,意大利语中为fuoco,葡萄牙语中为fogo,这些词的意思都是"火"。阿兹特克人的历法将52年视为一个周期,在每个周期结束时,帝国会举行仪式将所有火都熄灭。在进入下一个周期时,巫师们又重新点燃全国所有火苗,整个过程仿佛是对宇宙进行一次重启,以昭示天下,国家才是所有"存有"的源头。奥运火炬在全球范围内的表演性传递代表着对空间和时间的征服。"血亲关系"(kinship)和"点燃"(kindling)两个词显然是相关的。在《出埃及记》中,纳达布(Nadab)和阿比胡(Abihu)因为在祭祀仪式上献上"外国火"(利未记1:1-2)而受到惩罚,这可能是因为他们使用外火违背了香火谱系规定,还可能是因为他们竟胆敢未经许可就举行献火仪式。〔火也许是人类最早的品牌产品,未经授权不得乱用,当然"品牌"(branding)一词本身也源于火,即用火焰下标记。〕英尼斯认为,祭坛和火炬(它们分别属于宗教用火和军事用火)两者并不总能明确地分开。拿撒勒的耶稣说:"我将火带到人间。"(路加福音12:49)耶稣这话——无论是指"用火施以精神洗礼",还是指西班牙征服者以他的名义烧死异教徒这一做法——说得都很对。

"蜡烛"也能照亮那些隐藏在句法背后的意义。16世纪一名虔诚的教徒说道:"没有蜡烛,一切都是恐怖。"蜡烛使我们可以在夜间阅读和不至于

(接上页)单,操作运算出乎意料地强大,以过程形式比较准确地刻画了计算这一基本的概念,从而被学术界广泛关注。而且,从图灵机出发可采用相近的构造、定义方法设计,派生出一批计算能力强、使用方便、形式各异的自动计算机器,不同的观察事物和处理事物的角度为学科的发展奠定了重要的理论基础。——译者注

① Geoffrey Winthrop-Young, "'Well, What Socks is Pynchon Wearing Today?' A Freiburg Scrapbook in Memory of Friedrich Kittler," *Cultural Politics*, 8, no. 3(2012): 361 - 373, at 362 -363.

② Pyne, *Vestal Fire*, 25ff, 49 ff.

第三章 一场关于火的布道

迷路,据说还能抑制犯罪行为。蜡烛传统上由塔罗(tallow)——一种精加工的动物脂肪——制成。18世纪,鲸油蜡烛开始流行,刺激了捕鲸业的发展。当时蜡烛是一种奢侈品,用动物脂肪制成的蜡烛比用蜡制成的蜡烛便宜,但会散发出臭味和浓烟。在早期现代欧洲,那些神奇迷人的蜡烛是由人体制成的,被称为"小偷的蜡烛",它是死刑犯身上的脂肪或整根手指。难产死婴的手指被称为"死灵蜡烛",备受青睐;被称为"荣耀之手"的"蜡烛"则是死刑犯的整只手,点燃之后发出的光据说可以以毒攻毒,驱散黑暗和邪恶。[①] 在哀悼仪式和对纳粹大屠杀死难者的悼念中,蜡烛代表着生命,摇摇欲坠,随时可能熄灭。在莎士比亚的作品中,蜡烛总是预示着可怕的事情即将发生。"灭了,灭了,短命的蜡烛!"麦克白哭泣道,而罗密欧还能活多久则取决于他的蜡烛已经烧了多久。[②] 据格林兄弟(Brothers Grimm)[③]描述,死神有一个洞穴,里面满是点燃的蜡烛,人世间每个活人都有一支,蜡烛熄灭时也就是该人死亡之时。[④] 蜡烛也可以作为政治抗议的象征,此时即使风再微弱,抗议者都必须用两只手捧着烛火。1989年在莱比锡举行的革命性烛光守夜活动中,一名基督教牧师说,蜡烛是和平的象征,因为你(在双手捧着烛光时)不能同时手拿蜡烛和武器。烛光微小脆弱,在无边的黑暗中摇曳闪烁,已经成为一种象征力量。[⑤]

火处在纯净和危险之间,处在一个福祸相依的离奇圣地。用于仪式时,火成为沟通"具身存在"(生者)和"离身存在"(神、鬼及祖先等)的渠道。位

[①] A. Roger Ekirch, *At Day's Close: Night in Times Past* (New York: Norton, 2005), 100 - 111, 41 - 42.

[②] Arthur F. Finney, *Shakespeare's Webs: Networks of Meaning in Renaissance Drama* (New York: Routledge, 2004), 81 - 84.

[③] 格林兄弟(德语: Brüder Grimm 或 Die Gebrüder Grimm),雅各布·格林(1785—1863)和威廉·格林(1786—1859)兄弟两人的合称。他们是德国19世纪著名的历史学家,语言学家,民间故事和古老传说的搜集者。两人因经历相似,兴趣相近,合作研究语言学、搜集和整理民间童话与传说,故称"格林兄弟"。他们共同整理了销量仅次于《圣经》的"最畅销的德文作品"——《格林童话》。——译者注

[④] "Der Gevatter Tod," *Die Märchen der Brüder Grimm* (Augsburg: Goldmann, 1981), 159 - 161. 52.

[⑤] Gaston Bachelard, 2nd ed. (Paris: Presses universitaires de France, 1962); Jiyeon Kang, "Coming to Terms with 'Unreasonable' Global Power: The 2002 South Korean Candlelight Vigils," *Communication and Critical/Cultural Studies*, 6, no. 2(2009): 171 - 192.

于耶路撒冷南部的欣嫩谷（Hinnom Valley）——更以火焚谷（Gehenna）①为人所知——为"登山布道"②提供了一些最生动的意象："地狱火"取自一个垃圾堆，它持续不断地、令人讨厌地闷烧着（马太福音第5章：22，29—30）；更加令人不寒而栗的是，就在这个山谷里，儿童曾被作为祭品活活烧死献给迦南神祇摩洛克（Moloch）。在某种仪式上放火焚烧，既是消除某些危险物品的方式，也是升华某些珍贵物品（如旗帜、冥币和圣书等）的方式。如果违反了用火焚烧的仪式规定，你可能会遭致严厉的社会性惩罚。③ 没有什么能比将圣物放错位置更具危害性了。

人的尸体这一极端危险物常常被生者如垃圾一样火化。这里涉及一个奇怪的物质性事实，即人体能产生多少灰烬？每具尸体烧完后不过几公斤灰。谷兹布洛姆推测，人类火化死者尸体的做法可能具有某种功能，例如防止其他掠食动物对人肉味道形成偏好。如果不火化尸体，有可能会激发掠食者的饮食偏好，进而对生者带来致命的后果。在印度，一只曾咬过人的豹子在八年内吃掉了126人。④ 与人类的大多数文化性调适一样，人类的用火实践通常依赖隐性的基础设施性智能。火，无论是自然导致的还是人工生成的，都是人类的第二自我，既是我们的摧毁恶魔，又是我们的守护天使。使徒保罗总结得很对："火会让它显灵。"（哥林多前书3：13）

容器型技术

旧媒介能衍生出新媒介来应对前者产生的副作用。电视的流行催生了《电视指南》杂志，互联网催生了搜索引擎，书写催生了标点符号，而火的使

---

① 该词源于希伯来文 Gehinnom，指耶路撒冷西南一山谷。大约前7世纪，这里是耶利米宣布焚烧孩子作为祭献给巴力之所（《旧约耶利米书》第19章4—6节）。后来，此处被认为是地狱之门。这一地名在犹太教和《新约全书》中喻指恶人死后受到折磨（主要是焚烧）的地方（《新约全书·马可福音》第9章43节）。——译者注
② 耶稣在登山布道（the Sermon on the Mount）中要信徒悄悄布施，其目的是不让自己的性善成为赢取民心的手段——"不求回报，只需施舍""不要计较，上帝之爱乐于馈赠于人"。——译者注
③ Carolyn Marvin, "Theorizing the Flagbody: Symbolic Dimensions of the Flag Desecration Debate; or, Why the Bill of Rights Does Not Fly in the Ballpark," *Critical Studies in Mass Communication*, 8, no. 2(1991): 119-138.
④ Goudsblom, *Vuur en beschaving*, 128-129.

用则需要各种容器（如壁炉、炉膛、窑炉、烤箱和焚烧炉等）来遏制它。火丰饶的消灭能力需要遏制。炉膛、灭火器、避雷针和保险单都是否定之否定。如果这个世界存在基础设施型思想家（an infrastructural thinker）的话，刘易斯·芒福德应该算一个。他提出了一个极具创造性的概念：容器型技术。在《技术与文明》（1934）一书中，他指出，技术史不应该忽略"器皿、物件和各种设施"，包括盆子和篮子、染缸和砖窑，以及水库、引水渠、道路和建筑物等。[①] 他认为，很多技术史家过分强调了人类技术中那些能移动的和更具噪音的部分，如箭头和矛尖等，而不是炉膛、盆子和篮子等。后来他明确地对"容器型技术"做了定义，以不那么明确的现象学方式将该类技术视为背景（ground）——一方面它们因自身的存在使前景突出，同时又让自己消失不见。容器型技术之所以不为我们所见，部分原因是它们在历史上沉默无语。很多此类技术都发明于新石器时代，此后很少得到改进。相比之下，那些战争技术则贪婪不已，不断"进步"。还有部分原因是由于我们的考古偏向于寻找和发现那些能留下诸如箭头和斧头之类痕迹的古代实践，而忽视了无法留下类似痕迹的古代实践，如各种仪式或社区活动等。容器型技术包括"地窖、垃圾桶、蓄水池、大桶、花瓶、水罐、灌溉渠、水库、谷仓、房屋、粮仓、图书馆和城市"以及更抽象的容器如语言、仪式和家庭制度等。[②] 到19世纪，由于出现了食物的化学存储技术和视听记录技术，人们可以及时捕捉和重放各种事件，因此对"容器型技术"的描述和传播取得了巨大飞跃。容器型技术所展现的是媒介最具"环境"特性的一面。

　　与火一样，各种容器都与"负"有着特殊关系。容量以空间为前提。乍一看，容器必须是不透水的，这是所有容器的应有之义。但如果某些容器是全封闭的，那它按设计就是要被人打破的，如时间胶囊、彩陶罐、蛋壳和坟墓等。否则，我们只要说到容器，自然就意味着它必然会有一个洞，这个洞或者是一个水龙头，一个软木塞口或其他类型的出口。每个药瓶都有一个塞子。容器中的内容通常不能漏出，但是要能倒出。"能排漏"对于滤网、漏壶

[①] 参见：Mumford, *Technics*, 11. Leroi-Gourhan, *Gesture and Speech*, 134, *Le geste et la parole*, 1: 190–191. 尽管芒福德认为"尖锐物"在技术（technics）的兴起过程中绝对居于核心位置，但他也觉得我们的史前史研究过于看重它们的作用。

[②] Lewis Mumford, "An Appraisal of Lewis Mumford's Technics and Civilization (1934)," *Daedalus*, 88, no. 3(1959): 527–536; and *Technics*, 83.

和过滤器是必不可少的特征。① 银行账户应该具有储蓄功能以让钱累积,还要能通过利息让钱生钱,同时它还必须能允许账户主人取款。货币本身也与"负"相关——和所有珍贵液体(如葡萄酒、油或水)一样,货币的最大价值体现在被使用(消失)的过程中。

其他容器则在空置时最能发挥效用。所有人(尤其是保险公司)都宁愿其财产、消防或人寿保单永远不需要赔付。安全网在它保持空荡时最保险,监狱和其他惩罚性设施也是如此。设立非军事区——如前东—西柏林间或现仍存在于朝韩两国间的无人区——的目的就是要在警犬、电篱笆和机关枪的强制监督下保持这些无人区空置无人。冷战期间的核遏制政策也是如此——能争取不使用核武器本身就已是胜利。安息日(Sabbath)——在希伯来语中是"停止"的意思——意味着让自己无事可做,从而获得更大的快乐。我们的假期(vacation)一词与空位(vacancy)有关,意思相似。安息日宣布市场休市、国家行政放假,从而在历法上辟出一个区域(eruv)禁止侵入,它发挥了一种"历法标点符号"的作用。

有些容器在空的时候效果最好,但所有容器在全满时都无法发挥其最大效用。装满了液体的容器(如纸饮料杯)固然可以产生美丽如喷泉般的效果,但严格而言没有多少实用价值。瓶子、停车场、注射器和时间表都需要一定的"留白",否则会因为堵得过于严实而根本无法使用。建筑物需要走廊,农场需要休耕。葡萄酒瓶如果被装满至碰到软木塞,后果会很严重,因为"空瓶区"(瓶子灌装后留下的顶部空间)对葡萄酒的顺利成熟和倾倒起着关键作用。② 电脑硬盘在接近其最大容量时会变得反应迟钝,几乎不能用。经济学家认为,维持一定程度的失业率能防止劳动力市场僵化。在精密部件的加工中,工人会特意为润滑留下余地。布鲁诺·拉图尔在评价一项近来引发不少兴趣的容器型技术时说,网络(network)"主要由各种虚空(voids)构成"。这与海德格尔的观点相呼应。海德格尔说,组成罐子的不

---

① Zoe Sofia, "Container Technologies," *Hypatia*, 15(2000): 181–201, at 192.
② 参见:Heidegger, "Bauen Wohnen Denken," *Vorträge und Aufsätze*, vol. 7 (Frankfurt: Vittorio Klostermann, 2000), 145–164。后来,"分隔符"(spatium)一词被媒介理论家弗里德里希·基特勒(Friedrich Kittler)、伯恩哈德·西格特(Bernhard Siegert)和沃尔夫冈·谢夫纳(Wolfgang Schäffner)用来指称文艺复兴时期三个媒介创新:透视法、印刷术和会计术。

是它的底座或罐壁,而是它由此而打开的空间(虚空)。① 空间之于容器正如火之于物质。

谈论容器型技术不可避免地会涉及性别问题。芒福德指出,容器型劳动通常是由女性完成的,而这些女性却被要求像她们所从事的劳动一样保持安静和隐蔽。芒福德明确反对"技术只涉及男性身体的延伸"这一说法,他提出"容器型技术"概念,是为了平衡男性主义者的"权力型技术",如武器、石头和箭等。与大多数人不同,芒福德意识到,如果将性别剔除在外,技术将成为一个让人无法思考的范畴。

在芒福德的基础上,佐伊·索菲亚(Zoe Sofia)发表了一篇精彩的女权主义文章,展现出技术是如何以一种微妙的方式嵌入维护(holding)和供应(supply)关系中的。索菲亚认为,诸如房屋、衣服、文化和各种庇护所等"子宫外基质"(extra-uterine matrices)为人类提供了居所。我们通常视为"技术"的东西从根本上都依靠隐藏在幕后的各种维护性和供应性"基础设施"(尽管索菲亚没有使用这个词)。汽车需要道路、加油站和保险公司,电脑需要电网,科学发现需要实验室,婴儿需要母亲。海德格尔的"持存物"可以指为任何技术发挥底层支撑作用的任何物。海德格尔青睐那些具有神秘感的物件(如大水罐或圣杯),而索菲亚认为以上"子宫外基质"与海德格尔眼中的神秘物件一样有价值。如果我们在考察技术时忽视了技术所依赖的基础,包括容器、工具和公用设施——当然还有性别关系——那无疑是危险的。索菲亚的整篇文章都是对"离格"关系的深层思考:如果没有 X,那就不会有 A。媒介可以揭示事物并使该事物成为可能,它们是成就事物的必要条件。但索菲亚这里所做的重要贡献是,她在不强化性别二元区分的前提下对技术的概念进行了完善。她强调的不是要平衡"属于男性的"主导性技术与"属于女性的"养育性技术,而是要解构整个框架。她指出,男性身体也是一个容器——很少有东西能比锅碗瓢盆(容器)对女性更具暴力了。②

索菲亚认为,子宫完全是技术性的,而且它肯定是将初生儿带到这个世界时——阿伦特称这个过程为"生产"(natality)——所涉及的媒介中最重要的一

---

① Bruno Latour, "Networks, Societies, Spheres," *International Journal of Communication*, 5 (2011): 796 - 810, at 802, and Heidegger, "Das Ding," *Vorträge und Aufsätze*, vol.7 (Frankfurt: Vittorio Klostermann, 2000), 165 - 187.

② Zoe Sofia, "Container Technologies," *Hypatia*, 15(2000): 181 - 201.

种。最具世界影响力的物质行为也许是女性分娩,这也是一个令人惊奇的过程,表明人体本质上是技术性的。人类如没有外力帮助,分娩会非常困难,因此在漫长的助产和产科历史中逐渐发展出一整套分娩技术。胎儿在母体内是直立的,胎儿的大头骨和小骨盆固然能确保胎儿脊柱稳定直立和双腿平摊,但使得分娩充满危险。直到最近,分娩仍然是导致女性早亡的主要原因之一。今天,分娩过程仍然非常危险,婴儿无法直接通过产道出生而需要接生者转动或拉出来,而且婴儿出来时通常是面朝下,这让母亲难以操作。分娩时骨骼会碰撞骨骼——婴儿先是颅骨然后是肩膀被挤压,其颅骨可能需要收缩,同时母亲的骨盆需要扩张,才能完成分娩。分娩(delivery)一词的原意是指对母亲而不是对婴儿的解脱或救助。① 所以,所谓"自然分娩"并非指没有使用人工技术(technics)。相反,它充满着各种技巧、手势、辅导、社会支持和技术(technologies)。马塞尔·莫斯在讨论最重要的"身体技艺"时就提到了产科。妇女独自分娩通常是被遗弃或堕落的标志。黑猩猩可能会自然分娩,因为它们的骨盆比人类的更宽,这样其幼崽不必在产道内转动就可以生下来。但它们直立行走的表亲——人类——却不具有这一能力。

人类的再生产过程并不如老套说法所指的那样——女性先从男性那里受精,然后被动如船只运货一样将孩子生出。事实上,分娩是人类关键技术发生的关键之地,因此毫不令人奇怪,人类生殖在过去几十年来不仅成为最痛苦的政治和文化战场之一,也成为一些最激进的生物技术创新的核心领域。能认识到技艺(techniques)跟技术(technologies)一样重要,将有助于我们承认和平衡性别在"技术—自然"发展历史上的贡献,尽管我们现在比以往任何时候都更应该了解到,期望承认男女贡献的完全对称是不现实的。不知因何种原因,作为客体的硬技术与男性挂上了钩,也和我们这些必死的人类主体挂上了钩。如果将技术仅限制在无机物领域,那么任何技术理论都会错过另一半的精彩——人类匠心独具、精彩纷呈地创造了众多的生命物和无生命物。人类通过分娩和艺术实现不朽。当然,正如亚里士多德指出的,"质料"(material)一词源自母体(mater、mother)。尽管如此,亚氏对质料或母体却不太友善。他更喜欢"父系的"(paterial),用该词指代他认为

---

① Jennifer Ackerman, "The Downside of Upright," *National Geographic*, 210, no. 1 (July 2006): 126-145; *Oxford English Dictionary*, 3rd ed., s. v. "deliver," v. 1.

的精子的形状,并认为精子具有"赋形"能力。亚氏之后的大多数技术理论家都持与他类似的观点。如果技术(technology)仅仅指那些没有生命的发明,而完全忽视了那些能创造人类和其他事物的身体技艺,那么技术哲学就注定会像座头鲸(只有雄的能"唱歌")一样只能唱着男性的歌。

定居地和其他容器

火尽管短暂多变,但它具有多种治疗能力,这与人类的城市定居有关——城市本身就是一种关键的容器型技术,它被沙漠中的游牧民族视为一种女性化的象征——"大都市"(Metropolis)一词就是"母亲城市"之意。"储存"是文明最复杂的遗产之一,因为它具有增加权力和延长时间的能力。任何长期的储存都需要空间的稳定性(见第六章)。为什么人类最终决定定居下来?解释众说纷纭。定居会带来更多危险,如更容易招致掠夺、虫害和传染病等,这是显而易见的。正如贾瑞德·戴蒙德所指出的,人群聚集让人更容易暴露在新疾病之下。居住在城市通常不如居住在农村健康,例如,古罗马人的预期寿命比生活在意大利其他地区的人要短。① 定居也会带来垃圾、废水和犯罪问题。定居生活还要求居民与陌生人打交道,根据阶级和性别形成社会等级制度。② 城市还需要设立警察、消防和卫生部门。

当然,人类选择定居还有农业上的原因。谷物种植需要种植者能定居至少一季的时间。种植水果则需要投入更长的时间——果树种下多年后才会结果。橄榄树都是为孙辈种的——因此如果定居者和其军队开始摧毁自己的橄榄树时,我们就明白他们想要背水一战了。果园常常象征着跨代的连续性。契诃夫的《樱桃园》③对此有所描述。考古学家一度认为定居是

---

① De Vries and Marchant, "Environment and the Great Transition," *Mappae mundi*, 106 - 107. 63. Nicholas Wade, *Before the Dawn*: *Recovering the Lost History of our Ancestors* (New York: Penguin, 2006), chapters 6 - 7.

② Nicholas Wade, *Before the Dawn*: *Recovering the Lost History of our Ancestors* (New York: Penguin, 2006), chapters 6 - 7.

③ 《樱桃园》,契诃夫的四幕喜剧作品,剧本写于1902年至1903年,讲述的是加耶夫、郎涅夫斯卡雅兄妹被迫出卖祖传的樱桃园的故事。该剧围绕着"樱桃园的易主与消失"这个核心,写出了贵族退出历史舞台的必然性和新兴资产阶级的兴起,以细腻的笔触集中地描写了19世纪末20世纪初俄国资本主义迅速发展、贵族庄园彻底崩溃的情景。——译者注

在农业化之后不久出现的,但近年来这一看法有所改变——考古学家发现人类可以有定居地而不一定有农业,但有农业肯定就会有定居地。因为定居的动机可以是农业,也可以是为了宗教、某种象征或艺术。英国考古学家伊安·霍德(Ian Hodder)认为,人类对动植物的驯化其实是人与人之间以及人与物之间相互作用的结果之一,它具有经济和生态意义,也具有社会性和象征性。① 有人说人类定居最先源于宗教仪式选址,这当然是推测性的观点,但是人类要埋葬死者、储存食物和生产各种人工物,这些实践都是人类为跨越时间以固定意义而做出的努力。它们是人类技艺(craft)的产物——更具体地说,它们在大多数情况下都是人类用火技艺的产物。

定居点总是与坟墓为伴。芒福德说,逝去者可能是这个世界上最早一批有固定住址的人。② 对古人类学而言非常幸运的是,从数万年前开始(在人类"行为现代性"出现之后),人类就开始对逝者的遗骸有意地精心处理。墓地,一个充满回忆和仪式性的探视之所,是体现人类特征的常见标志;而对水下世界的生物而言,是不可能有墓地的(连黑猩猩都不会埋葬它们死去的伙伴,这使人类只能了解猩猩很短的历史)。③ 在古代,我们若去巴勒斯坦、希腊或罗马,首先看到的将是那里的墓地,它们包围着城市,展示出城市与祖先间的连续性。有死者才有城市。西塞罗说,每个社会都有坟墓,它是人类之间最强大的一种纽带。④ 坟墓是所有人类意义存储设备中最基本的一种。希腊语词 σῆμα (sēma)——是"语义的"(semantic)和"符号的"(semiotic)两个词的词根——也有"坟墓"(tomb)的意思,它是一个埋葬用的土堆,是对逝者名声的提示和持久标志。Sēma 一词似乎与太阳有关,是

---

① Ian Hodder, *The Domestication of Europe: Structure and Contingency in Neolithic Societies* (Oxford: Basil Blackwell, 1990), 282-310, and *The Leopard's Tale: Revealing the Mysteries of Çatalhöyük* (London: Thames and Hudson, 2006), 18-19, 46, 82-85, 88, 206, 233-258, esp. 256-258, passim.
② Mumford, *City in History*, 7.
③ Bernard Wood, *Human Evolution: A Very Short Introduction* (Oxford: Oxford University Press, 2005), 26, 69, 98.
④ Cicero, De ofi ciis, 1.55. "... magnum est enim eadem habere monumenta maiorum, eisdem uti sacris, sepulcra habere communia."

叫醒某人的意思,也意味着该人灵魂的归来。①

人类的定居需要借助各种环境调节手段——用索菲亚的话说,就是需要"子宫外基质",如衣物、房屋和和食品储藏方法等。存在各种各样的气候控制技术,而游牧者控制气候的方式就是通过季节性地迁徙到天气较温暖的地方。鸟类、蝴蝶、鲸鱼和某些人类都会随着季节而迁徙。大部分储藏技术都不能移动,能移动的通常是很小规模的和轻量级的,如文本(存储意义)和珠宝(存储价值)。如果人类不会用火,即使在地球的温带都不会有人定居——没有火这一技术,中国、美索不达米亚或希腊的冬天没有人能熬过去。门、墙和屋顶都能创建温度可控的微气候环境,因此在世界历史中发挥了重要作用。门是驯服和放养动物的最早设备之一,也是所有文化技艺中最基本的一种,是构成内部空间和外部空间的开关。麦克卢汉说得好:"作为人的皮肤和热量控制机制的延伸,人的衣物和住房就是传播媒介,主要是因为它们塑造和重新安排了人类的关系和社区模式。"②

城市与火之间的关系非常复杂,后者已经融入了前者的核心,因而往往成为前者的威胁,导致其火光冲天,灰飞烟灭。城市化的历史是人类用火和灭火的历史。木头和茅草很容易加工,能建造出漂亮的建筑,但它们也为吞噬生命和财产的火灾提供了燃料。三种典型的灭火方法是用水、用沙和求上帝保佑。谷兹布洛姆不无讽刺地说:"这三种方法的效果其实都一样。"③ 火灾保险塑造了现代城市的规划和建筑;事实上,购买火灾险是"几乎所有现代基础设施在建设和维护中都必须考虑的基本支出。"④消防队的历史很悠久,火灾警报是所有信号系统中的关键元素。(每个报警系统都必须制定

---

① Gregory Nagy, "Sēma and Nóēsis: Some Illustrations," *Arethusa*, 16(1983): 35–55, esp. 45–51; and Jesper Svenbro, *Phrasikleia: Anthropologie de la lecture en Grèce ancienne* (Paris: Éditions la Découverte, 1988), 23 ff.
② Helen M. Leach, "Human Domestication Reconsidered," *Current Anthropology*, 44, no. 3 (2003): 349–368, at 360; Bernhard Siegert, "Doors: On the Materiality of the Symbolic," *Grey Room*, no. 47 (spring 2012): 6–23; McLuhan, *Understanding Media* (New York: Mentor, 1964), 120–121.
③ Goudsblom, "The Civilizing Process and the Domestication of Fire," 10.
④ Paul N. Edwards, "Infrastructure and Modernity: Force, Time, and Social Organization in the History of Sociotechnical Systems," *Modernity and Technology*, eds. Thomas J. Misa, Philip Brey, and Andrew Feenberg (Cambridge, MA: MIT Press, 2003), 185–225, at 194.

策略来防止假警报。)① 消防栓是现代管道和下水道系统的外在体现。在中国明清时期的宫殿里,建筑物的外面都放着装满水的铜制或铁制大缸,它们相当于现代社会的灭火器。在冬天,人们给水缸盖上被子甚至在缸底生火以防水结冰——火是需要被赶跑的对象,而火在这里发挥的作用恰恰能让自己被更好地赶跑。中国的城市建筑由木头和竹子建成,这使大火成灾成为中国城市史中的一个不变主题。在北宋时期,开封成为中国首批设立防火机构的城市之一,包括设立观察塔和观察哨。② 在欧洲直到17世纪才出现最早的可用的防火水龙带。在伦敦大火③期间,消防队使用了大量的"水枪"(squirts)——这是玩具水枪和水龙带的祖先。另一种城市防火措施是设立宵禁(curfew)。该词源于法语词 couvre feu(即"将火盖住")。晚上,在所有灯火都"被盖住"(熄灭)后,城市管理者才能很好地实施管理——警察可以更容易地发现捣乱者,消防队也可以不那么担心出现火情。

尽管采取了以上防火措施,城市仍然会着火。防火措施往往会带来副作用,而在我们采取新措施应对这些副作用时,又要采取更新的措施应对新措施带来的新的副作用。例如,我们现在发现用来防火的石棉会给健康造成危害;我们烤面包时,烟雾报警器会鸣叫;大学校园里学生群殴时,灭火器往往是最受青睐的武器。在古罗马,马库斯·克拉苏(Marcus Crassus)④总是先购买那些被烧毁的地块(或许是先经他授意烧毁的),然后迅速开发它从而大获其利。⑤ 很久以来,城市和乡村的房地产投机和重建都是通过火灾

---

① Deborah Lubken, "Fighting the 'False-Alarm Fiend': The Fire Alarm Telegraph and Efforts to Eliminate Erroneous Alarms," address to International Communication Association, Boston, MA, 2011.
② Jacques Gernet, *Daily Life in China on the Eve of the Mongol Invasion*, 1250–1276, trans. H. M. Wright (New York: Macmillan, 1962), 34–38.
③ 伦敦大火,1666年9月2日英国伦敦全城发生大火灾,连续焚烧四昼夜,烧毁当时号称欧洲最大城市伦敦大约六分之一的建筑,是世界历史上一次罕见的城市火灾事件。——译者注
④ 马库斯·李锡尼·克拉苏(Marcus Licinius Crassus,前115年—前53年),古罗马军事家、政治家、罗马共和国末期声名显赫的罗马首富。他曾帮助苏拉在内战中夺权建立独裁统治,大半生都在政坛上度过,并继承父业进行商业投机。他通过奴隶贸易、矿产经营、地产投机及非法占有他人的财产等手段积攒了万贯家财。——译者注
⑤ Plutarch, "Crassus," in *The Lives of the Noble Grecians and Romans*, trans. John Dryden; rev. Arthur Hugh Clough (New York: Modern Library, n. d.), 650–651.75. Ekirch, *At Day's Close*, 48–56.

实现的。① 过去几个世纪以来,伦敦市的不同区域都依次被火灾全毁或差不多全毁过(首次大火是 798 年,最后一次大火是 1666 年)。奥斯陆于 1624 年被大火烧毁。1812 年,莫斯科被点燃以驱逐入侵的拿破仑军队。在一战之前最惨烈的城市火灾是 1871 年的芝加哥大火,烧了三天,将市中心近四平方英里(十平方公里)的建筑夷为平地,也许是因为这场大火,芝加哥后来成为建筑之美的伟大源泉。1906 年,旧金山发生地震并引发大火,导致了类似的创伤和变革性影响。德累斯顿(1491 年)和汉堡(1842 年)都被烧毁过,这似乎预示着后来二战大轰炸引发的大火灾。② 几乎每个城市都发生过至少一次可怕的火灾。像热带植物和林地生态系统一样,城市由于在狭小空间集中了大量易燃材料而成为火灾破坏和革新的主要目标。

植物的驯化

火是人类从大自然中获得的第一个关键驯化对象。后来的两个驯化对象是植物和动物。但是火有助于人类控制植物和动物。所谓驯化(domestication)是指对植物或动物的基因进行操纵(即选择性育种)——一般是通过创造不同物种之间的相互依存程度——以最大限度地提升动植物本身已经具有的为人类所需的特性。驯化是人类操纵自然的一个显著的例子。自然界中存在各种共生关系,展现出不同物种之间错综复杂的相互适应,但只有人类才具有系统地控制其他物种繁殖的能力。人类主导的动植物繁殖已经从根本上改变了植物学和动物学。如果我们的存有是历史的,如果媒介研究的任务是要揭露出我们所生活的环境(我们视其为理所当然,因而对之不加思索),那么作为我们地球家园的三大主要组成部分——火、植物和动物——就应该是媒介研究的主要考察对象。

人类逐步繁盛的历史与植物逐步繁盛的历史同步前进——实际上,"繁盛"(flourishing)一词本来就是用来描述植物的。人类的命运与植物的命运浇筑在一起。植物是太阳的伟大中介者。没有它们,太阳能或者会消失于

---

① Ekirch, *At Day's Close*, 48–56.
② 此处可以找到关于欧洲城市用火史的大量有用信息:"Fire and Fire Extinction," *Encyclopaedia Britannica*, 11th ed. (New York: Encyclopaedia Britannica, 1911), 10: 401–418.

太空中,或被云层反射到外太空,或被海洋和大气吸收为热量,或穿透云层融化极地的冰盖。我们依靠植物将太阳能保存为碳水化合物,这个过程的副产品是氧气。植物通过光合作用产生氧气因此成为世界上首个储存型媒介,为各种各样的火提供燃料。

作为地球生命形式的一种,植物极其多样、物产丰富。地球上的植物总量(phytomass)估计是动物总量(zoomass)的一千倍。陆地上的生物总量估计是海洋中的一百倍。新栖息地往往能使移民生物的总量急剧增加——海洋生物转移到陆地后生物总量大幅增加就是一个典型例子。和动物一样,植物源自海洋,因此体内细胞中仍含有盐分。植物的驯化使人类和地球的历史发生了巨大变化。大约一万年前,所有人类都以狩猎和采集方式生存。到1500年前,狩猎采集人口降到地球总人口的1%。今天,这类人口只占0.01%。这一变化发生在很短的地质年代,但在人类历史上属于重大革命。[①] 过去几千年来,人类中大多数人的主要劳动都被投入植物种植(和幼儿养育)上了,农业也一直是数千年来人类最基本的劳动形式。在旧大陆(欧洲),农业始于公元前9000年,在新大陆(美洲)则始于公元前4000年。中国是古代世界的农业中心之一,其自然生物多样性远远超过北美洲(因为后者被冰川冲刷过)。早在8 000—10 000年前,大米和小米就分别在中国的长江流域和黄河流域种植。肥沃的两河流域新月型地区(Fertile Crescent)是农业和城市崛起的另一个地区。例如,这里的杰里科(Jerico)在过去11 000年里都有人类持续居住。

大多数农业(及其衍生物的)研究者都同意贾瑞德·戴蒙德的说法:"文明带来的所谓福祉其实是福祸相依的。"[②]但对他的另一个更加尖锐的观点——农业是人类有史以来犯下的最糟糕的错误——有人则有所保留。在人类历史上,农业的出现并非不可避免。戴蒙德认为,农业的出现是人类历史上的错误转折,因为农业使人类生病、体型短小并造成了人类内部的性别歧视。农业使我们在城市中定居下来,使得人类彼此以及人类与动物之间的距离被拉近(因而形成了细菌滋生的温床);它还减少了我们饮食中的多样性(从而缩小了我们的体型),增加了人类怀孕的几率以及随之而来的

---

① Goudsblom, *Vuur en beschaving*, 63.
② Jared Diamond, *Guns, Germs, and Steel* (New York: Norton, 1999), 18.

重复劳动(从而使得男性权力过分地超过了女性)。① 一种"进步主义的"叙事认为,"新石器时代革命"带来了城市、分工、文字、艺术、天文、宗教和治国之道,因而大大改善了人类的命运。而戴蒙德想要对抗的正是这种叙事,他认为这一革命同样也带来了许多我们至今仍在努力抵制的弊端,包括人类社会的分层极化、权力集中以及人类对物质、电力和能源等非人类资源的剥削和依赖等。与远古的狩猎—采集集体相比,文明社会充满着各种媒介,对生命和死亡具有巨大的影响力。英尼斯当然不希望我们再回到游牧生活,但他很希望让我们明白的是,在为人类提供各种各样可供选择的集体自杀方式方面,文明社会要远胜于游牧社会。

人类对植物的驯化,与其对动物的驯化一样,具有高度的选择性。在众多的候选植物中只有少数能被人类成功驯化,进而这些被驯化的植物在接下来的几千年内又对人类景观、饮食习惯和消化道特质进行了重组。如今,人类饮食热量的50%来自谷物(小麦、大米、玉米、大麦和高粱),30%的热量来自其他七种植物,包括大豆、土豆、木薯、甘薯、甘蔗、甜菜和香蕉。② 在谷物中,小麦、玉米和大米占主导地位,它们在几千年前就已经被人类驯化了。

"番茄酱意大利面"是全球化的体现,因为这种在意大利被混合加工出来的面条,所用的西红柿来自墨西哥,小麦来自欧亚大陆;类似的,"奶酪通心粉"则是文明的体现,因为得先有农业种植了小麦才可能有面条,先有驯化的动物产出牛奶才可能有奶酪。"食物是人与环境互动的最好体现。"③要重新书写人类的新陈代谢状况,火必不可少。火先驯化了植物和动物,而植物和动物又改造了我们的肠胃(有些人甚至进入成年后还能消化乳糖)。④

---

① Jared Diamond, "The Worst Mistake in the History of the Human Race," *Discover*, (May 1987): 64-66.
② 参见:Russell, Evolutionary History, 56。
③ Bert de Vries and Robert Marchant, "Environment and the Great Transition: Agrarianization," in de Vries and Goudsblom, eds., Mappae mundi, 71.
④ 乳糖不耐受症(lactose intolerance),又称乳糖消化不良或乳糖吸收不良,主要原因为:人摄入大量乳糖后,由于体内不能产生乳糖酶,乳糖不能被消化吸收进血液,而是滞留在肠道,而肠道细菌发酵分解乳糖的过程中会产生大量气体,造成患者腹泻、腹胀、放屁症状。该症与人的基因相关,没有传染性。多数祖籍西欧的人的基因中存在变异,因此他们够终生消化乳糖;东亚人、撒哈拉沙漠以南的非洲人和美洲、大洋洲的原住民族则多数没有该变异,因此他们成年后会出现乳糖不耐症。如日本人九成以上有乳糖不耐症。全球平均有75%的人成年后会出现症状,所以与其将之称作疾病,还不如说是自然状况更合适。——译者注

迈克·波兰(Michael Pollan)在《杂食动物的困境》一书中以极大的天赋和邪恶的暗示讲述了玉米的历史——从墨西哥的类玉米(teosinte)到美国中西部地区种植的巨型玉米棒(maze)都在书中被提及。

作为一个物种,玉米愿意与人类共同进化,这被证明对它自己也极为有利。它与人类间的互利型共生很像狗和人类的关系。在美国,从宾夕法尼亚州到内布拉斯加州的大片土地上覆盖着一望无际的玉米之海。这些被梭罗称为"层层麦浪"(cerealian billows)的玉米贪婪地啜饮着阳光、水和化肥,生产出大量淀粉和糖,催生着美国人日益加剧的肥胖症——化石燃料、碳水化合物和脂质三种存贮物相互作用,形成并加剧了一个病态循环。人类通过令人不齿的"去雄"(detasseling)方式直接介入玉米的性生活。玉米成熟繁殖时,秸秆上会长出流苏(tassels),所谓"去雄"就是将这些流苏拔下来阻止玉米繁殖。现在,参与玉米"去雄"的活动已经成为美国中西部青少年成长的阶段性标志和夏季打工挣零花钱的途径,这种以人为主导的玉米阉割,目的是要对之进行选择性授精和对新杂交品种进行实验性育种。按照拉图尔的广义解读,玉米也属于一种杂交体(hybrid)——一种受到植物学和人类学的命令与控制后产生的混合体。但从植物的角度来看,这种操控已经导致其功能失调(dysfunctional)。例如,植物的果实能吸引动物和人类去摄取和传播其种籽,而人类炮制出无籽桔子或无籽葡萄就完全颠覆了植物果实的这一功能。还有一些植物完全放弃了自我,将自己全部投入人类的关怀下,例如罂粟现在都为人工种植,野生罂粟已经完全绝迹了。① 读者在迈克·波兰的书中可以看到这样的一个过程:腐烂的史前动植物沉淀为石油矿物,转化为浇灌玉米的化肥,然后玉米被研磨成饲料喂食工厂化养殖的鸡,然后鸡被屠宰、掏空,用玉米油炸熟,裹上玉米面粉制成鸡肉块,然后被食客浸入(主要成分是玉米糖浆基的)番茄酱中,最后成为食客动脉中的结块或腹部脂肪。对玉米好的不一定对人类也好,反过来说也如此。波兰指出,以上过程揭示出,其实是玉米驯化了人而不是人驯化了玉米。② 在这样的相互依存关系中,到底谁是主人,谁是奴隶呢?

---

① Mumford, *Technics and Human Development*, 129.
② Michael Pollan, *The Omnivore's Dilemma: A Natural History of Four Meals*(New York: Pen-guin, 2006), 15-108.

第三章 一场关于火的布道

花卉是人类的又一个重要伴侣(尽管相较于其他大陆,出于生态原因,花卉在非洲文化中的地位并不高)。哺乳动物和开花植物同时出现于白垩纪。花朵改变了地球景观,带来了新的色彩、光线和口味。① 芒福德充满热情地描写道:"被子植物(西红柿属于被子植物)强大的繁殖力不仅使整个地球——通过超过 400 种植物——绿草如茵,而且还增强了各种活动的生命力——因为花蜜和花粉、种子和水果以及多汁的叶子扩展了感官,振奋了心灵,增加了食物总量。"芒福德在童年时代极为崇拜爱默生。和爱默生一样,他将植物带来的丰裕充足视为"生命的主要馈赠",认为它本身就是一种超级丰裕的善(a superaboundant good)。② 恩斯特·冯·贝尔(Ernst von Baer)③说得最好:"果实和花朵是植物的婚宴礼服。"④蜜蜂与人类有着同样的主要感官,都对颜色、大小、形状、气味和甜味有感知;而太阳则能为两者指向。植物和蜜蜂所到之处,也是人类所到之处。植被也许是人类赖以生存的第一个基础设施。没有它,哺乳动物的祖先就不可能从海洋转移到陆地并存活下来。今天我们仍然需要蜜蜂、蚯蚓和雨云为植物繁盛提供条件,从而为我们自己的繁盛提供条件。

鲜花是重要的驯化物。3000 年前在中国和地中海地区,鲜花就被人类特别地看护和种植(几乎总是在花园或封闭空间中)。人类种花的目的多种多样,可以是出于宗教、药用、审美和社会等方面的需求,且随全球生态系统和文化的不同而不同,令人痴迷。玫瑰是 18 世纪以前欧洲驯化的唯一花卉,它的历史也是过去两千年以来欧亚大陆西部的宗教、绘画、文学和爱情的历史。尽管贺拉斯将玫瑰视为东欧的腐化堕落的象征(《赞美诗》1.38),但欧洲仍然出现了许多玫瑰品种,而且自中世纪以来,玫瑰成为了欧洲大陆生活中的关键花卉。据说法国国王弗朗索瓦一世(François I)曾说过一句

---

① Loren Eiseley, "How Flowers Changed the World," in *The Star Thrower*, 66-75.
② Lewis Mumford, "The Flowering of Plants and Men" (1968), *Interpretations and Forecasts, 1922-1972* (New York: Harcourt, Brace, Jovanovich, 1973), 487-496, at 494.
③ 恩斯特·冯·贝尔(Ernst von Baer, 1792—1876),普鲁士-爱沙尼亚的胚胎学家,发现了哺乳动物的卵子和脊索,并创立了比较胚胎学和比较解剖学。他还是地理学、民族学和自然人类学的先驱。——译者注
④ Karl Ernst von Baer, "Welche Auffassung der lebenden Natur ist die richtige? Und wie ist diese Auffassung auf die Entomologie anzuwenden?" (1860), *Reden gehalten in wissenschaft-lichen Versammlungen und kleinere Aufsätze vermischten Inhalts* (1864; facsimile reprint: New York: Arno, 1978), 1: 239-284.

名言:"没有女性的皇室就如四季没有春天或春天没有玫瑰。"他的这句话在植物学和性别研究中都意义显著。郁金香自17世纪以来就对荷兰的经济、绘画和国家形象至关重要。郁金香实际上来自土耳其,其名字源于"头巾"(turban,为波斯语);波兰专门辟了一整章的篇幅绘声绘色地讨论郁金香是如何让平时不露声色的荷兰人投入疯狂的投机行为中的。① 由此,在人类的干预下,玫瑰、郁金香和其他植物的存在——基因库和种群——都已经面目全非了。

通常,相对于野生版本,驯化物(无论是植物还是动物)在颜色、质地、大小和形状上都更多样。从某种意义上说,人类修改植物基因的历史悠久,但很多人却对今天的转基因农作物非常紧张,这是因为转基因农作物对植物基因进行了多次修改,有可能产生"单一作物种植"(monoculture)以及侵入性遗传篡改——这会使数百万年好不容易积淀下来的动植物的基因稳定性和冗余遭到破坏。古老的繁殖技术效果缓慢,需要数代后效果才能显现,而新基因技术则直接切入遗传物质本身。这正是海德格尔对"持存物"和"座架"的担心——自然界终有一天会完全沦为人类操纵的对象。(他关于技术的文章发表于克里克和沃森宣布发现DNA的一年后。)

农业社会的标志之一是其社会生产力旺盛同时又脆弱不堪。② 例如,单一作物种植更容易发生枯萎。现代农业极度依赖除草剂、杀虫剂和化肥。在所谓"绿色革命"中,化肥的使用出现了爆炸性增长:1940年为400万吨,1965年为4 000万吨,1990年为1.5亿吨。这是另一种"对军事力量的滥用"(基特勒语)——20世纪初的氨合成可以同时生产出化肥、毒气和炸药。③ 化肥仍然可以被反向转化作为炸药使用。1995年俄克拉荷马市爆炸案中的炸药就是由4 800磅硝酸铵制成。化肥作为一种消融性介质使得其他活动成为可能。不可思议的是,尸体(无论是鱼的、禽类的,还是人类的)都是含氮肥料。④ (如前所述,尸体不过是星尘的聚合。)人类的许多做法都是为了农业施肥,如埋葬死者,使用粪便,抛洒灰粉或硝酸盐以及种子的直接种植等。用弗洛伊德过于临床性的话语来说,"施肥"(fertilization)是一个无

---

① *The Botany of Desire*: *A Plant's Eye View of the World* (New York: Random House, 2001), chapter 2.
② Goudsblom, *Het regime van de tijd*, 74, 85-88.
③ McNeill, *Something New under the Sun*, 22-26.
④ T. S. Eliot, "The Burial of the Dead," part 1 of *The Waste Land*.

比强有力的字眼,因为它同时混合了爱欲(eros)和死亡本能(thanatos)、生殖器和肛门、雌性和雄性。

还有一种威胁农业的力量是多变的气候。气温和降雨量上的微小变化对美国(受政府补贴的)农业可能是致命的。事实上,人类文明可能要归功于历史上曾有一段风调雨顺的时间。格陵兰的冰层样本表明,与地球的早期历史相比,过去一万年是一个被称为全新世(Holocene)的地质时代,气候相对温和稳定。这不仅意味着人类能奇迹般地存活于一个有生命的星球上并发展到现在这个样子,而且意味着人类所有的基础设施都出现于地球气候史上的一个罕见的宁静时代。人类抓住了"全新世"这个机遇。农业要求有一个相对稳定的气候,因此在冰河时代绝不可能产生文明。① 人类文明所依赖的主要农作物,其生存需要一个热冷交替的气候,即夏季和冬季的"珀尔塞福涅循环"(Persephone cycle)。② 如果气候太冷,植物会无法获得足够的阳光和温度以发芽;如果气候总是温暖,它们就不会有动力去长出果实、鳞茎和粗粮以为不时之需做好储备。植物作为"储藏器官"是人类有效的能量来源和能源储备。媒介理论向来关注中心点的威力和危险,但从农业这一"边缘"地带中媒介理论可以找到很多思考的原材料。植物是能量储存和传播的容器,是阳光、二氧化碳、氧气和水的处理器,这些都是能量的基本介质。植物让人类能从大地和太阳带来的无私丰饶中获得收益。

动物的驯化

火在控制和驯化动物中的作用是显而易见的。火可以吓跑食肉动物,驱赶大型动物,还能将它们从藏身的灌木丛中驱赶出来。烟可以作为驱虫剂,在养蜂业中扮演着至关重要的安抚作用。"家畜(驯化的动物)是人类文明发展的重要组成部分。"③畜牧业的艺术就是如何用人工代替自然的艺术。

---

① Robert Marchant and Bert de Vries, "The Holocene: Global Change and Local Response," in de Vries and Goudsblom, eds., *Mappae mundi*, 47-70; Cook, *A Brief History of the Human Race*, 5-9.
② 珀尔塞福涅,古希腊神话中的冥后、谷种女神,司掌冥界、种子、死亡和丰产。——译者注
③ Helmut Hemmer, *Domestication: The Decline of Environmental Appreciation*, trans. Neil Beckhaus (Cambridge: Cambridge University Press, 1990), vii.

人类对动物的驯化不仅是为了生产肉类和奶制品,还是为了(用牛和马)节省劳动力获得肥料、燃料、羊毛、皮革、胶水、装饰品以及其他数不尽的好处。

并非所有的野兽都能被驯化。戴蒙德引用弗朗西斯·高尔顿(Francis Galton)①的话说:"一开始似乎所有野生动物都有可能被人类驯化,而且确实也有不少动物很久以前就被人类驯化了,但是大多数动物仍然注定要以荒野为生。"他还引用了另一位权威人士的话:"许多生物被人类叫来,但最终只有少数被选中。"例如,斑马因其性格令人讨厌而无法被驯化。(骆驼则虽然已被驯化了,但它们令人讨厌的性格却没有改掉。)犀牛从未能被驯化过(domesticated),甚至从未被驯服(tamed)过,也是因为其脾气太古怪。驯化意味着将整个动物种群转为由人类庇护,而驯服则指将某个动物个体的一生转为由人类控制,例如,有的大象已被人类驯服,但整个大象种群却还没有被人类驯化。戴蒙德喜欢以"如果……历史就会……"的方式提出各种非主流的历史观。他有种种"奇谈怪论",我觉得其中最有趣的是,他说,"如果罗马军队被骑犀牛的班图武士打败了,那么历史就会……"②和所有其他媒介一样,动物也有自己的可供给性与独特的行为。在新大陆(美洲),几乎所有大型动物都已被人类杀光。玛雅人驯化了火鸡,阿兹特克人驯化了狗(他们偶尔也会吃狗肉),但南美没有任何动物被驯化以作为人类的驮兽。此外,我们对"驯化物"的定义也不严谨。例如,家雀和家鼠是它们在人类住宅环境中繁殖带来的无意结果,这显然是自然选择而不是人工驯化的结果。③

被人类驯化的五大动物是牛、山羊、马、猪和绵羊。④ 被驯化的动物数量远远超过人类的数量,它们消耗的食物总量比全球 70 亿人消耗的还多。牛群释放出的甲烷(一种主要温室气体)占地球大气中甲烷的一大半。全球人类饲养的鸡的数量约为 190 亿只,约每人 3 只。在澳大利亚,羊比人还多。在美国爱荷华州,猪是人的六七倍之多。家畜要远多于野生动物。现在地球上的野生动物已经很少了。大型陆地动物只要大量、集中地存在,几乎就

---

① 弗朗西斯·高尔顿(Francis Galton, 1822—1911),英国维多利亚时代的统计学家和人类遗传学家。他将自然进化论引入人类学研究,开创了优生学。——译者注
② Diamond, *Guns, Germs, and Steel*, 165, 175, 159.
③ Leach, "Human Domestication Reconsidered," 357.
④ Diamond, *Guns, Germs, and Steel*, 100; Russell, *Evolutionary History*, 56.

是它们已被驯化的标志。

驯化在狗类中最为显著。它们作为猎犬、警犬、陪伴犬或干脆就是午餐肉服务于人类;它们已经成为所有驯化动物中分布最广、最为常见的成员。狗被繁殖培育成会大声叫唤(野狼因为习惯了偷袭猎杀,从来不叫),在猎杀和追踪中忠于主人的动物。狗也能充当人类的取暖毛毯和伴侣,因为它们在感知人类情绪和进行非语言沟通方面超过了比它们智力更高的物种(如猪和黑猩猩)。"从人类这个物种在地球上取得优势时开始,狗就和人类互相依赖了,因此这两个物种之间不交流是不可能的。"① 二战期间,哲学家列维纳斯被关在纳粹拘留营里受罪,随着时间的流逝,最后只有一只名叫"鲍比"的流浪狗"承认"(acknowledge)了他,这意味着非人类动物中可能也存在着伦理学,以及不同物种间可能存在着某种形式的相互"认可"(recognition)。列维纳斯不无讽刺地说,鲍比是"纳粹德国的最后一位康德信奉者"。② 狗体现的是城市定居生活的状况——私人财产胜过一切。这是城市定居生活与财产共有的狩猎—采集时代的一个重要差异。狗也被养殖作为食物。③ 与色情内容、垃圾邮件以及猫类似,狗在网上也很流行。网络上狗以各种形象出现,是人类感官的延伸——它们嗅探毒品,追踪猎物,叼回猎物或棍棒。它们为人类提供生存在这个世界上所需要的基本后勤工作:指向、布点、取回、守卫、追踪、放牧、看门、报警等。弗洛伊德也许称狗可以充当人类的假肢,或者说"假肢狗"(prosthetic dog)。狗是海德格尔式的生物,对地平线上出现的东西充满了警惕。20 世纪 50 年代,海德格尔养了一只名叫皮普(Pip)的狗。从吉娃娃到爱尔兰狼犬,从腊肠犬到贵宾犬,狗都展现出极大的可塑性——这种人工的和历史的特征存在于我们所了解的大部分自然界中。④

狗如此,自然的其他方面也都如此。人类创造了各种各样的条件来促进自己的进化——这些条件不仅指那些要数百万年才发生的冰川式条件,也指那些在几个世代内就能对快速变化做出反应的各种条件。非洲南部一

---

① Louise Erdrich, "Nero," *New Yorker*, 7 May 2012, 61.
② "The Name of a Dog, or Natural Rights," trans. Seán Hand, in *Difficult Freedom: Essays on Judaism* (Baltimore: Johns Hopkins University Press, 1990), 151-153.
③ Wade, *Before the Dawn*, 110 ff.
④ 此段内容是基于我们与山姆·迈柯米克(Sam McCormick)2011 年 6 月 11 日的讨论。

些国家的执法能力低下,导致那里的大象饱受偷猎者的残害,久而久之它们就变得不再长牙了。这是因为没有长牙的大象激不起偷猎者的兴趣,因而能够存活下来,存活下来的大象又繁殖出不长牙的象……现在,非洲南部的象群中无牙象几乎占到五分之二,而且这个比例还在增长。类似地,由于美国政府禁止大麻,大麻种植者为了逃避警方监控而特意选种体型较小、外观低调和存活能力强的大麻品种,无意中引发了大麻的基因变化和杂交。这说明,国家权力也可能成为生物的变革力量。人类对自然界进行塑造的其他例子包括野牛、玉米、棉花、玫瑰和郁金香。生物之所以也属于技术,不仅在于其遗传结构可以被直接改变,还在于它可以与其他物种(往往是人类这一物种)共同进化。"一旦我们从共同进化的角度进行思考,我们就应该认识到,不仅是人类塑造了有机体,有机体也塑造了人类。"①

哺乳动物不是唯一关键的被驯化物。蚕很早就在中国被驯化了,这对服装、贸易和全球化(丝绸之路)产生了重要影响。人类长期以来都使用微生物来制作奶酪、酸奶和饮料——虽然我们用"驯化"这个词来描述这个过程不一定合适。酵母是酿造和烘烤的重要元素。培养好的酵母可持续使用数个世纪,有些面包店的酵母源剂(levain)可追溯一个半世纪以前。人类已经掌握了能触及到的全部生物的自然技术(technai),建立了来源丰富的巨大基因库。在今天这艘地球之船上,我们很难区分媒介从哪里开始,在哪里结束。

我现在是在美国爱荷华州写下这些话。爱荷华州广为玉米、大豆和养猪场所覆盖,整个州几乎完全按照巨无霸式的农商模式(agribusiness)运营。在这一模式下,小规模家庭农场已全面崩溃,小城镇和农村生活的勃勃生机已经深受其害。在爱荷华州,我们很容易将各种植物和动物视为我们存在的基础设施,在这里也很容易看到人类对动植物驯化带来的收益和损失。猪已经成为各类病毒的孵化器和转运站,而且很有可能也是禽流感病毒从鸟类传到人类的中间一环。在养猪场,猪往往被塞入极为狭促的空间,有时候小到仅能容纳身体。换作其他动物,它们一定会发疯而相互攻击。这就是为什么在工业化家禽养殖中,养鸡场要用机器去除鸡的喙部,这是为

---

① Russell,*Evolutionary History*,143. Examples from Russell and from Pollan,*Botany of Desire*,chapter 3.

了避免它们在局促的空间里相互啄食而增加死亡率——由此家禽养殖业的残忍可怕的一面显露无疑。(相较于独来独往的动物,合群的动物比较容易被人驯化,因为合群能减少密集生存的压力。)猪的工业化养殖使得猪的粪便集中。猪粪有时会冲破猪圈墙壁,散发出一股恶臭,飘至数英里之外,而且还会将疾病和毒物带入到水中。在猪粪破圈时,没人愿意待在风或水流的下游。卡尔·马克思称赞达尔文,说他发现了"自然技术"(Naturtechnologie)这一关于动植物器官之形成的历史。马克思在这里提出了"进化史即技术史"的观点。他还指出,无论好坏,"技术都揭示了人与自然之间的活跃关系。"①这两点都说得非常正确。

人 的 驯 化

除一些罕见例外,现在地球上已经没有野外生存的人类了。在地球这样规模的行星上,对任何如人类这样的大型物种(其数量竟达 70 亿之多),不被驯化是不可能的。事实上,在农业革命(大约发生在一万年前)之前,地球上的人类数量与当时其他大型野生哺乳动物的数量之比,远没有今天这么悬殊。1800 年以来的人口爆炸使人口数量从当时的 10 亿左右增加到今天的 70 亿以上,这一增长是以人类的自我驯化为基础的。据世界卫生组织统计,2010 年,人类物种跨过了一个门槛——地球上超过一半的人口都是城镇人口(其中只有 5%的人口生活在超过一千万人口的大都市中)。这里我要再次指出,人类用火出现在距今遥远的起点,在接下来的漫长征程中,火先后改变了海洋、土壤、大气层、人体动脉中的脂肪沉积物、我们的睡眠习惯以及个体和集体的生活方式。

如前所述,诺伯特·伊利亚斯认为"文明"不仅是一个包括王权、祭司、劳动分工和书写等在内的复杂体系,也是一个围绕着自我、他人和环境控制进行的斗争过程。在他看来,文明进程涉及三个需要驯服(taming)的对象:人的内部压力、人与人之间的压力以及人与非人之间的压力——这三个关系均涉及火、植物和动物(无论实质意义上还是比喻意义上都如此)——因

---

① Capital, vol. 1,493n4. "Die Technologie enthüllt das aktive Verhalten des Menschen zur Natur..."这里马克思是将"技术"(Technologie)作为"一个研究领域"(a field of study)使用的。

此也就涉及心理、社会和环境三个领域。伊利亚斯的经典作品《文明的进程》(The Civilizing Process)，主要从德国、法国和英国的历史文献中梳理出欧洲从中世纪的粗放生食到现代社会的精馔美食的演化过程。最先欧洲人吃饭时餐桌礼仪粗俗，常常会直接接触到被屠宰的动物尸体，也不注意饭前洗手、饭后刷牙，后来他们学会了将屠宰场隐蔽起来并使用叉子和餐巾用餐。这一转变降低了他们对恶心事物的容忍度，同时（从情感上而言）欧洲人的生活也变得更精致了。从原始到现代，人类的社会交往变得更加文明和温和。在国家垄断了暴力手段后，人们便放弃了刀剑转而拿着刀叉吃饭。（这个过程更早地出现在中国。伊利亚斯在书中引用一名到访欧洲的中国游客①的话说，欧洲人竟然还在用"刀剑"吃饭——他们在餐桌上用刀和叉而不是像中国人一样使用更加和平的筷子！）②伊莱亚斯认为，"文明化"进程标志着人的敏感度的转向、对欲望的调节、在看到自己和他人身体时的尴尬感和厌恶感的增加，以及个体调整与自我、与他人和与自然之间关系的新管理机制的出现。如果人与人要紧密地生活在同一个空间中，礼节——一种对人际互动的调节机制——就相当于是一种关键的驯化方式。道德体系之所以出现，是为了激发更广范围内的同情，这显然是文明化的体现。③

伊利亚斯后来意识到，将自己的说法仅适用于欧洲，太局限了。实际上，文明化不仅是在欧洲，也不仅是在过去五六个世纪以来才出现的独特现象。后来的一些学者将伊利亚斯的分析在时间上和空间上进行了扩展。其中最著名的谷兹布洛姆，我在本章前述部分对他的观点进行了着重引用。他指出，人类的用火史向我们展示出，文明化的历史可长可短，短的可以很短，长的则可以很长。在发展模式上，过去两个世纪和远古之间存在着惊人

---

① 这一"中国游客"大概是辜鸿铭。辜鸿铭(1857—1928)，出生于南洋马来西亚槟榔屿。10岁到苏格兰爱丁堡，入著名的苏格兰公学。1872年考取爱丁堡大学文学院，专修英国文学，兼修拉丁文、希腊文。1877年4月，获爱丁堡大学文学硕士学位。清末民初时辜鸿铭写过一段论筷子的文字，说出中国人用筷子和西方人用刀叉的不同，也和民族性有关，西方人讲究征服，中国人讲中庸："你们瞧这（筷子）种工具，不用于扎、切，或是割，从不去伤害蹂躏食物，只是选取、翻动、移动，为了把食物分开，两只筷子必须分离、叉开、合拢，而不是像你们西方的餐具那样切割和刺扎。由于使用筷子，食物不再成为人们暴力之下的猎物，而是和谐地被送入嘴唇和肠胃的物质。这种文明的摄食方式，与你们使刀弄叉是截然不同的。唉，你们吃饭总还要与食物搏斗一番。"——译者注

② Norbert Elias, *The Civilizing Process* (1939; Oxford: Blackwell, 2000), 103 - 107.

③ Karl Jaspers, *Vom Ursprung und Ziel der Geschichte* (Zurich: Artemis, 1949).

的相似：巨大的不平等现象堆积如山，自然界被激进地改造，人类学会了在城市中生活，依靠大型技术系统，有大块时间规律地睡觉和工作，还学会了在走进大型超市看到想要的商品时不会打砸抢或互相残杀（当然也有血腥的例外）。我们还设置了家庭、学校、诊所和监狱等规训机构来经常性地处置轻微的反文明行为。人口增长造成了我们与栖息地之间、彼此之间以及我们和自己的关系的巨大变化。这些巨变反过来又推动了人口的继续增长。我们可以将人类社会的现代化过程视为在过去几百年（而不是几千年）间发生在人类和自然上的一个浓缩的和加速的驯化过程。

"现代人已经变得像食草动物一样（从众）"，这一直是过去200多年来的社会批评的主题。大多数这类批评关注的都是人在精神上和社会习俗上经历的变化，但这类批评其实也可以关注我们的身体——骨骼、牙齿和头骨特征都是证明我们已经适应驯化生活的证据。尤其饶有意味的是，人类、狗和猪几乎都在同一时间经历了颅骨的薄化和面颅骨的缩小，这可能是人类和家畜的定居和长期吃存储食物带来的结果。① 动物将其幼年期的特征残留到成年期（pedomorphosis/neoteny），这种现象在被驯化的物种中广泛存在。人类的头骨薄而瘦，脸表特征（相对地）可爱，这是长期驯化的结果。生物脸部的结构能吸收和反映它的环境。经驯化的物种在体型和行为上都比未经驯化的物种更可爱、更幼稚，人和狗都如此。如果我们比较一下现代人和尼安德特人的面孔和颅骨厚度（当然这不具有可比性，因为现代人主要不是尼安德特人的后裔），就很容易看出，现代人的面孔更柔软，头骨更平滑。现代人的脑腔似乎也比尼安德特人和我们的智人祖先的要小（这一事实没有被人太多地提及）。② 我的嘴里长了32颗牙，但牙医拔掉了其中8颗，让剩下的能住得更宽敞些。对很多人来说，智齿是多余的，需要拔除。人类的骨骼据说是人死后的永久象征，但它实际上是一个高度动态变化的环境指标，混合了主人的生物学、地质学和历史学特征。

据德国生物学家赫尔穆特·赫姆（Helmut Hemmer）介绍，动物的驯化一般带来了以下后果：(1)外表多样化；(2)移动性下降；(3)性行为中的潮红加剧；(4)日夜和季节循环的重要性减弱；(5)对压力的适应能力下降，对

---

① Leach, "Human Domestication Reconsidered," 353–356.
② 对此的一个不错的评述，请参见：Wade, Before the Dawn, 175–177。

更加均匀和稳定的生命支持环境的要求增加;(6)胆怯减少,社会适应性增强;(7)先前性状(traits)的萎缩或增大;(8)"Verarmung der Merkwelt"。这位德国生物学家的英语译者很好地将第8点翻译为"对外部环境欣赏度的下降",但这个表达的德文字面意思其实是"可见世界的贫困化"(the impoverishment of the noticed world)。生物学家雅各布·凡·尤伊克斯库尔(Jakob von Uexküll)认为,动物会针对其所处的外部环境(Umwelt)建立一个对应的内部环境(Merkwelt);被驯化的动物对它们的外部环境都不太注意,这是因为它们生活在具有较高预测性的人造环境中(其间食物、藏身之地和社会交往都是稳定的),因此不必花费太多的脑力去监测其外部环境。① 赫姆提出的第7点就是借鉴了尤伊克斯库尔的"外部环境"概念。动物被驯化之后,其感官警觉性下降是必须付出的代价。动物在野外生活会遇到很多的压力,对之需要保持活性,也导致效率极为低下,因为它必须分配大量的脑力监测环境并对之做出反应。一般来说,野生动物的脑部比驯化动物的要大,因为前者需要调动其所有的感官和认知能力来防范各种各样的潜在危险。

赫姆并没有费笔墨去阐述这些变化对人类的意义,但是它们对文明人类的意义显而易见。(以上第4条,"日夜和季节循环的重要性减弱"意味着人类的作息规律不再完全由自然规定,这一点我将在下一章中再次提到。)今天,如果我们将一个现代人空投到森林或沙漠中,假设此人没有经过特殊训练,他很有可能根本不知道该如何生存。赫姆列出的以上标准也体现出一些人对人类现代生活方式的经典批评——我们已经变得像牛一样温顺了。这些标准也让我们很容易想起麦克卢汉的观点——技术既延伸了同时又截断了我们感觉器官。器官的增大和萎缩如影随形、同时出现。人类被驯化后付出的代价是,我们对自己的存有之锚(mooring of our being)必然产生系统性的或选择性的遗忘;同时,我们这种对基础设施的盲视总是能从我们的身体骨骼—感官的盲视中找到根源。人类可以花更少的时间去咀嚼食物,所以同样也能花更少的时间去监视外部环境(至少是外部的自然环境)。如今我们还有多少人能观天象流转、识季节更替、读动物痕迹或钻枯

---

① Hemmer, *Domestication*, 92, and passim;也可以比较:Leach,"Human Domestication Reconsidered," 349。

木取火？在各种人为灭绝层出不穷的时代，我们所生存的环境受到大自然和技术（technē）的双重中介化。如果我们对之大规模地予以盲视，人类会因此遭遇何种命运？

现代性又一次以望远镜般的浓缩方式概括了文明的崛起过程：建设人工环境（照明、天气保护、免疫接种），大规模操纵动物界，推广新型农业，直接修改基因，各种燃烧空前增加，专业分工极度深化，社会风气变革（尽管这次是变得更加平等而不是更具尊卑等级）……技术的每一项进步都会带来相应的抵制和反作用力。任何基础设施都蕴含着崩溃和被滥用的可能。尽管技术已经取得了巨大的进步，但我们对火的管理和控制并没有变得更加容易；人对自己的胸中之火也是如此。要说明我们对外部环境的监测减少，前述各种"维斯塔火"是极好的例子。自然界的各种危险需要我们时刻保持警惕，但现在我们可以将这种警惕和监测外包出去。现在我们可以将自己与环境隔绝开来，沉浸在房屋和耳机所提供的恒定的感官微环境中。过去数千年来，奴隶为他们的主人所做的、城市为其居民所提供的，今天的数字媒介（狭义上的）在眨眼间就能轻而易举地实现。在我们与自然之间，数字媒体将我们隔绝得多、暴露得少。

我们对自然的把控越多，爆发灾难的可能性就越大。和人一样，火也需要避难所和燃料；当人类对火形成依赖时，也就对火所依赖的东西也形成了依赖——这是谷兹布洛姆强调的一点。火在给予使用者巨大权力的同时，也要求后者承担其带来的副作用。人类深受火的恩惠，而火又深受燃料的恩惠，因此我们也深受燃料的恩惠。火是一位有嫉妒心的神祇，它要求使用者为之付出巨大代价（购买油脂和火灾保险以及安装警报系统等）。非人类资源被整合到人类社会，既能提高人类的能力，但也增加了人类的脆弱性。[①]人类对环境的控制永远不可能穷尽，驯化也永远不可能彻底，这一事实是对那些相信"人类可以全面建构这个世界"的人挥之不去的驳斥。（驯化的）狗仍然会咬死人，人工草坪仍然会杂草丛生，精神病患者和各种肉身恣意妄为，火苗四处乱窜。我们如此依赖火，那么是否已为这种依赖可能造成的危机做好了准备？保罗·爱德华兹说，所谓现代性其实就是指"一种存在系统

[①] Goudsblom, "The Civilizing Process and the Domestication of Fire," 8.

性脆弱时的状态"。① 现代性这个人类经过几百年才制造出来的如意大利蔬菜浓汤似的基础设施，无论如何称呼它，也无论以何种形式（希望是民主制）去管理它，它都是人类对地球进行的各种急剧改造的一部分。②

佛陀说，一切都在燃烧。圣·奥古斯丁也如是说。这两位东西方的伟大禁欲主义的代表在这一点上不谋而合，展示出这样一个基本的生物学事实：一切生命体都在燃烧。③ 关于我们所身处的这个世界或我们的生存境况，没有比这更好的总结了。数字媒介给我们带来的一切便利都使我们更容易遭遇更大规模的灾难。在提及技术时，海德格尔总喜欢引用荷尔德林（Holderlin）④的话："（但是）危险所在之处，也是拯救力量的增长之处。"海德格尔引用此话时，脑子里很可能也想到了火。

德尔默·舒瓦茨（Delmore Schwartz）⑤的诗也许能为我们解难：

> 房间里的燃烧每每轻爆，
> 都是伟大太阳火的缭绕，
> 所有琐碎与特殊都被其旋转普照。
> （万物晃眼！众生闪耀！）
> 过去的我，现在如何？
> 但愿记忆一次又一次，不断繁茂；
> 最短的一天，最不起眼的颜色：
> 时间是学校，我们在其中成长，
> 时间是火焰，我们在其中燃烧。⑥

---

① Edwards, "Infrastructure and Modernity," 196.
② See André Leroi-Gourhan, *L'homme et la matière* (Paris: Albin Michel, 1943), 329.
③ T. S. Eliot, *The Waste Land*, lines 307-309；可同参见其相应的笔记。
④ 荷尔德林，德国著名诗人，有"诗人中的诗人"之称。在他晚年时期一首名为《在柔媚的湛蓝中》(In lieblicher Blaue)的诗歌里有一句——"人诗意地栖居在大地上"，被德国哲学家海德格尔在其著作中多次引用，并就其意义从哲学角度上进行了详细阐释，使其拥有了哲学含义。——译者注
⑤ 戴尔莫·施瓦茨（Delmore Schwartz, 1913—1966），英语诗人和短篇小说家。经历具有传奇色彩，24岁写成的小说让 T. S. 艾略特、庞德、威廉·卡洛斯·威廉斯和纳博科夫交口称赞。——译者注
⑥ "Calmly We Talk Through This April's Day," lines 33-41, Thanks to Geoff Winthrop-Young.

苍穹中的灯光：天空媒介 I（时间）

> "让天空中有光吧，以区分白昼与夜晚；也让其成为征兆，成为季节，成为日子，成为年辰。"
>
> ——创世记 1：14

天空媒介

  人类很多最重要的媒介都源自天空。天空并非如很多人认为的那样空空如也，而是充满了各种媒介，且自古如此，尽管现代天文学和太空探索已经将各种令人眼花缭乱的新奇事物填满了天空——从空间站到黑暗物质。天空媒介（sky media）与天空本身一样多种多样——在沙漠上空，天空从未呈现过两次完全相同的面孔。火是最古老的天空媒介之一，它早就通过人造烟雾在天空中作画。在我们这个时代，火则在重塑大气层，也因此重塑了我们的栖息地。我们所有的建筑物——筒仓、烟囱、寺庙、天线以及塔楼——都触及天空。更多的当然是摩天楼（摩天大楼一词在荷兰语和德语中的意思是"擦云板"）。天空媒介能施加社会控制——旗帜和横幅能划定领地，烟花能提振社区氛围，灯塔、信号弹、聚光灯和飞机空中写字则能发送信号。飞艇、气球和卫星能锚定大多数远距离交流并探测大气层。不是所有从天而降的东西都是好的——无人机和轰炸机能从高空发来飞弹或拍摄侦查图片。闪电——这一让晚年海德格尔深深入迷的东西——从远古时代起就让人类惊讶不已。死亡可以从天而降，天空在 20 世纪就已明确成为战略要地。在最新成为军事要地的五个领域（陆地、海洋、天空、太空和网络空间）中，天空就占了两个。事实上，天空是深刻的异类，尽管它因开放和空旷知名，而且层次丰富，深不可及。它有些像海，也通过气候和文化与海洋相连。和海洋一样，天空也已经被人类军事化和商业化了，与此相伴相随的是人类对它抱有的丰富的乌托邦想象和战争幻想。科幻作品并不是将外太空仅视为未来的游乐场，同时也将其视为宇宙的终极战场（如在电影《星球大战》中）。

几千年来，天空向人类呈现出两个面孔：一张天行有常，亘古不变，一张朝晖夕阴，瞬息万变。相应地产生了两门伟大而相异的科学：天文学和气候学。前者历史悠久，后者则相对年轻（至少从预测能力角度而言是如此）；前者面对的是周期性常量，属于"时间"（χρόνος，chronos），涉及太阳、月亮、行星和恒星，后者面对的是各种变量，属于"时机"（καιρὸς，Kairos），与天气、雨水、冰雹、雷电、温度和云层相关；前者是精确科学的代表，后者是概率论的缩影。进入 20 世纪后，天文学家开始梦想着能对宇宙中的所有星星进行一次普查，但他们无法以同样的方式来普查风或云——因为风云对任何试图施加给它们的科学分类企图都置之不理。借助天文学，我们可以向后追溯和向前预测。事实上，"向后追溯"是各种古老的巨石纪念碑（如英国巨石阵和埃及吉萨金字塔）校准远古星系光线的方式。天文学和气象学则不同，它们是向后追溯的科学——今天我们将一部关于行星旋转的影片倒着播放也说得过去，但将一部关于云或闪电形成过程的电影倒着播放就说不通了。在天文学中，过去和未来在理论上是对称的，在气象学中则绝对不会如此。① 即使在天文学中也会有各种混沌因素（如潮汐力和地震活动）干扰我们从过去线性地预测未来；另外，宇宙大爆炸显然也是一个不可逆的

---

① 相关的著名阐述，可参见：Norbert Wiener, *Cybernetics, or Control and Communication in the Animal and the Machine*, 2nd ed. (Cambridge, MA: MIT Press, 1961), 31-37; and Ulrike Bergermann, "Durchmusterung: Wieners Himmel," *Archiv für Mediengeschichte*, 5(2005), 81-92。

过程。长期以来,天体的周期性(也即可预测的)运动和大气的不可预测已经成为描述天空存在物的两个典型模式。

天空的以上两张面孔是本章和下一章的主题。这两章的目的不是要对我们的"天体困境"做一个最新的描述。"天空媒介"包括周期性的和线性的,如钟表和历法(以及它们的天体源头),还包括准时的或分形的(fractal),如塔楼、钟声、天气和云彩。这两章的目的是要勾勒出这些不同天空媒介长长的序幕。与地面媒介相比,天空媒介和水生媒介都显得更崇高、更抽象,部分原因是它们只能用手或火来触摸。天空媒介的政治意义重大。海和天空这两个"地外公地"作为神圣之域折射出人类的境遇。[①]《圣经》中提到的两个不可计量之物是海滩上的沙子和天上的星星。对于深空,人类如海豚——我们不能像点燃火焰、驱赶羊群和取回物件那样去影响和塑造天上的星星。很多人发展出各种礼仪和习俗,试图讨好天地或操纵它对我们命运的影响,但这些做法从来没有获得过任何确凿的效果。到目前为止,人类行为对天空产生的影响通常都不是通过人类之手直接实现的。

天空的媒介—技术史非常独特。天文学和气象学都值得我们从媒介史的角度去做全面考察。毕达哥拉斯认为,天体运行完全符合数学规律,而人类在处理自己与天空的关系时,数学是其手段的核心。而且天空媒介具有古典意义上的理论色彩(theoretical),几乎总是涉及对时间的推算——而时间自古以来都是最大的谜团。"时间"无比奇怪,它可能确实存在也可能根本不存在,因为万物之生成(becoming)同时也是对其过去的否定。时间是最能抗拒物质化(materialization)的元素。数学一直是时间最忠实的媒介和诠释者。时间和天空一样,是人类最大的难题和行动空间。

正如我们使用的全部隐喻所暗示的那样,"理论"(theory)最先与天空有关。在古希腊,θεωρία(theoria)一词的意思是"寻找"或"观看",并与"剧院"(theater)有关。这如同在英语中,"景观"(spectacle)一词与"猜度/投机"(speculation)一词一样。Theory 和 theater 两个词都源于希腊语动词 θεαω(theaō)(看),但与 θεός(theos,神)无关。例如,雅典那条弯弯曲曲通

[①] Mette Marie Bryld and Nina Lykke, *Cosmodolphins: Feminist Cultural Studies of Technology, Animals, and the Sacred* (London: Zed Books, 2000), 19–21, passim.

向卫城的路就被称为 οδός θεωρίας（odos theōrias）。一些粗通古希腊文的人很容易将这个路名误译为"理论之方式"，但实际上它的意思是"景观之路"（vista drive）——后一意义准确地捕捉到了该词的古雅意味。θεωρία 指人们所感受到的天体秩序之美；κόσμος（cosmos）指"顺序"或"排列"，今天我们从 cosmetic（化妆的）一词还可以看出此意。"人类对天空的观测是其'以理论为志业'精神的典范性应用，最终也是这种观测行为将哲学从'人类对其自身与世界的神学关系探求'中解放了出来。"[1]柏拉图是这一努力的集大成者。他在观天时用到了数学，又从数字里看到了时间，从人的眼睛里发现了真理："我认为，人类的视觉给我们带来了最大的好处，因为如果我们无法看到宇宙中的星辰、太阳和天堂（heaven），就不可能对它们进行任何描述。我们看到了昼伏夜出、日月变换和四季轮转才发明了数，从而也使我们具备了了解宇宙本质的能力并获得了时间概念。从这些东西中我们进而产生了哲学，而在上帝给人类的众多东西中，没有什么能超越哲学的更大的善了。"[2]自柏拉图之后，欧洲思想家们便开始向天空中寻求真理了。

所有知识都富含媒介（media-rich），但由于天文学的研究对象难以被研究者随意操纵，这使得这一说法面临巨大挑战。（需要指出的是，天文学是一门研究者只能纯粹被动观测的学问，但到 19 世纪后期这一情形被改写了。此后实验性元素被引入天文学的光谱观测中，从此天文学也和其他现代科学一样充满着各种仪器操作。）如果将冶金术、音乐学或航海术视作人类知识增进的主要来源，那么西方思想在拥抱媒介时，并非仅仅是抱着将其当作用之即弃的工具的想法这么做的。但是对许多希腊人而言，理论——对宇宙的看法，或曰宇宙观——的价值就在于它没有被各种实用工具所污染。天文学将"知"（knowing）视为建模，而且除逻辑学外，任何其他领域都

---

[1] Hans Blumenberg, *The Legitimacy of the Modern Age*, trans. Robert M. Wallace (Cambridge, MA: MIT Press, 1985), 245. See also Jürgen Habermas, "Knowledge and Human Interests" (1965), appendix to *Knowledge and Human Interests*, trans. Jeremy Shapiro (Boston: Beacon Press, 1971), 298–317.

[2] Plato, *Timaeus*, 47a-b; translation slightly modified from Andrea Wilson Nightingale, *Spectacles of Truth in Classical Greek Philosophy: Theoria in Its Cultural Context* (Cambridge: Cam-bridge University Press, 2004), 173.

不会像天文学这样将现象等同于物自体（noumena）。① 天文学的"知"需要知者具有强大的空间想象力，是一种非常罕见的知，也具有安迪·克拉克所称的"表征之饥饿"（representaiton-hungry）。② 我们所了解的"知识"体现在知者和被知对象两者间具有实际意义的共同构成（the practical co-constitution）上，但是关于天空，人类自古就无从把握。人类需要鼓起洪荒之力，通过强大的想象和仔细的记录才能对星体、星座及季节变化进行深入研究。地球是椭圆形的（导致每天日长相等），自转中有轻微摆动（导致岁差），且呈二十三度倾斜状（导致昼夜平分），这些因素都使得计算地球的运行轨道成为一项艰巨任务。我在经过多年研究后才终于弄清了地球的运行轨迹，但至今我仍然每次都"找不着北"。

自然而然，天文学的发展史少不了各种媒介——在望远镜出现前，人类很早就开始使用各种设备探测天空。人类对天空的研究催生了最早的"数据库"——古希腊的天文学最早的关键资源就来自巴比伦的天象记录。③ 数千年来，人类的手和手指就如树木、高塔及其他人工指示物一样被用来标识天象。柏拉图有一个根深蒂固的观念。他认为，对真正的知识而言，媒介可有可无。但是据说他在写《蒂迈欧篇》（*Timaeus*）时，曾利用一个浑天仪来模拟天体运行。④ 在17世纪的光学革命到来之前，人类曾使用包括日晷、历书和星盘（astrolabe）在内的各种工具来管理天穹。即使在人类最不确定的知识领域，我们也早就利用各种小物件来探索和标识天空。威廉·詹姆斯说，人的心灵总是会如蛇留下爬行痕迹一样去梳理万事万物，从中找出秩序。⑤ 这

---

① 物自体，18世纪德国古典哲学家康德哲学的基本概念，指所谓存在于人们感觉和认识之外的客观实体，又译"自在之物""物自身"。康德把它作为现象的基础，认为人的感性认识是由于外界的影响作用才产生的，但人们只能认识外物作用于感官时所产生的现象。人们承认了现象的存在，也就必然承认作为现象基础的物自体存在。在这个意义上，物自体是感觉的基础。——译者注

② Andy Clark, "Embodiment and the Philosophy of Mind," *Current Issues in Philosophy of Mind*, ed. Anthony O'Hear (Cambridge University Press: 1998), 35-52, at 44.

③ North, Cosmos: *An Illustrated History of Astronomy and Cosmology* (Chicago: University of Chicago Press, 2008), 67, 95-101.

④ Francis Macdonald Cornford, *Plato's Cosmology* (London: Kegan Paul, Trench, Trubner, 1937), 74-75.

⑤ 此句为威廉·詹姆斯的名言，英文原文为：The trail of the human serpent is over everything。此处意思是根据其在原作品中的上下文补充翻译出。参见：James, William. *Pragmatism and Other Writings*, New York: Penguin Group, 2001. Print. p. 63。——译者注

万事万物当然包括天空。

阅 读 天 堂

  在人类历史的大部分时间里,天空是发现文化价值的最佳场所。天空是人类的合法性、意义和方向感的来源。对其他某些动物也许同样如此。如果你知道如何阅读天空,它可以成为你的指南针、历法和时钟(除非你碰巧生活在地球的极地。在极地,星星四季都无变化,而在漫长的夏季中你根本看不到星星)。天空也可以是一张地图——如果你对时间、日期和天空有足够的知识储备,同时又能清晰地看到地平线,那么你便能推断出你在地球或海洋上所处的位置。天空也可以被当作报纸或天气预报(梭罗问道,如果我们已经能阅读永恒了,为什么却只阅读其中的这个时代或那个时代呢?)。巴比伦人将星星视为"天空中的书写",而公元三世纪的普罗提诺(Plotinus)①将星星视为"天空中永远被书写着的字母,又像虽永远不变却恒久移动的字母。"②天空也可以是一个影院,我们可以在这里识别各种预兆,还能欣赏到各种霸主在高空中熬斗;③天空是导航、农业、定位、城市规划和宗教仪式不可或缺的资源。占星家仰望天空以定凶吉。看一个人怎样阅读天空,我们就大致能知道他是个怎样的人。

  如果我们的星球永远被云层覆盖,那么我们的世界(这当然不仅仅指地球)将会迥然不同,多灾多难。我们的地球将如金星一样被由二氧化碳、氮气和硫酸组成的恒定厚云层覆盖,我们永远无法看到太阳、月亮和星星,这将给人类带来严重后果。如果我们丧失了这些意义丰富的坐标(它们对定向和几何学至关重要),人类世界将会如同海洋哺乳动物的世界。人类在夜间能看到天空,这虽然是一个小事实,但具有大影响——它相当于一个狭窄的海峡咽喉,大部分人类文化都只能从这里经过。如果我们不将傅科摆

---

① 普罗提诺,古希腊哲学家、新柏拉图主义(Neoplatonism)创始人。生于埃及,在亚历山大求学,去过波斯(242—243),最后定居罗马,成为知识界的焦点人物。——译者注
② Ernst Robert Curtius, *Europäische Literatur und lateinisches Mittelalter* (Bern: Francke, 1948),306,309 - 310. See Plotinus, *Enneads*, 2. 3. 7.
③ Daniel Peterson, "Heavenly Signs and Aerial Combat," *Sunstone* (March-April 1979): 27 - 32.

(Foucault's pendulum)①算在内,人类很长一段时间内只能通过肉眼观察天空,直到进入20世纪后,人类才实现了对天体的非光学感知——最先是通过射电天文学。白天太阳光充满天空,星星被遮蔽在蓝色的穹顶之中,因此人类必须到夜晚才能观天。汉斯·布鲁门伯格(Hans Blumenberg)一生都在研究天空的历史和意义。他说:"我们生活在地球上同时还能看到星星——地球在给予人类生存条件的同时,还给予我们观测天象的条件,或倒过来说,地球的条件让我们既能观测天象,还能同时幸运地在其上生存。这两种条件同时具备是一个明显不可能的事……这个存在于不可或缺和不可思议之间的平衡是多么脆弱啊。"②

在获得记录能力以来人类似乎就一直在观测天空。20世纪60年代,考古学家亚历山大·马歇克(Alexander Marshack)指出,在旧石器时代早期(Upper Paleolithic)的骨头上留下的刻线是先民对每月天数的记录,这也是早期人类的制历方式。然而,这些骨头上的刻线既可能是早期刻写者的有意计算,也可能是他们的随意刻画,如果不了解这些刻写者的认知世界,我们就永远无法将有意和无意区分开来。法国拉斯科的洞穴壁画可追溯到10万到30万年前,其中包括一幅公牛的图像,其肩膀上方有六个点,有人猜想它们描绘的是金牛座和昴星团,这些壁画很可能是先民用来记录历法的。如果真是这样,这意味着观星行为和埋葬、艺术、性、装饰和仪式等一样是早期现代人类最为关注的事情,这也意味着数千年来,某些天象(如星座)在不同文化中都以相同的方式被人类描述和解读。(例如,在不同文化中,北方夜空中的星群都被描述为"大熊"。)洞窟中壁画所处的位置似乎也有声学上的考虑,以让洞穴能为壁画的呈现提供视觉和听觉的辅助。洞穴的天

---

① 傅科摆是一种简单直观地反映地球自转现象的实验装置。该实验被誉为世界十大经典实验之一,由法国著名物理学家傅科(Foucault Jean Bernar Leon)于1851年首次设计完成。傅科设计的傅科摆长达67米,底部的球形重锤直径0.3米,重28千克,安放在法国巴黎国葬院。重锤底部是一个针型设计,重锤下放置有沙盘。重锤摆动时会在沙盘上留下痕迹,显示出摆动平面并非恒定不变,而是在缓慢的沿顺时针方向旋转,由此说明了观察者在随地球做逆时针方向(自西向东)旋转。今天人们将这种反映地球自转的单摆装置称为傅科摆,并将其广泛地展示于科普场馆中。——译者注

② Hans Blumenberg, *The Genesis of the Copernican World*, trans. Robert M. Wallace (1975; Cambridge, MA: MIT Press, 1987), 3.

然拱顶为声音提供了极好的共鸣效果。① 如果洞穴是天空的模仿物,那么这些洞穴不仅是一个呈现壁画的屏幕,还是一个不可思议的风声和雷声的谐振器。

从公元前4000年开始,人类社会中出现了规模庞大的城市,这是证明人类很早就有系统性观星行为的更加确凿的证据。在北欧,特别是在英格兰,存在着各种各样的古代遗迹,包括巨石阵(stonehenge)、景观线和埋葬点等,它们都具有重要的天文学意义。诺曼·洛克耶爵士(Sur Norman Lockyer)是《自然》杂志的天文学编辑。他最早发现太阳中存在着氦。早在20世纪初他就开始研究巨石阵遗址的天文学意义,此后巨石阵就成了天文学家关注的中心。

在埃及吉萨,众多金字塔按天文学意义有规则地排列,考古天文学(洛克耶爵士对该领域的建立有汗马功劳)试图从史前艺术和建筑中推断出古代关于天空的各种传说。新时代的思想家也特别喜欢考察这些东西。但是,如果说研究者是在主观上希望能从史前遗址中找出"巴洛克式"的线条,考古天文学家则是在缺乏民族志数据的情况下,试图去证明遗迹中存在的各种"规律性",确实是由于建造者的有意行为而不是偶然因素造成的。(天象总是容易引起人类的恐惧,但人类发明了"星座"——实际上是人类具有的一种将各种点联起来的格式塔②心理特性——而"星座"之说具有长期的生命力,说明格式塔心理具有一定的持久性。)英格兰的巨石阵中充满着各种技术(technics),包括人工地平线、观测点、指向各星座——如参宿七(Rigel)、天津四(Deneb)和毕宿五(Aldebaran)以及冬至点和夏至点的方向线等——它们都属于有天文指向的人类建造物。③

---

① Steven J. Waller, "Sound and Rock Art," Nature 363(10 June 1993): 501, and Iegor Reznikoff, "The Evidence of the Use of Sound Resonances from Palaeolithic to Medieval Times," in Archaeoacoustics, ed. Chris Scarre and Graeme Lawson (Cambridge: McDonald Institute, 2006), 77 - 84.
② 格式塔,德文"Gestalt"的音译,主要指"完形",即具有不同部分分离特性的有机整体。它是格式塔心理学(又称完形心理学)的基本概念,由奥地利心理学家厄伦费尔斯1890年首先使用。厄伦费尔斯提出,人的意识作为一种能动的知觉整体,对外部事物发出的各种信息具有高度的整理、加工和重新组织的能力,这种能力是意识所固有的、先天的。格式塔心理学的理论核心是整体决定部分的性质,部分依从于整体。——译者注
③ John D. North, Cosmos: An Illustrated History of Astronomy and Cosmology (Chicago: University of Chicago Press, 2008), chapter 1.

第四章 苍穹中的灯光:天空媒介 I(时间)

天空既可以是地图、时钟或书籍,也可以是坟墓或洞穴。许多文化都将天堂视为死者的居所。"每颗星都代表着一个灵魂"的观念现在仍然普遍存在。黑夜(莎士比亚称之为"死亡之第二个自我")慢慢旋转,在地平线下方撒下一些星星,稍晚又将它们再带回来。① 行星、动物和潮汐都受天体引力的影响。整个周期意味着生死轮回。如果天堂常被视为坟墓,坟墓就常被视为天文台,或至少常被视为通向天堂的通道。安置在埃及墓葬中不同位置的用来保存死者内脏的卡诺皮克(Canopic)罐,代表着东西南北四个主要方向。秦始皇在公元前三世纪统一中国,他的陵墓因随葬的兵马俑而闻名,该陵墓的空间布局在东西南北四个方向有规律地排列,而且还装饰着精致的天文学象征符号,墓室顶上描绘着天体的形象。② 在哥伦布殖民前的北美洲和中美洲,许多土墩和墓葬也是根据宇宙学设计布局的(在现代棒球比赛中,我们还可以看到美洲土著传下来的宇宙学观念,例如,球员逆时针围绕着一个土墩奔跑;另外,所有的跑步赛道、大部分溜冰场以及地球的公转都是逆时针进行的)。位于爱尔兰的史前坟墓"新墓"(Newgrave)只有在冬至那天阳光才能照进其墓室。③ 最近有人提出,英国的巨石阵也是一个坟墓(有人还认为它是一个大型户外乐器,相关的假说不计其数)。"埋葬我,将我嫁给天空吧,"民谣歌手卡特·鲍尔(Cat Power)④唱道,她无疑在重述一个古老的主题。更让人心情沉重的是保罗·西兰(Paul Celan)对着纳粹大屠杀焚尸炉哭泣:"死难者的坟墓已上青云。"⑤

天空提供了符号学上的肥沃土壤。罗马人称黄道十二宫(Zodiac)是"能指"(signifiers)——符号的载体,对这个词你可能需要仔细读上两次。黄道十二宫的形状已经存活了数千年。阅读天空是一种图解艺

---

① Shakespeare, Sonnet 73.
② 社会精英们今天仍然在营造和享受人造星空,例如在 2014 年"罗尔斯·罗伊斯庆典"(Rolls Royce Wraith)上,"在现场大棚顶上安装了许多小型的光纤照明灯,以模仿出星空的效果"。Rory Jurnecka, "First-World Fast-back," *Motor Trend* (May 2013), 42. 感谢丹尼尔·彼得斯(Daniel N. P. Peters)。
③ E. C. Krupp, *Echoes of the Ancient Skies: The Astronomy of Lost Civilizations* (New York: Harper and Row, 1983), chapter 5.
④ 凯特·鲍尔(Cat Power),美国民谣/摇滚歌手,其真名为陈·马歇尔(Chan Marshall),以哀伤和偶尔失常的歌唱表演而知名。——译者注
⑤ "Todesfuge" (1947).

术。① 自古希腊和罗马(甚至更早)以来,黄道十二宫的形象非常稳定。黄道带(Zodiac)包含动物形象(以及人类和工具的形象),与动物学(zoology)有着共同之处。显然,我们将不同的星星聚集后形成各星座,如大熊座、蝎子座、射手座和猎户座等,这些做法都源于居住在地球上特定位置的人类视角。在宇宙中的其他位置,这些星星看起来并不会如我们地球人所看到的样子。人类有星座学的事实告诉我们,人类是属于地球这个社区的。我们当然可以将"星座"的说法视为无稽之谈,认为它们不过是某些人想象力过度而产生的落后幻想而已。但"星座"之说却成功地从早期基督徒遭遇的异教清洗运动中幸存下来(该清洗运动的目的是试图将黄道带的十二个星座转变为十二位族长、十二个使徒或十二个天使)。② 今天,天文学家仍在使用黄道带和星座以方便标识宇宙空间,这说明,有些事物尽管在认识论上不一定站得住脚,但为图方便人们仍然会继续使用它们。这类似电脑的QWERTY键盘,某些定位设备虽然一开始用时很不方便,但在被普遍使用后再完全抛弃它们,代价实在太大。这说明某些后勤型技术可以无需严格的经验支持就可以自寻活路生存下来。"追求准确性并不是工具的唯一价值",这是实用主义思想的基本原则之一(这句话也是宗教为自己辩护的理由之一)。③

现代的天空与古代的天空并不一样。如何解释这种不同?方法之一就是从其带来的损失角度入手。对这一观点的经典论述是乔治·卢卡奇在《小说理论》(*Theory of the Novel*)中那思乡恋家的开篇一段:满天繁星的天堂为人类朝圣者标示出他们前行的道路,此时他们为上帝所眷顾。④ 沃尔特·本雅明接着卢卡奇的话说,20世纪20年代天文馆的发明意味着现代社会中自然(Natur)已被技术(Technik)取代,人类与宇宙之间的亲密关系

---

① Sybille Krämer, "'Epistemology of the Line': Reflections on the Diagrammatical Mind," *Studies in Diagrammatology and Diagram Praxis*, ed. Olga Pombo and Alexander Gerner (London, 2010), 13 – 39.
② Hans Georg Gundel, *Zodiakos*: *Tierkreisbilder im Altertum*: *Kosmische Bezüge und Jenseitsvorstellungen im antiken Alltagsleben* (Mainz: Philipp von Zabern, 1992), 32.
③ William James, Pragmatism (1907; Cleveland: Meridian, 1970), 140ff.
④ *Theorie des Romans* (1916; Darmstadt: Luchterhand, 1974), 21.

已被一种纯粹的光学关系取代。① 这里我们也许不应该马上就洋洋自得地认为，古人靠星象生活，现代人靠时钟和灯泡生活。麦克卢汉的论断——"文字人对宇宙漠不关心"——就是这种洋洋自得的一个典型。② 实际上，今天人类在整体上对宇宙的了解比以往任何时候都多。20世纪，我们在天文学和宇宙学上取得了众多惊人的发现，如提出了相对论、哈勃定律和大爆炸理论等。作为一门极精确的科学，天文学对精确测量一直有一种罕见的和强烈的较真和热情。尽管大多数农民、水手和朝圣者都算得上还过得去的实用天文学家，他们中的许多人长期以来也关注历法和占星家有关黄道吉日的建议，但大多数人并不觉得有必要为天空多费脑力。③ 如果要研究民间大众对天空的关注，研究者应该转向占星术而不是天文学。占星术与天文学之间的关系就如丽莉斯（Lilith）跟夏娃（Eve）④一样难解难分。在某些文化中，人们对天空毫无兴趣。这些人看待天体的态度也许就像我们大多数人看待云一样，视其为转瞬即逝的表演，虽然有时显得可爱，但并不值得紧追不放——他们都认为，无论天体还是云朵都不具有什么认知上的意义。

在我看来，我们这个社会所具有的鲜明的现代特征并不体现在"天空已从我们的生活中丧失了"这一表象中，而是体现在"天空已被显明地融入各种新技术中并与旧技术联手"这一实质上。（正如我们将在下章中看到的那样，将天堂世俗化的做法种类繁多，历史悠久。）汉娜·阿伦特在谈到伽利略的望远镜和苏联的人造卫星（Sputnik）时就或多或少地表达了此观点。伽利略通过望远镜使"裸眼天文学"名声殆尽，而且他还用望远镜发现了太阳黑子——此前太阳一直被主流意见认为具有纯净的本质，而他却发现其中有杂质。伽利略的发现整合了人类的两个主题：一方面，我们害怕如果没有技术的帮助自己的感官会误导我们；另一方面，我们试图在地球之外寻找

---

① Walter Benjamin, "Zum Planetarium," in *Einbahnstrasse*, ed. Detlev Schöttker (1927; Frankfurt: Suhrkamp, 2009), 75-76.
② Marshall McLuhan, *Understanding Media* (New York: Mentor, 1964), 118.
③ 关于乡村夜晚的月色和夜空，可参考一本不错的书：A. Roger Ekirch, *At Day's Close: Night in Times Past* (New York: Norton, 2005), 138.
④ 在犹太教的神话中，上帝在用亚当肋骨造出夏娃之前用与造亚当同样的方式造了丽莉斯（Lilith），因此丽莉斯可算亚当的前妻。丽莉斯因出身与亚当不匹配，便要求男女平等，亚当不同意，丽莉斯便出走，两人因此由夫妻变成仇敌，但又难舍难分。此处作者用两者的关系比喻占星术和天文学之间难以完全分清的关系。——译者注

到一个"阿基米德支点"。除伽利略的发现外,阿伦特还提及人类历史上的第二个关键事件,即随着苏联人造卫星的上天,天空不再是"理论"(theōria)的纯净空间。她认为人造卫星绝对是划时代的变革,意味着人造物首次在夜空中成为了一个可见物体,就如同海豚学会了像人类一样写作或建设工程一样令人激动,这在人类的心灵媒介(the medium of mind)上是一种根本变革,说明外部世界已经能为人类所塑造。"工具人"(Homo faber)的力量已经能触及天空,从而将"理论"变成了一种"行动"(action)。与通向天空的"巴别塔"故事形成鲜明对照的是,人造卫星是出现在天上的人类作品——如今所谓"永恒"也能被人类行为改写了。我们一直希望自己的理论应用范围能超越地球之外,现在通过 $E=MC^2$ 这样的公式①,人类已经可以从天体中汲取能量并将之用于自相残杀,这意味着人类在地球之外已经找到了阿基米德支点,也实际上已将地球置于危险之中了。②

计　　时

时间确实是一个奇怪的栖息地,它被天空、国王、牧师和富豪们密切地塑造着。哈罗德·英尼斯说,所有实现政治、经济、宗教权力和控制的最为深刻的媒介均与计时方法密切相关。时间是什么?圣·奥古斯丁问道。他不无道理地将时间视为一个伟大的问题,并对之进行了出色的分析。虽然他没能完全解决这个难题,但比他做得更好的,前无古人后无来者。时间是我们生活意义的核心。在我们玩得兴趣盎然或感觉老之将至时,就会觉得时光飞逝。时间是音乐的核心,而音乐可能是所有艺术形式中最有意义但又最不具语义特征的。在机遇面前,我们希望"把握时机"(机遇中蕴藏着财富)。时间总是消失不见,它没有内容,不断地将自己吸到过去。很多传播理论都在黑格尔所谓的"感觉—确定性"(sense-certainty)层面上卡壳了——一方面将"讯息"(message)视为是某种本质的、我们所能发现的最丰

---

① $E=mc^2$,质能方程,由阿尔伯特·爱因斯坦提出。其中 E 表示能量,m 代表质量,c 表示光速(常量,c = 299 792.458 km/s)。该方程主要用来解释核变反应中的质量亏损和计算高能物理中粒子的能量。该方程对于原子弹的研发具有关键作用。——译者注
② Hannah Arendt, *The Human Condition*(Chicago: University of Chicago Press, 1958), prologue, chapter 6.

富多样的材料,另一方面又将"讯息"视为最不稳定和最易变的物质,它总能以最快的速度消失。① 当所有内容(content)都消失不见时,剩下的只有经验(experience)。我对与时间有关的文化技艺产生兴趣是基于这样一个假设:对各种其貌不扬的工具,就其具体运作而言,我们都可以提出具有重要意义的哲学问题。有时我们只要对这些工具有简单的了解就能达此目的。在记录时间的工具中往往嵌有关于天体的哲学。②

无论时间是什么,历法和时钟都能对之进行测量、控制和构造。反过来,高塔和钟楼则是时间的先驱,它们通过视觉和声音来实现对空间的统治并宣告其紧迫性。这些后勤型媒介是如此根本,以至于它们有时根本就不被视为媒介。它们沟通并协商天与地、自然与文化、宇宙和社会组织,确定我们在时间和空间中的基本定位。这些媒介因此也减轻了我们在思考"什么是时间?""时间何所为?"这些问题时面临的负担。例如,历法和时钟这样的旧媒介对天空进行记录,并展示出各种微小的基础设施型事实带来的巨大后果。历法、钟表和塔楼等设备不仅具有认识论意义,也向我们展示出媒介如何能在本体论上运作并生产意义。历法和时钟是自然与文化之间的"准物件"(quasi-objects)。③ 尽管它们都准确地对环境事实进行模拟,是测量地球和天空的日常教具(realia),但两者在实际功能上存在巨大差异。历法和时钟的设计都需要设计者投入大量的聪明才智(当然,某些做法流行开来后总会被常规化,因此并不需要后来者投入和其发明者一样多的脑力)。历法和时钟作为一种建构物(contructs),其存在能使人间和天堂、文化和自然、人类历史和天文变化这类周期性事件相互同步,因此也成为最古老的和最重要的神学—政治传播媒介。在如今的数字媒介中,它们留下的遗产仍然随处可见。

所有类型的历法和时钟都位于天堂和人世之间。它们兼具数学和政治意义,它们模仿天文变化和天文周期并被人类文化任意塑造;它们是人类认知的抽象工具,也是政治和宗教组织的抽象工具;它们是人类理解世界和创

---

① Phänomenologie des Geistes, sections on "sinnliche Gewißheit."
② Thomas Macho, "Zeit und Zahl: Kalender und Zeitrechnung als Kulturtechniken," in Bild — Schrift — Zahl, ed. Sybille Krämer and Horst Bredekamp (Munich: Fink, 2003), 179–192.
③ Bruno Latour, *We Have Never Been Modern*, trans. Catherine Porter (Cambridge, MA: Harvard University Press, 1993), 51ff, passim.

造意义的最基本手段;它们使得宇宙能为人类所理解并为后者的日常目的服务。历法旨在协调周期性天文事件(年、夏至/冬至、月亮圆缺、日等)与周期性人类事件(纪念日、周年、假日和安息日等)。由于能协调天与人,历法作为沟通媒介就具有了特别的力量。时钟的规模尽管较小,也和历法一样有着同样的力量。两者都是表征方式和干预工具,都在描述时间的同时构造了时间。① 它们在最基本的层面上发挥中介作用。历法和时间协商上天与国家,使我们能适应永恒和时间,也因此(即使在世俗世界中)为我们提供了一种经典的功能——让我们能"有意义地适应宇宙"。马克斯·韦伯认为,让人类能"有意义地适应宇宙"是所有宗教的目的。历法和时钟一方面为我们确定终极的宏大意义,另一方面又影响细微的日常生活。这意味着,媒介不仅能压缩(古今、遐迩)和联网(空间、时间和人),还具有组织功能。

计时是一种与数学和度量相关的艺术,它涉及对细微数量的测量。很多科学和艺术都涉及对天空的观测,如天文学、音乐和弦、大地测量学、宇宙学、神经生理学、制图学和导航学等。这些学科都极为讲究对研究对象的精细切片和精确测量。对数表出现一个小错误就可能导致沉船事故。(查尔斯·巴比奇在设计计算机原型时就使用了对数表。)19世纪,时钟慢了就可能导致火车事故。如果将 π 值视为 3 而不是 3.141 59,那么计算出来的宇宙将是圆的。毕达哥拉斯从数字中听出了宇宙发出的音乐。天文学家观测的是我们难以察觉的微小差异,因而(如前所述)成为精密科学的首要范式。然而,历法本身却从来都不是体现自然规律的纯粹模型,而总是某种妥协的结果,并因此展现出人类在应对自然事实方面的无穷创造力。

麦克卢汉指出,传播(沟通)的核心是所谓"三艺"(Trivium),即从中世纪起被广为承认的人文艺术的三个组成部分:语法、修辞和辩证法。或者用我们今天的话说就是文学、演讲和哲学——它们都与语言有关。基特勒在他最后一部作品中则提出了"四艺"。这是四门同样令人尊敬的学科:算术、几何、音乐和天文,都与数字有关。基特勒后期将音乐(缪斯女神主管的艺术,即记忆或记录的艺术)和数学看作人类赖以生存的科学(scicences)。人类计数、跳舞、施爱和被爱及唱歌都离不开音乐和数学。在这个过程中,

---

① Ian Hacking, *Representing and Intervening: Introductory Topics in the Philosophy of Science* (Cambridge: Cambridge University Press, 1983).

人类通过度量算法来模仿神的节奏。基特勒对音乐和数学的看法既疯狂又让人着迷。基特勒应该会同意皮尔斯的说法。皮尔斯认为"存有是一个可多可少的问题",换句话说,存有是一个量的问题,而不是质的问题。① 我在此书中虽然并非在所有方面都追随基特勒,但从基特勒的"四艺"角度阐述了它们与媒介理论的关联。

我们还可以更加优雅地排列基特勒的"四艺"。音乐和天文学与天空有关,算术和几何学与地球有关;几何学是天文学的基础,算术是音乐的基础;天文学和算术是抽象的,音乐和几何学是具体的;音乐和天文学是动态的,算术和几何学是静态的;算术和天文学研究永恒,音乐和几何学研究的对象转瞬即逝。有人说,数学的或技术的东西很难捕捉那些最具灵魂性的东西。这些人显然错了,因为只有在与天空和时间的关系中,我们才是最具人性的。天空媒介让我们可以去追求不朽,而这正是人类独有的能力。②

生 物 历

计时不仅具有理论和数学价值,它还与生命如影随形、相伴而生——对此,时间生物学(chronobiology)研究已有所证明。"有意识的和系统化的历法"在人类历史上出现得很晚。我们所知道的生命形式是在一个自转(日长)相对较短和公转(年长)相对较长的星球(地球)上演化而来的。某种程度上,昼夜交替这一规律似乎已被嵌入从单细胞动物到人类的所有生物上。例如,如果生物通过听觉来计时,计量单位就需要非常精细,但生物保持昼夜节律并不需要如此先进的神经系统。在光明(昼)和黑暗(夜)轮回的环境中陆地原生质就能进化。昼夜节律似乎对深海生物的约束力较小,虽然深海中也会有一层厚厚的海洋生物群和浮游生物跟随昼夜节律白天下沉、夜间升起——由于它能影响声音的传播,该层生物群被巧妙地称为"深层散射层"(deep scattering layer)。如果地球的自转速度比目前更慢一点或更快一点,或者地球生命出现在高纬度极地地区而不是中纬度地区,人类的历法

---

① "Immortality in the Light of Synechism," *The Essential Peirce: Selected Philosophical Writings*, vol. 2 (Bloomington: Indiana University Press, 1998), 2.
② Alain Badiou, *L'éthique: essai sur la connaissance du mal* (Caen: Nous, 2003), 26 – 32, passim.

将会与现在的大相径庭,人类自身也会完全不同。实际上,"双极情感障碍"(bipolar disease)①中的"双极"一词向我们表明了一个鲜为人知的事实,即导致这种疾病的原因之一是因为患者昼夜节律出现了错位,因此该疾病常见于生活在极地附近的人、洲际飞行员、国际留学生和穴居人。②

如果有机体经常无法从其所在的环境中获得线索知晓时间——这类时间提示线索如光或温度,被称为"环境暗示性信息"(zeitgebers)——有机体的内部生物钟就会出现混乱。毫无疑问,地球上的生命是具有周期性节律的,如同一曲往复循环的经典音乐。牡蛎、土豆、水果、葵花、海龟、龙虾、鸽子和蜜蜂都能追踪太阳,利用地球磁场来定位,或根据其长期进化后形成的节律来消耗氧气。③ 蜜蜂的自我导航能力部分来自它们的计时能力,后者又与它们的太阳跟踪能力密切相关。如第2章所述,以上生物具有的通过地球和天空进行自我定向的强大能力远远超越了人类发明的相似技术。人类生命的周期性体现在青春期、更年期和衰老期上,而且人类每天都会定时进食和睡眠(这些行为都受到环境因素的影响)。人类的生命和起居周期以及鸟类、鱼类、蝙蝠和蝴蝶的年度迁徙都并不需要借助额外专门制作的历法的帮助。④

历法依节律而成,同样的节律也被写入了我们的身体。正如大卫·伊格曼(David Eagleman)⑤引人入胜的作品所阐述的那样,人类大脑被赋予了

---

① 双极情感障碍,又称躁狂抑郁症,是一种涉及一次或多次严重的躁狂和抑郁发作的疾病。这种疾病使人的情绪摇摆于极度高涨和悲伤失望之间,在两种状态之间会存在情绪正常的时候。该疾病一般开始于青春期,能持续一生。尽管没有已知的根治办法,但它是可以治疗的,而且完全康复也是可能的。结合药物治疗和心理治疗可以使绝大多数患者过上正常的生活。——译者注
② Palmiero Monteleone and Mario Maj, "The circadian basis of mood disorders: Recent developments and treatment implications," *European Neuropsychopharmacology*, 18(2008): 701-711.
③ Anthony F. Aveni, *Empires of Time: Calendars, Clocks, and Cultures* (New York: Kodansha America, 1994), chap. 1.
④ 现在市面上不仅有监测睡眠的APP,号称能在用户睡眠达到最佳时长时将其唤醒,还有各种所谓"孕期记录APP"及其他一些监测用户排卵周期的医学APP。感谢伊丽莎白·艾丽莎(Elizabeth Elcessor)为我提供这些信息。
⑤ 大卫·伊格曼(David Eagleman, 1971—   ),美国神经科学家、作家和科学传播者。曾在牛津大学学习英美文学,后在贝勒医学院神经医学担任博士后,目前他在斯坦福大学任教,并担任NeoSensory的首席执行官,该公司致力于开发用于感官替代的设备。他因在大脑可塑性、时间知觉、联觉和神经律方面的工作而闻名并在美国多家报纸开有专栏。——译者注

各种显著的(即使不是严格同步)的计时机制。人体内部的神经振荡器、起搏器和其他机制会根据不同的时间尺度和不同类型的感觉输入速度(如触觉比视觉慢,视觉又比听觉慢)来分配劳动力。人体内的时钟有的体现为剂量不断调整的化学物质,有的体现为神经网络。人类的生物钟是坐骨神经核,位于我们大脑半球的下丘脑。这个位置接近于视交叉神经,可能有利于我们感知每天的时间。① 这说明,我们的感觉器官不过是用血肉制成的媒介。

我们的大脑中并不存在一个整体性的主导时钟,所以我们感觉到的统一时间只是事后的一种建构。伊格曼认为"只有在等到最慢的信息到达后,我们的大脑才能获得关于世界的一种统一的多感官认知"。因此,大脑对世界的体验与我们收看电视直播时经历到的信号延迟感是一样的。由于大脑需要时间从各个感知器官获得数据,我们对"现在"的感觉必然会滞后。伊格曼认为,人类的大脑必须考虑"设备具有的特性"以补偿特定感知系统的有限带宽。像所有媒介一样,大脑对时间的解读很可能被截获或愚弄。与视觉和听觉上的幻觉一样,大脑对时间的解读也可能遭遇时间幻觉。② 伊格曼对人类大脑的以上看法显然蕴含着一个"媒介隐喻",但他并没有就这一隐喻在他的论证中所扮演的构成性角色展开进一步论述。然而,从他在书中提供的图片中看,大脑看起来像一个经典的基础设施:用户能流畅和连贯地使用它,但如果其关键节点遭到篡改,整个系统就容易被劫持。

人造计时系统远超出凡人的生命跨度而持续存在,但生物钟的测量能力也令人惊讶——从跟踪微秒级的微弱声音到大至昼夜节律、发情周期和更年期,其间跨越十个数量级。有机体竟然可以跟踪到微秒级别的事件,令人十分惊奇,因为就连最快的神经元传导(发生在行为作出之前)的速度也比这种跟踪慢得多,要几百微秒。人脑遵循的原理与天体物理学家的相同:需要在测量时间和测量距离之间不断交换。大脑中专门的神经元会比较不同感知信号的到达时间以实施所谓的"重合检测"(coincidence detection)。神经的长度是间接的时间测量,这一长度可以转换为延迟时间。(伊格曼妙

---

① Burkhard Bilger, "The Possibilian: Delving into the Mysteries of Brain Time," *New Yorker*, 25 April 2011, 54–60, 62–65, at 57.
② David M. Eagleman, "Brain Time," *What's Next? Dispatches on the Future of Science*, ed. Max Brockman (New York: Vintage Books, 2009), 155–169.

语说到,高个子活在"过去"的时间可能比矮个子的要稍长。)人类神经系统采取的策略是,如果发现两个感官信号的到达存在着时间差,就将这个时间差视为人体从外部世界获得了刺激的证据。大脑可以通过自己所处的状态来判断是否受到来自(它无法直接接触)外部世界的刺激;人的大脑可以算是一种递归型媒介(recursive medium),它将自己最近的状态与来自外部的源源不断的刺激信号相互结合,从而获得了时间连续感。大脑能递归地将当前的历史判定为其对视觉或声音时间记录的一种索引。大脑具有的所谓"短期突触可塑性"(short-term synaptic plasticity)可以解释这一现象。这也意味着,人的计时能力是由分布在人体全身的神经完成的,而不仅是某些特定细胞才具有的能力。[1] 与鲸类的通信、星光、考古挖掘和图书馆一样,人类大脑会同时接收到来自不同源头以不同时间序列发来的讯息,大脑数据库如何才能组织好这些讯息是它需要解决的一个根本性问题。

日 和 年

在漫长的历史中,人类不断地外化自身并与这些外化一起演进。在此过程中,人类并没有只依靠那些被演化过程不断打磨的生物节律。人类对计时充满热情,人类文化的积累很可能是与这种热情共进。人类的狩猎采集、游牧迁徙和农业耕作都需要对自然周期进行密切观察,在此过程中,人类肯定会积累丰富的口头传说以协调植物和动物迁徙、种植和收获时间与太阳、月亮和黄道带的运行周期,而识字和算术历法的出现则是很久以后的事了。[2] 在某些地区每年的特定时间,蜜蜂都会蜂拥而出,这一现象也可以成为记录历法的参考数据。许多历法记录行为同时从天文和农业中获得灵感和参照。格兹尔历(Gezer Calender)于1908年被发现,可能存在于公元前10世纪,它是一块石灰石牌匾,将两河流域肥沃的新月地区西部的农业活动切分为1—2个月的单位间隔。令我们感兴趣的是,该历法完全根据农业规律将一年分为十二个月(虽然从中也可看到对月亮阴晴的参考)。几千

---

[1] Dean V. Buonomano, "The Biology of Time across Different Scales," *Nature Chemical Biology*, 3, no.10(2007): 594–597.
[2] Aveni, *Empires of Time*, ch. 2.

年后，革命性的法国共和党历根据季节性天气和人类社会事件给一年中的月份命名。例如，秋季包括葡月（Vendémiaire）、雾月（Brumaire）和霜月（Frimaire）三个月，其名称分别是葡萄收获、起雾和霜降。[1] 相比之下，穆斯林历法与太阳没有固定关系，它的参考对象完全依赖天空而不是地球，因此其月份也与季节性周期和天气周期无关。

有些人群的生活是基于一个非正式的历法，它完全基于地球自身的变化，根本不考虑天上的太阳、月亮和星星的征兆。根据伊万思·普利查德（Evans-Pritchard）的说法，苏丹的努尔人（The Nuer of Sudan）有两个重叠的计时系统，一个参照社会，一个参照生态，它们并不额外需要一个抽象的时间概念。努尔人的社交时间概念包含一个复杂的准亲属制度，即"年龄组"（指在同一年经历过成年仪式的男性群体），同一年龄组的努尔人可以彼此实现在时间和空间上的组织与合作；横向的年龄组社会关系和纵向的辈分血缘关系相结合形成一个网格系统，通过这个网格系统，努尔人就形成了他们的纪年表和历史。努尔人所谓的"生态时间"则大致上是基于旱季和雨季的交替。他们虽然也观察太阳、月亮和其他天体以及风的变化和鸟类的飞行，但他们并不将这些观察作为计时参考。他们有一个运行有效的历法，而且对自然和季节变化如何影响他们的游牧生活积累了丰富的知识——这些知识是通过观察天气的旱与涝、河水的涨落、作物的播收、土地休耕与火种、捕鱼、狩猎和采集得来的。对努尔人而言，在一年中的不同时候，时间具有不同的价值。他们会通过数"睡了几次觉"或"看见过几次太阳"来计算天数。"每天日常的计时方法是观察牛群的活动或者在牧场上干活的次数。"行文至此，埃文斯-普利查德忍不住发出一通跨文化差异的感叹（我们在谈论海豚和其他不使用计时工具的生物时常会有此感叹）："在这样的世界中，事件遵循某种独特的逻辑顺序一件一件发生，而不是受某种普世的抽象系统的控制，因为并不存在一个所有活动都必须精确遵从的自动的参考点。如此看，努尔人是幸运的。"[2]

人类要产生正式的历法必须先获得先进的天文学知识，因此历法和书写、

---

[1] 这几个月份的名称听起来如同新上市的气泡饮料名。
[2] E. E. Evans-Pritchard, *The Nuer: A Description of the Modes of Livelihood and Political Institutions of a Nilotic People* (New York: Oxford University Press, 1940), chapter 3; quotes from 101, 103.

数学、分工、复杂的社会分层以及集中的宗教/国家权力一样也成为文明的重要标志。两个自然事实——地球的自转（rotation）和公转（revolution）——塑造了所有历法体系。大部分历法都包含月亮的阴晴圆缺（月份）以及其他天体现象，如至日和昼夜平分点，甚至日食和彗星。历法制定受人类宗教和政治愿望的驱动——试图使人类的日常生活与天体运动相互同步。这种"天人合一"人类必须有意识地努力才能做到，而土豆和牡蛎这类植物或动物仅凭它们的本能就能实现。时间隐藏在苍穹中。使徒保罗对科林斯人写道："太阳有荣光（glory），月亮有荣光，星星亦有荣光……"（《哥林多前书115：41》）无论这句话具体何意，都很好地指出了人类制定历法所用的原材料每一种都鲜明独立，各不相同。人类的大多数实用型历法几乎总是基于日光，很少基于月光，几乎没有基于星光的。虽然星光能为人类提供更准确的指导，但它也让人类这一围绕太阳活动的生物觉得有些毛骨悚然。另外，尽管观星对航海和航空来说必不可少（它常有"差之毫厘谬以千里"的后果）——船舶的驾驶员从来都要同时密切关注量上和质上的细节，因为细节是他们的存有之锚——但对陆地居民而言，观星并没有太多的直接用处。

如果太阳系是以整数运行的，那么人类制作历法就会简单得多。据说，卡斯蒂利亚和莱昂的国王阿方索十世（King Alfonso X of Castile and León）曾优雅地说道："如果全能的主在开始造物前曾咨询过我，我会建议他不要弄得这么复杂。"①地球和太阳周期的时长数值复杂，导致不同文化在计算上各有创造和变异。人类还没有找到一种直截了当的方式来制作历法。天、月和年的长度之间都不能被简单转化：一个完整的月球周期（朔望月），大约为29.530 59天；一个太阳年，即从前一个春分（vernal equinox）到下一个春分大约为365.242 19天。与所有形式的测量一样，计时也面临着准确性和便利性之间的冲突。人类的认知能力和对整数的喜爱不能有效地与太阳系的复杂计时单位相互协调。当然，这种不便源于数的本性：π是无理数，e不是整数。在音乐中，一旦你超越八度音阶和五分音符想要重复奏出多个4/3音符，或者你想奏出一个完美的四分音符，这时音乐分音（musicial ratios）问题就会让你很头疼。区分数（number）和数量（quantity）是古希腊

---

① Simon Singh, *Big Bang: The Origin of the Universe* (New York: Harper Perennial, 2004), 36.

数学做出的一个重要成就,正是这一区分形成了几何学(geometry)和算术(arithmetic)。几何学处理的是连续的数量,算术处理的则是不连续的(离散的)数量。数(number)与数量(quantity)不同。边长为 1 的正方形的对角线长度是 $\sqrt{2}$。对一个完整的四分音符,人的耳朵完全可以识别出来。这两个数量都是真实的和可测量的,但在算术上我们却只能用近似的方法表示出来。[我们后面还会讲到这种"模糊性"(vagueness)的好处。]如此看,我们今天所做的"模拟"信号和"数字"信号的区分其实可以追溯到古希腊对几何和算术的区分。[1]

尽管所有历法都有日和年之分,但要精确地测量日和年的长度看似简单而实际上非常困难。比如,如何计算天的长度?它是 24 小时(地球的自转时长)吗?不完全是。平均而言,太阳确实需要 24 小时才能返回到与子午线相交的点。子午线是一条假想的南北线,它将天空分成东西两半。当太阳穿过子午线时,它在日晷上投下的阴影最短。太阳从前一个子午线相交点到下一个子午线相交点之间的时间是所谓"平均太阳日"(mean solar day)。但是如果我们不考虑太阳而只测量地球自转的时间,后者实际上只需要 23 小时 66 分 4 秒(略有误差)。这个时长被称为"恒星日"(sidereal day),即相对于恒星的日子(sidereal 来自拉丁语中的 sidera 一词,即"恒星"或"恒星的"意思)。

事实上,一天有多长,完全取决于你使用何种参照系。我们都想当然地认为一天为 24 小时,但实际上并非如此。这一例子表明,所有针对基础设施进行的标准化努力都会带来冲突。从以上描述可以看出,平均太阳日和地球自转日之间存在着约 4 分钟的差别——大致上,地球围绕太阳每公转一圈(一年)都会使这一年延长一些。地球以逆时针方向绕太阳旋转,并在其自身轴线上从西向东自转。它每围绕太阳公转一圈就会导致其在一年中的自转总量增加一圈。换句话说,由于地球每天在其公转轨道上微步前进,而其 360 度的自转不足以赶上前一天的子午线相交点,因此地球要在每完成一个自转(一天)后再多转一点才能回到前一天的相同点(相对于太阳的

---

[1] 参见:Gregory Bateson, "Number is Different from Quantity," *Co-Evolution Quarterly* (1978), 44—46。又见:McLuhan, *Understanding Media*, 117。感谢伯恩哈德·希格特(Bernhard Siegert)为我做出的清晰解读。

位置),这个自转度为 361 度(考虑到误差)。这样每日的增加量到年终积累为整整一圈自转。同理,假设地球是从东向西旋转的,我们就要从其年度自转总数中减去一圈,因为地球这时每天并不需要一足圈(360 度)就可以回到子午线相交点。由此看来,一个恒星日 = (365. 242 19/366. 242 19)个平均太阳日 = 0. 997 27 个平均太阳日 = 23. 934 48 小时,即 23 小时 56 分钟 4 秒多一点。

  恒星日的时长是大致不变的,太阳日却是全年不断变化的。地球的公转轨道不是一个完美的圆形,而是一个椭圆形,因此地球绕太阳公转时的速度并不是恒定的。它的速度越快,跨越的轨道越长,那么它就需要更长的时间才能返回子午线相交点。在北方冬季时,地球更接近太阳,所以这时每天中午之前,时钟的速度要快于地球的公转速度。平均太阳日(即如前述,太阳从前一个子午线相交点到下一个子午线相交点之间所需的时间)在每年的 2 月可能为 24 小时 10 分钟,在 11 月则为 23 小时 50 分钟。平均太阳日上的这一差异可以从日晷上看出来,并被古人在一种描绘太阳年度轨迹的、被称为"日行迹"(analemma)①的认知图上标示出来——由此可见,我们所使用的时钟上的"每天 24 小时",只不过是人类的虚构和妥协,它实际上跟任何自然循环都没有精确联系。

  以上我说了这么多复杂的东西,是否已使你的脑子如地球一样迷糊地转起来了? 这不是我的本意(也不是我的错)。如果你觉得头昏,这恰恰说明天文学存在极度的"表征之饥饿",也说明天文学家在通过调动人们的空间想象力来可视化天体运行模式时总是面临巨大的挑战。人类通过裸眼可以观察到前述某些天体运动,例如地球每年会多自转一次。天狼星是北方天空中最耀眼的星,每年 8 月的清晨它总会出现在我屋子的南窗外,到 11 月它每天早上同一时间都会出现在我的西窗外。从 8 月到 11 月的三个月内,天狼星相对于地球的位置变化了 90 度。但事实上它根本没动,而只是在这三个月内地球相对太阳和各星的位置向前移动了四分之一个公转长

---

① 在天文学上,日行迹(Analemma,希腊语意为日晷的底座)是在天球上的一条曲线,用来表示观测者在某一天体上观测到另一个天体(通常是太阳)在观测者所在天体的天球赤道上的平均位置与实际位置之间的角偏差。例如我们知道地球的朔望日(Synodic day)接近二十四小时,因此我们可以在一整年中每天相同的时间标定太阳在天球上的位置绘出日行迹,最后绘出的日行迹曲线是阿拉伯数字 8 的形状。——译者注

度；每十二个月，地球完成一个完整的公转。我们在每个历法夜晚的观星视角都是一年内独一无二的视角，尽管它们之间的差异并不大。如果你手头有一本观星指南或年鉴（almanac，该词可能源于阿拉伯语"日晷"），你会注意到在书中行星和月亮的运转都被明显地标出来了。

我们要精确地测量日长，面临的另外一个麻烦是地球自转速度并非匀速。在地球自转速度降下来时，我们偶尔需要调整一下原子钟以匹配它。今天，地球的恒星自转（sidereal rotation）时长比一个世纪前的要长约 2 毫秒，这导致每年地球的自转总时长会增加近四分之三秒，因此偶尔会增加闰秒。例如，2012 年 6 月 30 日，美国东部各州官方时间在 23:59:59 后显示为 23:59:60（而不是 24:00:00），让当时的紧急状态[1]进制计时系统暂停了 1 秒。造成这种状况的原因是当时的潮汐阻力，但其他事件如海啸、极地冰层的融化或冻结以及地核的内部变化（地震晃动）都难逃干系。随着地球自转的逐渐减速，未来地球公转（一年）恰恰等于其自转 365 圈（天）的那一天肯定会到来。这将是一个光芒四射的一刻。当然，地球一年中的自转数很快就会继续下降到 365 这个整数以下，这将为未来的天文学家带来更多的计算量。地球过去的旋转速度比现在快，以至于在过去的 35 亿年中，自转时间（日长）增加了大约 9 个小时。[2] 据来自软体动物和珊瑚化石中的年轮证据显示，5 亿年前地球公转时间（年长）可能超过 400 天。（月亮围绕地球的公转过去也比现在快，大约为 28 天。）

可见我们每天所过的"天"（day）并非我们所想象的那么"日常"（everyday）。然而就在我们似乎明白它是什么的时候，却立马又迷糊了。（圣·奥古斯丁对普遍意义上的"时间"也有这样的抱怨。）天的长度取决于你是参照星星还是参照太阳来测量它（后者对人类来说是一个更显明的标志物）；而且你还必须考虑季节变化对太阳日的影响。就人类纯粹的时间计量而言，一天从何时开始并没有通用的标准。人类广泛使用的参考包括日出、日中、日落或各种人工标准，如午夜。无论"天"具体指什么，它所揭示出的都是一个被文化化约及平均后的实体（entity），一个处于身体（physis）和

---

[1] 2012 年 10 月 30 日，美国东部遭热浪袭击造成大面积停电，导致东部多个州宣布进入紧急状态。——译者注

[2] D. Shweiki, "Earth-Moon Evolution: Implications for the Mechanism of the Biological Clock?" *Medical Hypotheses*, 56, no. 4(2001): 547–551.

技术(technē)之间的垫层。("解构"既适用于文化,也适用于自然。)我们竟能在"天"这一最被认为理所当然的基础之物上遇到如此之多的不确定性,这是多么地奇怪。关于这些对意义有形塑作用的媒介,我们对它们越深入探究就发现它们越模糊。甚至像"天"这样平凡的东西,其背后都蕴藏着宇宙般宏阔的意义。

毫无疑问,"年"比"天"更复杂。① 巴比伦人猜测一年大概有360天,因此他们也认为圆有360度(这也是因为360能被2、3、4、5以及它们的倍数,如6、8、9、10、12和15整除)。如今,每当我们使用数字360时,其实是在如巴比伦人一样思考。基于同样原因,我们将每天细分为24小时,每小时60分钟,每分钟60秒。② 今天我们使用的"度"(°)的符号也来自巴比伦——他们用之指代"太阳"。这一符号看起来像太阳,也代表地球每年围绕太阳公转一圈的时长(一年)。使用这个符号并非武断——它既是一个指示太阳的视觉图标,又因其所代表的"度"(1/360)的意义,也是一个表意符号(ideograph)。它很像中国汉字或至今留存于埃及现代拼音文字中的古埃及象形文字符号(见第六章)。早在两千年前,埃及人、巴比伦人、中国人和希腊人就知道一年为365天有余。尤利乌斯·恺撒统治时期实施的历法——以他的名字命名为"儒略历"——每四年都会引入一次闰年,其长度定为365.25天,平均到每年,时间增加11分15秒左右。这是对更早期的罗马历法的巨大改进,也确定了随后几个世纪的欧洲历法。但并不是所有人都对恺撒的历法改革感到满意。西塞罗曾抱怨说,历法改革后,星星都得按照帝国法令升空。③ 他的这一讽刺指出了一个古老的权力事实:历史上的君主、国王都企图通过掌控历法来号令或模仿天体运行。这说明天空一直都具有政治含义。

那么上述多出来的11分钟多被用来做什么了呢?它们被加了起来。每隔约128年,儒略历就会落后太阳一天(每年落后于太阳的时间 = 365.25 −

---

① E. G. Richards, *Mapping Time*: *The Calendar and its History* (Oxford: Oxford University Press, 1999); and Duncan Steel, *Marking Time*: *The Epic Quest to Invent the Perfect Calendar* (New York: Wiley, 2000).

② Harold Adams Innis, "A Plea for Time," *The Bias of Communication* (1951; Toronto: University of Toronto Press, 1991), 64–65.

③ Plutarch, "Caesar," *The Lives of the Noble Grecians and Romans*, trans. John Dryden, rev. Arthur Hugh Clough (New York: Modern Library, n.d.), 888.

365.242 19 = 0.007 81 个太阳日 = 1/128 天)。到 16 世纪,儒略历距离它于公元 325 年在尼西亚议会(the Council of Nicea)上被校准的时间已经相差约 10 天。当时该议会决定将每年的 3 月 21 日定为春分,而当时根据儒略历,春分来临的时间比太阳历的预测要晚了一周半——这意味着,如果教会选择适用儒略历,那么教会的活动将与地球及太阳的运行毫无关系。1582 年,教皇格利高里十三世认为不能允许这种情况发生,于是采取行动将儒略历从当天的 10 月 4 日(星期四)向前调了 10 天,至 10 月 15 日(星期五)——这显然是一次重大的历法修改。此后诞生的新历法被称为"格利高里历"(Gregorian calendar)。它基于儒略历但省去了其每四百年所加的三个闰年,并规定逢年份为 00 时且该年份不能被 400 整除时,该年即算闰年。因此 1700 年、1800 年和 1900 年都不是闰年,但 1600 年和 2000 年算闰年。对格利高里历提出埋怨的不是西塞罗(如前所述),而是众多新教国家。这些国家出于可以理解的宗教和政治理由反对格利高里历,因为他们不想听梵蒂冈发号施令。在与法国和非洲大陆经历了 170 年的混乱关系后,英国及其殖民地最终在 1752 年选择接受格利高里历。因此,在历法转换的那一天,英国人 9 月 2 日(星期三)上床睡觉,第二天醒来时已经是 9 月 14 日(星期四)了。据称当时还有谣言说,历法转换造成了骚乱,有些市民吵闹着要补回失去的 11 天。这显然是夸大其词,但这些谣言被一份广为流传的霍加斯①版画(a Hogarth print)刻画表现后,变得人所共知,挥之不去了。② 俄罗斯(连同希腊和土耳其)直到 20 世纪才开始转用格利高里历,所以发生在 1917 年的俄国"十月革命"按照我们现在的历法算,应该发生在格利高里历 11 月。

历法改革当然还必须包括其他一些小的调整。为人类日常生活所设计的历法要与天体运行百分百契合是不可能的。和对"日"的测量一样,恒星年与热带年不同——前者比后者平均要提前 20 分钟,或者说每 72 年地球

---

① 威廉·霍加斯(William Hogarth, 1697—1764),英国著名画家、版画家、讽刺画家和欧洲连环漫画的先驱。他的作品范围极广,从卓越的现实主义肖像画到连环画系列,都卓有影响。他的许多作品经常讽刺和嘲笑当时的政治和风俗。后来这种风格被称为"霍加斯风格",他也被称为"英国绘画之父"。——译者注

② Robert Poole, "'Give Us Our Eleven Days!': Calendar Reform in Eighteenth-Century England," *Past and Present*, no. 149(1995): 95-139.

自转会加快约 1 度（即 1 天）——公元前二世纪的希腊天文学家希帕克斯（Hipparchus）第一个观察到此现象。① 每年，昼夜平分点围绕着黄道（即地球的轨道平面）运行，从东到西每年提前 20 分钟，它需要 25 772 年才能顺时针绕太阳一圈。我们所称的"岁差"（precession of equinox）现象常常被人与黄道十二宫混淆。实际上，地球现在已经距离黄道十二宫有一个月的时间（距离）了。岁差源于地球在其轴线上的超低速摆动（如同马戏团摆动的巨大帐篷）。人类在发现这种摆动之后过了差不多 1800 年，望远镜才被发明。这说明我们不一定需要强大的技术，直接通过各种小而简单的媒介如裸眼、手、弦、棍棒、拨号盘以及书面记录就可以做出惊人的发现。

历 法 之 争

所有历法的有效性都只是暂时的。天文学上的事实因为天气运行的非线性而处于一种非稳定状态，人类各个文明中持续最长的其实也很短。到目前为止，我们与古代文明之间的沟通时间上限——指语言上的共享而不是细节上的破译——大概也只能回溯到四五千年前。但是历法作为人类之间建立联系的工具，威力强大，无法不被权力侵蚀。历史上的历法之争大多并非源于历法与天体运动之间的匹配问题，而是历法与人事之间的匹配问题。历法即使能与天体运行完美匹配，也永远无法解决人间如何记时的问题。历法是展示身份的显著标识，也是制度性控制的有力工具。谁控制了时间就控制了社会。对这一真理，古代的祭司和占星家心知肚明，今天的海军上将、物理学家和程序员也了然于胸。

历法对宗教仪式尤其重要。古登堡 1457 年就印出了第一张年历，但第一本印刷的《圣经》却到 8 年后才出版。历法可以具有与经文一样的宗教意义，而犹太人、印度教徒、佛教徒、耆那教徒（Jains）、穆斯林和巴哈伊（Bha'is）教徒都有自己的历法。基督教至少有三个历法——罗马天主教、东正教和亚美尼亚东正教至今仍可以在不同日期庆祝圣诞节。格利高里历法改革的主要动机是不能让复活节——基督教"日期可移动的节日"中最重要的一个——与春季离得太远。复活节与圣诞节不同——无论周几，圣诞节

---

① 有关春分岁差的重要古代记录可见于 Ptolemy, *Almagest*, book 7.

总是在12月25日(对西方基督教而言)降临。复活节则必须发生在某个星期天,因此具体日期每年变化都很大(理论上,它必须发生在3月22日到4月25日之间);有的假日是固定日期,例如"五月五日节"(Cinco de Mayo),①有的则是浮动日期,如美国的感恩节。复活节被规定为春分后首次满月后的第一个星期天,这是早期基督教徒在公元325年尼西亚市议会上经过长时间争议之后确定下来的。这是一个很容易引起混乱的规定,因为要确定复活节的准确日子先需要规定:(1)人类周(human week);(2)月球周期;(3)太阳周期。但它最后还是被确定下来,其明显的政治目的也达到了——让基督教的复活节永远不会与犹太教的逾越节(Passover)②相撞。基督教尼西亚委员会的这一做法进一步分离了基督徒和犹太人之间的交流,并为后来基督教的内部分裂埋下了法律上的隐患——例如,有一些被称为"十四日者"(Quartodecimans)的基督徒仍然会在"尼桑第14日"那天(即逾越节前夜)庆祝复活节。具有讽刺意味的是,在力图避免基督教复活节和犹太逾越节撞车的过程中,基督徒不得不诉求于恢复犹太历法中的阴阳历(lunisolar logic)——而这一逻辑原本与儒略历传统是两码事。在这一经典模式中我们可以看到,一方为战胜对手付出的代价却是将对手的逻辑完全自我内化。现今基督教复活节所使用的"数月亮"的方法其实源自犹太教,是犹太人对"基督教无意识"的众多贡献之一。历法从来都不是中立的地图——人们遵照历法来确定假期/圣日(holidays,即holy days,圣日)从而表达他们的忠诚和和认同。③

犹太历法确实能激发人的特别兴趣。犹太人从巴比伦人那里学到了阴阳历。阴阳历同时参考太阳和月亮的运行。此后犹太人对阴阳历进行了各种细化,每年都增加大约6分钟,相当于每216年增加一天。与中国人一

---

① 五月五日节(西班牙语:Cinco de Mayo,意为"五月五日")是墨西哥的地区性节日,为庆祝墨西哥军队击败法国殖民军而设立。在普埃布拉州尤其著名,在美国加利福尼亚州亦有庆祝。——译者注

② 逾越节(Passover,希伯来语Pesach),上帝要求以色列人民遵守的七个圣经节日之一,以色列人一年中第一个重要的节期。逾越节的故事记载于《出埃及记》第十二章中。神要求以色列人家家户户都在尼散月十四日的黄昏宰杀一只羊羔并将羊血涂抹在门框和门楣上,由此而逃过死神的屠杀。该日子成为后来的逾越节。——译者注

③ Whole paragraph based on Eviatar Zerubavel, "Easter and Passover: On Calendars and Group Identity," *American Sociological Review*, 47(1982): 284–289.

样,他们使用了"19年默冬周期"(Metonic Cycle)①(该周期包括235个月,并在19个阴历年中安置了7个闰月)。但犹太人也担心赋予天空太多的涵义会带来危险——通过观月可以制作月历,在宗教上是可以接受的,但如果通过观察其他天象来预测未来,这就会带来偶像崇拜的风险(《申命记18:20》)。太多的观星可能是一种罪恶。犹太经文开篇描述的是创世记,其中被创造的首批事物之一就是"天"——按照希伯来的典型说法,它是在傍晚开始被创造的(《创世记》1:5)。此外,《创世记》还神圣地规定了每周为7天,其中第七天为安息日即休息日。遵守安息日一直是犹太人身份的重要标志之一,他们的赎罪日(Yom Kippur)、逾越节(Pesach)和新年(Rosh Hashana)等节日也有同样重要的意义。实际上,所有这些重要节日都可以视为安息日(尽管这些节日并非发生在第七天)。遵守安息日也许是宗教历法信仰最虔诚的表现形式。安息日意指"在时间和空间上隔离"(这种隔离物被称为"eruv",也就是安息日期间用于隔离空间的围栏),它是一段从世俗流动中分离出来的"加时"(time out)。

事实上,现代社会的一个明显标志就是安息日的衰落(有如现代社会中灯光照亮了夜晚一样)。② 英国广播公司(BBC)的创始总裁约翰·瑞思(John Reith)是虔诚的苏格兰长老会信徒。他曾要求BBC遵守安息日,在周日大幅减少广播节目的播出,但这一政策实施后让海外的地下电台有了广阔市场。③ 从20世纪早期到中期,犹太拉比摩西·海姆森(Rabbi Moses Hyamson)领导了一场反对篡改安息日原定日期的运动。该运动有一个奇妙的名称——"防止历法改革对安息日固定日期造成可能的侵犯之联盟"。但是,安息日的衰落与其说是历法改革造成的,还不如说是由每周七天、每天24小时都不歇业的购物、体育、广播和电影活动造成的。基督复临安息日会(Seventh-day Adventists)则将对历法的解读视为一种信仰立场的体

---

① 默冬周期(Metonic Cycle),古希腊人默冬在公元前432年提出的置闰周期,即在19个阴历年中安置7个闰月,以与19个回归年相协调。中国早在默冬之前100多年就已发现了这个周期。——译者注

② James W. Carey, "Technology and Ideology: The Case of the Telegraph," *Communication as Culture* (Boston: Unwin Hyman, 1989), 201–30, at 227–228.

③ Adrian Johns, *Death of A Pirate* (New York: Norton, 2011), 15.

现。安息日一直就被当作抵抗国家和市场力量的主要形式之一。① 早期基督徒在每周的第一天而不是第七天庆祝安息日,这不仅具有社会学上的区隔目的,而且还是为了纪念耶稣的复活(Resurrection)。古代犹太人则可能认为星期六是一周的最后一天,目的是以此向曾经奴役过他们的埃及人表示抗议,因为埃及人将星期六作为每周的第一天。②

犹太历法的另一个特点是它具有普遍意义——它是通过中央权威来实现对边缘的治理的。在公元70年第二圣殿(the Second Temple)③的破坏中,海外各离散侨民群体(diaspora)在历法上的彼此协调同步,是通过来自"雅比尼议会"(Sanhedrin in Jabneh)的信号火焰和信使来远程实现的。("雅比尼议会"垄断了观察新月的权利。)在人类的便捷通信手段出现之前,使用以上缓慢低效的方式传输具有高度时效性的数据面临着巨大的不便,这导致海外离散群体后来引入了双重假日机制(如有两个逾越节),从而给坚定流淌的时间加上了缓冲因素。公元356年,希利二世(Hillel Ⅱ)宣布终止了耶路撒冷以上每月实施的中心化的上述历法协调行为,并开始允许各个犹太社区自己确定新月出现的时间。对分散在世界各地的犹太人来说,这一做法显得更加可行(尽管双重假日机制仍然存在)。(那么,让他们多过了一个假日的是谁呢?)体现主权的一个关键标志是宣布假日的权力,这一权力也和宣布宽恕的权力密切相关。宣布假日和宣布宽恕都涉及对时间的暂时中止。

表一　欧洲主要语言对一周各天的表达

	太阳	月亮	火星	水星	木星	金星	土星
英语	Sunday	Monday	Tuesday	Wednesday	Thursday	Friday	Saturday
荷兰语	zondag	maandag	dinsdag	woensdag	donderdag	vrijdag	zaterdag

① Carey, "Technology and Ideology," 227.
② "Calendar," *Encyclopaedia Britannica*, 11th ed. (New York: Encyclopaedia Britannica, 1911), 4: 987 - 1004, at 988.
③ 第二圣殿(the Second Temple),兴建于公元前537年,完成于公元前516年,公元70年被罗马人摧毁。耶路撒冷原有所罗门王建立的第一圣殿在公元前586年被巴比伦王尼布甲尼撒摧毁。到了公元前536年,波斯王下旨,允许被掳的犹太人回到耶路撒冷重建圣殿。圣殿建成的时间大约是公元前516年,是为第二圣殿。公元70年,罗马将军提多摧毁了第二圣殿。犹太人相信,在末世,在同一个地方将再建起第三个圣殿。——译者注

续表

	太阳	月亮	火星	水星	木星	金星	土星
德语	Sonntag	Montag	Dienstag	Mittwoch	Donnerstag	Freitag	Samstag
法语	dimanche	lundi	mardi	mercredi	jeudi	vendredi	samedi
西班牙语	domingo	lunes	martes	miércoles	jueves	viernes	sábado
意大利语	doménica	lunedì	martedì	mercoledì	giovedì	venerdì	sabato
葡萄牙语	domingo	segunda-feira	terça-feira	quarta-feira	quinta-feira	sexta-feira	sábado
现代希腊语	Κυριακή (Kuriakē) (Lord's day)	Δευτέρα (Theftera) (Second)	Τρίτη (Trítē) (Third)	Τετάρτη (Tetartē) (Fourth)	Πέμπτη (Pemptē) (Fifth)	Παρασκευή (Paraskevē) (Preparation)	Σάββατο (Savvato) (Sabbath)
俄语	воскресенье (resurrection)	понедельник (after no work)	вторник (second)	среда (middle)	четверг (fourth)	пятница (fifth)	суббота (sabbath)

相比之下,穆斯林历法是严格的阴历(月亮历),一年——被称为赫吉拉年(hegiral year)——为354或355天,由十二个阴历月组成,每32个穆斯林年为一循环。如前所述,穆斯林历法与太阳历不同,它与农业上的播种和收获时间无关。因此穆斯林斋月(宗教信徒们白天禁食的月份)有时在炎热的夏天,有时在冬季(更短的日子和更凉爽的天气使人禁食更容易)。斋月一般开始于新月露脸之时(尽管现在全球穆斯林都用一个标准的全球历)。斋月也常常是一个棘手的月份,因为一些伊斯兰学校要求必须先看到新月才开始禁食,这给一些穆斯林带来了两难。对穆斯林来说,教皇格利高里对历法与季节不同步的担忧毫无必要。穆斯林历的第一年是公历622年,用缩写AH(anno hegirae,意即"在赫吉拉年中的")表示。由于穆斯林年份变得更快,人们无法通过从格利高里日期减去622来找到对应的年份。这样做只能得出一个尚未到来的日期,因为一个穆斯林历年的长度只有一个格利高里历年的97%。最终要经过大约两万年后,穆斯林历才能赶上并超过格利高里历。

人类历史上的大多数国家都有专家阶级负责维护历法和占卜吉日(为

播种、婚姻和发动战争等目的)。例如,阿兹特克人中的一个祭司阶级负责维护一个复杂的历法,其中嵌套有两个历法:一个 365 天的农业政治历和一个 260 天的宗教—神圣历法。这两个历法每隔 18 980 天重合一次,即相当于 52 年(一年以 365 天年计)或 73 年(一年以 260 天计算)重合一次。历法是阿兹特克社会秩序中的中央计算机,它如同一个指导农业、战争、生殖、劳动和宗教仪式的大型软件。穆斯林历法对金星特别感兴趣——金星相对于地球只有 263 天可见,这正好与穆斯林的宗教—神圣历紧密契合;对巴比伦人、希腊人和罗马人来说,金星是主宰爱情和生育的星球——这一定是因为他们都注意到金星的运行周期大致与人类妊娠的周期相吻合。阿兹特克历的管理者们在推算日期和宣布凶吉时都具有哈罗德·英尼斯所谓的"知识垄断"权力。历法是一种进行抽象计算的设备(一种认知性工具),但它同时也是一种以石头雕塑艺术体现出来的具体作品。作为标识宇宙循环的典范,阿兹特克历也是一种统治工具。占星学预测一直都是意识形态的辅助。在今天的许多文化中,人们的婚期仍然由占星师选定。当然,有些日子显得特别不吉利,这种传统并非只有阿兹特克人这样的异文化才有。我们西方人也认为 13 号逢星期五就很不吉利,逢 1 和 7 则被认为很吉利。因此在西方国家,在 2007 年 7 月 7 日和 2011 年 11 月 11 日这样的日子结婚的人特别多。

  任何历法都会遭到抵抗。在库姆兰(Qumran)发现的《死海经卷》①,其书写者就非常讨厌希腊征服者强加给他们的阴阳历(日月历),更愿意使用他们所谓的"真正的历法"。类似的一个更晚的例子是,所有作家在遭遇两千多年历史跨度时都会遇到一个问题:在论述中表示"公元前"是否该使用 BC(to BC or not BC)?。当代犹太人和其他一些人有时会更喜欢用 BCE(Before the Common Era)而不是 BC(Before the Christ,在基督之前),或更喜欢用 CE(Common Era)而不是 AD(Anno Domini,主的那一年)以此来表示他们对使用格利高里历的基督教的抵抗。Anno Domini(主的那一年)两个词中隐含着某种宗教,这是不容置疑的——任何历法如果用了这两个词,就意味着该历法承认耶稣基督(Jesus Christ)是诞生在人类历史的"中午"

---

① 死海古卷(Dead Sea Scrolls),亦称"库姆兰古卷"。写在羊皮纸、纸草、铜版上的文书。为公元前二世纪中叶至公元一世纪中叶的文献,分别用希伯来文、阿兰文、希腊文等书写。1947 年在巴勒斯坦死海西北岸库姆兰地区的洞穴内发现。——译者注

的。狄奥尼修斯·伊希格斯(Dionysius Exiguus,又称"谦逊的丹尼斯")这位6世纪著名的僧侣学者制定了基督教历法,其设计初衷是要通过它"使我们的救世主的激情可以更清晰地照耀"。① 历史的进程有一个中间点(即基督诞生之日,BC,"在基督诞生日之前"),在此之前的历史为负,在此之后的历史为正,这显然是基督教的观念。遗憾的是,在伊希格斯提出这一中间点的时候,基督徒还没有引入"零"这一概念,因此公元前1年就跳过了0直接进入公元1年,这就是为什么基督教纯洁主义者会认为,新千年是从公元2001年而不是从2000年开始的,否则到2000年时,基督耶稣的年龄会是1 999岁而不是2 000岁。这也意味着,在所谓"千年虫问题"(Y2K)②出现之前,也应该存在着一个"零年虫"(Y0K)的问题。但是事实上,几乎所有人都将2000年而不是2001年作为世纪之交的节点来庆祝。这再次表明,追求准确性并不是历法制定中压倒一切的价值。

在纳粹大屠杀的冲击下和以色列国建立后,BCE和CE开始被使用。詹姆斯·米切纳(James Michener)的《源头》(The Source,1965)一书开篇即提到,在年轻的以色列,一名考古学家在一堆废墟中拾到一颗子弹,然后作者就让这名考古学家开始内心独白,思考如何确定该子弹的日期——最后他将其确定为1950年。这名考古学家认为,用公元纪年(Anno Domini)的想法在以色列和阿拉伯国家都不招人喜欢,这好比不喜欢英国的人讨厌将子午线零经度点设置在英国一样——然而在实践中,谁都无法完全忽视子午线存在于英国这一事实。③ 米切纳对这一现象的聪明思考,不仅指出了历史上的"零点"和地理上的"零点"(子午线零经度点)之间的相似,而且也指出这两个"零点"是如何与我们密切相关、难以绕开的。网格(grids)一旦建立,它就会抵抗对它的任何抵抗。即使在今天,BC和AD的用法也各有其支持者。2011年,伦敦市长发表了一篇评论对英国广播公司(BBC)决定

---

① Leofranc Holford-Stevens, *The History of Time: A Very Short Introduction* (Oxford: Oxford University Press, 2005), 122.
② 千年虫问题(The Millennium Bug),又叫做"2000年病毒""千年虫""电脑千禧年问题""千年病毒",缩写为"Y2K"。是指在某些使用了基于计算机程序的智能系统中,由于其中的年份只使用两位十进制数来表示,因此当系统进行(或涉及)跨世纪的日期处理运算时(如多个日期之间的计算或比较等),就会出现错误的结果,进而引发各种各样的系统功能紊乱甚至崩溃。但这个问题后来被轻松解决了,很多人此前的担心也被证明是虚惊一场。——译者注
③ James Michener, *The Source* (New York: Random House, 1965), 23.

采用 BCE 和 CE 的做法表示批评和哀叹。他在评论中不无道理地指出了世界历法改革中的永恒真理:"决定使用 BCE 和 CE,并不只是官僚行政上的一次细小调整,而是一个看似细小但有着广泛后果的做法。"[1]

使用 BCE 和 CE 而不是 BC 和 AD 当然没有变革基础设施。具有讽刺意味的是,基督徒不得不借用犹太教的阴历来维护复活节,而犹太学者则不得不借助基督教"零"的概念(从而区分了历史的"前"和"后")来维护其网格和宏伟的中心化系统。据说亚伯拉罕·林肯曾发问:"如果我将狗的尾巴视为一条腿,那么这条狗一共有多少条腿?他的回答是:仍然是四条,因为我们将狗的尾巴视为一条腿不会使它的尾巴真成为一条腿。"同样地,即使我们改用 BCE 而不是 BC,也并不意味着时间就没有一个起点了。改名字(names)要比改"中点"(meridian)要容易得多。(然而,为了表明"各宗教是朋友而不是敌人"的姿态,我也已经开始改用 BCE 和 CE 了。)

历法改革和惯性

历法作为一个好例子很能说明所谓的"QWERTY 原则"。历法也蕴含着深厚的文化保守性——用它来与那些"存储时间的媒介"相比较是很合适的。[2] 正如泽鲁巴维尔(Zerubavel)所说,历法作为记忆辅助工具,有助于长期的文化纪念,而且还能保存那些被忘却的遗迹。[3] 21 世纪的今天,我们还能看到罗马时代遗留下来的各种古怪痕迹。现代英语中的七月(July)和八月(August)在古罗马指的是"五月"和"六月"。这两个词来源于两千年前两名追慕虚荣的男子:朱利乌斯·凯撒(Julius Caesar)和凯撒·奥古斯都(Caesar Augustus)。我们现在说的九月(September)、十月(October)、十一月(November)和十二月(December),这几个词的意思在古罗马却分别是第七、第八、第九和第十。类似的,中午(noon)一词传统上指日出后的第六

---

[1] Boris Johnson, "BC or BCE? The BBC's Edict on How We Date Events is AD (Absolute Drivel)," *Telegraph*, 26 September 2011。有这么一个笑话:"你听说他们成立了一个波士顿学院犹太人分院(a Jewish branch of Boston College)吗?听说了,它缩写为 BCE。"
[2] 天文学家有时仍会使用儒略历,而许多望远镜的默认设置也是儒略历。
[3] Eviatar Zerubavel, "Social Memories: Steps to a Sociology of the Past," *Qualitative Sociology*, 19(2006): 283-299, at 294.

个小时,但其意思实际上是"第九个小时"。这似乎展示出历法众神的某种幽默感。与所有命名系统一样,历法中也存在着一些武断性,让人觉得饶有趣味。无论文化还是自然,在进化进程中都会想方设法地将旧的结构渗入新的结构中。

由于历法是旧时代合法性的象征,所以革命者和改革者常常会首先攻击旧历法,就如同在20世纪的革命者首先会接管电视台一样。在古代,历法就是广播系统,历法改革也标志着权力的转移。基地组织留下的持久遗产就是它形成了新的纪念日:美国的9/11事件和英国的7/7事件。法国大革命者试图将每周7天改为每周10天(古希腊是每周10天)并剥夺前者积累的宗教意涵。共和党人将每天24小时改为10小时,并将每小时改为100分钟,每分钟改为100秒。他们还带着这种对十进制的热情修改了历法,进而形成了公制度量衡系统。革命者还想削弱宗教假日和安息日对人们生活的控制,因此还采用了其他方法,例如,他们用植物和矿物的名字而不是宗教圣徒的名字来给节日命名。在不断折腾之后,拿破仑终于在1806年废除了革命者历法,这无疑让很多人都松了一口气。带着同样的意图,苏联早期也实验性地引入了"五天为一周,工人每周工作四天、休息一天"的制度,但在实施了约10年后不得不放弃;很明显,对工人而言,每周工作四天、休息一天远没有每周工作五天、休息两天划算。可见每周七天制之顽固。① 对所有阅读本书的人而言,一周七天已经成为其第二天性,已经进入我们的生物记忆。这说明,有些事情甚至连法国革命和俄国革命也无法改变。

七天为一周的节律如生物力量一样强大,这让它的起源显得很神秘,但它似乎与古人所能看到的七个天体明显相关:太阳、月亮、火星、水星、木星、金星和土星。(天王星和海王星是人类进入现代社会后才发现的。)英语中的星期六(Saturday)、星期日(Sunday)和星期一(Monday)三个词中还有明显的天体遗迹;其他天的名字中的天体遗迹之所以不再明显,是因为它们源于以上各天体神的日耳曼语词根。爱情语言中对这七个天体的呈现则更为直接。可见人类给天的命名方式是在自然体系上作文化的镶嵌。在其他语言中则使用序数来给天命名。例如,在现代希腊语中,星期日是"主之日"

---

① Eviatar Zerubavel, *The Seven Day Circle: The History and Meaning of the Week* (New York: Free Press, 1985).

(the Lord's Day),星期一是"第二天",星期二是"第三天",依此类推到星期五,即"准备日"(大概是安息日)。相比之下,在俄语中,星期天是"复活日",星期一是"休息日的后一天",周二是"第二天",周三是"中间日"(如德语中的 Mittwoch),星期四是"第四天",星期五是"第五天"。① 显然,希腊人和俄国人是从不同的天开始计算一周的——尽管他们都将星期六作为"安息日"从而折射出其中的犹太传统。实际上,一周从哪天开始到哪天结束,完全是任意确定的(一天从哪个点开始和结束也是任意的)。现代社会,周末是一周的第七天和第一天的结合,虽然我们总是觉得星期一是每周的第一天。月份也具有相似的任意性——如果我们不使用手背骨节辅助记忆法,还有多少人能轻松记住哪个月有 30 天、哪个月有 31 天呢?与所有的符号一样,制定历法含有任意性元素,却能让我们感到它不可抗拒。

在中国,这种基础设施上的恶作剧非常多。中国的历法可能是世界上最悠久和最动荡的。在中国古老的《礼记》中列出了可以随政权而变的事项:度量衡、仪式、旗帜、器具、武器、服饰和历法。(引人注目的是,该书竟然将这些事项视为比人的情感和道德更容易变化的东西。)② 中国的历法象征自然循环,被用作实现对帝国的统治和认同的工具。皇帝用它来宣告季节交替,同时也通过颁布历法来宣告他的统治代表着"天命"并与后者和谐无碍。③ 因此,与实用和稳定的朱利安历法相比,中国历法具有高度不稳定性。每位新帝即位后都有权颁布新历法,就像每位西方皇帝即位有权发行刻有他头像的新钱币一样。频繁修改历法意味着时间这一基础性媒介会频繁变革。公元 200—1300 年间,中国平均每个世纪都会出现几个新历法。即使在今天,中国也运行着两个主要历法(见下文)。④ 因此,在中国,天文学是一种受到严密管理的国家治理手段。这也是为什么 16 世纪耶稣会传教

---

① 贵格派为了避免敬奉异教徒的神,还特地采取了不同的周天的排序方式。
② Li Chi: *The Book of Rites*, part 2, trans. James Legge (Whitefish, MT: Kessinger, 2003), 61-62.
③ Nathan Sivin, "Mathematical Astronomy and the Chinese Calendar," in *Calendars and Years II: Astronomy and Time in the Ancient and Medieval World*, ed. John M. Steele (Oxford: Oxbow, 2011), 39-51.
④ Joseph Needham, Wang Ling, and Derek J. de Solla Price, *Heavenly Clockwork: The Great Astronomical Clocks of Medieval China* (Cambridge: Cambridge University Press, 1960), 6n3, 173-178.

士将西方的时钟技术引入中国被认为既迷人又危险的原因。

在20世纪的中国,历法和其他所有事物一样饱受革命动荡的影响。传统历法通过月亮周期来标记社会事件,通过太阳周期来进行农活规划。历法使用24个季节性标记(节气),每个节气代表沿着黄道进行15度的移动。历法中包含10天周期和12天周期,进而形成一个60天的周期,对节日和耕作进行规范。满月时和新月时多半意味着节日,这是中国传统历法和犹太历法之间的几个相似处之一。① "周"的概念最初是由基督教传教士在明朝引入中国的,但直到19世纪,中国大部分地区仍然对"一周七天"之说毫无感觉,只有在与西方人通商的上海和其他港口城市精英才开始慢慢采纳一周七天的安排。(对新历法的采纳既需要外部的推动,也需要内部的主动需求。)在1898年的改革中,中国许多学校都采纳了七天工作周。这时产生了一个问题,即到底是以宗教"礼拜"(敬拜)还是以更为中立的"星期"(开始之日)来称呼"周"?后来孙中山做出了一个伟大的壮举,他宣布于1912年1月1日在中国实施公历(格利高里历),这不可避免地让公众产生了疑惑:应该何时庆祝新年?结果是,各级官员们孤零零地庆祝西方新年,而绝大多数中国人坚持过着传统的中国农历新年。

具有独特作用的"阳"历削弱了以月为基础的"阴"历,而后者是中国节日的源泉。与法兰西共和国和苏联曾遭遇的"现代化规训失败"的痉挛一样,中华民国政府试图在20世纪20年代后期取消阴历。中国共产党则更加务实,选择保持了双历法,在公历中增加了一些假期,并将传统节日改造为培养国民社会主义意识的机会。2008年,中国政府最终确立了除新年之外三个传统节日假期:清明、端午(龙舟)和中秋。此举的原因之一似乎是为了将人流分散到全年其他时候,以缓解春节假期(一周时长)中过于集中的家庭团聚对国家交通基础设施形成的巨大压力。一周休两天的做法在1995年才在中国推出(这有利于鼓励人们购物以刺激中国的消费市场)。的确,今天历法面临的压力可能主要来自市场而不是政府或宗教。作为新的庆祝和消费机会,情人节、母亲节和万圣节等新节日在世界各地被大肆推广。

---

① 此处三段文字参考了一篇优秀论文,Li Meng, "The Time War: The Chinese Calendar and Its Modern Reform," *Department of Communication Studies*, University of Iowa, 2011。

印度的帕西人(Parsees)受三个历法的管理，中国人也要遵循两个历法。但是，同时应对多个相互重叠的历法——学术历、财务历、购物历、体育历、电视历和选举历——是所有现代人的命运。也许20世纪中叶最重要的历法是广播时间表，它对整个国家的休闲时间和注意力进行了重新组织。[①]所有宗教——包括因世俗原因(如理性、消费主义或繁忙的多任务处理等)形成的"宗教"——都有自己的历法。

被围困的夜晚

历法遭遇的最新改革计划来自于自由经济学家和天文学家组成的"天团"。由这些人制作的汉克—亨利永恒历(The Hanke-Henry Permanent Calendar)建议将一年确定为364天，从而形成正好52个七天工作周，这样每年所有的日期总是落在每周的同一天。更为激进的是，他们还建议废除时区，以便整个世界都可按照全球通用协调时间(UTC)[②]运行——全球所有空中交通都已完成这一改革[③]——如此就可以避免因时区变化和夏令时带来的飞行计时混乱。(飞行员称这种混乱为"祖鲁"时间。)该永恒历同时尊重了七天工作周和安息日，从而消解了这两个常年被提出来反对历法改革的理由。制定该历法的专业人士称，新历法将为商业和日常生活带来"和谐红利"。例如，现在一年的四个季度长度不等，第一个季度共90天(闰年91天)，第二个季度91天，第三个季度92天，第四个季度92天。这种季度天数的差异在会计上是令人头痛的问题，而且还影响到利息的计算和支付。如果实施了永恒历，我们将不必每年都重新调整时间表——因为所有的自动付款将在同一天发生，课程安排也常年保持不变，发生在周一的生日将永远发生在周一……(但复活节所在的日期仍会四处乱窜。)

汉克—亨利永恒历虽然对安息日也表示了尊重，但冷落了太阳。它还

[①] Paddy Scannell and David Cardiff, *A Social History of British Broadcasting*, 1922 – 1939 (Oxford: Blackwell, 1991), 157 – 173.

[②] UTC, 全称为 universal time coordinated。——译者注

[③] UTC 这一略称本身就是一个"基础设施权利斗争"的结果。当时英国人想用 CUT(Coordinated Universal Time)，法国人想用 TUC(Temps Universel Coordonné)。最后双方妥协采用了都能接受的 UTC。

意味着(当然这种意思的严肃性如何还未可知)在像俄罗斯这样的广袤国家里,所有工人都得在同一时间上班(农民和其他依赖日光上班的工人可以豁免)。例如,位于俄罗斯西部的莫斯科,天还未亮工人就得开始工作,而位于俄罗斯东部的符拉迪沃斯托克的工人将在太阳刚开始落山时就得上班了。①

汉克—亨利永恒历的最大受害者也许是夜晚。汉克和亨利在修改历法时主要考虑的是如何便利各种后勤措施的执行,但他们忘记了我们的身体和作息时间都是跟太阳和星星同步的。人类的生存依赖阳光,我们的心理健康和生物节律都受太阳能的触发,对之非常敏感。汉克和亨利却建议人类对自然规律予以完全忽视,这是人类驯化过程中的最新一步。与未经驯化的野生动物相比,被驯化生物的"活动被更加均匀地分配于白天和夜晚"。② 人类的睡眠模式是自然和历史演进相互作用的结果,欧洲人今天的睡眠模式不同于他们几个世纪前的睡眠模式。在早期现代世界中,夜晚与白天截然不同,整个世界可以说是一片黑暗的海洋,偶尔才被一点光照亮。当时大部分地区还没有被法律、警察和教会驯服,只能一任各种精神的和肉体的、牵强的和荒诞的冒险故事的肆虐。当时人的睡眠常常分两段,每段约四小时,中间会有一小时左右的清醒阶段。在当时看来,这种分段睡眠模式似乎是自然而然的,所以我们要问的是,我们今天的长达 7—8 小时的"无缝"或"扎实"睡眠模式是如何成为常态的。③ E. P. 汤普森④的研究回答了"现代人是如何通过工作逐渐变得有规律性和守时的?"这个问题,但同样能激发我们好奇心的是,我们的睡眠又是如何变得如此有规律的?持续稳定的睡眠虽然已经成为人类的常规模式,但这对部分人而言仍然难以实现,例如婴儿、老人、学生、艺术家和度假者都会罹患睡眠障碍而不得不回归到从前更加碎片化的睡眠模式。欧洲一体化后,西班牙和希腊等国的午睡传

---

① Steve H. Hanke and Richard Conn Henry, "Changing Times," *Globe Asia* (January 2012),18-20.
② Helmut Hemmer, *Domestication*: *The Decline of Environmental Appreciation*, trans. Neil Beckhaus (Cambridge: Cambridge University Press, 1990),91.
③ Ekirch, *At Day's Close*, 261-262,300-303.
④ 爱德华·帕尔默·汤普森(E. P. Thompson, 1924—1993),英国著名马克思主义史学家,创立了英国新社会史学派。他以《英国工人阶级的形成》一书享誉国际史坛。在该书中,他阐述了他的阶级史观:工人阶级的形成是客观环境与人主观努力双向作用的产物;阶级意识的出现是阶级最终形成的标志。汤普森结合英国工人阶级的"形成"过程对雷蒙德·威廉姆斯的"文化"定义展开批判,进一步丰富了"文化"定义的多重面向。——译者注

统面临压力。将时间在日夜之间进行平均分配,确实是人类被驯化的确凿标志之一。

在人类进入现代社会之前,夜晚是所有人都面临的境况——人们根据这个条件安排工作、生活、恶作剧(如万圣节)、恋爱和休息。到17世纪,夜晚(黑暗)变得可以选择,但只是一种贵族特权。路易十四点亮凡尔赛宫如篝火,欧洲精英们用各种舞会、戏剧和化妆面具向黑夜殖民。(当时,能睡得很晚也是一种贵族特权,吸血鬼德古拉毕竟还是一位爵爷。)现在,这种分化仍然体现在照明能力的差异中——衡量墨西哥阶级地位的一个社会学标准是看一家住宅中有多少个灯泡。但现在,地球上的大部分地区都已被人造光照亮,每个灯泡都意味着欧洲人维斯塔火的胜利。"电灯结束了白天黑夜轮回的统治。"①麦克卢汉的这句话固然惊人,但并没有多少历史真实性:在欧洲和北美洲,在爱迪生发明灯泡的一个半世纪之前,人们对暗夜的进攻就开始了。

无论我们是否已失去星辰,我们与夜晚都无疑已形成新的关系。如果地球上一半以上的人口都住在城市中,那么由于城市灯光对夜空的遮蔽,现在地球上活着的大多数人可能从未通过肉眼看见过银河系——这是维斯塔火带来的又一后果(在住有90%地球人的北半球,人们更难看到银河系)。因此,有人发起了保护夜空的运动(例如在英国),人们希望设立专门的观星公园,让夜空永不消失。这不仅对人类观星者来说将是一个福音,对那些睡眠受到路灯这样的"人工太阳"干扰的鸟类来说也是一个福音。② 人类照明征服了暗夜,对鸟类和人类都产生了直接的生理影响。光是一个关键的时间分配器(zeitgeber),③许多人——不仅仅是飞行员——的作息时间都脱离了自然昼夜周期的限制。但是这一古老的周期循环仍在继续影响着我们的习惯——这也是存在于可塑大脑中众多的深层神经生理结构之一。实际上,即使是飞行员也仍然没能逃脱昼夜循环——向西飞行的长途航班通常会在早上起飞出发以最大限度地利用日光,向东飞行的长途航班则通常会

---

① McLuhan, *Understanding Media*, 60.
② Miriam O'Reilly, "Let There Be Light," *Guardian*, 14 April 2012, 18–19.
③ ZT (zeitgeber time)是由实验室所定的环境时间:ZT0是灯亮的时间点(即光照起始时间ZT0)(light phase);ZT12是灯熄的时间点(dark phase)。它是在节律研究中的人为控制光照和时间计算。——译者注

在傍晚起飞出发以尽量缩短夜晚时间。人类就像一些植物一样（如向日葵），也追随太阳而生。

像许多改革一样，汉克—亨利永恒历的规定中有的有道理，有的完全没道理。航空业采纳了它的全球通用时间，结果导致国际旅客不得不忍受时差痛苦，它因此而成为"人类计时覆盖自然计时"的最新例子。人类的身体与地球须臾不可离，无论我们睡着和醒着都如此。朱利安历法忽略了月亮，穆斯林历法忽略了太阳，汉克—亨利历则忽视了夜晚。人类花在做梦上的时间可能比花在其他任何事情上的时间都多（因为我们在醒着和睡着时都能做梦），而现代人连续稳定的睡眠则会切断我们与梦中世界的联系。[1]（"夜晚让我们感到高兴，"博尔赫斯写道，"因为，它像我们的记忆一样会抹除那些不必要的细枝末节。"）[2] 在驱赶暗夜的过程中，鲸油也发挥了作用——它被制作成蜡烛照亮夜晚，被熬成润滑油顺滑时钟齿轮以测量黑暗。与浩瀚的大海（人类永远无法完全掌握它）和深邃的天空（人类永远无法触及它）不同，人类对夜晚几乎可以为所欲为——用火焰、蜡烛、路灯、法律、警察、城墙、狗和各种咒语来驱赶它，而暗夜中未被捕获的部分则仍然是梦想、犯罪和无线电广播的温床。[3] 在早期现代社会，夜幕降临意味着大多数机构和公用事业不得不停止活动，包括法治活动；今天，人们却期待所有的服务都以 24/7 方式运行，包括警察、消防队、医院、电力、广播、电视、有线电视、互联网等，让人们无缝地跨越昼夜区隔。这些服务时间的变化微弱地推动了人类的被驯化，也是人类被驯化的标志之一。天地之对比不仅是（上下）空间上的，而且也是（昼夜）时间上的。

日　　晷

本章的最后一节涉及日晷这一处于历法和时钟之间的一种过渡型媒介；本节也将对人类如何通过星辰（特别是太阳）创造地理方向概念进行更

---

[1] Ekirch, *At Day's Close*, chs. 11–12.
[2] Jorge Luis Borges, "A New Refutation of Time," *Selected Non-Fictions*, ed. Eliot Weinberger (New York: Penguin, 1999), 323.
[3] David Hendy, "Listening in the Dark: Night-Time Radio and a 'Deep History' of Media," *Media History*, 16, no. 2(2010): 215–232.

第四章　苍穹中的灯光：天空媒介 I（时间）

广泛的思考和阐述。

日晷是机械钟表出现之前古代人类最重要的计时工具。[①] 日晷由太阳驱动和导向，是一个投影仪，如同一种天体电影，其目的不是为了模仿地球上各种微不足道的事物，而是为了实现对天体变化的交叉呈现。[②] 日晷是一种计算设备，型制多样，主要是为了描绘太阳在天空中的移动轨迹。该仪器的关键部件是指针（gnomon，在古希腊语中，gnōmōn = 法官或诠释者）和日晷面，阴影投射于其上。只要没有云的遮挡，日晷能全天运作。古典作家认为日晷输出的是一种书写和绘画——影子留下的脚本。[③] 日晷是太阳的签名工具，也因此成为 19 世纪影像革命的先兆。与当时出现的地震仪、记波仪、照相机和唱片一样，日晷在不受人的意图影响和不需要翻译的情况下，可以将自然现象以某种符号语言"写"下来。日晷的指针实际上是历史长河中最早的非人类认知者和科学工具。"黑色的墨水在白色的纸上书写，在指针下投射出源自太阳的古老阴影，"迈克·赛雷斯（Michel Serres）如此写道（在他笔下，墨是液态的阴影）。[④] 日晷算不上是雅克·德里达严格批评的曾长期统治欧洲书写史的"文字学"戒律，因为它没有语言或语法，当然也不是语音的文字体现。日晷可以说是一个丰茂肥沃的冲击平原，其中充满着多种书写实践——绘画、制表、绘地图、网格化、编撰、设计、撰写、计算、推演——这些书写实践和语言书写同样重要（见第六章）。

日晷如一位影子作家或一位天空书写者（skiagrapher），向我们投射出太阳的模式和情绪。正如塞雷斯说的，日晷首先是一种用于模拟天空的科学仪器，而不是精确的计时器——它先是一个天文台，然后才是一座钟。它

[①] Herodotus, *History*, 2.109. 希罗多德在《历史》中说，日晷以及指针以及将一天分为 12 个时间单位的做法，是从巴比伦传到希腊的。《圣经》中也提到日晷，例如《圣经·以赛亚书》和《钦定圣经》中提到太阳投下的阴影神奇地向后移动。Isaiah 38：8 and 2 Kings 20：10-12；see also James 1：17。

[②] Jacques Aumont, "'Verklärte Nacht': Der Himmel, der Schatten und der Film," trans. Michael Cuntz, *Zeitschrift für Medien-und Kulturforschung*, 1(2010): 11-31.

[③] Vitruvius, book 9; Pliny, *Naturalis historia*, book 35, chapter 5, on the origins of drawing as "umbra hominis lineis circumducta"; and Steff en Bogen, "Schattenriss und Sonnenuhr: Überlegungen zu einer kunsthistorischen Diagrammatik," *Zeitschrift für Kunstgeschichte*, 68, no. 2(2005): 153-176.

[④] Michel Serres, "Gnomon: Les débuts de la géométrie en Grèce," *Éléments d'histoire des sciences*, ed. Michel Serres (Paris: Bordas, 1989), 63-99, at 68-69.

图一　中国北京紫禁城内的一座日晷
来源：作者摄于 2011 年 11 月

也可以作为历法使用，因为白天的指针阴影的长度在一年中会随时间和纬度变化。在太阳每天经过其轨迹的最高点（即轨迹与子午线的交叉点，这个最高点在冬季和春季时出现在北方，夏季和秋季时出现在南方）时，日晷指针的阴影最短，也就是我们所说的"正午"的时间在北回归线以北，正午时日晷指针的阴影始终指向正北，其长度在夏至时（6 月 21 日左右）最短，冬至时（12 月 21 日左右）最长。在热带地区，有时候指针会根本没有正午影，因为太阳直接在日晷头顶上，而这绝不会发生在热带以北和热带以南。日晷面上通常有精心绘制的刻度以显示一年中的不同时间。波斯数学家阿尔—卡瓦里兹米［Al-Khwārizmī，英语词"算法"（algorithm）就源自他］曾专门研究过日晷，而最初的"算法"不仅指代码串，还指对太阳轨迹的描摹。

旧媒介中嵌着旧时光。人类有精心装饰日晷这种典型"天空媒介"的传统。装饰内容包括各种哀叹时间易逝的名言警句，而且句子最好是用一门已经没有生命力的语言如拉丁语写就，如 Ultima multis［（今天）是无尽韶华的最后一天］，Lente hora, celeriter anni（时辰难熬，年华易逝），Lumine motus（为光所动），Volat irreparabile tempus（时光如逆旅），Pereunt et imputantur（时光易逝，着实难计）等。这些名言警句的主题显然都是"horae"

(韶华),但也暗示出任何生命都将面临着最后的审判。① 英语中也有很多很好的关于时间的警句,我就很喜欢这句:光影乃时光之述说。② J. V. 坎宁汉(J. V. Cunningham)的诗则更好:

> 白昼,日光将我消蚀褪化;
> 夜晚,我却恒定而无变化。

当然,还有希拉睿·贝洛克(Hilaire Belloc)蹩脚的打油诗:

> 我是一只日晷,做了一件糗事;
> 其实我的作为,远不如一只表会来事。

有人还将日晷装在坟墓上,而坟墓上从来都是安放各种媒介装置的便利地方。事实上,所有源于天空的计时媒介都是对我们发出的"跳入虚空"的召唤。

定　位

日晷的刻度盘展现的是天空小景。它的指针阴影每日旋转,跟踪着太阳在天空中的运行轨迹,正是它启发后人发明了钟表的时针。从黎明到中午,太阳在东边;从中午到黄昏,太阳在西边。如果日晷上的6—12轴(纵轴)指向正北方(即与子午线对齐),那么在上午当太阳从东向西投射阴影时,时间段就是从早上6点到正午12点。当太阳在中午(大致在中午)穿过子午线时,投下的阴影将直接指向12点或正北(在北半球时)。到下午时,它投下的阴影将向东从12点移动到6点。钟表的时针12小时完成一次旋转,大致是白天太阳扫过天空或夜间星星扫过天空的时间。我们只能看到半天的日光,这就是为什么标准钟面上只标注12小时而不是24小时的原

---

① 有一本厚厚的多语言名言警句合集,参见:Mrs. Alfred (Margaret) Gatty, *The Book of Sun Dials*, enlarged by H. K. F. Eden and Eleanor Lloyd (London: George Bell, 1900),203 - 486。
② 原文为"It is the shadow that tells the time"。——译者注

因。在北半球,天空以北极星为中心逆时针旋转(从东到西),因此在日晷上指针阴影呈顺时针移动。如果人类是在南半球发明钟表的,那么所谓"顺时针旋转"实际上会是逆时针旋转。澳大利亚有一种搞笑时钟确实是故意逆时针旋转的。

天空之影响渗透于我们的人造环境中——这体现在基本主方位(cardinal directions,即东西南北)对我们生活的渗透上。Cardinal 一词为拉丁语,意为铰链活页或轴线。直角和正圆这些"基础设施"证明了人类生活于天地之间这一事实。南北线和东西线以直角相交。如果地球的旋转抖动得更厉害一点,也许人类的几何学就不会如此严格。直角概念已经完全嵌入人类的居住环境中。我现在写作时待的房间里有数百或数千个直角,它们在书、杂志、纸张、墙壁、窗户、电脑显示器和盒子上;正圆的数量虽少些,但也很多,它们在CD、音箱、钢笔、铅笔、硬币、纽扣、门把手、球、钟面和吊扇上。共济会(the Freemasons)①成员将指南针和正方形视为导向的基本工具,柏拉图认为几何形状是天上的理想型(Forms)在地球上的副本。他们无疑都是正确的。基特勒指出,"自埃及和巴比伦时代以来,欧亚大陆就一直迷恋直角"。②

并非所有文化都有东、西、南、北的方向概念。这些概念似乎对跨越多种地形的大规模社会更为重要。当然,实用性需要从来不是驱动人类探索天空的唯一动机。(这里我们也许可以再次指出,是航海而不是天空教会了陆地上的人类如何导航。)有人研究对比了 127 种语言,发现了人类社会中关于方向有四种指示方式:借助天空、借助风向、使用特定方向性术语(如上、下、旁边和正下方)以及使用当地具有鲜明特征的景观。在塞内卡语中,"北方"表示"太阳不在的地方";在纳瓦霍语中,"北方"表示"那个旋转的……北斗七星"。(在南半球,"太阳不在的地方"只能是南方。)③值得注意的是,在地球东西方向的地区和南北方向的地区之间,人们在方向指示上存

---

① 共济会(Freemasonry),一种以互助为目的的秘密会社,起源于中世纪石匠行会,部分继承了中世纪骑士和秘密修会的传统。14 世纪初出现于英格兰和苏格兰。1717 年在伦敦成立总会(Grand lodge),至 1723 年英格兰约有 30 个总会,后发展到欧洲以至欧洲以外的许多地方,至 1800 年欧洲几乎所有国家都有其组织。——译者注
② Friedrich Kittler, "Perspective and the Book," trans. Sara Ogger, *Grey Room*, no. 5 (fall 2001): 38 – 53, at 44.
③ Cecil H. Brown, "Where Do Cardinal Direction Terms Come From?" *Linguistic Anthropology*, 25, no. 2 (summer 1983): 121 – 161.

第四章 苍穹中的灯光：天空媒介 I（时间）

在着不对称性。在地球南北方向的地区，方向指示有绝对的参考点，即两个地极，而且北方上空还有一个位置固定的星辰。理论上，南方也应该有一个这样星辰，但很不巧，在它应该在的位置上人无法用肉眼看到它。然而，在地球东西方向的地区，方向指示由于没有不变的标志物可供利用，其参照物总是相对的。考虑到太阳在环境线索中的显著性，大多数语言中有关"东西"的词都先于有关"南北"的词出现。我们只要看一眼北极星（Polaris）和地平线就可以较容易地确定纬度，但是直到18世纪航海者才弄明白如何确定经度（见下章）。经度始终是一个不断变化的目标物。地球的南北连线是一个轴，东西连线则是一个轮。"东方—西方"和"南方—北方"都还可以作为地缘政治概念使用，但前者的意义比后者更模糊。

　　从人类的定位方式（orientation）中，我们可以发现意义生成是如何从天空获得丰富资源的。长期以来，世界各国在建筑物的设计中都有意嵌入天人合一的信息，试图以此获得人间的合法性。① 许多城市的布局都以四大方向为参照。北京的故宫——这一明清两代的宫殿建筑群——完全对齐南北轴线。建筑群中众多日晷的指针都指向北极星，仿佛它是一颗位置不变的地球卫星一样，也因此决定了故宫的南北朝向，而日晷指针的倾斜度也反映出北京的纬度。吉萨的金字塔则被精确布局于东西线和南北线构成的网格上（但相比北京故宫，金字塔的星辰指向更复杂）。世界上的许多城市和国家也是如此，尤其在美国、加拿大、澳大利亚和非洲（程度相对较弱些），很多线都是在帝国主义时代时划定的。美国爱荷华州有99个郡，它们之间的所有分界线（有河流分隔时除外），都是在19世纪参照东西南北向用直线确定的。全球大多数规划出来的城市都是参照四大基本方向——当然巴西利亚是一个关键的例外。巴西利亚的设计师表示，他更喜欢如爱因斯坦相对论中提出的那种弯曲的空间和女性的身体线条。天空控制着我们的街道、房间、桌子和壁橱的方向。东、西、南、北既是地球上的方向又是天空中的模式。作为人类获得组织能力的基本坐标资源，东西南北概念是人类使用的重要媒介之一。② 从中国的孔子到美国的梭罗，无数道德先贤都视北极星为

---

① Hugh W. Nibley, "Tenting, Toll, and Taxing," *Western Political Quarterly*, 19, no. 4(1966): 599–630.

② "Kirchen und Gräber zum Beispiel sind nach Aufgang und Niedergang der Sonne angelegt, die Gegenden von Leben und Tod ... ." Heidegger, *Sein und Zeit*, 104.

恒常和美德的典范，因此谁还能说抽象的所指缺乏具体的意义呢？

例如，天空媒介就对伊斯兰教具有构成性意义。该宗教长期以来已经发展出一种面向全球的艺术形式。穆斯林不断参照天空来构建他们的日常生活：（1）使用月亮历（阴历）；（2）根据日晷或星盘显示的阴影和黄昏现象来确定他们每天要做的五次祈祷的时间；（3）使用不同方式向麦加方向祈祷。这三种方式历史悠久且频繁变化，今天还包括使用手机应用程序和网站等现代方法。朝拜方向（qibla）提示了空间上的定位，而历法和公众的祈祷提醒则提示了时间上的定位。13 世纪，穆斯林从中国引入了磁罗盘并首先将其用于航海，很快也被用来确定朝拜方向，特别是用来寻找天房（Ka'aba）黑石殿——伊斯兰教所指的宇宙轴心（axis mundi）。尽管计算出来的朝拜方向差异很大，但神圣的行为（如背诵古兰经和屠宰动物）必须朝着麦加的方向进行；而亵渎的事物（人不得不做的事，如呼吸吃喝拉撒睡等）则必须与麦加方向垂直地发生。埃及开罗的伊斯兰清真寺、社区、城镇甚至

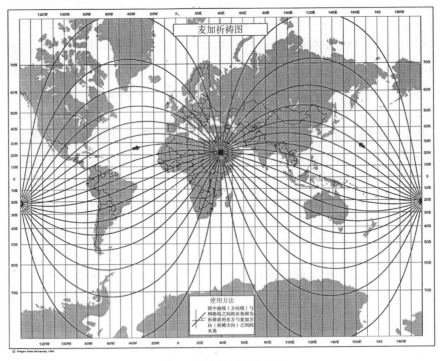

图二　作为"轴线"的麦加

来源：http://media.isnet.org/iptek/gapa/MakkahPrayerChart.html

是通风口都被设计成指向麦加。整个伊斯兰文明的建筑和日常实践都必须共享一个单一的朝向;这一文明所使用的天文仪器也必须反映出宗教教义。① 由此来看,指向(pointing)也充满了意义。②

自然对人类的"朝向"(定位)③有何影响,它又是如何地根深蒂固? 在前章提到,我们所了解的原生质(protoplasm)最初出现在这个星球上时就与地球有着深厚的物质联系。"地球的物理特征决定了生命的生理特征。"④许多动物,特别是昆虫和鸟类,都具备地磁场定位的能力。鲸类容易搁浅,一种解释是因为它们的磁场感知出现了紊乱。(地球磁场的确经常变化,但比天气或洋流要稳定得多。)⑤牛和鹿也以磁场感知方式定位。新近的研究发现,牛群在休息和吃草时会沿着南北轴线排列,红鹿和狍子也是如此。如果磁北偏离正北(不考虑风和太阳因素),红鹿和狍子都会朝向磁北排列。地球磁场非常微弱,但能为生物提供一种环境暗示。动物们是如何感知磁场的? 保持与南北一致又能为它们提供何种优势? 这些问题对人类而言仍然是一个谜。⑥

磁场甚至可能影响人类。实验表明,根据基本方向,人在朝向不同方向时脑电波活动(EEG)会出现统计学上的显著差异。一项研究表明,沿着东西方向躺着的人比沿着南北方向躺着的人能更快地进入 REM 睡眠阶段,⑦前者也比后者具有更弱的阿尔法波,⑧但对后面一发现,我希望能有重复研

---

① David A. King, "Astronomy and Islamic Society: Qibla, Gnomonics, and Timekeeping," *Encyclopedia of the History of Arab Science*, ed. Roshdi Rashed, 3 vols. (London: Routledge, 1996),1: 128-184.
② Peter Szendy, *À coup des points: La ponctuation comme expérience* (Paris: Minuit, 2013).
③ 此处原文用词为 orientation,同时有"朝向"、"定位"和"入门介绍"之意。——译者注
④ Shweiki, "Earth-Moon Evolution," 547.
⑤ Helene M. Lampe and Sara Östlund-Nilsson, "Animal Navigation in Air and Water," in *Kompassrosen: Orientering mot nord* (Oslo: Nasjonalbiblioteket, 2009), 28-39.
⑥ Sabine Begall et al., "Magnetic Alignment in Grazing and Resting Cattle and Deer," *Publications of the National Academy of Science*, 115, no. 36 (9 September 2008), 13451-13455.
⑦ REM 睡眠,快速眼球运动(rapid eyes movement)睡眠,亦称异相睡眠(Para-sleep)。指一个睡眠的阶段,此时睡眠者的眼球会呈现不由自主的快速移动,大脑神经元的活动与清醒的时候相同。多数人在醒来后能够回忆的栩栩如生的梦都是在 REM 睡眠时发生的。——译者注
⑧ 人在白天清醒的状态下,体现在脑电图上最常见的是阿尔法(alpha)波和贝塔(beta)波,当人困倦时,便会出现西塔(theta)波。睡眠一般被分为四个时期,每个时期脑电波有着不同的表现。——译者注

究予以证明。①

有研究者曾在人脑的颞区发现存在生物磁铁矿晶体。在此基础上另一项研究试图检测人类是否能如虫子、鸟类和鲸鱼那样感知到地球磁场,该研究者最终没能发现多少证据证明存在这种感知能力。但是研究者确实注意到,生活在北极附近的受试居民的脑电图变化有些令人费解。因此,这些研究者得出了一个令人遐想的结论:"北半球的居民体内是否具有某种形式的总是面向正北的罗盘或磁场转换器?这将一直是一个(让人听起来)不可思议但是可以检验的假设。"②人类不需要外部提示就可以感知基本方向,有关此能力的正反两面证据显然都存在,但是研究动物磁感应问题的专家维特斯克斯(Wiltschkos)推测,人类确实可能具有这方面微弱的天生能力,但它在现代社会中被淹没了。③ 除了存在于人类大脑中,四大基本方向也存在于许多建筑和文化中。海德格尔曾写道,"地球能为人类作品提供参考"(the earth informs human works)。他也许只将这句话当作一个比喻。④ "应用程序"(APPs)的运行往往需要很深的基础设施支撑。

也许人类的身体也是与天同步的。这是涂尔干学派的杰出人类学家罗伯特·赫兹(Robert Hertz)的观点。他死于第一次世界大战。赫兹提出的问题是,世界上为什么有那么多文化都不遗余力地压制左手,同时又想方设法地偏袒右手?这一偏好仅仅以"因为左手笨拙弱小,右手灵活强壮"这种牵强的理由是无法解释的。(人类进化史上最近的亲戚黑猩猩并没有显示出这种对右手的系统性偏好。)⑤例如,《古兰经》对其信奉者日常生活中的左右手使用有着细致的规定,而且在中东,如果你伸出左手与人握手会被视为一个巨大的冒犯。好的人和事是"右边的"(righteous,也有"正义凛然"之义),邪恶的人和事则是"左边的"(sinister),也有"用心险恶"之义——这样

---

① Gerhard Ruhenstroth-Bauer et al., "Influence of the Earth's Magnetic Field on Resting and Activated EEG Mapping in Normal Subjects," *International Journal of Neuroscience*, 73 (1993): 195 – 201.
② Antonio Sastre et al., "Human EEG Responses to Controlled Alterations of the Earth's Magnetic Field," *Clinical Neurophysiology*, 113(2002): 1382 – 1390.
③ Wiltschko and Wiltschko, *Magnetic Orientation in Animals*, 71 – 75.
④ *Der Ursprung des Kunstwerkes* (Stuttgart: Reclam, 1960),45ff, 70, passim.
⑤ Stanley H. Ambrose, "Paleolithic Technology and Human Evolution," *Science*, 291(2 March 2001): 1748 – 1753, at 1750.

的例子举不胜举。

赫兹推测认为人体内有隐含的宇宙坐标:"有一条轴线将世界分成两半,一半是光明,一半是黑暗。这条轴线也穿过人体将它分为光明和黑暗两部分。可见左和右之分的意义远超我们的身体而弥漫在整个宇宙中。"① 赫兹认为,人类双边对称的身体中嵌入有天地关系的密码。子午线不仅划分了天空,也将我们的身体分成两部分。当然,夜空和我们的身体及神经系统一样并非对称——在夜晚,所有的东西在东方升起,在西边降落,并围绕着两级旋转。实际上,在自然界和人类文化中似乎根本不存在完全对称的两极。蛋白质、细菌、藤蔓植物和蜗牛壳都表现为非镜像的不对称性。②

赫兹的以上说法仅仅是对人类"右手偏好"起源的一个假说。没有人真正知道右手偏好是否能给人类带来某种进化上的优势,或者它与我们大脑左半球的语言中心是否有关。如果我们面向东方——如果我们按 orient③ 的词义来做的话——我们的左手就对着北方,也就是没有太阳的方向;如果我们面向北方,我们的左手就对着西方,也就是每天太阳"死去"的方向。正是因为如此,在世界的许多语言中,表述身体侧面和表述四大基本方向,所用的词汇都是相同的或相关的,如身体右侧=东或南,身体左侧=北或西。和"左手"一样,"北方"在许多文化中都意味着危险。希伯来语中有一种说法,认为邪恶来自北方(参见《以赛亚书 14:13》)。在《创世记》中,北方被称为"大马士革的最左手(北方)"。乌苏拉·乐·桂恩(Ursula K. Le Guin)的小说《黑暗之左手》(*The Left Hand of Darkness*)就调用了这一意象。数千年以来,生活在北半球的人类常常盯着天空,看列星随旋、日出日息、潮起潮落……人类文化的规训一直要求人类模仿上天,可能因此强化了北半球人类对"右"(东方或南)的偏好。也许人类中枢神经系统分布的非对称性既遥远地体现了天人关系,又折射出那种认为微观和宏观、身体和宇宙都相互呼应的神秘信仰。但这些也许根本就是无稽之谈。但无论如何,赫兹的假说

---

① Robert Hertz, "The Preeminence of the Right Hand" (1909), *Death and the Right Hand*, trans. Rodney and Claudia Needham (Aberdeen: University Press, 1960), 89 – 113, 155 – 160, at 102.
② Roger A. Hegstrom and Dilip K. Kondepudi, "The Handedness of the Universe," *Scientific American*, 262, no. 1(15 January 1990): 108 – 115.
③ Orient,动词,朝向东方;其形容词形式为 oriental,东方的。——译者注

都强化了一种猜想——人体亦是一种天空媒介,它沿着矢状轴线既象征着某种纯洁,又代表着某种危险,就像《白鲸》中浑身刺青的鱼叉手季奎格(Queequeg),①"已经在他自己身上书写下了一套完整的天地理论"。②

---

① 季奎格(Queequeg),赫尔曼·梅尔维尔的名著《白鲸》中的一个角色,是一个浑身刺青、勇猛异常的鱼叉手。——译者注
② Melville, *Moby-Dick*, 399.

时代和季节：天空媒介 II（时机）

> "但弟兄们，关于时代和季节，你们并不需要我写信告诉你们。"
>
> ——《帖撒罗尼迦前书 5：1》

时钟和历法

尽管已经有丰富的学术研究成果和相关博物馆藏品，但关于时钟我们尚未写出一本完整的媒介史。时钟（clock）与历法（calendar）的不同之处在于，它测量的对象不是日数，而是现在（now）。时钟以一种比历法更激烈的方式提出这样一个问题："我们（现在）得做什么？"在很大程度上，时钟处理的是"时机"（kairos）而不是"时间"（chronos）。由亚马逊网站的杰夫·贝佐斯资助建设的一座名为"漫长的现在"的万年钟（Clock of the Long Now），实际上只是一个时钟而不是日（年）历，因为它的建造是在一种紧迫感下进行的——人类亟须思考"深度时间"（deep time）。①

---

① "深时"（Deep Time），一个在国际地球科学界兴起的研究计划。"深时计划"从通过地球沉积记录研究前第四纪地质历史时期的古气候变化及重大地质事件，目的在于为未来气候预测提供依据，最终揭示地球气候系统与地球系统的联系。"深时"已与"深空"（Deep Space）、"深海"（Deep Sea）和"深地"（Deep Interior）一起成为地球科学的重大研究领域。——译者注

231

尽管在天文学上"年"比"天"要复杂多了,但时钟比历法更难定义。历法是网格,时钟则是指针。历法可以暂停时间,例如通过宣布假期和超时等,但时钟却永远不会停止滴答作响。历法存储并推断过去和未来,但时钟的智能却每时每刻都在消耗殆尽并不断刷新。时钟是令人好奇的自动机和奇怪的小人物,它有"面孔"(钟面)和"手"(指针),一遍又一遍地述说着同样的事情,然而它提供的信息——即"现在"——却始终是当前的。[有人向尤吉·贝拉(Yogi Berra)①询问时间,他回答道:"你的意思是问现在的时间?"]②时钟给出的信息常常既空空如也又常新常绿。查理·波德莱尔(Charles Baudelaire)③每小时会听到秒针发声 3 600 次——每次都在提醒他"记住!"(Souviens-toi!)——我们在下文中也会提到上了发条的时钟是如何具有存在主义意涵的。④ 时钟对时间的意义恰如六分仪、星盘和 GPS 设备对空间的意义——清晰地确定你所在的位置,指出"你在这里"。指南针之于地图恰如时钟之于历法。时钟的时针与太阳的位置也能扯上些关系,它也可当作指南针,只是其秒针指向"现在"而不是北方。时钟的"环境"(Umwelt)是天空。⑤

我们可能会认为钟面是人类随心所欲的建构,但是,通过其旋转和圆形特征,我们可以看到自然和人类历史在其上留下的固执痕迹——当然,人类历史主要是指北半球人类的历史。时钟源起于地球的非极地区域,即非极端纬度地区。在极地,时钟并不会如我们想象的那样运作。因为首先,所有

---

① 尤吉·贝拉(Yogi Berra),真名劳伦斯·彼得·贝拉(Lawrence Peter Berra, 1925—2015),美国职业棒球联盟捕手、教练与球队经理,球员生涯主要效力于纽约洋基。他是 3 次获得美国联盟最有价值球员的球员之一,1972 年被选入棒球名人堂。——译者注
② 对"你有时间吗?"(Do you have the time?)这个问题,人们会给出各种各样的回答,社会学家欧文·戈夫曼(Erving Goffman)对此作了探讨,参见:*Forms of Talk* (Philadelphia: University of Pennsylvania Press, 1981), 68 - 70。
③ 查理·波德莱尔(1821—1867),法国诗人、文艺批评家,法国象征派诗歌的先驱,现代主义的创始人之一。1841 年开始诗歌创作,思想和艺术上受美国诗人爱伦·坡影响很大。诗集《恶之花》是他的代表作,奠定了他在法国文学史上的重要地位。他的诗十分强调感官的相互作用,是象征主义诗歌艺术的先驱。——译者注
④ Charles Baudelaire, "L'horloge."
⑤ Martin Heidegger, *Sein und Zeit* (1927; Tübingen: Niemeyer, 1993), 71; "In den Uhren ist je einer bestimmten Konstellation im Weltsystem Rechnung getragen." See also Joan González Guardiola, *Heidegger y los relojes: Fenomenología genética de la medición del tiempo* (Madrid: Encuentro, 2008).

经度线都在此汇聚,极地不存在时区,或者说人们可以任意选择 24 个时区中任何一个作为参考;其次,极地一年中大多数日子的日出日落或者没有,或者很长,而此地的"一天"(作为一个由光明和黑暗组成的复合单位)只是在春分和秋分昼夜平分点前后才短暂地出现一段时间。挪威籍探险家罗尔德·阿木德森(Roald Amundsen)声称自己于 1911 年 12 月 17 日上午 11 点到达南极,但在没有夜晚或经度的南极他是如何确定时间的,这一点尚不清楚。① 正如皮尔斯(Peirce)所言,媒介会承载真实物的各种痕迹;他所称的自然之"第二属性"(secondness)也会在各个层次上布满元素型媒介。

因此时钟也是罗盘:12 点指北,3 点指东,6 点指南,9 点指西。我们通过时钟也能找到北方——只要将其时针指向太阳,然后将时针和 12 点位置之间的夹角平分,这一平分线大致就是南北轴线(当然,这再次只在北半球有效)。时钟和罗盘之间的密切关系也因此体现在人们经常用钟面来确定方向的这一做法中,这种做法显然是源于飞行员,他们会有"与飞行方向成九十度位置的目标是在 9 点钟方向"之类的经验,依此类推。在中世纪,罗盘(形状如玫瑰)被水手用来判断风向和时间。② 我们当然也知道,正午将天分成两半,即在子午线的东向和西向。③ 英文缩写 am(上午)的原义是"在子午线之前"(ante meridiem),pm(下午)的原义是"在子午线之后"(post meridiem)。可见,我们的一天被分成上下午,其实是对应于东西方的。从"表盘"(dial)一词仍然可以看到它与每日太阳轨迹的关系,似乎是从中世纪拉丁语的"rota dialis"(日轮)进入英语的。14 世纪编年史家吉恩·弗里萨特(Jean Froissart)指出,时钟的表盘是"'每日之轮'(roe journal),它每天自转一圈,而太阳则在每一自然天里绕地球转了一圈"。④ 所有钟面都是基于 12 小时设计。工业主义的到来也带来了大量的表盘和仪表,包括电话"拨号盘",它首先是旋转拨号的,后来被十二键数字格盘替代(这意味着十二进制的恢复)。(新媒介能复兴旧媒介,这是麦克卢汉总结的"媒介法则"

---

① Espen Ytreberg, "The 1911 South Pole Conquest as Historical Media Event and Media Ensemble," *Media History* 20, no. 2(2014): 167-181.
② Charles O. Frake, "Cognitive Maps of Time and Tide among Medieval Seafarers," *Man*, 20, no. 2(1985): 254-270, at 262-266. 又见: also Bernhard Siegert, *Passagiere und Papiere* (Munich: Fink, 2006), 11.
③ 法语词"中午"(midi)——即一日之中——也与媒介(medium)有关.——译者注
④ 参见牛津英语词典(Oxford English Dictionary)"dial"条目之词源。

之一。)

由此看来,时钟自古模仿天空,历法则频繁使用象征符号。我们还可以在规模和方向上对历法和时钟进行更为简单的对比:历法处理的是一天以上的时间单位,时钟处理的是一天以下的时间单位(或者说最短到小时)。在不少语言中,"时钟"(clock)这个词来自"小时"一词,如德语 Uhr 和法语 horloge。历法在不断扩大的规模上模拟时间,不断将天汇为周,周汇为月,月汇为季、几年、几十年、几个世纪以及更大的单位。印度教和佛教中的"劫"(kalpa)概念也许是人类历法中最长的周期,长达 43.2 亿年。相比之下,时钟则从小时、分钟和秒向下收缩,然后从 60 进制转为十进制,如十分之一秒、百分之一秒、千分之一秒(毫秒)以至更小的单位[如遥刻托秒(Yoctosecond),即 10^{-24} 秒]。大多数计算机的运行速度在毫秒(10^{-3})和纳秒(10^{-9})之间,激光研究正在探索如何达到阿秒(attosecond,即 10^{-18} 秒)的范围——也就是光跨越比水分子宽度稍大一点的距离所需要的时间。① 乔治·戴森(Geordge Dyson)②曾精妙评述:越往下走,空间越大,因此,时间领域正在被胃口饕餮的科学研究不断细分。③ 宇宙学家们对大爆炸(Big Bang)时期的各个瞬间极为着迷,特别是在所谓"突爆"(inflation)发生前处于 10^{-36} 到 10^{-32} 秒之间的"时代"(epoch)——他们竟然用"时代"一词来描述这么短的一瞬间,可见时钟也可以跨越数万年,"时代"也可以短至一瞬间。

最终,我们对时间的细分将会遭遇所谓"普朗克常数"(Planck's constant)。一旦超过这个常数,时间和物质单位的进一步细分就无法实现了。但是,我们往宏观走却不会遇到什么限制——虽然宇宙的年龄和大小都是有限的(仅仅是物理上的而非理论上的限制)。为什么时间在微观层面上资源会耗尽,而它在宏观层面上却不会这样?为什么我们在微观层面上

---

① Hartmut Winkler, "Was tut ein Prozessor? Raum und Zeit auf der Mikroebene der Chips," paper in progress, Universität Paderborn.
② 乔治·戴森(George Dyson, 1953—   ),美国非虚构作家和技术史学家,其作品广泛,涵盖了与自然环境和社会方向有关的各种技术发展,包括计算机史、算法和情报的开发、通信系统、太空探索以及船只设计。其父亲弗里曼·戴森(Freeman Dyson, 1923—2020)是一位著名的物理学家,退休前的大部分时间都在美国普林斯顿高等研究院任教授。——译者注
③ George Dyson, *Darwin among the Machines* (Reading, MA: Addison-Wesley, 1997), chapter 10.

深入会触底,在宏观层面上外延却不会受限?但是,为什么"地图中的地图"向下在每个层级上都会保留同构身份,但当我们将地图放大时它却会迅速变成白噪声?宇宙在微观和宏观两个方向上呈现出不同的可扩展性。如前所述,无论在天上还是地上,所有东西都不是纯粹对称的。①

与历法不同,时钟是依照各种外在的持续不断的过程运行的,这些过程或者是天体的缓慢运转或是因受到的弹簧压力。但有些时钟的计时方法则与天空毫无关系。早在公元前1600年的埃及和巴比伦,以及后来的古希腊、罗马和古代及中世纪的中国,水钟(water clock)就得到应用,它们年代久远,品种繁多。古典时代(classical antiquity)②的法院都配备了陶罐,将它们装满并使其漏水就能计时;法庭上讼师会被分配以一定数量的"罐子"或一定数量的"水",也即一定数量的时间来陈述他的案由。这些罐子被称为clepsydrae,在希腊语中是"偷水者"的意思。中国水钟有的像希腊人和罗马人的滴水漏,但还有一种更为复杂的机械天文钟,它不是将水用作时间流逝的标志,而将其作为天文钟运行的动力源。但这些水钟都有一个明显的劣势——冬天水会结冰——所以有时候就会使用沙子代替水。③

这里我不得不对非天体类计时器说上两句。在欧洲,沙子被用于沙漏(hourglasses/sandglasses)。沙漏自14世纪以来具有多种用途。④ 它们计量的时段有多种,有一小时的(用于布道)、两分半钟的(用于烹饪鸡蛋)以及十四秒钟的(用于测量船舶的速度:水手先将绳索打结然后扔到船外水中,沙漏开始计时,同时他开始数从他手中滑过的绳结的数量,直到沙子漏完。这就是为什么我们现在用"节/小时"来计算船速的原因)。今天,沙漏主要用于棋类游戏(它看着像一个漂亮的过滤器,中间部位有一个漏孔),而且被视为时间流逝的象征:"沙子穿过沙漏,我们的生命也日日消逝。"我们地

---

① 参见拙文:"'Resemblance Made Absolutely Exact':Borges and Royce on Maps and Media," *Variaciones Borges*,25(2008):1 - 23. Available at www.borges.pitt.edu/documents/2501.pdf.
② 欧洲的"古典时代"一般指公元前八世纪到公元六世纪。——译者注
③ Joseph Needham, Wang Ling, and Derek J. de Solla Price, *Heavenly Clockwork:The Great Astronomical Clocks of Medieval China* (Cambridge:Cambridge University Press, 1960),85 - 94,154 - 161,passim.
④ Arthur F. Finney, *Shakespeare's Webs:Networks of Meaning in Renaissance Drama* (New York:Routledge, 2004),80 - 81, discusses hourglass imagery in the Bard.

球人使用的其他计时器还有火。阿尔弗雷德国王(King Alfred)使用等长的蜡烛来计时,这在当时是只有皇室才能承担得起的支出。"蜡烛的火焰是一个向上流动的沙漏,"加斯东·巴什拉说道。① 我们在第三章中提到,法医通过现场的蜡烛燃烧过的长度来估计罗密欧的死亡时间。在中国和日本,香火被用来测量时间,这让麦克卢汉很感兴趣,他比较了所谓"嗅觉时间"和现代的"机械时间"。② 引线的长度被用作火的计时器——任何点燃引线的人都得知道引线点燃后多久会爆炸。据说如果用一支香烟做引线它可以燃烧足足 7 分钟。后来,机械计时器理所当然地被用来充当炸弹的引线,再后来扮演这一角色的是手机。这些计时器必然充满了"时机"(kairos)。

人类从观察天体到观察地球,这一转移的最新表现是原子钟的出现。数千年来,天文学家一直在与占星家和牧师合作共同设定时间。到 20 世纪中期,计时职责开始转移到物理学家身上。建立质量和长度测量的绝对标准制度,相关工作在法国大革命中就开始了,但时间测量的标准化工作则要到一个半世纪之后——1967 年,1 标准"秒"被定义为 9 192 631 770 次铯原子震荡。③ 人类感官当然无法感知到铯原子震荡。小塞内卡(Seneca the Younger)④曾抱怨说,罗马的众多哲学家之间都要比众多的时钟之间更容易达成一致。相比之下,我们今天的世界不假思索地接受了"时钟间必须一致"的说法。当然,我们幸亏没有同样想当然地接受"哲学家之间要达成一致"的说法。

机 械 时 钟

现代欧洲的时钟先是在大教堂的高塔上经过了漫长的演变才被转移到

---

① Gaston Bachelard, *La flamme d'une chandelle* (Paris: Presses universitaires de France, 1962), 24:"La flamme est un sablier qui coule vers le haut."
② Silvio A. Bedini, "The Scent of Time: A Study of the Use of Fire and Incense for Time Measurement in Oriental Countries," *Transactions of the American Philosophical Society*, 53, no. 5 (1963): 1 - 51; *Understanding Media*, 136.
③ Tony Jones, *Splitting the Second: The Story of Atomic Time* (Bristol: Institute of Physics, 2000).
④ 小塞内卡(Seneca the Younger),古罗马哲学家、戏剧家和政客,晚期斯多葛派的代表人物之一。他是欧洲历史上著名暴君尼禄的老师或顾问,后反被尼禄勒令自尽。主要哲学著作有《论幸福生活》、《论人生短促》和《论神意》等。——译者注

室内的墙壁和桌子上,然后又被缩小戴到脖子上、放在口袋里或戴在手腕上成为个人配件,最后被广泛嵌入到各种机器中。时钟从塔楼和船只上转到收音机、烤箱、电视机、汽车、电脑和各种数字设备中。贯穿这个历程的是,时钟与太阳之间的联系越来越远,并且日益移动化和小型化,测量的时间单位也日益微小和精确。尽管如此,时钟仍然与天空勾连在一起,也和协调人类行动的需要联系在一起。

在欧洲,时钟应用主要起源于宗教——僧侣需要它来确保能按时祈祷。① 相比之下,在11世纪的中国,钟表技术比欧洲更先进。中国发明了世界上第一个机械(水动力)时钟。当时计时是出于政治动机——皇帝根据"天命"来规范时间。11世纪晚期,中国工程师苏颂发明了世界上第一个时钟驱动装置,它驱动一个浑天仪以模拟天体的缓慢运动。该装置既是一个观测装置也是一个计时器。② 由于尚存争议的历史原因,中国的时钟技术后来停滞不前。欧洲则从13世纪末开始后来居上,成为时钟技术的世界领导者。③

欧洲最早的机械钟是机械化的星盘,它是最早的"钟面"。13世纪欧洲最早出现的机械钟被造出来的目的,似乎是想要"用物质形式再现出天堂的运行"。④ 星盘是一种卓越的天空媒介,其名字在希腊语中意为"摘星者"(star-taker)。它在外观和功能上都可视为宇宙的一面镜子。星盘可以将各恒星的位置与时间关联起来,能计算星座,测量塔的高度和井的深度,计算纬度并确定穆斯林的祈祷时间。星盘是中世纪最重要的天文仪器,在伊斯兰科学和技术中也被广泛应用。如前所述,穆斯林在天文学知识生产上做了大量投入,这是因为,根据《古兰经》,真主安拉将星星视为引导人类的标志。⑤

---

① Wolfgang Ernst, "Ticking Clock, Vibrating String: How Time Sense Oscillates between Religion and Machine," *Deus in Machina*, ed. Jeremy Stolow (New York: Fordham University Press, 2012), 43-60.

② Needham et al, *Heavenly Clockwork*, 53, passim.

③ David Landes, *Revolution in Time: Clocks and the Making of the Modern World* (Cambridge, MA: Harvard University Press, 1983, 2000).

④ John North, *Cosmos: An Illustrated History of Astronomy and Cosmology* (Chicago: University of Chicago Press, 2008), 133, 262-264.

⑤ Qur'an 6: 97, 16: 16.

早期的钟表与天空有着直接关系。"最早的(14世纪的欧洲)钟表大多用来展示宇宙的运行而不是为了计时。"①德雷克·德·索拉·普赖斯(Derek de Solla Price)②对时钟的评价令人印象深刻——时钟是天文测量领域里的"堕落天使"③。13世纪和14世纪,欧洲人疯狂迷恋磨坊机械、各种齿轮以及托勒密天文学中所言的多重苍穹。当时出现的各种关于永动机的空想设计为后来时钟的精细齿轮思路奠定了基础。但丁在《炼狱》(Inferno)中提到,那是一个痴迷于轮子套轮子的年代。一些早期时钟也具有历法功能。16世纪,在欧洲和中国都出现了由时钟驱动的天球体,同时代的一些时钟也具有历法功能——展示出太阳、月亮和黄道带的位置,甚至还标明宗教节日、日食、潮汐和全年中的夜长和日长。亨利八世在汉普顿宫有一个巨大的天文钟,能标识小时、分钟(每五分钟为一个单位)、月相、12个月和12生肖。大英博物馆里珍藏着一只大约产于1650年的美轮美奂的日内瓦银表,它除了标出小时和分钟外,还标出了天数、月份、季节、黄道十二宫和月相。④ 有些时钟上还嵌着小天使,标志出不同的时间,显然是将该时钟当作天使报喜(annunication)的装置。

机械钟与太阳的紧密联系并没有持续很久。基于日晷,"正午"被定义为太阳阴影最短的时刻。但是,一旦出现阴天,日晷测时就很不稳定。到中世纪高峰时期,法庭计时工具就慢慢从日晷转到钟表了。1370年,法国国王查理五世命令巴黎所有时钟都必须依照宫殿时间,"无论天晴天雨"(luise le soleil ou non)。中世纪的编年史家让·弗洛瓦桑(Jean Froissart)称赞机械钟,说它能在"即使没有太阳的情况下"仍能报时。⑤ 这是后来所谓"钟点"(o'clock)的起源,其意思是"所指时间基于人工标准"。由于日晷直接模拟自然,因此,当地球围绕太阳以椭圆形轨道运行时,它在不同的位置会导致

---

① Lynn T. White, Jr., *Medieval Technology and Social Change* (Oxford, UK: Oxford University Press, 1962), 122.
② 德雷克·约翰·德·索拉·普赖斯(Derek John de Solla Price, 1922—1983),20世纪美国著名科学史家、科学文学家和科学计量学奠基人。他的学术建树十分丰富且涉及面广,在许多学科领域都做出了重要的或开创性的成果,产生了深远影响,被誉为"科学计量学之父"。——译者注
③ Derek J. de Solla Price, "On the Origin of Clockwork, Perpetual Motion Machines, and the Compass" (1959), https://archive.org/stream/ontheoriginofclo30001gut/30001.txt.
④ British Museum, P & E 1888, 1201.229.
⑤ Carlo Cipolla, *Clocks and Culture: 1300 - 1700* (London: Collins, 1967), 41-42.

日长和时长的差异,但机械钟则可以作为太阳情绪的稳定器,它将太阳的年度波动平均到以 24 小时为计算单位,而且无论晴雨均能无休止地工作。由此来看,尽管人工和自然曾在一起"密谋共事"了很长时间,但人类计时系统与自然天象之间的脱钩并非是在人类进入现代社会后才开始的。我们从古希腊和罗马留存下来的搞笑作品中可以看到,那些非要等到日晷的阴影达到一定长度才吃饭的人总被人们嘲笑,可见从那时起人们的实际生活习惯就已经在与日晷的靠天计时脱钩了。①

时间之协调

正如我们已看到的,在人类现代社会关于"计时"的历史剧中,部分剧情与人类如何使自己的身体匹配人造的"时间网格"(time grid)相关。E. P. 汤普森提出了以下有名的观点。他认为,工业时代即标志着人们在工作习惯上的巨变。正如我们在前述苏丹的努埃尔人(Nuer)一例中所指出的,在时钟出现之前,人类的计时思维与其要完成的工作之间的关系是松散的。汤普森指出,在不同文化中,计时思维都一度是"任务导向"的,即以完成某项具体任务所需的时间作为计时单位,例如,煮熟饭(半小时)、煮熟玉米(15分钟)、煮熟蝗虫(一瞬间),或者背诵一次《圣母颂》(*Ave Maria*)或《主祷文》(*Pater Noster*)所需要的时间。他认为,中世纪英语中所谓"撒泡尿的时间"(a pissing while)其实长度很随意。(汤普森在写这篇文章时已经是个"中年油腻男"了。)所有这些关于时间的具体测量都使用完成相应工作所需要的自然时长作为单位(这和前述水钟的原理是一样的),这意味着早期的计时思维都嵌入了与之相关的某件"要完成的工作"。这一思维与新兴的工业生产世界形成鲜明对比——在工业社会,人们不得不习惯按照钟表时间作息,而钟表时间则仅仅在形式上与自然周期关联。汤普森指出,各级教会曾与资本主义利益共谋将"守时"奉为基督徒的美德;因此在汤普森笔下,前工业化时代的工人不得不调节他们的生物钟以适应人工钟表。这些钟表起源于自然世界中的天体运行,现在却是工人们借以实现自身世

---

① Gerhard Dohrnvan Rossum,*Die Geschichte der Stunde* (1992;Cologne:Anaconda,2007),28,32.

俗化的凭借。① 类似的，顺着汤普森对马克思的解读，刘易斯·芒福德重新诠释了韦伯的思想。芒福德认为时钟是工业社会的关键技术发明——其重要性甚至超过了蒸汽机。他把时钟视为一种动力机器，协调了人们的集体行动，为他们的共有世界创造出一种公共网格（public grid）。② 历法和时钟都意味着规训，但钟表意味的规训更加严厉。

　　社会对个体的影响部分取决于技术创新：如果钟表不是体积微小、价格便宜、计时足够准确，它们就不会被社会广泛接受。在我们今天有"阿托秒"（attosecond，10^{-18} 秒）和"遥刻托秒"（yoctosecond，10^{-24} 秒）之前，早期的机械钟必须要学会记录分和秒。钟表的"分针"最早出现于 16 世纪，但它直到惠更斯（Huygens）③在 1656 年左右最终解决好了钟摆问题后才变得实用。后来秒针的出现和应用也经历了重重困难。钟摆的应用使计时的准确性向前迈进了一大步。17 世纪晚期，钟表每天误差如果在一小时内，大多数人都能忍受④。在 19 世纪 70 年代的巴黎，钟表慢上 15 秒是可以接受的，因为当时从中心化的主钟通过各种气动管道发给众多附钟所需要的时间正好是 15 秒。但十年后，15 秒的误差就被认为不可忍受了。⑤ 后来，这样的误差量越来越小。今天对大多数现代人来说，除非在度假，我们很难想象一个时钟没有分针或秒针的世界。在奥林匹克游泳比赛和田径比赛中，百分之几秒通常意味着金牌和银牌的差别。我们的科学和技术，如上所述，极度依赖我们对时间精益求精的切割能力。

　　现代社会使用钟表的主要动机既不是宗教的，也不是政治的，而是经济的——用本·富兰克林的话说，"时间就是金钱"。时间也是力量（power），尤其是海权（sea power）。18 世纪中叶，最好的钟表是在海上使用的计时

---

① Edward Palmer Thompson, "Time, Work-Discipline, and Industrial Capitalism," *Past and Present*, No. 38(1967): 56 – 97, at 58.
② Lewis Mumford, *Technics and Civilization* (New York: Harcourt, Brace, Jovanovich, 1934), 12 – 18. In *Being and Time*, 411,416, Heidegger makes much of the clock's Öff entlichkeit or publicness.
③ 惠更斯（Christian Huygens），荷兰物理学家、数学家和天文学家。1663 年当选为英国皇家学会会员，1666 年被接受为法国科学院成员。他在概率论、连分数、曲线理论和积分学等方面做出了奠基性的工作，被牛顿誉为"当代最伟大的三位几何学家之一"。——译者注
④ Cipolla, *Clocks and Culture*, 58 – 59,138 – 139n2.
⑤ Peter Galison, *Einstein's Clocks, Poincaré's Maps: Empires of Time* (New York: Norton, 2003),93.

器,它可以精确到一天的误差仅为一秒或更短(当然这种计时精确度还不是当时社会的普遍现象)。英国和法国的海上力量帮助创建了当时全球一体的运输和通信网格。当时特别重要的问题是如何在海上计算船所在的经度。英国钟表制造商约翰·哈里森(John Harrison)造出另一种精确的计时器,让海员即使身在大西洋的汪洋大海中也能确切地获知英国的格林威治时间,这样也就可以确定其船只在地球东西向轴线上的确切位置。① 现代钟表是全球海上贸易时代的最高工程成就,它的成功要归功于航海和天文学知识的发展。正如诺伯特·维纳所说的:"时钟不过是我们揣在口袋里的一个机械小宇宙(pocket orrery)。"②("分"和"秒"不仅能测量时间,还能测量角度。)在相处遥远的不同地方之间需要共享一个标准时间,航海业很早就有这个需求了,后来出现的铁路,使得满足这个需求变得极为迫切,但直到电报出现后这一需求才得以满足。

在铁路和电报出现之前,日晷仍然是报时工具——自然仍在号令天下。每个城镇(都远离主钟所在的市中心)都只能用"太阳阴影最短之时"作为正午。这造成的情形是,如果某人沿着英格兰南部海岸从东向西,依次经过多佛、布莱顿、朴茨茅斯、普利茅斯和彭赞斯,他就会先后经历多个"正午"。最开始并没有造成什么大问题,但到 19 世纪中期,英国和美国等工业化国家进入铁路时代,由于不同城镇遵循不同的时间,这在铁路交通中导致了各种严重的,有时甚至是灾难性的事故。③ 1833 年某天,在格林尼治天文台,下午 1 点,一只皮球会从高杆上坠落,这是一个视觉信号,它告知泰晤士河上的船只将船上的钟与格林威治标准时间(Greenwich Mean Time, GMT)"对表"。1852 年,英国首次通过电报向全国发布格林威治标准时间,但直到 19 世纪 50 年代末时,英国仍然到处充满了各种装置(时间球、大炮、铃铛和指针),用来标识下午 1 点这个时间点。格林威治标准时间直到 1880 年才成为英国全国性官方时间。④ 通过电报协调时间的主要动机之一是为了

---

① Dava Sobel, *Longitude* (New York: Walker, 1995). 32. Wiener, *Cybernetics*, 38.

② Wiener, *Cybernetics*, 38.

③ James R. Beniger, *The Control Revolution: Technological and Economic Origins of the Information Society* (Cambridge, MA: Harvard University Press, 1986); Galison, *Einstein's Clocks*, chapter 3; Carey, "Ideology and Technology," 213, 223ff, passim.

④ Derek Howse, *Greenwich Time* (London: Oxford, 1980).

广播天气预报。① 到 1848 年,查尔斯·狄更斯指出,当时的社会正在逐渐远离自然报时法:"铁路竟然会根据钟表报时,好像太阳向人类让步了似的。"如前所述,中世纪盛期的欧洲宫廷也出现了这种从自然计时向人工计时的转移,对之狄更斯也完全可以发出类似的评价。

建于 1884 年的以格林威治村为中心的国际时区网格将全球划分为 24 个时区,每个时区大致为 15 度(精确的边界划分标准往往是政治第一、经度第二)。时区(各区大致平均)延续了将天空和时间两者解绑的趋势。根据你在某个时区的具体位置,其正午时间(太阳阴影最短的时刻)距离格林尼治时间的正午可能误差一个小时,在夏令时制下此误差可能更大。

世界时区制度以格林威治为中心,这当然体现了英帝国的实力,但更能说明问题的是太平洋国际日期变更线——它的位置被确定在离欧洲尽可能远的地方。建立一个世界性时钟要比建立一个世界性历法容易得多。尽管现在全世界都根据格利高里历在运行,但法律上仍然不存在一个被普遍承认的世界性历法,格利高里历也面临着小部分反对声音。阿亚图拉·霍梅尼就抱怨他的国家和人民已经成为欧洲时间标准的俘虏。中国是一个东西辽阔的国家,但全国却只有一个时区;今天,纽芬兰、伊朗、阿富汗、印度和缅甸的时区为 GMT + 5.5 小时,尼泊尔则为 GMT + 5.75 小时。

2007 年,委内瑞拉总统乌戈·查韦斯(Hugo Chávez)将他的国家的时区移动 30 分钟,这样他就能将阳光作为一种商品置于他的社会主义再分配制度下。标准时间是国际资本主义存在的必要条件,这也许是查韦斯选择退出资本主义标准时区的原因之一。从 19 世纪末开始的几十年里,荷兰的时区根据阿姆斯特丹的经度位置而定,比格林威治标准时间提前了 19 分 32 秒,最终为了便于计算,四舍五入为 20 分钟。直到 1940 年德国人入侵荷兰时,荷兰这个位于欧洲时区之外的国家才与其他国家重归于一致。② 在美国,除亚利桑那州外,所有州都施行夏令时,但在未施行夏令时的亚利桑那州内部却存在不同意见,如该州内的纳瓦霍族(Navajo)领地坚持施行夏令时,这是因为他们要与新墨西哥州及犹他州的其他纳瓦霍族领地保持同步。计时实践总是与人的身份和效忠联系在一起。

---

① Paul N. Edwards, *A Vast Machine* (Cambridge, MA: MIT Press, 2010), chapter 2.
② Goudsblom, *Het regime van de tijd*, 33-34.

类似的冲突直至今天都存在。和计时方式类似,时区设定也会导致麻烦不断。2005 年,美国通过法案对夏令时进行了调整,宣布春季拨前一小时,秋季拨后一小时,据说是为了节约能源。(不出所料,天主教主教们和保守派犹太人反对此法案。)① 2010 年,俄罗斯总统德米特里·梅德韦杰夫将俄罗斯的时区数量从 11 个减少到 9 个,以让横跨欧亚大陆的俄罗斯的国内交流更容易些。"为身份而修改历法"最近一个例子是萨摩亚。在国际日期变更线最初被确定下来时,美国政府于 1892 年说服了萨摩亚国王将该线定在萨摩亚群岛的西边,以便与加利福尼亚州同一天,这导致 1892 年有 367 天,因而出现了两个 7 月 4 日(周一),即两个美国独立日。此后多年,萨摩亚的贸易和移民逐渐向西转移到新西兰和澳大利亚。为了与新西兰、澳大利亚以及其他近邻分享这一天,2011 年萨摩亚调整历法,让自己从 2011 年 12 月 29 日(周四)直接进入 12 月 31 日(周六),导致 2011 年 12 月 30 日(周五)根本就不存在(虽然工人们仍然拿到了这一天的工资)。因此,萨摩亚成为第一个迎接 2012 年新年的国家(而不是原本的最后一个国家)。② 这说明,和假期一样,时区也意味着归属。

与历法和时区类似,时钟也遭遇过很多抵抗——而且这种抵抗更加抽象和饱含情感。从卡尔·马克思到查理·卓别林的众多工业资本主义的批评者都认为,严格的时间规训是对人类存在的残酷扭曲。在劳工史上,可能没有哪个打卡工人没有磨过洋工或者以其他方式对时钟表示过不满。18 世纪的自然神论信仰者认为,冷漠无情和恒定前行的时钟正像"以万物为刍狗"的宇宙自然。上帝最开始给宇宙上好了发条,然后放开任其自然运行而不再监管,这是一幅令人感到慰藉又荒凉的景象。手表是现代性的主要象征,它如同一个定时炸弹,标志着我们所做的如浮士德般的交易:我们将自己抵押了出去,为的是那些并非自主选择却执念不忘之物。"时钟这个小铃铛"(the clock tintinnabulum)③(英国 19 世界中叶诗人威廉·考珀表达的

---

① 关于夏令时,参见:Siamak Movahedi, "Cultural Preconceptions of Time: Can We Use Operational Time to Meddle in God's Time?" *Comparative Studies in Society and History*, 27, no. 3(1985): 385–400。
② Keni Lesa, "Samoa Skips Friday in Leap across International Dateline," *Christian Science Monitor*, 30 December 2011.
③ Peter L. Berger, Brigitte Berger, and Hansfried Kellner, *The Homeless Mind: Modernization and Consciousness* (New York: Vintage, 1974), 145.

亲密之语)与现代时间规训下的行为心律失常形成鲜明对比。① 时钟是一种范例性媒介,我们未经明示同意却不由自主地拥抱之,为此,我们既获得了巨大优势,又付出了巨大代价。

与精神科医生以及他们的病人类似,诗人往往最能捕捉住媒介的存在主义意味。罗伯特·弗罗斯特②在登上一座钟楼时,不由发出忧郁诗情:

> 而远处是那缥缈天岸,
> 有时钟高伫,荧光闪烁。
> 钟上时辰看似对错参半,
> 这是我早已谙熟的夜晚。

手表(watch)也一直是存在主义思考和埋怨的特定对象。(甚至手表之名,也暗示着"看或守夜"。)某夜,达尔文的孙女弗朗西斯·康福德(Frances Cornford)醒来,听到枕头下的手表在嘀嗒作响③(我们可以大声朗读):

> 我以为,它的每次嘀嗒声都在说:
> 我太病了,太病了,太病了。
> 哦,死亡,快来,快,快,快。
> 来呀,快,快,快,快!④

大英博物馆收藏着一只 1660 年代德国制小巧银色手表,形为头骨状,上面刻有拉丁文座右铭"Incertita hora"——"(生死)时日无常"(这也可能

---

① Josetxo Beriain, *Aceleración y tiranía del presente* (Barcelona: Anthropos, 2008).
② 罗伯特·弗罗斯特(Robert Frost),美国著名诗人,童年时当过纱厂童工,读书时辍学,后来当过小学教员和记者,还经营过小农场。1909 年移居英国。1913 年发表诗作登上诗坛。他是美国现代诗人中拥有最广泛读者的诗人,曾四次获普利策奖,1961 年被肯尼迪邀请在总统就职典礼上朗诵诗作。弗罗斯特广为读者传诵的是其抒情短诗和戏剧性较强的叙事诗,诗集有《少年心事》《波士顿以北》等。——译者注
③ 原诗作者使用了尾韵(end rhyme)修辞法,用 sick 和 quick 来模仿时钟的声音(tick)。对此诗歌的翻译要做到形声意皆具,颇难,此处只能勉强为之了。——译者注
④ "The Watch," lines 7-10.

是在评价该表计时不准)。① 死亡和分娩的来临总是骤然而至——这是几个世纪以来手表这类计时器一直在向我们传递的信息。("一只手表就是一个精怪。")②

手表是计算器、指示器、观星器、一门身体技艺,还是一只宠物。胡里奥·科塔萨尔(Julio Cortázar)③出色地抓住了手表的这种混合状态。他写道,如果有人给你一块手表,你得到的是一块脆弱且不稳定的"你自己"——它是你,却不是你的身体,而是贴在你手腕上的一块绝望且细小的额外肢体。手表给你带来了许多责任和焦虑,例如,你会不断地确认时间,担心手表会掉在地上或丢失,你会时不时将它从腕上取下和你同龄人的手表比较,然后又重新戴上,让它"继续做手表"。如此看来,你生日那天不是这只表被作为礼物送给了你,而是你被当作礼物送给了这只手表。④ 时钟就像互联网一样,受到网络效应(network effect)的推动:拥有它的人越多,就有越多的人想拥有它。正如我们心不在焉随随便便就开始使用电子邮件一样,我们的祖先也是心不在焉,嘴里支支吾吾地就同意了决定使用时钟。这里,前述的火带给我们的教训再次出现——新媒介使我们更自由,也让我们更依赖。

钟

时钟(clock),源于拉丁语 cloca(该词也是法语 cloche 和德语 Glocke 的词源)。这两个法语词和德语词都是"钟"(bell)的意思。钟曾是中世纪和早期现代欧洲报时的主要手段。约翰·赫伊津哈(Johan Huizinga)对中世纪晚期的经典性研究即是戏剧性地以钟声作为开篇的。中世纪的钟既可以发出警报,又可以平息警报;既用来召唤又用来驱散,它是盘旋在喧嚣上空的

---

① Item P & E 1874,0718. 41.
② 原句为法语: une montre est un monstre。原句显然意在凸显 montre 和 monstre 之音形相似,在此中文译文很难传达出原句之妙处,甚憾。——译者注
③ 胡里奥·科塔萨尔(Julio Cortázar, 1914—1984),阿根廷作家、学者,"拉美文学爆炸四大主将之一",主要作品有《动物寓言集》、《被占的宅子》、《跳房子》和《万火归一》等。——译者注
④ "Preámbulo a las instrucciones para dar cuerda al reloj." Thanks to Pablo Rodriguez Balbontín.

善良天使。① 欧洲的钟楼到 12 世纪末才出现,但到 14 世纪已经深入人们的宗教和世俗生活了——这是一道长长的声线,其中出现了各种声音报时装置,包括布谷鸟钟、自鸣钟、音乐盒、风琴和闹钟等。钟体现出声音和时间的原始统一,它不仅仅是计时器,也是人们宗教和公民生活中的核心媒介。②

"制定和宣布时间是一种权力行为",这一观点在雅克·勒高夫(Jacques Le Goff)③的研究中得到了很好的呈现。他讲述了教堂、国家和市场之间争夺钟表的历史,比较了 14 世纪法国所确立和宣布的宗教节日的"神圣时间"(the sacred time)与影响市民生活的"市场—日常时间"(the quotidian time of the market)之间的异同。当时的城市人文主义者和商人试图从教堂手中夺过计时权力,并推动设立以机械钟表为依据的包括 24 小时的"日"——尽管当时机械钟表的计时还不准确且很难维护。这种斗争最终导致查理五世在 1370 年将巴黎的所有时钟都设置为宫廷时间(如前所述)。④ 从那时起,欧洲史上的"钟"就被纳入教堂和市民的共同监护下,此后便摩擦不断。早期的机械钟需要每天 24 小时不间断技术维护,且造价非常昂贵,这也让建造巨型机械钟成为众多城镇的一种炫耀性消费——它成为各城镇非常引以为豪的象征。就像今天点缀美国西部大平原的众多水塔一样,钟楼是欧洲各城市身份的主要聚焦点——每个像样的城镇都必须有一坐钟楼。当然这样做与其说是为了准确计时,还不如说是为了炫富。今天,这一动机仍然激发着人们建造更多的城市钟楼和其他地标物,比如位于沙特的麦加皇家酒店钟楼(Mecca Royal Hotel Clock Tower)。⑤

在基督教历法上,钟是复活节、圣诞节和其他节日的重要宣告者。在

---

① Johan Huizinga, *Herfsttij der Middeleeuwen* (1919; Haarlem: Tjeenk Willink, 1957), 6.
② Jacques Le Goff, *The Birth of Purgatory*, trans. Arthur Goldhammer (Chicago: University of Chicago Press, 1984). 290 - 295, passim.
③ 雅克·勒高夫(Jacques Le Goff, 1924—2014),法国历史学家,主要从事西方中世纪史研究。他继承费弗尔和布罗代尔以来年鉴学派的思路和治学方法,在对中世纪的文化、心态和感觉表象的研究中有所创新,是年鉴学派—新史学第三代的代表人物之一。主要著作有《中世纪的知识分子》《钱袋与永生——中世纪的经济与宗教》《新史学》《圣路易》等。他认为中世纪是一个独立的文明,与古希腊、古罗马时代及现代有明显分别。——译者注
④ Jacques Le Goff, "Le temps du travail dans la 'crise' du XIVe siècle: Du temps médiéval au temps moderne," *Pour un autre moyen age* (Paris: Gallimard, 1977), 66 - 79.
⑤ White, *Medieval Technology*, 124.

19世纪的法国乡村——正如阿兰·科尔班(Alain Corbin)①所解释的那样——钟声塑造了人们的日常生活——它召唤人们参加弥撒、婚礼、葬礼、应急响应、集会或战斗。而且每个村庄都有自己独有的钟声,整个欧洲莫不如此。② 钟的功能之一是动员人的身体相互走近而形成集会——无论是召唤基督教士兵走向战场还是走入教堂。事实上,在欧洲,钟声已成为一个鲜明的基督教体制。朗费罗(Longfellow)③的诗句"基督教世界的所有钟楼"也隐含着或多或少的宗教意味。在菲律宾和墨西哥,西班牙征服者会将当地的各土著部落"置于钟之下"(bajo las campanas),意思是任何能听到教堂钟声的土著都是西班牙的臣民。钟声圈定了国王和教堂的统治范围。如果某人让自己能听到教堂钟声,即意味着承认西班牙的主权。听即是认同,或至少是身不由己地支持。这里我们仍可看出"听"(hearing)和"仔细听"(hearkening),以及"听到"(listening)和"服从"(obidience)之间的古老联系。作为秩序的制定者,钟声响起,秩序井然。哈姆雷特将奥菲莉亚的疯狂比喻为"甜蜜的铃铛,当啷作响,但不合时宜且尖刻刺耳"(III. i. 158)。

在佛教仪式和自商代起中国的各种仪式中都会使用钟,但这在犹太教和伊斯兰教中很少见。犹太教中不存在为宗教或计时目的的敲钟传统。阿莫斯·奥兹说,他的姨妈索尼娅20世纪初在波兰长大,她曾说过,教堂的钟声很可怕,那是大屠杀的信号。④ 犹太人不用钟而用羊角号(shofar)在仪式中提示时间——米娜恒·布朗德海姆(Menahem Blondheim)⑤称这种羊角

---

① 阿兰·科尔班(Alain Corbin, 1936—),法国当代历史学家,尤其擅长19世纪法国微观历史研究(microhistory)。科尔班虽然学习的是年鉴学派研究传统,但他从该学派"大规模集体结构"的研究视角转向微观历史研究,研究视角更接近于心理史。——译者注
② Alain Corbin, *Village Bells*, trans. Martin Thom (New York: Columbia University Press, 1998).
③ 亨利·W. 朗费罗(Henry Wadsworth Longfellow, 1807—1882),19世纪美国家喻户晓的第一位职业诗人,美国比较文学的先驱、开拓者,也是最早具有世界主义意识的哈佛大学教授。他出身于律师家庭,青年时代多年游历欧洲,曾获牛津大学和剑桥大学荣誉博士学位。朗费罗一生创作了大量的抒情诗和歌谣,其诗技巧娴熟,音韵优美,雅俗共赏。他同情黑人和印第安人的悲惨遭遇,谴责白人的不义行为。——译者注
④ Amos Oz, *A Tale of Love an Amos Oz d Darkness*, trans. Nicholas de Lange (New York: Harcourt, 2004), 191.
⑤ 米娜恒·布朗德海姆(Menahem Blondheim),以色列希伯来大学传播系主任、教授,哈佛大学文学硕士和博士,曾获得美国国家人文基金(NEH)、史密森学会、美国国会图书馆和宾夕法尼亚大学的资助,主要研究领域为信息和传播史。——译者注

号为"上帝的老式木管乐器"。犹太人也以吹羊角号的方式宣布新年的到来,其声音通常从山顶或塔楼上发出,有时也被作为警报,意味着某种神秘的、具有破坏性的军事后果——在《约书亚记》(Joshua)第六章中,帮助攻克杰里科城的所谓"小号"实际上是小羊角号(shofarot)。传统上,羊角号被用来发出召唤或警报,表明一种紧急状态。在斯宾诺莎被逐出教会时,羊角号响起,其主要目的之一就是激发恐惧。这正如《阿摩司书》(Amos 3:6)中的修辞性反问一样:"当羊角号声在城市上空响起,难道竟有人不感到害怕吗?"羊角号声能同时提醒民众和上帝不要忘记,因而也是另一种回音绕梁的后勤型媒介。①

穆斯林也有钟的替代品。例如,奥托曼人在希腊禁止教堂敲钟,因为他们知道,钟这样的媒介是基督徒之间极佳的沟通和动员力量。在伊斯兰教中,呼喊者(muezzin)扮演着类似角色,他们每天会五次提醒信众做祈祷的时间。他们的声音如男高音歌手般从清真寺高高的尖塔上发出,召唤信众开始祈祷(根据我在开罗、伊斯坦布尔和耶路撒冷等国际大都市的经历,我发现并没有很多人会响应这种召唤)。由于各清真寺不用钟表精确地协调时间,在穆斯林城市中听各个清真寺的人工呼喊此起彼伏,不断让人感觉如同生活在一个巨大的蜂巢中,很难分辨清楚应该听从哪种声音。但毫无疑问,此时空气中浸润着的是伊斯兰教的味道。"尖塔"(minaret)源自阿拉伯语的"灯塔"一词。据早期的伊斯兰传统,尖塔灵感也源自羊角号。我们也许能将其源头再上溯到一种"金字塔"(ziggurate)——巴别塔故事的原型。清真寺的尖塔也可能是后来基督教钟楼的灵感来源。②

声音能标记空间。美军在阿富汗与当地部队合作时面临一个问题:当地人认为美军根本不能算穆斯林。为解决这个问题,美军中尉指挥官内森·所罗门(Nathan Solomon)(他的姓和名是为了纪念以智慧而闻名的两个圣经人物)建议在各军事基地安装扬声器,每天播放五次祷告时间。听到

---

① Aschoff, *Geschichte der Nachrichtentechnik*, vol. 1, chapter 12; Theodor Reik, "The Sho-far," *Ritual: Psycho-Analytic Studies*, trans. Douglas Bryan (1919; New York: Farrar, Straus and Company, 1946), 221 - 361; Jacques Lacan, "La voix de Jahvé," *L'angoisse* (1963; Paris: Seuil, 2004), 281 - 295.

② R. J. H. Gottheil, "The Origin and History of the Minaret," *Journal of the American Oriental Society*, 30: 2 (March 1910): 132 - 154.

广播后,一名当地人说道:"我不知道他们(美军)是否会真的像我们一样祈祷。但听到他们的广播使我更信任他们,觉得他们跟我们有着相同的信仰。"[1]声音有利于培养团结和建立身份,而钟声是划分地方身份、忠诚度和归属感的关键媒介。老话说,要成为一个真正的伦敦东区人(Cockney),你必须在伦敦东区圣玛莉里波教堂(St. Mary-le-Bow)[2]的钟声中出生。在意大利语中,坎帕尼主义(campanilismo)——其字面意思是"钟楼主义"——的意思是狭隘的地方主义(parochialism),法语词 de clocher 也是此义。钟声意味着安土重迁之地。几十年来英国广播公司(BBC)的标志性声音是大本钟的钟声——这似乎表明在 21 世纪,广播已经继承了钟而成为新的一般意义上的新计时媒介。里斯勋爵(Lord Reith)想要让"那在帝国中心的议会大厦上敲响的钟声也能回响在这片土地上,即使是最孤独的小木屋里"。议会大厦—木头小屋、中心—边缘、帝国—村庄、城市—乡村,大本钟的声音之于大英帝国就如同地方钟楼之于小村庄——钟声是人们共同生活的脉搏。钟和烟花一样都用于公共展示,这种展示以集体方式将本地空间和本地时间标示出来作为假日。钟宣告我们为政治子民和宗教子民。

钟也可以在夜间运作,所以曾被认为如魔术师一样神奇,能控制天气、防患火灾和祛除邪灵。神圣的声音可以穿透黑暗。中世纪和现代早期的夜晚盛行借助声音驱魔,尤其是在雾气弥漫、恶魔藏身时。钟被视为不仅能传播新闻,还能驱散危险——那时人们还不能像后来的世俗社会那样区分"符号表征"与"物理实体"。钟是重要的书写媒介,欧洲和中国古代的钟上都刻有铭文(欧洲的钟上通常刻有拉丁语格言)——这些铭文功能多样,包括唤醒或哀悼死者、纪念婚嫁、驱逐闪电、引导风云或惩罚恶行等。其中一句拉丁铭文写道:

---

[1] 参见:Brian Mockenhaupt, "Enlisting Allah: To Thwart the Taliban, Marines in Helmand Province are Teaching the Locals to Read the Koran," *Atlantic*, September 2011, 28, 30。这是一个文化多元主义和帝国主义侵略携手共谋的很好的例子。
[2] 圣玛莉里波教堂(St Mary-le-Bow),英国伦敦市中心的一座教堂,习俗上凡在能听见圣玛莉里波教堂钟声范围内出生的人被视为标准的伦敦东区人(操考克尼方言)。考古学证据显示,教堂在萨克逊时期就已经存在,在 11 世纪时被毁,之后在诺曼时期得到重建。二战期间,教堂被德军轰炸,在战后被重建。今天圣玛莉里波教堂仍然是伦敦市重要的教堂。——译者注

我为葬礼而哭泣,击破闪电,庆祝安息日,唤醒懒惰者,驱散风和云,制服残暴者。

作为宣告时间的媒介,钟控制着空气、精灵和天气。在中世纪和早期现代欧洲,"钟被认为具有驱赶雷声和暴风雨的能力,并能涤荡空气中的种种邪灵"。① 它不仅能预告恶劣的天气,甚至能直接改变空气的成分。因此钟是一个"同时具有符号学意义和本体论意义的媒介"的好例子。我们现在可能认为空气空空如也,畅通无阻,但它在历史上却被认为藏匿着精灵和瘟疫。实际上,历史上有人确实曾被钟声拯救过。然而,到了现代社会,人们的教堂钟声梦早已被机械或电子闹钟惊醒。②

为了解钟声的力量,我们必须将其与龙卷风警报或空袭警报(这些声音已经取代了钟的讯息发布功能)相比较。在以色列,每年大屠杀纪念日(Yom HaShoah)都会响起警报声。BBC 也曾有过类似的庄严神圣的声音仪式。从 1924 年开始,BBC 在每次整点报时前都会嘟声六次,1936 年则开始提供语音报时和大本钟钟声播送。里斯勋爵认为,BBC 在播送节目时,各节目之间应给深受各种噪音骚扰的听众一段休息时间(最长可以到 15 分钟),以让他们有机会消化广播节目内容。BBC 也如此做了,但在休息时段中,它并没有保持静默而是播送时钟的滴答声,以免听众误以为播音已停止了。1933 年,一位评论家抱怨说:"广播沉默信号发出的险恶嘀嗒声是在令人不快地提醒听众——生命在分分秒秒流逝。"③无论是警报还是时钟,它们都能整合和嵌入时机。

随着钟声为其他声源和社区新闻所取代,它唯一留存下来的意义是其神圣性:深时(deep time)之声、死亡之声以及历史的回声。科尔班指出,随着钟声"逐渐不再成为符号、预兆或护身符,它们最后充当的只能是那种挥之不去的'昔日不再'之情感的具象物"。④ 例如,我们在柯勒律治、济慈和丁

---

① Corbin, *Village Bells*, 102.
② Sigmund Freud, *Introductory Lectures on Psycho-Analysis* (New York: Norton, 1966), 112-115.
③ Kate *Lacey*, *Listening Publics: The Politics and Experience of Listening in the Media Age* (Cambridge: Polity, 2013), 82.
④ Corbin, *Village Bells*, 307, 290.

尼生的诗歌中都能发现这种感受。在他们的诗中，钟声敲响，传达出往事如落日斜阳般的深深落寞感，间或也有一种对未来之事的预兆。钟声能带我们回到逝者尚青春年少的时代，也能激发我们对时间绵延永恒的期望。也许最能让我们有古乐希声之感的是美国费城的自由钟(Philadelphia Liberty Bell)。这口钟在美利坚想象中具有中心地位，原因恰恰是因为其上有一条裂纹。朱利安·赫胥黎(Julian Huxley)[①]对此评价说，仪式圣物会丧失其俗世功能。自由钟因为有裂纹而不再能发挥其原有功能，也因此将钟的逻辑提升到更高层次，它现在能发出一种神秘莫测的以至于无人能听到的声音。自由钟再也不能敲响，但旧媒介永远不会死去，它们只是转而发挥更罕见和更神圣的功能而已。

钟是大炮(cannons)不为人知的双胞胎兄弟——两者同为圆形，能发出金属声，都向外投送出某物(钟声或弹药)，轰然清除地面上的人体或空气中的恶魔。炮声和钟声一样准时——它们都能告诉你现在该做什么。大炮的时间并非本雅明所称的"历法上空洞的和同质化的时间"，而是生死攸关的紧急时间。德博拉·卢布肯(Deborah Lubken)[②]指出，在19世纪的美国，钟和大炮是可以互换的。那些传播教会教义的钟声常常与军事炮火相互交织。杀人的"死亡金属"(弹片)也可以铸造成为死者敲响的丧钟，反之亦然。事实上大炮就是一种声音媒介。早期现代一些以声音传播为对象的最重要的研究，其作出重大发现的时刻正是战场上炮声雷鸣的时刻。[③] 炮声能哀悼死者并唤起注意，如军事葬礼上的21响鸣炮敬礼，或《哈姆雷特》中英国国

[①] 朱利安·赫胥黎(Sir Julian Sorell Huxley, 1887—1975)，英国生物学家、作家、人道主义者。他曾担任动物学社会伦敦书记(1935年至1942年)，第一届联合国教育科学文化组织官员(1946年至1948年)，也是世界自然基金会创始成员之一。——译者注

[②] 德博拉·卢布肯(Deborah Lubken)，美国宾夕法尼亚大学安南伯格传播学院2016届博士，主要研究领域为美国独立战争之后的钟声实践。参见：Lubken, D. (2016), *How Church Bells Fell Silent: The Decline of Tower Bell Practices in Post-Revolutionary America*, Publicly Accessible Penn Dissertations. https://repository.upenn.edu/edissertations/1863. ——译者注

[③] Deborah Lubken, "Death Metal: American Bell Metal in War and its Aftermath," presentation to International Comm. Association, Boston, 2011; Friedrich Kittler, "Lightning and Series — Event and Thunder," trans. Geoffrey Winthrop-Young, *Theory, Culture and Society*, 23 (2006): 63 – 74, esp. 65 – 69; Bernhard Siegert, "'Erzklang' oder 'Missing Fundamental': Kultur-geschichte als Signalanalyse," in *Medias in res: Medienkulturwissenschaftliche Positionen*, ed. Till A. Heilmann, Anne von der Heiden, and Anna Tuschling (Bielefeld: Transcript, 2011), 231 – 245.

王克劳迪斯喝酒前的礼炮雷鸣。(乔治·华盛顿总统访问各州时,有些州在欢迎酒宴之前也以鸣炮向总统表示集体致敬。)在一些穆斯林国家,斋月期间,每日禁食的结束是通过鸣炮来表明的。与钟表及印刷机的金属字模一样,制造炮和钟的都是工匠(如铁匠、锁匠和枪匠)。15世纪,一名瑞士匠人就有"炮弹和钟表大师"之称。① 由此看来,炮和钟如影随形,就如剑和犁一样齐头并进。

塔 楼

像历法和钟表一样,塔楼(towers)能调和天地——它们指向天空,也因此对地面获得了更多的俯瞰优势。塔楼同时与神圣和世俗的力量有着独特的联系。塔楼通过撒播声音和视觉讯号来宣告时间和季节的到来。从"巴别塔"到2001年9月11日被撞塌的美国纽约曼哈顿的双子星塔,塔楼一直都是沟通成功或失败的象征(在上帝看来),也是某些人(如基地组织)怨恨的对象。像寺庙和其他"高蹈之处"一样,塔楼标志着天与地的结合点,或曰"轴线"(axis mundi),也是闪电最有可能击中的地方。② (在许多文化中,闪电都被认为是天意神迹。)和许多后勤型媒介一样,塔楼总能确定和宣布一个点,随后所有其他事情都得围绕这一点运转。塔楼是"人工堆起的山",通常建造在现有的高地上,人们在其上观察天象、地景和处于天地之间的一切。白天,它将自己长长的影子落在地上;晚上,它向星空投以得天独厚的目光。

与塔楼相关的一个重要事实是——它具有制衡作用。塔楼能提供一个"阿基米德点"(Archimedean point)(在光学意义和声学意义上都是如此)。人们隔着很远就可以看到和听到塔楼发出的讯号;它隔着很远也可以看到和听到人们发出的讯号。由于三角学和地球曲率原理,纵轴上每增加一个单位距离都会极大地增加水平轴所覆盖的面积。钟楼、尖塔、布道坛、救生员看台以及无线电和电视天线塔都表明,只要在其高度上增加些"小额投

---

① Cipolla, *Clocks and Culture*, 39,50.
② Marija Gimbutas, "Ancient Slavic Religion: A Synopsis," in *To Honor Roman Jakobson* (Gravenhage, Netherlands: Mouton, 1967),738-759, at 742-746.

资",其信号接收和发布范围就会获得极大的"红利"。只要高于地面,即使是一个树桩也足以让人跳上去发表一通演讲。"巴别塔情结"(The Babel complex)让我们有了通天的雄心壮志,而塔楼则是巴别塔的"侧边楼梯",能让我们这些凡人受益匪浅。① 一座塔楼就是一个支点,从器械上增强了我们的肉眼,在声学上增强了我们的耳朵,因此它本身就是一种卓越的"权力技术"(power technology)(或"强大的技术")。塔楼给我们提供的制衡作用体现在三方面:看到、被看到和被听到。

阿兹特克神庙,就像后来出现的广播塔一样,发挥了这三个方面的功能。在与西班牙人的战斗中,建在高处的太阳神庙给阿兹特克人带来了巨大的军事优势。作为战略制高点,这些庙宇让阿兹特克人能瞭望到西班牙入侵者的行踪,而且作为指挥所在地,它们易守难攻。在此前更早的和平时期,阿兹特克国王蒙特祖玛(Montezuma)曾带着西班牙征服者埃尔南·科尔特斯(Hernán Cortés)②和他的手下登上阿兹特克大神庙(Templo Mayor),360度观赏了特诺奇提特兰城(Tenochtitlán)③全景。后来,西班牙人却恩将仇报,企图攻占该神庙,用西班牙侵略者的徽章来取代神庙里供奉的神灵。阿兹特克精英们在高高的神庙里以活人祭祀,让众人远远目睹,为的是以此制造景观,吓唬自己部落和临近部落的成员。在低地围观的部落成员可以看到人牲的残肢断臂被从高高的祭坛扔下,如同观看一部恐怖电影。除此之外,祭司们也用太阳神庙来传播声音。伯纳尔·迪亚兹(Bernal Diaz)④在他关于征服墨西哥的编年史报告中描述:神庙里站着两排人,他们敲打着巨大的阿兹特克鼓,同时伴以海螺贝壳号声、牛羊角号音和小号音。他说自己十分厌恶这些噪音,视之如源自地狱。他的这一评价不无道理,因为阿兹特克人通常在如此大张旗鼓一通后就拿自己人进行活人祭。⑤

---

① Roland Barthes, "La Tour Eiffel" (1964), *Oeuvres Complètes*, ed. Éric Marty (Paris: Seuil, 1993), 1: 1379 - 1400, at 1385.
② 埃尔南·科尔特斯(1485—1547),西班牙军事家、征服者,曾征服阿兹特克帝国。——译者注
③ 特诺奇提特兰城,今墨西哥城。——译者注
④ 伯纳尔·迪亚斯·德尔·卡斯蒂略(Bernal Díaz del Castillo),西班牙士兵和作家。他1495年生于西班牙卡斯蒂利亚的麦地那·坎波,1584年死于危地马拉的危地马拉城,曾参与征服墨西哥。1514年,他访问了古巴,五年后随埃尔南·科尔特斯(Hernán Cortés)到访墨西哥。——译者注
⑤ Bernal Díazdel Castillo, *Historia Verdadera de la Conquista de la Nueva España* (Mexico City: Porrúa, 2004), 174.

阿兹特克人的寺庙不仅是奉献宗教牺牲的地方，还是政治和宗教中心，也是对人进行声光控制的中心。西班牙人到访后立即就意识到了神庙的重要性，所以在征服完成后马上就在寺庙中安装上"十字架和钟"，以破除神庙原有的控制能力，就像后来的革命者通常会马上接管广播台和电视台一样。

请让我对塔楼（神庙）的这些功能总结如下。首先，塔楼增强了声音的传播，标识出时间和空间的边界（我们在钟、尖塔和阿兹特克鼓中可以看到这一点）。塔楼一直被用来发布宣言和法令。[1] 人类有着从各种人工塔楼（包括无线电塔、电视塔和手机信号塔）上发布声音讯号的漫长传统。这一长长的"人工塔楼"（我称其为"天空媒介"）列表中的最新成员是"人造卫星"。人造卫星的讯号来自外太空，其足迹跨越地球大陆，可以说是终极意义上的塔楼。[2]

其次，塔楼具有制空功能，能扩展人的视野和地平线。站在塔楼上的人具有天然的如望远镜般的优势，能享受罗兰·巴特（Rolan Barthes）所谓的"空中视角带来的狂喜"。无论来者是热情的东道主还是狂风暴雨，塔楼都能赋予观察者以一种俯仰天地、把控一切的优势。每座塔楼都有自己的北极星——一个天体支点。事实上，如同希腊和罗马的神庙，塔楼观天察地，也是进行"沉思默想"的原初之地——最早，所谓沉思（contemplate）就是从寺庙中观察天空（寻找诸如鸟和云的迹象），所谓考虑（consider）就是"与星为伴"——con（与）+ sidera（星星）。人们会去"大寺庙"（templum）仔细辨别预测"时辰"（tempus，即时间和天气）。可见"塔楼"（寺庙）能设定时间和日期，它总是处在高高的塔顶（turret）上，俯瞰着其下哈姆雷特所称的"不合时宜的"城堡（castle）。

塔楼对人们的宗教想象力形成了有力控制。信徒们在塔楼上等待着新月或星星出现。根据罗马建筑理论家维特鲁威（Vitruvius）[3]的说法，一些神祇如丘比特（木星）、朱诺或密涅瓦是城市的保护神，因此，奉它们为神祇的寺庙应尽可能建在城市的最高点，以将这座城市置于他们的注视保护之

---

[1] 参见此书中的木刻作品：Athanasius Kircher, *Phonurgia nova*（1673），facing 114。

[2] Lisa Parks and James Schwoch, eds., *Down to Earth: Satellite Technologies, Industries, and Cultures*（New Brunswick, NJ: Rutgers University Press, 2012）。

[3] 维特鲁威（Vitruvius），全名为马可·维特鲁威（Marcus Vitruvius Pollio），为公元前1世纪一位罗马御用工程师、建筑师，约在公元前50年到前26年间在军中服役。——译者注

下。在古代希腊和罗马的世界里,这些神庙也被与祭拜、市民节日和军事侦察功能联系在一起。例如,雅典卫城曾经的功能就同时包括:一种激发市民敬畏的手段、一种征税手段和一座军事城防。《圣经》中存在类似的表述:"耶和华的名是坚固的塔。"(《箴言 18:10》)然而,《圣经》中也描述了两种"塔"作为徒劳无功的象征——如前面提到的"巴别塔"和成本过于昂贵的"塔"——对后一种塔,在建造前必须先计算清楚其成本,以免半途而废(《路加福音 14:28》)。一个名为"耶和华见证者"(The Jehovah's Witnesses)的出版社曾出版一本名为《守望塔》(*The Watchtower*)的圣经学习辅导杂志,这个名字很容易让人想起《圣经》中关于军事侦察、福音派警示和千禧年期望的种种意象。

塔楼是进行监视的基本媒介——在边沁的"全景监狱"(panopticon)设想中,位于众多监房中间的就是一座塔楼。塔楼作为军队的哨兵和守卫所在和弹射武器的发射台,有着悠久的应用史。在意大利和佛兰德斯(Flanders)①的 15 世纪绘画中我们可以看到存在"透视消失点"(vanishing point),它的出现在某种程度上要归功于塔楼和城墙所呈现的视觉景观。阿尔布雷希特·丢勒(Albrecht Dürer)②的最后一部作品是一篇将弹道学、早期现代光学、文艺复兴时期的艺术和军事监视实践融合在一起的关于"堡垒"的论文,名为《装配学》(Befestigungslehre, 1527)。文艺复兴时代画作中的透视技术和炮火技术最早同时出现于 15 世纪。两者都涉及如何从一中心点沿直线出发分析人的视线。③ 在彼得·阿皮安(Peter Apian)④的《仪器书》(1533)中,有一节阐述了如何通过建筑物测量星星,以及如何通过星

---

① 弗兰德斯(Flanders),欧洲西北部一个古国,疆域包括今天法国北部、比利时西部和荷兰西南部,先后被西班牙、奥地利、法国、荷兰统治过。数百年间它是欧洲的织布业中心,经济发达。——译者注
② 阿尔布雷特·丢勒(Albrecht Dürer,1471—1528),德国画家、版画家及木版画设计家。其作品包括木刻版画及其他版画、油画、素描草图以及素描作品,以水彩风景画、木刻版画和铜版画最具影响力。其作品中的气氛和情感表现得极其生动。主要作品有《启示录》《基督大难》《小受难》《祈祷之手》《男人浴室》《海怪》《浪荡子》《伟大的命运》《亚当与夏娃》《骑士、死神与魔鬼》等。——译者注
③ Friedrich Kittler, *Optical Media*: *Berlin Lectures*, trans. Anthony Enns (Cambridge: Polity, 2010).
④ 阿皮安(Peter Apian,1495—1552),德国天文学家。他在莱比锡和维也纳研习数学与天文学并著书以普及数学和天文学知识。1540 年,他在一本书中描述自己观测到了五颗不同的彗星,其中包括后来所称的哈雷彗星。阿皮安曾被神圣罗马帝国皇帝查理五世授予爵位。——译者注

星测量建筑物。可见在文艺复兴早期,建筑和天文学是如影随形的。① 一份 1440 年的文件宣称,只要在天气晴朗时,从英国海岸可以看到并识别出英吉利海峡中船只的船帆(这个距离约为 21 公里),英国即对该船拥有管辖权。② 由此看来,所谓看见,就是画线,就是设计,就是瞄准,就是开火。我们今天仍然可以看到文艺复兴时代的这种"军事视觉观",例如我们将拍摄(照片和影片)说成"射图"(shoot pictures);将"那人看了我一眼"说成"那人向我投来目光"(目光如抛射物)。费利特·奥尔汉·帕慕克(Orhan Pamuk)③ 也将穆斯林微型画艺术中发生的一场类似的"透视革命"归因于基于塔楼形成的视觉观——1258 年,蒙古人洗劫了巴格达,当时具有传奇色彩的书法家伊本·沙基尔(Ibn Shakir)隐藏在一个高塔里从上至下地目睹了蒙古人的暴行并尽力画下了当时的场景——他的画呈现出一条与众不同的地平线,有如从"高耸的上帝位置"俯视巴格达城。④

再次,塔楼不仅可以让塔上的人看到远处,也可以让塔楼之外的人轻易从远处看到。由于远高出树梢,塔楼立于景观之上而成为人们的定位标志物。它是地平线上最明显的物体之一,而海岸线上的塔楼长期以来都是海中大小船舶的导航参照点。1583 年,一位英国航海理论家叮嘱其航海专业的学生"要努力地标出陆地上各种建筑物、城堡、塔楼、教堂、小山、丘陵、风车和其他标志物"。⑤ 一座山巅之城是"显而易见"的。《俄狄浦斯在科洛诺斯》(*Oedipus at Colonus*)⑥开篇就提到安提戈涅(Antigone)看到遥远城市

---

① Peter Appian, *Instrument Buch* (1533; Leipzig: Reprintverlag, 1990).
② Michel Mollat du Jardin, *Europe and the Sea*, trans. Teresa Lavender Fagan (Oxford, UK: Blackwell, 1993),113.
③ 费利特·奥尔罕·帕慕克(Ferit Orhan Pamuk, 1952—),土耳其当代最著名的小说家,西方文学评论家将他与马塞尔·普鲁斯特、托马斯·曼、卡尔维诺、博尔赫斯、安伯托·艾柯等相提并论,称他为当代欧洲最核心的三位文学家之一。1998 年其《我的名字叫红》出版,获得 2003 年国际 IMPAC 都柏林文学奖,同时还赢得了法国文艺奖和意大利格林扎纳·卡佛文学奖。2006 年,帕慕克获得诺贝尔文学奖。2017 年,获颁布达佩斯大奖。——译者注
④ Orhan Pamuk, *My Name Is Red*, trans. Erdağ M. Göknar (New York: Vintage, 2001),70.
⑤ John Naish, *Seamarks: Their History and Development* (London: Stanford Maritime, 1985),11,14.
⑥ 俄狄浦斯王(Oedipus),希腊神话中的英雄忒拜王拉伊俄斯和王后伊俄卡斯特的儿子。关于他的身世和故事,在索福克勒斯的悲剧《俄狄浦斯王》和《俄狄浦斯在科洛诺斯》中有描述,是一个俄狄浦斯杀父娶母的故事。故事的要旨是对人与命运抗争的颂扬。悲剧《俄狄浦斯王》是一部典型古希腊时期的悲剧代表作,也是命运悲剧的最高诠释。——译者注

的一座塔楼。教堂塔楼的设计通常会包含十字架、钟和风向标,以显示不同意义上的"时间"。像其他标志物一样,塔楼能在各远点(distant points)之间形成连接。塔楼之所以"被看"(seen),是因为它的存在就是为了"看"(seeing)。它们往往是城市居民进行正式的大额炫耀性消费之前的小练习。(塔楼形状极像阴茎,这不必赘言。)在任何城市中,其最高建筑是所有视线的汇合处,它因此也常常代表这个城市的性格——塔楼代表城市,这是一个都市提喻①。俄罗斯基辅市有一座名为罗迪娜·马特(Rodina Mat)的巨型女神像,形象如同一个金属的女绿巨人,是一个"社会主义—现实主义"的大怪物。据说它的设计师有意使其高度比其后面山上的拉弗拉修道院(Lavra Monasery)稍微矮一点,因为修道院富含象征意义,是俄罗斯东正教的出生地。

　　现代性的最重要代表之一是埃菲尔铁塔,它毋庸置疑是巴黎城的象征。任何以巴黎为背景的电影都要包含至少一个它的镜头。② 1887年时,鉴于很多人认为它形象轻浮,埃菲尔铁塔的设计师古斯塔夫·埃菲尔(Gustave Eiffel)不得不对这些指责进行辩护:"从军事角度来看,这座塔将提供一个宝贵的观察台……它的存在可以为今后的通信(无论是通过肉眼观察还是视觉电报)③奠定基础。"④埃菲尔对塔楼的功能总结得很简洁和全面,以至于我们很难再作补充:它可以作为观察星象和天气的观测台(连接天地并形成军事优势),作为近距离和远距离观测平台和作为新兴网络的重要节

---

① 提喻(synecdoche),修辞格之一,即以局部代表全体,例如,用面包"代表"食品,用象牙"代表"大象。——译者注
② 2012年,巴黎警方抓获了一个非法走私的家庭团伙,他们的走私品很罕见——总重达13吨的各种小型埃菲尔铁塔模型。参见:"Police Seize 13 Tonnes of Miniature Eiffel Towers," *Guardian*, 14 April 2012,26。
③ 视觉电报(vision/optical telegraph)的信息是用光信号灯传送的,因此也被译为"光学电报"。其发明者名为法国牧师克劳德·沙普(Claude Chappe)。1792年,他首次展示了这一发明,两年之后,视觉电报在法国正式投入运行。视觉电报取材简单,其创新之处在于对三种元素的有效结合:信号塔台网络、塔台之间的信号转发装置以及一本能将简短信息转化为数字编码的代码本。直至今日,视觉电报与断头台、可互换的标准零部件以及公制计量单位一起,成为法国大革命时期影响最为深远的几项发明。法国视觉电报的运行,通常被传播历史学者们视作电信通信的发轫。——译者注
④ 参见:Gustave Eiffel, in Jean des Cars and Jean-Paul Caracelle, *La Tour Eiffel: Un siècle d'audace et de génie* (Paris: Denoël, 1989),59。"从军事角度来看,该塔将可以作为一个不可多得的观察台……在其上我们能通过肉眼或通过光学电报实现此前根本无法实现的通信方式。"

点。塔楼不仅标明公民身份,而且还传达军事情报、新闻、天气以及(最为重要的是)时间。作家莫泊桑(Guy de Maupassant)讨厌埃菲尔铁塔,但他很喜欢在铁塔底座的餐厅吃早餐。他说,这是巴黎唯一一个能避免看到埃菲尔铁塔的地方。该塔长期以来一直被当作公关宣传和广告平台,有时还会被装饰成一座大钟(这是必然的)或一根巨型温度计。从 1910 年开始,埃菲尔铁塔被用于法国全国的时间协调,塔顶无线电波遍及整个法兰西帝国,发送法国标准时间,这种无线时间同步预示着后来的 GPS 卫星技术。[1] 塔上还曾悬挂着"雪铁龙"(CITROEN)的霓虹字样;1940 年,纳粹德国在铁塔上悬挂横幅,宣布"德国,条条战线传捷报",显然纳粹的文案功底还欠火候。2000 年,铁塔被装点成一个计时器,上面是巨大的时间读数(精确到秒),倒数着迎接新千禧年的到来。

塔楼具有的以上两种平衡作用——视界(vision)和可见性(visibility)——密不可分,共同致效。罗兰·巴特称埃菲尔铁塔为"作为一个物体,它可以看;作为一道目光,它又可以被看"。它背离了"看见"和"被看见"两者通常的离异关系(divorce)。它在"看"和"被看"之间实现了随意的流动。因此,我们也许可以说,埃菲尔铁塔是一个健全之物(如果我们可以这么说的话),它统合了"凝视"(gaze)具有的两个性别(sexes)[2]——同时具有阳刚气质的"看"和女性气质的"被看"。这当然不是埃菲尔铁塔所特有的,而是所有塔的特征。埃菲尔铁塔在声音方面也有着光荣的历史——它是"法国广播业的摇篮"。[3] 作为世界上第一个伟大的无线电波发射器,它曾是人类征服电波伟绩的核心所在。1899 年,马可尼从埃菲尔铁塔上成功地向英吉利海峡对面发出了一份无线电报(wire)。在第一次世界大战期间,法国空军从埃菲尔铁塔上指挥飞机保卫巴黎;1915 年,它成为了法国和美国跨大西洋接触的媒介。[4] 在第二次世界大战中,埃菲尔铁塔是一个重要的军事目标,足以让阿道夫·希特勒在它面前感触颇深地摆拍留影,说明他作为法国的征服者仍然被其征服物震撼。在 20 世纪 40 年代后期,埃菲尔铁塔成为"法国

---

[1] Galison, *Einstein's Clocks*, 275-290.
[2] Barthes, "La Tour Eiffel," 1384.
[3] Charles Braibant, *Histoire de la Tour Eiffel* (Paris: Plon, 1964).
[4] 1915 年 10 月 21 日,位于美国弗吉尼亚州阿灵顿的海军广播电台 NAA 与法国艾菲尔铁塔之间进行了跨大西洋无线电话通信。——译者注

电视台"(TélévisionFrançaise)的第一个发射塔。罗兰·巴特不无道理地指出,埃菲尔铁塔是通信/沟通的象征,但它本身也是一个通信/沟通渠道,当时它的顶部仍然安装着各种通讯传输和拦截设备。它可能是历史上一系列"撒播性寺庙"中的首要的,也是最伟大的一个。其顶天立地的建筑设计意味着沟通天地的使命,因而也是法国众多媒体公司的"总部"。① 作为物流网格上的中心点和公众关注的焦点,像埃菲尔这样的塔楼在一定程度上宰制了公共空间和时间。

　　塔楼能方便信息的发送和接收,因而成为必不可少的视线(line-of-sight)传播媒介,如古代的烟火信号和现代的视觉电报都离不开塔楼。(光信号,如星光,则更喜欢以夜晚为其背景,阳光却能遮蔽星光。)埃斯库罗斯在《阿伽门农》(Agamemnon)中开篇即为一个远距离沟通的场景——克吕泰涅斯特拉(Clytemnestra)女王预言了特洛伊将被攻陷,她是通过一个将特洛伊城和阿戈斯城(Argos)连接起来的烟火信号系统做出这个预言的。所有有历史意识的媒介理论家都会提到这一点。该场景最初是:塔楼上一名守夜人在等待,但信号迟迟不现,他倍感无聊;终于,地平线上出现闪光,他兴高采烈。但此时他必须弄清楚,这点点闪光是确实存在抑或只是他的幻觉,是有意的抑或只是无意的,是烟火信号抑或只是升起的星星。(长时间守望的人的脑子常常会出毛病。)然而,虽然古希腊人确实会使用山顶信号火炬,但埃斯库罗斯描述的以上情况在实际中却不大可能出现,因为要从如此之远的距离看到这个火炬信号,火堆必须至少 24 米高。② 信号必须表明自己是信号,决不能含糊。"对一座灯塔而言,如果其存在初衷得以实现,它不仅必须能被人看到(be seen),而且在被看到时也必须能被识别出来(be recognised)。"③任何设有"灯塔山"的城市以及 18 世纪晚期法国建造的视觉电报延续的都是这一脉络。保罗·里维尔(Paul Revere)④在波士顿老北教

---

① Staff an Ericsson and Kristina Riegert, eds., *Media Houses*: *Architecture*, *Media*, *and the Pro-duction of Centrality* (New York: Peter Lang, 2010).
② Volker Aschoff, *Geschichte der Nachrichtentechnik*, vol. 1 (Berlin: Springer, 1989), chapter 3.
③ William Thomson, Lord Kelvin, "On Lighthouse Characteristics," in *Lectures on National Architecture and Engineering* (Glasgow: William Collins, 1881), 89–106, at 89.
④ 保罗·列维尔(Paul Revere, 1734—1818),美国籍银匠、早期实业家,也是美国独立战争时期的一名爱国者。他最著名的事迹是在列克星敦和康科德战役前夜警告殖民地民兵英军即将来袭。后来亨利·沃兹沃思·朗费罗写了一首诗《保罗·列维尔骑马来》赞美他。——译者注

堂里挂起传奇色彩的灯笼则是相关的另一个例子。正如古斯塔夫·埃菲尔所说,塔楼总是能建立起此前从未有过的或真实的或符号的交流线路。

虚空之召唤

塔楼常常是各种新闻之源,也让重力的作用最残酷无情,还充满着各种灾难性的危险、紧急和死亡。任何建筑为了获得崇高的效果,向空中发展也许是其前提条件。"崇高"(sublime)一词在文学家朗吉努斯(Longinus)[①]的原初表述中,就是"九天"($ὕψος$)的意思,而大海则被相对地表述为"深渊"(bathos)。[②] 灯塔——通常带有探照灯、雾笛和无线电通信设备——统一了前述塔楼的三个功能,也让我们联想到人类孤立于世,面朝宇宙时油然而生的伤感。塔楼是被囚禁的经典场所,塔楼因其能见度而成为一个容易看管的监狱——这对于长发公主(Rapunzel)[③]或 T. S. 艾略特《荒原》中的现代自我都是如此。《哈姆雷特》——这是一部如《阿伽门农》一样的关于父母外遇和孩子报复的戏剧——的开场一幕发生在一座放哨塔楼的顶上,其视觉效果令人觉得不可思议——霍雷肖提醒哈姆雷特,要他小心塔楼的边缘,它令人头昏目眩。

> 就是这个地方,将绝望的玩具,
> 不带别的动机,放入每个大脑,
> 就是这个地方,凌万丈,至苍穹,
> 听其狂呼咆哮于渊潭……
>
> (哈姆雷特,I. iv. 75 - 78.)

[①] 朗吉努斯,古希腊修辞学家,被称为自亚里士多德以来最伟大的文艺批评家,他在其名著《论崇高》中将"崇高"归结为一种文体风格,开拓了人们对艺术本质的新认识。对西方美学和文艺理论发展史产生了重大影响。朗吉努斯所讲的"崇高",其含义比近代以来的崇高概念更为广泛,其中包括"伟大""庄严""雄伟""壮丽""尊严""高雅""古雅""遒劲""风雅"等。——译者注
[②] 感谢吉姆·波特(Jim Porter)的这一观点。
[③] 长发公主(Rapunzel),《格林童话》中的一篇。在童话里,长发公主有着世上最长、最美的头发,却被邪恶的巫婆困在城堡里。一个王子顺着她从高塔搭下来的头发,爬上塔顶去营救她。两人历尽艰辛,终成眷属。——译者注

《阿伽门农》和《哈姆雷特》两剧的开头都涌现出同一个主题：守望者总会在无意中呈现出造假(fabricate)的倾向——那微弱的光真的是报告特洛伊之战得胜的信号吗？鬼魂真的出现了吗？对于孤独的守望者来说，无数重复枯燥的执勤会逐渐让他的认知和记忆相互重叠，同时他眼中的各种幻象(phantasms)也在增加。在他执着于凝视时，所见之物常常会分裂、模糊。

塔楼将死亡的恐惧(或诱惑)植入我们所有人。埃菲尔铁塔曾经是世界上自杀者的首选目的地，也正是因为此，塔上才装上了防护栏杆。深受喜欢的第二个自杀地是美国旧金山的金门大桥，它是"一道处于美国加州南部的'门槛'，又像一条通向虚空的舷梯"。金门大桥因此而享有的盛誉让人颇有疑虑。虽然有充分证据证明防护栏杆每年可以挽救十几条人命，但公众仍然强烈反对建立护栏，这让人觉得不可思议。① 法国人将人"忍不住想从高处跳下"的诱惑称为"虚空之召唤"(l'appel du vide)。恩培多克勒斯(Empedocles)②是这种冲动的伟大象征。撒旦曾三次诱惑基督，其中一次是将他带到圣殿的顶峰，并邀请他从上面跳下去(《马太福音 4：5—7》)。陀思妥耶夫斯基(Fyodor Dostoyevsky)对撒旦的这一邀请作出了著名的解读——这是"奇迹"(miracle)之诱惑——所谓"奇迹"是一种企图以超自然力量给旁观者留下深刻印象的噱头。但是《马太福音》相关段落中却没有提及有任何观众在场欣赏这个噱头。实际上，人类面临的"忍不住想从高处跳下"的诱惑源于一种更为原始的冲动——人会为了跳下而跳下，这是一种最为纯粹的虚无主义的诱惑。凡是曾从高处俯视过的人都会一瞬间颤抖地"忍不住要从高处跳下"，这是一种无意义的和空洞的渴望。③

塔楼是生死交汇之地。和钟一样，塔楼在日常和紧急之间、高蹈和辽阔之间、神圣和世俗之间发出信号。所有的计时装置都涉及与时间和永恒相关的问题。它们发出的信息就是——宇宙秩序终将不可逆转地寂灭。无论

---

① Tad Friend, "Jumpers: The Fatal Grandeur of the Golden Gate Bridge," *New Yorker*, 13 October 2003, 48 - 59.

② 恩培多克勒斯(Empedocles, 约前 490—前 430)，古希腊哲学家、诗人、科学家、修辞学家和演说家，西西里医学派的创始人之一。所传教义认为人皆具有神性，传说他为证实自己是神以说服信徒，跃入埃特纳火山口而死。在哲学本体论上，他提出了"四根"说，认为火、水、土、气四个根(元素)就是构成世界万物的四元始基，所谓生灭，不外乎四种元素的结合与分离。——译者注

③ F. W. J. Schelling, *Über das Wesen der menschlichen Freiheit* (1809; Frankfurt: Suhrkamp, 1975), 74, on "die Lust zum Creatürlichen"; and E. T. A. Hoffmann, "Der Sandmann."

时间可能是什么,可以确定的是,它必然是这样一种"热力学事实":所有的事物都只能朝着一个方向行进,总有一个丰硕的虚空在我们前方不断绽放。如果我们将塔楼、日晷和时钟视为传播媒介(毫无疑问它们确实如此),就不能不对"意义源于何处"作出全新的思考。

作为气象兵的海德格尔

海德格尔年轻时曾在一座教堂的塔楼里待过很长一段时间。他的父亲是这座教堂的看钟人。在塔楼上,海德格尔能一览其出生地梅斯基尔希市(Messkirch)的风光,可以沉湎于自己的思考,时不时还能享受蝙蝠的陪伴。海德格尔是一名气象兵。第一次世界大战末期,自1918年8月下旬至11月或12月,他在西部战线(位于法国凡尔登东北部)担任军事气象兵,曾在113步兵团和414气象兵团的一个军事观察塔上值班观测风向。此前,他曾在柏林的夏洛滕堡(Charlottenburg)参加过为期八周的气象观测培训。1918年7月在到达柏林准备上培训课时,海德格尔写信给他妻子埃尔芙丽德(Elfriede)说,他希望在接下来的几周内学到很多东西,并提到他希望能弄到一本关于气象学的科学书籍。他告诉她,他将来当兵的工作内容是为炮兵和空军"提供气温、气压、风向等方面专业的和系统的观察信息",后来他还向妻子寄了一张营地的照片,其中有一个小型的观察塔,他会在其上蹲守值班。我们不清楚海德格尔当时作为一名气象兵究竟具体做了些什么,但在他到达前线后写于9月的一封家信中我们可以了解到:早上起来,海德格尔会"坐在电话旁,向炮兵、空防兵、汽油站等发送大量数据"。当时有谣言说他还帮助谋划过对美军进行毒气袭击——该谣言后来被证明是没有根据的。但他显然曾参与收集风速和风向的关键基本数据,供空战参考。天气一直是战争需要考虑的要素,而毒气战则尤其需要预测风向(以免毒气导致我军伤亡)。海德格尔的军衔是 Luftschiffer,即"气象队长"(air capitain)之意。在20世纪最抢眼的大气(atmosphere)——毒气云——的面前,海德格尔占据了观众席最前一排的座位。①

---

① Gertrud Heidegger, ed., 'Mein Liebes Seelchen': Briefe Martin Heideggers an seine Frau Elfriede, 1915 – 1970 (Munich: Deutsche Verlags-Anstalt, 2005), 69, 71, picture on 81; (转下页)

显而易见,这场战争对海德格尔后来的思想产生了决定性影响,这尤其体现于其巨著《存在与时间》(1927)中。① 战争刚结束,他在《保罗书信》(《新约圣经》的内容之一)中发现了"时机性时间"(kairological time),但鉴于此前在塔上观测天气的经历,他或许早就对此有所发现。(他在1919年的讲座文稿中记录下了自己的这一"转向",这些文稿是写在空白的军事天气报告纸背面的,因为战争期间纸张很稀缺。)② 使徒保罗写信给帖撒罗人(Thessaloninans),说道:"弟兄们,关于时代和季节,你们并不需要我写信告诉你们。"保罗的意思可能是说,帖撒罗人已经从教义中得到了很好的指导;但他也可能是说,以写信的方式远距离谈论天气是徒劳无益的。这里保罗信中的"时代"(times)指时间(chronos),而季节则是指"时机"(kairos)。海德格尔把保罗的这封信作为他参照的关键文本。当时帖撒罗人正在等候"基督归来"(the parousia)——海德格尔将其翻译为"事件"(Ereignis/event)。这样的等候意味着帖撒罗人当时正处于四处张望的(警觉)状态。海德格尔着迷于"保持清醒或警觉状态"(Wachsein),该观念深深植根于基督教神学之中。耶稣基督命令他的门徒持续"守望"(watch),等候他归来,因为说不定什么时候他就会出现于"天上的云彩"中(《马太福音24:42,30》)。因此门徒们时时观望,以确定天空中何时出现了"基督归来"(或"对的时刻")的标志(sign)。这一观望任务集枯燥无聊、苦挨时间、苦等不来、苦尽甘来、喜出望外或措手不及等多种复杂感受于一体。海德格尔将"时机"翻译为"奥根布里克"(Augenblick),意思是"一瞥"或"眨眼间"。这原本是一个普通的德语词,意即"时刻"(moment),但后来被越来越多地与海德

(接上页)Thomas Sheehan, "Heidegger's Early Years: Fragments for a Philosophical Biography," in *Heidegger: The Man and the Thinker*, ed. Thomas Sheehan (Chicago: Precedent Publishing, 1981), 3-19; Hugo Ott, *Martin Heidegger: A Political Life*, trans. Allan Blunden (1989; New York: Basic, 1993), 104-105; and Georg Paul Neumann, *Die deutschen Luft streitkräfte im Weltkriege* (Berlin: E. S. Mittler und Sohn, 1920), 286-297 (on the weather service). 关于毒气云,可参见:Peter Sloterdijk, *Schäume*, *Plurale Sphärologie* (Frankfurt: Suhrkamp, 2004), 89-153 and passim。

① William H. F. Altman, *Martin Heidegger and the First World War: Being and Time as Funeral Oration* (Lanham, MD: Lexington Books, 2012).

② Theodore Kisiel, "Das Kriegsnotsemester 1919: Heideggers Durchbruch zur hermeneutischen Phänomenologie," *Philosophisches Jahrbuch*, 99(1992), 105-122. 这篇气象学论文是基赛尔(Kisiel)跟我提及的。

格尔的思想联系在一起。①

海德格尔在军中观测天气的经历为一系列"海德格尔式比喻"赋予了一种新的以及与具体历史时期相联系的质感：如警惕（vigilance）、守卫或守望（hüten）、时机（kairos）和观察（observance）。"时间"（time）是海德格尔思想的核心，常常以天气方式冒头。② 海德格尔从他躲藏的塔楼里俯仰天地之间，窥视到几公里外的西部前线——凡人战死于战壕，神灵目睹于上天。由此，我们不难想象海德格尔后来的"天、地、神、人四重一体"思想背后的气象学灵感来源。"警惕"是20世纪最重要的道德责任概念，在不知不觉中它与天空中那些崇高物（如蒸气痕迹、气候图、空袭警报、无线信号和炉火烟雾等）形成了勾连。我们每次阅读海德格尔时，一读到其中的"警觉"（watchfulness）、"牧养之存有"（shepherding being）或"本有"（Ereignis）等概念时，就应该想到天气，并想起他当时正在测量风速以驱动气象气球、飞机、大炮和毒气。在一个艰难的环境中产出奇妙的洞见，对海德格尔这样的思想家来说并不值得大惊小怪。哈罗德·英尼斯、拉兹罗·莫霍利-纳吉（László Moholy-Nagy）③、罗伯特·维纳和路德维·维特根斯坦都在一战时的炮兵连服过役。可见弹道学也是媒介理论的主要来源之一。海德格尔这位气象哲学家为了分析大气中的气体成分而观察天地，鉴于当前一团糟的全球气候状况，他的这一做法倒是不无道理。与大海和大地一样，天空变成了一种应对紧急情况时的媒介。现在地球大气中的二氧化碳浓度已经超过了 400 ppm（这一高浓度水平在地球的 300 万年历史中是绝无仅有

---

① Martin Heidegger, *Phänomenologie des religiösen Lebens*, *Gesamtausgabe* vol. 60 (1920 – 21; Frankfurt: Klostermann, 1995), 149 – 151.
② 如果我们将 Sein und Zeit 翻译成英语中的同源词，即"罪恶与潮汐"（Sin and Tide）；翻译成法语即"存在与天气"（L'être et le temps），再从法语翻译成英语的"存在与天气"，或根据法语发音翻译成英语的 Letter and Weather（字母与天气）。这些文字游戏让人想起海德格尔的思想。
③ 拉兹罗·莫霍利-纳吉（László Moholy-Nagy, 1895—1946），匈牙利裔德国艺术家，出生在一个匈牙利犹太家庭，起初学的是法律，然而战争最终使之"弃法从艺"，成为了一名艺术家。他在1920年离开了匈牙利来到德国，1923年成为包豪斯艺术学校负责基础教学的老师，他的课程涉及绘画、雕塑、摄影、照片蒙太奇和金属制品创作。他认为艺术家是赋予工业和技术以人性的"天才梦想家"，极力倡导将工业和技术融入到艺术创作中去。他对包豪斯和现代设计的发展产生了极大影响，彻底让包豪斯脱离了表现主义风格，使之更加接近其最初的创立理念，即更为理性、实用的技术与艺术的结合。——译者注

的),因此我们仍然要密切观察天空和关注时间。如果我们试图成为海德格尔那样的气象队长(Lustschiffer),那么这一想法本身就已"将绝望的玩具,放入每个大脑,就是这个地方,凌万丈,至苍穹"。

天气和众神

"罗格斯"(logos)是古希腊含义最丰富的词汇之一,而"时机"(kairos)则与其不相上下,广泛出现于医学、战争、射箭、伦理学、美学和修辞学中。它被翻译为"机会之窗"或"良好时机";但它的另一种用法将其直接置于"天空媒介"的背景中——如"天气"(weather)。事实上,在现代希腊语中,kairos 意思就是"天气"。每天晚上,希腊电视台迷人的主持人都会报道天气(kairos)概况。"天上发生的各种事件"——希腊语为 meteōra,是"气象学"(meteorology)一词的词源——总是暂时性的。"天气"总是和"时机"(timing)相连,这并非希腊语所特有。这种联系无处不在。在拉丁语中,tempus 意味着"天气"和"时间",也是英语中"暂时"(temporal)和"风暴"(tempest)等词的词源,以及法语 le temps 和西班牙语 el tiempo 的词源(这两个词都有"时间"和"天气"的意思);西班牙语 al tiempo 的意思是"(水果)当令的"或"(饮料)常温的"。还有如温度(temperature)、篡改(tempering)、节奏(tempo)和气质(temperament)等词分别与热度、和谐、韵律和情绪相关,但有着相同的语义场。① 一直以来人类总是警惕地看着天空以读出时代的迹象,而人类对气候变化的担忧则延续了这样一个常规:从大气中解读出人类命运。灾难(disasters)——字面意为"坏星"(bad star)——总是最先出现在天空中。时间和潮汐、运气和财富、一个时开时合的机会、一个转瞬即逝的行动时刻——这一意义集群表明天气和气候是基于天空的关键领域,关于它们我们该如何行动,亟需我们仔

---

① 语义场(semantic fields),语义学术语。凡具有共同语义特征,,在词义上处于相互联系、相互制约关系之中的一群词聚合在一起,在语义上形成一个场,称为语义场。在语义场中,每个词的意义都取决于场内其他词的意义,例如,要确切了解长靠椅或凳子的意义,必须了解椅子的意义。一般认为,语义场论为德国语言学家特里尔等人于20世纪30年代所创,或认为这一理论可溯源至索绪尔的"联想关系"。——译者注

细思考。① （由此看来，气象学成为混沌理论之母就不奇怪了。）时机意味着时间已经变得成熟且紧急，也就是沃尔特·本雅明所言的"弥赛亚时间"（messianic time）。

  基特勒说，"我们永远无法将天气和众神分开"。② 乍暖还寒，欲起将歇，福祸相依，天气的行为颇像坏脾气的神仙或我们老爸老妈——这也是为什么我们会对天气如此附带感情的原因之一。与星星的存在一样，天气似乎是神灵的直接创作。在古希腊人或维京人的航海文化中，风与好运密切相连。风是来自神灵的祝福或诅咒。海神波塞冬总是为奥德修斯制造麻烦。众神常常通过风、浪和云彩说话。古希腊语单词 ὕψος（eudia，天气晴朗的）的构词法为"eu + dios"，意思是"宙斯的青睐"。③ 摩西赞美主，因主呼出一口气就分开了红海；《约伯书》描述，主在一股旋风中现身；耶稣告诉尼哥底母（Nichodemus）要注意风（他也许是在暗指希伯来文化中的 ruach，意思是风、气息或精神；耶稣让加利利海的风暴停歇，证明了他的神性，让他的门徒们惊异万分，发出那句有名的惊呼："只有不死之人才能让风浪俯首帖耳。"在日语中，kamikatze 指"神风"，但该词似乎有些同义反复（因为"风"本来就具有神性）。风水（字面意思是"风和水"）是中国人与环境和谐相处的艺术，源于中国古老的气候和气象观念。我们对天气的表达也包含道德判断，比如我们会说，天气"是饶恕人的或不饶恕人的"（clement/inclement weather）。西风（zephyrs）和微风（breezes）都是森林中的精灵。凡一涉及天气——这和天空中发生的所有其他事情类似——人类在很长一段时间都如同海豚一样在物质上残疾无能。这种情况直到不久以前才得到改观。

  天上众神喜怒无常，随心所欲，滑稽百出，而天气则是它们的戏剧舞台。"纯粹从物理学角度看待大气"的观念是比较晚近才出现的（尽管很早就有许多人呼吁这么做）。用海德格尔的话说，天气曾经是"众神的舞台"

---

① 参见：Richard Broxton Onians, *The Origins of European Thought: About the Body, the Mind, the Soul, the World, Time, and Fate* (Cambridge: Cambridge University Press, 1954), 343 - 348, and Napier Shaw, *The Drama of Weather*, 2nd ed. (Cambridge: Cambridge University Press, 1939), chapter 1. 请注意，我们说要抓住"时机窗口"。这里的"窗口"（window）一词源自"风眼"（wind eye），可见在词源上明显与天气有关。

② Friedrich Kittler, *Musik und Mathematik*, 1: 1 (Munich: Fink, 2006), 79.

③ Shaw, *Drama of Weather*, 51. 该词被耶稣使用过，参见：Matt. 16: 2; 同见下文。

(Götterschau)。① 汉语中的表达则没有这么拟人化——中文的"天气"指天空中的能量(sky energy)。人们仰望天空,倾听风声、雷声和树叶的沙沙声,观察彗星、日食、闪电和云彩。人类对气候史的研究方兴未艾,对天气进行的多角度人类学解读也有着悠久和丰富的历史,后者同样需要我们去书写。很多人并不将空气(air)视为一种空洞和同质的透明物,而是将其作为一种媒介——其中充满着各种能影响人类情绪和健康的生物和物质。(如前所述,"钟声"对这类空气中的物质具有驱散作用)。哈姆雷特曾抱怨"空气这个上好的冠盖"似乎只是一个"包含各种肮脏和瘟疫气体的混合体"——这一描述很好地代表了在有关传染病的现代理解出现前一些人对空气的认识水平。例如,在19世纪的美国,殖民地定居者和医生对空气中的传染性瘴气、疾病源和滋生物抱有各种各样的观念。② 甚至到了20世纪30年代末和40年代,在我父亲还是个孩子时,即使在最寒冷的冬天,他所睡的卧室的窗子都必须敞开,因为我的祖母坚信新鲜空气有益健康。

我们很容易将"现代性"简要地定义为"一个对大气进行驱魔"的过程。但实际上,试图对天气做世俗化的理解和祛魅,这样的努力持续了很长时间——就像这一努力所批评的对象"天气有灵论"在我们今天的时代中仍然挥之不去一样。阿里斯托芬③在《云》(The Clouds)中对云的阐述非常精彩,但他嘲笑那种认为"云有意义、能沟通"的想法;他嘲笑苏格拉底,因为他的脑袋云遮雾罩。在《物性论》(The Nature of Things)中,卢克莱修(Lucretius)④认为,我们不应将暴风云看成人脸或图像,而应视之为空气中快速流动的微小物体。"来吧(Nunc age),让我们这样看吧,"卢克莱修对那

---

① Friedrich Kittler, *Musik und Mathematik* 1:2 (Munich:Fink, 2009),40.
② Conevery Bolton Valencius, *The Health of the Country* (New York:Basic Books, 2002),109-132.
③ 阿里斯托芬(Aristophanes),古希腊早期喜剧代表作家,生于雅典。他熟悉希腊文学和艺术,与同时代的哲学家、文学家交游甚广,柏拉图和苏格拉底是他的好友。他的喜剧在17世纪对欧洲文学产生了深刻影响,被称为"喜剧之父"。相传他写了44部喜剧,现存《阿卡奈人》等11部,其中《云》被视为西方思想史上第一次对苏格拉底的讽刺和批判。——译者注
④ 提图斯·卢克莱修·卡鲁斯(Titus Lucretius Carus,约公元前99—前55),古代罗马共和国末期杰出的诗人、思想家和哲学家。其唯一作品是哲理诗《物性论》,共6卷。卢克莱修在哲学观点上主张无神论和原子唯物论,认为宇宙是无限的,物质是无限的,空间是无限的,整个自然界是由物质和虚空构成的,没有无限的物质,世界就要被毁坏。——译者注

些"天空的形而上学家"发出请求。普林尼(Pliny)①赞扬了如泰勒斯②这样的哲学家,认为泰勒斯对日食作出了解释,从而将古希腊人从对天体预兆的恐惧解放出来;普林尼自己也解释了流星现象,认为流星并不是"又有人死了"的标志,而是一种自然现象,好比是一盏油灯突然爆裂。③古人作出了很多努力去揭开天空的神秘面纱,这也恰巧说明"天体影响"和"大气扰动"在古人心中占据了多么重要的位置。启蒙者的行动最先是从瞄准天空开始的。

漫画剧作家、无神论者和自然主义者都认为天空是众神的舞台。对这样的遐想,我们当然不会觉得很值得流连。《圣经》也并没有直截了当地要求信徒对天空作出某种深刻的解读。《创世记》说,天体是用来计时的信号,彩虹出现意味着上帝叫停了大洪水,不再让它肆掠人间,而希伯来先知耶和华则被描述为生活在云端的风暴之神。虽然如此,他仍谴责任何从天空中读出凶吉的企图,因为对天体作过于详细的解读就相当于偶像崇拜了。詹姆斯国王钦定版的《圣经》中,《利未记 19:26》和《申命记 18:10》将"观天象测凶吉"视为犯了一种名为"观察时代"的罪(sin)。在这两节经文中,先知都暗示,"读云者"或"预测天气者"会被卷入一种"预测未来"的危险游戏中。④ 西奈山上的神祇隐藏在云雾之中,因隐藏而移动,因移动而显露,最终正是参天云柱引导着以色列人走出了荒野。当然,希伯来《圣经》中虽然也提到了"云之神学"(theology of clouds),但它是一个很复杂的问题,⑤我们不能因此就认为希伯来《圣经》明确支持"信徒能从天空中读出上帝旨

---

① 普林尼(Pliny),古罗马百科全书式的学者,又称老普林尼,以别于其外甥古罗马另一著名历史人物小普林尼。生于意大利北部,少年时曾赴罗马求学,后历任骑兵指挥、财政官、海军舰队司令等职。79 年 8 月 24 日,维苏威火山喷发,他乘船赶赴灾区实地考查并救援灾民,因吸入含硫气体身亡。——译者注
② 泰勒斯(Thales),古希腊哲学家,出生于米利都,米利都学派的创始人,西方哲学史上第一位哲学家,被尊为古希腊的七贤之首。他积极从事政治活动。在科学研究上发现一般性的几何学定理,例如"圆周被直径等分""等腰三角形的两底角相等""内切半圆周的三角形是直角三角形"等。他访问过埃及,是把埃及的几何学知识带回希腊的第一位学者。——译者注
③ Lucretius, *De Rerum Natura*, book 4, lines 166ff; Pliny, *Naturalis historia*, book 2, chap-ters 6, 9.
④ 感谢梅纳赫姆·布朗德海姆(Menahem Blondheim)提供的帮助。
⑤ J. Luzarraga, *Las tradiciones de la nube en la biblia y en el judaismo primitivo* (Rome: Biblical Institute Press, 1973).

意"。事实上,先知们和卢克莱修在这一点上是有共识的。由此看来,正如黑格尔所说的,一神论宗教并不反对"祛魅",相反,是一神论宗教催生了"祛魅"。

虽然据说基督回到人间时会出现在云端,彼时彼刻天空中会云雾缭绕,需要信徒们时刻观测。《马太福音》记载几名信徒曾请求耶稣为他们从天堂(或天空中)寻找奇迹(或关于奇迹的预兆),但福音书中所描述的耶稣本人却对"阅读天空"很不耐烦。σημεῖον(sēmeion)一词在新约希腊语中同时指"奇迹"(miracle)和"符兆"(sign),正如希伯来语中的 ot 一词;而 οὐρανός(ouranos)一词则同时指物理意义上的"天空"和形而上学的"天堂"。耶稣对这些信徒的回应充满讽刺,他开始谈气象学:"傍晚时你说,会有好天气!因为此时天空是红色的;早晨时你说,今天将风雨飘摇,因为此时天空红色而阴沉。"(耶稣的这个回答实际上体现了一个航海谚语:"傍晚天红,水手心喜;早晨天红,水手心忧。")信徒们想要的是一个奇迹,耶稣却跟他们谈自然现象;信徒们将 sēmeion 看成是"奇迹",但耶稣把它看作"符号"(sign);他们将 ouranos 视为"天堂",耶稣却视其为"天空"。末了,耶稣批评道:"你知道如何辨别天空的表情(face),却分不清时代的符号(sēmeidōkayōn,signs of the times)。"他显然在暗示着"历史之天气"(a weather of history)(《马太福音 16:2-3》)。这里,耶稣对天空中瑰丽壮观的事件并不感兴趣。他不会鼓励我们在云中找出骆驼、黄鼠狼和鲸鱼的形象,而是将那些显而易见的平常事物视为奇迹——这是典型的"基础设施型"姿态。在此问题上,保罗也警告加拉太人(Galatians)不要过分注意天体所发出的与月、季节和年相关的符号。①(后来的大众基督教并没有遵守保罗的这些告诫。)

如上所述,古希腊人、罗马人、犹太人和基督徒中的知识领袖总是拒绝将天空视为神迹之所在,但是我们现代人却常常忍不住要如此解读。对天气的"祛魅"做法在人类中的分布并不均匀。尽管本·富兰克林从宙斯和雷神(Thor)手中夺下了制造闪电的能力,"恶劣天气意味着超自然力量的愤怒"这种观念在人类中仍然活蹦乱跳,颇有市场。2011 年 8 月,飓风"艾琳"导致 40 人死亡并对加勒比海岸和美国东海岸造成了数十亿美元的损失。

---

① Gal. 4:10, which echoes Lev. 19:26 and Deut. 18:10.

美国国会众议员米歇尔·巴赫曼(Michele Bachmann)——当时是共和党总统候选人——表示,"艾琳"飓风是上帝唤醒奥巴马政府的一记警钟(wake-up call)。很多人对她的这个说法一笑了之,但环保主义者比尔·麦基本(Bill McKiben)也这样描述艾琳飓风以表达他的观点(尽管他没有诉诸有神论来论证)。在生态主义话语中,对人类的过分行为,"地球正在回击"(詹姆斯·洛夫洛克①)这样的表述也无处不在。

2013年2月,一颗陨石坠落在西伯利亚并爆炸,一名俄罗斯东正教神职人员说:"《圣经》告诉我们,主经常通过自然力量向人们传递信号和警告……陨石的到来提醒我们,人类生活在一个脆弱且不可预测的世界中。"②"陨石坠落是上帝发来的信号"的说法立即引发争议,但这名神职人员在作此论时对自己的措辞特意有所保留,他说:陨石是一个发给人类的关于某事实确凿存在的"提醒"(reminder),而不是一个有着具体内容的讯息(message)。可见,如何解释来自天上的信息完全在我们自己。但是,即使最世俗的人,如果哪天风和日丽,都会情不自禁地认为:一定是充满善意的天公在对人类微笑。我们在表达人类遭遇的或福或祸时,天气仍然是最容易想到的词汇。电视天气预报员常喜欢给自己营造一个萨满巫师的人设,好像自己能对天气为所欲为:"明天,我将给诸位带来一些阳光。"③麦克卢汉喜欢引用一个笑话。一名听众打电话给广播台:"你们是那个预计未来降雨量会翻倍的电台吗?那么你们能不能也让雨停下来?我都快被淹死了。"④信使(messenger)总是容易被误为讯息(message),我们也很难分清天气预报员和天气本身。

---

① 詹姆斯·洛夫洛克(James Lovelock),英国科学家,盖娅理论和地球系统科学的创立者,环境科学领域的宗师。毕业于哈佛大学。20世纪60年代,他提出了"盖亚假说"。盖亚(Gaia)乃希腊神话中的大地女神。他发现从大气化学的角度来看,地球极其不稳定,但它却依然存在了几十亿年。盖亚假说认为地球表面的温度、酸碱度、氧化还原电位势及大气的气体构成等是由生命活动所控制并保持动态平衡,从而使得地球环境维持在适合于生物生存的状态。——译者注
② "Russian Cleric: Meteorite was Lord's Message," *Rianovisti*, 15 February 2013, en. ria. ru/russia/20130215/179493189. html, accessed 15 February 2013.
③ Bruce E. Gronbeck, "Tradition and Technology in Local Newscasts," *Sociological Quarterly*, 38, no. 2(1997): 361-374.
④ McLuhan, *Understanding Media*, 66.

天气与现代性

天气可以成为媒介研究的有趣对象,这是因为,一方面它似乎不受任何人类建构的影响,另一方面它却是我们所知的最受人类建构的对象之一,建构方式包括人际交谈、测量仪器、新闻报道以及今天的所谓地球工程学(geoengineering)——这是一门对大气的化学成分进行直接和强势改变的学问。我们需要好好地研究天气"话语网络"(Aufschreibesysteme)的历史,包括已经被气候史研究利用得很充分的天气自然史。现代性还具有一个特点,它可能比"天空的祛魅"更为鲜明,这就是:在现代社会,天气已经演变成一个每天都需要被报道的普通的和常规的对象。自诺亚方舟以来,壮美的天气一直都是故事讲述中的主题;事实上,天气与戏剧如影随形。[1] 莎士比亚在其戏剧中频频提到天气,出神入化:《麦克白》中女巫们控制着天气;《李尔王》中,暴风雨使李尔谦卑;在他的众多剧目中,特别是在《哈姆雷特》中,天空中充满了各种天气预兆;而《暴风雨》全剧都是发生在舞台上的一场蔚为壮观的风暴大戏。肆虐天地间的洪水、干旱、台风、风暴、海啸、冰雹、倾盆而下的青蛙雨以及其他预兆和奇迹都已广为人知。今天电视台甚至推出了专门的"天气频道"。文艺复兴时期的博学家罗伯特·伯顿(Robert Burton)写道,每天都有海量信息流传到他家门口:"我每天都听到新闻,各种日常谣言,涉及战争、瘟疫、火灾、洪水、谋杀、大屠杀、流星、彗星、光谱、天才和鬼魂,城镇被攻克,城市被围困等,包括法国的、德国的、土耳其的、波斯的和波兰的,等等。还有发生在这个动荡时代的各种事情,包括每天的军事集结和备战、经历的战役、杀人如麻、决斗、海盗袭击和海上激战、和平、结盟、计谋和新警报等。"[2]不难注意到,罗伯特·伯顿以上提到的天气事件都是极端性的,如出现流星、彗星和洪水等。文艺复兴时代的他还没有我们今天才有的"日常天气"的概念。

天气作为人类的基本兴趣,一直是各种新闻体裁的基础内容,但每天的

---

[1] Shaw, *Drama of Weather*.
[2] "The Anatomy of Melancholy," James Gleick, *The Information* (New York: Pantheon, 2011), 401-402.

天气报告(无论报道方式如何夸张花哨)都得以现代电信基础设施的建立为前提。[请注意天气词汇与时间的关系:"潮汐"(tidings)一词与德语词"报纸"(Zeitung)同源,而"时报"(*The Times*)被用作报纸名称则可以追溯到航运业和"浪潮"(tides)。]在 18 世纪,由于新闻通讯(newsletter)的发行周期长达数周,在上面发表某一地的天气信息显然毫无意义。此时,只有极端的天气和异象才可能不胫而走。出版周期更长的年鉴(Almanacs)能够传播开来则是因为其他原因。天气是如此变幻无常,以至于只有在我们已经拥有一个能超越当地视野且能随时更新和快速传播的发行系统时,发布天气消息才有意义。没有什么能比天气预报更像时间的易碎品了。(在几乎所有地方,本地人都会不无得意地告诉到访的游客:"如果你不喜欢此时的天气,先等十分钟再看。"其语气好像天气是此地的特产一样。)新闻中的天气报道和严肃的气象预测科学一样,都以高效的时空整合能力为前提。

据称,马克·吐温曾说过,人人都在谈论天气,却没人能对它做些什么。这句话也被反复提及,难以计数。天气很能催生人的无聊感。本雅明说,19 世纪 40 年代,巴黎爆发了一种新型"无聊之流行病",当时天气刚被发明作为日常话题;他认为,天气和无聊有着深厚的内在联系。① (在我打下这些文字时正是 12 月,一阵蒙蒙细雨撒落在空气中,将我的情绪笼罩在一片深深的沉闷和无聊之中。)在英国和美国,直到 19 世纪六七十年代,天气才成为新闻报道和科学报道的对象,因而——同当时人们的存有一样——有资格变得稀松平常。也许本雅明笔下的"游荡者"(flaneurs)②是最先获得这一资格的。天气具有"非常平凡而又极其戏剧化的能力。"③它同时具有"当下性"(the now)和"相同性"(sameness),这两者都是鲜明紧迫的,也都是天空和时间具有的两个面向。我希望见到有人能做出一个"天气的社会史——一个比较视角"的研究,从而让我们能廓清,"天气"作为一个主题,是一直就存在于人们的谈话中呢,抑或只是我们所生活其中的现代条件的折射。

---

① 参见:*Das Passagen-Werk*, vol. 1, 156 - 165。他最著名的"灵韵"(aura)也给人以"大气层"的感觉。
② 游荡者(flaneurs),法国 19 世纪象征主义诗歌代表波德莱尔创造的一个形象,他们作为诗人的化身在城市中观察并思考,不仅反映了诗人的浪子气质,也是巴黎城市风貌中的独特族群。20 世纪早期,瓦尔特·本雅明在对波德莱尔的挖掘与城市文化现象的探索中,从都市抒情诗人的角度反思了发达资本主义时代之于"游荡者"的现代意义。——译者注
③ Marita Sturken, "Desiring the Weather: El Niño, the Media, and California Identity," *Public Culture*, 13, no. 2(2001): 161 - 189, at 162.101.

作为一个概念,天气对今天的我们而言是永远存在、波澜不惊的。在这一概念的形成过程中,电报起到了重要作用。历史学家们都认可电报的决定性作用。从19世纪50年代开始,电报就在促进人类天气观察中的"上帝之眼"(尽管此前已经出现了"天气地图")的形成。① 英国于1854年建立了国家气象局,其他国家也紧随其后。从1856年开始,美国史密森协会在其大厅里展示美国全国天气图,该图每天(星期日除外)都根据全国各地以电报发来的天气报告予以更新;马克·蒙墨尼耶利(Mark Monmonier)指出,"地图和其他图形展示"是天气视觉化历史上的另一个重要媒介。"电报的应用使人们开始视天气为一种广泛存在而且相互联系的事务,而不是各种各样仅在局部地区发生的意外。"② 有了基于电报通讯的天气观察员网络,"就有可能在一小时内从全国足够多的观测站搜集到观测结果,并将它们在一张地图中整合标示出来,从而让人能对风和天气状况获得一个宏观和整体的了解"。③ 具有讽刺意味的是,电报系统本身也很容易受到电子风暴和其他极端天气的影响。在美国,国家天气报告基础设施是战争时代留给和平时代的红利——美国内战后,美国陆军通信兵团原有通讯系统的使命和功能被改造,用来监测和对付"天气"这个始终充满威胁的新敌人。④ 维尔赫姆·贝杰克内斯(Vilhem Bjerknes)是现代预测学的创始人,他创造了"(冷)锋"(front)一词,因为他当时脑子里考虑的是天气预测的军事意义(front一词有"前线或前锋"之义)。

　　管理或建构"天气"的另一个关键技术是统计学。类似犯罪和自杀现象,天气也是在19世纪获得了统计上的"标准正态化"(normalized)。与天气预测一样,统计学的建立也以电信基础设施的存在为前提——因为通过电报,统计学可以将分散在各处的人类个体感官无法感知的观察数据(如人

---

① Paul N. Edwards, "Meteorology as Infrastructural Globalism," 4. James Rodger Fleming, *Meteorology in America*, *1800 - 1870* (Baltimore: Johns Hopkins University Press, 1990), chapter 7, and Mark Monmonier, *Air Apparent*: *How Meteorologists Learned to Map*, *Predict*, *and Dramatize Weather* (Chicago: University of Chicago Press, 1999), chapter 3.
② Gleick, *The Information*, 147.
③ Shaw, *Drama of Weather*, 48,70.
④ 参见: Richard R. John, *Network Nation*: *Inventing American Telecommunications* (Cambridge, MA: Harvard University Press, 2010),123 - 124。感谢约翰·列农(John Nerone)和坎布里奇·林奇(Cambridge Ridley Lynch)在美国"新闻和天气历"方面给我的帮助。

口、市场或天气系统)聚合在一起。没有哪个领域会比气象学更加渴望数据。作为一种概率科学,气象学也激发了许多量化研究方法创新(这些方法后来被广泛应用于社会和经济现象分析)。不少重要的数学思想家,如拉普拉斯(Marquis de Laplace)、阿道夫·凯特勒(Adolphe Quetelet)和查尔斯·巴贝奇(Charles Babbage)都深深迷恋于气象学中的数据收集问题。[1]

1839年,约翰·拉斯金(John Ruskin)在伦敦气象学会发表演讲,阐述了气象学中全局协调的必要性,此演讲今天已成为气象历史学家眼中的一个里程碑式文件。拉斯金在演讲中指出,气象学作为一个新兴领域,优点在于其巨大的实用性和美感:"它是关于纯净空气和明亮天堂的科学……气象学家的王国是天国,他永远不会遇到无趣乏味的空间……他在空气的王国里欣喜万分。"拉斯金宣称,气象学作为一门科学是独一无二的,因为它永远不是一个孤独天才的作品。单一个体的"观察毫无用处,因为它们是基于'点'的,而任何关于天气的推测必须基于'面'"。[2] 因此,"多个个体尽管在空间上是分开的,但对天气这个巨大的存在,他们必须同时思考、观察和行动。他们的观察是否有效,取决于观察的规模是否足够大"。这一梦想的实现,不仅需要电报的辅助,而且需要宽容的政治和学术基础设施的辅助。这里我们必须看到的是,现代社会中的天气已经成为一个巨大的抽象物,属于一种人们仅基于地方经验已无法准确观察到的现象。

保罗·爱德华兹对20世纪全球天气基础设施的出现作了出色的研究,拉斯金将爱德华兹的研究命名为《浩瀚机器》(The Vast Machine)。现代气象学和气候科学的历史充满了各种符号型媒介(包括电报、新闻、广播、电视和卫星等内容传输媒介)和本体型媒介(包括各种测量、监测和建构事物的设备)。卫星固然很重要,但同样重要的是关于全球气象的测量和报告标准;因此,如往常一样,我们在这里遇到的问题不是信息移动所需的各种渠道(channels)问题,而是与如何包装和解读信息有关的各种标准(standards/formats)问题。爱德华兹指出,天气预报可以说是世界上首个

---

[1] Stephen M. Stigler, *Statistics on the Table* (Cambridge, MA: Harvard University Press, 1999), chapter 2.

[2] "Remarks on the Present State of Meteorological Science," *Transactions of the Meteorological Society*, 1 (London: Smith, Elder, and Co., 1839), 56–59, quotes from 57 and 59. 107.

万维网;建立一个全球数据交换网络,不仅需要建立一个真正的全球性项目,而且需要建立一个全球性计算机网络。刺激超级计算机出现的最重要的因素首先是为了模拟核爆炸,其次就是为了描述和预测天气。约翰·冯·诺伊曼(John von Neumann)是二战后美国计算基础设施的总设计师,他因设计用来模拟炸弹爆炸及其影响的计算机而闻名,但他也是计算气象学的积极倡导者。爱德华兹指出,天气预报对数据的需求永无止境,而贯穿气象学史的核心叙事之一就是"我们的计算资源总是捉襟见肘"。[1] 没有卫星和计算机就不会有全球天气,但如果人类不需要全球天气,我们很可能就不会研发出卫星或计算机。如此理解的话,我们就会发现"自然云"(气候观测)与"计算云"(计算机硬件)两者之间确实有着很直接的关系。

人们之所以需要监测全球天气,原因很多,例如服务于航空和渔业——这也是挪威为什么能成为全球气象学领导者的原因之一。20世纪,人类对天气有了更深刻的理解,也因此催生了许多新职业,并深刻地改变了我们对危险的认知和管理,随之被现代化的不仅是航海和航空,也包括"风险"(risk)本身。[2] 当然,战争是这些趋势最重要的推动力量之一。天气预报系统的前身都是军事装备,用它来预报天气其实是又一次"对军事装备的滥用"(基特勒语)。20世纪50年代,为了追踪核试验(特别是辐射扩散)对大气的影响,高空气象学应时而生。高空侦察飞行和洲际弹道导弹发射都必须了解全球天气情报。高空侦察照相机只有在没有云层干扰时才能工作。由于侦察机的作用取决于天气是否晴朗,间谍活动也因此与气象学(另一形式的侦察)挂上了钩。云层往往会遮蔽航空侦察的目标,因此为了紧急评估敌对国家的核武器库存,学习阅读云层就成了完成此任务所需的衍生技能。(在有需要过滤噪音的地方,媒介就会应需而生。)艾森豪威尔和肯尼迪为了部署空防,都曾以"公众支持预测天气研究"作为理由。[3]

天气(weather)不是气候(climate),前者是"时机",后者是"时间"。没

---

[1] Paul N. Edwards, *A Vast Machine: Computer Models, Climate Data, and the Politics of Global Warming* (Cambridge, MA: MIT Press, 2010), 137, 173 - 174, passim.

[2] Narve Fulsås, "What Did the Weather Forecast Do to Fishermen and What Did Fishermen Do to the Weather Forecast?" trans. Mary Katherine Jones, *Acta Borealia: A Nordic Journal of Circumpolar Societies*, 24(2007): 59 - 83. 感谢艾斯本·伊特勒博格(Espen Ytreberg)。

[3] Edwards, *A Vast Machine*, 222 ff.

有人会谈论昨天的天气,但气候则是一个长时段中天气的平均值,它可以跨越几十年、几百年、几千年甚至更长时间。从修辞上说,我们可以将天气类比于统计学上的 t 检验,即比较两个总体(population)的样本(sample)的平均值。某一天的天气波动幅度大小可以远远超过几十年或几个世纪以来全球气温(气候)的上升水平(尽管这些变化很微小,但长期看则可能是灾难性的),这样产生的结果是,我们对一天内天气变化的感受可能会超过对几个世纪以来全球气候微妙变化的感受。爱德华兹指出,我们能在多大程度上认识到全球气候危机的严重性,取决于我们通过各种数据模型可视化全球天气和气候的能力,以及对它们进行全球性管理的能力。遗憾的是,目前,气候科学家们只能通过分析过去的间接数据而不是采集当下的专门数据来预测和评估未来的气候。① 我们关注气候变化时面临的挑战是,如何使漫长的"时间"能向短暂的"时机"转化,使各利益攸关者都能有紧迫感。但是,我们不应该忘记,实际上现代人对天气的感受大多都很抽象了——例如现代人在了解天气时,都更愿意查天气预报而不是直接将头伸出窗外看一下,因为我们都认为个人对天气的直接经验不可信。据此,我们其实也应该知道,对天气的微观直接经验并不能让我们可靠地认识到宏观的气候变化。

云

在那些能描绘天空的各种东西中,云是卓越的,也值得我们赋予它一部完整的媒介史。将云视为一种媒介,对"媒介"这一概念是极限考验。② 事实上,云常常被认为是各种没有内在意义的事物的代表。阿里斯托芬将"与云交流"视为荒诞,他显然不是唯一一个有此看法的人。在漫画中我们会看到所谓"云泡泡",表示画中人物脑中在思考但并没有明说的话;云与"人脑中转瞬即逝的私人想法"之间有着悠久的联系。哈姆莱特捉弄波洛涅斯(Polonius),跟他说天上的云一会儿像这个动物,一会儿像那个动物,而波洛涅斯对这些说法总是唯唯诺诺像白痴,毫无立场像浮云。

---

① Edwards, *A Vast Machine*, 189-190, 222-224, 301, passim.
② 感谢克里斯蒂娜·夏普,她问我:"云是媒介吗?"

哈姆雷特：你看到那像骆驼形状的云朵吗？

波洛涅斯：看它的样子，确实像骆驼一样。

哈姆雷特：我觉得它又像黄鼠狼。

波洛涅斯：确实像黄鼠狼一样。

哈姆雷特：又像鲸鱼。

波洛涅斯：非常像鲸鱼。

(《哈姆雷特》III. ii：361—367)

"英国云彩鉴赏协会"出版了一本名为《看起来像某物的云朵》(2005)的书，其中满是云的照片(该协会的网站上还有很多这样的图片)，其中云的形状和相关解读让人忍俊不禁。但该书始终将读者定位为投射者，即认为读者在观云时只不过是将自己的意图投射到云上，而不是分辨出"云自己的意图"，所以，如果我们看到云呈现某种形状，我们要注意它们只不过是我们作为观察者自我意图的投射。缇娅娜的阿波罗尼奥斯(Apollonius in Tyana)[①]在两千年前就表达了这样的观点。上帝也许是一位云画家，他在天空中绘制半人马、雄鹿和狼以自娱自乐。阿波罗尼奥斯对此说法不以为然。他说："这些呈现在天上的图片不仅没有意义，而且即使有意义(天意)，也都是偶然产生的；人类有这样的一种天性——总是倾向于将无序和偶然的东西重新排列成上述规则图形。"[②]云朵随机流动，观者富于想象——没有什么能像观云一样要将主体和客体截然分开。我们在阅读文字时很难将自己的主观投射和文字的客观意义截然分开，但是观云作为一种阅读实践却受到了最为严格的监管，观察者被告知要严格做到主客两分。

我们追寻云是否有意义，这本身是何意义？云是媒介吗？是否可能存在"自然媒介"(natural media)？考察云是对这些问题的终极考验。首先，云显然是饱含意义的——我们只要去问下随便哪个农民、飞行员或水手就会明白这一点。亚里士多德并不否认我们能从天空中获得一些有关"如何解读"的教益，但他也在《修辞学》中指出，如"天阴即欲雨"这样的表述并无

[①] 阿波罗尼奥斯(Apollonius of Tyana)，古希腊毕达哥拉斯学派的哲学家，被誉为奇迹创造者。——译者注

[②] Philostratus, *Life of Apollonius of Tyana*, trans. F. C. Conybeare, book 2, chapter 22. 113.

新意。① 烟是火的经典"指示"(index)，而蘑菇云这个二战后最重要的事实和象征之一应该能让那些认为"云缺乏历史和意义"的人陷入沉默。鲸会喷出"气泡云"，乌贼会喷出"墨水云"(无论是为创作、为欺骗、为捕食还是为求爱)。人类可以向云层中投放化学物质来增云，而在战争中使用云(例如为敌方制造雨灾或干旱)是违反国际法的。人类也为艺术目的操纵云：日本艺术家藤子矢(Fujiko Nakaya)用雾来创作艺术装置；荷兰艺术家伯恩德诺特·思迈尔德(Berndnaut Smilde)常在建筑物内部创作出短暂存在的超现实主义云，然后将之拍摄印成图片展览。思迈尔德用蒸汽和摄影作为其艺术创作的媒介，其作品往往会瞬间消失(艺术作品并不要持久，正如我们在前文中说的，如果我们视海豚为艺术家，它们的作品从来都是转瞬即逝的)。过去我们只能从远处观看而不能靠近触摸天上飘着的云，今天我们已经在塑造云了。在一个人类能生产毒气、人工降雨和实施地球工程(geoengineering)的时代，藤子矢和思迈尔德已经用云来创作艺术品了。有很多现象，人类认为它们是完全自然的，但实际上它们已经深受人工活动的包围——云就是这些现象中的一种。

云有何意义？这是艺术史学家休伯特·达米施(Hubert Damisch)在他精彩的《论云》(*Théorie du nuage*，1972)一书中试图回答的问题。云给绘画带来了特殊的挑战，一是因为它飘忽不定导致很难呈现它，二是因为它们缺乏边界，导致很难应用文艺复兴时兴起的"点线面"的几何透视原理。云是"没有面的体"——达米施从达·芬奇的笔记本中发现了这个概念。达·芬奇认为，绘画不能忽视如灰烬、泥土和云彩这样的难以表现的物体。② 达米施想弄清楚，自16世纪以来，在欧洲的绘画中，为什么云总是明亮灿然、无处不在？无论从形式上还是实质上而言，云如雾如气的特点都对画家的"表征"能力提出了挑战。我们无法用面来表示它的形式。云让我们想起一个古老的哲学问题——我们会说"一堆"沙子，但多少粒沙子可以算"一堆"呢？其边界在哪里我们根本无法确定。云既奇形怪状，又五颜六色(亚里士多德对此有过描述)，云丰富多彩的形状让透视原则无法适用，然而它固执地困扰着五个世纪的欧洲绘画，这恰好证明了一句精神分析上的格言——

---

① Aristotle, *Rhetoric*, 1393a.
② 这个概念给后来的研究以重要启发，如：Deleuze and Guattari's "body without organs" (CsO)。

教人违法之法,最有成效。云所依循的无拘无束的"大气逻辑"超越了循规蹈矩的"网格逻辑",而只有少数最辉煌的云画——如瑞思戴尔(Ruisdael)的画——才能结合这两种逻辑。云能激发绘画才智,是对"画出不可画者"能力的考验。达米施指出,中国有着一个强大的云画(cloud painting)传统。与欧洲人相比,中国人并不那么焦虑或意图超越;在中国画中,云多半与山脉和海洋相处融洽,而不是要高于山海之上。①

云画的出现打破了古代对"从天上寻找图像"的禁令。从卢克莱修和阿波罗尼奥斯时代开始的智者就教导我们"云中没有任何图像",画家们却对云极尽渲染之能事,因而打破了这种圣像禁忌(Bilderverbot)。这些是什么样的图像呢?和在空中时一样,绘画中的云非常绚烂美丽。它们不必非要像什么才具有意义。它们既不是像似符(icon)、指示符(index),也不是规约符(symbol)。② 云所骄傲地呈现的是一个"无法被表征"的难题。在 17 世纪的荷兰绘画(它创造了一些最奇妙的云艺术)中,云彩随处可见,不仅是因为它常与海景同时出现(海港对荷兰经济的崛起和民族自我意识的形成至关重要),而且因为它们根本不代表任何具体的图像。对荷兰文化具有决定性作用的加尔文主义,因反对偶像崇拜从而反对一切图像崇拜,但它又推崇对客观世界作细致入微的经验性考察,甚至对空中积云上的光影都不放过。由于云非常抽象,因而成为宗教画家笔下的安全主题——这些画家总是希望从蛛丝马迹中找到上帝的存在,但又不想冒着图像崇拜的风险从天空中臆想出具体物。由此看来,我们只要能清清楚楚地描画出事物之谦逊平常,便可以充分展示出造物主的荣耀。③ 在荷兰画作中,我们看不到那种在巴洛克绘画中常见的天主驾云招摇(这些云通常如枕头一样繁复厚重)的阵势。荷兰画中的云彩总是那么低调谦卑却光芒万丈,这就足

---

① Hubert Damisch, *Théorie du nuage: Pour une histoire de la peinture* (Paris: Seuil, 1972), 51 - 52, 170 - 171, 180, 201, 214, 227, and passim.
② 这源于皮尔斯(Peirce)对符号的区分:(1)像似符(icon),指与某对象具有一对一关系的符号(例如,模型车是真正汽车的"像似符");(2)指示符(index),指与某对象有着因果关系的符号(例如,疤痕是曾受伤的"指示符");(3)规约符(symbol),指因约定俗成与某物形成的指代关系,例如,"猫"这个字指猫。——译者注
③ 关于瑞思戴尔的气象学观察的真实完整性,存在着争议,可参见:Franz Ossing, "Haarlem's Crown of Clouds: Meteorology in the Paintings of Jacob van Ruisdael," trans. Kari Odermann, http://bib.gfz-potsdam.de/pub/wegezurkunst/haarlem_ruisdael_en.pdf (ac-cessed 3 May 2014).

够了。①

在19世纪英国、法国和德国的文学、科学和艺术中,没有比云更具中心性的主题了。② 最近在维也纳开幕的一个"云之艺术展"将其展品时间设定在1800年,显然是认为在1800年云出现了历史性突破,开始变得世俗化;而且我们很难不认为,云的世俗化意味着上帝的消失。但如此简单归纳也显得突兀,因为如前所述,我们可以对天象做太多的意义解读。③ 然而,有些事情确实发生在1800年左右,其中最知名的是在1802年,卢克·霍华德于该年在伦敦发布了一套科学的云命名法④。歌德着迷于霍华德的工作,自己也投入大量时间研究大气。他的想法是,即使最终没能学到什么,霍华德对天空的研究也能为他如何思考提供丰富的经验教训。歌德还写了几首关于云的诗,其中的美句包括:"(对云)我必须全神贯注地用眼看,虽然我不能如此这样地想。"玛丽·雅各布斯(Mary Jacobus)说,云是一种典型的"浪漫之物",其朝晖夕阴和瞬息万变正体现了浪漫主义者的多变情绪。⑤ 对珀西·比希·雪莱(Percy Bysshe Shelley)来说,"云"代表了一种"创造性虚无"(creative nihilism),而这正是自然生死轮回的核心所在。

> 我默默地笑,在我自己的墓门,
> 从雨洞中,我,
> 如子宫里降生的孩子,如坟中复活的魂,
> 起身,再一次将它焚。

---

① Werner Busch, "Wolken zwischen Kunst und Wissenschaft," *Wolken: Welt des Flüchtigen*, ed. Tobias G. Natter and Franz Smola (Ostfildern, Germany: Hatje Cantz Verlag, 2013), 16 - 26.

② Kurt Badt, *Wolkenbilder und Wolkengedichte der Romantik* (Berlin: De Gruyter, 1960); André Weber, *Wolkenkodierungen bei Hugo, Baudelaire, und Maupassant im Spiegel des sich wandelnden Wissenshorizontes von der Aufklärung bis zur Chaostheorie* (Berlin: Frank und Timme, 2012).

③ Tobias G. Natter, "'I change, but I cannot die': Eine Wolkenentdeckungsreise," *Wolken*, 6 - 13, at 8.

④ Richard Hamblyn, *The Invention of Clouds* (London: Picador, 2001).

⑤ 参见:Mary Jacobus, "Cloud Studies: The Visible Invisible," Gramma 14(2006), 219 - 247。关于对云的罗曼分析,请参见:see Hermann Hesse, Peter Camenzind (1904). 感谢考特尼·彼得斯(Kourtney Lambert Peters)。

第五章 时代和季节：天空媒介 II(时机)

在约翰·康斯特布尔(John Constable)——他通常被认为是19世纪最伟大的云景画家——看来，画云涉及对色彩、情绪及光和风的深广研究。对天空的突发奇想和丰富情感需要画家逐日逐时地精心记录。这些漂浮的气溶胶①饱含水分，充满意义，有的意义与人类无关，有的则是人类赋予的。M. W. 特纳(M. W. Turner)和克劳德·莫奈(Claude Monet)的画笔下充满了各种自然水蒸气和铁路烟雾的混合体，预示着20世纪占主导地位的、混合着自然和人工的"云景"(cloudscape)的出现。

拉斯金视现代绘画为"云服务"(the service of clouds)，他将云定义为某物(something)与无物(nothing)的混合物，并用来描述媒介的本质。② 基特勒将19世纪的模拟媒介视为人类努力征服白噪声——他称为"飒飒之声"(Rauschen)——带来的结果。这些努力包括傅立叶、赫尔姆霍兹和康托尔等发明的数学，以及摄影、录音和电影等刻写设备的出现等。此后，"书写"(writing)不再只是被文字这类"象征性符号"统治的领域。有了以上各种技术，能被记录的对象已经从文字扩展到声音、身体和云彩等自然痕迹——而对这些痕迹此前画家们早就根据"客观世界是连续的"(the continuum of the real)这一认识在描绘了。因此，云是第一个被人类描述的抽象对象之一。正因为如此，云也成为记录型媒介史前史上的关键一步。如海岸线和花椰菜一样，云是分形生物(fractal being)，③它们蔑视直线，只有在现代社会具有"不确定性"思维之后才受到重视。云与流水一样是动画片中最难以真实呈现的事物。自从霍华德提出对云的科学描述以来，流体动力学在研究云的形成规律方面发挥了重要作用。

云不仅对绘画是挑战，对摄影也是挑战。事实上，早期拍摄云的努力之所以失败，是因为云一直在动，无法让它在影像底片上固定足够长的时间，而银版摄影需要很长时间才能曝光显影，如此拍摄空中的云获得的效果总是"万里无云"；由于同样原因，用银版摄影拍摄巴黎，原本熙熙攘攘的街头

---

① 气溶胶(aerosols)，指悬浮在气体介质中的固态或液态颗粒所组成的气态分散系统。这些固态或液态颗粒的密度与气体介质的密度可以相差微小，也可以悬殊很大。——译者注
② John Ruskin, *Modern Painters*, vol. 5 (Sunnyside, UK: George Allen, 1888), 108.
③ 分形生物(fractal being)，自然界存在很多形状，如天空中云朵的边界、闪电、雪花、树枝、蕨类植物的叶子、姜的根、炒的玉米花、海岸线等，它们都是些"不光滑"的曲线，很难用传统的几何来描述它们。分形和分形几何就为这些不规则形状的研究提供了一个总的框架。分形有两种类型：几何分形和随机分形。——译者注

在照片上总是空无一人。为了避免出现空荡荡、白茫茫的天空,早期的摄影师不得先将风景和天空分开来拍摄,然后再将两者合成。① 20世纪20年代中期,阿尔弗雷德·斯蒂格利茨(Alfred Stieglitz)②推出了一系列令人惊叹的云照片(该系列名为《等同物》)时,他颇为得意,认为自己是世界上首个将摄影术从具体有形的被摄物中解放出来的人。后来经由某些历史学家对此的津津乐道,他的这一自封变得广为人知。但正如达米什所指出的那样,从文艺复兴时期的云画开始就一直存在着所谓"抽象之问题"——即如何描绘那些没有明确表面或形状的物,而且在斯蒂格利茨开始拍摄云之前,已经有了很长的云摄影历史了。[与斯蒂格利茨的《等同物》摄影展同时出现的是所谓"云室"(cloud chamber)——用来发现亚原子粒子的装置,这些亚原子粒子也能产生同样迷人的抽象图像,虽然此云不同于彼云。]事实上,我们最好认为斯蒂格利茨视是延续了(而不是开始了)一个悠久的"科学云摄影"传统。从19世纪晚期开始,这一科学云摄影传统就大量拍摄、收集、编撰和出版了一系列国际云图集(clouds atlas)。正如赫塔·沃尔夫(Herta Wolf)所说,这些云图集给人以强大的视觉亲和力。③ 这些科学云摄影师的最终目的是要编撰出一部对云分门别类的图集。然而这样的企图必然遭致挫折,因为云天然就抵抗本体论。④

在过去半个世纪中出现了很多引人注目的图像,其中一些也与云有关。从外太空看,关于地球最明显的事实就是——它被云层覆盖。这导致航天摄影与航空摄影很不相同。如前所述,航空摄影面临的往往是万里无云的长空。罗宾·凯尔西(Robin Kelsey)将美国宇航局拍摄的两张著名的地球照片视为对西方悠久的风景画史的延续。他认为这两张照片中显而易见的云层"令人沮丧",因为云层遮蔽了地球上的地理纬度和经度,因而也超越了

---

① 感谢玛格利达·梅德罗斯(Margarida Medeiros)。卢克莱修也许会同意摄影师的这种弥补行为。
② 阿尔弗雷德·斯蒂格利茨(Alfred Stieglitz, 1864—1946),美国德裔摄影家,美国现代艺术的推动者和塑造者。在其50多年的职业生涯中,他将摄影艺术推广成为大众都能够接受的与绘画、雕塑并立的艺术形式。早在20世纪初,斯蒂格利茨便开始经营多家画廊,将欧洲当时的很多前卫艺术家如毕加索、马蒂斯等人介绍到美国。他的妻子是美国最负盛名的现代主义女画家奥基弗(Georgia O'Keeffe, 1887—1986)。——译者注
③ Herta Wolf, "Wolken: Zum Beispiel," *Wolken*, 42 - 53.
④ 罗瑞安勒·达斯顿(Lorraine Daston)就在做关于"云科学和表征之有限"的研究,目前研究还未完成,但已经有令人兴奋的发现。

地球的几何逻辑和大气逻辑间的张力,而如前所述,达米施恰恰认为自文艺复兴以来,地理几何和大气逻辑之间的张力一直就存在。① 约里·米歇尔(Joni Mitchell)②指出,如今人类有了太空探索和卫星,因此可以如家常便饭般地从"两个角度"观察云了——从地球上仰看和从太空中俯瞰(这好比从高塔上令人昏眩地俯视一样),云是不同的。保罗·爱德华兹指出,最开始科学家要从卫星云图中读出可以理解的数据非常难,后来是在历史悠久的、从地球上读云的经验基础上,才逐渐发展出一门从太空中读云的艺术/科学。③ 例如,气象学家们在卫星云图中发现了他们所谓的"北斋巨浪"现象,即有些云层看上去很像北斋木刻名画中的巨浪。从太空这样一个蔑视传统具身体验的位置来俯视云层和天气模式,让人有一种奇异感,但是,如果我们听到科学——这一祛魅的理性堡垒——在经历了两千多年的读云禁令历史后的今天,竟然能从云层中读出"北斋巨浪"艺术图像,这让我们尤为奇异。这是一种至关重要的历史性转向:今天我们在云中寻找图像不仅是合法的,而且已经变得迫在眉睫。人类的生死存亡也许取决于我们能否从大气中解读出征兆。

---

① Robin Kelsey, "Reverse Shot: Earthrise and Blue Marble in the American Imagination," in *New Geographies 4: Scales of the Earth*, ed. El Hadi Jazairy (Cambridge, MA: Harvard University Press, 2011), 10-16. 感谢吉尔·斯汀(Kyle Stine)。
② 约里·米歇尔(Joni Mitchell, 1943—),加拿大著名音乐家、诗人、视觉艺术家和社会观察者。她 1960 年代末便出名,被认为是民谣摇滚历史中重要的一部分。——译者注
③ Chris Russill, "Forecast Earth: Hole, Index, Alert," *Canadian Journal of Communication*, 38 (2013): 421-442.

"脸"与"书"（铭刻型媒介）

语言与书写

我在前文中指出，人的本性就是直立行走、用火、操纵自然（包括操纵我们自己）、为我们的亲人建造坟墓、查看天空以及从无到有地发明各种新东西。而发明新东西的能力则必须以语言为前提。语言是数万年前人类获得的令人惊讶的礼物，它的出现肯定晚于人类的用火和合作性社会生活。语言使我们能够通过句法、语法、音素和语素、诗学和语用学创造多元的世界，还能让人类个体之间联络和合作以进行新的冒险。语言是一个极难被定义的对象，它在人类社会中多样、异质且普遍存在，也是众多研究领域都要涉及的，因为它同时是物理的、生理的、心理的、社会的和逻辑的。① 关于语言的历史、语系、深层结构、声音形状和社会角色的研究，已经可以装满一个小型图书馆了。语言扩大了人类社交的范围，不仅激发了人类的理性，还激发了人类所独有的更高一级的疯狂，例如，语言让我们具有了以下能力：背诵史诗、合成炭疽病毒和捕杀鲸鱼、命名此前并不存在的新事物（例如风洞、独角兽和帝国）、生活在未来和过去、生活在虚拟语气中，表达"如果……那么……"。如

---

① Ferdinand de Saussure, *Cours de linguistique générale* (1916; Paris: Payot, 1995), 25. 注意是 language, 而不是 langue。

果存在一个所有人类都能遨游于其中的海洋,这个海洋就是语言。语言是一个能沐浴、滋养、联系有时甚至会背叛我们的原初元素(primal element)。

口语是否应被视为媒介?这是一个很困难的问题——就如我们是否应该将海洋视为媒介一样困难。我给这个问题的答案与在第二章中给出的答案类似——书写(writing)如船,它使言语(speech)的海洋变得可通行。我们一般会认为言语是非物质的,但它毫无疑问也是物质的——言语可以激活(我们的)身体和面部,唤起呼吸和大脑、嘴巴和耳朵、眼睛和手。在母语音素的影响下,婴儿的舌头和声道就像陶工手中可以被任意形塑的黏土。只要几年,婴儿的口腔肌肉组织就会习惯只能发出某些声音,而另一些声音则不再能发出。言语是身体的(bodily),毫无疑问也是一种文化技艺,原则上也可以被其他有着聪明大脑的生物拥有。但是,由于语言缺乏耐久性,因此在没有其他物质补充时,语言更多是一门技艺,而不是技术(technology)。

人类后来获得了一种对语言进行"木乃伊化"处理的能力——将言语固定下来成为书写——从而再次改变了游戏规则。将言语固定为文字,这一变化与海中生物变为陆生动物一样剧烈。将言语外部化为书写能创造出一个全新的物质容器,并授权它承载人类的记忆、思想和历史。我们已经将大部分的"珍贵货物"外包给石头、木头和二氧化硅。弥尔顿曾描述这样一幅引人注目的图景:"一本好书是一种主导性精神的生命之血,这血在实施防腐处理后被珍藏起来,从而获得了一个超越生命的生命。"[①]对人的思想进行这种外在化的监护意味着什么?意味着我们与"物质"之间的僵尸般的合作吗?心灵如何获得固态("超越生命的生命")?我们的言语、劳动和经验流逝如镜花水月,而我们的文物和尺牍都将留存于世,这种"双重生活"在很大程度上决定了我们的自然历史和持续存在。在五种元素中,土(earth)对固态性饶有兴趣,因此最适合作为本章的内容。

广义上的书写作为一种媒介能扩展人类记忆、规范各种交易、赋予国家权力,并能改变文明的三个方面:个体与自我、个体与他人以及个体与自然之间的关系。尺牍文书如环境,与海洋、地球与天空一样需要管理。海洋能让各种生命形式沉浸于其中,书写、记录、图书馆和数据库也能如此这般地让我们沉浸其中。安迪·克拉克说:"文物、文本、媒介(甚至各种文化习俗

---

① John Milton, *Areopagitica* (1644),6;5.

和制度)之于人类,就如同金枪鱼在海中积极创造的各种螺旋和漩涡之于它们自身。"① 对人类栖居而言,和农业和天文导航技术一样,各种充满符号的人造物(artifacts)都早已成为人类重要的生存环境。人类具有的各种能力——航行、燃烧和书写编撰——一起都构成了我们最为重要的文化技艺。

书写提供了一种很好的方式,通过它,我们能思考我们是如何被嵌入物质和媒介中的。言语能促进行动(action),改变政治世界;书写则可以促进工作(work),改变物质世界。② 具备读写能力的人是两栖动物——他们总是生活在言语的流体中,也不时居住在更为坚实的书写的土地上。口语具有很多特征,但它首先是声音,而声音会瞬息即逝。正如黑格尔所言,声音存在于其消失之中。③ 的确,如果先发出的语音没有消失以便为后发出的语音腾出空间,那么前后两者就会混杂难辨。如果声音不能瞬间消散,我们听到的音乐会很快变成布朗噪音④。荷马说,言语(speech)是"有翼的语词"(winged words)。对言语的易逝性,这位史诗诗人投以关注,后来,那些用新式希腊元音字母写下《伊利亚特》和《奥德赛》从而将这些口传史诗固定下来的人也投以关注。除非被某种方式困住,言语总会消失不见。声音是我们最伟大的开场白——然而它却空无一物。它是所有东西中最丰富但又最易腐烂的,而这种双重性有助于我们澄清一下"物质"(material)这一时髦语的深刻含义。声音——其实质是压力通过某种介质(空气、水和土等)的传导——是物质但不耐久。正如我们前文在谈及海豚时提到的,物质性和耐久性不是一回事。书写的世界同时混合了生命和死亡、流动和固定。

人类的铭刻(inscription)实践极为多样,它是培养人类所有其他媒介的基质。在坟墓和寺庙中,在绘画和仪式中,人类将意义刻写在物质之上。大

---

① Andy Clark, "Embodiment: From Fish to Fantasy" (1999), 14; available at www.philosophy.ed.ac.uk/people/clark/pubs/TICSEmbodiment.pdf.
② Hannah Arendt, *The Human Condition* (Chicago: University of Chicago Press, 1958).
③ Josef Simon, *Das Problem der Sprache bei Hegel* (Stuttgart: Kohl-hammer, 1966), 68 – 79, 120 – 123; Friedrich Kittler, "Real Time Analysis, Time Axis Manipulation," in *Draculas Vermächtnis: Technische Schriften* (Leipzig: Reclam, 1993), 182ff; and Alexander Rehding, "The Discovery of Slowness in Music," *Liminal Auralities*, ed. Sander van der Maas and Kiene Brillenburg-Wurth (New York: Fordham University Press, forthcoming).
④ 布朗噪音(Brown noise),又称随机移动噪音、棕色噪音或红噪音,是由布朗运动造成的。整体说跟工厂里的"隆隆"的背景声相似。"布朗"指称发现布朗运动的罗伯特·布朗,而非指棕色。——译者注

约 5400 年前在肥沃的新月地区(也许还有埃及),人类的语言进入关键的外化阶段——出现了基于语音的书写系统。但在此很久以前,各种刻写实践就存在了。文字能将时间转换为空间、空间转换为时间、声音转化为视觉、视觉转化为声音,这些转化都是通过外部材料实现的,文字也因此成为了伟大的技术性媒介。有了文字,所有其他的象征性媒介就随之而来了。书写对人类存有的影响力相当于(甚至超过了)航海、燃烧、观天象定方位或预测天气。我们估测时间的能力源于天空,我们遵守时间的习惯则源于我们具有的能制造和解释那些亘古持久的艺术作品的能力。

　　书写作为一种交流方式对人类至关重要,这是媒介理论家所钟爱的话题。在当今数字时代,书写作为我们日常互动的手段又重新崛起,本章将在此背景下重新审视它。在早期文明与今天的最新创新之间,文字是最明显的历史延续体之一。现在书写又轰然回到了人类日常沟通实践的中心。2011 年,人类共发送了 7.8 万亿条短信,每个活着的人均超过一千条,而在你读这本书时,这个数字还会大得多(当然,手机短信这种沟通形式也许会减少)。有报道称,美国人平均每周上网时间为 23 小时(这个数字必然存在很大的标准差)。书写这一古老的编码技术现在仍充满了我们的日常互动。它当然也是多年来贸易商、学者和异地恋人间社交互动的核心媒介。而数字媒介,无论我们视它们为何物,首先是"将所有人变成书写者"的机器。

　　要充分评估书写在世界历史中的位置,很不容易。我非常理解豪尔赫·路易斯·博尔赫斯(Jorge Luis Borges)的"天堂一定也和图书馆差不多"之说,所以我在这里的论述并不会如很多媒介史家那样,顺着麦克卢汉的路数对口头文化情有独钟并认为书面文化带来了"一系列的失调"。① 确实,就像各种杠杆和航运一样,文字是危险的。但书写是人类物种借来航行的主要舟楫,它让我们能跨越时间的海洋,也让我们面临船毁人亡的危险。艾米莉·狄金森(Emily Dickinson)说:"没有什么能比书更像护卫舰了。"听了某人没完没了的朗读,愤世嫉俗的犬儒第欧根尼(Diogenes the Cynic)②

---

① Marshall McLuhan, "The Later Innis," *Queen's Quarterly*, 60(1953): 385-394, at 387.
② 第欧根尼,公元前 4 世纪古希腊犬儒学派(Cynics)的创始人。犬儒学派被认为是古希腊小苏格拉底学派之一。当时希腊社会出现了一个特殊的群体,他们愤世嫉俗,行为怪诞,执着于苦行僧似的生活,并通过这样的生活方式表达信仰,抒发主张,实践自己的理想。在犬儒们眼中,现象世界中的人们都成为了欲望的奴隶,人们关心的是如何实现财富、权利、生命等欲求的最(转下页)

站起来给听众打气:"汉子们,振作起来,我们已经看到陆地了"——而他所说的"陆地"正是其指头所指的卷轴末尾的空白处。①

我们想要留存久远的,无论它是什么,都必须以某种方式写下来。书写即留存。它创造出了多个奇异的多元替代性宇宙。这个宇宙平行于我们生活于其中的其他世界,有时还会比后者更真实。书写便于携带、使人沉迷、成本昂贵、劳动密集、很难精通、无法避免、奇妙无比和危险重重。我当然不会将"文本"等同于"宇宙",但文本可以说是非常接近宇宙了;尽管即使我们从宇宙中剔除文本,宇宙会仍然存在,就像大海即使没有船也仍然存在一样。几乎所有人都能说话,但只有少数人能书写,而所有人都不得不生活在一个由书写管理的世界中。在人类获得的"各种如此之自不易的优势"(梭罗)中,书写显著而卓越。人类的生命结合了肉与道、灵和字,这样的联姻来之不易。

书写可能是人与人之间进行离身沟通的原初形式。过去20年来,在中介化沟通中如何模拟出在场感——有时也称为远程在场(telepresence)——一直是信息与传播科技设计者的兴趣所在。但是数千年来,人体和文本的混乱已成为人类后勤复杂性的一部分。远距离沟通与人类境况可能难分彼此。我们不应自欺欺人地认为只有在信件、电话、手机短信和 Skype 出现之后,人类才有远距离沟通。事实上,此前人类社会出现的坟墓就是"行为现代性"出现的首要标志之一。坟墓是逝者的亲友为了延展他们对死者的记忆,使之能穿越时间对接过去与当下而作出的物质上的投入。皇帝们有的会通过镌刻石头来吹嘘自己的文治武功,有的则用咒语来密封他们的坟墓,目的都是为了传话于未知的后代,获得未来对他的关注。"呼语"——在诗歌中呼唤不在场的国王、爱人、上帝、淑女——是最古老的诗歌修辞手法之

(接上页)大化,而身为犬儒的使命,就是要以自身行为告诫世人,金钱、声誉等都如粪土一般臭不可闻,世人都生活在了奴役之中,世俗社会的宗教、体制、法律都是城邦社会强加予人的巨大枷锁。只有按犬儒的行为方式和哲学理念才能斩断这些枷锁,才能逃避世俗的奴役,成为一个独立、自由的人。犬儒主义学派产生于极特殊的历史环境和社会现状之中,并且在自身对自由的独特见解之下发展出了一系列独具特色的人生观、价值观、社会观、教育观等,对后世影响深远。犬儒派和中国的庄子学派类似,都是对公元前4—前3世纪之时古希腊和中国两大文明所处的社会转型的关键期作出的反应。——译者注

① Diogenes Laertius, *Lives of Eminent Philosophers*, trans. R. D. Hicks (Cambridge, MA: Harvard University Press, 1925),38.

第六章 "脸"与"书"(铭刻型媒介)

一。(抒情诗人通常会在诗歌中呼唤缺席之人或事。)[①] 12世纪的阿伯拉尔(Abelard)和爱洛伊丝(Heloise)演绎了历史上最伟大的爱情故事之一,他们主要是通过信件互述衷情的。今天各种新型社交媒体的历史可以回溯到人类最初的远距离互动,回溯到人类最初的坟墓和与之相关的种种神秘叙事中。

中介化沟通的出现模糊了"现场观看"和"远程录播"之间的差异。苏格拉底曾抱怨说,在诸如书写之类的意义存储机器中,生者和死者可以彼此冒充。我们能阅读先人留下的文字,这不足为奇,因为文字其实已经过滤掉了远距离沟通中存在的各种不可思议性(uncanniness),但如果我们能听到先人原汁原味地呼喊我们,我们则会大呼惊奇。记录(recording)能模糊生者和死者,这是关键。任何以沟通为目的的记录型媒介都有可能让人产生一种不可思议感,而这种感觉在面对面谈话中并不全然存在。这种不可思议感首先出现在书写中,后来又出现在19世纪的模拟媒介中。正如我在此前的一本书《对空言说》中所论述的,19世纪由于出现了新的模拟视听媒介,人类的面孔和声音获得了一种新的轻盈性和易变性。在摄影、电影、录音和电话构成新灵异世界中,各种松散地束缚于人类身体之上的幻象大肆传播。人的声音通过电线或空气传播,人的面孔由屏幕或纸张捕捉。我们只有在旅行时——即身体在空间中移动时——才有可能赶得上此前通过信件、电报、电话或照片传播出去的自己的幻象(媒介形象)。19世纪90年代初,我的曾祖父母的第一次"相遇"是在媒人的帮助下通过交换彼此的照片实现的,后来他们"交换了信件",最后他们才亲自见面。这就是我们的祖辈们在1900年左右要学会生活于其间的世界——一个人类的在场被各种视听替身增强的世界。当时招魂术士们大量利用模拟媒介生产的图像和声音,精神分裂症患者则分不清哪些是空中飞散的各种想法、哪些是各种重构我们身体和思维的振动、哪些又是脱离了身体的表征符号。精神病患者将其混为一体,信以为真,照单全收。今天,肉身与语词、在场和缺席难分彼此,已经成为社交媒体上的一个突出问题,但实际上这些麻烦出现已久矣。本章试图概述这段历史,让我们先从肉身(flesh)开始吧。

[①] Jonathan Culler, "Apostrophe," *The Pursuit of Signs* (Ithaca, NY: Cornell University Press, 1981), 135–154.

作为媒介的身体

身体——这一海、火、地、天的混合物——是人类最根本的基础设施型媒介。像所有哺乳动物一样,人类从数十亿年的生命历史中脱颖而出。在我们身体中和大脑里嵌入了古老的生物钟系统,DNA里留存着已经灭绝的各种病毒残迹,肠道中生存着各种细菌,细胞中存有各种内共生线粒体。杰弗里·鲍克(Geoffrey Bowker)说:"我们的人体是一个联邦体(commonwealth)。"人体组织由许多内部环境组成。我们的神经功能与皮肤、肌肉骨骼系统和感觉器官密不可分。我们的大脑神经实际上遍布整个身体,我们的视网膜位于眼中,是大脑的前哨。我们的身体由各种相互重叠的生态系统组成,是环境之环境。生物体和外部环境之间的分界并不仅在其皮肤,这对人的全身都是如此,对大脑尤其如此。① 人类的心灵(mind)之于大脑(brain),相当于船舶之于大海。心灵如一系列管理艺术,掌控着大脑这个神奇的、混乱的、永远无法被全面理解的自然元素,使得其成为心灵的居所。

如果媒介理论需要回答的问题之一是活在某个身体中意味着什么,那么没有谁比安德烈·莱罗—古尔汉(André Leroi-Gourhan)更能给我们提供好的指导了。进化史是一种大规模的生物力学实验,"它是一种非凡的古生物学冒险",它始于人类大脑的前庭,前庭的主要功能是控制人的定向能力和与世界的互动能力。② 古尔汉是研究"身体形态如何影响生物行为"的思想大家。对他而言,进化史看起来像一部动画片,其中各种角色的身体都充满弹性。③ 他认为,人类的进化包含两部平行的历史:有机史和无机史。我们称前者为进化史,后者为技术史。但是对人类而言,这两条河流并非平行流淌,而是汇集于一体。古尔汉认为,人工性(artificiality)和人造工具(artifactuality)④并不是在人类身体之外才开始的。尽管外部数据库、容器和档案可以储存我们的心灵,但不应该因此就认为我们的身体是绝对自然

---

① 约翰·杜威就指出过这一点,*Art as Experience* (1934; New York: Perigree, 1980), 59。
② *Gesture and Speech*, 25, 19, chapter 2 passim; *Le geste et la parole*, 1: 34, 41; trans. modified.
③ 这里使人想起某部动画片。
④ 指被人类技术生产的或塑造的物件(object),特别是那些具有考古或历史价值的工具、武器或装饰物等。

的,或者将技术视为完全外在于身体。

很多学者受米歇尔·福柯(Michel Foucault)思想激发,产出了大量研究,也都提出了类似的观点,但这些研究都倾向于从现象学层面揭示出身体的历史性——即身体是如何去体验和欲求的。但实际上更为彻底的是,在比福柯研究的那段历史更长的尺度上,从解剖学和生理学方面而言,人类的身体和思想都同时具有技术属性和文化属性。在漫长的进化过程中,我们的身体和心灵已经逐渐学会了在人工栖息地中繁荣昌盛——在这里,我们能用火来燃烧植物、动物、土壤和自己,因此创造出意义。我们的身体从脚到头都具有象征性。我们的本质(essence)源于某些给定的前提条件——陆生、两足、直立、小牙齿、大脑、脸和被解放的双手。这些给定的前提条件都诞生于一个承受着技术压力的环境史中。[①] 我们的身体性基础设施——头骨、牙齿和脚——在形状和功能上都同时是历史的、文化的和技术的。

这对我们的脸和手来说尤其如此。从原生动物(protozoa)开始,几乎所有生物体都是嘴部在前(海绵体生物是个例外)。鱼的头部结合了摄取、感知和抓握功能(这些功能后来在其他动物身上出现了分化)。大多数鱼类、鸟类和有蹄类动物只有面部模式。如果一条鱼想要吃东西或抓东西,它只有一个选择——用嘴。马用以来塑造外部物质的唯一方式(踩踏除外)是用它的头部顶和嘴部咬。马能用牙齿与物质世界进行各种交互(马的牙齿也是其年龄和健康状况的良好指标)。大象拥有所有动物面部器具中最先进的——鼻子。其他动物除了面部模式之外,还有手动模式:如有短鳍的鱼类、猛禽、熊、灵长类动物等。仅有面部模式的动物倾向于靠丰富且相对容易获得的食物(例如马和牛吃草)生存。那些同时具有面部模式和手动模式的"两面手"动物则能吃到更多能量丰富的食物,而这也需要它们具备狩猎和操纵能力(如能采摘水果和坚果等)。兔子只有面部模式,是食草动物;但兔子的表亲老鼠具有灵活的手动模式,是杂食动物。所有"抓手"都具有技术潜力。在所有"两面手"中,人类是独一无二的,因为人类的前肢已经从地面支撑需求中解放出来,从而为其演变为手以发明各种技艺和相互沟通做好了准备。手能制作、指示和抚摸,它在人类交流的演变过程中发挥了与面

---

① 还有一位对身体的对称性有兴趣的媒介理论家,Vilém Flusser and Louis Bec, *Vampyroteuthis Infernalis*, trans. Valentine A. Pakis (Minneapolis: University of Minne-sota Press, 2012)。

部相同的重要作用。

古尔汉在定义"人类"时并没有以人的智力、社会性或者用火能力为标志。他用的标志是人类的基础设施——脚。他认为,人性从其脚开始。① 人类的关键定义性标志是双足直立、双手解放和面部短小。我们的脚让我们既可以跳舞,也可以作诗(诗歌的基本单位是"音步"),它还推动了人类的整个进化变革。对鱼类来说,水支撑着其头部重量,但是鱼类由水生走向陆地后,由于浮力的消失其身体遭遇了新的机械应力。具有发达的大脑可能是人类进化成功的标志,但其实大脑只是一个被动的乘客——它只是人类先出现的跑步和行走带来的副产品。② 人类的存有方式先于其意识的出现:"(在人类实现直立行走后)其神经系统的发展依循了因此而演化出来的身体结构。"③人脑颅骨的形状和体积并非决定于人脑的大小,而是决定于其颌骨和颈部施加的压力。人在咀嚼时会对颅顶施加压力,因此塑造了人体。由于牙齿长短不一、位置不一(异形),加上缩小的下颚,人类的头颅因此能充大并悬浮在人脸后的颈部上方。人的两个犬齿和白齿是支撑和形塑其面部的支柱。我们的牙齿类似一种进化档案。门牙、犬齿和白齿为我们提供了各种捕捉、撕裂和搅拌食物的工具。手让我们不需要嘴(脸)的参与就可以单独加工食物,这又使得我们的口腔不必进化出尖牙利齿以切割食物,从而释放了头颅空间,使大脑能尽量长大。换句话说,由于我们的犬齿牙根很短,我们的大脑就有了发展空间,才能让我们今天有脑力注意并思考这个问题本身。

因此,我们的面部形状和大脑容量是生物和技术进化的结果,部分原因是由于火和烹饪使人类大脑的容量不再受到牙齿发展的限制。这说明,人类的身体形状恰恰表明了技术对它的核心塑造作用。古尔汉认为,"人类的技术性是一个显而易见的生物学事实"。反过来,人类的生物学事实也显而易见地呈现出技术性。人类身体和大脑的结构见证了其所面临的压力及其

---

① *Gesture and Speech*, 149; *Le geste et la parole*, 1: 211; "L'humanisation commence par les pieds."
② 关于人类直立姿势对大脑进化的积极影响的最新近的论辩,Daniel Lieberman, *The Evolution of the Human Head* (Cambridge, MA: Harvard University Press, 2011)。
③ *Gesture and Speech*, 50; *Le geste et la parole*, 1: 75; "L'aménagement nerveux suit celui de la machine corporelle."

第六章 "脸"与"书"(铭刻型媒介)

如何适应这些压力的历史过程;至今我们的大脑和身体仍然保留了我们自离开海洋以来的进化的每一步。古尔汉还指出,我们之所以会发展出社交能力,是因为我们和食草动物相比具有较短的消化道,它无法消化纤维素(草),因此我们永远不可能像食草动物那样在野草丰茂的平原上独自吃草和反刍。事实上,大多数生物作为食物都是人类的消化系统难以消化的。(当然这并不意味着我们不会吃它们。)①人类消化肠道的特征要求我们必须集体生活,以方便地分享稀缺的、具有高卡路里、蛋白质和脂肪含量的肉食。技术的外部性和人体的生理限制构成了人类物种的历史。② 自然史其实就是一部厚重的敞开着的媒介史。

人类的身体充满奇异,对这种奇异性有时连我们自己都很难接触到。例如,我们看不到自己身体的内部,而且连我们的外部对我们而言也是隐藏的(它不仅仅被文化所遮蔽)。大卫·福斯特·华莱士(David Foster Wallace)③曾提到一个奇怪而精彩的故事。一个男孩突发奇想,决心要用他的嘴唇触到他全身所有地方。为此他学会了身体柔术,并将其发挥到几乎让自己受伤的极致。在几年的时间里,他对自己身体皮肤面积的征服越来越广。然而他始终无法亲吻到某些部位,如他的颈部、下巴底部和嘴唇本身。华莱士说:"我们连自己都无法碰触。例如,两人之间可以相互碰触对方身体的某些部位,但我们做梦都无法用同样的方式碰触自己身体的同样部位。"④在增强人对自我的认识能力上,面部系统和手动系统并不平等。例

---

① Diamond, *Guns, Germs, and Steel*, 88.
② Leroi-Gourhan, *Gesture and Speech*, 149-150, *Le geste et la parole*, 211-212.
③ 大卫·福斯特·华莱士(David Foster Wallace,1962—2008),美国当代作家,与乔纳森·弗兰茨并称为美国当代文学"双璧"。24 岁时,他的英语文学专业毕业论文也是他的第一部小说《系统的笤帚》(*The Broom of the System*),让他在文坛大放光彩。1993 年凭借《无尽的玩笑》(*Infinite Jest*)获得麦克阿瑟基金(Mac Arthur Foundation)奖励,2005 年《无尽的玩笑》被《时代》杂志评选为"1923 年以来世界百部最佳英语长篇小说之一",与詹姆士·乔伊斯的《尤利西斯》、威廉·加迪斯的《承认》和托马斯·品钦的《万有引力之虹》等齐名。在作品广受赞誉的同时,华莱士也饱受抑郁症折磨。2008 年,华莱士在加州的家中上吊自杀,年仅 46 岁。死后留下未完成的小说手稿《苍白帝王》,经编辑整理出版后,荣获 2012 年普利策小说奖提名。他生前唯一一次公开演讲的录音也在朋友圈和互联网广泛流传,出版后引起更大关注,被《时代杂志》评为"对知识分子的最后演讲",与乔布斯一起入选"美国最具影响力的十大毕业典礼演讲"。——译者注
④ David Foster Wallace, "Backbone," *New Yorker*, 7 March 2011, 69; an excerpt from The Pale King.

如,我们的手可以触及身体的几乎每个部位(除了我们的背部靠上的中间点),脸却不能。我们无法看到自己身上的很多地方,如看不到自己的脸(除了通过镜子和摄影看到其反相);我们对自己身体内部的私密运作也几乎没有了解。在身体出现问题时,我们将身体带去让医生检查,就像将汽车带到修车店去一样。[1] 由此看来,我们不能理所当然地认为,我们对自己的"身体自我"或"心理自我"有着专属的接触能力。

手势、演讲和书写

书写是一种具身实践,但除此之外还存在更直接的身体模式。人与人之间的社交互动模式一直以来多种多样。在我们相互解读的过程中,语言符号和非语言符号发挥着基础作用,但它们并不等值。所谓"非语言符号"一旦被翻译成语言符号,信息的损失是不可避免的。握手的意义是"这不是拳头",但其含义又远不止如此。亲自到医院拜访病人,其含义远胜于发去一张手写的慰问便条。(反过来,手写便条的含义又超过电子邮件,因为手写便条需要人投入更多的时间,从而表示出更多的诚意。)维特根斯坦说:"可以被展示的(shown)不可以被谈论(said)。"正如格里高利·贝特森在20世纪50年代指出的那样,猿和水獭无法说"我们这是在游戏",但它们可以表现出(perform)是在游戏——它们只要暂停其常规行为的常规后果,就能将该常规行为转变为信号。要证明轻嘬不是猛咬,或证明搔痒不是攻击,唯一方法是不遵循猛咬或攻击所要求的行为规范。既然动物们不能用语言来表示想要暂停常规行为,那么这个意图就必须通过表演展示(show)出来。而"展示"(showing)常常是非常模糊的,因此不如"说"(saying)有稳定的意义。顽皮的轻嘬有可能在一瞬间就变成歹毒的猛咬。[2] 这是非语言符号的意义深井,与前文提到的"火"具有的强大而模糊的含义非常相似。

身体共在的沟通具有深刻的生物学基础。灵长类动物学家弗朗斯·

---

[1] Paddy Scannell, *Television and the Meaning of Live: An Inquiry into the Human Situation* (Cambridge: Polity, 2014), 64, 232n5. 19.

[2] Gregory Bateson, "Why Do Frenchmen" and "A Theory of Play and Fantasy," in *Steps to an Ecology of Mind* (1972; Chicago: University of Chicago Press, 2000), 9–13, 177–193.

德·瓦尔(Frans de Waal)①认为,同类物种不同个体之间进行的"符号体操"具有道德含义。自亚里士多德以来,生物学一直就被认为与政治相联系,德·瓦尔显然也同意亚氏的观点。他与多名同事如理查德·道金斯等展开过论战。德·瓦尔认为,有人将道德感仅视为一种薄弱的外壳,将它人为地叠加在一种所谓动物性的、野蛮的和自私的生活方式之上,这种看法显然是错误的;它不仅误会了人类,也误会了动物。德·瓦尔认为,诸如道金斯之流的新霍布斯论者不仅在政治上有偏见,而且在科学上也是错误的。他认为,道德感实际上并非一种浅表的人为外壳,而是深深根植于群居动物内部,在漫长进化过程中被大自然逐渐选择出来的。实际上,在许多物种中,个体都能通过行为模仿来建立彼此间的情感联系和表达道德关怀。如鸟类和座头鲸会模仿同类学习歌唱,海豚和灵长类动物是有名的行为模仿者。老鼠在看到同类遭受痛苦时,自己也会模拟出痛苦的样子,从而在鼠群中形成所谓的"疼痛传染"(集体警报)。在同类战败时,狗和狼都会去安慰失败者以重建团队纽带。大象会哭泣,它们似乎是最具同理心的动物之一。(总的来说,猿类比猴子更具有同理心,女人比男人更具有同理心。)身体对身体的爱护具有悠久的进化传统。②

人类个体在一起时会相互之间得到新的能量,而且不同个体之间也很乐意在身体上达致同步。③ 人类社会活动的核心充满着打哈欠、大笑、舞动、行进和各种形式微妙的运动模仿。身体模仿在人的婴儿早期就开始了。此后,随着年龄的增加,我们将自己身体的内在感受映射到他人身上,并通过模仿他人的身体动作来加强我们与他们之间的情感纽带。(在这个过程中,

---

① 弗朗斯·德·瓦尔(Frans de Waal, 1948—),荷兰灵长类动物学家、动物行为学家。现为美国埃默里大学灵长类动物行为学教授。从1993年开始,陆续入选荷兰皇家艺术与科学院院士、美国国家科学院院士以及美国艺术与科学院院士。2007年当选《时代》周刊评选的全球百大影响力人物。其著作已被翻译成十多种语言。代表作有《黑猩猩的政治》(*Chimpanzee Politics*,1982)、《灵长类的和解行为》(*Peacemaking Among Primates*, 1989)、《巴诺布猿:被遗忘的猿类》(*Bonobo: The Forgotten Ape*, 1997)、《类人猿与寿司大师》(*The Ape and the Sushi Master*, 2001)、《灵长类动物和哲学家》(*Primates and Philosophers*, 2006)、《共情时代》(*The Age of Empathy*, 2009)。——译者注
② Frans de Waal, *The Age of Empathy: Nature's Lessons for a Kinder Society* (New York: Broadway Book, 2010).
③ William H. McNeill, *Keeping Together in Time: Dance and Drill in Human History* (Cambridge, MA: Harvard University Press, 1995).

镜像神经元被认为起着关键作用。）

我们所称的非语言沟通（这个表述有些贬低意味，因为它让人感觉语言沟通优先于非语言沟通）显然比语言更老，相关的最佳证据是"人类物种竟然能跨代存续"这一事实——这表明人类在世代之间存在着某种情感上或和性关系上的交互性。人类在异性上的配对结合已经有近两百万年的历史。在语言出现之前，人类两个个体间为了保持终身联系，必须借用意义丰富的手势和姿势。例如，面部做出的各种基本表情，如恐惧、快乐、愤怒和惊奇等或多或少地普遍存在于人类中。一声叹息和呻吟，或一个手势，意义都非常丰富。对手相互搏击，恋人彼此依偎，母亲抚慰孩子……对这些互动中的深刻含义，口语只能道出其中万一。实际上，尽管手势语言具有很大的多样性，但它们都共享着一些基本的语义内容，因为某些手势和面部表情的含义似乎是固有的。这与口语形成鲜明对比——口语中语音与语义的匹配几乎完全是任意的。在非语言符号中，声音充满着无限的细微差别和意义；瞳孔的大小、姿势的类型、帽子微倾和不同的发型等，都有含义，但又很难说是什么含义。巨大的非语言符号领域是演员、歌手和造型师统治的王国。一个人的表情竟然能改变另一个人的一生：仅仅在人群中看了安娜·卡列尼娜一眼，青年军官沃伦斯基就迷失于爱情了。①

语言的出现完全重塑了意义的在场。人际关系中的情感基础设施可能是在上新世（Pliocene）②形成的，尽管此后它也被多次翻新过。在一些流行的进化心理学家的作品里，人类演化被描述成似乎一直依循着某种独特的自然进化规律，从来没有被文化、语言、文明和书写等重新塑造过。确实，自远古以来人类发展和积累下来的巨大的情感性沉积燃料很可能发动后来的引擎，但人类的自然史是动态的，包含着多种力量。例如，我们手势和身势

---

① 列夫·托尔斯泰的长篇小说《安娜·卡列尼娜》中的一段经典情节。该书讲述的是沙皇俄国时期一段为道德和社会所不容的婚外情，但同时也讲述了贵族妇女安娜勇敢追求爱情的故事。安娜已婚，高傲、冷峻，沃伦斯基正当对什么都充满热情的年龄，从一个在当时满是人才的学校毕业。一次大雪纷飞中，他和安娜在车站相遇，沃伦斯基对安娜一见钟情，从莫斯科追到圣彼得堡，安娜此时按捺住了自己，转身离去。但两人最终都陷入了爱情的旋涡。安娜最终在沃伦斯基的冷漠和自私面前卧轨自杀。——译者注
② 上新世（Pliocene epoch），地质年代中新生代新第三纪的后期。代表符号为"N2"。约开始于距今1200万年前，结束于距今约250万年前。上新世是哺乳动物的繁盛时代。哺乳动物进一步发展为大型化和特征化，已与现代属群十分相似。——译者注

的工作方式就被后来出现的语言改变。① 正如奥斯丁的言语行为理论②所展现的,人类语言和手势身势之间的界限是模糊的。在某些文化中,一个点头意味着"是的";在希腊,一个人抬起下巴并扬起眉毛等于说"不"(okhi)。签名是另外一个著名例子:它不只是语义上的意义,因为签名不要求能够识别;它同时也是一个名字(name)、图标(icon)、手势、行为和话语。签名是由整个身体背书的手工作品。③

古尔汉认为,语言总是视听兼具,受到脸和手的共同关照。手曾是人的主要手(身)势媒介,而脸则是人的主要声音媒介。视觉语言和听觉语言并存。人做出的最早的手势多半是在使用工具进行技术操作时。手操作工具,脸使用语言;手制作东西,脸表达情感——这是人类一直以来的安排,直到后来绘画和书写的出现。绘画和书写扰乱了一切,让手也能表达语言,从而打破了脸对语言表达的垄断。④ 阿伦特指出,这时,意义这个东西开始变得世俗化(worldly),慢慢具有了持久性。如前所述,原则上,海洋中的智慧生命是能够实施阿伦特所说的"行动"(action)的——即它们具有那种永远改变政体(polity)内部关系的能力。这是所有具有成熟"脸部"系统的实体都可以做到的。人类也是脸部动物。我们所做的大部分事情都会消失,永难追回,就像海豚的所作所为一样流动不居。但是有了书写之后,就出现了阿伦特所说的"工作"(work)——这是一个永存的世界,其间各物都能在人的身体或大脑之外承载意义。在书写和绘画出现之前,语言如气体或流体一样存在,从来非固态(尽管它也可能有持久的传播效果)。有了书写,人类的大脑仍然端坐于头颅之中,而心灵则可以外显为多种物化形式了。心灵乃航行于大脑海洋中的船。

---

① David McNeill, *Hand and Mind: What Gestures Reveal about Thought* (Chicago: University of Chicago Press, 1992).
② 言语行为理论(speech act theory),当代英美语言哲学中的一种理论,日常语言哲学的主要思想,代表人物有英国的奥斯汀和美国的塞尔等人。约翰·奥斯汀在《如何以言行事》(1962)中最初提出这个理论,仔细分析了日常语言的具体用法,论述了句子通常可以完成的三种言语方式:(1)"语义行为"(locutionary act),即用句子表达某种思想,如"你不能那样做";(2)"语旨行为"(illocutionary act),即表示句子在被说出时带有某种力量,如"他抗议我那样做";(3)"语效行为"(per-locutionary act),指话语在被说出后产生的某种效果或反应。——译者注
③ Béatrice Fraenkel, *La signature: Genèse d'un signe* (Paris: Gallimard, 1992). Thanks to Ben Kafka.
④ *Gesture and Speech*, chapter 6, esp. 149-150; *Le geste et la parole*, esp. 270, 272.

远程在场和(肉身)在场

　　以肉身在场的方式与他人互动具有丰富的道德意涵：互动渠道如此之多，互动数据如此巨大。但这样的沟通同时也是危险的——这是欧文·戈夫曼的伟大理论主题，也是从弗洛伊德到诺伯特·伊利亚斯等学者们的伟大理论主题。在与别人相遇时，你会如此患得患失（其实主要是尴尬）。你会觉得有那么多的决定要做：我是该跟对方握手还是该亲对方的脸颊？如果是后者，是亲一边还是亲两边？我有口臭吗？人在面对面交流中，所有在瞬间作出的选择都充满了重要意义——一方表现出来的极短的停顿犹疑都意涵丰富，是另一方解读其情感的参照线索，而且这些停顿犹疑双方永远无法完全控制。人的面部微表情能透露出其不情愿的态度线索，每时每刻我们都在释放着关于自己的信息。与书写刚出现时一样，短信、推文和脸书都能降低面对面沟通带来的实时风险。在网络沟通时，我们能在极短时间内管理自己的"自我呈现"，但在面对面交流中，时钟永不停歇，你永远无法获得喘息的机会。"能暂停时间"（time out）是所有工具都具有的巨大威力。例如，在网络发帖和跟帖中，网民总能有一点时间来想想该如何给出一个妙趣横生的回帖，而在实时面对面沟通中，只有最具天赋的谈话者才可能快速反应，应付裕如。如同量子计算一样，书写媒介能让其使用者暂停当下时间，从而跨入另一个平行世界，而在面对面谈话中，宇宙是线性相连，无情推进的，根本就不存在所谓平行世界。正如柏拉图对书写的抱怨一样——书写可以说是一种能提升竞赛成绩的违禁药物，它让你总有后悔药吃，能获得第二次机会——在脸书上，每个人都能才华横溢如奥斯卡·王尔德。①

　　网络交流还可以减轻我们的身体、脊柱和脚所承受的风险。在网络空间中，我们不必担心自己肚子太胖，会打喷嚏，鼻涕、口水乱飞或漏出牙缝上的剩菜。我们不会看到沟通对象个子有多高，脚在怎么乱动，是否跷着二郎腿等。在网络互动中，对方即使裤子拉链忘了拉上，或在脱了高跟鞋在自我

---

① 奥斯卡·王尔德（Oscar Wilde，1856—1900），英国作家，19世纪末唯美主义的倡导者。代表作品有童话《快乐王子集》，长篇小说《道林·格雷的画像》，剧本《莎乐美》，诗歌《诗集》。批评著作有论文集《心意集》《批评家就是艺术家》等。他认为艺术先于生活，美于生活，提出"为艺术而艺术"的文学主张，很多作品在世界上享有盛誉。——译者注

足疗等,都不会对沟通本身产生任何影响。电脑键盘可以消除口吃或难听的嗓门或口音。自古以来,在人际传播中,沟通双方常常会含义深刻地打量对方,而"以计算机为中介的传播"(CMC)将这些习惯推向了幕后。如前所述,人类的"人性化"过程是从脚开始的,那么让人可以"脚不着地"的网络空间对沟通而言意味着什么呢?在沟通中,"让我们的脚与对方的脚能站在同一个地方",①这在某种意义上而言意义重大。我们都知道,判断某个人的阶级地位或态度倾向,最好是看这个人穿的鞋子。然而在网络传播中,你很难知道对方"站"在何处(立场如何),也很难"将自己放在别人的鞋子里"。在网络沟通中,你如何尽量"走对第一步"?在网络上,恰如在海上,你很难找到你的立足点。谁能推出一个应用程序(APP),用它能随时发布关于亲朋好友的"脚"的图片并更新其状态吗?我们如何给这个应用程序取名呢?"脚书"(Footbook)吗?

1999 年,比尔·盖茨提出了这样一个问题:"如果我们要复制出面对面沟通,那么我们最需要复制的是什么?我们要开发出一个软件能让处于不同地方的人一起开会——该软件能让参与者进行交互,并让他们感觉良好在未来更愿意选择远程在场。"②信息技术产业一直企图将人与其所在的物理位置分离开来。到今天,我们在设计出超越"(肉身)在场"的互动软件环境这一工程上获得的成功是当年盖茨做梦都想象不到的。但是这个工程并非一帆风顺。现在人们之所以更喜欢通过脸书、推特和手机短信实现远程在场并不是因为这些软件复制了"面对面坐着的感觉",而是因为它们能让用户逃离这种感觉。纯文本通信能减轻社交焦虑。电话交流虽然和面对面交流不同——它不会让你陷入身体线索泄露的各种危险之中——但电话沟通仍需要你设计如何开场、如何确认对方身份以及如何退出谈话等。而在文字沟通中,这些复杂的策略都成为不必要。③ 在本书第一章提到的故事中,阿莫斯·奥兹的父母发现电话这一口语媒介中存在着丰富的非语言符

---

① 原句为对一句英文谚语的活用: have one's feet in the same place as those of others,字面意为"与他人站在同一处",寓意为"有同理心";后文中,"将自己放在别人的鞋子里"(put oneself in other's shoes)意同;"走对第一步"(to put your best foot forward)也为英谚活用。——译者注
② "Gates sees personal data, telepresence as future soft ware issues," *MIT News*, 14 April 1999, web.mit.edu/newsoffice/1999/gates2-0414.html, accessed 21 March 2013.
③ Robert Hopper, *Telephone Conversation* (Bloomington: Indiana University Press, 1992), 13ff, passim.

号。相比之下,短信并没有将接收者置于大量数据的轰炸下。其信息如此精简以至于沟通双方已经发展出各种细腻的情绪表达技巧,比如控制回复速度、使用各种强调符号和非标准的拼写,或者展示出个性化的语言风格和方言等。(关系亲密的人可以读出对方说"Hi"和"Hiiii!"之间的重要区别,而如果使用句号则常常会被解读为生气的标记。)当然,在所有交际情境中这类搜寻细微线索的情况都会存在,但面对面沟通至少可以向沟通双方保证,此时他们面对的是人类在数千年里一直面对的处境(尽管并非所有人都能成功地应对它)。

人在进行网络互动时可以投入较少的"情感带宽"(emotional bandwidth),这是我的同事安迪·海(Andy High)的说法。在用手机发短信时,你不必左思右想,盘算自己是否要向对方表明身份、该如何称呼对方和问候对方近况等。相比电话沟通,短信可以无头无尾——它不必有开头,也不必有尾巴,有正文"身体"就足够了。地球上同一物种中的两名成员在相遇时总会面临特殊的难题——彼此是暴力相向、握手联盟、强行交媾还是两情相悦?网络传播的出现化解了这一难题,它似乎将身体排除在互动关系之外,同时也打乱了动物的行为规则。黑格尔的主—奴辩证法可以在推特上发生吗?他认为主—奴关系是两个人之间的原初型对峙——为了获得"承认"而不断斗争(struggle)。黑格尔还认为,身体在场对这种"为获得承认而进行的斗争"至关重要。但是,在双方远程在场的网络中,各种无意义的对骂却越来越多,其中某些网民为荣誉而斗争,死而无憾。在网络空间中,那些众所周知的社会契约的约束力似乎在减弱。网络上各种"钓鱼者"(troll)和自说自话的骚扰者展现出令人眼花缭乱的反社会行为,却可以逍遥法外。这在网下是很少发生的。网络世界催生了某些作恶风格,这种风格似乎与写作导致的自恋和孤独有相似之处。它遵循的规则与口语表达非常不同。这似乎意味着,书面文化在对这个口语媒介为王的时代实施报复。

如果某个沟通平台对我们装模作样地宣称"网络沟通和面对面沟通之间没有差异",那么我们都应对这一平台保持警惕。脸书宣称它提供的是一个社交性公共论坛,但实际上脸书上发生的所有事情都被它记录在案,并被保存在某个地方供数据采集或供保存"鬼魂"用(这种情况在口语沟通中是不存在的)。"记录"(recording)再次模糊了生者和死者,同时在网上你很难判断对话伙伴是否是一具僵尸。今天社交媒体已经成为亡灵的新栖息地。① 生命如火焰,烈烈成青烟;生命如言语,句句如烟幕。正是这种消失,生命才得以成就。"脸"和"书"是两种非常古老的交流模式和权力模式,我们不能简单地将它们强捏在一起(Facebook)后还期望万事如意,一切快乐。如果我们假装只要有书写媒介就可以胜任处理充满质感的日常社会关系(许多数字媒体APPs都如此宣扬),那么我们注定会迎来一个又一个的不良反应。

在传播史上,社交媒体的出现是一个有趣的突变。这一突变向我们揭示出旧模式在新时代仍然有效——例如,各种提高带宽利用效率的方法被普遍使用。古老口语时代的面对面沟通并不一定就比人工中介化的沟通更真实或更重要。当然,在场(presence)本身也是一种媒介。② 因为书写(书信),我的曾祖父母从相识到相爱。正如我将在本章的剩下部分阐述的,书写是实现时空操纵的主要媒介。这里我显然是在捍卫"中介性",但是我并不想因此让人误会认为我视"人们对实时在场的渴望"为某种形而上学的错误。我固然认为"在场的形而上学"(雅克·德里达语)可能是一种哲学上的混乱,它颇为有害。但我也认为,"在场"能激发人的爱(尽管爱欲也因各种原因常让人昏头),这是人类这个物种的生存所必需。人们之所以渴望和自己爱的人在一起,并不是因为他们怀有一种错觉,认为亲身在场和亲聆其声能让自己获得特权去深入爱人的灵魂(书写对此无能为力)。实际上,如果我们想要接触对方的心灵(很多人都想如此),写作其实能发挥更好的作用。我们希望并需要彼此的身体在场不仅仅是出于性的考虑。活生生的在场永远不会失去它的魅力。一些最新研究表明,和他人共同在场有助于身体健康,特别是有利于增强迷走神经(连接了大脑和心脏)的张力。③ 对于为什么会如此,现在还很难解释,但人们都在积极寻求在场感来建立相互信任,而

---

① Alice Marwick and Nicole B. Ellison, "'There Isn't Wifi in Heaven!' Negotiating Visibility on Facebook Memorial Pages," *Journal of Broadcasting and Electronic Media*, 56, no. 3(2012): 378-400.

② 参见: Ilana Gershon, *The Breakup 2.0: Disconnecting over New Media* (Ithaca, NY: Cornell University Press, 2010),93-101. 此研究清晰地论证了大学生在恋爱关系中会有意选择不同的媒介表达不同的内容,例如在表达分手愿望时,他们会选择使用社交媒体而不是面对面传播。而在某些时候,面对面传播也是一种他们做出的媒介选择的结果。

③ Barbara L. Fredrickson, "Your Phone vs. Your Heart," *New York Times Sunday Review*, 23 March 2013.

且如此做也非常有效,相关方面的证据无处不在。托德·吉特林指出,公民的集会权是美国宪法第一修正案中最被低估的部分之一。直至今天,尽管我们仍然按照古已有之的共同在场的人际模仿原则彼此聚集,但这种共同在场的重要性却一直被低估。

所有这一切中最利害攸关的是:在网络空间中,身体具有何种地位?这其实是"在任何媒介中,身体具有何种地位?"这一问题在互联网媒介上的体现。最初,伴随20世纪90年代初万维网的出现,产生了一种乐观的"新柏拉图式离身性"修辞话语:网络世界是一个非物质空间,网民可以忘记身体(body),还能变换皮肤、体重或性别,选择新的身份。① 彼得·斯坦纳(Peter Steiner)1993年在其著名漫画中说道:"在互联网上没有人知道你是一只狗。"今天,几乎没有人会相信网络空间是一个纯粹的进行心灵(mind)交流的云天堂。和其他人类领域一样,网络空间中人的固有身份以及人与人之间的竞争和压迫会以同样快的速度冒出来,这一点是显而易见的。在互联网上,特别是在约会网站上,可能充满了各种可塑的变形体,比如前述数字设计师和虚拟现实先锋雅隆·拉尼尔和媒介哲学家魏勒姆·弗拉瑟喜欢的头足类动物。② 但同时也充满了不那么具有可塑性的材料——如裸体图片、勒索以及俄罗斯人称为"栽赃陷害"(kompromat)的现象——给很多人带来了痛苦、伤害和自杀。无论网络世界如何,在网下现实社会中各种身体(尸体)——泰勒·克莱门特的、阿曼达·托德的、詹姆斯·昂特·奥恩的(我这里随便列举几个著名的自杀者③,其中一个我还认识)——仍将继续堆

---

① Ken Hillis, *Online a Lot of the Time*: *Ritual*, *Fetish*, *Sign* (Durham, NC: Duke University Press, 2009); Imar O. de Vries, *Tantalisingly Close*: *An Archaeology of Communication Desires in Discourses of Mobile Wireless Media* (Amsterdam: Amsterdam University Press, 2012).

② "交友网站是拉尼尔所称的各种变形乌贼的乐园",这一观点引自我2013年教的两个本科生——诺阿·布希曼(Norah Bushman)和阿曼达·斯密(Amanda Smith)——的论文。

③ 此三例自杀案详情分别为:(1)泰勒·克莱门特(Tyler Clemente),美国罗格斯大学同性恋大学生,2012年其性爱行为遭室友偷拍,他最终选择自杀。自杀前他在网络上写下的最后的话是:"正从华盛顿大桥上往下跳。对不起。"(2)阿曼达·托德(Amanda Todd),15岁,加拿大女学生,由于不断遭受网络暴力凌辱,导致焦虑、抑郁、自残,于2012年10月10日在家里自杀。她在自杀前(2012年9月7日),通过YouTube发布了一段9分钟长的死亡视频讲述了她被欺凌的经历和其挣扎厌世的情绪。(3)詹姆斯·昂特·奥恩(James Arnt Aune),美国德克萨斯AM大学传播系教授,2013年11月在停车场跳楼自杀。他此前被路易斯安那州一男子丹尼尔假装未成年女性引诱并与之发生关系。随后,丹尼尔又声称是该未成年女孩的父亲,多次向詹姆斯索要高额保密金,否则将曝光他和其女儿的关系。——译者注

积，让人悲哀。互联网是一个身体幻想的繁殖场，其间充满着谜因（memes）、垃圾邮件、色情内容以及他们的人类宿主，这是"一次倾情纵欲的和无穷无尽的信息狂欢"。互联网是一个满眼破坏和无穷变化之地，远非互联网公司所描绘的安全快乐之域。① 如此看来，互联网与人类更老的栖息地——书写——并无不同。

作为权力技术的书写

紧跟在自然、植物、动物和人类的驯化之后，书写的发明可能是人类历史上最伟大的技术变革（除非我们将直立行走和语言视为技术发明，我们当然也有很好的理由这样做）。像火一样，书写具有可怕的力量。它能保留意义，这一能力使它具有爆炸性和危险性。像所有其他驯化物一样，书写从来没有被完全驯服过，偶尔还会失控。我们都有被精美的印刷品边缘割伤过的经历。书写的内容既可以回来困扰我们，也可以回来拯救我们。每一份文件都是"小巫师的学徒"。② 文字具有一种先知的品质，就像来自亡灵之域的僵尸一样。正如苏格拉底在柏拉图的《斐多篇》（Phaedrus）中所抱怨的那样，书写总是一遍又一遍地说着同样的话，并煞有介事地将死物描绘得栩栩如生。苏格拉底口中的书写听起来有如动物标本展览（zoographia）。③ 书写可以决定我们的命运（"写在墙上的字"），④具有生杀予夺的力量。西班牙征服者赫尔南·科尔蒂斯（Hernán Cortés）⑤感叹道："如果我不知道写

---

① Jack M. Balkin, "Information Power: The Information Society from an Antihumanist Perspective," papers.ssrn.com/sol3/papers.cfm?abstract_id=1648624, accessed 12 April 2013, p. 4.

② David Michael Levy, *Scrolling Forward: Making Sense of Documents in the Digital Age* (New York: Arcade, 2001), 38.

③ Plato, *Phaedrus*, 275d.

④ The writing/finger on the wall, 英谚，指迫在眉睫的凶兆、不祥之兆。其渊源可追溯到《旧约·但以理书》。《旧约》中记载：古巴比伦国王伯沙撒（Belshazar）在宫殿里设宴纵饮时，忽然看到一个神秘的手指在王宫墙上写看不懂的文字，后来，国王叫来囚犯、犹太预言家但以理（Daniel）才搞明白，墙上的字表示"大难临头"。如预言所示，伯沙撒当夜被杀，新国王由玛代人大利乌继任。——译者注

⑤ 埃尔南·科尔特斯（Hernán Cortés, 1485—1547），出身西班牙贵族，大航海时代西班牙航海家、军事家、探险家，阿兹特克帝国的征服者。1519年率领一支探险队入侵墨西哥，建立了城市维拉克鲁斯。此后，由于他的狡诈和贪婪，先后征服了阿纳华克地区的阿兹特克人，在墨西哥城传扬天主教的思想，尔后北上探索今天美国南加州所在地。——译者注

字,就可以不必签署死刑判决书了。"①书写作为一种能让声音和思想超越坟墓的媒介,很长时间都被死亡以及与死亡打交道的人联系起来。②

任何人提起笔(即使在最平常时),一连串无法预见的大小事件链便会接踵而来。书写(writing)能对语词(words)进行一种"标本制作",因而极大地增强了后者的威力。言语(speech)和书写遵循非常不同的规则。书写具有一种一发不可收的燃烧能力,这也是为什么所谓"社交媒体"永远都无法获得如面对面口语的传播效果的原因之一。书写以各种形式出现,其实践也多种多样,它作为一种媒介出现,产生了巨大的后果。无论何种群体,只要它掌握了书写,就会比那些没掌握书写的群体更胜一筹。书写不仅仅是语词和数据的简单储存设备,它和所有媒介一样,也是一种权力技术(power technology)。它的原始权力与其说来自其内容,不如说来自其产生的杠杆作用。一个"文明"之所以成为文明,是因为它包含着一些恒久事实:劳动分工、科层体制和男性至上主义。在这样的文明中,书写发挥了关键作用。书写的历史也就是宰制的历史。只有在某种特定类型的社会中才会产生如此这般的需求:对货物进行盘点、记录劳动或债务、使国王的文治武功被永久记录以及确保家谱的准确性。"简要言之,早期书写的出现是以存在一个强大的国家为前提的,而这在人类历史的大部分时期都意味着存在某种形式的王权。"③书写使得对人和货物的远程控制成为可能,同时也使超越时空局限成为可能。《路加福音》第二章中的圣诞故事,一开始是恺撒·奥古斯都在做所有皇帝都经常做的事:宣布整个帝国应该被铭刻于一个"数据库"中。(《钦定圣经·詹姆斯国王版》对此的记录不同,说他宣布"要对整个世界征税")。"铭刻于数据库中"这个表述用的动词是希腊语 ἀπογράφεσθαι (apographesthai),而该词正是基特勒所用的"话语网络"(Aufschreibesystem)④

---

① Bernal Díaz del Castillo, *Historia Verdadera de la Conquista de la Nueva España* (Mexico City: Porrúa, 2004),97. "¡Oh, quién no supiera escribir, por no firmar muertes de hombre!"
② Walter J. Ong, *Orality and Literacy: The Technologizing of the Word* (London: Routledge, 1982),81.
③ Michael Cook, *A Brief History of the Human Race* (New York: Norton, 2003),47.
④ "话语网络",基特勒媒介理论的核心概念。其德语词为 Aufschreibesystem,直译为"铭刻系统""标记系统"。基特勒图通过对人类历史中的文化记录系统的研究,探寻技术、话语和社会系统之间的连结,揭示媒介技术与人类文明之间的交互影响。他继承福柯"话语即知识与权力结合"的思想,将"话语网络"定义为媒介技术与制度的结合,同时超越福柯注重话语生产的(转下页)

一词的前身。① 正如蒸汽机靠煤炭存在，国家靠文书存在。档案材料保留过去，书面合同约束未来，书写一直是远程管理事件、代理人和库存的最佳方式。巴里·鲍威尔（Barry Powell）②说："书写是神奇的、神秘的、侵略性的和危险的，决不可等闲视之。"③书写长期被市场、皇家和寺庙独占，给这些机构带来了巨大的权力，有时甚至是使用暴力的权力。后结构主义作家们总是乐于指出，德语动词"写"（schreiben）中包含着 Schrei（尖叫）一词，就像法语名词"书写"（l'écrit）中包含 le cri（呐喊）一样。写作对传播、政治和历史的影响一直被夸张和放大。行事谨慎者办事总会以书面方式记录；某些人的签名可以将另一些人送去见死神，一些精心写下的零则可以使某些人一夜巨富。我们总是期望赦免死刑犯的签名是真实的，希望它的笔墨源自一个活人的手。2004 年，美国国防部长唐纳德·拉姆斯菲尔德（为总统乔治·W.布什所任命）被发现他在给伊拉克遇难士兵家属发慰问信时竟然使用机器签名，一时间舆论哗然，传为丑闻。这说明，在拉姆斯菲尔德眼中，美军士兵的血甚至抵不上他笔中的墨。这事让我们都理解了伍迪·古思里（Woody Guthrie）④的妙语：抢劫你时，有人用枪，有人则用笔。

几千年来，书写是文化实现跨越时间（记录）和跨越空间（传输）传播的唯一选择。那些没能被书写记录下来的大量文化内容只能消失于空气中或扎根于多变的记忆土壤中。事实上，人类的口语记忆充其量只持续了几个世纪。⑤ 书写的出现引发了人类社会的巨大变革，影响堪比海洋动物登上陆地：这两种变革都需要主体从变动不居的时间进入一个相对固定的世界。

（接上页）思路，强调话语的接收途径。参见：张昱辰：《媒介与文明的辩证法："话语网络"与基特勒的媒介物质主义理论》，载《国际新闻界》2016 年第 1 期，第 76—87 页。——译者注

① Cornelia Vismann, *Files*, trans. Geoffrey Winthrop-Young (Stanford, CA: Stanford University Press, 2008), 5. 39.

② 巴里·鲍威尔（Barry B. Powell），威斯康星大学麦迪逊分校荣退教授。他研究古希腊文学和文字的历史，发表了大量相关成果。——译者注

③ Barry Powell, *Writing: History and Theory of the Technology of Civilization* (Malden, MA: Wiley-Blackwell, 2009), 11.

④ 伍德罗·威尔逊·古思里（Woodrow Wilson Guthrie, 1912—1967），美国音乐人，美国西部民乐中最重要的人物之一。他的音乐，包括诸如"这片土地该你做主"(This Land Is Your Land)等歌曲，在政治和音乐上启发了几代人。他创作了数百首乡村民谣儿童歌曲和即兴作品。——译者注

⑤ Cook, *A Brief History of the Human Race*, 142. 41.

书写的固定性使得沟通的时空半径得到扩大。邮政和信使系统使人们能克服地理距离保持联系；各种各样的书写——纪念碑、卷轴、抄本、经文、图书馆和档案馆——使人们能在广阔的"时间大草原上"保持联系。书写曾是文化储存的唯一媒介。基特勒曾发明了一个类似英尼斯的"媒介垄断"的概念，即"书写垄断"（Schriftmonopol），用来描述书写曾有过的垄断。[①] 人类要为后代储存任何内容，铭刻（insription）一度是唯一方式——无论是诗歌、法律、宗教、历史、家谱、财产权甚至音乐、舞蹈和美食。（我将各种记录系统，如乐谱、数学、化学公式和建筑平面设计等都视为"书写"。）我们若想抵御时间跟记忆玩的恶作剧，不断地书写记录是唯一的堡垒。书写也许会给我们的命运盖棺论定，但它也为我们提供了一个阻挡时间之箭的盾牌。像乌贼一样，现代资产阶级不断分泌出墨汁制造出自己身形的假象，以抵挡如死亡这样的敌人。

如本书阐述的所有主题一样，研究书写及其历史可以耗费研究者的全部生命。关于书写我有很多话要说，实际上我也已经说了很多。我们在书写"书写之历史"时，必须具有自我反思性，因为"书写之历史"其实就是"历史本身之历史"。书写是一种偏向（bias），通过它我们阅读历史，我们只能通过"书写"才能接触到书写之历史，甚至几乎所有其他任何事物的历史。"大历史"（macrohistory）需要应对的东西如此之多。例如，我们可以探讨：文本（text）和纺织（textile）之间传统的性别分工史；中国学者或伊斯兰神职人员的书法声望和美学的历史；书写工具如凿子、菖蒲、羽毛笔和打字机的历史；犹太卷轴和基督教手抄本的历史；印刷机及其对民族语言和身份塑造的历史；复式簿记法和现代资本主义的历史；纸在纸币和数学中的角色；书写作为经文和记忆守护者在宗教中的作用，作为学习之数据库所发挥的认知作用，作为征服和抵抗工具所发挥的作用等。我们还可以研究各种文学作品的历史，档案（从亚历山大图书馆到谷歌）的历史，记忆的历史，识字与现代性自我或现代小说的兴起，排版的艺术或者书写过程中用眼、耳、喉、手、脊椎甚至"臀部"（derriere）的历史。（derriere 在德语中为 Sitzfleisch，同时有"屁股"和"老坐着不动"之意，臀部当然也是作家的必备工具之一）。长期以来，书写媒介具有的以上怪癖特点让不同的行为者都有借口来任性而为。

---

① Friedrich A. Kittler, *Gramophon Film Typewriter* (Berlin: Brinkmann and Bose, 1986), 12.

关于书写，我这里所关注的重点是其作为一种媒介而不是作为一系列行为实践。有人会反对我对书写泛泛而谈。他们不无道理地指出，人类通过书写的作为种类繁多，令人眼花缭乱。就像我对作为媒介的火和作为媒介的天空的阐述一样，我在这里并不是要轻视那些由书写带来的各种各样的实践和权力模式。英语词"书写"（writing）的涵义不如法语和德语细腻。我更多关注的是 l'écrit 或 Schrist（两个都是名词）而不是 écrire 或 schreiben（两个都是动词）——我更多地关注书写作为一种媒介所提供的各种可能性，而不是关注书写活动的历史（a history of activities）。尽管书写具有改变世界的力量，但由于它已经如此深刻地融入到我们的生活中，今天我们已经很难完全理解其历史的、持久的重要性。类似其他我们认为的理所当然之物，如直立行走、以北方定向、居住在固定地址或者判断时间等，书写已经成为了基础设施，也因此容易被我们忽视。但是，一旦我们能理解书写带来的世界，我们会发现它无比奇妙和神秘。

最具变革力量的技术创新

让我们想象一下，有一种全新的文化技艺，它能让人们聚在一起却同时完全沉浸在各自手中的设备中，无视彼此，而且对这种不礼貌的行为没人能加以指责。恋人们会躲开面对面的接触，退回到各自房间的私密空间里。它可以像全息技术一样捕捉人的私密想法和记忆，供自己使用或公开，让任何走得足够近且知道使用该技术的人都可以随意接触它们。虽然学会该技术需要人投入数年的时间，而且常常不一定能完全掌握它，但人们无法想象没有它的生活。有了它，整个艺术和科学才能发展，因为它须臾不可离；对国家科层机构、贸易、医药、保险、会计和人口普查等机构而言也是如此。拥有这一技术的社会总能对没有该技术的社会实施权力。在使用它时，人们总会一动不动地保持数小时的投入。有人会大声抱怨，它让人如痴如醉，沉湎其间而不能自拔。此时，狗会琢磨主人此前究竟到哪里去了，为什么长时间不见踪影？[①] 为了使用这一文化技艺，人们不惜伤害自己的眼睛，或腰酸

[①] William James, "On a Certain Blindness in Human Beings," in *The Writings of William James*, ed. John J. McDermott (Chicago: University of Chicago Press, 1977), 629–645, at 630.

背痛也在所不惜。这种奇怪的媒介能将用户从眼前的社交和感官世界中抽离出来,将自己的欲望置于来自远方的神秘逻辑之下。它使文化变得如此庞大和浩瀚,以至于没有人能够一眼穷尽它。宗教人士甚至可能会说,他们热爱此技术胜于热爱上帝。

很明显,我上面所说的文化技艺不是别的,正是书写(而不是互联网)。人类无论从事何事,其表现形式总会多种多样——人类这个物种和大自然一样,常常会毫无目的地运动——阅读行为的表现形式也多种多样。① 今天,我们倾向于对文字采取一种虔诚的态度。但是,我们给阅读和写作赋予较高的文化价值,这在人类历史上并不普遍。米切尔·斯蒂芬斯(Mitchell Stephens)②说,新媒介常受批评,老媒介常受珍视③。在历史上很长一段时间,书写作为新媒介一直都与死亡、墨守成规、社会孤立和唯我论相联系起来,并因此受到严厉的批评。在18世纪和19世纪常见的情况是,批评者惊慌失措,认为文字使读者沉浸到私人的甚至是非法的享乐中去,导致了人与人之间的孤立。文字读者往往会迷失于一个荒诞的幻想世界中,与真实的人类和事物脱节。④ 我们今天看到这些批评,完全可以认为这些批评者是在谈论网络色情的沉迷者或脸书的用户。在某种程度上说,也许他们谈论的确实是网络色情和脸书。

书写无疑是人类历史上所有技术创新中最"具变革力量的"(momentous)。⑤口语似乎与人体之间相互有"物理线"连接(hardwired),书写则是一种需要用户安装和不断更新的软件包。小孩若有话要说,他们不会要笔和纸,而会使用手势、面部表情和其他一系列口语互动方式。达尔文说:"从幼儿的喋喋不休中我们可以看出,人类具有倾向于说话的本能,但他们根本没有酿酒、烘烤或书写的本能。"⑥与言语形成鲜明对比的是,书写是困难的、非自然

---

① A nice review is Leah Price, "Reading: The State of the Discipline," *Book History*, 7(2004): 303–320.
② 米切尔·斯蒂芬斯(Mitchell Stephens),美国纽约大学新闻学教授,著有: Stephens, M. (2006), *A History of News* (3 edition), Oxford University Press。——译者注
③ Mitchell Stephens, "Which Communications Revolution Is It, Anyway?" *Journalism Quarterly*, 75(1998): 9–13.
④ Leah Price, "You Are What You Read," *New York Times*, section 7, 23 December 2007.
⑤ Ong, *Orality and Literacy*, 85.
⑥ Charles Darwin, *The Descent of Man* (New York: Appleton, 1871), 53.

的甚至是痛苦的。任何教过大学生的人都知道,即使是经过十五六年的强化训练,他们都无法完全掌握书写这一技艺。言语是所有人类或多或少都享有的"自然"禀赋,而书写却是一项需要长时间拜师学习的技术造诣。(而且,很少人喜欢书写,但几乎所有人都喜欢喋喋不休。)当然,对于人类这一本质上属于"人工的"(artificial)生物来说,定义什么是"自然"是一件令人头痛的事。每个从事过写作的人都知道它是一个对身体实施巨大折磨的过程,它会让你腰酸背痛、指甲咬破、焦头烂额、头发散乱。可见无论在比喻意义上还是在实际意义上说,书籍都是"用人的皮肤做封面的"。① 书写是一种劳动,它要求书写者从身体上和认知上都严于律己。它具有重要的生物力学维度,需要书写者整合多种技能,如眼动追踪、发声、听觉感知、手动灵活性、身体姿势和精神投入等。② 在书写时精确地切割意义需要我们身体大量的投入。

  写作不仅是身体的(physical),也总是物质的(material)和世俗的(worldly)。尽管口语也能产生持久的后果,但其记录介质——人的记忆力和各种生活实践——是相对短暂和非物质的。柏拉图用"在水中写作"来比喻口语(这让人觉得很奇异,因为很适合乌贼或海豚)。③ 但书写是物质的,它能利用各种现有条件和资源,如石头、黏土、骨头、玳瑁、丝绸、竹子、玉石、棕榈叶、黄铜、木材、动物或人类皮肤、莎草纸、粉笔和硅片等。即使是灰尘也可以当作书写材料——"算盘"(abacus)一词似乎源自希伯来语"尘土"一词,因为尘土曾经覆盖了用于计数的石板。现代人用油料蒸汽在天空中写字,这种书写媒介同样稍纵即逝。口语可以不需要工具和有形材料来记录,书写则同时需要两者。像所有文化技艺一样,书写混杂着物质材料和手工技艺。正如哈特穆特·温克勒(Hartmut Winkler)④所提醒的,在各种"物

---

① Carolyn Marvin, "The Body of the Text: Literacy's Corporeal Constant," *Quarterly Journal of Speech*, 80, no. 2 (May 1994): 129–149.
② Lydia Liu, "Writing," *Critical Terms for Media Studies*, ed. W. J. T. Mitchell and Mark B. N. Hansen (Chicago: University of Chicago Press, 2010), 310–326.
③ Plato, *Phaedrus*, 276c, and Ernst Robert Curtius, *Europäische Literatur und lateinisches Mittelalter* (Bern: Francke, 1948), 306.
④ 哈特穆特·温克勒(Hartmut Winkler, 1953—   ),德国帕德博恩大学媒介研究、媒介理论和媒介艺术教授,其著作包括《转换/换片》《电影理论》《电影与现实》《计算机与媒介理论》《搜索引擎:互联网上的元媒介?》等。——译者注

质性存储实践"中,书写是较为特殊的。① 而且,书写也是世俗的(worldly),这可以从阿伦特赋予该词的丰富意义上来理解——书写是一个记录各种持久事物的档案库。对书写工具、艺术和技艺的研究已经成为一个引人入胜的具有相对独立性的学术专业。书写需要整个物质—文化基础设施的支持,包括家具和照明、林业、造纸、教育和人眼验光技术。② 无论书写变得多么自动化,无论使用者觉得它有多么自然,书写的物理性和技术性总是挥之不去。

即使是读者的眼球,也在基础设施意义上被书写形塑了。我们总是从左至右阅读。每遇到一个句号,我们的眼睛都会作一个短暂的停留。如"句号"这样的小点指引着众多集聚于你眼前的各种"车辆",将它们引向你的灵魂深处。当然,文字也可以如闪米特语一样从右向左书写,也可以如古汉语一样从上到下书写。20世纪50年代,中国人在其现代化努力中将汉字体的书写顺序从"从上到下"改成了"从左到右"。在阅读时,我们可以坐着或站着(这种灵活性要归功于我们的脊椎骨),可以将阅读面保持在舒适的距离(这要归功于我们面部系统和手动系统之间的良好协调能力)。阅读时我们每分钟呼吸十几次,不断吸入氧气让身体保持活力并支持大脑的缓慢"燃烧"。此时,我们体内细小的细胞器线粒体——一种在过去一亿年以来都一直生活在体内各种细胞中的快乐小寄生虫(它们通过母—婴的巨大链条实现代际传递)——开始发挥它们的作用。正是这些隐藏于所有人体细胞中的外来物种让我们的身体保持温暖。此时我们的身体在消化和代谢。我们的生活经验被存储在一个像太空宇宙(其历史依赖于超新星的核合成)③一样复杂的蛋白质体中。人体的新陈代谢过程中蕴含着如此多的历史,以至于我们要理解一个词(word),先得理解整个宇宙(universe)。

许多关于书写的理论都将书写视为对口语的一种不得已的糟糕替代,

---

① Hartmut Winkler, "Discourses, Schemata, Technology, Monuments: Outline for a Theory of Cultural Continuity," trans. Geoffrey Winthrop-Young and Michael Wutz, *Configurations*, 10 (2002): 91-109.
② 关于海德格尔论书写媒介(Schreibzeug),参见: *Sein und Zeit* (1927; Tübingen: Niemeyer, 1993),68.
③ 超新星的核合成(nucleo-synthesis of supernovae)是指在超新星内产生新的化学元素,主要发生在易于爆炸的氧燃烧和硅燃烧的爆炸过程中产生的核合成。这些融合反应创造的元素有硅、硫、氯、氩、钾、钙、钪、钛和铁峰元素如钒、铬、锰、钴、镍等。——译者注

将其视为一种代替温暖人声的遥远且疏离的速写表达。这些理论显然都是偏好口语的规范性理论,被雅克·德里达严厉批评。德里达肯定是过去半个世纪以来最具影响力的研究书写的哲学家。他在出版于1967年的名著《论文字学》(*De la grammatologie*)中指出,西方思想认为书写从属于口语,视它为不过是以可见标记来记录语音的手段。德里达认为这种看法造成了众多有害后果。尽管他的论点可能有些耸人听闻,但他对书写的历史非常了解。他从芝加哥大学的叙利亚学家格尔博(I. J. Gelb)那里学到了"写作学"(grammatology)一词。① 格尔博的著作《书写研究》(*A Study of Writing*, 1952)长期以来被认为是关于书写史的最好的理论研究,该书对战后法国符号学和语言理论的发展发挥了强大的奠基作用。(今天格尔博的此书仍然具有经典地位,但也因其具有"目的论叙事"和将玛雅图案排除在文字之外而遭到批评。)德里达对历史、政治和伦理都提出了宏大论述,他的主要观点是,有些人故意贬低书写是因为这些人与"西方形而上学暴力"穿着连裆裤。贬低书写还有利于树立一种虚幻的信念,认为口语在某种程度上比文字能更多地揭示或"呈现"人的自我内部性(self's interior)。德里达对口语的批评是基于坚实的语言学事实,即历史上没有哪种编码或文字系统能完美地复制语音,而且也有许多书写实践(例如签名)根本就没有明确的声音对应物。"纯粹刻画和复现语音的文字是不可能存在的;另外,现有的文字也一直在试图复现那些非语音元素,但从未成功过。"②德里达的观点表明,书写不是口语的附属品,不是"对口语的绘制"(伏尔泰语),也不是"针对眼睛(而非耳朵)的说话艺术"。

德里达的观点影响了很多思想家,让他们看到书写本身作为一种媒介所蕴含的旺盛的艺术生命力。在德里达看来,书写并没有扭曲所谓"口语的纯粹",相反它强化并揭示了人类语言中固有的象征性结构。这里,德里达似乎在与海德格尔对话(他确实与海德格尔有过交流)。顺着海德格尔的意思,我们可以说,书写能揭示语言,一如船帆展现了风向一样。基于模仿语音的希腊字母书写系统并不具有普遍意义,它是一种独特的、具有历史偶然

---

① 关于格尔博在法国的影响力,参见:Claudia de Moraes Rego, *Traço*, *letra*, *escrita*: *Freud*, *Lacan*, *Derrida* (Rio de Janeiro: 7Letras, 2006), chapter 2。

② Jacques Derrida, *Of Grammatology*, trans. Gayatri Chakravorty Spivak (1967; Baltimore: Johns Hopkins University Press, 1976), 88.

性的书写系统。"希腊字母表迷恋对语音的准确模仿,它在书写的历史上是一个很大的异数。"① 德里达证明了,书写与口语及在场之间存在距离,这是上天给予的一个礼物而不是诅咒——这是后结构主义思想的核心概念。德里达因而为媒介理论提供了一个重要开端。"缺席"正是书写的天才所在,所有媒介在某种程度上都因缺席而获益。(这里我们可以想象一下船、火以及钟表。)德里达批评了人们对沟通"即时性"(immediacy)的美梦,由此为书写媒介腾出了空间,并邀请我们将所有媒介都视为书写逻辑的变体。因此,在我们的媒介仓库中,书写应该被理解为首要的媒介形式而非衍生的媒介形式。这一观念已经由几位用德语写作的媒介理论家提出。他们都认为,出现于19世纪的各种模拟媒介(包括电报、照片、录音和电影等)带来的后果不应被理解为"它们使得书写不再重要了",而是恰恰相反,它们的出现使得书写更为强化和至关重要。② 以下每一种新媒介的名称都表明它是对"书写"(graphy)这一旧媒介的致敬:电报(tele-graphy)、摄影(photo-graphy)、留声机(phono-graphy)、电影(cinemato-graphy)。③ 19世纪晚期出现的媒介创新都是"远距离书写"——用光写(摄影),用声音写(留声机)和移动着写(电报)。

由此看来,现代性意味着"书写"的扩散和多样化,而不是其过时和被遗忘。尽管我们现在面临着视听媒介的喧嚣,但实际上,人类历史从来没有像20世纪那样目睹了字母、字体和书法的广泛扩散。QWERTY键盘至今仍然是最普遍的沟通工具之一。尽管很多人都预言纸张会消亡,但今天它的用量仍然在增加(尽管并非,唉,用于报纸)。事实上,我们今天所谓的数字时代拥有历史上最为丰富的书写材料。摄影、电视、电影和视频并不是简单地取代了书写——这些新媒介的底层技术依赖的仍然是书写的逻辑(刻写、存储、编辑、传输),它们的产品也充满了文字(标签、图片说明、演职员表、字幕等)。我们购买数字产品时,总是被一个纸盒包着,上面写满了各种说明并附有用户手册。因此我们甚至可以说,没有书写这一媒介,我们就无法买

---

① Barry B. Powell, "Homer and Writing," in *A New Companion to Homer*, ed. Ian Morris and Barry B. Powell (Leiden: Brill, 1997), 3-32, at 4.
② 相关的一篇精彩综述,Till A. Heilmann, *Textverarbeitung: Eine Mediengeschichte des Computers als Schreibmaschine* (Bielefeld: Transcript, 2012), 1-56, passim.
③ Hartmut Winkler, *Basiswissen Medien* (Frankfurt: Fischer, 2008), 235, 237.

到数字新媒介。用历史的眼光看,这是多么恰如其分啊!

固定和擦除

　　书写实践难以掌握,更难定义。它非常多样且技术复杂,让人无力应对,更无法获得总体上的理解。格尔博只能简单地将书写定义为"一种实现人与人之间相互交流的系统"或者"一种用来表达各种语言元素(linguistic elements)的工具"。无论如何,书写都必须使用"约定俗成的可见符号。"①巴里·鲍威尔(Barry Powell)也给出了类似的定义:"它是一个符号系统,带有可以传递信息的约定俗成的参照内容。"②这两位学者都认为,书写必须有视觉标记并具有系统的解码规则,但它不一定非要直接表现口语,尽管很多书写系统或多或少是表现口语的。我赞成他们的观点。和德里达一样,格尔博和鲍威尔都警告说,我们不能仅根据古希腊字母系统就对世界上的其他文字系统作过于自信的推断。在古希腊字母表中,字母或多或少地对应于口语中的音素(在芬兰语中这种对应更加精确,在英语中则更小一些)。世界上几乎所有的书写系统都是基于一个能接收视觉空间标记的二维平面。在很多语言中,表达"写"的单词其最初含义多半是"切割""刮""划"的意思——如拉丁语 scribere、德语词 schreiben 和法语词 écrire 都与英语词 scribble(涂写)是同源词;英文词 engrave 和西班牙语词 grabar(记录或磁带)则与 grave(坟墓)这一"意义的最后庇护所"有关。[希腊语 γράφω (graphō),意指"书写",则不再被认为属于同一词源,可惜了。]

　　书写常常跟"持久"相联系。正如叶恩·艾斯曼恩(Jan Assmann)③所说,作为一种机制,国家(the state)的存在不仅是为了获得权力,而且是为了保证不朽,其使用手段包括经典文献、寺庙、图书馆、法律和传授阅读能力的学校。埃及人青睐的文化记忆手段(mnemotechnics)是寺庙——它们如同建筑在石头上的记忆之书。相比之下,古代犹太人更喜欢神圣经文,文本更轻,更容易携带。事实上,《出埃及记》中的大部分情结体现的不仅是两种生

---

① Gelb, *A Study of Writing*, 12, 24.
② Powell, *Writing*, 18.
③ 叶恩·艾斯曼恩(Jan Assmann, 1938—),德国海德堡大学古埃及学教授。——译者注

活方式之间的对抗——一边是贪图享乐、好大喜功和埃及法老,另一边是焚烧的灌木、戒令及西奈祭师——而且也体现了不同类型媒介之间的对抗。(希伯来先知耶和华确实曾在石板上简短地刻写,但这些石板马上就因为摩西发怒而被砸碎了。)在口语时代,不朽被认为不是通过在石头上书写实现的,而是通过祭师们延续至今的口头解释性传统和纪念性仪式来实现的。犹太圣书《托拉五经》(The Torah)的读者(被刻画成"积极的受众"的可爱形象)在听布道时必须自己行动起来,"将小麦做成面包,将布料做成衣服"。① 这样的阅读不是被动地接收信息,而是积极地制造出新材料。与之不同,古希腊人则推崇开放的经典文本,其作者是人类而不是神灵。古希腊人视这些经典文本为俗世文学而不是神圣经文(尽管作为书写,文学和经文都有持久的价值)。②

书写能够形成一种"不可变易"的形而上学和政治实践。基特勒在研究商标史时,将其源头追溯到汉穆拉比对那些篡改其法令的人所施加的古老诅咒。《启示录》也以类似方式封印自己——它威胁说,任何改变其文本内容的人,哪怕是改动一个词,都会遭到其描述的灾难性惩罚(启示录22:18)。③《约翰福音10:35》写道:"此经文不能被违背。"但该句的希腊语原文则更加概括和直接:"此书不能被拆散"(Ou dynatai lythēnai hē graphē)。关于这一信仰,一个有趣的表达来自《密西拿律法书》(Mishnah)。该书由六个部分(又叫"律令")组成,每个部分的名称是用6个字母按不同顺序拼写表达的,其中一部分的名称为ZMNNKT,而ZMN和NKT正是希伯来语"留住时间"的两个词根。"留住时间"正是对书写功能的精确描述,这一功能不仅存在于犹太文化中,而且存在于世界各地的神圣文本中。

任何事情一旦记录下即具有恒久性,虽然这一事实对书写权力而言至关重要,但它并非定义书写永远有效的方式,因为在书写史上,各种可擦写工具,如蜡板、石板、吸墨纸、可修改式打字机和计算机屏幕等,都发挥了至关重要的作用。铅笔的出现就证明还存在着一个广泛的、实验性的、可擦除的、虽不持久但仍然有价值的书写领域——西比尔·克莱

---

① Barry Holtz, ed., *Back to the Sources: Reading the Classic Jewish Texts* (1984; New York: Simon and Schuster, 2006), 28 - 29.

② Jan Assmann, *Das kulturelle Gedächtnis* (Munich: Beck, 2007), xxx.

③ Friedrich Kittler, *Musik und Mathematik* 1:1 (Munich: Fink, 2006), 113 - 115.

默(Sybille Krämer)①称这种书写为"操作性书写"(operative writing)。文章的草稿、建筑图纸草图、数学计算纸和工程平面图等都需要可擦除的书写。"墨水是我们的思想正式进入公共场合后披上的容妆,打草稿时用的铅笔石墨则是它们肮脏的真面目。"②并不是所有书写都存之永久,挥之不去。这值得我们庆幸。不起眼的橡皮擦是我们用到的许多删除方法之一。书写不仅存储和传输意义,也能开放和关闭意义。像算盘和石板一样,铅笔表明书写仍然是可撤销的,因而对其恒久性形成了一种重要的反制。如果没有这种反制,文本就会持续发言,不可逆转。要召回暴君的命令总不免招致血雨腥风,生灵涂炭。根据《但以理书》(The Book of Daniel),③伟大如波斯国王大流士,即使他愿意,他也无法召回他已经签署发布的法令。文字胜过国王的意志,但取消文字也是权力的特权。④ 编辑权是威严之标志。对罪犯施行大赦长期以来被比喻为"从书面记录中删除污点"——该比喻也被用来描述"开除教籍"这一惩罚。"删除"是真正的热力学创新。⑤ 如果不能删除,我们将会被困在庞蒂乌斯·彼拉多特(Pontius Pilate)⑥的直言不讳中:"我已写了我已写的(因此无可挽回)。"(《约翰福音 19:22》)。麦斯特·艾克哈特(Meister Eckhart)⑦说,橡皮擦是表述宽恕的一个小小象征物,只有具有擦除能力的手才能写下真相。

　　书写曾经是一个数据处理工具,后来才成为存储言语的工具,再后来才

---

① 西比尔·克莱默(Sybille Krämer, 1951—),柏林弗雷大学的名誉教授,自 2019 年 3 月起担任吕讷堡(Leuphana)大学的高级教授。她常年担任德国科学与人文科学理事会理事和欧洲研究理事会理事。她的研究领域包括认识论、语言、书写和图像哲学、象征性机器和作为一种文化技艺的数字化。——译者注
② Henry Petroski, *The Pencil* (New York: Knopf, 1989),6.
③ 《但以理书》是《圣经》旧约的一卷书,共 12 章,记载了出以色列的神在异教国家中得着荣耀。——译者注
④ Vismann, *Files*,25 - 29.
⑤ James Gleick, *The Information: A History, a Theory, a Flood* (New York: Pantheon, 2011), chapter 13.
⑥ 庞帝·彼拉多(Pontius Pilate),罗马犹太省的第五任总督,于公元 26/27 年至 36/37 年在罗马皇帝提比略的领导下任职。他以主持耶稣受审并下令将其钉死在十字架上而闻名。但是,由于《福音书》将彼拉多刻画成一位不愿处死耶稣的官员,科普特(Coptic)教会和埃塞俄比亚教会认为彼拉多也是一名基督徒,并尊他为烈士和圣人。——译者注
⑦ 埃克哈特·冯·霍赫海姆(Eckhart von Hochheim OP, 1260—1328),德国神学家、哲学家和神秘主义者,出生于神圣罗马帝国图林根州地心引力的哥达附近。——译者注

成为记录法律或文学的载体。根据邓尼斯·施曼特-贝斯拉特（Denise Schmandt-Besserat）①的说法，最早的书写出现在古代美索不达米亚地区，是用来计算农作物和动物数量和列表的，这些书写出现在黏土块——她称为"标记"(tokens)②——的表面。③ 这些标记是苏美尔楔形文字的先驱，存在了三千多年，后来成为一系列彼此并不相关的官方语言的底本（与英语、芬兰语、瓜拉尼语和土耳其语不同，这些语言之间并没有亲属关系，但它们现在都用罗马字母书写）。标记被用来管理货物库存和人员，其功能是用于计数和计账。它们最初只是数据处理工具，并没有打算（也不具有此种能力）去记录句法或记录语音，更不用说记录有关人类起源的神话或王室历史了。书写一直被用来记录单子、表格、登记册、名册、人口普查、图表和地图。它是早期天文学中编制星系目录和计算时间的重要手段。今天的数字计算机和互联网基础设施继续发挥着书写的古老功能。伯恩哈德·希格特（Bernhard Siegert）④指出，书写有着两种传统：一种是时间传统，即存储单词；另一种是空间传统，即记录关于馆藏、库存和人口等的数据。⑤ 由此看来，我们今天用的 Excel 等电子表格其实有很长的史前史。

列夫·曼诺维奇（Lev Manovich）⑥指出，数字媒体将媒介的逻辑从以前的小说和电影的"叙事"模式转变成今天计算机的"数据库"模式。他的这一

---

① 邓尼斯·施曼特-贝斯拉特（Denise Schmandt-Besserat，1933— ），德克萨斯大学奥斯汀分校艺术和中东研究的名誉教授。研究领域为古代近东地区艺术和考古学，致力于考察书写和计数的起源。——译者注
② 今天的区块链技术中也存在一种 token（代币），例如比特币或以太币。在区块链技术中，数据是作为"区块"分布在互联网的众多计算机节点上的，为了让更多的计算机能贡献资源参与到这个链条中来，各种基于区块链技术的平台就以代币作为一种激励手段来鼓励交换计算资源（被称为"挖矿"）。公元前四千年的楔形文字与公元后 2000 多年的区块链技术之间的相似性在 token 一词的使用上得到了简明和深刻的体现。——译者注
③ Denise Schmandt-Besserat, *How Writing Came About* (Austin: University of Texas Press, 1996).
④ 伯恩哈德·希格特（Bernhard Siegert，1959— ），德国媒介理论家和媒介历史学家。2001 年，任魏玛包豪斯大学媒介研究系文化技术理论和历史学系主任；2008 年以来，他担任魏玛国际文化技术与媒体哲学研究所的负责人之一。他与基特勒（Friedrich Kittler）、博尔兹（Norbert Bolz）和科伊（Wolfgang Coy）一起被视为德国媒介理论的主要代表。——译者注
⑤ Bernhard Siegert, *Passage des Digitalen* (Berlin: Brinkmann und Bose, 2003), 33.
⑥ 列夫·曼诺维奇（Lev Manovich，1960— ），纽约城市大学计算机科学教授、新媒体理论家，兼任瑞士萨斯费欧洲研究生院客座教授。其研究和教学专注于数字人文科学、社会计算、新媒介艺术和理论以及软件研究。——译者注

第六章 "脸"与"书"(铭刻型媒介)

观点实际上过于夸张,因为他忽略了漫长的混合性的手抄媒介史。曼诺维奇认为,现在网民可以用关键词检索,软件也都可以自我设置,在这样的文化中,用户可以根据需要对文本进行有针对性的操作,因此网民现在已经不再会为故事情节的线性展开而着迷了,换句话说,他们不再是 A-B-C-D 的线性逻辑或他人时间表的俘虏。① 应该说,曼洛维奇的这些总结性论述对我们理解当前的数字环境是有一定参考价值的,但从历史上看,这一观点却是狭隘的。② 在记录型媒介的历史上,故事偏向于时间序列,列表偏向于空间序列,两者既相互竞争又相互补充。③ 如前所述,自从在美索不达米亚平原被发明以来,书写一直就被用作数据库,来计算面包、啤酒和劳动时间。这说明文字既是记录和传播文学故事的工具,也是管理和计算的工具。④

清单(list)在人类历史上出现的时间很早,这意味着书写很早就被用来处理数据。但是在悠久的清单编制史上,线性序列的统治后来慢慢放松了。例如,我们在读小说时,通常会从第一页读到最后一页,但这种线性序列的统治并非总是有效。雅尼斯·拉德威(Janice Radway)⑤研究言情小说的阅读行为,她发现有些读者会先读小说的结尾以评估小说。⑥ 读者总是会根据自己的需要任意跳读。没有人会阅读历书、圣经、烹饪书、词典或百科全书中的每一个字。这种阅读习惯不仅限于参考书——也没人会将报纸从头读到尾。从 A-Z 的线性叙事方式,无论有多大的影响力,仍然并非主流。在人类阅读史中,线性叙事的小说只是一个例外。书写本质上并非一定都由融贯的故事情节组成——"故事"只是书写所存储的众多数据类型之一。我

---

① Lev Manovich, *The Language of New Media* (Cambridge, MA: MIT Press, 2001).
② Michael Schudson, "Political Observatories, Databases & News in the Emerging Ecology of Public Information," *Daedalus*, 139, no. 2(2010): 100-109.
③ Peter Stallybrass, "Against Thinking," *PMLA* 122, no. 5(2007): 1580-1587, at 1586.
④ 参见:Jöran Friberg, "Counting and Accounting in the Proto-Literate Middle East: Examples from Two New Volumes of Proto-Cuneiform Texts," JCS 51(1999): 107-137. 感谢丹·艾莫瑞(Dan Emery),又 Vismann, *Files*, and Wolf Kittler, "Aphrodite gegen Ammon-Ra: Buchstaben im Garten des Adonis, nicht in Derridas Apotheke," in *Archiv für Mediengeschichte: Stadt — Land — Fluss*, ed. Lorenz Engell, Bernhard Siegert, and Joseph Vogl (Weimar: Verlag der Bauhaus-Universität, 2007), 207 ff.
⑤ 雅尼斯·拉德威(Janice Radway, 1949—),美国西北大学传播学教授,研究领域为美国研究和性别研究,同时担任传播系修辞和公共文化项目主任。——译者注
⑥ Janice A. Radway, *Reading the Romance: Women, Patriarchy, and Popular Literature* (Chapel Hill: University of North Carolina Press, 1991), 199-200.

们对书写的历史研究,总是偏向于关注文学而忽视其在官僚科层制度中的作用,总是偏向关注钢笔而忽视铅笔。在 20 世纪用于印刷的大量木浆中,书籍只占其中一小部分。通过账目、单据、地图、日志、登记册、目录、索引、蓝图、原理图和各种表格,书写在尚未诉诸线性叙事结构时就实现了其记录库存功能。"在所有记忆辅助手段所借助的媒介中,最原初的媒介就是空间展现。"① 列表式书写的吸引人之处在于它的"视觉和空间位置可以被重新排列"。② 例如,我们可以按照统治时间、加冕或驾崩时的年龄或按字母顺序重新排列"英国国王年代列表"。③ 这说明,书写使得数据处理成为可能。

据称,爱因斯坦曾说过:"手握铅笔时的我比没握铅笔时的我更聪明。"④ 前述克莱默所言的"操作性书写"会使用各种图形进行标示、计数和设计——这时,书写不仅仅是口语的存储库,也是一个计算设备。数学仰赖书写。布鲁诺·拉图尔所谓的"扁平的实验室"(指石板和算盘)使古希腊数学成为一门学科;这样的刻录系统既维持了一个同行评价的社会网络,也维持了一种物化和操纵思想的智力技艺。早期的现代数学,特别是解析几何和微积分,也充分地利用了各种图形、网格和 x-y 坐标,还借用了印度—阿拉伯数字和零。同时,纸张扮演了克莱默所说的"象征性机器"(symbolic machine),或者说是"外化的心智工具"。现代数学的奇妙之一是它能借助不存在的实体(如零)来计算。一张纸可以维持一个位值逻辑(place-value logic),这在不同的符号系统(如数学、地图和乐谱)中都至关重要。纸有方格纸和条行纸。在操作性书写过程中,人的眼睛和铅笔都可以进行多维度移动。在纯线性文本中,内容的空间位置并不重要。在同一部小说的不同版本中,其内容所在的页码可能不同,但整个内容没有损失。在等式、地图或表格中,空间位置至关重要。一旦小数点或零错放,整个格局都可能因此

---

① Assmann, *Das kulturelle Gedächtnis*, 59,215. 74.
② Jack Goody, *The Domestication of the Savage Mind* (Cambridge: Cambridge University Press, 1977),104.
③ 有这么一个笑话:一名犹太老人弄丢了他的祈祷书,也记不起自己想祈祷的内容。于是他开始即兴祷告:主啊,请您原谅,我有一个解决方案,希望能得到您的认可。我一个个读出字母表中的字母,请您以对的方式将它们组合在一起,好吗? 引自:Leo Rosten, *Hooray For Yiddish*! (New York: Touchstone, 1982),95. 76。
④ David Deutsch, *The Beginning of Infinity* (New York: Viking, 2011),60。

大变。

粉笔是使数学具象化的另一媒介。从 19 世纪初开始,粉笔在数学的教学、发现的做出和神话的叙述中一直不可或缺。在数学家手中,它像一个小生灵一样跃跃欲试,充满活力。爱因斯坦只要不在拉小提琴、骑自行车或伸出他的舌头时,就会做出他的象征性姿势:站在一块覆盖着深奥符号的黑板前面。数学的目的是通过符号规则使直觉变得易于理解,而以黑板做书写面是将分析对象具象化的一种方式。"没有哪个数学概念,不是通过媒介和媒介化来实现其形式上的直接性和不言自明的。"[1]粉笔、石板和铅笔就像金枪鱼鱼鳍画出的漩涡,漩涡又引发更多的漩涡。("砍掉几棵树!"我孩子的一位数学老师总是如此喊,他的意思其实是说,"交出你的作业本来!")科学一直显得高高在上。最近,我们做出各种努力,试图改变它的这一形象。为此,我们揭示出物质性在数学的发展史中至关重要。我们了解到数学中存在着各种图形和涂鸦,就能放弃将数学视为"理想之化身"这样的观念,也能放弃将书写视为"落笔无悔、盖棺定论"的观念。拉图尔指出,"在古希腊数学中,图表的作用如此巨大,几乎可以替代本体论"。[2] 的确如此,其实媒介一直都如此。

书写史上的里程碑

书写的历史本身充满了各种擦除。书面记录能否留存下来,取决于偶然事件(也许所有历史记录的命运都如此)。线形 B 文字[3]是一种古老的文

---

[1] Michael J. Barany and Donald MacKenzie, "Chalk: Materials and Concepts in Mathematics Research," August 2011, www.sps.ed.ac.uk/_data/assets/file/0020/60518/Chalk.pdf, accessed 20 March 2013.

[2] 参见:Bruno Latour, "Review Essay: The Netz-Works of Greek Deductions," *Social Studies of Science*, 38(2008): 441–459, at 457. 海德格尔预见了写作的构成性,他说:"即使是最'抽象'的解决问题和记录结果的过程也需要各种书写材料才能运作。无论关于书写的科学研究可能会多么'无趣'和'显而易见',书写在本体论上的意义绝对不是可有可无的。"参见:*Sein und Zeit*, 358。

[3] 线形文字(Linear A/B),古代爱琴文明地区使用的一种线条形文字,分"线形 A 文字"和"线形 B 文字"两种。线形 A 文字又称克里特文字,它取代了更早期的象形文字,多刻写在泥版上,也有些用墨水写在陶器内壁,通行于公元前 1700 — 前 1600 年间。线形 B 文字共有 90 个符号,其中 55 个与线形文字 A 相同,公元前 1450 年后首先出现于克里特岛。线形文字 B 是古希腊进入文明社会的标志。——译者注

字,因为克里特岛上克诺索斯宫殿中的一场烈火,该文字中隐藏的关于古希腊历史的重要线索才得以保存下来。这场火将原来无法存续的黏土片烧成了陶片,上面的文字因此也得以固化。火也保存了乌加里特字母①(Ugaritic alphabet)。② 维苏威火山的炙热火山灰杀死了无数庞贝人,却让庞贝城的生命永存——这是典型的所谓"创造性破坏"。③ 阿拉姆语(Aramaic)是用于管理幅员辽阔的波斯帝国的官方语言,它在埃及被良好地保留下来了,不是因为埃及是使用该语言的地理中心,而是因为北非沙漠气候最适合保留记录这种语言的文献。④ 如果书写的历史在总体上是支离破碎的,那么人类交流的历史更是如此。人类的书写历史超过五千年,绘画的历史比书写更长,说话的历史比绘画更长,男女采纳单一的终身性伴侣的实践比说话更长。前文字时代的历史大多仍然是一个谜,但考古学和基因研究正让我们了解得越来越多。古尔汉写道:"史前人类无可奈何,不得不让自己行事而无所记录(尽管记录无比重要)——这些行事包括手势、声音和物体摆放等。⑤ 目前我们对史前人类如何交流的了解极为有限,几乎都来自石头文物和文字(我们发现的最早的石器文物距今约 250 万年)。幸运的是,我们今天已经有技术能读出这些文物中未曾写入的内容。

　　图像(image)和文字遵循不同的逻辑。"行为上的现代人类"似乎很早

---

① 乌加里特字母(Ugaritic alphabet)是一种楔形文字字母,使用于乌加里特语,它是在乌加里特(古代腓尼基沿海城市,位于今叙利亚拉塔基亚城北)发现的一种已灭绝的和迦南语支相关的语言。乌加里特字母表含有 31 个字母。——译者注

② Barry B. Powell, *Writing and the Origins of Greek Literature* (Cambridge: Cambridge UP, 2002), 105.

③ 创造性破坏(creative destruction),美籍奥地利经济学家约瑟夫·熊彼特(Joseph A. Schumpeter, 1883—1950 年)提出的经济学理论。熊彼特将企业家视为创新的主体,其作用在于创造性地破坏市场的均衡(他称之为"创造性破坏")。他认为,通过创造性地打破市场均衡,才会出现企业家获取超额利润的机会,创新是判断企业家的唯一标准。在熊彼特看来,"创造性破坏"是资本主义的本质性事实,重要的问题是研究资本主义如何创造并进而破坏经济结构,而这种结构的创造和破坏主要不是通过价格竞争而是依靠创新的竞争实现的。每一次大规模的创新都淘汰旧的技术和生产体系,并建立起新的生产体系。"创造性破坏"这一颇具颠覆性的概念提出之时,人们为之震惊。如今,全球经济所破坏和创造的巨大价值完美地印证了这一前瞻性论断。可以说,创造性破坏的力量还在不断增强,业已成为主流经济论述中的重要核心概念。——译者注

④ Nicholas Ostler, *Empires of the Word: A Language History of the World* (New York: Harper, 2005), 78, 83, 131.

⑤ *Gesture and Speech*, 107; *Le geste et la parole*, 1: 153.

就开始从事图形艺术活动了。他们用图案表示月亮、人和动物,这也许纯粹是为了快乐。但语言并非由具体的事物和事件组成,而是由声音、语法和意义系统组成。在文字出现之前,语言如同一只行迹诡异的动物,人类对它只闻其声不见其形。人的眼睛能识别手势、姿势和面部表情,是非语言交流的重要渠道,但它不是语言的载体。先民使用的各种图形以图而不是语言来捕捉意义。格尔博给这些图形取了个相当笨拙的名字叫"意铭"(semasiograph,该词源于希腊语,意为"有意义的铭文")。该词后来被广为接受。"意铭"并不表征语音,而是通过视觉符号来传达意义,但它并没有规定词的音和形之间要有固定关系。它的形不是指向语词(words),而是指向世界(world)。在某种程度上而言,它基于人类更普遍共享的手势和可识别行为。但是,正如古尔汉所言,绘画享有多维度的自由,而文字或多或少是线性的,它将"形"置于"声"的管辖之下。人在看文字时眼睛可以自由地在图像平面上移动,但是阅读文字时,眼睛则必须按顺序跟踪文本,即遵循书面文本所谓的"蚂蚁路径"(ant paths)——这是雅思贝·斯文伯罗(Jesper Svenbro)[①]的妙喻。[②] 图像也许具有结构,但它们没有严格的句法。尽管图形(drawing)是比喻性的(figurative)的而不是语言性的(linguistic),但它显然是书写实践的最早渊源。

例如,我们观察一下"禁止吸烟"标识——一个带有斜线的红色圆圈,圆圈中放有被禁止对象的图像(一根点燃了的香烟)。[③] 该"意铭"标识一般都能被人看明白,却与人的耳朵毫无关系。这个标识不仅可以被翻译为不同的语言,如"Interdit de fumer"(法语),"Ikkerøyke"(挪威语)或"Μην Καπνίζετε"(希腊语);一个意思在同一种语言中也可以有多种文字表达,如"禁止吸烟""不吸烟""不允许吸烟"等。意铭标识在传达意义时,并不提供对其该如何解

图三 禁止吸烟标识

---

① 雅思贝·斯文伯罗(Jesper Svenbro, 1944—),瑞典诗人,古典语言学家,瑞典学院院士。——译者注
② Jesper Svenbro, *Myrstigar: Figurer för skrift och läsning i antikens Grekland* (Stockholm: Bonnier, 1999).
③ Powell, *Writing*, 19-20.

码或如何发音的指令。与更为普遍的视觉艺术和图像（意铭和这两者有着深层关系）一样，意铭并不规定句法或语音内容。其他模式的书写则能传达更紧密的语词内容，例如，字母文字能逐字逐句地表达我们想要表达的意思。意铭并非我们可以用来编码语音的精确工具。在不同语言中，意铭能生发多种释义，而且我们无法判断何种释义为最佳或最忠实。对早已习惯使用字母的人而言，意铭可能缺乏至关重要的精确复制意义的能力，但我们不应因此就认为意铭已经过时了。今天，意铭仍被广泛用于道路标识和家具拼装 DIY 手册以及电子产品用户手册中，并且在数学和音乐标记中也得到了极大的应用。我们也不应该认为意铭缺乏深刻含义。图像和音乐一样，仍然是我们所知的最动人之物；至于究竟为何如此，我们纵有"千言万语"也说不清楚。此时，我们也许会想到，菲利克斯·门德尔松（Felix Mendelssohn）[①]在被问到他为什么只谱曲而不填词时的回答："我要说的内容太精确，文字表达言不尽意。"

图四 "I can not see you"（我看不见你）的字谜：Eye（眼睛/我）、can（罐子/能）、knot（绳结/不）、sea（海/看见）、ewe（羊/你）

人类书写史上的关键突破发生在公元前 3400 年左右，此时出现了意符（logographic）编码法，书写符号因此从图像转变为词语（words）。古迪和瓦特（Goody & Watt）很好地描述了这一创新："用意符来代表声音，这一做法本身就是一个令人惊异的想象力的飞跃。让我们刮目相看的，不是这一飞跃发生在人类历史上相对较晚的时候，而是它竟然能够发生。"[②]这个关键突

---

① 菲利克斯·门德尔松（Felix Mendelssohn），德国作曲家。自幼学习音乐，10 岁开始作曲，20 岁时便成为一个成熟的音乐家。少年时代与哥德交往，受其思想影响，后赴英、奥、法、意等国及莱比锡从事演奏及指挥。毕生极力推崇巴赫的作品，力图扩大 18 世纪欧洲古典音乐传统的影响。1843 年创办德国第一所音乐学院于莱比锡。其作品结构工整、旋律流畅，既有古典作品严谨的逻辑性，也具有浪漫主义作品幻想的风格。——译者注

② Jack Goody and Ian Watt, "The Consequences of Literacy," *Comparative Studies in Society and History*, 5, no. 3 (April 1963): 304-345, at 315.

破所依赖的手段似乎是字谜(rebus)——它先用标示事物的图片来标示某个音,然后通过这个音反过来唤起某个词。字谜用图片调出的声音要么准确地指代了某个词,要么指代了该词的同音字。像所有历史悠久的书写模式一样,字谜现在仍然在使用,例如在儿童拼图游戏中。如果我们相信弗洛伊德的理论,我们会发现字谜也存在于我们的梦中。[弗洛伊德业余时间喜欢研究古埃及文字,他常将人的梦比作象形文字,即一种以非字母符号书写的文字。他还将自己视为商博良(Champollion)①——古埃及象形文字的伟大破解者。]字谜似乎是一种表征口语的迂回方式。图片表征某物,该物之名被读出来时,其音听起来却像是另一个可能与该物完全无关的词。但所有书写系统在某种程度上都涉及复杂的设计。要完成书写,最基础的就是要将各种各样的数据流(图像、概念、语词、声音)整合起来。

有些人认为,在书写系统中,字母是唯一能够告知读者如何发出其语音的。这种看法显然是一种基于字母的偏见。在字母表出现之前,苏美尔的楔形文字、汉字、埃及文字以及原始字母音节(如亚拉姆语和希伯来语)在一定程度上都是对语音的一种表征。自在"肥沃的新月"地区发现了存在于公元前四千年的、格尔博所称的"语音原则"(the phonetic principle)以来,附带声音编码一直是所有书写系统的特征之一——虽然音形结合规则大多模糊不清也不总是可靠。②(关于世界上不同的书写系统是否同源,还存在争议,但不同书写系统都有各自的注音方法。玛雅文字的例子似乎说明世界文字并非同源。)中国和埃及的象形文字都是带注音的表意符号系统(logographic system)。(这两种语言让很多欧洲思想家着迷不已、幻想连篇,认为中国汉字是一种能直接表达思想的纯粹语言,埃及象形文字则是感性和隐喻性的。)③绝大多数汉字都是同时指示意义和声音的形声字。在意符文字中,由于每个词都是一个独特的符号,因此学习读写这种文字需要大量的时间和精力投入。例如,要读一份现代中文报纸,必须掌握大约三千个汉字。(中国汉字是至今唯一存在的主要古文字。苏美尔楔形文字是世界

---

① 让-弗朗索瓦·商博良(Jean François Champollion, 1790—1832),法国埃及学家,埃及学的奠基者。通晓希腊文和拉丁文,并研究多种东方语言,二十岁成为语言学博士,后任历史学教授(至1821年)。经多年研究,1822年成功释读罗塞达石碑上的象形文字。——译者注
② Gelb, *A Study of Writing*, 67 ff.
③ Derrida, *Of Grammatology*, 76 - 81.

上最早的意符系统,有着数千年历史,但和埃及象形文字和玛雅文字一样,都已灭绝。)人们曾浪漫地认为,埃及象形文字完全是一种视觉文字,但是商博良发现它实际上是一种表音文字。他的这一发现成为在19世纪20年代破解罗塞塔石碑(Rosetta Stone)①的关键一步。

从历史上看,掌握了书写的牧师、抄书人、学者和官僚几乎没有动力去让书写技术更为普及。正如英尼斯指出的,设置各种障碍阻止技术普及,反而有利于垄断控制。书写的历史不仅是一种文字紧跟着另一种文字发展的历史,而且也是不同团体之间为控制传播手段而进行斗争的历史。事实上,许多前字母时代的文字被故意塞满了令人焦头烂额的迷宫般的复杂规则,目的就是要让这种文字含糊其辞,难以被一般人掌握。(读者如果有勇气,可以读一读格尔博关于六种不同类型的音节语素文字的阐述,就能领教一二了。)②古代文字的使用需要遵守一整套的社会规范,从而形成了一些学者所说的"读写寡头统治"(oligoliteracy),即整个社会只有少数人能读写文字。这与"所有公民都必须能阅读、写字和计算"的现代社会规范形成了鲜明对比。③ 在中世纪和文艺复兴时期的欧洲,许多精英女性都能读写白话文,但只有很少人能读写当时的学术语言——拉丁文。拉丁文当时主要为男性掌握。④ 印刷机首先出现在15世纪中期,但直到18世纪晚期,大众读写能力在北美(白人和女人)和北欧才普及。可见,技术的发明并不等于技术的影响。

尽管意符(logograms)作为语言的肇始非常古老,但它们的生命力仍然顽强。今天我们仍然使用各种意符,如 $、£、€、©、Σ、√、∞、†、♥、1、2、3、4、5 等。在某些情况下,字母也可以用作意符。意符可能隐含音符,但这种音符是开放的,并不固定。在中国,尽管说不同语言(或者不同方言)的中国人可能相互听不懂,但他们几乎都能阅读相同的汉字。(这一现

---

① 罗塞塔石碑(The Rosetta Stone),一块玄武岩石,高1.14米,宽0.73米,1799年在埃及罗塞塔被发现,现存于大英博物馆埃及馆。上面刻有古埃及象形文、阿拉伯草书以及古希腊文三种文本,记录着托勒密王朝时期的一段诏书,被称为"通往古埃及文明的钥匙"。罗塞塔石碑也被用来暗喻要解决一个谜题或困难事物的关键线索或工具。——译者注
② 参见:chart in Gelb, *A Study of Writing*, 100-101。
③ Goody and Watt, "The Consequences of Literacy," 313.
④ Walter J. Ong, "Latin Language Study as a Renaissance Puberty Rite," *Studies in Philology*, 56, no. 2(1959): 103-124.

象催生了一种错误认识,认为汉字纯粹是观念性的而没有注音元素。)无论我们将"Rx"大声朗读为"处方"还是"阿尔克司",这都无关紧要。无论人们将"I♥NY"理解为"我喜欢纽约"还是"我心随纽约",意思都很清楚。地球上几乎所有人都能看明白"2×2=4"这一串符号,但是若将它读出来,声音却会有很大差异。在英语中,该等式的发音是"图汤姆斯图依斯福尔"(Two times two is four);德语是"兹维马儿兹维格雷克维耶尔"(Zwei mal zwei gleich vier);西班牙语是"多波尔多桑恩科瓦得罗"(Dos por dos son cuatro)。书面的视觉符号并不总是具有明确的语音对应物。如果我写符号"1",大多数地球人都知道其意思但各自有不同的发音,可以分别是"旺"(英语 one)、"恩斯"(冰岛语 eins)、撒图(印尼语 satu)或"伊克斯"(芬兰语 yksi)。但只要给它附加一些标识就可以确定其发音方法:1st 意即它是英语发音"福斯特"(first);"1º"意味着它是西班牙语发音"普莱梅洛"(primero);"1er"意味着它是法语发音"普拉米耶和"(premier)。这类标识我们一眼能看到,而其附加标记则向我们暗示其声音。这些附加标记被称为"决定素"(determinative)。弗洛伊德认为,我们的梦里存在决定素。具有这类功能的元素在中文和埃及文中随处可见。这类表音元素使得意符和前文所述的意铭有所不同。所有文字都同时包含表形和表音的元素。仅表形的语言或仅表音的语言都是不存在的。①

同时混合形符和音符,在这英文中也存在。例如"十字架"这一英语中众所周知的意符,可以引申出许多不同的语音和语义:"†s"表示交叉(cross),"†d"表示死亡;"Xmas"表示圣诞节,而"xing"意味着人行横道线。"Twenty"(二十)是一个英国间谍小组的名称,其名字的由来是因为罗马数字中"20"是"ⅩⅩ"("双十字")。② 这种天才设计在古代和现代的书写中都能看到,它也让我们西方人能了解汉字(形声字)的造字原理。欧洲中世纪的家族会将家族名设计成图案作为盾牌纹章。伏尔泰曾这样回复他收到的一个晚宴邀请:"Ga。"可将其读为"Gé grand A petit"(大写 G,小写 A),听着如"J'ai grand appétit"(我有极大的胃口)。今天,对各种各样的现象,从

---

① Florian Coulmas, *Writing Systems*: *An Introduction to Their Linguistic Analysis* (Cambridge: Cambridge University Press, 2003),18.
② 此处意思颇为曲折:ⅩⅩ是两个罗马数字"十",也可视为"两个十字架",也即 double cross,而该词又有"叛变"之意,与间谍工作密切相关。——译者注

定制车牌到给嘻哈乐队和音乐专辑取名,我们都需要从意符角度进行阅读理解。手机短信也重新激活了各种古老的符号表达策略:英语中的 l8r 的意思是"以后再说"(later);"7ac"在法语中的意思"够了!"(c'est assez),"oqp"意思是"我很忙"(occupe),而"je x"表示"我相信"(je crois,其中的 x 是"croix"十字架,与"相信"(crois)是同音词;在西班牙语中,"s3"表示"压力",它由"es"(S)加上"tres"(3)而成"estrés"(压力)。要理解手机短信文本,我们必须知道其中字母和数字的功能是表形还是表音。标志"7ac"不被读作"set-ack",这里 a 和 c 被视为各自具有不同名称和发音的元素。"l8r"中的 l 和 r 则被用作表音元素,按其字母音发音,而 8 则单独作为一个独立意符表音。① 对于不熟悉代码同时又无兴趣者,破解手机短信文本是一个毫无头绪的挑战——这种感觉也是书写史研究的现状。对于不明就里的旁观者而言,阅读之难如同要理解算命师的语言。确实,在古希腊,阅读被视为解兆和解梦。② "符文"(rune)一词也有"书写"和"神秘"之义。今天,我们仍然在阅读寻找着各种蛛丝马迹。

  无论在何种意义上而言,希腊语字母表的出现都是一个巨大的变革。但是,由于对它的解读参合着很多意识形态争论,因此今天我们很难充分了解其历史意义。与书写史相关的各种观点总是掺杂有某种文化优越性主张。例如,鲍威尔认为,文字中元音符号的出现正是导致今天东西方间历史性鸿沟的原因,而这一观点又被基特勒奉为圭臬,不断拔高。③ 哈弗洛克明确表示,建基于希腊字母表上的希腊文化优于建基于希伯来语上的希伯来文化。但哈弗洛克这个观点遭到了德里达的批评。④ 实际上,希腊字母表并非横空出世,而是与过去有着各种延续性。哈弗洛克称希腊字母表为"人在孩童时期就可以掌握的短小的元素周期表"。该字母表的发明确实产生了

---

① David Crystal, *Txting: The Gr8 Db8* (New York: Oxford University Press, 2009).
② Jesper Svenbro, "Stilles Lesen und die Internalisierung der Stimme im alten Griechenland," trans. Peter Geble, in *Zwischen Rauschen und Offenbarung: Zur Kultur-und Mediengeschichte der Stimme*, ed. Friedrich A. Kittler, Thomas Macho, and Sigrid Weigel (Berlin: Aka-demie, 2001),55–71.
③ Barry B. Powell, *Writing and the Origins of Greek Literature* (Cambridge: Cambridge University Press, 2002),120; Friedrich Kittler, *Musik und Mathematik* 1.1 (Munich: Fink, 2006),101–121, passim.
④ 哈弗洛克的种族中心论遭到了无情的批判,参见:Assmann, *Das kulturelle Gedächtnis*, 259–264。

各种各样的巨大后果,但我们不能忽视它与此前已存在的各种表音符号系统之间的联系。① 格尔博认为,"字母表这一希腊创新的伟大之处不在于它发明了元音注音新方法,而在于它将早期闪米特人并不常用的注音方式变成了一种有着方法指导的常规应用。"② 至今在希伯来语中,仍有几个字母同时能做元音和辅音:alef,he,vav,yod。由于它们对掌握希伯来语至关重要,又被称为"阅读之母"(matres lectionis)。古希腊人所做的只是将此前已存在于各种文字中的隐性实践进行了系统整合和开发,让它们变得显性而已。

　　字母表的创新之处在于其易用性和高效率。显然,希腊字母表并非是以可解码的形式记录语音的第一种文字,但它是用符号表征语音的第一种文字,因此具有较低的准入门槛,相对能被大多数人掌握。在埃及和希伯来文化中,只有能力出众的操埃及语和希伯来语的人才能朗读出这两种语言,因为你只有能够识别出这两种文字中的底层词汇,才能将它们的视觉标识转化为声音。而在使用希腊语(元音)字母表时,读者即使不懂该语言仍然能读出其发音,这是因为希腊语在记录语音上有着不可比拟的优越性。希腊字母表的野心(当然从未完全实现过)是要将全部语音转写为明确的视觉符号而为眼睛服务,即在字形和音素之间实现一对一的对应。但是,尽管其信奉者如哈夫洛克不断作此宣称,希腊字母表实际上并不能如录音机般地捕捉希腊语的所有特性。③ 例如,它并不能表征口语的韵律、音调、节奏、音量及其几乎无限的音色。希腊语字母表以一种辉煌的、创新的和持久的方式用形注音,但它并没能为声音创造出一个精确的记录型媒介。所有元音都有几乎无限的发音方式,但字母表将这些变化全部都压缩成一个注音符号。我们应该感谢字母表具有如此惊人的数据压缩能力,但世界上没有任何文字系统是纯粹注音的。字母表的这种抽象和压缩能力并不应被视作语音丰富度的丧失,而应该视作为语音提供的一项服务。能为语言提供基础的语音记录是文字的伟大成就。这里我们可以借用战后法国思想中一个伟大的双关语:"字母揭示了存有"(la letter reveals l'être)。

---

① Havelock, *The Muse Learns to Write*, 9.
② Gelb, *A Study of Writing*, 182.
③ Havelock, *The Muse Learns to Write*, 59-61.

文字的历史更像一个"间断的均衡"(punctuated equilibrium)①——创新如突然耸立的高山,接下来的历史则是对这些突如其来的创新的长期应用,仿佛高山边上的广袤平原。人类的创新从来不是一个渐进螺旋上升的模式。今天我们使用文字时遵循的原则,基本上与公元前800年左右在希腊某处出现的"元音字母"(一位德国学者语)所规定的原则相同。某些字母语言,如英语,已经离开系统化的注音要求很遥远了。如果我们用"进步主义话语"来表述,这种远离可以说是一种退步。例如,英语单词Ghotiugh可以读为"fish",其中gh音如rough,o音如woman,ti音如nation,ugh音如bough。② 英语中也存在一些固定的音节组合,这在阿拉伯语、希伯来语(其元音是隐含的)和日语平假名(通过辅音和元音组合的固定音节表示)中很常见。例如,在英语中如suspicion(怀疑)、shut(关闭)、sure(确定)、station(站点)、crustacean(甲壳动物)和session(会话)中的sh音只能在相应的前后字母组合中才出现;-ed虽然拼法一样,但在started、teacked和tagged三个单词中的发音都不同。这种情况和其每个化学元素都有独立特性的元素周期表(atomic table)不同。看似独立的字母按不同方式组合后会发出不同的音,从而形成了英语字母变化多端和彼此互动的化学关系!

语言的书面形式可以包含其口语形式不具备的智能。这在英语和汉语中都是如此,但在汉语中更明显。③ 今天汉语普通话中的许多词汇,它们在古汉语中的对应词有着更多的发音,只是后来这些不同发音被整合了,从而造成今天汉语中一个音可以表示多个汉字,即存在很多同音异义字。这就造成如此情形:一个故事,92个字,是关于一个诗人吃狮子的,我们用眼睛完全看得明白,但是如果这个故事被读出来,听者却只听到92个"shih"音,不知所云,一头雾水。④ 这表明,文字可以宰制口语。在理解中文这种表意

---

① 间断的平衡论(punctuated equilibrium),古生物学研究中提出的一个进化学说,1972年由美国古生物学家埃尔德雷奇和古尔德(N. Eldredge & S. J. Gould)提出,在欧美流传颇广。该理论认为新物种只能以跳跃的方式快速形成,形成之后就处于保守或进化停滞状态,表型上都不会有明显变化,直到下一次物种形成事件发生。换句话说,该理论认为进化是跳跃与停滞相间,不存在匀速、平滑、渐变的进化。——译者注

② Gelb, *A Study of Writing*, 225.

③ Powell, *Writing*, 48.

④ Deborah Fallows, *Dreaming in Chinese: Mandarin Lessons in Life, Love, and Language* (New York: Walker, 2010), 39–43.

文字时，通过视觉或心理阅读要比通过听觉"阅读"能更快地消除同音异义词造成的歧义。另外，虽然中国人通常会依靠句法语境来确定字符的具体含义，但他们有时也会按照汉字的笔画规则用手指在空中或纸上写出字符。

在英语中，书面形式的优先性没有汉字强，但仍然很明显。英语单词的拼写虽不完全符合其读音，但将其变得更有规则也曾是文字改革者的目标，不过这些不规则拼写仍然留存下来了，因为它们是记录语言历史的宝库，甚至是表明这些单词身份的标志。英语中同音字的区分还是要看其在形上的差异，如 but（但是）和 butt（屁股），threw（投掷）和 through（通过），以及 sight（视觉）、site（场所）和 cite（引用）。它们也可以通过上下文来区分，但诉求于书面形式（书面或口头拼写出来）仍然是判断其到底是哪个词的盖棺论定的方法。书面形式——这是德里达强调的一点——是决定 but 或 butt 的决定性手段。（将语词和其拼写方式截然分开，这是书写文化带来的衍生物。）语言的文字形式和口语形式一样对语言有着具有巨大的形塑作用。没有文字，口语就会像深广的海洋那样人迹罕至。

用眼睛聆听

奇怪的是，在人类文化技艺史上视觉记录很早就出现了，而听觉记录却很晚才出现。图画（drawing）可以追溯到早期旧石器时代（Upper Paleolithic），而录音则直到 19 世纪 70 年代末才姗姗而来。为什么捕捉图像如此容易，而捕捉声音却如此之难？要回答这个问题，我们得回到前文关于"物质性"（materiality）的讨论：许多光学物体能占据一定的空间，但声学物体并非如此。声音出现便消失，它存在于时间中。纯粹的声音实体无法恒久存在。在史前数千年里，口语被说出来后只能停留于声音、记忆和集体语言能力中，即索绪尔所说的"语言"（langue）[①]中。口语如果出现"回声"，会被认为是存在超自然力量或在闹鬼。但文字出现后，便有了捕捉口语这一"有翼的语词"的方法。

[①] 著名语言学家索绪尔区分了语言（langue）和"言语"（parole）。语言是抽象的、稳定的，即所有使用者个体头脑中存储的词语之总和。言语是具体的，随着说话人的不同而改变的。即某个个体在实际语言使用环境中说出的具体话语，这是随时间和地点变化的一个动态的实体。这一区分与美国语言学家乔姆斯基（N. Chomsky）于 1965 年提出的语用能力（competence）和语言运用（performance）相似，但前者着重于从社会角度研究语言，后者则着重于从心理角度研究语言。——译者注

从某种意义上而言,文字驯化了口语流动的声音。从文字是对口语的书面表征这一点来看,远在爱迪生发明留声机之前,文字就是一种"留声机"了。语言学家甚至使用"留声机般的"(phonographic)一词来描述那些精确表征口语语音的文字。由此看来,人类学会了用眼睛处理语言,在时间中采取行动(to act in time)。这种在"词—音—形"(verbi-voco-visual,詹姆斯·乔伊斯语)上取得的成就,意味着人类历史上伟大的感官—认知综合能力的出现。

换句话说,书写的奇迹在于它通过多种方法实现了对两种迥异的感觉记录能力或者说两种秩序——空间主导的视觉秩序和听觉主导的时间秩序——的整合。视觉感知往往蜂拥而至(共时的),听觉感知往往依序而来(历时的)。人眼特别善于识别相似之处,人耳对声音的识别则依赖我们的听觉经验(这是需要习得的)。我们在听到某种声音时会本能地看向其来源。但当我们"看"到某物时,并不会本能地好奇该物"听"起来是什么样的。声音提示我们该向哪里看,但视觉却很少提示我们该向哪里听。广播和电影中的音效不得不受制于这样一个事实:无论在日常生活中我们对去语境化的声音如何熟悉,如果音效不伴随视觉内容(或其他定向性方法),这个音效就很难被受众识别出来。音效工作者揉捏铝箔可以发出"雷劈声",将木块在桌面上敲打可以发出"马蹄声",在电影《泰坦尼克》中,幕后人员通过拨弄冰冻的芹菜茎就能让罗斯冻结的头发发出索索声。由此看来,人类的两个主要感官——视觉和听觉——在以完全不同的方式感知世界。眼睛如同高带宽设备,它可以同时接收整个场景,却很难察觉很短的时间间隔(这使得电影成为可能)。相比之下,耳朵是带宽较低的器官,在辨别时间差异上比眼睛更敏锐,但很难获得格式塔效果。耳朵更适合如深海潜艇一样地去感知时间的世界和稍纵即逝的事件。它让我们能与鲸类联手,也是适切于语言之约定俗成意义的原初感官——也就是说,耳朵更适合语言这一基于社会惯例(而非天然的)最重要的意义系统。视觉主要依赖其与世界之间"图标性的"(iconic)关系(查尔斯·皮尔斯之语),而听觉基本上是"象征性的"(symbolic),因为它通过习得或成俗来把握世界。[1]

---

[1] 此段文字改编自我老师的一篇极具创见的论文,参见:John S. Robertson, "The Possibility and Actuality of Writing," *The First Writing: Script Invention as History and Process*, ed. Stephen D. Houston (Cambridge: Cambridge University Press, 2004), 16-38。

书写成功地将视觉和听觉两种感官模式结合在一起,这是令人难以置信的壮举,功莫大焉。它能将空间伪装成时间,让平面上的符号表征声音。文字统一了视觉、听觉和语言处理。"文字既有视觉感知的整体性特征,同时又有听觉感知的序列性特征,两者圆融无碍。它既是非时间的,又是时间的,既是图标性的,又是表征性的。简而言之,文字的潜力在于它连接了视觉和听觉。"①麦克卢汉常说,文字教导眼睛像耳朵一样行动。我们在阅读时,眼睛必须线性地从一个符号移动到下一个符号。它不是一次从整体上获得视觉内容,而是去线性地"听出"各种声音或者各个约定俗成的单词。在阅读时,我们的眼睛必须成为一个线性信息处理器,并遵循单线规则。文字为听觉对象(语词和口语)提供了视觉上的栖居,为时间上的事件提供了空间上的家园。文字以某种方式将语音的听觉符号转换为视觉平面。书写媒介是语音的共鸣器。在欧洲和中国,龟壳和金属钟既可用来刻写铭文,又可用来扩大声音。用前述雅思贝·斯文伯罗的双关语来说就是:文字为口语提供了一个"存在的理由"(réson d'être)。② 在这个意义上看,文字成功地整合了艺术和音乐、视觉和听觉。③

文字将时间和声音转化为空间和视觉;历史上很多人都会大声朗读文字,这实际上是将空间和视觉转换为时间和听觉。文字是一种技术手段,通过眼睛和手来实现远距离的说和听,实现对复杂和庞大的数据阵列的处理,实现时空的相互转化,让我们能超越时间的不可逆反之流。文字矗立在空间和时间、视觉和听觉、面部和手部、固定和流动之间的切换点上。正因为此,文字成为最基础的(fundamental)沟通媒介。媒介作为工具,通过视觉、听觉、口头和手的记录来跨空间和时间,转换意义,而文字是第一个实现这一点的伟大媒介。从此之后,所有的记录型媒介、传输型媒介和信息处理型媒介都随之而来。西班牙伟大的诗人克维多(Quevedo)写道:"我用眼睛聆听死者。"④那能聆听死者之眼,与能跨越距离的其他感官交织在一起——克

---

① Robertson, "The Possibility and Actuality of Writing," 19.
② Jesper Svenbro, *Phrasikleia: Anthropologie de la lecture en Grèce ancienne* (Paris: la Découverte, 1988), 183.
③ Sybille Krämer, "Zur Sichtbarkeit der Schrift oder: Die Visualisierung des Unsicht-baren in der operativen Schrift. Zehn Thesen," *Die Sichtbarkeit der Schrift*, ed. S. Strätling and G. Witte (Munich: Fink, 2005), 75–83, at 76.
④ 感谢 Juan Ramón Muñoz-Torres。

维多的这句话击中了媒介理论的核心所在。

恰恰是由于文字具有非线性特征,所以文字在所有媒介史中都占据了核心位置。我的这个说法似乎与前文中的观点矛盾。麦克卢汉及其他很多媒介理论家都认为文字是线性的。文字将各种符号排列成行,读者必须依次阅读才能理解之,这被视为文字与绘画或象形字的关键差别。但正如前文所述,所谓线性特征,其实不过是文字和阅读的一个方面而已,过分强调文字的线性,会让我们忽视了文字作为媒介的最重要的特征:它的空间性使得时间逆转成为可能。〔在数字视频制作中,非线性编辑意味着编辑人员可以对图像流中的任何一点进行编辑,而这在传统电影编辑中是不可能实现的,后者只能在"帧"之间进行编辑,在帧之内编辑却难以实现。"帧"在手抄书(codex)中也存在,读者或多或少能在各页之间随意地跳转。〕

实际上,即使在我们的日常阅读中也不存在纯线性的阅读。例如,正文页的脚注和边注会吸引我们的注意,让我们跳出正文的线性阅读。在大多数书写系统中,尽管文字符号的空间顺序大致都对应于口语的时间顺序,但并非总是如此。例如,我们将"$100"读作"一百美元",这样口语就颠倒了文字书写的顺序;又如我们将分子置于分母之前,在口语中却相反。和从左到右的文字阅读不同,在算术中我们从右到左数,目的是要区分字母阅读和数字阅读。[①] 在计算机二进制中,我们读像 01000000(64)这样的数字会很不习惯,不得不放慢速度,会感觉到自己正在从右往左读(而不是从左向右读)。阅读时眼光要不断改变方向,这种情形同样存在于希伯来语阅读中——它从右向左阅读文字,从左向右阅读数字。即使在最小的句法层面,文字也不是纯粹线性的;对于更大的文本单元(如书),所有读者都知道,我们其实各有各的阅读习惯,从来不全是线性阅读,而是会大段跳跃,在不同的地方进入和退出一本书。

因此,在有关口头文化和书面文化的研究中,有些研究者认为书面文化是严格线性的,但这种解读是片面的。例如,我们随便从哈弗洛克的作品中引用几句:"一旦被刻下,文件中的语词就会被固定下来,它们出现的顺序也被依次确定。此时口语具有的所有自发性、移动性、临场发挥和快速响应等

---

① McLuhan, *Gutenberg Galaxy*, 181.

特征全都消失了。"①初读这句话时,我们会觉得它很符合常识,但如果对这句话作更深层次的反思,我们就会意识到哈弗洛克其实完全说反了,其实口语也是线性的。在书写或阅读时,我们的视线可以随文字回溯、删除、快速浏览或反复阅读。我们在阅读手抄书时可以较容易地在线性文字中做非线性地跳跃。在经卷(scroll)中视线要做非线性阅读较难,但也并非完全受制于线性文字。(今天让我们觉得有些匪夷所思的是,脸书的用户个人页面和计算机文档竟然重新采纳了古代经卷的滚动呈现方式。)当然,哈弗洛克在指出"口语的实时互动可以快速纠正误解"这一特点的同时,也乐意承认文本的固定性也具有巨大优势。但实际上,线性的文字世界也能够为读者提供某种非线性阅读体验——这是让那些哀叹"说出去的话如泼出去的水"的人都羡慕不已的。我们都知道,有时候有些话(口语)非常伤人,一说出口就似乎会永远悬在空中,挥之不去,在被伤害者的记忆中会留下灼伤的印记。口语一旦言从口出,便覆水难收,"第一稿就是最终稿",但文字既可以是永久的,也可以是变化的。在面对面谈话中是不存在"退格删除键"的,这正是相比之下某些人更青睐网络中介化人际传播的原因之一。无论如何努力,我们都不可能将口语的时钟倒拨。(由于有各种录音设备能将政客的出丑或错话记录在案,某些政客"倒播口语时钟"的愿望变得尤为强烈。)但是,文字实现了数据在空间上的排列,从而也实现了对时间的操纵。例如,我们可以向后或向前阅读文字,比如从手抄书的第 1 页迅速跳到第 271 页,或者从经卷的一个位置跳到另一个位置(虽然这对经卷而言稍微麻烦一点)。文字是人类掌握的首个操纵时间的技艺。综上所述,我们不必将"线性叙事写作"(linear narrative writing)视为书写的常规性代表,而应将"操作性书写"(operative writing)视为书写的一种范式性案例。操作性书写的目的,不仅是为了保存语词,也是为了操纵与这个世界相关的各种数据。

时空的相互转化性

哈特穆特·温克勒曾经发表过一篇精彩的综述文章,全面论述了哈罗德·英尼斯、伯恩哈德·维也夫(Bernhard Vief)、克莱默和基特勒的观点,

---

① Havelock, *The Muse Learns to Write*, 70.

对记录(recording)和传输(transmission)之间的关系进行了重新考察。① 关于英尼斯,我们通常如此理解他的观点:传输克服空间,记录克服时间。电报压缩地理,石刻压缩历史;传输超越地理意义上的距离,记录超越时间意义上的距离。(其实,我们研究来自遥远恒星的光线时,空间和时间就成为一体了,因为我们用光年来测量宇宙中的空间距离。)在历史上,文字同时处于时间超越和空间超越的中心。但是后来,时间超越和空间超越变得可以相互转换,例如,传输需要时间成本,记录需要空间成本。在地球上,我们很难感知到这种成本,例如,我们打长途电话(超越空间)时感觉不到时间成本,而实际上我们以为的共时通话在时间上是有滞后的;但在宇宙距离中,由于受到光速限制,传输(超越空间)所需要的时间成本是显而易见的。爱因斯坦对此有所论述,也许一些海豚也感同身受。据不失幽默的俄罗斯宇宙学家乔治·伽莫夫(George Gamow)估计,②上帝居住在距离地球 9.5 光年的宇宙空间。1904 年俄日战争爆发时,俄罗斯东正教会开始祈祷,希望日本毁灭;19 年后的 1923 年,日本果然发生了关东地震。伽莫夫认为,这 19 年的延迟是因为俄罗斯东正教徒"传输"给上帝的祈祷,以及上帝"传输"给日本的毁灭信号都需要时间。③

温克勒将传输和记录两者的关系用一个表格呈现出来,这对从坟墓到电脑的各种媒介都有显著的意义。④

表二 温克勒的媒介分类

	超越	消耗
传输	空间	时间
记录	时间	空间

① Hartmut Winkler, "The Geometry of Time," homepages. unipaderborn. de/winkler/.
② 乔治·伽莫夫,1904 年出生于俄国,美国核物理学家、宇宙学家。在列宁格勒大学毕业后,曾前往欧洲数所大学任教。1934 年移居美国,以倡导宇宙起源于"大爆炸"的理论闻名。对译解遗传密码做出过贡献。还提出了放射性量子论和原子核的"液滴"模型。同 E. 特勒一起确立了关于 β 衰变的伽莫夫—特勒理论以及红巨星内部结构理论。其科普著作深入浅出,对抽象深奥的物理学理论的传播起到了积极的作用。——译者注
③ Singh, *Big Bang*, 334.
④ 当然,温克勒最感兴趣的是计算机。计算机所做的一切都可以简化为数据的写入、读取、传输、记录和处理过程。参见:Winkler, "Processing," homepages. unipaderborn. de/winkler/

第六章 "脸"与"书"(铭刻型媒介)

从伽莫夫煞有介事、不无讥讽的计算中,我们可以清楚地了解,传输确实是需要时间成本的。但是,记录需要空间成本却不是那么显而易见的,对之我们该如何理解呢?温克勒和维也夫使用野兔和刺猬赛跑的寓言为例说明。刺猬和野兔挑战看谁跑得快,但规定比赛都只能在各自的地洞里进行。令野兔百思不得其解的是,它肯定自己比刺猬跑得更快,却每次都输——无论它跑得有多块,它总是发现刺猬早已在终点等着它了。野兔不断加速,却不断发现自己输得更惨,最终野兔终于累死了。真相是,野兔自己太马大哈了(连刺猬的性别都分不清)。刺猬让它的"另一半"站在跑道的一端,自己则站在跑道的另一端,所以野兔在终点看到的并不是公刺猬的真身而是另一只母刺猬。这个寓言中,"野兔原则"代表了传输所需的时间成本,传输无论多快,超越空间都需要时间(尽管这个时间量可以很小);"刺猬原则"则意味着完全的同时性或对复制品的预先安置,这也是人类新闻出版和广播的典型模式。如果在各地预先就已存在多个复制品,那么传输的同时性就不难实现。寓言中,公刺猬似乎可以同时出现在两个终点。(当然在比赛过程中,公刺猬和母刺猬之间怎么会有时间相互沟通,以及它俩如何在对的时间出现在对的地方,这里我们暂不讨论。)温克勒认为,刺猬夫妇的合作所代表的是一种"文字原则":读者的视线可以跳出时间之外,在不同的文字空间之间频繁跳跃。这种跳跃不会产生任何时间成本,因为此前至少有两个文字副本已被部署在不同空间了。

类似地,读者在阅读手抄书(与阅读经卷不同)时,视线可以快速地在所有页面之间跳动穿梭。虽然如一首歌所唱,"时间是一条河流",但记录型媒介却能基于不同事件对这条连续的河流实施冻结和切割,并将它们镌刻在空间坐标上。一篇文字是一条语词的河流,一部乐谱是一条音乐的河流,它们都被文字记录下来挂起烘干。文本可以暂时搁置时间的线性逻辑,从而实现古尔汉所言的人们在感知图像时所采取的"多维浏览"(multidimentional eyeing)。在阅读文本时,读者更多的是对内容进行"随机访问"而不是"串行处理"。正如温克勒所说:"技术性转换,即通过技术将时间转换为空间,这是实现可逆性(reversibility)——如果它可以实现的话——的唯一基础。"在记录型媒介中,各种片段可以被重新排列分段,从而打破线性的时间流。电影可以慢放、快放、倒放或者随意编辑以获得喜剧效果,就像唱片录音或录音带可以快放、慢放或倒放一样。记录可以将数据空间化于耐用材料之上，而对记录的回放就如同将冷冻的符号液化或重新激活后放回到时间的河流中。在这个过程中，时间又重新变得昂贵：每秒钟的电影播放成本是24帧电影胶片或15/16英寸长的缩微胶卷。

在书写、记谱或计算机存储器中，数据被放入虚拟空间，两者的关系就如同大西洋中的一艘船和英国格林威治子午线之间的纠缠关系一样。船在汪洋大海中计算所在的地球经度位置时需要在相距遥远的两个空间点之间获得同时性，即需要比较船舶上的日出时间和格林威治的日出时间。如果船长知道船所在的纬度和日出时间，就可以计算出船的所在地时间与格林威治时间之间的差异。地球自转时间约为24小时，通过前述时间差即可以计算出船与格林威治之间的距离，从而获得船所在的经度。这样产生的效果是：格林威治的计时器无需跨海发送物理信号（signal）就可以发送讯息（message）到船上，这个讯息就是"地球在格林威治和船之间这段距离上旋转所需的时间"。这说明，我们有可能让讯息隔空同时出现在两个地方，从而实现没有物质和时间成本的传输，我们可以称此为"空间轴操纵"（space-axis manipulation）。① 由于不需要发送信号就可以实现两点之间的远距离沟通，这是前述"刺猬原则"的应用实例。（这也是"云计算"给用户带来的好处，它让我们的文件同时存在于多处，供随时提取。）

记录型媒介的出现使得基特勒所言的"时间轴操纵"（time-axis manipulation）成为可能（"时间轴操纵"可以说是基特勒思想的核心概念）。正如克莱默所说，"人类存在的最基本体验——这不可忽视，因为人类的存在毕竟是物质性存在——是时间之流的不可逆转性。但技术为我们提供了一种缓解这种不可逆转性的手段。在媒介技术中，时间本身已经成为我们可以操纵的几个变量之一"。② 时间被空间化后，我们就可以通过操纵各种光学符号、声学符号和语言符号来记录时间上的连续性事件，甚至将它们发

---

① 这个表达我引自保罗·弗罗（Paul Frosh）。厄拉多塞内斯（Eratosthenes，公元前276—前194）首次测出了地球的半径。他使用的是类似逻辑。他发现夏至这一天，当太阳直射到赛伊城（今埃及阿斯旺城）的水井S时，其夹角为s；同一时间太阳照在亚历山大城某点A的夹角为a。他又知S和A间的距离约为5000古希腊里，于是他按照弧长与圆心角的关系，算出了地球的半径约为4000古希腊里，约为6340公里。这里，厄拉多塞内斯相当于同一时间出现在S点和A点。
② Sybille Krämer, "The Cultural Techniques of Time Axis Manipulation: On Friedrich Kittler's Conception of Media," trans. Geoffrey Winthrop-Young, *Theory, Culture, and Society*, 23 (2006): 93-109, 96, trans. 译稿对原文稍有改动。

送出去,从而如"螃蟹逆行"一样抵御时间的流逝。新的记录型媒介让逝者的面孔、声音和动作有了新的家园,从而使他们的生命得以延续。人类最古老的记录型媒介似乎就是为了纪念死者而设计的。① 记录型媒介能抵抗每个人都无法逃脱的宿命——生命迟早会终结。

爱迪生的留声机为我们提供了一个很好的例子。留声机是一种典型的模拟型和记录型媒体,一经发明就立刻被誉为"具有保存逝者声音的能力"。但实际上,爱迪生发明留声机的初衷只是为了改善电报的传输效果。任何复制都会逐渐失真,因此电报需要放大或复制源信号才能实现其远距离传输。留声机可以不需要人或机械的干预就能稳定地记录其接收的源信号并转发,从而实现了信号远距离的无失真传输。换句话说,留声机将传输问题转化成了记录问题。这说明,爱迪生希望跨越空间的愿望激发他发明了一种保存时间的装置。要传输讯息,就必须先尽可能保真地记录它,以免它在传输中死亡或失真;要传输就必须先以某种形式记录,而要记录,就必须先对原件进行分离并刻写于某种表面(例如在蜡筒上刻下凹槽)。爱迪生在发明留声机时的无意发现——传输和记录不过是一个硬币的两面——预示着后来20世纪物理学中时一空不分家的理念。具有讽刺意味的是,正是在物理学发现"不可逆性"的同时,媒介则发现了"可逆性"。彼时,热力学定律(万物耗散不可逆转)被提出,与此同时却涌现了各种能操纵时间轴的模拟媒介(如留声机和电影)。

温克勒的前述列表,将符号系统(the symbolic)视为空间镌刻的领域,也视为时间实验和时间戏剧的领域。② 在戏剧或演讲的排练中,人们可以随意中断和修改它们;在演奏练习中,一首钢琴曲难弹的部分可以根据需要不断被重复弹奏。符号系统可以将实际事件从其真实时间(real time)中分离出来,并用"舒缓时间"(slack time)取而代之——手机短信或其他记录型媒介就能产生这样的效果。在操纵时间轴时,其成本可以通过"比赛暂停"来降到最低。戏剧和练习是古老的逆转时间的方式。对克莱默和温克勒而言,人类通过戏剧可以避免死亡。真实事件可能只会发生一次,但如果被记录下来,则可能被一遍又一遍地重放。记录是一台复活机。"媒介,

---

① Assmann, *Das kulturelle Gedächtnis*, 60–63.
② Hartmut Winkler, *Diskursökonomie* (Frankfurt: Suhrkamp, 2004), 215–230.

恰恰是因为它们专为时间逆转和实验性行动而设计,其内容常常极为迷恋死、垂死和死之威胁,从古老的悲剧、后来的犯罪小说,再到今天的第一人称射击游戏,都是如此……"①前文我们已经提到"书写和钟表如太平间"等隐喻,对摄影术而言也是如此。② 从词源上说,坟墓(Sēma)和符号(sēma)同源,意味着"符号就是坟墓"。但符号也是围着坟墓的起舞。媒介既能操纵时间,但是——正如船舶使海洋能航行——媒介也能揭示出时间的陌生性(alienness)。

这是一个特大新闻:我们在人类漫长的文化历史中终于中了一个特大奖!人类自进入"行为现代性"以来,一直梦想着能暂停单向流动的时间,让它避开不可避免的崩溃,免于像那只野兔一样奔向死亡。现在我们终于找到了这个问题的答案:通过符号以及各种能临时存储和修改符号的设备,这一梦想就能实现。基特勒的宣言众所周知:媒介是符号的世界,而符号则是机器的世界。这些机器对人类命运具有巨大的影响力,它们既可以莫大地伤害人类,也可以挽救众生。这一雄心壮志的最新版本是量子计算,它扩展了文字最先实现的"并行处理"。量子计算技术所基于的假设是,信息传输可以隔空同步(即没有任何时间成本)在平行世界中实现。也就是说,在两个不同地点可以同步实现计算机的处理,而且这个同步处理不需要任何时间。这在今天的计算机模式中是不可能实现的。目前的大多数网络安全加密技术均是建立在这样一个事实之上的:由于受制于当前计算机串行处理的效率和成本,这些加密技术都不可能在短时间内破解。但如果量子计算技术得以实现,那我们都不再需要密码,因为量子计算机可以超越时间去执行那些目前不可能实现的庞大计算(例如,分解巨大的素数)。③ 计算机技术的安全保障水平与人际亲密关系的保鲜时间是一样的,它们都受制于时间的有限性。

尽管媒介能让我们通过符号让时间变得可逆,但我们仍然都会死。我们的肉身肯定会死(各种文书还能存活多久则充满不确定性)。正如日暮上

---

① Hartmut Winkler, *Personal Communication*, 21 April 2011,原书作者英译。
② 相关经典论述,参见: Roland Barthes, *Camera Lucida*, trans. Richard Howard (New York: Hill and Wang, 1981),31。罗兰·巴特将古希腊戏剧解读为一种死亡崇拜,指出戏剧中的面具指代的是现身的亡灵。
③ Gleick, *The Information*, 370 - 371.

的拉丁刻字所言:"时光不可逆,一如白驹过隙"(volat irreparabile tempus)。在大卫·伊格曼看来,"海洋隐喻"的力量不可抗拒。他说:"人类被困在时间里,就像鱼类被困在水里。"① 我们觉得闻所未闻的旋律听着似乎更美妙,那是因为它们跳出了生死轮回。音乐是所有艺术中最昙花一现的。声音的存在仅仅是因为时空中的压力作用。留声机唱片、录音带或光盘能保存声音,并在未来通过合适的设备将其原样反复播放出来,但它们保存的并不是声音而是空气的震动。声音记录设备并不能像洞穴墙壁或画布记录图像那样记录声音。所有发生在时间中的事件在重放时都必须从头开始,一次又一次。人的声音无法持续,语词瞬间飞走,空气振动逐渐消逝。黑胶唱片可以经历岁月,但它在立体音响设备上播放出的音乐仍然转瞬即逝。每次要再现它就得重新将它传输到空中。声音本身或声音的运动只能发生在当下(now),而且每次都只能是一个单独的事件,这使得所有时间事件都具有表演色彩。如果每段声音发出后都不是瞬间衰减,那么世界将会充满轰隆隆的所谓布朗噪音。媒介符号只能在一定时间长度内抵抗热力学耗散。我们在时间上的存有(being)必须通过消失才可能存在(to be)。②

最后一点,空间和时间是不对称的,至少对我们而言是如此(媒介总是会因物种不同而不同)。在其技术史早期,人类就可以存储图片,这是因为人类视野中的许多物体(当然不包括天上的云)是相对稳定的,并且在其生存环境中存在着各种稳定的表面,使他们能刻画图片。人类通过视觉捕获稳定的物体,而手则可以持久地再现它们。但是,人类不可能为声音画出一张草图或拍摄出照片(这在19世纪之前是完全不可能的)。要成功地将声音和运动的线性过程记录在纸卷、烟熏玻璃、胶片或蜡上,是需要大量的智力积累的。时间流逝可以被抵御,但它永远不会被征服。另一方面,虽然我们在空间表面上的镌刻会随着纸张的酸化、胶片的降解、石头的风化而褪色或完全消失,但至少其内容是可以以即时可读的形式保存下来。尽管记录和传输、时间和空间均可相互转换,以及记录型媒介具有时间混杂能力,但我们最终是没有任何能力去阻止宇宙耗散的。这一耗散是线性的,其最终

---

① Bilger, "The Possibilian," 65.
② Friedrich Kittler, "Blitz und Serie, Ereignis und Donner" (1993). see: vimeo. com/21605213. English: "Thunder and Series — Event and Thunder," trans. Geoffrey Winthrop-Young, *Theory*, *Culture and Society* 23(2006): 63–74.

结果是混乱而不是秩序。时间很可能是宇宙熵——宇宙万物都朝着一个方向稳步耗散——带来的结果。赎罪意味着可逆,它是一种力量,凭借它赎罪者将自己与过去解绑,与未来连接。赎罪也是一种宽恕的力量和希望的力量。①

与海豚不同,人类拥有耐用的媒介,即各种可形塑的材料,人类藉之可以承载其意图。人类最重要的技术成就之一,就是能够以空间形式记录各种事件数据,供未来实时重播。我们有如此多的媒介选择,从旧石头到新石头(如硅)。但我们最终却无法完整记录下发生在时间长河中的整个事件以及天气变化。目前还没有能实时记录和塑造实际时间(real time)的媒介,充其量我们只可能制作出各种"皮肤"和"服装"来包装时间。四维且可塑的媒介介质现在还不存在。因此现在我们只能将时间转换为空间才能管理它。到目前为止,空间是人类唯一能够形塑的对象。我们只能在空间表面上"写"或记录事件,然后通过这些表面以某种保真度来回放这些事件。我们最擅长的事就是用空间置换时间,用实物置换流体。

海豚缺乏持久的空间记录型媒介,人类则缺乏时间记录型媒介。我们也许能开发出高效的三维打印机,但绝不可能开发出四维打印机。我们对各种介质的形塑能力受到时间维度的局限。从我们鲸类同胞的不足上,我们看到了自己的不足。鲸类缺乏物质性,人类缺乏时间性,这让我们各自在操纵能力上都受到极大的局限。人类是物质性生物,还没能发现任何能够完全阻止时间流逝的介质。文本可能让时间延后,但我们的身体这一最深刻的媒介仍注定会消失。但是,我们也并不希望能够储存和塑造时间。与时间一样,人类感知到的痛苦也总是难以抑制地发生在当下(now),然后才慢慢消失在虚空之中——幸亏它会消失。如果疼痛不会消失而是可以被我们记录下来,不断地回放,那世界将会怎样?如果人类实现了"四维记录",这样的媒介将是一个恶魔和地狱般的此在(Dasein)!由此可见,(时间的)"不可逆转性"既美妙又可怕。②

但无论如何,所有的物质性在时间面前都将破败不堪。我们明白,我们

---

① Arendt, *The Human Condition*, 236-247.
② 参见拙文:"The Anatomy of a Circumcerebral Quantum-Entangling Experience Engine," *Das Medium meiner Träume. Hartmut Winkler zum 60. Geburtstag*, ed. Ralf Adelmann and Ulrike Bergermann (Berlin: Verbrecher Verlag, 2013), 31-42.

第六章 "脸"与"书"(铭刻型媒介)

所知的一切总有烟消云散的一天。在五十亿年后,太阳会不可逆转地膨胀为一个红色的巨大火球,届时地球将被焚烧殆尽,海洋会被蒸干挥发,人类留存的档案,无论其形式如何,都会化为乌有;地球上所有复制积累的DNA历史都将消散不见,我们所有精心建造和维护的坟墓都将被雾化。我们对这一终极末世景象的想象还是基于一个假设,即认为人类作为一个物种在此前地球上各种灾难的折磨下还能熬到终极末世那一天。人型生物至今只存在了数百万年,人类拥有语言的历史也不过几千年,用抽象的文字表征口语只有几千年,使用媒介技术记录时间并回放的历史不过一百多年。这些努力带来的结果是:出现了很少人使用、形如僵尸、浩如宇宙的图书馆(或记录宇宙的图书馆)——它们既让我们震惊,又呼唤着我们的奉献和关怀。在《白鲸》(Moby-Dick)中,艾希梅尔(Ishmael)靠一口棺材作救生圈在沉船事故中捡回一条命。"美丽,如同秩序,在这个世界的许多角落随处可见,但它们都不过有如一场局部的、同时也是必将终结的战争——因为其敌人是如尼亚加拉大瀑布般汹涌流逝的不断增加的熵。"①文字如一艘小筏,乘着它我们漂至瀑布之上,然后坠落而下——我们祈愿着小筏能保护我们于万一。

---

① Norbert Wiener, *The Human Use of Human Beings: Cybernetics and Society* (Boston: Houghton Mifflin, 1950,1954),134.

第七章 上帝和谷歌

> 各种各样的数据库……对后现代人而言就是"自然"。
>
> ——让-佛朗索瓦·利奥塔(Jean-François Lyotard)

知识之网

互联网是一个巨大的书写媒介。我们很难搞清互联网到底是什么,它是迷宫、图书馆、世界之大脑、商业之引擎、人之耦合器、色情内容供应商,抑或监视系统。互联网是海洋、墓地、市场、妓院、动物园、垃圾场和档案馆。在长达几百年的文艺复兴时期,欧洲人逐渐发展出"世界是一本书"的想法,但互联网这一新奇事物突如其来,很快就成为整个地球的数据生命线,成为一个吞噬所有其他媒介的媒介。无论我们将互联网视作何物,它都是一台记录型机器,它既服务于又折射出人们的存储狂热(storage mania)。人类对芸芸比特如此恋恋不舍,佛陀也会感到震惊。互联网上数据浩如烟海,消耗的碳能源也浩如烟海,让人类的记忆自惭形秽。它的这一能力超过了所有图书馆(无论何种规模)。有了互联网,图书馆工作还剩下什么价值?我们该如何应对这令人眩目的、不断扩张的记录?居住于一个如此丰富的信息栖息地,我们却显然无法充分利用之,这到底意味着什么?

书写系统对人类具有巨大的存在性后果(existential consequences),这是本书的关键论点。历史——它是过去以来众多包罗万象的文件组合——显然是一种独特的人类境况。所有动物的基因中都携带着其物种的历史以及个体的乃至集体的记忆。人类通过DNA保存自己悠久的历史,也通过外部存储媒介保存这些历史。人类的天性与其历史如影随形,相辅相成。这种记忆的外化(externalization)既给我们带来了力量,又使我们面临着危险——对这种杠杆效应,我在前文论述船舶、用火、农业、天空媒介和文字时都提到过。人类将其记忆储存于外部媒介,带来了诸如信息过载和人工智能等问题。在一个识字普及的社会,知识的储存量总是远超人类个体的信息处理能力。我们用来描述这种过载的知识容量的经典用词先是"图书馆",后来则是"互联网"。从古代(antiquity)开始,世界多个文化传统中都出现了以文字形式存在的集大成作品,其容量远远超出任何个人能掌握的程度。犹太智者(rabbis)相当有道理地认为,任何个人穷其一生都不可能完全掌握犹太《托拉五经》,而且在创造性上,任何其他传统都不可能超越这五经中的神学思想。"在这个所有其他事物都变动不居的世界中,《托拉五经》是人类可以从绝对意义上来理解的唯一对象。"①犹太智者们认为,《托拉五经》不仅仅是一本书,更是宇宙构成的一部分,其中蕴含着上帝创世的秘密。② 今天,犹太新年的问候语仍然是"愿你被铭刻"(进入生命之书),这给人的感觉不是"世界蕴含着这本书,而是这本书中蕴含着世界"。记账和镌刻的逻辑深深地融入了正统的犹太生活实践中。③ 中国唐朝学者杜佑来自迥然不同的传统,但他的这段话也体现出同样的精神:"凡阅古人之书,盖欲发明新意,随时制事,其道无穷。"④(意思是,无论何时查阅先贤经典,我们的目的都是希望能结合当下的具体情况从中发现新意义并建立新制度。古书中蕴含的道理无穷无尽。)

---

① Gershom Scholem, *Kabbalah* (New York: Quadrangle, 1974), 168.
② Susan A. Handelman, *The Slayers of Moses: The Emergence of Rabbinic Interpretation in Modern Literary Theory* (Albany: State University of New York Press, 1982), 37 ff.
③ Sharrona Pearl, "Exceptions to the Rule: Chabad-Lubavitch and the Digital Sphere," *Journal of Media and Religion*, 13(2014): 12337.
④ 原著引自 Michael Cook, *A Brief History of the Human Race* (New York: Norton, 2003), 196-197. 此处译者引用唐代杜佑原文,出自《通典卷第十二·食货十二》。

15世纪中期出现的印刷机使人们对信息爆炸的埋怨不断加剧。[1] 用古尔汉的话说,知识属于人的脸(face),而书籍则属于人的手(hand),知识与书籍可以无穷无尽地累积而不考虑个体的接受能力。只有在口头文化中,知识的总量才与凡人的知识掌握能力保持一致——这要归功于所谓"结构性遗忘",它使得集体知识的储备或多或少保持在恒定水平。[2]

但在书面文化中,个体的心智能力(mind)与社会的物质能力(matter)之间的平衡就被打破了。尽管一场大火或者某个皇帝的一时疯狂都可能导致汗牛充栋的书籍文献灰飞烟灭,但书面材料仍然很难被控制或被赶尽杀绝。因此,常规而言,现代图书馆都采取一种开放性的存储策略,并随时准备着应对未来可能出现的奇篇珍本。"记录一切"传统的极端表现是犹太人所说的"教堂贮藏室"(genizah)——这是一个地室,专门用来保存那些极为古老又因为实在太神圣而不能毁掉的文本。犹太人这么做是因为,尽管这些文本已经不再能使用了,但其上仍然留着上帝的名字,因此不能毁掉,所以就将它们存放于地室维持着虚弱的生命(这些地室也因此具有了巨大的考古和语言学价值)。那犹太传统如何对待数字化文本?根据1999年的拉比判决,"所有包含圣名的文本都必须无限期保存"的敕令不适用于基于计算机像素的文本,因为它们只不过是"0和1组成的序列"。[3]

文本的数量以令人晕眩的速度不断增长,虽然并没有给我们带来根本的改变,但从数量上而言,在数字时代人们的信息超载感更为普遍。今天每年新增的数字信息要比人类历史上所有的文字记录都多。据说约翰·弥尔顿读遍了他那个时代所能够获得的所有书籍,但在今天,没有人能像弥尔顿当年那样了。今天,即使弥尔顿在世,他也不可能做到。另外,即使弥尔顿确实读完了他能找到的所有书,又能记得多少呢? 在他众多的名著之中,《失乐园》是一本令人惊叹的记忆杰作,但该书也只体现了他多年来大量阅读积累下来的很小一部分,如同投入暗夜的一束微光,而他的大部分记忆最

---

[1] Ann M. Blair, *Too Much to Know: Managing Scholarly Information Before the Modern Age* (New Haven: Yale University Press, 2010).

[2] Jack Goody and Ian Watt, "The Consequences of Literacy," *Comparative Studies in Society and History*, 5: 3 (April 1963): 304 - 345, at 309.

[3] "Rabbi OKs Deleting 'God' on Computers," *Los Angeles Times*, 2 January. 1999, http://articles.latimes.com/1999/jan/02/local/me-59668.

终都消失在迷雾中。痴迷的读者在重读一本书时总会有一种常读常新的奇妙感觉:仿佛这本书又已长成了一种全新的生物,或者觉得它完全陌生,仿佛上次读完后该书消失在某种黑洞之中,现在又被自己寻回。① 我们读过的书和未曾读过的书之间在本体论意义上存在着一种深层的相似性,无论新旧,它们都显得既深刻又模糊。有时,没有读过的书比读过的书更能让你眼前一亮,而且部分地阅读一本书比完整地阅读它更能决定性地影响你的思维。"读过某本书"的人并不天然就比"没读过该书的人"有着认知上的优越性(学者们最擅长的是对他们没读过的书津津乐道)。② 但是,数据库可以让用户实现机器检索,这打破了人工信息过滤机制和非人工信息过滤机制之间的平衡。对越来越庞大的数据,我们该如何应对?对那些既塑造又遮蔽我们记忆的各种保护神,我们该如何对待?有多少信息已经消失在"暗网"中?有多少信息又消失在那些隐蔽的、不可触及和未曾被标注的实在中呢?知识到底存在于何处?它是存在于人脑、图书馆、我们这个物种,还是存在于某种由人类和非人类共同组成的复合网络中?

在讨论"数字基础设施如何改变了人类记忆"时,搜索引擎谷歌很容易成为一个方便的批判对象。就像书写能管理各种如语言和声音这样桀骜不驯的材料,谷歌能够处理"记忆的秩序"(memory's order)这个令人棘手的问题。本书前面几章论述了航海、用火、计时和图形等技术,本章则关注记忆术,也就是在互联网时代如何为海量信息添加标签并使之有序的技术。搜索的艺术,与火的艺术一样,主要在于剔除——获得知识不在于如何搜集信息,而在于如何拣选信息。学习涉及"得"也涉及"舍"——在学习中,学生必须消除恐惧,改变不良习惯,放弃消极态度。另外,我们还出版各种参考书籍来管理如何拣选信息:所有图书馆都设有索引部,存放各种参考书、笔记和目录资料。这些材料本身就是一种媒介,属于元媒介(metamedia)。至于索引资料,其目的就是引导人们更高效地获取信息,但它们本身也要占用空间,也需要管理。③ 谷歌的绝顶聪明来自将所有图书馆都视为它们自身的

---

① Patrick Süskind, "Amnesia in Litteris: The Books I Have Read (I Think)," *Harper's* (March 1987), 71–73.
② Pierre Bayard, *Comment parler des livres qu'on n'a pas lus* (Paris: Minuit, 2007). 但我自己还没有读过此书。
③ Blair, *Too Much to Know*, ch. 3, passim.

索引。谷歌已经成为图书馆的最新地图,而地图的作用是作为一种技艺(craft),能让各种不友好的元素变得"可航行"。

所有文明都有属于自己的记录、传输和处理数据的方法。广义的数据库是一种集体存储介质,形式包括墓地、家谱、寺庙、石标、偶像和图书馆等。但数字存储接近于零的低成本、数字设备的小型化和个性化、带宽和网络基础设施的扩展,加上一种强烈的复原和再现的欲望,已经为各种档案的复活创造了前所未有的有利条件。[1] 今天,各种早已消失的书籍报刊、影视片段和歌曲照片等都通过数字出版重新回到人们的视野中。同样,许多失联已久的人在社交媒体上突然出现,仿佛死而复生。布鲁诺·拉图尔指出,互联网这一平行世界是各种非人类物参与的聚会。加了标签的网络内容极像具有指针(gnonom)的日晷,成了"知识物"。有关网络数字图书馆的一个关键事实是,它不仅让用户更容易接入,还更加密切了各种文本之间的联系(当然,具体以何种方式连接,这是一个政治问题)。[2] 既然有"人的互联网",也就有"物的互联网"。宇宙如一个巨大的数据库,其自我认知不断增长,而谷歌就是这个增长的体现(symbol)和后果(symptom)。既然我们的存有是锚定在各种能指之上的,既然所凭借的基础设施的变化能改变人类的历史进程,那么我们就必然会对互联网投以巨大的兴趣。

宇宙作为一座图书馆

我在本章提出以下问题:我们应该如何应对信息的丰富性?如何处理我们与各种可爱物之间的亲密关系?如何把握对我们而言有着本体论意义的元有机网络(metaorganic network)?本章在回答这些问题时遵循博尔赫斯(Jorge Luis Borges)的思想。他将整个宇宙视为一座图书馆,也比任何人都更了解人类记忆的脆弱性、书籍所蕴含的奇怪的本体论意义以及巨大目录中散发的神学意味。当然,将博尔赫斯视为谷歌甚至互联网的护卫先哲并无新意。正如后文所述,谷歌自己的说辞和自我呈现都热切地培养这样

---

[1] Lisa Gitelman, "Welcome to the Bubble Chamber: Online in the Humanities Today," *Media History and the Archive*, ed. Craig Robertson (New York: Routledge, 2011), 30 - 39.

[2] Ted Striphas, "The Abuses of Literacy: Amazon Kindle and the Right to Read," *Communication and Critical/Cultural Studies*, 7: 3(2010): 297 - 317.

一种脉络渊源。例如,2011年8月,谷歌在其首页发布了一个"涂鸦"作品以庆祝博尔赫斯的112岁生日,该"涂鸦"画着他面对着一个想象的巴别(Babel)图书馆。但我认为,博尔赫斯与这里所讨论议题的相关性,远远超过了将他仅仅视为"全能图书馆的梦想家"。实际上他还研究了死亡与记忆的联系,指出书籍可以像任何具有代谢能力的碳基生物一样获得盎然生机,以及任何一页书都可能是上帝创作的剧本。他还指出,不同书籍之间存在着似有似无、若即若离的共振,百科全书和其他整合知识的企图其实都不过是去发现和铺设各种"网络"(networks)。他从犹太智者和约西亚·罗伊斯(Josiah Royce)那里获益良多。罗伊斯在1899年就预见了"谷歌"的出现:"宇宙同时作为主体与客体,包含着一个完整且完美的形象(也就是一个自我观)。无论这个形象或自我观是什么,它肯定首先是其自我形象系统的局部体现。"[1]基特勒(他是博尔赫斯的铁杆粉丝)曾提出一个"信息论的唯物主义"(information-theoretic materialism)学说,其中心论点是"不能切换之物(不能网格化之物)不存在"[2]。我觉得这是对媒介的上佳描述——媒介能塑造本体意义,也是一种具有处理(process)世界并使事物成为可能的艺术和技艺(craft)。基特勒认为这一表述是唯物主义的,但我认为,它实际上有一个更清晰的唯心主义血统。唯心主义不仅是一种想要跳出"木工和化学原则"之外(如爱默生所说)去解释世界的哲学,也是一种要将宇宙化约为索引(index)的哲学。存有可以被操作(operations)替代,世界可以被思想替代,互联网则可以被标签替代。乔治·贝克莱(George Berkeley)这位爱尔兰伟大的唯心主义者(加利福尼亚伯克利市市名即取自于他)说道:存在即是被感知(existence is perception)。他的这句宣言与基特勒的这句名言非常相似:要存在就是要被感知(Esse est percipi/to be is to be perceived)。有些人将贝克莱的话解读为:宇宙完全被各种思想(mind)塞满,因而物质(matter)也就不是实在的了。但我觉得,我们将贝克莱的这句话理解为他是在进行"一个伟大的实用主义化约"似乎更合适——贝克莱的意思是,实际上,整个世界及其后果其实不过存在于感知者的头脑中。威廉·詹姆斯指出,"贝克

---

[1] Josiah Royce, *The World and the Individual*, 2 vols. (New York: Macmillan, 1899), 1: 553.
[2] Friedrich Kittler, "Real Time Analysis, Time Axis Manipulation," *Draculas Vermächtnis: Technische Schriften* (Leipzig: Reclam, 1993), 182-207, at 182.

莱并没有否认物质存在,他只是就"物质由何组成?"这个问题给出了自己的回答。他认为,所谓"物质"只不过是"我们给自己的所感之物的命名而已"。① 唯心主义是隐性的关于标签的哲学(philosophy of tagging)。我们不需要担心"存在"(esse),因为我们可以用更易于管理的"感知"(percipi)来代替它。图书馆即目录,互联网即搜索引擎,事件即其记录,宇宙即我们对它的感知。在这一系列表达中,媒介研究的勃勃雄心一目了然:企图接过形而上学的衣钵,成为能解释一切的学术领域(field)——跃然而出。

要存在就得先被感知

无论"要存在就得先被感知"这一原则是否适用于石头、青蛙和树木以及其他各种各样的"物"(things),该原则在某些方面显然是适用于书籍的。书籍是人类各种思维最重要的产物。如后文所述,通过分析书籍的本质,我们能对互联网有更多的了解。很多唯心主义思想家如贝克莱、叔本华、罗伊斯和博尔赫斯都是藏书家,这绝非偶然。书籍的存在在某种程度上就是唯心的。书籍如果要超越纸浆这一物质,就得让人读它,还得让人记住它。但书的意义不仅在于被阅读,即使没有读者,也并不意味着它缺乏智慧。我曾经在爱荷华大学图书馆偶遇一本书,根据借书记录,它上一次被借出是在1938年。该书内容生动、智慧,文字所及皆我所欲知,读来甘之如饴。这本旧书存于地下书库,但我读起来丝毫不觉得陈腐,反而感觉如早晨一样新鲜清爽。这么多年来,这本书都去过哪些地方?是什么让它仍然鲜活?该书的作者卡尔·雅斯贝斯(Karl Jaspers)早已辞世,因此不能说这本书的蓬勃活力仍旧源自他的大脑。在任何时候,作者都难以成为作品的忠实守护者,这不仅因为作者通常不是自己作品的最佳读者,也因为作者会很快忘记了自己作品的内容,就像读者会很快忘记他们所读的内容一样。(由于作者的健忘,他们常常会如频繁生育的母亲一样出书,但内容不断重复。如果作者能更好地记住自己写过什么,这种重复就可以避免了。)船能激活大海,读者也能激活书籍。

由于我们的时间有限,每本书对我们而言既是一种祝福,又是一种负

---

① William James, *Pragmatism* (1907; New York: Meridian, 1970), 68.

担。叔本华说,要是我们在买书时也能同时买些阅读时间就更好了。书籍与自然物不同。书籍能让我们的情感难以自抑,但自然物即使丰裕富足也无法做到这一点。这个世界中我们不知道的东西实在太多;整个宇宙浩瀚无边,让我们懊恼不已。我们走进一家书店,很容易就会被书店里唾手可得的海量知识压得喘不过气来。但是为什么我们在走进森林、靠近海边、身处大城市或者在进行简单的呼吸时,却没有在书店时那样的压迫感呢?人体内部每秒的运动都让人匪夷所思,但是我们很少因为自己在这方面的无知而感到困扰。然而,书一旦出版就对我们的注意力和时间提出了要求。它们以与自然界迥然不同的方式向我们发出呼唤。所谓"物"(a thing)——海德格尔称为 zunichtsgedrängt——是身心放松和无所牵挂的。一株植物或一块石头,有如亚里士多德所言的神,或海德格尔的"懒散物"(slacer things),是自给自足的。但书不一样,书是有需求的。它们哭喊着渴望读者,如同魔鬼渴望魂魄,总想附着和控制我们的身体。博尔赫斯说:"任何书在遇到其读者,遇到其符号的命定有缘人之前,它只是这生无可恋的宇宙万物中之一物,万卷中之一卷。"①

　　大部分充满意义的智慧物,都是在缺乏鲜活的策展人(curator)的状态下存在的。(如果存在是被感知,那么在人打瞌睡而无法感知时,就会有某些东西突然不存在了,而另一些东西则会突然出现。)假设一场瘟疫杀死了全人类,只留下了人类的所有物质器物,那会发生什么?此时博物馆和图书馆的藏品、办公室和海关的大量文件是否仍然有意义?(书籍、计算机与玉米和贵宾犬一样,也需要人类的照顾才能茁壮成长。它们可以说是终极的驯化物。)如果没有生物能够阅读它们,人类所有的外化存储还具有智慧吗?如果我们坚持智慧是客观的或公共的而不是主观的或私人的(我就这么认为),那么前述问题就是一个重要问题。我相信,即使在瘟疫之后所有的人类都不存在了,这些人类文本的意义仍将持续,就像尽管几个世纪以来没人能读懂埃及象形文字,但它仍有意义一样。象形文字休眠了数百年,但它以某种方式存在,尽管这种意义很难在本体论上做具体描述。在这数百年中——从象形文字的最后一位书写者到 19 世纪末期破解象形文字的古文

---

① Jorge Luis Borges, "Prologue to the Collection," *Selected Non-Fictions*, ed. Eliot Weinberger (New York: Penguin, 1999),513 - 534.

字学家商博良——象形文字的意义不存在于任何大脑中,至少不存在于任何人类的大脑中,但它仍然以一个充满智慧的、遗世独立的文本存在。

但是,我们在上文中提出"若读者不存在,文本将如何?"问题并不只是一个思想实验,它折射的其实是人类的境况。对我们生活于其中的数据场景和文化仓库,我们根本不可能掌握得了——甚至作为活着的生物,我们对它们做到哪怕是最轻微程度的了解都不可能。对于知识,人类整个物种都无比信任甚至信仰。记录型媒介让心灵(mind)可以超越物质性的大脑(brain)。整个宇宙的大部分内容,无论自然的还是人工的,都没有自我意识,也没有被任何地球人的智慧接触过。在贝克莱的唯心主义看来,这些宇宙内容很可能会消失在虚无之中,他因此提出"上帝有无所不知的感知能力"之说来拯救这些内容。(我们在后文还会谈到这种"无所不知。")既然上帝可以洞察一切,因此任何实在都不可能因其疏忽而从水槽洞里逃逸。

一本书就如大海——快乐存在而无所计较,如要接触它则需要我们投入一些技术性劳动。要详细说明一本书的存有不那么容易。那些智能不及人类的生命可以利用海洋,但只有人类或比人类更聪明的智能才能利用书籍,将其作为意义的储藏库。火和蠹虫也会"使用"书,但明显是为其他目的。唯物主义是动物哲学的等而下之;唯心主义是人类哲学的等而上之。书是什么?我们怎么可能回答这样的问题呢?(一个类似的问题是:什么是心灵?)一本书是一个身体、一只动物、一个鬼魂、一个人、一件艺术品、一段音乐、一些食物、一次天启、一件地上文物、一个挡门物、简历上的一个分割线符号、一部作品、一本畅销书、一种炫耀手段、一件礼物、一部生活指南、一堆助燃物、一个避免他人的理由、一张版权支票、一个盗版对象、一个顺手工具、一个语料库、一张离婚证明、一件证据、一件在背包中放了整个学期最终被转卖的东西(教材)、一个异国他乡。书也是被密封的、被审查的、被诅咒的、被翻译的、将要读的或尚未撰写完毕的。约翰·弥尔顿很喜欢引用犹太智者的观点,他认为书籍是活蹦乱跳的生物,常常会在其子孙后代中突然冒出,如暴龙突然露出的满嘴獠牙。他还说,毁掉一本好书在某种程度上比杀死一个人更恶劣,因为人不过是上帝根据自己形象创造出来的复制品,而一本好书代表着理性本身,毁掉一本书就相当于毁掉上帝的形象本身。① 海

---

① John Milton, *Areopagitica* (1644),6:5.

因里希·海涅说,如果书被烧毁,那么接下来就是人被焚烧。① 书籍与人类鲜活的智慧紧密相关。作为活生生的存在,一本书既有个人小传,也有集体叙事。书籍还是卓越的政治动物。

定义书就像定义语言一样困难,而谷歌则为我们提供了一种重新思考书籍和语言的方式——将它们都视为网络(networks)。这个世界上存在不少信息,人类一直在寻找一种无需超验真理或中央权威就可以实现的信息分类和价值评估方法,而谷歌就是在这一领域获得的最新进展。

就像学术同行评审一样,谷歌通过专业知识社区来衡量研究的质量。谷歌仅通过网页之间和网页内部的链接就可以实现对意义的分类。这不免让人怀疑,所谓"内在哲学"(a philosophy of immanence)的转向是否源自谷歌的"先验性媒介"(media a priori)。在这一点上,谷歌也与费迪南德·索绪尔的语言学理论相似。索绪尔认为语言就是由众多相互关联的词汇组成的网络。他的《普通语言学》(1916)(其讲座文稿汇编)鲜明地阐述了所有字典都依循的原则:你查某词时会被指向另一个词,然后又指向第三个词,依此类推。后来某些读者指出,索绪尔认为"意义是无限推迟的",其实并非如此。他的意思是,所有词语的含义都嵌在围绕该词形成的独特网络中,该词与其家族中的其他词汇相互纠缠,沾亲带故。

甚至在系统编目方法出现之前,图书馆就已经是网络了。任何书都不能脱离其他书籍,书和书如白杨树林一般存在于细密的交互系统中。学术著作对其他学术作品的引用大多数是明确的,但实际上所有书籍都存在于一个或明或隐的超链接网络中(文学学者称之为互文性)。在书的世界中,一直就存在着影响力的气候。哈罗德·布鲁姆(Harold Bloom)②毕生致力于研究这些书的网络,其中,某些书籍对其所属语言来说是如此重要,以至于它们的 DNA 为后面的书籍大量继承。在英语语言中,詹姆斯国王钦定

---

① "Dort, wo man Bücher verbrennt, da verbrennt man am Ende auch Menschen."
② 哈罗德·布鲁姆(Harold Bloom, 1930—2019),美国当代最著名和最具影响力的文论家、批评家和美学家批评家。犹太人。先后求学于康乃尔、耶鲁、剑桥等大学。长期任耶鲁大学教授,并曾为希伯来、康乃尔大学客座教授。他的思想和风格深受德里达影响,与耶鲁学派其他成员在许多方面相一致,故被公认为"耶鲁学派"代表人物之一。布鲁姆对西方诗歌批评和诗学建设作出了重大贡献,如他对西方文学史中的重要作家莎士比亚重新进行了解读;对浪漫主义等重要的创造理论问题作了创造性的分析。——译者注

《圣经》和莎士比亚的作品享有基因始祖的地位,就像路德《圣经》和歌德作品在德语中的地位一样。这些作品已经成为网站"主页",被后来的几乎所有英语或德语作品链接。

请继续搜索

我在前文中已经开始使用谷歌的话语了——谷歌毫不忌讳地将自己模拟成一个图书馆。谷歌是一家非凡的公司,它充满活力、傲慢、想象力、奇思妙想和果断毅然,当然还充满铜臭味。它引领了喜剧资本主义(comedic capitalism)以及其他好玩和有趣的业务,如 Spanx 塑身内衣和 Zappos 鞋店等,它本身已经成为几个扎实的学术研究课题和新闻报道的对象。[1] 因为谷歌搜索与学术研究的基本搜索方式非常接近,所以它已成为一个特别吸引人的学术研究对象。许多企业将我们视为消费者,跟踪和限制我们的栖居(the moorings of our being),谷歌就是这种企业的一个代表。但我在这里想要讨论的重点不是谷歌公司本身或其影响力日趋巨大的新业务和并购行动,这些并不适合于关注"长时段"的本书之目的。我们甚至不清楚几十年后谷歌是否会继续存在,当然那时候也可能是谷歌统治了全世界。我在这里关注谷歌擅长的"搜索"(search)。其实我在这里更想用 search 的动名词 searching 来描述谷歌的业务,但是,由于大多数人都直接用动词"search",所以还是 search 占了上风。无论谷歌的终极命运如何,它的搜索方法都为"如何在图书馆或宇宙中避免迷路"这一经典问题提供了令人惊叹的答案。只要互联网继续存在下去,谷歌的解决方案(或者其演化版本)也无疑会继续存在。当然全球有很多有潜力的公司值得深入分析,但谷歌是我们进入网络世界重要的后勤型跳板,因此是一个尤其值得关注的节点(chokepoint)。

谷歌可以说是我们这个时代的标志性媒体公司。它的存在清晰地论证

---

[1] John Battelle, *The Search* (New York: Penguin, 2005); Ken Auletta, *Googled: The End of the World as We Know It* (New York: Penguin, 2009, 2010); Jeff Jarvis, *What Would Google Do?* (New York: Collins, 2009); Siva Vaidhyanathan, *The Googlization of Everything (and Why We Should Worry)* (Berkeley: University of California Press, 2011); Ken Hillis, Michael Petit, and Kylie Jarrett, *Google and the Culture of Search* (New York: Routledge, 2012); Nicholas Carr, *The Shallows* (New York: Norton, 2010); and Steven Levy, *In the Plex* (New York: Simon and Schuster, 2011).

了本书开篇提出的观点：不仅在理论上，而且在事实上，媒介已经从作为大众媒介转移到作为文化技艺上来了。50年前，工业化国家的几家旗舰型传媒公司的业务不过是制作一系列具有大众吸引力的类型化戏剧和新闻节目，然后投放给大众市场。哥伦比亚广播公司（CBS）、美国全国广播公司（NBC）、英国广播公司（BBC）和日本NHK等公司负责为全民提供文化食谱，同时也塑造民众的工作和休闲时间。相比之下，谷歌提供的并不是这样的节目，而是具有组织功能的各项服务，如搜索、邮件、地图、文档存储、历法、翻译、参考资料以及其他一系列让人好奇不已的辅助业务。而且这些服务是个性化的，且能24/7不间断地提供。从谷歌的实践看，我们不如将媒介理解为"一种数据处理器，将处于不同时间和空间中的主体和客体联系起来"，而不是视之为"一种文化产业，主要以某一国为重点进行文化的生产和传播"。与文化产业相比，在谷歌的业务中，唯一没有改变的是它仍然是基于广告商购买观众注意力的基本商业模式。谷歌2012年的营收为440亿美元，到仅一年之后的2013年即高达570亿美元。当年英尼斯对媒介垄断的担忧从未像今天这样值得我们关注。

谷歌将自己描述为一个搜索服务提供商，但其真正的业务是数据挖掘。截至2010年，它每天能搜集大约20 PB的数据。1 PB等于100万G字节；整个人类历史上用所有语言写下的所有内容，其信息总量大致为50 PB。谷歌已经通过网络记录下所有用户的搜索及他们对搜索结果进行的后续"点击流"。只要谷歌存在下去，这种数据挖掘就会继续下去。这些记录日志提供了非常有价值的数据，其中充满了关于商业、政治、犯罪和亲密关系的不为人知的秘密。在过去十年中，网民们写下的、画下的、想买的、想要的、已买的所有相关信息被存放在谷歌的服务器上，并且被用于优化谷歌的网络算法模型。谷歌总是善于给自己的项目取颇有灵感的名字，例如它将其大型文件系统称为"巨像"（Colossus），这是二战期间英国用来破解德国无线电密码电报的计算机的名字。我们每次上网时都会留下如蚂蚁足迹的电子足迹，这些数据被整合在一起后，就能为那些内行的数据分析师提供极具启发的信息，因而谷歌从数据中发现了一本新版"生命之书"（见后文）。构建数据库的人获得了权力，而有权力者也能建构数据库。

为方便检索，以前的图书馆分类方案如杜威十进制系统或国会图书馆系统，都是基于作品的标题、作者和主题，但谷歌找到了一种前所未有的进行精确主题搜索的方法。谷歌原本就计划将自己建造成为一座智能图书馆——不仅是一个书的存储库,而且是一个智能主体,能自己在浩瀚的文献中翻页检索,最终获得自我意识——这就像黑格尔所言的绝对精神(Geist)在算法中获得了自我意识一样。该公司联合创始人谢尔盖·布林和拉里·佩奇1998年在线发表了一篇名为《大型超文本网络搜索引擎详解》的文章,介绍了谷歌在线检索的基本逻辑。他们当时还是斯坦福大学计算机科学博士生。他俩认为,他们开发的搜索引擎技术不受所谓"混合动机"的干扰。当时市面上存在的其他搜索引擎都采取了广告商业模式,所以搜索结果不免会受到搜索引擎和广告主的双重逐利性的影响。布林和佩奇甚至引用了本·巴格迪凯安(Ben Bagdikian)的《媒体垄断》(*Media Monopoly*)①一书。该书以扒粪手法严厉批判美国媒体所有权集中带来的恶果,是一本令人敬仰的经典之作。但现在回看,该书为布林和佩奇提供了更多的指导而不是警告。布林和佩奇的目标是想促进学术研究,万维网则是一个不提供卡片目录的巨大图书馆,"它是一个文档的合集,它多样、海量,不为专人所控制"。确实,与历史上的其他大型文档集不同,万维网自一诞生就没有中心化的卡片目录或检索系统。② 而谷歌则试图成为这样的目录或检索系统。

抛开复杂的工程学原理不说,谷歌的搜索方法依据的原则并不复杂。谷歌将万维网视为自己的地图加以阅读。它将网络扩展图(expander graph)的数学模型应用于万维网,并视网络检索如雨滴洒落在自然景观之上——其目的不是要对所有的土壤(网络)都了如指掌,而是只要跟着水流获得对地形的了解就够了。更简单地说,谷歌认为,只要能获得文档在网络中所处的位置,就能推断出该文档的内容。计算机科学家科隆博格(Jon M. Kleinberg)的一篇文章曾为谷歌模式带来了灵感。该文明确指出,"在布满超链接的环境中,只要分析网络结构就可以充分地了解该环境中的内容"。很多网站的内容中很可能不会出现相关检索词,例如,哈佛大学网站(www.harvard.edu)上就不一定会有"高等教育"等词汇,丰田或本田公司

---

① 此书中文版参见:巴格迪基安:《新媒体垄断》,邓建国等译,清华大学出版社2013年版。——译者注
② Thomas Haigh, "The Web's Missing Links: Search Engines and Portals," *The Internet and American Business*, ed. William Aspray and Paul E. Ceruzzi (Cambridge, MA: MIT Press, 2008), 159–200.

的网站上也不一定会有"汽车制造商"这个词。科隆博格指出,网站上有的链接只是网站导航信息(如"点击此处返回主页"),但网站上的其他链接则隐含着关于"页面之间相关性"的投票。并不是所有链接都生而平等,它们是按照不同规则排序的,并赋予了不同权重。①

谷歌原创的网络检索算法叫做"佩奇排名"(PageRank),它正是建立在科隆博格的以上论述基础上的,它通过网页之间的关系而不是网页上的内容来系统地定义网页间的相关性。("佩奇排名"源于拉瑞·佩奇的名字,而不是因为针对网页排名这一功能。)布林和佩奇认为,可以将万维网视为嵌入了众多用户的网络化智能,如科隆博格说的那样,它是"一种错综复杂的具有民粹色彩的超媒介"。"佩奇排名"寄生在网络内嵌知识之上。网站之间的每一个链接都是一种针对网站的价值或权威性的投票(科隆博格),因此谷歌从网络的基础结构中可以解读出网络的内容。谷歌索引所采集的元数据并非来自索引的文档本身,而是基于一种推断,这有点像索绪尔所言的语言网络。谷歌的抓取工具对网站上的关键词感兴趣,但对网络的强度和密度(通过链入和链出的数量来体现)更感兴趣。(佩奇排名会忽略断链。)这里谷歌所做的是对万维网进行逆向工程并提取其智能。显然,那些知道如何解读网络基础设施的人有福了。就像图灵机和DNA一样,谷歌在元讯息和讯息本身之间不做任何实质性的区分,而实际上它们都由同样的东西组成。图灵所用的多得数不清的卷轴纸条同时包含着数据和如何处理这些数据的代码。在DNA代码中,同时混合着结构性讯息和控制性信息的基因;也就是说,控制代码的遗传信息是嵌入在代码之中,并由代码本身管理的。在谷歌模式中,对网页的检索工具就是检索的对象(网络)本身。将关于事物的"元讯息"递归到事物本身之中,这是图灵时代的媒介具有的一个显著特征。②

"佩奇排名"对网页的检索逻辑是对学术圈中学术声望测量模式的一种模仿,这是使谷歌与校园文化勾连紧密的一个方面。"要么出版,要么走人"(publish or perish)是大学教授必须遵从的共知规则,但是它的具体运行方

---

① Jon M. Kleinberg, "Authoritative Sources in a Hyperlinked Environment"(1997), ww. cs. cornell. edu/home/kleinber/auth. pdf, accessed 23 April 2013.
② Friedrich Kittler, *Gramophon Film Typewriter* (Berlin: Brinkmann und Bose, 1986),357.

式实际上更为微妙。教授们通常不仅喜欢阅读,还喜欢写作;不仅喜欢写作,还喜欢发表;不仅喜欢发表,还喜欢被人阅读;不仅喜欢被阅读,还喜欢被人引用;不仅喜欢被引用,还喜欢被重要的学者引用。那么他们怎么获知那些学者最重要呢?当然是通过学术引用率。重要学者的被引率通常很高。被引率高的学者在引用他人时,自然能赋予后者更大的权威性,因为前者通过引用(出链)后者,将自己的他赋权威(别人对他的引用)导出给了后者。

学术界的互引网络其实早就是一种万维网了,也早就是一种隐含的价值层级了。保罗·奥特莱特和尤金妮·加尔菲(Paul Otlet & Eugene Garfi)等信息科学的先驱很早就认识到了这一点。学者们都希望自己能被大学者引用,类似地,网页设计师也希望他们的网页能被一个含有大量入链的网页所引用。学术期刊所称的"影响因子"类似于谷歌的网页影响力权重,被称为谷歌果汁(Google juice):一个网站或文档在网络中的位置重要性是由其获得的入链数量决定的。学术引文模式的分析最先是由"科学网"(Web of Science)创立的,而谷歌的佩奇排名也遵循了这一逻辑。① 就结构上而言,一条学术被引相当于一个超链接。佩奇将整个互联网都视为链接并曾梦想将这些链接都下载下来。他将最好的搜索引擎比作"一名已经完全掌握了全人类知识库的图书管理员"。②

今天,谷歌的网络抓取工具不断索引和拼接,由此不断更新互联网地图,因此佩奇的梦想或多或少已经实现了。谷歌的网络蜘蛛持续不断地更新着网络宇宙的地图,这就是所谓"母体"(Matrix)或鲍德里亚所说的"拟像"(simulacrum)③所在。我被标记,因此我存在(I am tagged, therefore I am)。对很多用户来说,谷歌就是互联网。而且谷歌不仅能遮蔽信息,还能

---

① See Hillis et al., *Google*, chapter 4.
② Auletta, *Googled*, 35; Battelle, *The Search*, 252.
③ 拟像(simulacrum),又译类像、仿像等,是法国后现代理论家让·鲍德里亚(Jean Baudrillard)提出的概念,指后现代社会大量复制、极度真实而又没有本源、没有所指、没有根基的图像、形象或符号。在鲍德里亚看来,随着大众传播媒介的急剧膨胀和消费社会的到来,西方社会和文化从总体上进入后现代时期。拟像这一术语从根本上颠覆并重新定义了人们传统的"真实"观念,深刻把握了当代文化精确复制、逼真模拟客观真实并进行大批量生产的高技术特征,并由此深入剖析了后现代社会的文化逻辑。从柏拉图开始,无论在视觉艺术的理论还是在实践中,拟像已经成为一个重要概念。机械复制的繁荣与虚拟世界的电子生产使得本来就复杂的现实与模仿的关系变得更为人关注。——译者注

改变信息,它只要对其算法稍作调整,就可以将某网站从搜索结果的第一页移动到"如外太空般黑暗"的第4页或第5页中。"一个没有被谷歌索引到的网站就像一本在图书馆被放错架的书一样。"① 由此谷歌的本体论意义就凸显了。另外,谷歌对网络检索结果的剔除行为也将自己投入到一个巨大的道德和政治困境中。② 西班牙君主和德国媒介理论家们都很喜欢拉丁语中的这句话,它在这里似乎是专门为谷歌量身定制的:"不存在于档案中者,不存在于世界中。"(Quod non est in actis, non est in mundo.)这句话与贝克莱的"存在即是被感知"、德里达的"文本之外别无他物"、基特勒的"不能切换之物(不能网格化之物)不存在"都如出一辙,亲如一家。谷歌就如同这些大家名言中所指的档案或文本,它囊括了整个宇宙,也是前述《托拉五经》家族之树上的最新分支。

谷歌是一种媒介,而媒介具有本体论影响。对"不存在于档案中者,不存在于世界中"这句话③,我们可以作多种解读。现实世界显然比档案更充实、更完满,但这句话所强调的是档案所具有的、对现实世界的在管理上的优先权。从法律上讲,如果没有立下字据,相关法律关系就可以被视为不存在。但是,我们也可以将这句拉丁语中的"Quod"一词做更为严格的理解,视之"因为"之意,那么这句话的意思是,"因为"某事未经记载,"所以"此事根本不存在。布林在为"谷歌图书"项目(计划将全世界图书馆的纸质书都数字化,然后放在网络上)辩护时指出,该项目能让很多书籍免于被人遗忘:"即使我们的文化遗产在世界上最先进的图书馆中被保持完整,如果没有人能够方便地访问它,也就相当于已经湮灭了。"④这话听起来很像贝克莱的观点——宇宙中那些未被感知到的部分就等于不存在。失去文化遗产意味着什么?谷歌有知(knowledge)吗? 对于我读过但又被我遗忘的书籍,我是否仍然有知? 对于我每秒钟都在不断获得但又不断丢弃的感官材料,我有知吗? 我在本书中的所述其实数百万人都已经知道了,我是否增加了知识?我虽然可能增加了我的某些特定读者的知识,但我是否添加了整个人类的

---

① James Gleick, *The Information* (New York: Pantheon, 2011), 410.
② James Grimmelmann, "The Google Dilemma" (2009), works.bepres.com/james_grimmelmann/19/, accessed 23 April 2013. 27.
③ 此句拉丁语原文为:Quod non est in actis, non est in mundo。——译者注
④ Sergey Brin, "A Library to Last Forever," *New York Times*, 8 October 2009, sec. A31.

知识？知识存在于图书馆和文物中、知者的网络化具身心灵(mind)中,还是仅在个人的大脑(brain)中？事实上,大多数知识难道不与谷歌的所作所为非常类似吗——知识不过就是一种用来实现组织和联网的工具？如果人类个体必须接受教育这一点很重要,那么对知识的重复传播就不可能毫无用处。普罗大众中的知识增长必然会对这一物种带来某种价值。

文件(file)和事实(fact)在本体论意义上几不可分,以嘲讽见长的报纸《洋葱》(The Onion)2005年发表了一篇讽刺性模仿文章(parody),将这种难解难分推演到一种逻辑上的极端地步。该文指出,谷歌内部有一个名为"谷歌清洗"(Google Purge)的秘密项目,其目的是要烧掉所有谷歌无法扫描的书籍。据说,一位对谷歌持友好态度的评论员约翰·巴特尔(John Battelle)评论道:"永远不必担心我们的检索会漏掉那些不起眼的书,因为这些书已经不复存在。对电影、艺术和音乐来说情况也一样。"在《洋葱》的恶搞中,焚书只是第一步,最终谷歌将销毁所有其无法索引的内容——各种硬盘、思想和情感都将被清除。那些拒绝被谷歌机器人(Googlebot)进行DNA扫描和管理的人,大脑都将被液化摧毁。① 事情常常是如此——嘲讽最能一针见血:标签(tag)具有本体论效果,它既能创造又能毁灭。

如前所述,谷歌从"网络"(network)角度来理解万维网,这具有深远的含义,其体现之一就是谷歌对模糊关键词检索非常友好。在表述谷歌检索思想的最初论文中,布林和佩奇曾"激烈地"反对"检索关键词应该精确且尽量全面"的观点。他们提倡一种面向大众的立场,对模糊性持一种开放态度。谷歌搜索所面临的是各种一词多义情形,对此它提供的往往是务实的解决方案。例如,我们用关键词"华盛顿"(Washington)检索,目的是要查美国的一个州(华盛顿州)、一座城市(华盛顿特区)、一位总统(乔治·华盛顿)还是一名演员(丹泽尔·华盛顿)？（专有名称的语义分析让哲学家和搜索引擎都会发疯。）② 对此,谷歌算法通过提供一系列的引申意义选择,帮助检索者进一步精确检索范围。谷歌深谙的是,检索主要是语义上的,检索用的关键词也并非判断检索结果是否精确的标志。谷歌不是如逻辑实证主义者

---

① "Google Announces Plan to Destroy All Information It Can't Index," *The Onion*, 31 August 2005, www.theonion.com/articles/google-announces-plan-to-destroy-all-information-i,1783/. accessed 3 Aug 2012.

② Levy, *In the Plex*, 46–52, passim.

一样地对待其搜索算法。逻辑实证主义者往往追求一个严格的和纯粹的定义,但实际上语义却充满模糊性。谷歌和逻辑实证主义不同,它如一个乐观开朗的实用主义者,总是乐意去一步一步地查看存在于各网页之间的"蜗牛路径"而并不在意这条路径通向何处。谷歌对网页价值的判断标准很像索绪尔所谓"语义银行"的理解:一词之意义储存于另一词中并需要该词来解释。同样的,字典中的任何一个词,其意义并不是它对所谓"实在"的把握,而是由一系列其他词所组成的超链接网络。因此,所有词的意义都是缺乏先验"金本位"支持的浮动汇率网络。一个网页的价值取决于系统中其他网页对它的评价,而这些"其他网页"具有的网页评价能力,又取决于更多其他网页对它们的评价。谷歌的目的并不是要精确地获得意义,也不是要对所有网页逐一全面扫描,虽然它越来越想精确地预测你要搜索的目标。谷歌的实践是承认而不是否认一直就内嵌于事物本质中的模糊性。

谷歌模式的深刻含义还体现在:谷歌对万维网的底层组织毫不在意。这并不是说谷歌作为一家公司对互联网的设计和发展没有强烈的政策偏好,而是说它将互联网视为一个可以被测量的开放领域,而不是"社交蜂巢"或"封闭花园"(这是脸书和苹果公司的做法,以与谷歌模式竞争)。① 互联网的底层秩序对谷歌搜索而言无关紧要。谷歌使用标记(tagging)而不是清洁(tidying)来组织网络。在杜威十进制图书分类系统中,索书号不仅告诉您书籍的内容,还告诉您该在哪里找到它。杜威是在19世纪70年代时创造这一图书编码方法的,它不仅改变了给书编号的方式,而且改变了图书馆的设计乃至每本书的上架方式。他提出了适合于印刷王国的分类法和层级制度,从而改变了19世纪图书馆巨大的混乱局面。不过,杜威十进制图书分类法不得不依靠人工对每本书进行索引,才能描述其内容和决定如何上架。

相比之下,谷歌并不关心网络文件的具体位置,为了便于检索,它放弃了对文件的物理秩序的追求。谷歌可以查看书籍的内容并获取其网络关系。与安迪·克拉克所谓的"具身性思维"(embodied mind)一样,谷歌模式不是基于对网络进行清晰的表征(representation),而是基于对网络特性和

---

① Fred Vogelstein, "Great Wall of Facebook: The Social Network's Plan to Dominate the Internet — and Keep Google Out," *Wired*, 17(22 June 2009).

互动规则的把握。在前互联网时代,建筑学曾经是记忆术的基础——它将概念放置在建筑空间(topoi)中,而人在脑中能以穿过这些空间的方式复活相关的记忆(这对海豚而言也许难以实现)。① 在互联网时代,我们的检索在比特中要比在书架中省力得多(如果数字基础设施部署到位的话)。(连Windows 操作系统中的文件管理最近都从以前的"文件夹"模式改为"关键词搜索"模式了,这样用户在找文档时就不必知道文档的位置,只需要知道使用何种关键词就行了。)

我们期盼着有了互联网就可以省去笨拙的图书分类和上架工作。今天,人们视"云存储"为一种无处不在的数据存储方式。从有关云存储的各种宣传中,我们尤其可以清晰地看到人们的这种期盼。"云"隐喻的使用在信息产业中大获成功,现在,"蓬松飘逸的云"已经成为数据在线存储的标准图标。谷歌内部人士埃里克·施密特和乔纳森·罗森伯格曾说:"之所以被称为'云计算',是因为从前程序员在绘制计算机网络图时,会用圆圈将服务器图标圈起来。在网络图中,一组服务器往往会被几个相互重叠的圆圈围住,形成云的样子。"② 尽管这两位谷歌人士对"云隐喻"起源的说法没错,但他们对该隐喻所获得的强大和无处不在的宣传效果的说法却是不诚实的,他们不可能不知道云隐喻作为一个修辞手段已经产生了多么巨大的公关效果。"云"让我们想到"天堂能记录所有被说过的和做过的一切"(这是一种世俗的但又准确无误的记录能力)的古老思想。如果马克思式的祛魅(demystfication)需要一个批判目标,云记录可以算得上一个。③ 任何觉得可以随随便便谈论"云"的人,都应该看一看很不错的电影《慌不择路》(*Take Shelter*, 2011),我保证,这部电影能让他对"云能造成何种威胁"有焕然一新的认识。现在我们可能还没有发展到要恢复诸如"云暴"(cloudburst)和"云攻击"(cloud attack,指毒气攻击)等词的时候——但离我们也许不远了。马克·汉森(Mark Hansen)曾经充满想象地提出"大气

---

① 与此相关的首要文献是:Frances A. Yates, *The Art of Memory* (1966; London: Pimlico, 1994)。
② Eric Schmidt and Jonathan Rosenberg, *How Google Works* (New York: Grand Central, 2014), 11.
③ Vincent Mosco, *To the Cloud: Big Data in a Turbulent World* (Boulder, CO: Paradigm, 2014).

媒介"(atmospheric media)的说法,并认为弥漫的电网是其先兆。① 信息产业并非无烟产业。谷歌的服务器每月耗费数百万美元的电能,并产生大量的热量需要冷却。"如果没有一定的能量消耗,就无法进行信息传递,"罗伯特·维纳(Norbert Wiener)说。② 计算能力在热力学上从来就不是没有代价的;任何智识上的有组织行为都如同爬山一样在跟"万物耗散"规律作对。散热需求一直限制了计算机硬件的设计,特别是限制了主板上元器件的密度。③ 智慧圈(noosphere)需要基础设施。也许前述天堂里天使般的记录型媒介没有散热的需求,但是,即使谷歌自命不凡,它所发明的仍然是一种受到各种限制的"地球媒介",而不是天空或海洋媒介(虽然谷歌显然希望自己也能像天空或海洋媒介一样)。看似缥缈的数据实际上都带有很多污垢,因为许多计算都要依赖于煤和钶钽铁矿(Coltan)石;据估计,全球的全部数据中心消耗了全球电力产量的1%至3%。这说明计算机还得依赖煤炉子。铅与火(瓦肯神)而不是光与电(阿波罗神)才是网络空间的主人。④

谷歌:一种宗教媒介

谢尔盖·布林曾有一句话广为人知:"一个尽善尽美的搜索引擎将是上帝的思想。"这个说法透着沾沾自喜和野心勃勃,将谷歌放置到一长串神圣的"观天者"中,还给人一点犹太神秘教(Kabalah)的良好感觉。⑤ 它暗示出谷歌属于一个杰出的宗教媒介家庭。谷歌的计划是要建造一座庙宇,高耸云天,留住记忆,铸造所有知识之经典。⑥ 它的目标是成为一个元媒介(metamedium),成为那些被网络空间困扰的人的指南。从浩瀚无穷的大量

---

① Mark B. N. Hansen, "Foucault and Media: A Missed Encounter?" *South Atlantic Quarterly*, 111(2012): 497–528, at 497.
② Norbert Wiener, *The Human Use of Human Beings: Cybernetics and Society* (Boston: Houghton Mifflin, 1950,1954),39.
③ Charles H. Bennett, "Notes on the History of Reversible Computation," *IBM Journal of Research and Development*, 44(2000): 270–277, at 272.
④ James Glanz, "Power, Pollution, and the Internet," *New York Times*, 22 September 2012; Jean-Francois Blanchette, "Computing as if Infrastructure Mattered," UCLA, 27 September 2012.
⑤ 在现代希伯来语中,"数据"的发音为"卡巴拉"(kabbalah),该词很好地将神意与簿记法(bookkeeping)联系了起来。
⑥ Jan Assmann, *Das kulturelle Gedächtnis* (Munich: Beck, 2007),177 ff.

可能中,谷歌提供了我们想要的答案,像极了各种算命手法,又如站在大寺庙中观天觅兆的祭司。它继承了祭司阶级的话语方式,像祭司一样观宇宙、去混沌、察秩序、体民情,带领我们一起去通灵占卜。正同一名神职人员,谷歌控制着书写和检索手段——在人类历史上,神职人员一直都具有这种垄断地位。长期以来,数学家对无限和终极之事都抱有浪漫情怀,谷歌也延续了这一传统。乔治·布尔(George Boole)写道:"在逻辑系统中,符号 0 和 1 的解释分别是'无'和'宇宙'"。① 莱布尼兹将数字符号视为处于创造与深渊之间的穿梭物,布尔对数的看法与莱布尼兹大同小异。而谷歌喜欢穿梭于其间的也正是数字的空间。

显然,无论我们怎么看宗教,媒介对它而言都是至关重要的。新教和新时代(New Age)的某些思想流派可能会将"即时性"(immediacy)视为唯一真实的宗教模式,因而忽略了使宗教成为可能的基础设施。宗教活动多种多样,但都以某种神圣的媒介为核心,即时性通常也只是通过某些隐蔽的文化技艺才能获得的成就。② 以《亚伯拉罕书》为圣书的宗教会有选择性地崇拜各种神性装置,但这些信徒们也带有敏感的毒菌,一旦出现被他们视为虚假(客观化的)媒介的东西,随时会发起攻击。③ 在这里,引发他们斗争的核心议题是"何为正当的宗教媒介",而不是"宗教到底要不要用媒介"。"宗教媒介"不是一个矛盾修辞(oxymoron),实际上,宗教媒介可能是这个世界最后幸存的唯一媒介。卷轴和圣经、假日和历法、时钟和铃铛、星盘和日晷、圣礼和仪式、祈祷轮和占卜棒、高塔和寺庙、公羊角和风琴、彩色玻璃和坛香、圣歌合唱团和日记、文物和圣地、长袍和面纱等,都是使宗教活动和宗教体验成为可能的媒介。媒介可以积聚精神能量,培养志同道合的社区,存储和传递文化并显现蕴含天意的"数据"。借用一个描述圣礼的古老神学表达,我们可以称媒介为"救赎之媒介"(media salutis)。④

---

① Gleick, *The Information*, 164.
② Birgit Meyer, "Mediation and Immediacy: Sensational Forms, Semiotic Ideologies, and the Question of the Medium," *Social Anthropology*, 19(2011): 23 - 39.
③ *Deus in Machina*, ed. Jeremy Stolow (New York: Fordham University Press, 2012), Régis Debray, *Dieu, un itinéraire* (Paris: Odile Jacob, 2001), and Peter Sloterdijk, *Gottes Eifer: Vom Kampf der Drei Monotheismen* (Frankfurt: Verlag der Weltreligionen, 2007).
④ 感谢格雷斯沃尔德大学(University of Greifswald)的恩里西·阿瑟尔(Heinrich Assel)教授的这一原创观点。

第七章 上帝和谷歌

我们亟须对谷歌进行神学上的分析。"无所不知"(omniscience)的观念史也是各种形式的数据库媒介史——这些数据库实际上也是未明言的各种记录格式之目录。上帝和谷歌都是被动的数据挖掘者。任何鸟雀的飞掠和鼠标的点击都无法逃过它们的天眼。谷歌在某种程度上像神,这个说法已经广为人知,谷歌对此也乐见其成,并有意培养这种神秘感。截至2013年4月,我们在谷歌上搜索"上帝和谷歌"(God and Google)会产生 1 110 000 000 个检索结果,其中包括不少所谓"失败者生产内容"(loser generated content)①是关于教堂以及"谷歌十条诫命"的,还有一些由谷歌街景相机捕获的据称是上帝显灵的目击事件。搜索结果中还有传统教会对信徒发出恳求:我们不应将上帝视为一个大型搜索引擎。② 还有一个教会如此宣传其周日布道活动:"来吧,谷歌提供不了所有答案。"有很多将谷歌捧上天的商业书籍,其中一本书模仿"上帝会如何做?"之问给自己取名为《谷歌会如何做?》(What Would Google Do)。加拿大技术哲学家达林·巴利(Darin Barney)玩了同样的文字游戏,他的书名为《合众统一在谷歌之下》(One National under Google)。谁都知道该标题中"谷歌"一词取代的是什么词(上帝)。新近最为露骨的一个与谷歌相关的文字游戏是2014年畅销书《谷歌的运营密码》(How Google Works)的封面设计——它是一个谷歌搜索页面,搜索框中的文字就是该书的标题。浮在搜索框上方的谷歌徽标"Google"非常大,它横在封面的边缘,恰好在其中的第二个O处被截断,由于这本书在书店中被无处不在地醒目展现着,读者浏览过去,很容易就将封面上 Google 看成 God(上帝)。

谷歌声称自己无所不知而且"不作恶",这使得它如同一名在四处传教却对天堂闭口不谈的神父一样获得了广泛信誉。③ 谷歌的公司使命——"将世界上所有的信息组织起来并使之能被普遍获得和利用"——让公众以为谷歌在免费提供信息,而实际上它的业务是挖掘信息。谷歌提供的服务——显然是免费的——为其幕后的数据挖掘商业模式提供了一张公众面

---

① 作者这里显然是在讽刺性模仿"用户生产内容"(user-generated content)这一表达。——译者注
② Tracy Carbaugh, "God & Google: Do You Ever Treat God Like a Search Engine?" *Christianity Today* (September 2003), www.christianitytoday.com/iyf/hottopics/faithvalues/14.14.html, accessed 23 April 2013.
③ Hillis, Petit, and Jarrett, *Google and the Culture of Search*.

孔。谷歌在定义其搜索功能时，依据的是《星际迷航》中的"首要指令"：（尽量）让其自动运行而无人工干扰。从一开始，布林和佩奇就指出，让搜索算法带有偏见，以及经不住利益诱惑去根据广告商竞价决定搜索结果，这两者都是非常危险的（谷歌现在仍然坚持要在搜索结果中明确标出那些有广告赞助的页面）。1998年，他俩以引人注目的天真写道："为了逐利，有许多公司甚至专门操纵搜索引擎结果。"谷歌的算法（与雅虎的部分人工过滤搜索不同）被称为纯人工智能，它因不受干扰，被认为是中立的和普适的。

谷歌向公众展示的面孔是单一和稳定的——虽然它的首页徽标一直是不断变化和随心所欲的"涂鸦"，或者是愚人节的搞笑、幼稚的取名和幼儿园般的用色等——但它向广告商展示出的却是另一面孔。谷歌从网民搜索请求和网络抓取工具中获得的数据不为外人所知，而且受知识产权保护，这是最新一轮的寡头识字垄断（oligoliteracy），或者更确切地说是寡头计算垄断（oligonumeracy）。① 我的一名毕业学生埃佛琳·博坦德（Evelyn Bottand）的博士论文是研究"谷歌图书"（Google Books）的。她论文一开篇就提到，她去谷歌在马萨诸塞州剑桥的公司总部访问时，被要求做的第一件事就是签署一项保密协议。② 这显然意味着，世界上并非所有信息都可以自由访问。谷歌不断调整它的"佩奇排序"算法（仅在2010年就做了400次修改），与可口可乐的配方一样属于高度商业机密。在谷歌的创始声明中，布林和佩奇指出谷歌出现之前的搜索引擎技术都是一种秘不示人的"黑暗艺术"（black art）。其实，谷歌自己的技术也没好到哪里去。

谷歌将所有他人都置于其探照灯下，自己却害怕被人审视。自2007年以来，安装了360度摄像头的谷歌专用车已经在几个国家进行全景拍摄，对象包括街道、商店和建筑等，用于"谷歌地图"（Google Map）上的街景应用程序。"谷歌街景"引发了人们关于侵犯隐私的抱怨，因为它甚至拍到了有人在公共场合小便，使这"一刻成永恒"，还从街边窗口拍到了人们的室内行为。2013年初，谷歌为此支付了700万美元的罚款（这对谷歌而言当然是九牛一毛）。谷歌通常会对人脸、车牌以及其他敏感信息做模糊处理，并为

---

① 感谢杰奥弗瑞·温斯洛普-杨（Geoffrey Winthrop-Young）向我提出的这个建议。
② Evelyn Bottando, *Hedging the Commons: Google Books, Libraries, and Open Access to Knowledge* (PhD dissertation, University of Iowa, 2012).

自己的行为辩护：既然所有人都被置于同一种标准之下，所以谷歌对所有人都是客观中立的。但令人奇怪的是，"谷歌街景"对谷歌公司位于加利福尼亚州山景城的总部"谷歌院子"（Googleplex）的拍摄角度却很怪异：截至2012年8月，网民从"谷歌街景"上仍然只能看到其总部院子中的一个排球场和一座建筑物。① 显然，谷歌的全景之眼不会经常照镜子检视一下自己。（我只访问过谷歌总部一次，当时我没有被事先邀请但有朋友陪同，然而我们很快就被一位礼貌的保安人员请求离开。在离开的路上，我发现车棚上安装着员工用免费电动汽车充电桩，我当时发现它的电源线很不错。）权力通常会将地图的中心留白。由于谷歌声称"神圣"（consecration）——希利斯等人（Hillis et al）之语——因此其所犯的错误就显得更加明显。神圣之物的特点就是，它很容易被亵渎。被亵渎的东西则会变得更强大，更习惯于被亵渎。对美玉而言，微瑕即大疵；对即将成圣者而言，小恶即大恶。

谷歌搜索页面的美感令人惊叹，也充满着宗教暗示。"我的空间"（MySpace）首页混乱，谷歌首页则白净宽敞，让人惊呼其品位与优雅（设计上的视觉拥挤意味着内容的垃圾）。谷歌的配色方案——似乎所有关于谷歌的书都提到了这一点——体现出其对"培乐多"彩泥（Play-Doh）系列基础知识的掌握。谷歌用"一片原初的白色海洋"暗示纯洁感，抑或天空中珠光色的门或云。② 白色背景还暗示着一个可以打字的空白文档：这不是当年DOS操作系统中闪着绿色字母的黑色背景。（白色是苹果公司徽标以及许多产品的颜色。）在电脑或网络上呈现白色像素比呈现彩色像素需要消耗更多的能源。谷歌给用户提供了一个入口，并且乐意短暂地接待他们一下，但是随后它会跟踪用户所有的行踪。谷歌像耶稣一样宣示道："我就是门。"③

谷歌搜索主页给用户提供了两个搜索选择，即"谷歌搜索"（Google search）和"我感到幸运"（I'm feeling lucky），这很能反映出谷歌的本质。"我感到很幸运"是一种主观表达，它不是谷歌对用户说"你感到幸运"，而是用户在进入网络时的第一人称表达，也是发自赌徒之口的喃喃自语——对他无法控制的东西施加一种偈语。"谷歌搜索"页面是欲望之门户，也是网

---

① 感谢斯娃·瓦德海雅娜桑（Siva Vaidhyanathan）为我提供这个例子。
② Haigh, "The Web's Missing Links," 50.
③ John 10：19.

民向其提出愿请的王权宝座。（谷歌服务器存储的是网民的"欲望清单"。）"我感到幸运"页面还让网民联想到宗教活动中的占卜。[①] "我感觉幸运"按钮常常能带来不一样的效果，这给了谷歌自吹自擂的理由。（最近，该页面常会将网民带到维基百科页面，但以前它能给出让网民惊讶的搜索结果。）

网民对"我感觉幸运"页面的使用仅占谷歌全部搜索请求的 1% 左右，谷歌其实也没有从该服务中获利（因为该搜索功能只提供一个搜索结果，因此对广告商没有吸引力）。尽管如此，谷歌的领导者仍然坚持要保留该服务，以应对谷歌的批评者（"底线监护人"）。谷歌的掌舵者知道公司必须这么做。"我感觉幸运"按钮并非没有好处——它能让谷歌保有一种预言家的光环和极客的魅力，这就能让"我感觉幸运"的服务充分收回成本。如果下架该网页，给谷歌带来的损失将是无法估量的。在谷歌搜索页面上，网民仿佛站在门槛上敲门，此时你有两种选择：古代的占卜和现代的谷歌。谷歌所散发的文化共鸣来自计算机化的全数据挖掘能力（至少谷歌号称如此），能给人中国《易经》一般的神秘感。古代、现代，上帝、谷歌——其间的连续性很明显。谷歌搜索页的搜索任务请求结构简单，最具宗教性。我们追求的是什么？是万千静电干扰中的信号，是真爱，是逃避正义的罪犯，抑或是一串丢失的钥匙。无论是什么，谷歌都可以帮助我们部分实现目标。

然而，谷歌还暗示更大的创世记愿景。亚当和夏娃在吃了禁果后有了"知识"，他们因此"认识"了彼此，进而有了孩子（据说苹果公司徽标上的缺口就是这个意思。）谷歌能做到这一点吗？根据谷歌 2010 年超级碗期间播出的广告，它能。截至 2013 年 4 月，这个名为《巴黎之爱》（*Parisian Love*）的广告在 YouTube（已被谷歌收购）上被点击观看了近 700 万次。广告内容是一个构思精巧的微型叙事，讲述了 12 次谷歌搜索引发的浪漫故事，其音乐和画面都很炫酷。故事中，在谷歌白色首页上被输入的第一个搜索查询是"留学巴黎"。这个故事非常典型，无非是一个美国男生在浪漫之都巴黎的奇遇。第二个搜索查询是"卢……附近的咖啡馆"，这时谷歌提示"你是不是想输入'卢浮宫'（Louvre）？"仿佛在轻笑该用户法语生疏。（谷歌当然懂

[①] 关于古代的各种随机取数装置，Hugh W. Nibley, "The Arrow, the Hunter, and the State," *Western Political Quarterly*, 2, no. 3 (September 1949)：329-344。

法语。)故事中的第三个检索是"请翻译 tues très mignon"(你很可爱)。显然我们可以猜想是有人对该用户说过这句话,当然我们这里也觉得谷歌很可爱。接下来的检索依次是"(如何)让一个法国女孩留下深刻印象?""巴黎的巧克力店""什么是松露?""谁是 truffaut?"(搜索引擎常常给用户带来意外发现!)。美国人在巴黎获得文化熏陶并坠入爱河。随后的检索是"异地恋建议",这时片子中电话响了,一个满怀期待的女声接电话并用高卢口音说道"Allo!";接着,以上搜索请求的时间间隔缩小,广告节奏加速,新的搜索出现:"在巴黎工作""AA120"(可能是某种产品的植入广告),背景音是喷气式飞机和机场;最后是"巴黎的教堂"。所有这些搜索行为都让谷歌能展示其多样化的网络服务:谷歌翻译、谷歌航班信息以及谷歌地图等。在广告中,当用户检索到想要的教堂并点击后,背景响起喜庆的钟声,这时在广告的第 44 秒处,最后一个检索出现了——用户在检索框输入"怎样"(How),谷歌自动跳出搜索建议,其中包括"怎样才能怀上孕",而用户选择的是其中的"怎样组装婴儿床"。这最后一幕让观众快进了一步,从婚姻马上就跳到了孩子出生。(这说明,谷歌确实能加速兑现承诺。)广告最后,电脑屏幕上显示"请继续搜索",这时我们听到背景音中有婴儿的咿咿呀呀声。

在此广告中,我们可以发现很多有意思的东西。一是广告以"超级碗"为背景,颇让人觉得奇怪。在"超级碗"之前,谷歌在线播放这个广告已长达三个月。该播放是谷歌当时推出的一系列"启发性视频广告营销"(edifying videos)的一部分。这些视频广告被合称为"谷歌搜索的故事",许多都使用了震颤但礼貌的八度重音钢琴乐。(这些有如受天意青睐的种种搭配,本身就可以是很好的研究对象。)谷歌以"超级碗"为广告投放背景确实令人惊讶,因为谷歌向来宣称自己在广告业务上卓越非凡,将取代那些不分青红皂白地挥金如土的传统广告模式。可以说,谷歌的广告模式是智能炸弹,而不是大规模杀伤性武器。但"超级碗"显然成为了谷歌大宴宾客(potlatch)的时机。借助"超级碗",谷歌也想沾光成为"超级碗"这一世界最大广告盛宴的一部分。以上谷歌广告中还隐含更为巧妙的信息,即"谷歌能引导你的生活"。它将人们彼此连接起来——从电话中或飞机上的邻座陌生人之间为摸索出"共同语言"所面临的尴尬,到钟声和教堂这类神圣媒介,再到婴儿床的温馨组装,谷歌已经成为用户命运的塑造者和媒妁之人。它非常善于利用各种久经考验的创造性策略,如使用现有的文化材料(如男孩遇见女孩、浪漫巴黎、卢浮宫、巧克力、法国电影等），发出关键信息：谷歌竟然能创造婴儿！在谷歌的呈现下，知识不仅是智识的，而且是肉体的。

谷歌的"巴黎爱情"广告将网络搜索描述为爱欲（eros），这是一种试图以最根本的方式实现相互链接的强烈渴望。〔它也间接地证明了这一点，从统计学上看，互联网的主要可供性（affordance）之一是为网民提供色情内容和性关系。〕

从以上例子我们可以看出，谷歌将自己描述为一个经典的"男孩之梦"公司，它不仅将自己刻画成命运塑造者和所有知识的源头，而且还涉足奇妙的新生命创造。谷歌希望自己能对 conception 一词的两种含义（孕育概念和孕育胎儿）都有控制力，并且将其赌注投在"实现永久性保存"之上。柏拉图最先奠定了这样的幻想传统：理论（theoria）犹如爱欲（eros），它作为纯粹的智识创造，是仅由男性作出的、并不需要女性的中介。但是，基本没有证据表明大自然也需要知（know），或大自然对认识论上的真理问题有什么特别的关注。无论人类的理论（theōria）和技术（technē）能如何利用和剥削其他动物在自然进化上取得的卓越成就，这些动物们仍然热烈地生活着，而根本不会在意是否要为这种热烈的生活作出什么辩护。虽然其表述方式含糊不清，但谷歌仍然透露出它是多么地妒忌歌德所称的"永恒的女性"（the eternal feminine）——技术是嫉妒女性子宫造成的结果。仅由男性创造理论，这并不足以满足谷歌的野心。① 它的数据景观（datascape）企图侵入生物景观（bioscape），记录型媒介也企图侵入生命世界本身。②

生 命 之 书

谷歌复兴了"生命之书"的古老美梦和噩梦。这一想象中的"生命之书"将所有人的言行都记录在案，在"最后审判日"予以清算。谷歌因此而成为

---

① Page Dubois, "Phallocentrism and its Subversion," *Arethusa*, 18(1985): 91-103, on masculine fantasies of autarkeia.
② 这一雄心清晰地体现于一个名为"23和我"（23 and Me）的公司的成立。该公司的创始人之一是安妮·沃杰斯基（Anne Wojcicki），她于2007年嫁给了布林（Sergey Brin）。该公司的目的不仅是为客户提供家族基因查询报告，更想要建立一个巨大的人类基因和健康数据库。

漫长的神圣簿记和官僚簿记实践史中的最新表现。① 文字向来具有"殡葬"和"纪念"这两种经典功能,世界上很多文化都认为亡灵之境都体现在文本中。古代的巴比伦人有"命运之书",埃及人有法令(由托特神签署),希腊人的命运则从远古时代就通过结绳或书写体现出来——织物(textile)和文字(text)总是形影不离。相比之下,在犹太传统中,所有的命运之书中都有人类的能动性作用,这与其周围文化中基于占星术的命运之书形成鲜明对比。耶稣警告信徒说,你们在最后的审判日那天,都得对你所用过的每一个语词(rhema argon)做出解释。他似乎在暗示,在基督教中也存在着某种"一一记录在案"的簿记方式(马太福音 12:37),早期的基督徒提出的列表造册记录全体公民的名字,这个做法是从罗马人那里学来的。例如公元 2 世纪的神学家德尔图良②就提到过信徒最终都要被列入"基督的普查"。《古兰经》则说,安拉"拥有钥匙,能见人所不能见;没有人比他更了解这些不可见之物。他知道陆地和海洋中的一切。每一片落叶、黑暗地球上的每一粒谷子或者任何东西,无论是葱绿还是枯萎,无一不被清晰地书写在记录之中"(6:59)。《古兰经》在传统上都会装饰着各种日晷——观测天象的装置。以上三大宗教都有圣书,都充满着与文本实践相关的隐喻——编辑、记录、注册等——且已成为其宗教想象的有机构成部分。一位对宗教中的"书"之隐喻颇有研究的重要学者说:"上帝的知识无所不包,而书的隐喻是对该观念的一种想象性表达。"③后来,依着同样的传统,文艺复兴时期的学者发现了一本"世界之书"。例如,笛卡尔就曾决定放弃他年轻时的经院式学说转而去追求"伟大的世界之书"(le grand livre du monde)。④

可见,同时存在着寄寓生者的人间数据库和寄寓死者的天堂数据库,我们可以对它们的历史做一个很好的比较研究。但是就本章的论述目的而言,我们只要快速扫描一下 19 世纪的相关思想就够了。我们从查尔斯·巴

---

① Gleick, *The Information*, 395-396; Hillis et al., *Google*, chapter 5.
② 德尔图良(Tertullian),公元 2 世纪基督教神学家,曾受希腊和拉丁文化双重教育,对哲学、文学、医学颇有研究,尤为擅长法律诉讼。德尔图良对三位一体与基督的神人二性这两个教义的阐明,为后来东方与西方两个教会的正统教义奠定了基础。——译者注
③ Leo Koep, *Das himmlische Buch in Antike und Christentum: Eine religionsgeschichtliche Untersuchung zur altchristlichen Bildersprache* (Bonn: Peter Hanstein, 1952), 127, passim.
④ Ernst Robert Curtius, *Europäische Literatur und lateinisches Mittelalter* (Bern: Francke, 1948), 321-327, at 324.

贝奇(Charles Babbage)开始吧。他与帕斯卡尔、莱布尼兹、布尔和维纳一起都属于具有强烈神学兴趣的计算机理论家。巴贝奇在《第九届布里奇沃特专论》(Ninth Bridgewater Treatise, 1838)中做出了他关于"无限数据库"梦想的最伟大宣言。当时,布里奇沃特伯爵(the Earl of Bridgewater)资助举行了一系列讲座以捍卫自然神学,而该专论是巴贝奇主动对该系列讲座内容的补充。巴贝奇在专论中指出,自然宗教可以免受伪证的干扰,在不知不觉的自然嗡嗡声中,它能永远新鲜。专论中有一章名字取得很妙——《论我们的言语和行为在我们居住的地球上留下的永久痕迹》。在该章中,他主张对这个宇宙进行记录、存储。该章内容在现在的媒介理论中已经广为人知,值得在这里再次引用:

> 我们呼吸的这种广阔的大气真是奇怪的混乱!每一个原子,无论是充满善还是恶,都瞬间记录下了哲学家和圣贤们赋予它们的动作,并以千万种方式与那些毫无价值的、低贱的东西相结合。空气本身就是一个巨大的图书馆,在其页面上永久记录着男人们的高声言语和女人们的窃窃私语。在空气中,在不断变化而又确凿无误中,被毫无遗漏地永久记录下来的,是那些因生命离去而发出的最古老的和最新近的叹息、各种未兑现的誓言和未实现的承诺;在每个空气粒子的混合运动中,人类善变的意志已被永久刻录。

巴贝奇的同事拉普拉斯①(Laplace)如此评论巴贝奇的观点:这是"无穷小之物的无限多之微妙",这也让巴贝奇的远见具有了数学本质。"空气的震动,一旦由人声启动,就会随着声音一起永远存在。人声会激活大气层中的某些粒子,后者将这种影响不断地传递给越来越多的粒子,而且在同一方向上沿着粒子传递的总动量并不会增减,而是恒定的。"今天,只要我们能

---

① 拉普拉斯(Pierre Simon Laplace),法国天文学家、数学家和物理学家,因研究太阳系稳定性的动力学问题被誉为法国的牛顿。生于法国西北部的农民家庭,曾求学于巴黎。在 1796 年发表的《宇宙系统论》和 1799—1825 年发表的《天体力学》中提出星云假说,证明了著名的拉普拉斯定理,即认为行星轨道大小只有周期性变化。——译者注

运用恰当的和足够强大的智能,我们就可以重现所有这些声音。①

巴贝奇宣称,"我们呼吸的空气是一位从不失误的历史学家,它记录了人类表达的所有情感"。巴贝奇视整个宇宙为一座无限的图书馆,一个完整的宇宙记忆。空气不是唯一的存储介质:"每一次暴雨、每一次气温变化以及每一次风吹过,都会在植被上留下它掠过的痕迹;对我们而言,这些痕迹可能微不足道,甚至不可察觉,但它们并非转瞬即逝,而是像那些在树木深处永久记录下来的年轮痕迹一样坚固恒久。"②这里涉及的是:"我们该如何解决天气和气候数据收集的问题?"这正是巴贝奇所关注的,他提出了自己的解决方案(确实如此,因为整个后拉普拉斯谱系都转而集中关注混沌的大气系统),而树木年代学现在是重建气候的重要技术。在 19 世纪,巴贝奇竟能有以上狂想,意味着当时涌现的照相和其他类似技术已经准备好了要对整个大自然进行传记式追踪。基特勒说,巴贝奇提出的"完整记录一切"的观念是"所有模拟性媒介的创始性宪章"。③

与巴贝奇同时代的人在评论摄影时都使用了与巴贝奇类似的话语。1840 年,埃德加·艾伦·坡(Edgar Allan Poe)宣称达盖尔银版照相"无限地"比画更完美,令后者望尘莫及。他说:"如果我们用一个高倍数的显微镜查看一件普通艺术作品,我们会看到画中所有与自然相似的痕迹都会消失——但我们仔细查看一张照片(光之画)却只能获得更绝对的真相,我们对被表现之物的某些方面的了解会更完美。"④艾伦·坡认为摄影在各种放大水平上都能保真,这是因为他读了拉普拉斯的书(还可能读了巴贝奇的书)。老奥利弗·温德尔·霍尔姆斯也有此看法,他在 1859 年写道:"我们趴在一幅画作上用显微镜仔细察看,会发现照片中每一片叶子都很完美,还

---

① *The Ninth Bridgewater Treatise*: *A Fragment*, second edition. *The Works of Charles Babbage*, ed. Martin Campbell-Kelly, vol. 9 (London: William Pickering, 1989), 35 – 39, at 36.58.

② Babbage, "Note M: On the Age of Strata, as Inferred from the Rings of Trees Embedded in Them," *Ninth Bridgewater Treatise*, 110 – 114.

③ 参见:Friedrich A. Kittler, *Aufschreibesysteme*, *1800/1900*, 3rd ed. (Munich: Fink, 1995), 291。他的《留声机、电影和打字机》(*Gramophone*, *Film*, *Typewriter*)提到了几个轶事,证明人死后还能发出声音。

④ Edgar Allan Poe, "The Daguerretype" (1840), *Classic Essays on Photography*, ed. Alan Trachtenberg (Stony Creek, CT: Leete's Island Books, 1980), 38.

可以读出远处路标上的字母……但从理论上讲,一张完美的照片之精细是无穷无尽的。在一幅画作中,你看到的东西都是此前艺术家看到过的;但在一张完美的照片中,你会看到连摄影师自己都没有观察到的美丽,比如你可以透过森林和草地看到远处盛开的花朵。"①霍尔姆斯这种幻想的错误在于,他不知道图像呈现的精度是有下限的,细节放大到一定程度我们就只能看到颗粒。但话又说回来,他对模拟媒介的这类幻想是形而上学层面的,而不是对早期摄影术原理的描述。在影片《银翼杀手》(*Blade Runner*,1983,瑞德利·斯科特执导)中有个镜头,观众可以无限地深入一张照片的"绝对无法穷尽的"微观世界中去。而霍尔姆斯其实是这类视角的最早提出者。

身为数学家和哈佛大学校长的奥马斯·希尔(Thomas Hill)对巴贝奇的上述妙想表示赞同。他甚至认为,"(空气记录了我们说过的话)这些话仍然在空气中震动着,总有一天,我们的耳朵能迅速识别和响应自己从前说过的话。"但和巴贝奇将"空气"视为记录型媒介不同,希尔认为"天空"是实现全记录的更传统的存储媒介。"如果将天空视为媒介,我们就会发现嵌满星星的夜空是多么奇妙的记录啊!看,那些由炽热的蓝宝石组成的看似固定的秩序中记录的是活生生的舞蹈,而在这迷宫般的舞蹈轨迹上写下的是人类和大自然留下的所有动作。只要我们有阅读这些痕迹的技术,我们就能从中读出历史上的每一个善恶,以及山体滑坡、泉水喷涌、羔羊戏耍和绿草招扬。"②最后希尔发出了有力的道德告诫:宇宙总能记录我们的所言所行,使其无所逃遁。(巴贝奇也认为,"空气图书馆"也具有道德价值,比如,历史上奴隶遭受的苦难总会大白于天下。)在感官力量足够精确和强大的智慧生命的注视下,我们的一切言行都纤毫毕露,昭然若揭。(希尔的话听起来如同我的本科学生,他们相互警告:有些照片你最好不要发在脸书上。)希尔甚至解释了"最后的审判"的物理学原理:古人认为,上帝能预测发生在人类身上的一切,但事实上,上帝记录了所有已发生的事。所以我们凡人观星时所能了解的只是过去,而不是未来。希尔是哈佛大学数学家本杰明·皮尔斯(Benjamin Peirce)的学生,而后者的儿子正是实用主义奠基人查尔

---

① Oliver Wendell Holmes Sr.,"The Stereoscope and the Stereograph" (1859),*Classic Essays in Photography*,73,77-78.

② Thomas Hill,*Geometry and Faith: A Fragmentary Supplement to the Ninth Bridgewater Treatise*,revised and enlarged edition (New York: Putnam's,1874),46,50.

斯·桑德斯·皮尔斯（Charles Sanders Peirce）。因此，希尔的观点与皮尔斯的类似，这并非偶然。

19世纪最广为人知的科学知识博学者的形象，应该是伟大的苏格兰物理学家詹姆斯·克拉克·麦克斯韦尔（James Clerk Maxwell）笔下的"精灵"（demon）。1869年，麦克斯韦尔提出一个有趣的思想实验。实验里有一个绝缘盒子被分隔为两个相等的空间，里面流动着空气分子。在盒子上方站着一个聪明的小精灵，它控制着两个空间之间的隔板上的小洞。小精灵能在运动着的气体分子中即时做出选择，将热一点的（运动快一点的）分子导入盒子的一边，冷一点的（慢一点的）的分子导入盒子的另一边。这意味着小精灵能让随机无序的空气分子变得有序。① 热力学定律认为，宇宙中的熵（entropy）绝对会增加，若要在一个地方减少熵，唯有在其他地方等量增加熵以抵消才行。但这个"麦克斯韦尔的精灵"思想实验试图要证明的是：热力学定律不成立，宇宙耗散并不存在。在实验中，小精灵在观察、区分和引导冷热分子，似乎能够毫不费力地对分子运动了如指掌（或者说，精灵能如天使那样地掌握分子的运动和能热状况）。19世纪的西方科学界深为宇宙中的"热寂"（heat death）现象所困扰，而"麦克斯韦尔的精灵"则让人们大舒一口气。（罗伯特·维纳则一下就击中了该思想实验的"阿卡利斯之踵"："19世纪的物理学似乎认为信息的记录和传输不需要成本，但事实上是需要的。"）②

那么宇宙热寂丧失的能量到底哪里去了？麦克斯韦尔的同事，物理学家巴佛·斯图尔特（Balfour Stewart）和彼得·泰特（Peter Guthrie Tait）为这个磨人的问题提供了答案。在其重要专著《隐秘的宇宙》（*The Unseen Universe*，1875）中，他们将"宇宙热寂"（耗散）视为实现宇宙全记录所必须付出的代价。在书中，他们首先就谈到，宇宙充满着如此多的能量却只能消散，但他们认为这些能量并没有浪费，而是变成了实现宇宙记忆所需的动力。与谷歌的公开说辞不同，他们认为维护记忆数据库需要耗费能量："所有记忆保存都需要拿现有资源做投入才能实现。"我们在前文中提到过，这

---

① 近期关于这个小精灵的一个不错的描述，可参见：Gleick, *The Information*, chapter 9.
② *The Human Use of Human Beings: Cybernetics and Society*, 2nd ed. (Boston: Houghton Mifflin, 1954), 29.

种以太(空气)介质具有将运动从宇宙的一部分传递到另一部分的能力。我们在地球上看到太阳,这相当于一张太阳的照片以不可思议的速度在太空中穿行直至传达到地球。或者说,太阳所有时段的照片都被连续拍摄、保存下来并传到地球。因此可以说,宇宙的很大一部分能量都被投入到这样的图片记忆中去了。"① 由此,斯图尔特和泰特提出的伟大的"太阳相册"这一概念,让人们终于可以松了一口气,使得"熵"(能量耗散)从一种令人担心的破坏性因素变成了具有积极作用的防腐剂。他们的解释回应了维多利亚时代精英们对"以太"这一"媒介之媒介"抱有的最深切的担忧——上帝会缺席和宇宙意义会崩溃。以太(远超后来的电报)是维多利亚时代的互联网。(以太作为一种元素当然与本章主题相符。)

维多利亚时代的摄影师威廉·杰罗姆·哈里森(William Jerome Harrison)也将光视为一种记录型媒介:"在这个阳光普照的地球上发生过的每一次行为——或者实际上被照到的整个宇宙——都被光记录下来了。"如果说巴贝奇、斯图尔特和泰特的以上所言不过是一种暗示,哈里森在这里则明确指出:我们要在光中阅读文字,就必须有超过光的速度。如果能实现这一点,我们就可以进入太空并捕捉到光留下的所有记录。一旦我们赶上了这些逝去的光影记录,就会看到各种历史在我们眼前逆序展开——我们逝去的青春和父辈及先祖们的生活日常等。"历史会自动向我们舒展。我们只需要沿着这段旅程走得足够长,就会看到滑铁卢之战和特拉法加之战在我们眼前铺开。我们就能解开苏格兰女王的自夸之美是否名副其实,而尤利乌斯·恺撒究竟在不列颠海岸何处登陆也不再是一个谜。"② 这里,"时间旅行"能让我们做什么?哈里森举出的几个例子,从凝视美女到破解历史之谜,都没有脱离英国民族主义的框架。他梦想整个外太空中充满着各种电磁广播,这后来成为电影《2001:太空漫游》的主题。哈里森的论述涉及"传输型媒介和记录型媒介可相互转换"这一核心问题——宇宙中光的传输构成了一个移动档案。如果宇宙是一个图书馆,记录(保存时间)和传

---

① 参见:Balfour Stewart and Peter Guthrie Tait, *The Unseen Universe, or Physical Speculations on a Future State*, 3rd edition (London: Macmillan, 1875), 155 - 156。感谢恰德·沃尔拉斯(Chad Vollrath)。

② W. Jerome Harrison, "Light as a Recording Agent of the Past," *The Photographic News: A Weekly Record of the Progress of Photography*, 30, no. 1427(8 January 1886): 23.

输(跨越空间)就是一个硬币的两面。

生物学家罗伯特·布雷恩(Robert Brain)说过,即使在生物学中,原生质也是一种通用的记忆存储形式。① 1900 年,两位最伟大的心理学家威廉·詹姆斯和西格蒙德·弗洛伊德认为,神经组织是人类个体所有经验的基础。詹姆斯在《心理学原理》(1890 年)中写道:"在个体的微观神经细胞和纤维中,各种分子在不停地计算(也即个体的"体验"),并记录和存储它们。""从严格的科学意义上而言,我们所做过的一切都没有消失过。"詹姆斯以一种拉普拉斯式精神说道,个体的神经所体验到的"当下"其实同时存储着过去和未来——"个体大脑的当下状态都是一种记录,从中'一双无所不知之眼'能读出该个体的所有历史"。② 弗洛伊德则将大脑视为一个混乱的文件系统,它记录了所有内容,虽然这些内容可能找起来并不容易——这很像搜索引擎出现之前的互联网,或者我们可以作如此比喻——就像一个写字板,其上的所有文字混杂堆积,都是无法辨认的象形文字。③ 对弗洛伊德来说,问题并不在于如何记录,而在于如何检索;个体之所以会有创伤(trauma),是因为一个丢失的文件不合时宜地突然重新冒头。巴贝奇、希尔、斯图尔特和泰特以及哈里森都认为"完美记录"是好事,而弗洛伊德和詹姆斯却深知,如果数据总是删不掉,人就会苦不堪言。

标签的节日

然而,"完美记录,全知之眼一览无余"的"生命之书"梦想最终还是破灭了,虽然这样的梦想仍然存在于我们的文化中,而且谷歌也在从中获益。与之一起破灭的还有"一切信息皆免费"的梦想。谷歌并没有追求要让世界在各个层面上都能被完美检索,而是转向通过模糊和不精确来实现与世界的

---

① Robert Michael Brain, "Protoplasmania: The Vibratory Organism and 'Man's Glassy Essence' in the Later 19th Century," *Zeichen der Kraft: Wissenstransformationen 1800 - 1900*, ed. Thomas Brandstetter and Christof Windgätter (Berlin: Kadmos, 2008),199 - 227.68.
② William James, *The Principles of Psychology*, 2 vols. (New York: Dover, 1950/1890),1:127,234.
③ 参见:Sigmund Freud, *Traumdeutung*, I, 20。弗洛伊德曾赞赏地引用法国心理学家德尔伯博夫(Delboeuf)的这句话:"任何印象,无论它多么微不足道,都会留下不可抹除的痕迹,并会无休无止地在未来某天重现。"

和平共处。谷歌信奉的是"后量子监控"(post-quantum surveillance)概念,并已经完全享受了概率革命带来的成果。谷歌已经认识到,浩瀚驳杂的实在可能是由各种——借用博尔赫斯具有明显矛盾修饰意味的表达——"独特的模糊特征"(singular vague feature)组成的,谷歌因此选择一种实用主义的方式来扫描网络,而不是将世界事无巨细地装入篮子中。维多利亚时代的人相信,只要通过数学和媒介就可以揭开世界的面纱并能将之呈现为一个纤毫毕现的有序整体,但谷歌没有这样的宣称。谷歌并没有索引所有的数据点(这只是巴贝奇的想法)。谷歌如果这样做,会占用太多带宽。但从"谷歌"一词的含义看,谷歌仍然对"无限"有所主张。正如布林和佩奇1998年所说的:"我们选择将我们的系统命名为Google,因为它是googol(10^{100})的一个常见拼写,这与我们想要构建的超大规模搜索引擎的目标是吻合的。"

谷歌属于一个高蹈巍峨的时代。大数据曾经只属于上帝。耶利米(Jeremiah)的耶和华(31:37)说:如果能够测量穹顶的上帝,那么我将转离以色列——他的言下之意是,要测量上帝和要放弃上帝的选民,两者都不可能。"汝不可以清点利未部落"(the tribe of Levi)(《民数记》1:49)。大卫王想要搞一个人口普查,但他的大臣和诸侯都对之有所不满,因为所有人都知道,普查之后就是税收和征兵。维纳曾经想编一星系目录,要求其精度达到神一般的程度:"如果人类所造的巡天星表(Durchmusterung,该目录的专业表述)将那些光芒没有达到一定程度的恒星排除在外,那么上帝所造的巡天星表中无论排除多么小的恒星也不会让人类反感了。"[1]但是今天,在追求精确这一点上,科学已经达到了新高度。现在地球人已经发现了7×10^{22}个可见恒星,[2]而且各种层次的细节都能呈现出来。我在第三章提到,据美国政府统计,2007年12月美国人消费了1 282 600 000磅沙拉和食用油;海洋生物学家在次级海底(subseafloor)沉积物中发现存在2.9×10^{29}个微生物细胞;甚至宇宙的全部内容也被测定约为10^{80}个质子——这真是一个让人觉得既震惊又索然寡味的数字。

---

[1] Norbert Wiener, *Cybernetics, or Control and Communication in the Animal and the Machine*, 2nded. (Cambridge: MIT Press, 1961), 31.

[2] Andrew Craig, "Astronomers Count the Stars" (2003), news.bbc.co.uk/2/hi/science/nature/3085885.html.

第七章 上帝和谷歌

对于很多乏味且缺乏想象力的"大数据",我们必须通过文化而不是自然才能理解。博尔赫斯的"巴别图书馆"中藏有所有可能的书籍,这些书的内容是23个字母的所有可能组合(他大概是按西班牙语习惯从26个英文字母中删除了k、w和x),由此计算,该图书馆中藏有$10^{1\,834\,097}$本书——这是威廉·布洛赫(William Goldbloom Bloc)在他非常有趣的一本书中得出的数字。如果还要考虑书在书架上的不同排列,这个数字会变得更加令人眼花缭乱。① 这个超大数字会让10^{80}相形见绌,达到令人难以置信的程度。即使是"天文数字般的"(astronomical)这个词都不足以用来描述巴别图书馆藏书量的巨大,以及它如何让美国国会图书馆的藏书量相形见绌——美国国会图书馆是世界上最大的图书馆,藏书达3 500万,它已成为人们讨论大数据时使用的标准测量单位。要达到巴别图书馆的藏书量,我们宇宙中的每个质子要容纳$10^{1\,834\,010}/3.5$个国会图书馆。这些计算和数字有点荒谬,但也说明真正的大数据不存在于物质中,而存在于心灵(人的想象)中。但问题是,这些巨大的数字是否真的像它们看起来那么精确。正如布洛赫所说,这些数字也许是可计算的,但它们是不可想象的。我们对其唯一的把握只能是觉得它们难以言表地模糊。尽管如此,模糊并非坏事。

博尔赫斯曾创作过一篇短小但妙想天开的文字,它被当作证明上帝存在的一个新证据,我在这里复述一下。博尔赫斯闭上眼睛,想象着一群鸟儿。鸟儿的数字是确定的还是不确定的?如果上帝存在,他绝对会知道博尔赫斯想象了多少只鸟;如果上帝不存在,那么任何人都无法确知博尔赫斯私人想象中鸟儿的数量。这意味着博尔赫斯看到的鸟的数量可以小于(随便说个数字吧)10,或大于1,但它也可以不是从2到9之间的任何整数。但是,一个数是从1到10之间的整数,但同时它又不是2、3、4、5、6、7、8、9,这个数对人而言是根本不可能存在的。因此,博尔赫斯认为,这就证明了上帝是存在的。② 博尔赫斯如此闪电般的论证过程显然漏掉了几个中间步骤,其证明根本不具说服力,就如同某些人企图通过证明概念在脑中成立,一下子跳跃到证明这些概念在实在中也成立一样荒谬。然而,对我们而言,

---

① *The Unimaginable Mathematics of Borges' Library of Babel*(New York: Oxford University Press, 2008).
② Borges, "Argumentum ornithologicum," in El hacedor (Buenos Aires: Emecé, 1960), 17.

博尔赫斯明显不成立的论证饶有趣味的是,在哪个点上,一个有限数集会显得比一个无限数集更能给我们带来深刻的形而上学意涵。

还有一个老笑话。一个德克萨斯牧场主和一个城市花花公子一起坐飞机。飞机在降落时,城市佬望向窗外,看到一群牛。"下面很多动物,"他说。牧场主说:"是的,事实上,准确地说,那是434只牛。""你怎么知道?""很容易,"牧场主说,"我只要数数他们的腿,然后除以四。"这个笑话一方面刻画的是德克萨斯人的高傲自夸,另一方面也想传达一个意思——即要对无限多的事物进行过分精确的描述是根本不可能的。数学家格奥尔格·康托尔(Georg Cantor)发现,无限性(infinity)也可以有不同大小,他用 aleph 一词作为对"无限性"的统一描述,部分原因是在阿拉伯语中,aleph 的意思是"一群牛"(Rinderherde)。但他也许还认为,我们其实没有必要对该词("牛群")追根溯源,否则我们就会发现该词的历史和宇宙的历史一样模糊不清、难下定论。①

感谢谷歌的努力,那些曾经对我们而言多得如牛群的信息,现在可以被盘点了。我在第四章最后一节中提到了"奶牛磁场"研究,该研究使用的数据就来自谷歌地球(Google Earth)拍摄的卫星图像。研究者们当然知道他们使用的这些卫星图像并不具有完全的代表性——因为谷歌地球卫星图片大多数拍摄于烈日高照的白天和天气稳定时,而且拍摄地点是在北半球,时间是夏季——但通过它研究者仍能收集到大量数据,其中包括他们从六大洲中随机选择的308个地点中的8510头奶牛和肉牛。如果不是通过谷歌地球的卫星图像,研究者要收集这些数据需要投入大量资源。例如,研究者此前曾亲自到野外实地探寻狍子的踪迹并摄影,他们共跑了152个地点,拍摄到1080只狍子,这样的数据采集使研究者面临巨大的后勤挑战。但是,作为谷歌地球或地图的副产品,以上从前很难获取的数据却唾手可得。数千年来,对各种动物的分布情况,农民、牧民和猎人都毫不知情,但今天通过对卫星图片的利用,这些信息可以轻松获得。②

今天,加标签(tagging)已经成为传播最鲜明的特征。通过加标签,我们可以标明鸟类和动物种群的迁徙轨迹,就像给公共建筑墙面进行涂鸦装饰

---

① Borges, "El Aleph"。
② Sabine Begall et al., "Magnetic Alignment in Grazing and Resting Cattle and Deer," *Publications of the National Academy of Science*, 115, no. 36(9 September 2008): 13451 - 13455.

一样。① 早在19世纪初,博物学家奥杜邦(Audubon)就开始给鸟类戴脚环以追踪鸟类,直到进入20世纪,给鸟类戴脚环和给鱼类戴标签的做法才成为系统的科学实践,特别是在北美和斯堪的纳维亚半岛,这种做法特别普遍。早在20世纪头十年,捕鲸者就开始通过鱼叉印记来追踪鲸,从20世纪20年代开始,他们将所谓"身份盘"(identity discs)射入鲸体内。② 到20世纪80年代,由于技术的小型化和电池寿命的延长,人类已经可以对各种各样的海洋生物,包括金枪鱼、双髻鲨、象海豹和各种各样的鲸进行标记。③ 以上对各种动物加标签的做法显然为随后的各种类型的统计聚合工作提供了灵感,如货物库存盘点、消费者偏好分析、马拉松运动员管理以及脸书照片中的人脸识别等。统计动物种群的数量有点像统计电台观众的数量,两者都涉及复杂的统计估算问题,应用于这两个领域的统计方法都出现在20世纪40年代。④

谷歌地图最终将会与整个宇宙重合。博尔赫斯给我们讲述了这样一个故事——其灵感可能来自刘易斯·卡罗尔(Lewis Carroll)。他想象有这么一张地图,其尺寸大小和真实土地面积"点对点地"完全一样。博尔赫斯如此做的目的,是要向我们展示出这样的地图有多么荒谬。在对某些事物的统计中,估算值可能比实际值更准确。印度尼西亚有多少个岛屿?明尼苏达州有多少个湖泊?海滩上有多少粒沙子?天空中有多少云朵?云朵中有多少水滴?有多少粒小麦才能构成一堆小麦?地球上有多少个原核生物?全球狼群有多少?鲸鱼或金枪鱼种群有多大?要回答这些问题,首先要弄清其中的关键名词如何定义——这种基础设施层面的模糊性(infrastructural fuzzyness)正是鲍克尔和斯塔尔(Bowker & Star)在其著作《分门别类》(*Sorting Things Out*)一书中探讨的议题。⑤ 在以上问题中,我们统计的对

---

① 今天所有关于人类的学科最先都是关于动物的。
② Burnett, *Sounding*, 154.
③ 对海洋动物加标签有哪些方法,相关的综合论述可参见:Whitlow W. L. Au and Mardi C. Hastings, Principles of Marine Bioacoustics (New York: Springer, 2008), chapter 13.
④ 广播研究的关键人物是保罗·拉扎斯菲尔德(Paul F. Lazarsfeld);关于动物种群规模的论述,参见:D. B. DeLury, "On the Estimation of Biological Populations," Biometrics 3, no. 4(1947): 145-167. 突破发生在1920年代的基因研究中。
⑤ Geoffrey C. Bowker and Susan Leigh Star, *Sorting Things Out: Classification and its Consequences* (Cambridge, MA: MIT Press, 1999).

象是什么以及如何统计它们,这是最基本和最微妙的部分。例如,从海水到陆地距离多远可以算作海滩?水面多大可以算作湖?是否要考虑人工湖泊以及地下连续性水体?英格兰海岸线有多长?对最后一个问题的回答很有名——它取决于测量杆的长度,杆子越短就越能测量到英格兰海岸线的犄角旮旯,所测得的海岸线的长度也因此就越长。由此看来,"任何长度的测量棒都存在一个恒定的'分数维度'(fractional dimentionality)",这是一个伟大的发现。① 我们试图去计算或测量海量的数据,这样的企图会反过来让我们对所使用的媒介特性获得新的认识。英格兰海岸线有多长?这个问题根本没有答案。人类在科学上追求准确,这揭示出人类的使用工具的具体性,而这些具体性又反过来揭示出:具体性其实和一般性一样,也是模糊不清的。

充满了"等等……"的宇宙

在公众面前,谷歌是复古的,它重新激活了19世纪时人们对万事万物进行无穷普查的热情;但在具体的计算机工程实践上,谷歌却很高兴地接受了"绝对知识难以企及"这一现实。"差不多"对谷歌来说就算足够了。只要网民认为某物值得标记,那么该物迟早会出现在搜索结果中。谷歌并不担心还有很多事物没有被标记。(我对学术期刊也持相同的懒惰态度。如果所发表的内容确实非常重要,我相信社交圈子迟早会告知我,而无需我对这些期刊的发表动态持续关注。)整个宇宙浩瀚无边、数据丰富,足以呈现出某种模式。博尔赫斯笔下的"巴别图书馆"隐喻告诉我们,试图建立一个无所不包的整体性的图书馆会让我们倍感压抑,难以呼吸。在这个图书馆中,我所说的每一句话用存在于图书馆某处的不同语言表达出来,可能会具有完全不同的含义。但是,既然我们确信人生有涯,甚至连用它来寻找不同的语言来表达这句话的时间都不够,这一事实本身就意味着我的这句话有了特别的意义,我用我的语言表达这句话,这本身就是我的一个重要选择。在这个所有生命都有涯的宇宙中,所有的选择都是真实的,并以某种方式促成了

---

① Benoit Mandelbrot, "How Long is the Coast of Britain: Statistical Self-Similarity and Fractional Dimension," *Science*, 156(1967): 636 - 638, building on Lewis Fry Richardson.

宇宙的命运。我们不应该对博尔赫斯的"巴别图书馆"隐喻作反乌托邦的或悲观的解读。相反,它是一个直截了当的让我们为之感到欢乐的理由。在如人类所处的这样一个选择受限的小宇宙中,我们要说出些新东西非常容易。热力学定律表明,世界的混乱远多于有序,所以事物一旦有序就更显得突出。世界上并不存在无所不包的图书馆,这向我们展示出,宇宙本身就是不完整的,它万幸地充满了各种模糊的"等等……"。面对此种情形,我们可以像卡图卢斯(Catullus)诗中的情人慷慨施吻那样,慷慨地扔掉各种数据。卡图卢斯恳求他的情人勒斯比亚(Lesbia)给他一千个吻,然后一百,然后再一千,然后再一百,最后是无数吻,以至于自己和旁人都不知道他们吻了多少次。宇宙充满间隙,而正是在这样的间隙中,我们才能有所作为。①

对维多利亚时代的物理学家来说,要获取空气、植物或阳光中的普遍记录,他们面临的唯一限制是带宽不足。巴布奇等人认为,只要有足够的计算能力,宇宙中的一点一滴都可追溯。但是后来出现的众多领域,如统计力学、跨有限数、量子力学和分形几何学等,都展示出事情看起来并非如此。在这些领域看来,宇宙中的事件都固有一种随机性、无限性、不可数性、信息获取的高成本以及对测量工具精确度的依赖。宇宙中发生的各种事件无穷无尽。即使我们掌握了更加完美的记录工具能记录每个分子的运动,也顶多只能记录下底层分子的运动轨迹,而记录行为本身也可能导致分子的运动。正如一位维也纳学派哲学家曾热情洋溢地指出:"那些想要精确捕捉物理事件发生的空间和时间的各种说法都是形而上学的,因此毫无意义。"②我们对事物的记录越穷尽,它们就会变得越模糊。彼得·斯特劳森(Peter Strawson)说:"一般来说,'穷尽描述'的说法是毫无意义的。"③谷歌的做法就是对一个低保真宇宙的适应。这样的宇宙在其被计算时,总是会让我们用到"等等……"一词。④

---

① 因此,博尔赫斯曾想要反驳尼采的永恒轮回观(eternal return)。尼采的所谓永恒轮回,在博尔赫斯看来不过是一种糟糕的无限循环。参见:"La doctrina de los ciclos," in *Obras completas 1: 1923-1949* (Buenos Aires: Emecé, 1996), 385-392。
② Hans Hahn, "The Crisis of Intuition" (1933), in his *Empiricism, Logic, and Mathematics: Philosophical Papers*, ed. Brian McGuinness (Dordrecht: Reidel, 1980), 76.
③ P. F. Strawson, Individuals, 引自: Ian Hacking, *Representing and Intervening: Introductory Topics in the Philosophy of Science* (Cambridge: Cambridge University Press, 1983), 94。
④ Wendell Johnson, *People in Quandaries* (New York: Harper and Bros., 1946), 212-213.

历史上曾有众多殉道者和领导人因蒙难而受到强烈关注,如苏格拉底、耶稣、林肯和肯尼迪等。关于这些人,我们提个看似简单的问题:耶稣是在什么时候被钉上十字架的?该历史事件总被人提及,却充满着各种复杂性。《约翰福音》说耶稣是在日出(约为早上 6 点)后的第六个小时被钉在十字架上的,即中午 12 点;但是《马可福音》却说此事发生在(日出后)的第三个小时,也即上午 9 点。如果《马可福音》是对的,那么我们就可以推定,庞蒂乌斯·彼拉多(Pontius Pilate)得在上午 9 点(耶稣受难时)之前很早就起床并开始工作了,但这对一名罗马官员而言显得太早。另一方面,这两部福音书对耶稣受难时间的记录都假定当时的犹太人是以日出(约为早上 6 点)为参照计时的,但如果《马可福音》使用的是罗马计时法(两小时为一个"时辰"),那么它记录的耶稣受难时间和《约翰福音》是一致的。但是,也许《约翰福音》将蒙难时间定在中午 12 点,是因为它对时间进行了一些神学上的和谐调整,以便使该事件与逾越节的羔羊屠宰仪式发生在同一天的同一时刻?① 这里我们可以看出,不同的解释框架会让我们对相同的证据进行不同的解读。在耶稣蒙难以及其他许多问题上,经典福音书之间存在着各种微妙的分歧,其中我们无法辨别哪些是文学修饰,哪些是神学评论,哪些又是历史猜测。无论我们的阅读倾向于什么,我们都不得不依赖基本上无法检验的各种预设,更不得不依赖新约圣经中更为宏大的历史假设了。在这里(以及在其他众多领域)我们可以看到,对任何事实的解读都浸透了理论并受到理论的影响。

又如,亚伯拉罕·林肯被刺和一个世纪后约翰·肯尼迪的被刺,两者一直吸引着众多研究者进行细致深入的调查。1865 年林肯遇刺前他是什么时候到达福特剧院的?大约是晚上 8 点 30 分左右,当时剧院正上演《我们的美国表弟》第一幕。林肯是什么时候被枪击的?尽管有不同证据,但似乎是在晚上 10:30 左右。刺客约翰·维尔吉斯·布斯(John Wilkes Booth)从剧院的总统包厢跳到舞台上,其间的距离有多远?目击者说法不一,有的说 9 英尺,有的说 16 英尺。但 1866 年福特剧院装修时内部完全被掏空重建,直到后来找到剧院的原始建筑图,调查者才获得准确数字,总统包厢距离舞

---

① 此例引自 D. Moody Smith, *John among the Gospels*, 2nd Edition (Columbia: University of South Carolina Press, 2001), 204-205, n15. 感谢多伦·孟德尔(Doron Mendels)告知我这一文献。

台10英尺6英寸。(历史之所以不同于小说,是因为它有更多的可相互确证的信源。)布斯是否在跳上舞台时摔断了腿?研究者能获得的现场证据是布斯后来凭回忆写的日记,而这个日记在很多方面都被证明不可靠。有目击者看到他在舞台上"冲过"或"跑过"(这说明他的腿没断)。布斯当时喊了什么?众多目击者大致同意认为他喊的是"Sic semper tyrannis"(这就是暴君的下场),但也有人认为是"南方得自由""为南方复仇""南方复仇了""我做到了""自由"。布斯在刺杀林肯后逃逸,12天后在追捕枪战中被杀,据此间他记下的日记,他在刺杀现场只说了"Sic Semper"(这就是下场)。①

另一个谜团是,在林肯咽气的那一刻,林肯的战事秘书埃德温·斯坦顿(Edwin Stanton)当时站在床边说了一句话:"现在他名垂青史了。"这句话长期以来无可争议,被认为是一句祝福。但是,最近有人指出,实际上他说的是"现在他属于天使了"。② 这两种说法是从两个角度评价林肯——作为现代斯多葛派(青史)和作为基督教浪漫主义者(天使)。在一篇思考深刻的文章中,亚当·戈普尼克(Adam Gopnik)指出,"青史"一说尽管被视为历史事实而传颂了一个世纪,但该说法直到林肯遇刺25年之后才有历史记录,出现在1890年他的两位秘书所写的林肯传记中。"天使"之说是最新提出的,动机是要将林肯描述为一名基督教门徒,但也有一些合理的历史根据。归根结底,我们无法知道斯坦顿当时到底说了什么,也无法弄清斯坦顿自己是否知道他当时说了什么。即使当时有录音机,在一个拥挤和混乱的房间里,各种悲伤的人们进进出出,录音机也无法让事情水落石出。同样,对于布斯在剧院舞台上的大喊大叫,有录音也无济于事。正如戈普尼克所总结的那样,"过去经常不可知,不是因为它现在变得模糊了,而是因为它在发生的当刻就模糊了"。③ 对此我们还可以加上些气象学智慧——"忘记关于未来的测量(forecasting)吧,因为即使是眼前的测量(nowcasting)都几乎不可能。"④

远非巴贝奇想象的那样,即使我们能够获得过去某个夜晚的空气并聆

---

① All information taken from Timothy S. Good, *We Saw Lincoln Shot: One Hundred Eyewitness Accounts* (Jackson: University Press of Mississippi, 1995).
② Now he belongs to the ages/Now he belongs to the angels. 这两句话的英文听起来非常相似,所以会被误会。——译者注
③ Adam Gopnik, "Angels and Ages," *New Yorker*, 28 May 2007.
④ Rivka Galchen, *Atmospheric Disturbances* (New York: Picador, 2008), 90.

听它,也仍然是云雾缭绕,或是被工程师称为"损失物"(lossiness)的东西。也许我们无法直接接触过去而充分利用它,这并不奇怪,因为即使是对眼前,我们也无法直接接触并利用它。默默地潜伏在每一刻之中的,是一片片巨大的、我们无法观察到的实在——人类如果要感知它们,要么放大或缩小,要么得具备不同的感觉器官,要么得思考得更快或更慢。即使最敏锐的观察者,对实在的描述也可能是不完整的,不仅因为记录工具的不足,而且因为实在本身的不足。我们在说话时不知道自己在说什么,宇宙对自己也许同样并不总是那么肯定。宇宙在结构上是不完整的,同它的"文档"一样都存在间隙(gaps)。这是一种多么奇妙的境况!宇宙慷慨地适应着我们的每一个新行为、新言语或新思想,但我们能做的仍然还有很多。它对一切新事件都全然开放,它是一个容器,优雅空虚。一个不断扩大的宇宙是一个不完整的(从事后看)宇宙。如果我们可以全面完整地描述宇宙,那就同时意味着宇宙已经冻结并将崩裂成碎片,化为虚有。宇宙之不完整意味着它仍然在玩着一个游戏,仍在不断地追逐着奇妙和创新。

即使是绝对性知识,也可能含糊不清。上帝是否也追求效率?在中世纪的基督教和穆斯林神学中有一个关于"上帝在思考时是抓大放小还是事必躬亲"的重大辩论。[1] 这个问题背后的含义是,如果上帝的注意力广博浩瀚、无所不包,那么他是会对宇宙中的每一滴雨和每一粒沙都做出标记,做到心中有数,还是选择抓大放小,仅仅按照某些宏观的统一原则来感知整个宇宙?(如果将上帝视为事必躬亲,就意味着他的旨意能眷顾到个体信徒的祈祷和生活,这会让每个信徒都更觉宽心。)而谷歌的运作原理似乎赞成第二种观点。后量子时代的全知全能所使用的是如网络扩展图(expander graphs)一类的启发式快捷方式。它会通过查看雨水向何处聚集来预测天气,而不是通过为每个雨滴单独制作一个"巡天星表"来实现此目的。也许"上帝不存在于细节中"。[2] 也许上帝的旨意并非存在于事无巨细中,而是存在于丰富的总体性中。也许凌乱驳杂的实在也意味着凌乱驳杂的上帝认知。我们会觉得哪个更伟大呢?是对所有事物进行详尽标记,还是如观云

---

[1] Jorge Luis Borges, "La busca de Averroes," in *El Aleph* (Madrid: Alianza Editorial, 2007), 104-117, at 104.

[2] 此句英文为"Maybe God is not in the details",显然是对"Devil is in the details"(魔鬼存在于细节中)的戏谑模仿。——译者注

般那样创造性地找出其宏观模式？也许上帝的智慧本身就是模糊的。这就是为什么前述博尔赫斯所想象的鸟类数量如果是确定的，就能证明上帝是存在的。要做到全知全能将是一个分形阶梯。对于圣·奥古斯丁来说，生命之书(liber vitae)的内容其实很容易书写，因为它实际上是"命定之说"(liber praedestinationis)，因为其中所有事件从一开始就被预先确定了，所以监测这些事件的发生并不构成什么真正的挑战。真正的经验主义（比如赌博）并非只需要对未来的预测能力，也需要对意外结果的心理应对能力。（这说明神学有限主义和彻底的经验主义之间有着一定程度的亲和力。）如果上帝的智慧是宏观的和务实的，并且通过"演绎—归纳法"(abduction)以及普遍施爱的概率性摸索来运作，那会是怎样一种情形呢？上帝如果能预报天气，能远期预报多少天？如果上帝的智力能通过感觉和智识上的跳跃快速便捷地移动，那么为什么还要通过无关紧要的细节来束缚他的思想？上帝的"处理器"无所不包且穷尽至深，它需要的仅仅是对万物有一个强大且快速的索引。

弗里德里希·基特勒曾做过几个讲座，在其中之一讲完后的讨论中，彼得·贝雷克特(Peter Brexte)引用了莱布尼兹(Leibniz)的一段话。莱布尼兹说，他在海边听着大海的咆哮，觉得对这些俗世的噪音，只有凡人才会受其滋扰，而上帝不会，因为上帝的耳朵能将这些噪音变成原本就有规律可循的乐章。贝雷克特点评了莱布尼兹的这段话，让基特勒颇为高兴，打趣说上帝是位伟大的傅立叶分析师(Fourier analyst)，但是他对"上帝耳中不存在噪音"这个说法表示存疑。基特勒长期以来一直着迷于这样一个发现：任何声音，甚至是极其嘈杂的声音（如雷声或海浪）都可以通过正确的正弦波叠加来呈现其规律。[①] 上帝耳中是否存在噪音这个问题很深刻，因而基特勒的存疑也是有道理的。如果问我的观点，我觉得上帝耳中是有噪音的，因为上帝具有悲悯之心，这让他能对他的孩子（人类）的感受产生共情。但我们也不能排除也许宇宙中也存在其他噪音，让上帝难以忍受。

在这个世界中，即使是上帝般的全知全能都有可能被云遮雾罩，力有所不逮；在这样的世界中，并非一切都是事先就确定好的，也并非所有噪音都

---

① Friedrich Kittler, *Und der Sinus wird weiterschwingen*: *Über Musik und Mathematik* (Cologne: Kunsthochschule für Medien Köln, 2012), 46–50.

能被听到,而我们的每一个选择都会造成实际的多种后果——这是一个多元的宇宙,在其中存在着无可挽回的损耗。我认为,我们生活于其中的宇宙充满风险和危险。每个单一的选择都会产生永恒的后果。即使天使也可能会堕入永恒的厄运中。一恶可以让一辈子的善付之东流。但这个宇宙既可能不可逆转地毁灭,也可能极具新颖性和创新性,以至完全与过去决裂并彻底遗忘。擦除(erasure)自己既是伤害也是救赎,它是一种对抗熵的行动。在所有行动中,它在热力学上最罕见、最令人震惊。[①] 人类所做的一切都会留下痕迹。关于这一点,各种犯罪现场调查类美剧似乎更同意巴贝奇而不是达尔文的观点(见下一节)。对任何犯罪,调查人员只要具有足够的放大能力,总能在某种媒介中找到线索和痕迹。黑客可以在你计算机内的某个犄角旮旯找到你已删文件的鬼魅。真正的壮举是篡改历史的同时还能了无痕迹。赎罪行为可以使过去变得可逆,并能抹去曾经不可磨灭的墨迹。这样的力量,如同独裁者手中的生杀予夺的铅笔一样,必须受到一种全知和至善力量的控制,否则它很可能会被滥用于宇宙间。(如果没有不断的教育和试错学习,这个力量如何可能长期保持全知和至善,这本身就是一个很大的谜团。)全知和至善者的真正标志并不是他能追踪所有的分子运动,而是他能在最需要彻底清除的几个关键点上能切实做到这一点——他就是这个宇宙中那台最昂贵的计算机。删除可以给我们带来极悲和极乐。当然,也有人从道德角度指出,上帝的视线中也应该存在一些盲点。上帝也能忘记,我们犯下的最严重的道德罪行也可能成为他的记忆空白或被新的记忆覆盖——这才能给予人类一丝希望!

有偏向的记录

世界上大多数人都还不能上网,而且互联网上大部分数据还没对搜索引擎开放。网上存在着众多不为人所知之处:"暗网"和"深网";专有的、分类的和受防火墙保护的网站;受密码保护的网站(如脸书或 iTunes)中的各种宝藏,以及各种死链和旧链等。和网下世界一样,互联网上也到处都是黑

[①] 参见:Gleick, *The Information*, 362, 371, passim。"Snapchat"能让用户设置信息或图片被对方收到后 10 秒内自动删除,这说明很多人有"删除"的需求。

洞,其间不仅存在着巨大的检索不到的沙漠,而且这些检索还是偏向某些信息的。例如,谷歌会设置其搜索算法让其绕开某些特定内容,例如色情内容,如此就起到了稳定和平静网络的效果。① 谷歌也能开启新的搜索,但宇宙中的大部分信息仍然在其检索范围之外。宇宙中存在着尚未被其索引过的"实在的广袤草原",这些实在有些发生在过去,更多则将出现在未来,而且现实的丰富可能性完全超越文档的记录能力。目前,人类还没有能力生产出数千年仍能有效的数字记录介质。② (保存我的博士论文的软盘 1986年被弄丢了,但其纸质版仍被忠实地保存在一些图书馆里;在过去 30 年里,纸张仍然是比竞争对手更强大的存储介质。)万维网是英尼斯所谓"具有空间偏向媒介"的一个典型例子。万维网对其所不知者一无所知。当然,这些巨大的自我遗忘之洞在图书馆或档案馆中也存在(图书馆和档案馆的辩护者往往会忘记这一点),只不过洞的形状不一而已。对于宇宙中发生的以各种形式存在的一切,我们只能获得有关的极小的痕迹。宇宙是一个积极的回收者,在它面前,任何存储介质都只能以自己的方式,碰运气地抢救一些东西。

英尼斯认为,所有的记录和媒介都带有偏向。历史是一个如何克服时间和空间实现交流的问题,而且每种媒介都有选择地记录和传输,然后这些选择性地记录和传输内容又被历史学家发现。历史文献、遗址废墟、家居文物、头颅骨骼、DNA 或其他任何幸存到今天的东西都有其内在偏向——偏向或好或坏,但从来都不可能没有。英尼斯指出,研究长时间跨度的历史学家通常会强调宗教信仰而忽视官僚制度,因为从事文书记录的,在前者中通常是具有时间偏向的中介(如圣哲和牧师),在后者中则通常是具有空间偏向的中介(如律师和商人等)。解读过去,不仅意味着解读历史记录的内容,还意味着研究承载这些内容的媒介。媒介的"偏向"——英尼斯用纺织业中的"斜切"来比喻这种偏向——可能会威胁解读内容时的客观性,因为历史学家必然会沿着"斜线"解读。但"偏向"并不必然是一种不足,只要解读者

---

① Vaidhyanathan, *Googlization*, 14. 谷歌负责开发反色情网络内容算法的人名叫卡茨 (Cutts)——听着像"切割"(cut)——倒显得很合适。
② 参见拙文:"Proliferation and Obsolescence of the Historical Record in the Digital Era," in *Cultures of Obsolescence*: *History*, *Materiality*, *and the Digital Age*, eds. Bärbel Tischleder and Sarah Wasserman (Palgrave Macmillan, forthcoming).

能提供支撑特定解读的证据,它就是可以接受的。不同的书写媒介会携带不同的货物(内容)。我们永远不会在石碑上读到关于每日天气的记录。书写所记录下的不是那些"确实发生过的"内容,而是那些易于记录的内容。用尼克拉斯·卢曼(Niklas Luhmann)先知般的话说就是,"只有被媒介记录者才能被传播"(Only communication can communicate)。任何媒介在记录时都会对各种事件进行过滤,而每条记录也隐含地呈现出其未曾记录的内容。

由此可见,关注信息的损失和破坏,与关注信息的存储一样重要。我在前面提到,人类一直抱有这样的梦想——希望获得一个事无巨细无所不录的(甚至包括各种微生物的)历史性记录手段。这一梦想存在着一个"理想的知者"(an ideal knower)。但我将在后文指出,事实上,对这样的"理想的知者",即使从神学上都很难解释得通。巴贝奇所代表的只是英国19世纪大辩论中的一面之词。地质学家查尔斯·莱尔(Charles Lyell)在他划时代的《地质学原理》(*Principle of Geology*,1830—1833)一书中提到"废墟"(ruins)。"废墟"的比喻源自巴洛克(baroque),深为浪漫主义者喜爱。莱尔将地球视为文本,他很想"破译纪念碑"并对"用生动语言写成的远古的自然纪念册"进行解读。① 尽管这些地质纪念册是用生动的语言写成的,记录却是易错的、不完整和碎片化的。莱尔认为,如果我们能研究和了解到是哪些过程(如侵蚀或沉积)促使了地球的形成,也就能了解到是哪些过程在地球的文本上留下或抹去了痕迹。莱尔相信,在地球漫长历史中发生的所有地质过程都是同质的(这和充满灾难的历史观——无论是创造历史观还是其他历史观——不一样)。这一信念构成了莱尔著名的"同质主义"(uniformitariansim)的核心。该词并非出自莱尔本人,而是威廉·魏威尔(William Whewell))生造的。魏威尔是英文世界中的伟大造词者,尤其善于编造新词。地质学家将地球视为一个可阅读的文本,这一概念是对"世界作为一本书"的古代隐喻的一种批判性借用,差别在于,地质学家眼中的文本既不是由人类也不是由上帝书写的。对这一大自然的作品集,我们只能通过地质学家复杂的解密技术才能阅读。

---

① Charles Lyell, *Principles of Geology*, vol 1. (1830; Chicago: University of Chicago Press, 1991), 73, 75.

莱尔的追随者查尔斯·达尔文在其《物种起源》(1859年)的第十章《论地质记录的不完美》中将地球的历史比喻成文本。在该章中,达尔文对地质学家如何从不完整的深层时间记录中作出推论以及这个过程需要依循何种方法等问题,做了大量极有价值的思考,而这个问题与媒介理论极为相关。达尔文不仅阅读了各种扭曲变形的地质记录,还亲临现场阅读那些被记录的地质现象本身。他在研究物种演化时面临着极大的证据不足,因而转向了考察记录这些证据的媒介本身。他指出,物种演化之所以显得断裂(即存在所谓"失去的一环"),是因为记录这些物种演化过程的地质现象本身就是断裂的,因而使得今天的研究者只能获得部分而不是全部的地球生命史。因此,我们通过研究断裂的地质现象就只能得出物种演化断裂的结论。这实际上就是我们后来所说的"抽样误差"的问题。在地质历史上,存在着"漫长的空白期"。如果我们能获得完整的地球生命历史档案,就会找到那个缺失的中间环节。目前关于这些环节尚没有出现过任何化石记录,不是因为它们没有发生过,而是因为化石记录整体上是残缺不全的。生命的历史记录会受到地球历史上的所有抹除过程(从水土流失到火山爆发)的影响。如同一位优秀的媒介学者,达尔文指出,历史在传输中遭遇了损失,而不是历史本身存在损失。在达尔文看来,我们试图从地质记录中追寻物种间相互联系的证据,就如同试图从今天"体育史上的最佳视频剪辑"中追寻古代奥运会上的精彩时刻一样——媒介介质的历史就已经将媒介内容的某些历史记录剔除了。研究者试图超越断裂的历史记录建构出完整的过去,这是科学唯心主义的构成性行为体现。这就好比记录型媒介因某种微生物作用被改变了,而历史学家却将此后发状态视为一直存在,并煞有介事地做出解读,以讹传讹,这只能是大谬不然的。

达尔文在《物种起源》第十章中的论述真是19世纪文本主义的经典之作。他写道:

> 就我而言,按照莱尔的比喻,我将地质记录看作是一个保存不完美的而且是用不断变化的方言写成的世界史。关于这段历史,我们仅有其剩下的最后一卷,它仅涉及两三个国家。而且在这仅存的一卷中,东鳞西爪地只剩下几个很短的章节,在每页上也只是这里几行,那里几行。写就这些文字的是一种缓慢变化的语言,它

的每个单词在每章中的意义或多或少都不一样,代表着可能存在过的某种生命形式,这些生命被深埋在连续的地形中,却又貌似被突然错误地插入一样。如果持这一看法,我们在以上讨论中遭遇的各种困难就会大大减少,甚至完全消失。①

在"地球图书馆"里,各种书籍被掠夺、乱扔、审查和烧毁。(这个地球图书馆看起来很像弗洛伊德或拉康所言的"无意识"。)达尔文的进化论显然接近19世纪出现的其他历史主义的科学,当时,从考古学、天文学、文献学到精神分析学,都涉及如何解读跨越巨大空间和干扰发送过来的微弱信号。对达尔文和莱尔而言,地球是一种极易犯错的记录型媒介,最好的记录是无人能识的象形文字,最差的记录则是大量的记忆空白。

达尔文和莱尔都坚定地认为,历史只能以碎片形式被记录下来,由此他俩触及媒介记录论题中的一个面向。生命的毁灭蔚为壮观(自然选择本身也同样蔚为壮观),在这种壮观中,达尔文和莱尔感受到一丝忧伤。达尔文是一个典型的维多利亚时代人,他能从对大自然的沉思中得到崇高的启迪:"考察者应该自觉地查看那些大量相互叠加的地层、冲击泥土的溪流以及侵蚀嶙峋悬崖的海浪,这样才能对历史上时间的流逝有所理解,对我们周围的各种'纪念碑'有所理解。"②达尔文看到时间流逝时总是由衷地喜悦而又满怀谦卑。他像爱默生一样邀请他的读者尊重"自然的缓慢发展(Naturlangsamkeit)。③ 正是这种沉静缓慢历千万祀而使红宝石坚不可摧,使阿尔卑斯山脉和安第斯山脉如彩虹般稍纵即逝"。④ 但是,达尔文也认为,我们最终仍然可以将记录型媒介最终与它记录的真实历史分离开来。他认为,在媒介碎片的背后必然存在着一个真实的过去。由此看来,他也抱有

---

① Charles Darwin, *The Origin of Species* (1859; Hazleton, PA: Electronic Classics Series, 2001—2013), 278.
② 这段文字让我们想起梭罗《瓦尔登》中的一章"春",进而让我们好奇达尔文是否读过梭罗的作品,而我们知道梭罗是肯定读过达尔文的作品的。
③ Naturlangsamkeit 一词引自爱默生的散文《论友谊》(*Friendship*)。这是爱默生将两个德语词拼凑生造的新词,其中"Natur"即"自然","Langsamkeit"即"缓慢发展"。随意拼凑旧词而形成新词是德语的特色,也是很多德语作家的偏好。该词字面意思是"自然缓慢",根据爱默生在其一篇文章中脚注说明,该词的意思是"缓慢的自然发展"。——译者注
④ "Friendship," *Selected Writings of Emerson*, ed. Donald McQuade (New York: Modern Library, 1981), 211.

"存在一个整体性记录"的梦想,只是认为这个梦想无法实现而已。而如前所述,谷歌的观点与之正好相反。

近年来出现的达尔文主义者理查德·道金斯,就地质记录也提出了一个非常相似的论点:如果将地球上每一位人类个体的母系血亲埋在同一个地方,且每个人的化石都被压成一厘米的高度,连续十亿年,这个总高度将达到约六百英里(一千公里)厚,远远超过地壳的厚度。他还说,如果用这些化石残骸填充美国大峡谷,它也只能容纳地球上所有存在过的生物残骸的 1/600。① 另一个敏感性极为不同的文本也表达了类似观点。《约翰福音》的最后一节以悲惨的语气结束:"但耶稣也做了如此多的其他事情。如果将它们每一件都写下来编成书,我想即使是整个世界都放不下。"(21:25,NRSV)前面我们提到了博尔赫斯的"无限的图书馆"概念,而这段经文是该概念的源头之一,但常常被人忽略。在它所描述的世界中,书籍铺天盖地,对所有行为都给予无限细微和全面的记录。但这段经文的目的是要说明,想象这样一个充斥着耶稣故事的图书馆是荒谬的,相对于众多对上帝旨意的竞争性解读,只有《约翰福音》的解读才具有权威性。仿佛是为了稍稍增加《约翰福音》的难度,第 21 章被普遍认为是后人的添加,添加者的目的也许正是为了阻止后人再像他一样对《约翰福音》添枝加叶、画蛇添足。要解构某些文本,我们并不总是需要引用德里达,因为这些文本本身就包含着自我解构。

过去发生的事情无穷无尽、难以想象,无论是进化论者传福音者,他们能获知的历史只是沧海一粟。对这种损失,道金斯和圣约翰(第 21 章)似乎并不伤感(这与达尔文对化石记录的缺失所表现出的忧郁思考完全不同)。地质记录和《约翰福音》都极不完整且极具选择性。显然,历史能以化石或经文形式存续是一种荣幸。对那些所有存在过的东西,宇宙最终都会将它们欢快地擦拭干净。②《约翰福音》和道金斯都将"完整的记录"视为一种可怕的荒谬,同时又对"有限的记录"表示欢迎。《约翰福音》和道金斯这两个不太般配的一对至少达成了一个共识:档案的日益损耗是一个积极的境况。

---

① *Unweaving the Rainbow* (New York: Mariner Books, 1998), 13-14.
② 我们可以比较一下史蒂夫·乔布斯(Steve Jobs)在斯坦福大学 2005 年毕业典礼上的讲话。他说:"死亡很可能是生命中最好的发明。它是生活的变革推动者。它清除了旧东西,为新东西开路。"

本体论是弯曲的

一旦谷歌能以新方式绘制宇宙时,这家新媒体公司就成熟了。在各种关于互联网的常见图像中,整个互联网看起来像宇宙大爆炸、一团星云或一个大脑的样子。和谷歌一样。最近,宇宙学的发展都以实现整体性描述为目标,认为达至宇宙知识的通衢大道是将视宇宙同时视为记录型和传输型媒介并解读出其结构。我们要了解宇宙,先得了解我们在宇宙中的结构(所处的时间和地点)。

宇宙与其他任何东西一样受"存有的历史"(Seinsgeschichte)的影响;天空也需要像船一样的媒介才能让我们翱翔于其间。望远镜被发明后,人类发现地球位于一个难以想象的浩瀚系统中,这一新的宇宙观比此前被广为信奉的地心说能展现的要广博得多。有了望远镜,此前封闭的宇宙突然间看似无远弗届,这让帕斯卡尔(Pascal)等人惊惧不已。莱尔说:"多年以来,人类感官让我们觉得地球是静止的,但某一天天文学家突然告诉我们说,地球实际上是在以不可思议的速度在其轨道上运行。同样,我们也一直认为自地球诞生以来,其表面就是一成不变的,直到突然有一天地质学家指出,它实际上变化多端如剧场,而且现在仍在缓慢和无止境地变化着。"①

威廉·赫歇尔(William Herschel)是英王乔治三世的风琴演奏师和御用天文学家。他发现了天王星,或许他也在天文观测中首次发现了时间与空间的可转换性。他在大约两百年前就指出:"望远镜具有穿透太空的能力,我们也可以认为,它因此具有了穿透过往时间的能力。"他不无道理地吹嘘道:"在观察宇宙深空上我比任何前人都看得更深更远……我曾观察到遥远的恒星,我有证据证明它们的光需要两百万年的时间才能到达地球。"②两百万年对赫歇尔和我们而言都是很长的时间,而最新观察结果显示,宇宙大约有138.1亿岁——超过三个"劫"(kalpas)。"哈勃超深空场探索项目"(The Hubble Ultra Deep Field)已经捕捉到了七个星系的图像,它们的寿命

---

① Lyell, *Principles of Geology*, 73.
② Richard Panek, *Seeing and Believing: How the Telescope Opened Our Eyes and Minds to the Heavens* (New York: Penguin, 1998), 119.

均超过130亿年,其中一个星系发来的"光化石"源于大爆炸之后的3.5亿年,这也是光诞生的时刻。

我们竟然能将"看到远的"和"看到旧的"两者融合起来,这意味着什么?空间上的距离就是时间上的距离,这正是埃德温·哈勃(Edwin Hubble)——哈勃望远镜就是以他的名字命名的——所从事的研究的核心。哈勃于20世纪20年代提出了"哈勃定律"。该定律指出,天体离地球越远,其移动速度越快,且年龄越大。我们在宇宙中看得越深远,在时间上就回溯得越古老。我们在地球上接收到的来自遥远星系的光对我们来说是年轻的,但它的发出日期却是古老的。一个超新星可能最近才被地球人观测到,但其诞生却可能发生在数十亿年前。我们很容易就此认为,如果能够看得足够远,我们就可以回到万物之源头,但我们所看到的光实际上离开其出发点已经有数亿年了。我们对宇宙的观察能力受到我们能看到的宇宙地平线的限制——在宇宙某一遥远的边缘,我们接收信息的能力已经到了极限。奥古斯特·孔德认为,天文学只能靠观察而不能靠实验操作,所以是仅次于数学的最纯粹的科学,但据上所述,天文学并非那么纯粹。实际上它和地质学一样,是一门历史科学。宇宙就是关于它本身的化石记录。这个浩瀚无边的宇宙告诉我们,所有传输都来自过去。望远镜既是空间穿梭机也是时间穿梭机,因此也可以称之为"古视镜"(paleoscopes)。

地质学和天文学都面临着一个"信号晚到"的问题,这也就是一个"在信源逝去之后,信宿如何解读讯息"的问题。这两个学科的研究内容都与"信号"和"信道"的属性密不可分。"我们如果不能放大媒介,就无法放大客体(the object),"赫歇尔于1800年如此说道。① 关于媒介理论和科学哲学的相遇,没有能比这句话说得更好的了:媒介和客体之间不分彼此。对遥远的天体(身体)我们到底能掌握多少证据,这本身就是一个我们首先要回答的问题。在光、无线电和其他信号数十亿年的太空穿越中,它们曾被何种事件塑造和扭曲?要区分信号和噪音需要很多"行星间智慧"(interplanetary funksmanship)。在研究宇宙的历史时,传输中出现的各种扰乱本身就一种重要数据。光越古老,其行程就越长。由于宇宙正在膨胀,来自最遥远深空

---

① William Herschel, "On the Power of Penetrating into Space by Telescopes," *Collected Scientific Papers* (1800; London: Royal Society, 1912), 2: 31–52, at 49.

的光可能会遭到最为极端的扰乱。整个宇宙仍然在以令人震惊的速度向外膨胀，以至于在我们接收到某些光时，其光源已经向外扩张得更远了。根据多普勒效应，光波频率的变化让人感觉到是光的颜色在变化。来自逐渐远离我们的物体的光会拉伸，来自逐渐靠近我们的物体的光则会压缩。我们观测到，那些来自遥远宇宙星源的光的波长很长，表现为红光或红外光（称为"红移"现象），这是因为这些光源和我们之间的距离正在扩大——整个宇宙仍然在大爆炸的影响下。就像我们通过树干内的圈层来判断树龄一样，我们通过观察光的红色变化来测量光源的位移速度，从而也能间接测量到光源的寿命。一种星光越早出现在宇宙历史中，意味着离我们远去的速度就越快，因为我们最先观测到的光只可能来自位移速度最大的光源。事实上，最古老的光不再以光的形式为我们所见，因为它经过"红移"已经融入宇宙微波中（宇宙微波是另一种丰裕的宇宙历史宝藏）。

由以上现象可见，在基础设施层面的变化中蕴含着无数知识。就像我们前面对谷歌的分析，本体论和认识论难分彼此。红移现象于19世纪晚期在天文观测中被首次发现，当时有些人视为干扰，但很快就发现它其实是重要的证据来源。这说明，传播渠道的干扰并不必然导致传播讯息被破坏，它本身也是一种讯息。（最近被报道的引力透镜现象[1]也是如此。）从宇宙的形状我们能了解其运行原理。因此，任何知识都必然是历史的，即使在看似与历史无关的自然科学中也是如此。宇宙是一种来自远方的遭扭曲的文本——这是一个经典的诠释学情境。莱尔和达尔文认为宇宙遵循统一规律，但近期的天文学却发现这种统一规律并不存在；甚至那些我们认为一直存在的自然界基本常数也会随着时间的推移而变化。来自宇宙边缘的信息表明，宇宙过去依循的规律可能与其当下依循的规律不一样（例如，在宇宙历史上可能存在不同的引力常数）。[2] 我们现在推断出的宇宙规律所基于的证据是来自远古的光，它们在宇宙中旅行了数十亿年后才到达我们，而在这

---

[1] 引力透镜效应，爱因斯坦的广义相对论所预言的一种现象。时空在大质量天体附近会发生畸变，使得光线经过大质量天体附近时发生弯曲。如果在观测者到光源之间的直线上有一个大质量的天体，观测者就会看到由于光线弯曲而形成的一个或多个像，这种现象称之为引力透镜现象。引力透镜也是天体物理中最重要的研究工具和手段之一，在宇宙学暗物质、暗能量、大尺度上的引力和系外行星探测上都发挥着巨大作用。——译者注

[2] John D. Barrow, *The Constants of Nature* (New York: Pantheon, 2002), ch. 12.

期间,其源头的形状和规律很可能早已经变化了(尽管这个变化可能很微小)。漫长的航行——正如我在前文谈到船时所指出的那样——总是会影响到船员的存在状态。

媒介即讯息,这在天文学中毋庸置疑,爱因斯坦提出狭义相对论显然也受其启发——对此彼得·加里森(Peter Galison)作了引人入胜的叙述。相对论的提出具有特定的技术和历史条件,这些条件也许会被基特勒归于所谓"先验媒介"(media a priori)。1905 年,爱因斯坦发现狭义相对论。关于这一伟大发现的标准说法(他自己对此也津津乐道)是,他当时是一名在瑞士伯尔尼某专利办公室工作的孤独无聊的天才,整天就宇宙空间和时间胡思乱想,他的才能也被浪费于官僚机构的平庸工作中(这很像卡夫卡的生存状态)。但爱因斯坦当时并非一个有着伟大思想的孤独大脑,而是一位处于现代计时媒介和电信媒介中心的专家。他工作于瑞士这一"时钟的故乡",专门负责审查与时钟及电报相关的专利申请。尽管他接受的是物理学家的训练,但通过研究信号放大器和国家与国际网格中的时钟设备,他成为了一名能干的工程师。这些信号放大器和时钟设备一旦被提升到更高的抽象水平,就为相对论的提出提供了富有想象力的背景。例如,如何克服信号传输上的时差,让两个距离遥远的时钟保持"远程同步"?这不仅是爱因斯坦在理论上面临的基本问题,也是他每天在工作中面对的现实问题,因为相关的专利申请(例如"电气远程协调计时法"等)每天都出现在他的办公桌上。爱因斯坦所在的专利办公室根本不是死水一潭。加里森指出,这个办公室是"现代技术大游行的看台座位"。各种激发相对论的生动实例——电梯、火车时刻表、手电筒、多表盘手表、太空旅行——不仅是用来遐想的好对象,而且指向了相对论产生于其中的历史条件。可以这么说,爱因斯坦当时是一名生活在可变时空中的现代人。而 19 世纪之前,人们很难想象相对论(或者其数学上的相似物——非欧几里得几何)以及它所描述的各种扭曲现象,包括速度、时间和意识等的扭曲。①

爱因斯坦的伟大发现是(正如他 1905 年在写给朋友的一段留言中说的

---

① Peter Galison, "Einstein's Clocks: The Place of Time," *Critical Inquiry*, 26 (Winter 2000), 355-389, quotes from 387,389.

那样):"时间和相应信号速度之间存在着不可分割的关系。"①他的这句话蕴含着一种不可思议的洞察力,来自他作为工程师对电报信号的了解以及他对现代宇宙学广博和深入的了解。电报正处在现代技术媒介矩阵的中心,而现代宇宙学作为一个研究领域,其证据基础完全取决于各种微小的媒介实践。爱因斯坦当时所面临的问题是:宇宙只能在速度有限的前提下与自身交流——因为信息的移动速度无法超过光速。而对于宇宙深空,光速还不够快。"在整个宇宙中是否存在着一个标准时间?"他的回答是:不可能存在标准时间,因为不可能存在着一个对宇宙中所有点都绝对有效的"现在"。爱因斯坦这里没有将光理解为仅是信号的载体,而是还将其视为宇宙结构的基础——光不仅是讯息,也是存有。时间的速度不可能快于其讯息。宇宙的本质决定了它可以携带的信息种类。牛顿认为,无论距离如何,万有引力都会瞬间作用。爱因斯坦则认为,引力不是所谓远距离作用,而是时空场的扭曲。他认为,巨大天体运动发出的信息,传播速度不会超过光速,这解释了他后来为什么会反对"(量子)纠缠"这一说法,称其为一种"远距距离怪异行为"(spukhaste Fernwirkungen)。

　　换句话说,相对论也是一种传播理论;具体而言,它是一种关于"宇宙与自身交流困难"的理论。在宇宙中,不存在一种类似电报的技术来给宇宙中不同位置的时钟进行"对表"。令人匪夷所思的是,爱因斯坦宇宙论中的时间秩序看起来更像是"铁路时间"诞生之前的旧时间秩序(那时,每个城镇都有自己的时间。各地都将太阳阴影最短的时刻视为"正午",此时阴影指向正北),而不是牛顿时代的格林威治标准时间(这个标准时间将整个地球置于统一网格中进行协调)。爱因斯坦极为憎恨德国军方,他的相对论其实可以看做是他作为一名和平主义者对德国军队推动的"标准时间"所进行的一种报复。根据相对论,在整个宇宙中并不存在单一的"现在"。任何版本的"现在"都有一个耗散半径,如同卫星信号所能到达的"足迹"范围一样。"现在"的扩散范围大小取决于信号所能发送的范围大小——对这一点也许海豚和座头鲸最先了解到的。我们在前文阐述过,时钟的发明源自(地球的)北半球,爱因斯坦的理论则进一步告诉我们,时钟还受制于地球的有限性,地球上的"现在"也仅仅适用于地球之上。信号的复制与时间、本体论与传

---

① Galison, "Einstein's Clocks," 375.

输速度都难分彼此。但遗憾的是,这意味着什么? 对此我们的媒介理论至今仍理解甚少。在这里,我们看到的似乎是杜威所言的"恒定点"(constant point)——在这一"点"上,手段和目的你中有我、我中有你。

在爱因斯坦描绘的宇宙中,不存在任何两个真正共时的地方;即使在地球上(如前所述)也并不存在真正的共时性。所谓"共时在场感"并不真正存在,它仅仅是因为我们迟钝的感觉器官无法感觉到时间差,以及我们强大的大脑将各感官信号编制成连贯的故事后产生的幻觉而已。在感知上,我们实际上都并非完全即时,而是有些滞后。各种信号沿着人体内部不同的神经架构游走,我们的多种感官则能将这些信号综合成一个连贯的图像,这一过程是需要时间的,通常少于一百微秒。① 另外,可能是因为地球表面上运作有序的物理学定律,我们认为时间可以分为过去、现在和将来三段,它们如长度、宽度和深度一样以对称方式有序排列。然而,从更大的视野来看,也许唯一存在的只有"过去",因为在熵的吞噬下任何"现在"都会瞬间成为"过去"。我们现在看到的来自阿尔法半人马座的任何光线其实都已经有4.3岁了。类似的,我们从他人那里接收到的任何信息都来自过去,即使在面对面的谈话中,在讯息发出和讯息接受之间仍然存在着极短的延迟。就在你说出话和我听到话的一瞬间,整个宇宙可能灰飞烟灭。这种灾难很少会发生,但并不意味着不可能发生。严格来说,所有的传播行为在被接收时都不可能再发生于其被发出时一样的时空中。大多数悲剧和喜剧都发生在信息已发出但尚未被接收到之间。罗密欧与朱丽叶两人香消玉殒是因为中世纪的送信人姗姗来迟。(今天只要买个过得去的手机他们就可以免于一死。)"距离遥远"和"姗姗来迟"并非传播面临的障碍,而是所有传播的核心要义(sum and substance)。

让我们再一次思考"奥尔伯斯的悖论"。夜空黑暗,说明宇宙深远。为什么我们在地球上仰望夜空时,它是黑的而非被星光照亮如白昼? 因为很多星光尚未达到地球。夜空黑暗证明了"宇宙自我一致"(cosmic self-consistency)发展的速度是缓慢的,也意味着整个宇宙尚且年轻。我们地球人所能直接看到的夜空也就是宇宙的历史。我们能看到的宇宙,有的部分非常遥远,其

---

① David M. Eagleman, "Brain Time," *What's Next? Dispatches on the Future of Science*, ed. Max Brockman (New York: Vintage Books, 2009), 155-169, at 159,163, passim.

源头可能在20亿年以前就已经不再存在了（无论"已经"和"以前"在这里是什么意思）；我们看到的光的年龄再长也不会超过20亿年（因为就在我们看到这些光的"同时"，光源已经在离我们远去了）。整个宇宙太大了，而且扩张太快，以至于并非所有遥远的光线都已经到达地球。造成这一差距的不仅仅是因为我们知道得晚，还因为"时间"——这一宇宙的关键维度——与信号的传播速度有关。这说明，人类的本体存在受制于传播的有限性。

我们作为观察者总是抱有偏见，但这必然是坏的吗？我不这么认为。大卫·德依奇（David Deutsch）认为，天体物理学亟需引入一个"人的理论"，即它不仅要关注天象，而且要关注"观天象的人"本身。[1] 在已经进化出观测天象能力的人们的眼中，宇宙看起来正是它应该像的样子。我作为人类个体之一现在竟然能仰观天象，这一事实在某些方面恰好能展现出宇宙历史的某些特点。观察者所处的时空位置与观察者所能具有的洞察力之间不可分割。所谓"人类原则"（anthropic principle）指出，我们之所以能成为宇宙的知者（knower），是因为有着相应的宇宙支持我们成为它的知者，而且这个宇宙也只能在其历史的某一点才具备这样的支持条件。（德依奇并不同意这个"人类原则"，但对此我们不做讨论。）这一条件是：这个宇宙必须有足够长的历史以及最合适的温度，才能创造出（我们所知的）智能生命存活所需的复杂化学物质。我们之所以能认识宇宙，是因为宇宙先让我们作为知者能存活于其中。在宇宙已经变得足够大从而能支持有机生命形式时，也即在宇宙能够产生某种化学形式（人类大脑）从而使自己能被后者认识到时，这时候宇宙必然已经变得足够冷、空荡和黑暗，从而也已经出现了能构成我们身体的化学物质和能够为我们眼睛所见的光线。（当然智慧生命也可能以"非有机"形式存在。）"我们能以观察者的身份存在，这首先要求一些必要条件。而这些必要条件也就限制了我们作为观察者能观察到什么。"[2] 这也是媒介理论的第一原则。无论在其他方面如何，这一"人类原则"意味着，人类生存的（existential）境况和认识论（epistemological）能力是融合在一起的。宇宙历史的研究者必然是宇宙历史的一部分。我们只有在宇宙历史的某

---

[1] *The Beginning of Infinity* (New York: Viking, 2011), 70. 109.
[2] 参见：Barrow, *Constants of Nature*, 160-176。引语引自 Brandon Carter on 162。

一点上才能成为其观众或研究者。主体和客体总是产生于相同物质。我们能接收来自深空(deep space)和远古(deept time)的信息,应归功于我们在空间和时间上的具体位置。媒介和信息不可分割。正如爱默生所言：

> 所谓民主,就是我对万物原本之体验;元真之我即万物之源(Tat tvam asi)。

媒介与神学(六重宇宙)

近年来,人们对"非人类实体"的兴趣与日俱增,但它往往在遭遇"终极的非人类他者性"问题时戛然而止。对这个问题有研究的只有一个人——拉图尔。拉图尔对此问题的神学意义有着充分的理解。在"上帝是全知全能的"这一论断中,最为显著的问题是：如果上帝真这样,那么他的智力是如何被组织起来的呢？吉尔斯·德勒兹曾幽默地指出(不无亵渎意味),所谓神学就是关于"根本不存在的实体"的科学。① 如果德勒兹所言不虚,那么神学必然是内容最广的科学,因为显然"不存在之物"的数量显然远远超过"存在之物"的数量。这个宇宙中充满着各种散布异端、恐怖和幻想的人,他们创造出来的"不存在之物"(只是目前尚未存在)的种类和总量不计其数,令人难以置信。但事实上,正是某些"不存在之物"从根本上塑造了我们的世界：零、小数点、由 24 小时组成的每天、永远无法到来的"明天"、"不(not)"以及类似的权力型媒介。按照安瑟伦(Anselm)②的说法,存在(existence)并非意义(significance)的先决条件。语言中的各种"离合器"(shifters),如现在(now)、定冠词 the、连词 if、介词 of 以及其他众多体现语词间关系而不是语词与世界间关系的表达,尽管它们本身都缺乏物质性,但其使用都具有重要

---

① Gilles Deleuze, *The Logic of Sense* (1969; New York: Columbia University Press, 1990), 281.
② 安瑟伦(Anselm of Canterbury),中世纪基督教哲学家、神学家,生于意大利。1078 年成为贝克修道院院长,1093 年起担任英国坎特伯雷大主教。拥护教皇格雷高里七世,鼓吹教皇权力高于国王权力,被称为"最后一个教父和第一位经院哲学家"。他认为,理性有助于理解基督教教义,但是信仰高于理性,上帝把理性交给信仰使唤,人们不应先理解后信仰,而应先信仰后理解。哲学的目的在于为神学提供"可以理解的"证明。其盛名主要由于提出关于上帝的本体论证明。——译者注

后果。① 欧几里得的《几何原本》(Elements)开篇就如此定义"点"——"点即自身不占任何面积者"。大部分数学概念都以类似的混合状态存在。例如,素数并不实际存在,但它表现出具有一种只有日常的经验性实体才具有的一种难以预测的顽固性。我们一直认为"有着一个理想世界等待我们去发现",这一念头既驱使着数学家也驱使着形而上学家去探索。数学和形而上学都可以是经验科学,皮尔斯、怀特海和哈特肖恩等哲学家都如此认为。实际上,能以"不存在之物"进行操作,这是对智力的恰当描述。神学这一研究"不存在之物"的学问,内容真是浩瀚无边。

事实上,德勒兹对神学的以上定义,与其说是亵渎,倒不如说他深知基督教神学的历史,所以才能给出如此确切到位的定义。博尔赫斯在《创世记》中指出,上帝另有一名叫伊罗兴(Elohim),这是一个复数名词,隐含显赫声名。在希伯来圣经中,上帝一直性格鲜明——总是充满嫉妒、愤怒、悔恨和怜悯,这让他太像人类了,"无可争议地像某个人,某个肉身凡人,在历经数个世纪后他的形象变得高大但模糊"。到基督教时代的最初几个世纪,正如博尔赫斯的妙语所言,"上帝"已经被信徒们使用多个以"全"开头的词来描述,从而成为"一团被用多个不可思议的最高级形容词描述的、令人充满敬意的混沌"。但是,任何"肯定的"描述都不可避免地会附带限制,为避免这种限制,某些神学家就指出,上帝只能用"否定式"才能充分描述,也就是说,我们归于上帝的任何属性都必须以否定形式表述。司各特斯·艾瑞吉娜(Scotus Erigena)将上帝定义为"无"(nihulum/nothing)。② 圣安瑟伦在对上帝进行本体论证明时,将上帝定义为"我们大脑中能想象出来的最完美(the greatest)之物",这同时就间接地将上帝的身份与"无"关联起来了。如果上帝是我们能想象出来的最完美之物,那么他就可以被视为具备了所有完美之物应该具有的特性,其中就包括"存在"这一特性(因为"存在"是构成"完美"的先决条件,如果连这一特性都不具备,我们就不能称上帝是"完美的"),因此,安瑟姆得出结论:上帝必然存在。由此安瑟姆完成了形而上学"助产术"历史上最完美的推理,也证明了"思想"(thinking)能为"存有"

---

① 这些符号有时候被称为"范畴词(syncategorematic)"——这无疑是一个和乌贼一样丑的英语单词。
② 请参见这篇极为有趣的文字: P. L. Heath, "Nothing," in *Encyclopedia of Philosophy* (New York: Macmillan, 1967),5: 524 - 525。感谢彼得·塞蒙森(Pete Simonson)。

(being)接生。像康德这样的现代思想家对安瑟姆的"接生"不太满意。我们也知道,后来笛卡尔也进行了这种从"思"到"在"的转化,只是用了不同的推理方式。对此博尔赫斯总结说:"要选择成为'此',就不能同时选择成为任何'彼',该选择不可逆转。这一真理源于直觉,但又让人迷惑,它促使人类认识到:无胜于有,且在某种意义上而言,无即万物。"[1]

但博尔赫斯又认为,人们偏好"无",贬低"有",实际上是被误导了。对此我是同意的(尽管一个没有'无'的世界已经不再是世界)。所有存在的东西(包括神祇)都是特殊的。从这种有限性观点看,神学不是关于"不存在之实体"的,而是关于"超人类实体"的。如此看来,神学绝对处于技术问题的核心。就像心理学并非与灵魂有关一样,神学并非与上帝有关。神学是人类发明的一套关于终极关怀的话语,同时它也发展出了一套涉及知识生产和传播所需要的条件及媒介的想象。在不经意间,神学催生了一部媒介史百科全书和一大堆与数据库、权力和荣耀相关的隐喻。先知们先以符合人类言说的方式传达上帝的真理,然后祭司、寺庙抄书人和神学家们从这些言说中琢磨出先知们的真意。但这时,这个过程还是如何将一种人类语言翻译成另一种人类语言的问题,而不是如何传达纯净的上帝要旨的问题。上帝是一个羞涩怯懦的人,很容易被人类的文字吓跑。他的存在很可能强大无比,以至于真正的神学不会是一种关于"不存在之实体"的科学,而是一种其本身就"不存在"的科学。[2] 上帝的充分显灵会通过具身性方式出现。神学必然是一个堕落的学科——与其他所有学科一样,它是在上帝缺席时所做的一场公开忏悔。或更公开地说,神学更是一种深受书写技术(一种能催生想象力的远距离技术)影响的学科。使徒保罗认为,以凡人的方式谈论神圣是合理合法的(罗马书 6:19)。神学与先知是隔离的,这种隔离能让神学获得某种安全,因为它因此有了自主探索的自由,同时这种隔离也让神学面临某些危险,因为这样它就能从不同来源获得真理。信徒可以接触最疯狂的思想而不必担心被腐蚀,因为在哲学家和神学家创设的智慧万神殿中,上帝如在眼前,威严满堂。所有偶像破坏者一直都心知肚明:在结构上,一神

---

[1] Jorge Luis Borges, "From Someone to Nobody," *Selected Non-Fictions*, 341–343.
[2] "La parole théologique se nourrit du silence où, enfin, elle parle correctement." Jean-Luc Marion, *Dieu sans l'être* (1982; Paris: Quadrige, 2013), 9.

论者与异教徒实际上处于相同位置,他们都激进地相信某一个信念而怀疑其他一切。真正的虔诚者似乎绝不相信任何其他人的布道。

如果动物学是一本关于媒介理论的摊开着的书(动物学一直都在研究各种各样的具身性与自然禀赋),那么神学也可能如此。我们在第二章中讨论了鲸和海豚,我认为与其视它们为经验之物(empirical creatures),不如视它们为思想之物,或视它们为我们难以想象的地外生命。我们考察这些动物的生存境况,目的是要照亮人类自身的境况。对以相同的虚拟方式栖息在云中的生物,我们也可以进行同样的探究。上帝与身体、环境和技术(technē)的关系可能是怎样的?上帝有自己的生平(bios)和栖息地吗?① 如果上帝是活着的,他是否不仅有"生命"(zōē),还有生平,而且其作息时间会使他更像一个有机生命,而不是一个符号、数字或零?② 如果某个生命形式长生不死,那关于它的生物学研究将会是个什么样子?对于这个不死的生命,维持其存在的生态系统和栖息地将会是怎样的?

研究不死之物的生物学?这些烧脑的奇思怪想也许比关于"上帝与技术"的问题更让人难以理解。为什么在上帝的栖息地中没有技术因素?在传统的基督教神学中,大自然是上帝的手工作品,因而模糊了"技术"(technē)和"身体"(physis)之间的差别。③ 如此来看,万物都是上帝的作品。"上帝也使用媒介"这样的说法不应该令人反感。爱默生说:"在上帝手上,所有目的都会被转化为新手段。"④对上帝而言,技术不是用来制造众神的手段,而用来操作物质的神圣工作。从人类的角度来看,在神祇和鲸类之间存在着奇怪的对称性。受限于其生存环境,鲸类几乎不可能与非有机物质进行创造性互动,因而它们的技艺与技术、艺术与物质是分离的。鲸类只能在自己的身体和思想上留下印记,却无法对外部世界留下自己的印记。相对

---

① Steven L. Peck, "Crawling out of the Primordial Soup: A Step toward the Emergence of an LDS Theology Compatible with Organic Evolution," *Dialogue: A Journal of Mormon Thought*, 43, no. 1 (spring 2010): 1–36; and Gershom Scholem, *On the Mystical Shape of the Godhead: Basic Concepts in the Kabbalah*, trans. Joachim Neugroschel (1962; New York: Schocken, 1991).

② 生物都有性别。我在本书中都遵循传统的"他"指代上帝,以尊重摩西禁令。读者如果对"上帝是何性别"这个问题有兴趣,可参考:John A. Widtsoe, *A Rational Theology* (Salt Lake City, 1915), chapter 12.

③ Hans Blumenberg, *Geistesgeschichte der Technik* (Frankfurt: Suhrkamp, 2009).

④ *Nature*, *Selected Writings of Emerson*, 23.

照的是，当人类仰望上帝时，艺术和自然在本体论上浑然一体，难以区分。对上帝这一消融性（ablative）的存在而言，一切都是技术媒介。传统神学将上帝视为万物（包括物质）的创造者，因此，所有存在物要么是上帝用来进行创作的物质，要么已经是上帝创作的成果。对鲸类来说，所有艺术都存在于自然中；对上帝而言，所有自然的都体现在他的艺术中。[①] 相比之下，人类则站在人造物和自然物之间。对人类来说，技艺（craft）和存有（being）是无可挽回地相互混杂。只有在船（ship）毁灭或我们的亲人离世的那一刻，我们才不可避免地看到两者间的分离。

在这本书的开始时我指出，媒介理论应该成为某种类型的哲学人类学。在本章中，我将神学和动物学视为（在最广泛意义上）与人类学接近的科学。[②] 这两门学科是关于两种迥异生物的科学。我认为，媒介理论固然应该始于有生命之王国，但不应该也终于有生命之王国，因为还存在有其他王国，特别是无生命之物的王国和虚无王国。神学、人类学和动物学的范围涉及六重宇宙（神祇、凡人、动物、天空、地球和海洋），因此很好地界定出了媒体理论所应该覆盖的领域。

圣哲的放手

文字记录其实体现了记录者对"眼前"抱有的一种不合时宜的痴迷，这种观点可以追溯至几位古老的圣哲。在世界上几位最具影响力的道德先师中，有的曾拒绝以书面形式表达出他们的主张。当然，并非所先师都选择不留文字，如《摩西五经》的作者据说是摩西。他的这一壮举本身就令人惊异，其程度只有该书最后一章中关于他的死亡的描述部分才能与之相比（犹太拉比对此作了众多具有想象力的解读）。人类历史上的其他著名经文也都有明确的作者。但我们找不到任何文字记载来证明孔子、苏格拉底和耶稣这三位人类历史上最具影响力的道德先师曾为他们的后代留下任何文字。（佛陀也没有留下任何文字。）

[①] 我个人相信物质（matter）和神祇（deity）两者都至关重要，也认为上帝的子民和上帝的作品之间是存在差别的。但是受篇幅所限，这里无法详述。

[②] Joel Robbins, "Anthropology and Theology: An Awkward Relationship?" *Anthropological Quarterly*, 79, no. 2(2006): 285-294.

当然，这些先师之间也有着重要的差别。在他们中，有两位为自己的学说献身，另一位（孔子）则没有；一位（耶稣）是宗教上的救赎者，另两位则不是；有两位的学说后来成为国家意识形态，另一位（苏格拉底）的则没有。但是，三位都有一个共同的奇异之处，就是他们的学说都不是以自己的话流传下来的。他们各自都通过一种强大得让人觉得奇怪的交流方式跟他们的后辈交流。他们的学说都被门徒们记录、编码、弘扬和扭曲并彼此混同，以至于没有人能将它们区分开来。

关于苏格拉底，今天我们对他的了解主要是通过柏拉图，因为在柏拉图的记载中，苏格拉底完全是主角。但阿里斯托芬和色诺芬对苏格拉底也都做过描述，前者笔下的苏格拉底滑稽怪异，整天在类似今天精神分析诊所的"冥想屋"（thinkery）里云遮雾罩地胡思乱想，后者笔下的苏格拉底则温文尔雅，如同受人欢迎的本杰明·富兰克林——他常常是一位令人愉快、妙语连珠的晚餐嘉宾。①

耶稣说过的话则被作为经典记录于四部福音书中（《马修福音》《马可福音》《路加福音》和《约翰福音》）——尽管在基督教其他经文中，以及经文之外也存在着一些耶稣说过的但真实性存疑的教诲。

孔子一生所收的门徒，数量不一，有的说法是 72 门徒，有的则说 3 000 门徒。但他的思想集成《论语》显然是他死后才被编撰出来的，它在多大程度上忠实于孔子的思想，还存在争议。

以上三位先哲的命运以及他们学说的流布都与制度性政治有关，这些制度性政治的形式包括：柏拉图创立的存续长达近千年的学园（Academy）；基督教被罗马君士坦丁大帝定为国教；孔子的思想则被上升为国家学说，首先在汉朝获得独尊地位，尔后在唐朝又得到进一步发展。

众所周知，某一学说在创始人身后能被典籍化并得以长期存续，往往取决于文献史上的巧合。但更为非同寻常的是苏格拉底、耶稣和孔夫子这三位历史人物之间存在的明显的共同性——他们都拒绝将他们的学说诉诸文字。

而他们三位显然都具有读写能力。

苏格拉底肯定非常熟悉书写和文字作品，《斐德罗篇》中对此有着清楚的描述。

---

① 阿里斯托芬所用的 phrontistērion 一词仍存于现代希腊语中，意思是"强化补习学校"。

作为犹太先知,耶稣对希伯来经文非常熟悉。《路加福音》中记载耶稣在犹太教堂中大声朗读希伯来经文(路加 4∶16ff);《约翰福音》(很多圣经学者认为该篇文字是后人伪作)则提到耶稣曾在地上写字(约翰 8∶8)

孔子的大半生都在编撰《五经》。他说自己"述而不作"(《论语》7∶1)。尽管《春秋》据说为他所作,但是该书的内容却并非以他的口吻直述,而是对他的学说的历时性编撰,因而是对孔子所说的话的转述。即使是在由孔子自己编撰的书中,书中今天人们耳熟能详的表述方式仍然是"子曰"而不是"子写道"。根本而言,这三位先哲都是口传身授的师表,然而有些矛盾的是,使他们名垂青史的却是书写这一媒介。

由此可见,他们三位不约而同地放弃书写,并不是一个能力问题,而是一个意愿问题。也许他们都认识到,试图将任何东西(无论它是转瞬即逝的还是恒久不变的)固定下来,或试图将思想的鲜活精灵凝固在纸墨之上,都是自不量力和徒劳无益的;也许,他们对君主的书面旨意中体现出来的生杀予夺的绝对权力都持拒斥态度;也许他们深深折服于当时已经存在的经典文本("律令"之于苏格拉底,希伯来圣经之于耶稣,先哲经典之于孔子)而羞于对它们作更多的添加。他们三位都没有"原创"(authorship)的概念——这一概念直到两千多年后在现代欧洲出现的个人表达和版权文化中才形成。实际上,他们的学说本身就贬斥"个人能成为真理的源头"这一说法。苏格拉底认为,真理源自我们对"上天"之外的思考和灵魂洞穿健忘之幕而到达本质的努力;耶稣认为,真理源自天父的意愿;孔子则认为,真理源自比他更早的古圣先贤。无论背后的理由是什么,他们自己都没有将思想付诸笔墨文字,而是通过由门徒操办的某种"文本式腹语"而成为大多数人的道德指引。

他们三位活着时传播自己的思想时都选择对空言说,或简单地只将其诉诸门徒的记忆,而在他们远去后,我们对其学说的接受却是通过文字媒介,这一定是人类历史上最具有讽刺意味的事情之一了。他们的教诲最先在对话的具体场景中通过口语传达,后来被柏拉图《对话录》、《新约》和《论语》中的文字如留声机般地记录下来,用于"撒播"这种抽象的场合。《论语》虽不具有宗教色彩,但其章节和行文却类似于《圣经》,它也是三部经典中最为碎片化的一部。从最根本的角度看,这三位先哲留给我们的文本都充满着神秘,没有人能确凿地分清它们最核心的思想是什么,哪些是真义,哪些是玩笑,哪些是原文,哪些又是抄录错误,(在某些情况)到底谁是真实作者,为什么他会这样写,等等。在三个文本所代表的三个传统中,也许正是因为它们的交流"失败"才使得三个传统的影响力巨大深远,回音不绝。

以上三个传统的教义核心都是:不要害怕死。苏格拉底临死前还在开玩笑,学习音乐和诗歌;耶稣死于彻骨的痛苦,但仍然掌握着自己的命运;孔子寿终正寝,安然老去。他们不畏惧死亡的最好证据就是,即使是对他们认为的最伟大的真理,他们都不愿给它加上自己的标记(tag),而是选择毅然转身而去。面临即将到来的自朽,他们处之泰然;宇宙万物终将消逝,他们波澜不惊。"不即不离"(detachment)而非"记录不辍"(documentation)是他们的格言。他们当然也相信各种不朽,但如同海豚一样,他们并不寻求通过任何记录来维持。和佛陀选择不记录一样,他们选择不记录也是出于道德信念。在他们看来,选择任何媒介都会带来最为严重的道德后果。他们三人没有选择记录自己的思想,对此我们颇感奇怪,但与此同时我们应该注意到一个更奇怪的事实,即历史上大多数人(包括大多数女性)甚至根本未曾有过选择是否记录的资格。从文明的角度看,这些圣哲们拒绝如男性那样地选择工作(work)和世俗化,而是选择如女性那样地行动(act)和生产(labor/natality)。今天的我们狂热于添加标签,数千年前的先哲却并不害怕逝去。这意味着他们其实也知道如何才能获得和赋予新的生命——这是万物中最奇妙的事情。未来两千年后,这些先哲的古老教诲和我们日积月累的数字朋友圈,何者更可能安然存在? 历史已经告诉我们,从来都是柔弱胜刚强。

谷歌也许有一天会声称它能生育孩子了,但是我认为,在它学会如何应对"死"之前,它永远都不会知道如何创造"生"。谷歌能放弃它的标签机制吗?① 2013 年,谷歌成立了一家旨在"解决死亡问题"(实现永生)的公司,它的这一企图与三位圣哲的做法完全背道而驰。如果没有死亡和遗忘,不愿意放弃我们精心积累的记忆和不死之舟,人类会怎样? 现在我们仍处在"记录一切"的疯狂之中,但我们能否真正意识到世间最糟糕的事莫过于我们舍去了"舍"的能力?

---

① 就在本书准备付印之时,全世界有 3 000 万人向谷歌提出了请求,希望谷歌能删除关于他们的过时的或者负面的网络数据。欧洲国家非常强调公民的"被遗忘权"(the right to be forgotten)。这个问题在未来将持续引发争议。

结论 ▶ **意义的安息日**

> "他们大声欢呼,用脚踩踏……就像所有聪明人在遇到水这样神奇的东西时一定会做的那样。"
>
> ——玛丽莲·罗宾逊,《基列德》(*Gilead*)

在写这本书时,我心里想着的是两类受众:媒介和传播学者以及那些对我们这个时代的人类境况感兴趣的一般读者。对两者我在这里都想说些最后的话。

对传统的媒介学者而言,我在此书中提倡的"从基础设施层面看"的视角,鼓励我们将媒介实践和媒介制度视为嵌入自然界和人类世界的关系之中的事物。如果没有矿洞和矿物、云层和电网、人类不断需求和劳动的习惯,以及人类不平等的和浪费性的全球性模式,我们是不可能进入数字时代的。同样地,电视、广播、新闻业和电影等大众媒介也与人体的大小和形状、光和声的带宽、林业和塑料等锚定在一起的。如果我们没有进化出脚、脊柱和头骨,我们今天使用的媒介以及我们现在生存于其中的世界将会非常不同。新、旧媒介都被嵌入白天和黑夜、天气和气候、能源和文化的不断循环中,它们的出现需要各种前提条件,包括大量被驯化的植物、动物和人类,当然最重要的前提是必须先存在一个古老而寒冷的宇宙。我们经历的数字化进程暗含着各种生物学基本事实。在漫长的自然历史中，人类既塑造着自己的栖居地，反过来也被栖居地塑造（这正是一个媒介化的过程），因此我认为，我们应该倡导一个"更环保的"媒介研究。

我反对将媒介内容视为传播的本质（essence），这在研究新闻和新闻业的学者看来似乎很让人沮丧。但我的这一观点可以追溯到詹姆斯·W. 凯瑞——他将新闻视为戏剧和故事、习惯和仪式。① 事实上有调查显示，人们关注最多的新闻还是自己与自然而非与他人间的关系的内容——天气预报。按照目前的实践看，人类的新闻已经环境化了。尽管没有明示，天气报道可能是现有日常科技传播中的最大投资。如果本书能提出某个政策建议的话，那就是呼吁有关方面能大大增强天气预报工作，使其超越每天的天气（时机）预报，实现更长的气候（时间）的预报。当然，像大多数好的政策建议一样，我的这个提议也是非常理想化的，特别是考虑到新闻生产社会学中最显著的现实——"每日时效性偏好"——时。各种类型的慢新闻往往不受新闻界以昼夜为计量单位的注意力的青睐。也和很多其他呼吁一样，我的这一提议实际上是将民主福祉与改革新闻文化及其商业模式联系起来了。尽管如此，实现这一伟大构想的基础部件已经存在了：目前我们已经拥有了广阔的天气观测和天气报告基础设施，它们每天都会对复杂的非人类数据进行人性化处理。这些基础设施也可以被进一步提升用来影响公众情绪，报道气候和讲述人类正在如何改造地理环境并与之"共同进化"的故事。②未来，天气预报可以培养人类对地球和世界的依恋感。公共领域一直以自然为条件，但今天它也需要以自然为内容。③

媒介研究已经在文化、社会、政治和经济分析方面表现得非常出色了，本书则推动其朝"存在"这一生存方向发展。"存在"是一个宏大语词，涵括一切有（也可能涵括一切无），而且并不只限于指涉人类。更具体地说，我在本书中邀请媒介研究对自然科学以及神学—哲学更加友好。我的这个邀请是与教育和知识政治中的积习相逆的；我在这两个方向（自然科学、神学—哲学）所做的跨学科努力也使我充满了恐惧和战栗。媒介技术与自然科学

---

① *Communication as Culture* (Boston: Unwin Hyman, 1989), chapter 1.
② 马克思主义者也许会说，天气预报的存在是自在的(an sich)但尚不是自为的(für sich)。
③ 感谢里斯托·裘恩利乌斯(Risto Kunelius)跟我的交谈。

的关系随处可见;最近出版了一些有关"物质仪器在科学中的核心作用"的科学史研究成果,展示出自然科学中早就充满着各种媒介(从云室到书写协议等)。媒介与神学的联系则并不那么明显,但媒介史中的众多内容其实都是另类神学,至少麦克卢汉和基特勒的媒介理论就是如此。即使如此,媒介研究仍然能从自然科学和神学中学到更多东西,在"对意义进行更为不同的或广泛的理解"方面,尤其如此。

人文学科长期以来享有对意义的垄断。自19世纪区分所谓"精神科学"和"自然科学"以来,捍卫人文科学的思想家们宣称,人文科学对"意义"有着特殊关系。一座彩虹,其生成可以从科学上解释(explained),但一首诗的意义则只能被理解(understood)。诠释性科学(也包括许多社会科学)中固然有很多令人崇敬之处,但它们并不能让我们同时从自然的角度发现意义。人文学者通常会批评自然科学和数学,认为后者"对世界有祛魅作用"。从广义上讲,这一说法将人文学科特别是艺术和诗歌定位为意义的拯救者,认为是它们将意义之栖居地与意义之主观性从各种客体的进攻和包围中解救了出来。① 伟大的艺术和诗歌固然不可或缺,精于计算的"葛雷德格林德"②文化也无疑具有压迫性,但两者的治愈方案(这要归功于浪漫主义思想)就伫立在本书试图实现对话的两个领域(主体—客体及人文科学与自然科学)的相交处。竟然会有人认为人类不是嵌入在自然界中的,或者认为科学中没有诗歌或诗歌中没有科学,这是多么奇怪的想法啊! 竟然还要保护意义,这是多么奇怪! 意义之所以脆弱,是因为它被锚定在所有事物中那最脆弱和最微不足道之物——主观性——之上,这使得意义容易受到抑郁情绪之奇思怪想的操纵。真正的意义并不脆弱,相反它非常丰富,丰富得令人难以抑制。

拉夫尔·爱默生曾写道,日落如此美丽,以至于离开它回到室内我们会深感痛苦。"大自然想说的会是什么呢?"他问道。"在静穆的音乐中,难道不存在任何意义吗?"我们可将爱默生的提问理解为:他认为大自然有心灵,称之为"超灵"(Oversoul),我们和自然的相遇也可能是与某种主体的相

---

① 当然诠释学将文本和传统视为强大的主体间网络。
② 托马斯·葛雷德格林德(Thomas Gradgrind)是狄更斯的小说《艰难时世》中臭名昭著的学校董事会负责人,他一心想通过办学牟利。后来他的名字通常被用来指性格乖戾且只关心冰冷的事实和数据的人。——译者注

遇。但爱默生的意思比这更微妙。大自然为人类提供的最伟大的服务之一就是它对人类的关心毫不在意。自然有意义,但并非对我们。它对人类事业而言,是一个幸福又不幸的白板。云沐浴在天空中宁静和渐深的阳光下,它永远不会呼唤你的名字,也不会告诉你它如何在乎你,而这恰恰是云让人觉得奇妙之处。大自然教给我们的是,意义不需要主体。自然不是主体,但它并不会因此而失去意义或荣耀。爱默生想要说的,不是人类将自己的思想投射到大自然上是多么容易,而是人类如此做只能徒劳无功。我们面对的艰巨任务是如何听到大自然的沉默的音乐,它可能存在于日落中,也可能存在于尿素或钟乳石的水滴中。"一切低俗的自我中心主义都烟消云散了",这是我们研究自然时能获得的最大好处之一。①

本书提出的"元素型媒介"(elemental media)概念不只是一种跨学科的姿态,意义的本质为何?其到底何所在?相关的哲学、宗教和政治辩论无休无止,我提出的这个概念是这些辩论之中的一家之言。我提出"自然之媒介"(media of nature)就是要否认人类对意义的垄断。媒介即使脱离了人类的掌握也仍可以包含丰富的符号学意义;事实上,正如皮尔斯所言,符号学是关于所有符号表征活动(从原生质到上帝)的研究。并非所有意义都来自人类心灵(mind),并非所有来自有心灵的生物信息都是有意的(intentional)(关于人类和其他动物的非语言交流行为研究证明了这一点)。由此我给同行们提出最后的建议:在这个宇宙中,我们依赖各种基础设施与他人一起生存,我们因此需要给基础设施美学和伦理学取个更好的名字。目前,如果从人类的沟通中抽离语言,非语言符号就会被用来表达其能表达的意义,但非语言沟通却会忽略存在于非人类自然中的丰富意义。在我们的沟通中,那些与大自然联系最紧密的部分却被视为根本不重要,这是多么奇怪的事!今天,"非语言符号具有缺失性"这一观念仍然使得我们忽视自然而将人类文化当作意义的主要源泉。我们制造出各种意义,却认为出自我们自己之手的媒介不能制造意义;我们的身体融入气候历史、用火方式、地球的自转、北方和南方以及我们与各种植物、人造物和生物的关系中,特别是融合在我的身体和他人的身体中。非语言符号肯定不会只是我们身体

---

① *Nature*, *Selected Writings of Emerson*, ed. Donald McQuade (New York: Modern Library, 1981), 10, 6.

发出的暗示和做出的姿势。虽然这些暗示和姿势的意义很丰富,但它们的全部意义要远胜于此。

到目前为止,可能很少有人会赞同我的观点,但如果我们将自然而不是人类心灵视为意义的典型所在,那将怎样?如果我们发现自然的丰富意义支撑了我们的沟通模式,那将怎样?自然富于意义,对于它们的大部分我们尚不知如何解读,甚至都不承认其存在。在DNA、海螺的神经元、光子、红移(red shift)、碳原子的键以及水的偶然奇怪的行为中,都存在着一个精致的模式。因果关系和相关关系也很重要。在星系、生理和遗传中的反馈循环中显然存在着某种智能。对此我们并不需要假想必定存在着一种使以上现象能持续运行的某种超级思维,而应该将智能(intelligence)理解为一种在其所在环境中不断变化的、动态的、不稳定的和不可名状的天赋能力。宇宙中最聪明之物是包括各种形式的生命之整体,而人类大脑只是有机物进化史中的一个光辉前哨,也是有史以来进化出来的最精密的东西之一。和前面所引述的各位实用主义者一样,我认为,人类心灵和进化是同一个"实验和适应"过程中的不同方面,用皮尔斯的术语来说就是一个"演绎—归纳法"的过程。人类的心灵和自然同时向未来摸索,不断地聪慧地在各种选项中做出选择,最终确定最有效的方法。

如果我们将自然视为"一个在带着意图说话的主体"是错误的,那么同样看人类是否也可能是错误的呢?那些试图从自然界中解读出个性化信息的人必然会失望;事实上,即使在人类文化中做这样的解读他们也常常失望。如果话不说出来,我们很少能知道自己想说什么,而且说的行为本身也常常能揭示出我们自己都不知道的意思。未来包含并能揭示出现在。"世界被祛魅"一直被视为人类的损失,但现在我们需要对这种说法予以重新思考。出于同样的宗教和科学原因,我当然也不想将空中每一篇云彩或每一片落叶都视为某黑暗之神发出的深意——我不想生活在这样的世界中。启蒙的辩证法当然也有好的一面:祛魅固然是一种损失,但同时也是减负——我们不必身受过多意义的压迫。人类世界所有发生的事情(包括人类所说的大部分内容)绝大多数既无意图又无深意。(我这么说并非是要否认倾听,相反倾听变得更加重要。)我们的认知能力必须基于这一认识:绝不能将世界作为符号来解读,也不能将其视为某种力量的沟通意图的体现。这可能是我们在科学、宗教和人际关系中保持理智的前提。如果要处理好你我之间的关系,最好不要捕风捉影、过分解读,而是以面向未来的姿态来看我们能够生产出什么样的意义。在张口欲说之前,我们早已生存在富含意义的共在(togetherness)中了。我们不必对这个世界进行反祛魅,因为它仍然充满着惊奇(wonder)。宇宙间充满了各种数据,为什么我们只关注在人类狭窄带宽中产生的那些数据呢(虽然这些数据让人极为着迷和极富创造性)?最好的科学并非是祛除惊奇(wonder)的科学,而是承载惊奇的科学。

我指出大自然充满意义,不仅是一个形而上学上的飞跃,也是基于经验证据得出的一个结论。我并不是说大自然中四散分布着类似人类大脑一样的智能,而是说,无论人的心灵是什么,最初都源自于生命的众多实验,且由此生发开去。客观唯心主义(objective idealism)和进化论哲学都提示我们,要意识到存在着一种真正的和全球性的意义,它不以任何特定主体性心灵的存在为前提。皮尔斯认为,生物的感觉(feeling)是连接物质和心灵的关键因素。所有生命都能感受到美,无论这种感受多么初级。正如查尔斯·哈茨霍恩所说,生物能够感知到它在形式和功能之间的拟合度,而且具有追求和谐及多样性的美学需求。正是这种感知和需求驱动了生物的进化过程。盛开的苹果树林尽管沉默无言却意义丰富——它们见证了丰裕富饶、地球栖居和历史之亘古。人类具有的美感并不是某种文化对我们的强加,而是这个世界的自然历史中最深层基础设施的一部分。皮尔斯曾写信给詹姆斯道:"生活在这个美丽的国家,我与其他所有人一样,不由自主地被这个宇宙的可爱深深感动。任何凡人,只要停下来思考它,都会被这种可爱灌注全身。它不可抗拒。"[1]我们能看到并感受到这样的美丽,是因为我们是宇宙的一部分,也是其他人的一部分。

当然,也有人对以上观点表示反对。鸟儿固然能从它们自己的鸣叫中听出美,人类也可以从它们的鸣叫中听出美,但鸟鸣却很少能如人的歌声那样让我们感动。大自然中并不存在人类可读的文字。[2] 人与物,诚相异也。

---

[1] 皮尔斯对威廉·詹姆斯说的话,引自:Joseph Brent, *Charles Sanders Peirce*: *A Life* (Bloomington: Indiana University Press, 1993), 302.

[2] Jorge Luis Borges, "La busca de Averroes," *El Aleph* (Madrid: Alianza Editorial, 2007), 104 - 117, at 108, and Friedrich Kittler, *Aufschreibesysteme 1800 - 1900* (1985; Munich: Fink, 1995), 39.

如果我们硬要认为地球生物的历史充满意义,那么这种意义必然是模糊不清的,也是我们必然要付出的代价。大自然释出的意义是模糊的,恰如云层、星系、面孔、身体,又恰如人类世界中那些意义最丰富的词语,如爱情或自由等。(我们非要从含糊意义中捕风捉影地读出有所指的具体意义,解读者不是有偏执就是在幻想,尽管也存在着某些可怕的例外。)①查尔斯·艾夫斯(Charles Ives)说:"有时候,模糊意味着已经接近完美的真理了。"②有时我们很难从自然中完整地获得其丰富意义——因为大自然偶尔会表情木然,而时间(tempus)也可能显得枯燥无聊。但在平淡中会有奇迹,奇迹中也有平淡。存有是无比枯燥无聊的。我们不可能永远保持专心和关注状态。如果基础设施一直让我们目不暇接,我们会感到头晕目眩,难以为继。这个世界生生不息,变化无穷,让我们兼顾无暇。然而,尽管大部分时间我们都不得不开动机器努力工作,但总有几个小时我们只想给自己放假,浏览下电子邮件或看部电影。任何赞叹惊奇和狂喜的哲学都不得不面对这一事实:这个世界上的惊奇终将难以避免地消退,而人类又总是难以避免地喜欢声色犬马。来自自然界的信息显然不同于来自我们同类的信息;前者虽然稀少,但我们仍然需要它们。我们需要超越主体—客体之割裂,然而我们却无法做到。汉斯·乔纳斯(Hans Jonas)说:"主—客体之分……并不是人类的一个失误,而是人类的一种特权、一种负担和一种责任。"③实际上,本书的核心论点一直是:人类的工具性(craft)能揭示其自然性(nature)。如果画家没能将云(人造的云)画得那么好,我可能不会如此喜欢自然的云。对于人类这个物种而言,只有通过于存有中航行的各种舟楫,自然的意义才能被显现出来。

对"大自然充满意义"的另一个反对观点是基于道德。大自然的秩序精密不破,是建立在死亡之上的。动物学(zoology,研究的是所有生物)和神学(theology,研究的是他者性以及能揭示他者性的各种媒介)都可能将我们引向虚无主义(nihilism)。这两个领域的观点是如此宏阔,以至于让人类显

---

① Jorge Luis Borges, "El jardín de los senderos que se bifurcan," *Ficciones* (Madrid: Alianza, 1985), 101 – 116.
② Charles Ives, *Essays before a Sonata*, ed. Howard Boatwright (New York: Norton, 1961), 21.
③ Hans Jonas, "Heidegger and Theology," *Review of Metaphysics*, 18, no. 2(1964): 207 – 233, at 230.

得渺小乃至最终化为乌有。哲学家和神学家为了维护其合法性和生计,对整个宇宙重新进行了"破"与"立"。我曾经在一个神学院学生那里租了一个房间,房间桌子上放着一块人类头骨作为装饰,好像这么做就能让他有资格成为神学院的一分子一样。托马斯·霍布斯(Thomas Hobbes)希望他死后墓碑上能写下:"这是真正的哲学家之石。"①对于媒介哲学而言,这是一个非常合适的座右铭,因为所有的记录型媒介都是为了对抗坟墓(死亡),同时它又利用炼金术般的力量来扭转时间的流逝。我如果说死亡是一个深刻的道德难题,这并无新意。死亡,说它平常则极平常,说它非凡则极非凡。死亡既可以让我们感到它非常正常、平淡、如期而至和"像无聊一样空洞无物",也可以让我们感到它难以忍受的苦涩、难以置信,就如"往下跳"的念头一样艰难。对各种基础设施而言,死亡是一个伟大的揭示者(revealer)。它也如这些基础设施一样,让人类因遭受创伤而凸显生命的意义。

阿尔卑斯山和安第斯山像彩虹一样倏忽而来,倏忽而去。在如此宏大的时间尺度内,我们可以算是都已经死了。天地不仁,以万物为刍狗。地质史的高蹈的非道德性能在浩劫中涤荡地球上几乎所有曾经活过的物种,这使我们以人类为中心的道德观念相形见绌。在此,对你的满腔柔情我却浇以亘古沉思的冷水,可能让你觉得我过于冷酷。我们思考一下梭罗在《瓦尔登湖》(Walden)中的句子:"我喜欢看到大自然如此充满生命——因此它也得以有无数生命用来牺牲,用于互虐和残食;我喜欢看到各种温柔的生物被像纸浆一样平静地压扁——蝌蚪被苍鹭吞噬于口,陆龟和蟾蜍被碾压于路。而且有时天空还会大降肉和血!"②梭罗在这里的语气和达尔文如出一辙,他们将自然界世界末日般的破坏视为自我恢复的活力体现。梭罗并非在庆祝死亡(尽管大多数超验主义者都有冰冷的和反社会的一面),而是在陈述一个19世纪的"口猩爪利"的严酷事实:生命建立在死亡之上。他这里的惊悚用词可以理解为一种修辞,目的在于将我们置于一种惊恐中,从而让我们意识到死对生的意义。

梭罗的以上"快乐的宇宙虚无主义"始终是人文学科捍卫者所反对

---

① "哲学家之石"或"贤者之石"(Philosopher's Stone),一种传说中的神秘物质,是西方炼金术师追求的宝物,被认为能拿来将一般贱金属变成贵重金属(例如黄金),或者制造长生不老的灵药。后来成为哲学家的象征性表达,反映哲学如炼金术一样具有对立统一的思维方式。——译者注
② Thoreau, *Walden* (New York: Norton, 2008), 262.

的。虽然没有什么是至关重要、不可或缺的,但在时机(kairos)的瞬息万变中,还是有很多的东西值得我们担心。我们或者超脱于万物,灵魂才能平静,或者积极入世,诉诸行动去改变世界,但这两种伦理自古相互抵牾。旧式人文主义者将死亡描绘得悲惨无望,并认为科学会让人类变得无所依凭。威廉·詹姆斯认为,这是一种唯心主义的哲学,通过它,其信奉者要不顾一切地去留存住人类至今所创造的一切东西。他们批评科学唯物主义:

> 这就是它带来的刺痛——在宇宙天气的巨大飘移中,尽管也曾有过许多镶满宝石的海岸,有过许多迷人的云堤在犹疑飘荡(之后终归流散),即使我们当下的世界仍然停驻并令我们愉悦,然而当这些流光之物终于离去后,决不会留下任何还能折射其过去那些特殊品质的东西,这些事物中可能包含的各种珍贵元素也随之而去。它们死了,走了,完全从存有所在的范围和空间中离去了。没有回声,没有记忆,没有对后来之物的任何影响(从而使其能关注后来的类似理想)。这种彻底的和终极的毁灭和悲剧正是目前人们所理解的科学唯物主义的本质。

甚至死亡也会死去并被遗忘。①

那么,我们应该为"宇宙放松"(the cosmic relexation)——这是最近一个"劫"(Kalpa)的终结点——而松一口气吗?"万物无永固"是毋庸置疑的,即使是上帝在第七天也要休息,我们就此可以获得一种奇怪的平静感。在地球进入下一个历史周期后,气候变化也将不再是个问题,我们对过度碳排放的良心不安也会在百万年后烟消云散。但是,有人在死去,而我们却在静静地思考整个宇宙,这对任何感受到世界痛苦的人来说都是一种猥亵。在前文中我多次指出,海洋、天空或云层所具有的超验意义实际上是建立在各种军事—技术项目资助基础之上的。我们为蓝色宝石一样的地球欢欣鼓舞,但也不能忘记地球的首张外太空照片是由"白佬"(Whitey)拍摄的——

---

① William James, *Pragmatism*, 76.

这是吉尔·斯科特-赫伦（Gil Scott-Heron）①的用语。② 人类如果要对社会正义感兴趣，就似乎只能在想象力和时间计量上采取相对较小的（也即人类的）尺度。

但"人类对整个宇宙表示欣赏"和"人类在宇宙中孤独无邻"并不矛盾。我们关注宇宙时所持的长久视角鼓励我们去关注气候变化并从长计议。正如皮尔斯所言，宇宙之美乃其道德主张。从进化论和地质学角度看，任何一个人类个体都无比稀罕——每个人类个体都是各种近乎不可能的几率巧合的结果。这就是宇宙带来的结果：与你有着同样外形的另一个生命，令人不可思议而又弥足珍贵。和一个个生命一起，你可以为正在发生的生命历史做出共同的贡献。爱与美正是宇宙的意义，这种意义并不是人类通过自我意志强加于原始和无情的物质之上的，而是漫长和宏大的地球历史的产物。

宇宙之美能给我们以道德启示，这也是古人坐观天象时得到的思考。在我结束本书时，请允许我最后一次将视线投向天空。虽然我们现在对星星的理解与古代不同，但它们对现代人和古代人一样显得异常崇高和美丽。为什么在黑绒幕布上缀着的色彩和亮度不一的星星在人类眼中是如此迷人，这至今仍然是一个很难回答的问题。但丁的《神曲》包括三章，每一章都用"星"（stella）一词作为结束。在《炼狱》（*Inferno*）一章中，但丁和维吉尔（Virgil）从地狱中出来时的样子仿佛他们刚经历了长时间潜水后浮出水面时忙不迭呼吸空气一样——他们异常渴望回到我们这个世界。他们看到天空中出现了美丽的景象，于是赶紧从地狱中出来，抬头望见的正是那欢迎他们重回陆地的群星。对但丁而言，群星（当然也包括太阳）是终极神圣之域的标志，而这一神圣之域的核心即宇宙的中心——地球。对人类而言，浩瀚群星作为福耀，既神圣高远，又亲密温暖，它标识出人类在宇宙中的家园所在。

---

① 吉尔伯特·斯科特-赫伦（Gilbert Scott-Heron，1949—2011），美国诗人、作家和音乐家，在 1970 年代和 1980 年代因即兴说唱和动人的声乐表演而闻名。他与音乐家布莱恩·杰克逊（Brian Jackson）的合作作品融合了爵士乐、布鲁斯音乐和灵魂乐，并触及当时的社会和政治问题。他自称为"布鲁斯音乐学家"（bluesologist）。——译者注

② Lynn Spigel, *Welcome to the Dreamhouse: Popular Media and Postwar Suburbs* (Durham, NC: Duke University Press, 2001),141-183.

结论：意义的安息日

自哥白尼以来，我们就生活在一个开放的宇宙中，它还在向外扩张，也在变得越来越让人类难以理解。我们知道我们永远不可能触摸或登陆星星。它们离我们有无法用语言描述的遥远距离，我们之间被广袤空洞的宇宙空间隔开，连声音都无法传播跨越。宇宙被大爆炸的持续动力拉伸，以至于古老的光已经被扭曲得让人类无法辨认。宇宙如此寒冷，以至于人体若没有保护就会瞬间破裂粉碎为星尘，形成一种不同寻常的化学物质聚合，在星际空间如懒惰的云朵一样飘荡。群星映衬出宇宙的绝对浩瀚和地球的相对弱小，这让我们感到疯狂，让我们产生一种其他任何景象都无法造成的头昏目眩。群星总是有能力让人发疯，也是对我们发出的终极呼唤：往下跳！（appel du vide）

如果但丁和维吉尔今天从"地狱"出来，这地狱可能是外太空，而迎接他们的可能是太阳和云层下地球上的温暖、水和泥土。① 仰望天空，他们会看到宇宙中曾经的家园，这是因为有苍天流云携带着来自海洋（海洋一直都是人类凭之移动和存有的媒介）的水蒸气（这些水蒸气以云的形式被我们看到）。天空可能不会像梭罗所说的那样降下血与肉，但它像海洋一样也拥有那些使人类的血和肉成为可能的特定成分。芬兰语很美，其"世界"一词为maailma，是两个词"土地/土地"（maa）和"大气/空气"（ilma）的结合。该词很好地体现出"世界"的精神。我们当然不能回到但丁的宇宙论中去，但是"地球中心主义"长期以来作为中世纪世界观的代表而备受批评，我觉得现在可能值得我们对它进行一次批判式复兴（a critical revival）。这是我的最终建议，它不仅针对学者，也针对全人类——我们要毫不吝啬我们对地球的感激之情。

云是人类家园的标志之一，也是人类赖以生存的大气层。它们对海洋有循环作用并能调节地球温度。正如雪莱（Shelley）所说，云因死而生。现代人并没有失去与天空的联系，只是已经从关注常数转移到关注变量，从关注星星转移到关注云层。气候变化要求我们努力将"时间"视为"时机"。现在我们观察云时，会发现它的样子永非从前了。这样的伤害前所未有。在一篇散文诗中，查尔斯·波德莱尔（Charles Baudelaire）②想象自己与一个无

---

① 我们可以将此与电影《地心引力》（*Gravity*，dir. Cuarón, 2013）相比较。
② 查尔斯·波德莱尔（Charles Baudelaire, 1821—1867），法国浪漫主义运动后期的杰出诗（转下页）

家可归者聊天。该人声称自己讨厌人类、上帝和金子。波德莱尔问道:"那你喜欢什么呢?"男子回答说:"我爱云……漂过的云……在那边……在那边……奇妙的云!"在这一刻,即使这样的厌世者对云都忍不住要爱了。

人类这个物种的最终沉没不可避免,一如每个人类个体死亡。詹姆斯的"人类云层"(human cloud bank)中的一切都会消失,但是天佑吉祥的地球将继续存在,云和太阳将继续散发光芒,直至地球历史进入下一个篇章。在我们离去后,那些曾被我们感受到的美将被继任者感受到,抑或这些美将只能桃李不言,孤芳自赏,这于它也已足够。我们知道,我们存续与否,这种美都将会持续下去,这本身就能让我们感到一丝安慰。我们离去后,自有新生命诞生。在新生命到来之前可能会长时间地存在缺氧的海洋和干旱的荒地,但新生命迟早会再次出现,如灰烬中怒放的野花。严格而言,凡涉及生命再生的均为喜剧,所以人类物种的终结将不只是一个悲剧,同时也带有喜剧色彩。梅尔维尔写道:"然而,希望常在;时间和潮汐四溢横流。"[1]也许在数百万年后,其他智能物种会演化出来,还能比今天的人类过得更好。时间和潮汐四溢横流! 只要我们仍有云,我们就仍有希望,仍能战斗,仍然会爱。我们现在还能欣赏云之美,还能与它为伴,知道这一点就已足够了——这不仅已够我们自己欣享,还够我们与他人分享。

(接上页)人、散文诗作家和英语文学翻译家。1880—1900 年间象征主义诗人尊崇他为先驱者,由此,开启了法国文学史上的现代主义思潮。他在文学批评方面的文章汇集在一起,称为《浪漫派的艺术》,而艺术批评方面的文字则以《美学珍玩》行于世。波德莱尔从诗歌创作实践和诗歌理论探索两方面影响了中国新诗的发展。从早期的鲁迅、李金发、闻一多、徐志摩、王独清、冯乃超、穆木天,到稍后的梁宗岱、戴望舒、卞之琳,再到冯至、艾青、穆旦,都曾直接或间接地从波德莱尔的诗歌中吸收过营养,创作出具有象征派诗歌特征的作品。——译者注

[1] *Moby-Dick* (New York: Norton, 1967), 148.

附 录

鲸类通讯中的非共时性

让我们想象有位于五个静止点的五只海豚 A、B、C、D、E。海豚 A 发出一个讯息 M，需要 0.1 个单位时间。然后海豚 A、B、C、D、E 同时对讯息 M 做出回应，同样需要 0.1 个单位时间。

```
A
B    C
D    E
```

这个场景的存在需要以下前提，但是这些前提不可能同时出现：
1）存在着一个完全同质的声音媒介；
2）声音传播不会遭遇障碍物，或不受海底地表形态的影响；
3）声音传播的速度保持不变；
4）不受地球曲率的影响；
5）所有近海和远海的海豚都能同等地听到所有讯息；
6）所有海豚在听到讯息结束时都能瞬时作出响应；
7）每只海豚都具备可识别的声音特征，这样信息发送者可以区分信息接受者；
8）所发送的讯息中不包含元数据（如讯息发送时间、地点和发送者信息等）；
9）在整个对话过程中，海豚所处的位置都是固定的；

10) 在距离上,AB=BC,AD=DE(假设 AB 之间的距离为一个标准单位距离。每段距离之间都成直角关系);

11) 以下内容:$\sqrt{5}=2.2(36)$,$\sqrt{2}=1.4(14)$。

客观时间线

0.0	时间 0	A 呼出消息 M
1.0	时间 1	B 听到 M
1.1	时间 1+0.1	B 用 N 回复 M
1.4	时间 $\sqrt{2}$	C 听到 M
1.5	时间 $\sqrt{2}$+0.1	C 用 P 回复 M
2.0	时间 2	D 听到 M
2.1	时间 2+0.1 A,	C 和 D 听 N;D 用 Q 回复 M
2.5	时间 1+$\sqrt{2}$+0.1	B 听到 P
2.8	时间 2$\sqrt{2}$	E 听到 M
2.9	时间 2$\sqrt{2}$+0.1	A、D 和 E 听到 P;E 用 R 回复 M
3.1	时间 3+0.1	B 听到 Q
3.3	时间 1+$\sqrt{5}$+.1	E 听到 N
3.5	时间 2+$\sqrt{2}$+.1:	C 听到 Q
4.1	时间 4+.1	A 和 E 听到 Q
4.3	时间 3$\sqrt{2}$+.1	C 听到 R
4.9	时间 2+2$\sqrt{2}$+.1:	D 听到 R
5.1	时间 2$\sqrt{2}$+.1+$\sqrt{5}$	B 听到 R
5.7	时间 4$\sqrt{2}$+.1	A 听到 R

客观地(指地域上)说,讯息的顺序是:MNPQR。对于 A,讯息顺序是 MNPQR;对于 B,讯息的顺序是 MNPQR;对于 C,讯息的顺序是 MPNQR;对于 D,讯息的顺序是 MNQPR;对于 E,讯息的顺序是 MPRNQ。

每只海豚都可能以不同的顺序听到讯息。但是,对某个讯息的回复,其被听到的速度是否有可能快于该讯息本身被听到的速度呢？这只有在回复讯息绕地球走的路线比讯息本身绕地球走的路线短时才是可能的。

讯息中必须嵌入某种元数据，但如果海豚没有标准时间、线条或直角等概念，就不会有元数据。也许海标(seamarks)可以为海豚提供标准的空间定位。在星际通信中会出现同样的问题：本轮通讯无法保证能对前一轮通讯做出相关的或适当的回应。而要存在所谓"客观时间（标准时间）"，就需要先存在一个不使用声音媒介、也不受其约束的高于海洋的观察者。客观性只在某些媒介中才有可能，或者只能存在于不同媒介之间。

如何在相互不连通的情况下实现两者间的相互协调，这也是数据库设计面临的问题。假设两个网民 A 和 B 同时在亚马逊网站（Amazon.com）上点击同一本书将其放入结账篮子中，然后两人都不急着完成交易而是继续浏览网页。该书在亚马逊书库中其实只剩一本了，它已被 A 购买。但由于网页上告知此书"售罄"的讯息要比此书原来"有售"的信息晚到达 B 的视网膜，所以 B 此时看到的仍然是该书"有售"。如同星系早已死亡，但其发射的光芒要等到多年之后才被地球人看到。¹"奥尔伯斯悖论"也出现在分布式多用户数据库中。地球上的夜空其实是有着各种不同时间起源的光最终到达地球时并发形成一个"当下"，众多网民在不同地点共同再现，处于海底不同位置的鲸类互传讯息，这些事例面临的都是同一个问题。类似的问题也存在于图书馆和人类的记忆中，所有的图书或记忆都源自不同的时间，但都在同一时间呈现等待借阅或调取。因此，沃特·惠特曼在一位学识渊博的天文学家的讲座上听得不耐烦了便走出演讲厅，边走边"不时地"(from time to time)抬头看天上的星星。①

我们还可以想象海豚会唱着卡农(round)②——比如"雅克兄弟"(Frère Jacques)——或者会进行循环往复的复杂谈话。其他类似的场景还很多，我就不在此赘述了。

---

① Ed Folsom,"When I Heard the Learn'd Astronomer," in *The Routledge Encyclopedia of Walt Whitman*, ed. J. R. LeMaster and Donald D. Kummings (New York: Routledge, 1998), 769.
② 卡农(round)，又译为轮唱曲，是歌唱演唱形式之一，其所有声部都按同一旋律，按一定时距先后歌唱，各声部相互追逐而又交叠出现，构成良好的和声效果，例如冼星海的《黄河大合唱》中的《保卫黄河》。——译者注

致　谢

与很多人都趋之若鹜的做法不同，我不想在这里袒露我的社交关系网络。我的朋友们知道以下列出的人名是谁，也知道我有多爱他们。如果要将所有我要感谢的人都列出来，那我的感谢单子会无可救药地没完没了。我要感谢的人，他们的名字大部分都藏在云中，有的则出现在此书的脚注中。

那些曾读过此书粗糙片段或章节的人包括：Mark Andrejevic、Mats Bergman、Jon Crylen、David Depew、Natalie Fixmer-Oraiz、Jin Kim、Jonathan Larson、Xinghua Li、Amit Pinchevski、Steven Pyne、Ignacio Redondo、Hans Ruin、John Shiga、Alison Wielgus、Hartmut Winkler。选修我在爱荷华大学2013年春季学期的研读课程的研究生阅读了本书第三、四和五章的草稿。2013年1月，在希伯来大学我研读课程上的学生和同行也就本书给了我重要反馈。Till Heilmann对本书的前两章提出了重要的建议，Ted Striphas帮助我极大地改进了第七章。

跨学科工作有可能会遭来很多批评者，我很感谢Bernd Fritzsch、Randy McEntaffer、Harold L. Miller, Jr.。他们为我提供的科学专业知识远远超出了他们的职责范围。我还就很多具体问题咨询了很多人，除我在脚注中表达了感谢的外，剩下的人我在这里列出：William F. Altman、Geoffrey C. Bowker、Peter Sachs Collopy、John Finamore、Ed Folsom、Robert Marc Friedman、Elana Gomel、Thomas Haigh、Linda Dalrymple Henderson、Graeme Lawson、JanMüg-genberg、John Nerone、Jussi Parikka、Leah Price、Thomas Sheehan、Fred Skiff、Ahmed Souaiaia以及大英博物馆的David Thompson。当然，以上任何人都没有道理要为此书中可能存在的错误负责。

我还需要感谢的是爱荷华大学（它给了我 2011—2012 学期假期）、那里的朋友和同事以及大学 ICRU 项目。该项目为我提供了两位能力突出的本科生研究助理 Samantha Cooper 和 Yazhou Liu。他们替我追踪晦涩难懂的文章和事实，阅读了大量文献，并提出了修改建议。Yazhou 还为我提供汉字输入方面的帮助。我在芬兰赫尔辛基大学的赫尔辛基高级研究院完成了这本书，成为赫尔辛基萨诺马特（Sanomat）基金会首位研究员（2013—2014）。我感谢基金会和学院的巨大慷慨。感谢 Jani Ahtiainen，她为我提供了此书完成前"最后一刻"（eleventh hour）的研究助理服务。

我还从与朋友、同事和学生的讨论中学到了很多东西。这些讨论发生在以下地方：阿亚拉博物馆（Ayala Museum）、大英图书馆、中正大学、科隆媒体艺术学院、哥伦比亚大学、乔治-奥古斯丁-哥廷根大学（Georg-August-Universität Göttingen）、耶路撒冷希伯来大学、柏林洪堡大学（Humboldt-Universitätzu Berlin）、印第安纳大学、国际通信协会、国际文化技术研究与媒体哲学学院（Internationales Kollegium für Kulturtechnikforschung und Medienphilosophie）、林雪平大学诺尔雪平校区、LSE、麦吉尔大学、麦克马斯特大学、北卡罗来纳州立大学、美国西北大学、挪威科技大学、英国开放大学、LaPanacée、北京大学、普林斯顿大学、里德学院、中国人民大学、瑞尔森大学、首尔国立大学、世新大学、瑞典 Södertörn 大学、斯德哥尔摩环境研究所、雪城大学、阿纳瓦克大学（Universidad de Anáhuac）、纳瓦拉大学、泛美墨西哥大学（Panamericana-México）、阿库雷里大学、阿尔伯塔大学、加州大学欧文分校、科隆大学、爱荷华大学、拉普兰大学、密苏里大学、奥斯陆大学、帕德博恩大学、锡根（Siegen）大学、南加州大学、悉尼大学、坦佩雷（Tempere）大学、犹他大学、瓦萨大学、维尔纽斯大学、弗吉尼亚大学、西安大略大学、西密歇根大学和延世大学。（这些大学很多位于北欧国家，由此你可以看出为什么我会对全球变暖忧心忡忡。）

与芝加哥大学出版社的 Douglas Mitchell 一起合作让我如沐春风。Renaldo Migaldi 一丝不苟的编辑工作也让我很感激。Samuel McCormick 对本书的几章作了埃兹拉·庞德（Ezra Pound）[①]般的清理工作，而且每当我

[①] 埃兹拉·庞德（1885—1972），具有世界声誉的美国著名诗人和翻译家、意象派诗歌的创始人。他极为强调文字的精确和简练。——译者注

对书写格式没有把握时,他总是随时为我提供帮助。Geoffrey Winthrop-Young 对全书作了细致的阅读,并总能提供引人入胜的意见,使我免于各种错误。对我之前的两本书,迈克尔·舒德森(Michael Schudson)是一位目光犀利的读者。有鉴于此,我就让他本人幸免此书初稿的折磨。但他的两名学生却让本书大为增色——Fred Turner 超越了作为一名外部读者的职责范围,给了我很多建议,从而极大地影响了本书的结构、语气、语法和论证。Benjamin Peters 对我的支持则无以复加。我还要感谢丹尼尔·彼得斯(Daniel Peters)和玛莎·保罗森·彼得斯(Marsha Paulsen Peters)。

本书中的一些章节之前已经发表过,但我也对它们进行了新的润色,具体如下:

第四章和第五章改编自:"Calendar, Clock, Tower," in *Deus in Machina*, edited by Jeremy Stolow (New York: Fordham University Press, 2012), 25-42;而本文又改编自此前发表的一篇论文:"Calendar" and "Clock" in *Encyclopedia of Religion, Communication, and Media*, edited by Daniel A. Stout (New York: Routledge, 2006), 57-59, 77-79。

第六章内容主要源自:"Writing," in *International Encyclopedia of Media Studies: Media History and the Foundations of Media Studies*, edited by John Nerone (Malden, MA: WileyBlackwell, 2013), 197-216。

第七章内容源自:"Space, Time, and Communication Theory," *Canadian Journal of Communication* 28 (2003): 397-411;"History as a Communication Problem," in *Explorations in Communication and History*, edited by Barbie Zelizer (London: Sage, 2008), 19-34;以及《对空言说》中文版前言(该段文字此前仅被以中文发表过)。

第一章的内容即将发表,见:"Infrastructuralism," in *Traffic: Media as Infrastructures and Cultural Practices*, edited by Marion Näser-Lather and Christoph Neubert (Amsterdam: Rodopi, 2014)。

译后记

2017年彼得斯的名著 *Speaking into the Air* 第二个中译本（《对空言说》）出版后引起了中美传播学界的一些注意。承蒙彼得斯的信任，他将自己的又一部重要著作《奇云》交由我来翻译，我倍感荣幸。

怀特海说，一个学科的基础往往是在其得到较大程度的发展后才能被奠定。我的这篇译后记却是在全书翻译完成前就在构思了，尽管到现在才形成文字。在撰写这篇后记时，我由衷地高兴，一是终于完成了这一繁重的翻译工程；二是也获得了新知，在我完成全部译文并反复阅读和雕琢它时，彼得斯的媒介哲学在我面前变得更加清晰、连贯和完整；三是，如同在《雅典学派》的巨画中忍不住将自己的自画像也放入的拉斐尔，在后记中"现身"是译者难得的机会（其他机会包括一篇长长的译者导读和为正文加上的大量繁复脚注，但这都劳筋动骨，来之不易，不如一篇充满感情的后记来得简单），当然值得珍惜和重视。

彼得斯在传播学研究上独具创新、视域开阔、兼容并包、波澜壮阔。从他在传播学界不断增加的影响力来看，他的独特路径已经得到了越来越多的同行的欣赏。对于这样一位文字隽永的传播和媒介哲学家，如何忠实地传达他的新思想是我作为译者面临的挑战。对翻译之难，众多师友都深有体悟，表述诸多，这里不再赘述，以免烦人。这里仅结合实例说说此书翻译中的细节和我对学术翻译的一些感受。

一、细节中的魔鬼：多重意义的翻译

朱光潜先生在《谈文学》一书中论翻译，指出外译中时译者需要考虑词语的五种意义：字典的（dictionary）、上下文的（contextual）、联想的

(associative)、俗成的(idiomatic)、历史的(historical)。字典的意义自不必说。其他四个意义我结合本书的翻译举例如下。

上下文的意义。例如，彼得斯给第一章取的标题一语双关——Understanding Media，是对麦克卢汉的名著《理解媒介》书名的借用。在这里其意可作二解：既是"理解媒介"，也是"基础设施型媒介"——那些"立于表面之下的(under-standing)媒介"。中文翻译很难充分传达原文之妙处，只能退而求其次，二选一译为"理解基础设施性媒介"，因而丧失了原文形式之精炼，甚为遗憾。

又如，在第三章的一个脚注中，彼得斯讲了一个"麦克卢汉喜欢的笑话"：

> Two native Americans talking by smoke signal see the mushroom cloud of a nuclear test. One signals to the other: "Wish I'd said that."

笑话仅两句，语言极精简，这是笑话的必然特征，冗长繁复对其效果只能是画蛇添足。但在翻译中，如果译者不将原文中的隐含意思补足，中国读者很可能摸不着头脑。因此我将此笑话翻译成：

> 两个美国印第安人在通过烟火信号远距离交流，突然他们看到远处核试验升起的巨大蘑菇云。见此，一个印第安人连忙发出信号对另一个说："那个要是我发出的就好了。"

笑话的最后一句话是笑点(punchline)所在，中文如何表达影响到整个笑话的成败。

联想的意义和俗成的意义。例如，书中多次出现的词，如 ship、cloud、bell、tower 等，使用语境与中国文化有很大的差别，因此就不能将它们翻译成中文中极富联想意义的舟楫、青云（或浮云、庆云）、钟磬、高台等，否则会将它们的中国历史文化含义带到西方名词中。

另一与词的联想意义相关的是，语词必有意义，而语词的声音不同，也会对其意义造成影响。彼得斯对英语的使用炉火澄清，音形意皆美。为了深入品味《对空言说》的文字之美，加拿大卡尔顿(Carlton)大学新闻传播学院的教师跟学生做了个实验——教师和学生一起高声朗读《对空言说》的全部文字,一共用了12个小时。和《对空言说》一样,《奇云》中音形意完美贴切的表达比比皆是,翻译很费心思。

例如,英文原句"A medium must not mean, but be"简洁有力,朗朗上口,需要译文也能形神兼具。我思虑很久,最终翻译成"媒介非表意,媒介即存有"。尽管译文丧失了原句的音乐性(medium、must、mean 三个词押头韵),但也无可奈何。

又如,在第五章,彼得斯引用法语谚语"Une montre est un monstre"。此谚语明显是在玩弄两个音形相似但意义不同的法语词,montre(手表)和monstre(怪物)。此句翻译之难度如同要将"东边日出西边雨,道是无晴却有晴"翻译成西文。钱钟书先生水平登峰造极,曾经将西文谚语"traduttore, traditore"音形兼备地翻译为"翻译者即为反逆者"。由于我无法找到两个同音而不同意(表示手表和怪物)的汉字,所以我只能退而求其次,将它译成"一只手表就是一个精怪",对法语中同音异义的文字戏谑颇感无能为力。

同在第五章中,彼得斯引用达尔文的孙女弗朗西斯·康福德(Frances Cornford)暗夜中醒来听到枕头下的手表在嘀嗒作响时的情形:

> I thought it said in every tick:
> I am so sick, so sick, so sick.
> O death, come quick, come quick, come quick,
> Come quick, come quick, come quick, come quick!

显然,此诗用拟声词描述时钟的走动的声音,所以彼得斯也建议读者大声朗读它。为了尽量传达出诗的拟声特征,我花了不少心思,将其翻译如下:

> 我觉得,它的每次滴答都在说:
> 我太病了,太病了,太病了。
> 哦,死亡,快来,快,快,快,
> 来呀,快,快,快,快!

我很幸运,在此例中,中文的"快"(kuai)与英文"快"(quick)音意匹配得很好。但遗憾的是,我们很难找到一个意思为"病"而读音类似于英文"sick"的汉字。所以,我只能拿以上译文交差。

第四章中的诗句翻译,我在押韵上也花了不少心思,如:

英语中也有很多关于时间的很好的警句,我就很喜欢这句:光影乃时光之述说。① J. V. 坎宁(J. V. Cunningham')的诗则更好:

> 白昼,日光将我消蚀褪化;
> 夜晚,我却恒定而无变化。

当然,还有希拉睿·贝洛克(Hilaire Belloc)蹩脚的打油诗:

> 我是一只日晷,做了一件糗事;
> 其实我的作为,远不如一只表会来事。

对珀西·比希·雪莱(Percy Bysshe Shelley)来说,"云"代表了一种"创造性虚无"(creative nihilism),而这正是自然生死轮回的核心所在。

> 我默默地笑,在我自己的墓门,
> 从雨洞中,我,
> 如子宫里降生的孩子,如坟中复活的魂,
> 起身,再一次将它焚。

历史的意义。正如我们阅读基特勒的作品需要有一些基本的德国文学和文化知识一样,彼得斯的文字中充满着各种西方文史哲的典故,均需要译者额外解释。例如,第四章中,彼得斯在一小节文末写道:

> The mark of the human serpent, said William James, is over all, even in the sky.

---

① 原文为:It is the shadow that tells the time。——译者注

此句本身令人费解,而且缺乏上下文,突然一句,意义让人无从判断,不知所云。经费时费眼的查阅,我发现他此处引用了威廉·詹姆斯的名言——"The trail of the human serpent is over everything",意思是说,人的心灵总是会如蛇留下爬行痕迹一样去梳理万事万物,从中找出秩序。这说明,译者要根据原句的历史意义并结合上下文才能完整翻译出作者的意思,才能让读者看得懂。如此翻译后,我还加了一个脚注,以说明詹姆斯这句话的出处。

二、妙笔生花:基于文字的多媒体表达

英国著名政治学者约翰·基恩(John Keane)描述彼得斯为"充满智慧、挑战权威、具有智识上的胆魄"的一位"语言大师",具有"奇妙的头脑"。如在《对空言说》中一样,他的妙笔在《奇云》中也灿烂如花。

麦克卢汉认为,文字是冷媒介,比电视更能激发使用者的想象力。基特勒认为,古希腊字母表具有像今天的数字计算机一样强大的多媒体能力,都具有划时代的影响力,能通过单一的"代码"从整体上捕捉、传播和呈现出人类的存有经验。他将使用文字者比喻成今天坐在飞机驾驶舱里的飞行员或游戏机屏幕前的玩家,可以随心所欲地操纵"代码"来表达自己的体验。顺着麦克卢汉和基特勒的路径,彼得斯多次指出,所有媒介的底层机理都是刻写(writing/inscription/graphy),如 telegraphy 表示"用无线电刻写";photography 表示"用光刻写";phonography 表示"用声音刻写";electro-encephalo-graph 表示"用脑电波刻写"。因此,文字(书写/刻写)作为所有媒介之母,自然有栩栩如生的表现能力。对此,彼得斯和他所引用的杰奥弗瑞·温斯洛普-杨(Geoffrey Winthrop-Young)都能以文字展示出浓郁的多媒体效果,多姿多彩。对这些段落和句子的翻译,我尤为费心,期望不让翻译打折扣。

例如,杰奥弗瑞·温斯洛普-杨对基特勒讲座时吸烟的描述异常精彩,彼得斯赞赏有加,在《奇云》中大段引用,并称赞杨极具画面感的描述"展现出吸烟的符号学意义":

"我从来没有见过其他男人能(像基特勒一样)与香烟有如此

亲密的关系。基特勒点燃一支烟,烟对于他仿佛一个多变的道具:魔术师的魔杖、乐队指挥的指挥棒、拉拉队队长的接力棒、土地公公的拐杖。他拿着烟像在电报发报机上按键一样敲击着桌面以表示不耐烦,或将其变成日本武士手中的刀来斩断别人出于无知发表的不同意见,或将其高高举起如一只发光的感叹号以阐明自己的重要观点。烟抽完了时,他会盯着烟蒂,表情沮丧而又充满感激,然后在一阵简短的同病相怜的沉默之后,他又摸出一根接着抽。要搞懂阿兰·图灵(Alan Turing)的"图灵机",你不必先看透图灵本人,你只要看基特勒如何抽烟就够了。

彼得斯自己的精彩句子则让读者感觉如在山阴道上,目不暇接,如:

- 基础设施常常隐蔽难见,一如窗外飘过的丝丝细雨,它不仅在本质上是不可见的,而且也常常被故意设计成如此……
- 无疑,计算机及其衍生物已经重塑了我们很多人的工作、娱乐和学习。现在各种计算机设备就像澳大利亚的兔子一样四处繁衍。
- 文章的草稿、建筑图纸草图、数学计算纸和工程平面图等都需要可擦除的书写。"墨水是我们的思想正式进入公共场合后披上的化妆,打草稿时用的铅笔石墨则是它们肮脏的真面目。"
- 我们的身体各部位处在不同的热度和强度之中,这使得它有点像现代供暖设施出现之前的空荡荡、冷飕飕的老房子。
- 人类在夜间能看到天空,这虽然是一个小事实,但它具有大影响——它相当于一个狭窄的海峡咽喉,大部分人类文化都只能从这里经过。
- 达尔文看到时间流逝时总是由衷地喜悦而又满怀谦卑。他像爱默生一样邀请他的读者尊重"自然的缓慢发展"(Naturlangsamkeit)。正是这种沉静缓慢,历千万世使红宝石坚不可摧,使阿尔卑斯山脉和安第斯山脉如彩虹般稍纵即逝。

……

傅雷先生将翻译比作绘画。在和傅聪谈及自己修改译稿时,他也是以视觉性极强的词语来说明问题的:"改来改去还是不满意(线条太硬,棱角凸出,色彩太单调等等)。"读者若非知道这是关于翻译的,还以为是在谈一幅画作。① 翻译彼得斯,既然他的原文已经是如画一样栩栩如生、多姿多彩了,译者更要尽量忠实地将文字的多媒体效果传达给读者,才不会明珠投暗。

另外,西方学者的文章在引用他人观点时并不像我们中国学者一样习惯于加上其抬头如"德国媒介学家基特勒说……",而是横空引用一位作者而不加介绍,直接写"基特勒说……"。《奇云》中这样的引用繁多,在跨语言和跨文化后很容易让中国读者疑惑这些被引的学者是谁。因此,我对书中所引的大部分学者都加上了注释,包括他们的主要学术作品和观点。

关于书名的翻译。钱钟书先生对外文书名的中译非常考究。在谈及贝纳特(E. S. Bennett)所著的《一种哲学的纲要》(*A Philosophy in Outline*)时,他指出:"书名是很值得我们注意的,它并不是普通的'哲学纲要'(an outline in philosophy),而是'一种哲学的纲要',着重在'一种'两字,顾名思义,自然,我们希望书中有作者自己的创见。"②我们仔细看彼得斯两本名著的英文书名——"*Speaking into the Air*:*A History of the Idea of Communication*"以及"*Marvelous Clouds*:*Towards A Philosophy of Elemental Media*",两者都含有"A"("一种")。因此如果追求精确,前者应该翻译为《对空言说:一种传播的观念史》和《奇云:一种面向元素型媒介的哲学》。但作为书名,如此译法又不免让人觉得累赘,而且书名仅是全书内容的一个指示或索引(index),受封面空间所限,书名不可能也不必穷尽全书内容。最终结合彼得斯在全书的核心论点,我与本书的责任编辑章永宏先生商定,决定将书名译为"奇云:媒介即存有"。

三、直译、意译、化译和"撒播"

关于翻译,译者是做原文的"信徒"、"暴徒"还是"叛徒",相关论述已多

---

① 吕作用:《傅雷译〈艺术哲学〉:一部"详尽的西洋美术史"》,引自:https://xw.qq.com/cmsid/20181114A0P7L000?f=dc,2020年2月28日。
② 杨全红:《钱钟书译论译著研究》,商务印书馆2019年版,第195页。

矣。直译推崇按原文一字一句翻译，内容和形式均忠实于原文，以至于成硬译（早期的例子如鲁迅，后来的例子如邓正来）。这种翻译造成不懂英文的看不懂，懂英文的不愿意看，以至于让翻译变得毫无必要。意译则认为译者在读懂原著意思之后，不必受源语言的形式限制而应该用目标语言的形式自由表达出来，做到传神而形可不具。但有时候，所谓意译乃乱译，如林琴南完全不懂外文，仅仅是根据助理的大致翻译获得原著大意，然后用中文和自己的想象力自由发挥。

朱光潜先生将文学作品可分为三种：情尽乎辞，即文辞与情感配合恰当，前者恰能表达后者；情溢乎辞，即文辞不足以表达情感；辞溢乎情，即文辞夸张，超过了情感。他指出，黑格尔也有类似分别，不过将情叫做精神、文辞叫做物质。他将物质足够表现精神的归为古典艺术，如希腊雕刻，大理石材质与希腊精神相得益彰；精神溢于物质的是浪漫艺术，如中世纪哥特式建筑，其热烈的情感与崇高的希望似乎不能受具体的物质的限制，磅礴四射，高耸入云；物质溢于精神的是象征艺术，如埃及金字塔，以其笨重庞大的物质堆积在哪里，我们只能依稀隐约地猜度出它所要表现的精神。黑格尔最推崇的是古典艺术。①

朱先生的文学作品评价标准与他的翻译评价标准是一致的。他认为，译文和原文之间也要做到"情尽乎辞"，译文与原文要配合恰当，前者恰能表达后者。换句话说，他认为翻译的直译和意译之分根本不存在。忠实的翻译要能尽量表达原文的意思，而要做到这一点就必须尽量保存原文的形式。因此，"直译不能不是意译，而意译也不能不是直译"。总之，"理想的翻译是文从字顺的直译"。② 我很同意朱先生的观点。我在以上给出的例子也说明，我做翻译崇尚包豪斯式的简明清爽而远离波洛克式的无谓繁复，尽量让翻译成品是直意和意义两面同时努力的结果，而不是二者选其一。鲁迅先生希望通过对外文的"直译"来震撼沉寂的中文，我则希望自己的英汉翻译能将英语中的简洁明细和富于逻辑带入中文。

钱钟书先生曾说，文学翻译的最高理想是"化境"。造诣高的翻译可以说是原作的"投胎转世"（the transmigration of souls）。著有《译者的隐身》

---

① 朱光潜：《谈文学》，东方出版中心2016年版，第127页。
② 同上书，第154页。

一书的韦努蒂在此书开篇就引用了诺曼·沙皮罗（Norman Shapiro）的一段话，他说："我认为译文应该力求透明，好的翻译像一块玻璃，只有一些小小的瑕疵——擦痕和气泡。当然，理想的是最好什么都没有，译文应该永远不会引起读者感到他们是在读译作。"①

韦努蒂谈翻译，但听起来很像在谈彼得斯的媒介哲学——译文如媒介，已经变得透明、隐匿。此时，它的重要性不是降低了而是增加了，因为它已经成为元素型、后勤型和基础设施型媒介。译者和译文对读者无比重要又无处察觉。这显然是一种"传心术"（telepathy）式的翻译理想，我们可以从传播学上予以雄辩驳斥，指出媒介（译者和译文）的隐形是不可能的（invisibility is impossible），但无疑值得我们作为追求的标杆。我将翻译比作培养孩子，《奇云》原著是彼得斯的孩子，译著则是我的孩子。无论我曾经多么用心地陪伴过他（译本），多么投入地跟他喜乐忧愁、耳鬓厮磨并希望他能尽善尽美，但孩子终究要长大，要去独自面对社会（读者）。如果诸位在阅读译文时，觉得并无面目可憎和难以卒读之处，能基本无碍地理解彼得斯的思想，这便是我作为译者的莫大成功了。但无论译者如何努力，翻译永远无法在"来源语"与"目标语"之间做到"心与心的融合"，这一译本必然还存在很多瑕疵。我期待读者们聚合集体智慧去发现其中的不足和错误，通过不断修订，让这个译本越来越好。

对彼得斯的文字（无论是英文原文还是中文译文）该做怎样的终极理解？彼得斯兼为传播哲学家和媒介哲学家。哲学近诗，而本质而言，诗不可解亦不可译。我认为，彼得斯隽永如诗的文字并无预先嵌入的唯一的理解方式，而是具有生发性（generative），类似于撒播（broadcast），鼓励各种开放性理解，所以读者只要能悠然领会，有所启示和创获，怎么读它都无所谓。

古希腊哲学家普罗提诺（Platinus）说："如果有人问大自然，问它为什么要进行创作活动，又如果它愿意听并愿意回答的话，则它一定会说：'不要问我；静观万象，体会一切，正如我现在不愿意开口并一向不惯于开口一样。'"②我想，终极而言，这句话对《奇云》的著者彼得斯和译者我都是适用的。

---

① Lawrence Venuti, *The Translator's Invisibility*, London and New York：Routledge，1995：1.
② 亨利·柏格森：《时间与自由意志》译者前言，吴士栋译，商务印书馆 1958 年版。

四、中国的学术翻译需要更多投入和尊重

翻译对学术的跨文化流动的重要性不言而喻。从中国唐代玄奘对古印度佛经的汉译到英国汉学家詹姆斯·理雅各（James Legg）19 世纪中期对中国的"四书五经"的英译，再到民国时期商务印书馆的"汉译世界名著"对西方科学、文学和社科名著的汉译，学术翻译对中西文化互动扮演着重要作用。在欧美国家之间也是如此。今年是伟大的现代社会思想之父马克思·韦伯逝世一百周年，我们在阅读韦伯时也许不会想到，如果没有帕森斯（Talcott Parsons）于 1930 年将马克斯·韦伯的《新教伦理与资本主义精神》从德语译成英语，他的影响力也许不会如此之大。类似的，伯格和劳伦斯（Thomas Burger & Frederick Lawrence）在 1989 年将哈贝马斯的作品译成英语，杰奥弗瑞·温斯洛普-杨从 20 世纪 90 年代开始将基特勒的德语著作翻译成英文。这些译者本身都是学者，正是他们的翻译，才使德国学者哈贝马斯和基特勒名扬英语世界，进而通过英译汉而让我们知晓。

2020 年 1 月 15—16 日，我应邀到加拿大卡尔顿（Carlton）大学参加 Speaking into the Air 出版 20 周年研讨会。与会者都赞美彼得斯的文笔之美，同时也十分好奇他的文字是如何被翻译成中文的。于是会间有不少学者来跟我聊，问了很多跨语言和跨文化翻译的问题，其表情和语气中透露出对译者的极大理解和尊重。然而，在中国，我们却习惯于"得意忘言、得鱼忘筌"地忽视翻译的存在，这不免让人觉得遗憾。所幸近几年来，新闻传播领域优秀的译著不断出现，展现出中青年学者不计名利地投入学术精品翻译的意愿的增强，这是一个令人鼓舞的现象。尽管译者可以"明其道而不计其功"自慰，但我仍深切地期望这些译者都能得到对等的回报。

本书译稿交付后，复旦大学出版社编辑章永宏博士对书稿作了仔细审读，对其中一些地方提出了修改建议，并通过他强大的多学科审稿人网络，对译稿中的一些跨学科专业名词作了核对。另外，他对本书之译名的确定也有点睛之贡献。我在此特向他以及其他审稿人表示感谢。当然，译文中如还存在什么问题，都应归咎于我本人，而不是他。

在本书翻译过程中，我亲爱的母亲于 2019 年 10 月驾鹤西去。她重病卧床多月，此时离去也许是不幸中的万幸？如果等到疫情来袭，情况将不知

如何悲凄惨痛。母亲是纯粹的乡土中国人,命运随时代颠沛起伏。她虽走过很多地方,但底色从来没有变过,喜欢唱红歌,时而为之气宇昂昂,时而为之沉默流泪。2014 年 8 月,我趁着自己在哥大访学,带她去华盛顿看风景。在波多马克河的一座桥上,看着桥下幽深的水,她对我说:"跑这么远来就看这?还不如老家浏阳河桥上的风景。"母亲出身农村,嫁到了长沙。我的父亲长期驻外工作,是她一人在恶劣的环境下拉扯大三个孩子。多年来,我陪母亲的时间不多,她依恋子女,但更喜欢住自己的房子。我总是想去扩大她的认知和世界,但从来没有成功过。她自己乡音浓重,儿子却英语流利;中国化的母亲却有全球化的儿子,这是她的伟大。而今天她和父亲都已驾鹤西去,此地唯留深觉自己尽孝不够而伤心落泪的儿子。谨以此译著献给我逝去的和活着的亲人。

邓建国
于新冠病毒疫情沪上居家隔离中
2020 年 3 月 10 日

图书在版编目(CIP)数据

奇云:媒介即存有/(美)约翰·杜海姆·彼得斯(John Durham Peters) 著;邓建国译.—上海:复旦大学出版社,2020.12 (2023.3 重印)
(传播·媒介·技术学术经典译丛)
书名原文:The Marvelous Clouds: Toward a Philosophy of Elemental Media
ISBN 978-7-309-15247-0

Ⅰ.①奇… Ⅱ.①约… ②邓… Ⅲ.①传播媒介-研究 Ⅳ.①G206.2

中国版本图书馆 CIP 数据核字(2020)第 201425 号

The Marvelous Clouds: Toward a Philosophy of Elemental Media
ISBN 9780226253831

Copyright © 2015 John Durham Peters
All rights reserved. This edition is translated by Fudan University Press Co., Ltd. from the original English language version.

本书英语版由芝加哥大学出版社出版。版权所有,盗印必究。中文简体字翻译版由作者授权复旦大学出版社有限公司独家出版发行。未经出版者预先书面许可,不得以任何方式复制或发行本书的任何部分显示书名。

上海市版权局著作权合同登记号　图字 09-2020-847

奇云:媒介即存有
(美)约翰·杜海姆·彼得斯(John Durham Peters)　著
邓建国　译
责任编辑/章永宏

复旦大学出版社有限公司出版发行
上海市国权路 579 号　邮编:200433
网址:fupnet@fudanpress.com　http://www.fudanpress.com
门市零售:86-21-65102580　团体订购:86-21-65104505
出版部电话:86-21-65642845
上海盛通时代印刷有限公司

开本 787×960　1/16　印张 31.25　字数 496 千
2020 年 12 月第 1 版
2023 年 3 月第 1 版第 4 次印刷

ISBN 978-7-309-15247-0/G·2173
定价:88.00 元

如有印装质量问题,请向复旦大学出版社有限公司出版部调换。
版权所有　侵权必究